W0469982

HANDBUCH DES ERWERBSGÄRTNERS
Schnittblumenkulturen

Handbuch des Erwerbsgärtners

Wirtschaftlichkeitsrechnung und Betriebsplanung im Gartenbau
Von Dr. Heinz Bahnmüller, Heidelberg
und Dr. Erhard Schürmer, Weihenstephan

Die Technik im Gartenbau (Teil 1 und 2)
Von Dipl.-Ing. R. Bohn, Bonn

Hauptkulturen im Zierpflanzenbau
Von OLR a. D. Dr. G. Bosse, Gernsbach, Prof. Dr. F. Escher, Osnabrück, OStD E. Gugenhan, Göppingen, Ing. grad. O. Kneipp, Oeschberg, Dr. Th. Steib, München

Pflanzenschutz im Gemüsebau
Von Dr. G. Crüger, Brühl/Köln

Schnittblumenkulturen
Von Prof. Dr. F. Escher, Osnabrück

Erwerbsgemüsebau
Von Prof. Dr. D. Fritz, Weihenstephan, und OLR Dr. W. Stolz, Wolbeck

Buchführungs- und Steuerrecht im Gartenbau
Begründet von Dr. W. Lederle und W. Steinle
Neubearbeitet von Prof. G. Kirchgatter, Weihenstephan

Pflanzenernährung im Gartenbau
Von Prof. Dr. E. Knickmann, Wiesbaden,
und Prof. Dr. W. Tepe, Geisenheim

Pilzanbau
Von Dr. J. Lelley, Krefeld-Großhüttenhof,
und Ing. F. X. Schmaus, Krefeld-Großhüttenhof

Hydrokultur und Torfkultur
Von Prof. Dr. F. Penningsfeld, Weihenstephan,
und Ing. grad. P. Kurzmann, Weihenstephan

Der Absatz von Zierpflanzen
Von Prof. Dr. W. Schalt, Berlin,
und Dipl.-Gärtner S. Pfeifer, Köln

Pflanzenschutz im Zierpflanzenbau
Von Dr. M. Stahl, Stuttgart,
und Gartenbauing. H. Umgelter, Stuttgart

Gartenbauliche Betriebslehre
Von Dr. Th. Steib, Weihenstephan

Topfpflanzenkulturen
Herausgegeben von Dr. Th. Steib, München, unter Mitarbeit von A. Feßler, Tübingen, U. Gradner, Veitshöchheim, J. Jungbauer, Wolbeck, J. Leinfelder, Weihenstephan, A. Melder, Bad Godesberg

Gewächshäuser
Von Prof. Dr.-Ing. Chr. von Zabeltitz, Hannover

Schnittblumen-kulturen

Prof. Dr. Friedrich Escher
Fachhochschule Osnabrück, Fachbereich Gartenbau

mit einem Beitrag über die Kultur der Schnittorchideen
von Hans Thomale, Lemgo

4., völlig neubearbeitete Auflage
49 Farbfotos
218 Schwarzweißfotos

Verlag Eugen Ulmer Stuttgart

CIP-Kurztitelaufnahme der Deutschen Bibliothek

Escher, Friedrich:
Schnittblumenkulturen / Friedrich Escher. Mit e. Beitr. über d. Kultur d. Schnittorchideen von Hans Thomale. – 4., völlig neubearb. Aufl. – Stuttgart : Ulmer, 1983.
(Handbuch des Erwerbsgärtners)
Früher als: Handbuch des Erwerbsgärtners ; Bd. 2
Bis 3. Aufl. u. d. T.: Escher, Friedrich: Die Schnittblumenkultur in der Erwerbsgärtnerei
ISBN 3-8001-5100-6

© 1952, 1983 Eugen Ulmer GmbH & Co.
Wollgrasweg 41, 7000 Stuttgart 70 (Hohenheim)
Printed in Germany
Einbandgestaltung: A. Krugmann mit einem Foto von K. Rücker, Stuttgart
Zeichnungen: Ena Lindenbaur, Stuttgart
Satz: Bauer + Bökeler, Denkendorf
Druck: Offsetdruckerei K. Grammlich, Pliezhausen
Bindung: H. Koch, Tübingen

Vorwort

Die Entwicklung des Zierpflanzenbaues im vergangenen Jahrzehnt ist von zahlreichen neuen Erkenntnissen, technischen, methodischen und ökonomischen Veränderungen gekennzeichnet, so daß auch diese 4. Auflage der „Schnittblumenkulturen" von Grund auf neu erstellt werden mußte. Dabei wurde der Darstellung von Kulturabläufen und deren Grundlagen besonderer Wert beigemessen. Quellenangaben im Text sollen im Einzelfalle zusätzliche spezielle Information ermöglichen. Auf die Beschreibung von Sorten wurde verzichtet, da sich Sortimente erfahrungsgemäß rasch ändern und die Angaben somit schnell veralten; dem Interessenten steht ohnehin im allgemeinen neuestes, detailliertes Prospekt- und Katalogmaterial neben meist sehr weitgehender Beratung durch Lieferfirmen und Beratungsdienste zur Verfügung. Die tabellarischen Übersichten am Schluß eines jeden Kapitels sind zur schnellen Information gedacht.

Mein Dank gilt allen, die mir durch fachliche Hinweise und die Bereitstellung von Bildmaterial wertvolle Hilfe geleistet haben. In diesen Dank möchte ich Herrn Hans Thomale, Lemgo, einschließen, der wiederum einen Beitrag über Schnittorchideen beigesteuert hat. Besonders verbunden bin ich dem Verlag Eugen Ulmer und seinen Mitarbeitern für die Förderung der Arbeit und die sehr gute Ausstattung des Buches.

Osnabrück, im Herbst 1982 Friedrich Escher

Inhaltsverzeichnis

Vorwort 5

Kulturbeschreibung der Gattungen 9

Agapanthus 9

Alstroemeria 14

Anemone 26

Anthurium 30
  Anthurium-Andreanum-Hybriden 30
  Anthurium-Scherzeranum-Hybriden 43

Antirrhinum 48

Bellis 55

Bouvardia 59

Capsicum 72

Chrysanthemum 75

Clematis 114

Convallaria 117

Crocosmia 123

Cyclamen 126

Dahlia 137

Dianthus 143
  Miniaturnelken 171
  Dianthus barbatus 187

Eucharis 192

Euphorbia 197
  Euphorbia fulgens 199
  Euphorbia pulcherrima 221

Forsythia 231

Freesia 236
  Knollenfreesien 241
  Saatfreesien 250

Gardenia 258

Gentiana 261

Gerbera 266

Gladiolus 294
Gloriosa 308
Gypsophila 322
Heliconia 333
Helleborus 337
Hippeastrum 342
Hyacinthus 352
Iris 355
Ixia 364
Kalanchoe 369
Lathyrus 373
Liatris 378
Lilium 385
Limonium 400
Matthiola 405
Muscari 414
Myosotis 418
Narcissus 421
Nerine 428
Ornithogalum 434
Prunus 439
Rosa 444
Spathiphyllum 483
Strelitzia 486
Syringa 494
Tulipa 506
Vallota 519
Zantedeschia 522

Orchideen 529
Von der Wildpflanze zur Kulturpflanze 529
Kulturtechnik 541
Ertrag und Absatz 548
Die wichtigsten Schnittorchideen im Erwerbsgartenbau 550
Cattleya 550
Brassavola 552
Brassocattleya 553
Brassolaeliocattleya 553
Laelia 553
Laeliocattleya 554

Potinara 554
Sophrolaelia 554
Sophrolaeliocattleya 554
Sophronitis 554
Cymbidium 555
Dendrobium 557
Odontoglossum 559
Cochlioda 560
Miltonia 561
Vuylstekeara 562
Wilsonara 562
Oncidium 563
Paphiopedilum 564
Phalaenopsis 569
Vanda 574

Literatur 575

Stauden für den Schnitt 577
Annuelle, Bienne und Gräser für den Schnitt 585

Allgemeine Literaturhinweise 591
Deutsche Pflanzennamen 592
Bildquellen 594

Kulturbeschreibung der Gattungen

Agapanthus

Agapanthus L'Hérit. – m – *Liliaceae*
Name: agape (gr.) = Liebe, anthos (gr.) = Blume
Heimat: Etwa 9 Arten sind in Südafrika verbreitet.

Bedeutung für den Schnittblumenanbau

Art	Heimat	Blüte
A. africanus (L.) Hoffmgg.	Kapland	VII–VIII
A. campanulatus Leighton	Natal, Pondoland	VII–VIII
A. praecox Willd. emend. Leighton	Kapland, Natal	VII–VIII
ssp. *minimus* (Lindl.) Leighton		
ssp. *orientalis* (Leighton) Leighton		
ssp. *praecox*		

Abb. 1. Agapanthus-Blütenstand.

Die in Kultur befindlichen Typen sind genetisch uneinheitlich, daher ist besonders hinsichtlich der Blütenfarbe sorgfältige Selektion zu betreiben. Dem Gärtner ist die Beachtung des zwar begrenzten, aber interessanten Sortimentes über die obengenannten Arten hinaus zu empfehlen. Dabei ist zwischen laubhaltenden und laubabwerfenden Typen zu unterscheiden (GILLISSEN 1982, KROGT 1982).

Mit fast meterlangen Schnittstielen und leuchtendblauen Blütenständen sind *Agapanthus* repräsentative Schnittblumen. Sie können auch als Kübelpflanzen für Schmuckaufgaben im Freien, zum Beispiel auf Terrassen, während der warmen Jahreszeit Verwendung finden.

Vermehrung

Teilung

Die Teilung älterer Pflanzen ist zwar unergiebig, Teilpflanzen blühen jedoch früher als Sämlinge und erschließen nach Auslese bester Typen die Möglichkeit des Klonaufbaus. Die Teilung selbst ist einfach, doch sollten größere Beschädigungen möglichst vermieden werden, obwohl die Pflanzen nicht sehr empfindlich sind. Mit einem sehr scharfen Messer werden gutbewurzelte Teilstücke mit jeweils 2 bis 3 Trieben von der Mutterpflanze abgetrennt. Bis zur Vollblüte vergehen zwei Kulturjahre. Aus vier- bis fünfjährigen Pflanzen können 8 bis 10 Teilpflanzen gewonnen werden.

Aussaat

Dank reichlichen Samenansatzes ist Aussaat zum Aufbau größerer Bestände wirtschaftlich, erfordert jedoch sorgfältige Auslese guter Typen als Mutterpflanzen. Die Streubreite wichtiger Eigenschaften, wie Ertragshöhe und -zeit, Frühzeitigkeit, Blütenfarbe, -form und Qualität ist bei Sämlingen groß.

Die Saat erfolgt im Frühjahr in TKS 1 oder ein humoses, durchlässiges Substrat aus Torf, Sand und Komposterde. Bei 25 °C keimen die Samen in gut 14 Tagen, bei 15 bis 20 °C in 4 bis 6 Wochen.

Von der Aussaat bis zur ersten Blüte vergehen 2 bis 3 Jahre, nennenswerte Erträge sind aber nicht vor dem 4. Kulturjahr zu erwarten.

Kulturablauf

Die Jungpflanzen werden getopft und zunächst jährlich, später nur noch etwa alle 3 Jahre umgetopft oder verpflanzt. Das anfangs leichtere, humose Substrat wird bei späterem Verpflanzen durch Zusatz lehmiger Anteile bindiger gestaltet. Da nur ältere und größere Pflanzen reichlich blühen, sollte beim Verpflanzen nur soweit unbedingt notwendig geteilt werden.

Im Sommer können *Agapanthus* gut im Freien stehen, wo sie entweder als Kübelpflanzen gleichzeitig Schmuckaufgaben übernehmen können, oder sie werden in der Pflanzengröße entsprechendem Abstand ausgepflanzt.

Während der gesamten Vegetationszeit wird bis etwa September laufend wöchentlich mit Mehrnährstoffdüngern in Konzentrationen von 0,2 bis 0,3 % flüssig gedüngt; dann wird auch das Gießen allmählich eingeschränkt. Während des Winters wird fast kein Wasser mehr gegeben. Im Winter stehen *Agapanthus* kühl bis kalt, jedoch frostfrei und möglichst hell. Im Freiland ausgepflanzte oder in Töpfen beziehungsweise Kübeln stehende, zur Einsparung von Gießarbeit eventuell eingesenkte Pflanzen werden eingeräumt. Sofern sie grundsätzlich unter Glas kultiviert werden, stehen sie ganzjährig ausgepflanzt im Kalthaus. Sollen ausgepflanzte *Agapanthus* im Freien bleiben, müssen sie durch Strohabdeckung gut geschützt werden. In Holland wird, ausgehend von laubabwerfenden und laubhaltenden Sorten, eine intensive Schnittkultur im Freiland und unter Glas praktiziert (Krogt 1982). Alle Sorten sind im Freien zu kultivieren, lediglich im ersten Winter muß mit einer erhöhten Gefahr des Auswinterns gerechnet werden. Aber auch in späteren Standjahren wird von Dezember bis März mit Stroh gedeckt.

Im August/September, gleich nach der Blüte, wird vermehrt und auf durchlässigem oder dräniertem Boden ausgepflanzt. Bei einem Abstand von 25 cm zwischen den Reihen werden in der Reihe sortenabhängig 25 bis 30 cm eingehalten. Bei Beetanbau sind 40 cm breite Wege zu berücksichtigen. Wird dagegen feldmäßig gepflanzt, kann später bei zu dichtem Abstand nach Bedarf etwa jede 4. Reihe aufgenommen werden. Diese Pflanzen werden zum Ersatz von Ausfällen verwendet oder neu aufgepflanzt.

Im April/Mai werden, je nach Bodenart (Durchlässigkeit, Auswaschungsverluste), 3 bis 4 kg Mehrnährstoffdünger (N:P:K = 12:10:18) auf 100 m^2 gegeben. Auf sehr leichten, durchlässigen Böden kann, besonders nach einem regenreichen Frühjahr, eine weitere Düngung notwendig werden. Allgemein sind jedoch hohe Düngergaben zu vermeiden.

Naturgemäß ist im ersten Jahr nur ein geringer Ertrag zu erwarten, der Vollertrag setzt erst im 2. oder 3. Standjahr ein. Da die Ernte ziemlich massiert Ende Juli/Anfang August liegt, bietet es sich an, zumindest bei einem Teil des Bestandes die Blüte zu verfrühen. Damit lassen sich Arbeitsspitzen und Niedrigpreise infolge eines zu großen Angebotes vermeiden.

Zur Blüteverfrühung im Freiland um 2 bis 4 Wochen wird im April/Mai mit Folientunneln überbaut oder, sofern ein Rollhaus vorhanden ist, überrollt. Niedrige Folientunnel müssen wieder abgebaut werden, bevor die Stiele anstoßen und krumm werden.

Hauskultur wird als weitere Möglichkeit zur Blüteverfrühung durchgeführt. Dabei ist zu beachten, ob mit laubabwerfenden oder laubhaltenden Sorten gearbeitet wird. Erstere haben von Oktober bis Februar kein Laub und zeigen selbst bei höherer Wintertemperatur kein Blattwachstum. Sie werden daher nur frostfrei gehalten oder abgedeckt, Heizen wäre überflüssig und sinnlos. Erst bei höherem Lichtangebot kommt das Wachstum wieder in Gang, und durch leichtes Heizen auf 8 bis 10 °C läßt sich die Blüte um 4 bis 6 Wochen auf Mai bis Juni vorverlegen.

Laubhaltende Sorten verlieren das Laub nur unter Frosteinfluß, für sie muß daher im Winter leicht geheizt werden.

Einfluß von Licht und Temperatur

Kurztage und niedrige Temperaturen von etwa 10 bis 15 °C fördern die Blütenbildung, während Langtage und höhere Temperaturen von 20 °C und darüber die Blütenbildung verhindern, aber die Blütenentwicklung fördern (Rünger 1976). Gibt man *Agapanthus* eine Kühlperiode von 50 bis 60 Tagen Dauer bei 10 bis 15 °C, zum Beispiel während des sowieso kühlen Winterstandes, so ist anschließend bei 20 bis 22 °C nach etwa 120 Tagen eine reiche Blüte zu erwarten. Um je-

Agapanthus-Kultur (Übersicht)

Kulturabschnitt/Kulturmaßnahme	Termin		Temperatur	Spezielle Hinweise
Aussaat	III		25 °C (15 bis 20 °C)	Keimzeit 14 Tage (4 bis 6 Wochen)
Teilung älterer Pflanzen		Herbst oder Frühjahr	12 bis 15 °C	Unterwärme. Maximal 8 bis 10 Teilpflanzen aus 4 bis 5jähriger Mutterpflanze. Fleischige Wurzeln schonen, je Teilstück 2–3 Triebe
Pikieren	V	–	12 bis 15 °C	Handkisten, Multitopfplatten
Topfen	VIII (im 2. und 3. Jahr im Frühjahr)	–	12 bis 15 °C	9-cm-Topf, später 11- bis 14-cm-Topf
Pflanzung	3. Anzuchtjahr Herbst oder Frühjahr	Herbst oder Frühjahr	12 bis 15 °C	Abstand je nach Pflanzengröße 25 bis 35 cm
Verpflanzen	Herbst oder Frühjahr		12 bis 15 °C	Etwa alle 3 Jahre, Erde nicht zu leicht
Winterstand	Etwa X–I XII–III		10 °C	Heller Standort Im Freiland Strohabdeckung
Blüte	V–VIII	V–VIII	10 °C	Kühlperiode, mindestens 50 Tage, anschließend höhere Temperaturen bis 22 °C zur Blütenentwicklung

Steuerung			Nach Kühlperiode satzweise wärmer stellen
Kulturdauer bis Blüte bis Vollertrag	3 bis 4 Jahre 4 Jahre	½ bis 1 Jahr 2 Jahre	
Ertrag			Je Trieb 1 Stiel, bis etwa $80/m^2$
Markt			Geringer Marktanteil, begrenzte Mengen gut abzusetzen

Häufige Kulturfehler

Fehlerquelle	Kulturfehler	Folgen
Teilung	Zu häufige Teilung derselben Pflanze in zu kurzen Zeitabständen	Mindererträge an Schnittblumen, da nur ältere, starke Pflanzen reichlich blühen und beste Qualität erbringen
	Unsorgfältiges Arbeiten beim Teilen	Wurzelverletzungen, Fäulnis, Ausfälle
Licht	Dunkler Stand während der Winterruhe und der Vegetationszeit	Ertragseinbußen
Temperatur	Zu warmer Winterstand, Nichtbeachtung des für die Blütenbildung erforderlichen Kühlbedarfs	Mangelhaftes Blühergebnis, sinnlose Erhöhung der Heizkosten

doch diese hohen Temperaturen umgehen zu können, ist es ratsam, die Kühlperiode zu verlängern, weil sich dann auch bei 10 bis 15 °C die Blüte wunschgemäß, wenn auch etwas später, einstellt. Die Verlängerung der Kühlperiode erleichtert offensichtlich die der Blütenanlegung folgende Blütenentwicklung. Es ist zu überlegen, ob man die Pflanzen satzweise gestaffelt kühlt, um sie anschließend bei nur leicht erhöhter Temperatur in Folgen aufzustellen.

Nach der Blüte entwickeln sich die obersten Achselknospen zu vollwertigen, im nächsten Jahre blühenden Trieben. Daher dürfen die Pflanzen nach der Blüte nicht vernachlässigt werden. Im Gewächshaus ist außerdem dafür zu sorgen, daß in dieser Zeit die Temperatur möglichst deutlich unter 20 °C gehalten werden kann, um damit den Knospenansatz zu fördern (KROGT 1982).

Ernte

Agapanthus lassen etwa vom 3. Jahr ab gute Erträge erwarten. Große Pflanzen bringen zwischen 10 und 20 Blütenstiele im Jahr, und zwar einen je Trieb, also bis etwa 80/m^2. Die Ernte erstreckt sich über die Zeit ab Mai bis etwa August mit Schwerpunkt im Juni.

Sobald einige Blüten im Blütenstand geöffnet sind, kann geerntet werden.

Die Stiele werden nicht geschnitten, sondern mit einem kräftigen Ruck gezogen. Sie müssen möglichst bald in Wasser gestellt werden, da längeres Trockenhalten zum Knospenfall führen kann.

Agapanthus können auch als Kübelpflanzen gehandelt werden, da sie sich während der Sommermonate sehr gut als Terrassenschmuck und so weiter eignen.

Literatur

DIPNER, H.: Agapanthus. Gartenwelt **74**, 49–50, 1974.

GILLISSEN, A. J. M.: Aspecten uit onderzoek Agapanthus-sortiment. Vakbl. v. d. Bloemist. **37** (22), 48–51, 1982.

HAHN, E.: Neue winterharte Agapanthus zum Schnitt. Gartenwelt **71**, 504–505, 1971.

KROGT, TH. M.: Mogelijkheden voor Agapanthus als snijbloem buiten en in de kas. Vakbl. v. d. Bloemist. **37** (2) 26–27, 29, 1982.

RISKE: Schöne Schmucklilie, Agapanthus africanus. Gartenwelt **77**, 49, 1977.

SCHMIDT, E.: Nochmals: Agapanthus zum Schnitt. Gartenwelt **72**, 60–61, 1972.

Alstroemeria

Alstroemeria L. – f – *Amaryllidaceae*, Inkalilie, Alstroemerie

Name: Baron Clas. Alstroemer, 1736 bis 1796, schwedischer Botaniker und Landwirt.

Heimat: Etwa 60 Arten sind im tropischen und extratropischen Südamerika, besonders Chile, Peru und Brasilien, verbreitet.

Bedeutung für den Schnittblumenanbau

A. – Ligtu – Hybriden

Im Unterglasanbau werden keine reinen Arten, sondern ausschließlich Sorten dieser Hybridengruppe kultiviert. An ihrer Entstehung sind unter anderem folgende Arten beteiligt:

Abb. 2. Alstroemeria-Blütenstand, 'Orchid'.

Art	Heimat	Blüte
A. aurantiaca D. Don ex Sweet	Chile	VI–VIII
A. ligtu L.	Chile	VI–VII
A. pelegrina L.	Chile, Peru	VI–VIII
A. pulchella L.	N-Brasilien	VI–VIII
A. haemantha Ruiz et Pav.	Chile	VI–VII
A. versicolor Ruiz et Pav.	Chile	VI–VII

Die im Handel angebotenen Sorten lassen sich vegetativ leicht vermehren, stehen aber unter Züchterschutz. Pflanzen können nur gegen Entrichtung einer Lizenzgebühr zusätzlich zum Kaufpreis erworben werden. Die Züchterfirmen gehen von einem beim Erstbezug einmalig erhobenen Betrag je Quadratmeter Pflanzfläche aus. Bei späterem Pflanzenkauf wird nur noch der reine Pflanzenwert berechnet. Eine solche einmalige Investition als Anteil an den Kosten für die Züchtungsarbeit wird von den Züchtern als bei dieser langfristigen Kultur tragbar und vorteilhaft für den Anbauer bezeichnet. Nicht lizenzierte Vermehrung ist illegal und damit unzulässig.

Vermehrung
Mit Ausnahme der für den Unterglasanbau wichtigen Hybriden sind *Alstroemeria* durch Aussaat vermehrbar. Daher kommt diese Methode nur für die im Freiland verwendeten Arten zur Anwendung, zum Beispiel bei *A. aurantiaca*.

Die Hybridsorten können wegen ihrer Heterogenität nur vegetativ durch Teilung im Februar/März beziehungsweise August vermehrt werden. Ihre fleischigen

Wurzeln müssen dabei wegen ihrer Zerbrechlichkeit und Empfindlichkeit gegen Verletzungen mit großer Sorgfalt behandelt und gegen Beschädigungen geschützt werden.

Die einzelnen Teilstücke können relativ klein sein, sollten aber mindestens ein funktionsfähiges Wurzelstück und 2 bis 3 Augen besitzen.

Pflanzung

Alstroemeria werden ausgepflanzt auf Grund- oder Bankbeeten kultiviert. Hauptpflanzzeit ist Anfang Oktober. Starkwachsende Sorten ('Regina') können zuletzt gepflanzt werden. Praktisch ist nach jeder Teilung eine Neupflanzung möglich, also auch schon ab August und im Februar.

Unmittelbar nach dem Eintreffen der Jungpflanzen wird ohne jede Verzögerung gepflanzt. Auf Beeten von 1 m Breite werden 2 Reihen mit etwa 50 cm Abstand und innerhalb der Reihen mit 40 bis 60 cm Abstand gepflanzt. Die Bestandesdichte richtet sich nach den Platzansprüchen und dem Wuchstyp der Sorten.

Die Wegbreite von 60 cm zwischen den Beeten gewährleistet genügend Lichteinfall, zumal die Doppelreihen etwa einen Meter voneinander entfernt stehen.

Da *Alstroemeria* einer Halterung bedürfen, werden gleichzeitig mit dem Pflanzen auch Stützgerüste, wie sie von Nelken bekannt sind, und Netze mit einer Maschengröße von 20 × 20 cm angebracht. Vorher ist eine bodennahe Bewässerungsanlage in Beetmitte zu verlegen.

Abb. 3. Alstroemeria. Ausgelichteter Bestand in guter Kultur.

Abb. 4. Einsatz der Grabenfräse zur Anlage von Dränagegräben.

Ernährung
Die Salzempfindlichkeit der *Alstroemeria* ermöglicht nur eine begrenzte Bevorratung der Pflanzflächen mit Nährsalzen. Die Empfehlungen aus den Niederlanden gehen daher auf eine Stallmistgabe von 1 $m^3/100\ m^2$ mit gut abgelagertem Dung aus. Die eingewurzelten Pflanzen erhalten dann je nach Wuchskraft 14tägig flüssige Mineraldüngergaben, um die erwartete hohe Wuchsleistung zu fördern. Man wählt stickstoff-kali-betonte und mit Spurennährstoffen angereicherte Mehrnährstoffdünger in Konzentrationen von 0,2%.

Bewässerung
Der zumindest zeitweise sehr hohe Wasserbedarf der *Alstroemeria* erfordert eine ausreichende Bewässerungsanlage, die jeweils zwischen zwei Pflanzreihen als Bewässerungsstrang verlegt wird. Ferner ist, je nach Jahreszeit, für eine gut funktionierende Luftbefeuchtungsanlage beziehungsweise Sprühnebeldüsen zu sorgen, um ständig 80 bis 85 % relative Luftfeuchtigkeit halten zu können.

Um vor allem im Winter einer Vernässung des Bestandes vorzubeugen, sollte neben einer dann sparsameren Bewässerung für eine gute Dränage der Beete in 50 cm Tiefe gesorgt werden.

Im Winter und in trüb-feuchten Witterungsperioden ist die Bewässerung besonders vorsichtig zu handhaben und eine Benetzung der Pflanzen möglichst zu vermeiden, um der Botrytis-Gefahr zu begegnen.

Abb. 5. Alstroemerien brauchen, wie viele Kulturen, guten Wasserabzug. Bei Bedarf muß dräniert werden.

Licht

Alstroemerien sind quantitative (fakultative) Langtagpflanzen. Tagesverlängerung durch Zusatzlicht während des natürlichen Kurztages führt zur Blüteverfrühung. Speziell 'Orchid'-Typen reagieren stark auf zusätzliche Belichtung, sogar schon bei relativ geringfügiger Verlängerung des Tages auf 12 Stunden durch Nachtunterbrechung. Auch zyklische Belichtung ist möglich, doch – anders als bei Chrysanthemen – in Intervallen von 10 Minuten Licht und 20 Minuten Dunkelheit. Sie ist insgesamt dennoch etwas weniger wirksam als eine kontinuierliche Belichtung.

Die Sorten reagieren unterschiedlich. So werden für 'Orchid' etwa 12 Stunden, für 'Regina' 13 bis 14 Stunden als ausreichende Tageslänge angenommen. Andere Sorten benötigen zum Teil offenbar bis zu 16 Stunden.

Die erforderlichen Beleuchtungsstärken sind gering und liegen bei 40 bis 60 Lux.

Die Belichtungsdauer richtet sich der Jahreszeit entsprechend nach der tatsächlichen Tageslänge, so daß mit ansteigender natürlicher Tageslänge nach Dezember die zusätzlichen Belichtungszeiten allmählich reduziert werden.

Da Langtagbehandlungen hemmend auf die vegetative Triebbildung wirken, ist es angebracht, zunächst vor allem solche Kulturen zu belichten, die im Anschluß an die frühe Blüte gerodet werden sollen. Bei ihnen wäre ein erneuter Durchtrieb sowieso nutzlos. In diesen Fällen kann schon frühzeitig im Herbst ab etwa Mitte August/Anfang September belichtet werden, wenn die Kulturen gut im Trieb sind.

Ansonsten neigt man in der Praxis dazu, erst ab Anfang Januar, eventuell schon ab Ende Dezember zu belichten, dann aber solange, bis die natürliche Tageslänge von 13 Stunden erreicht ist. Wegen der triebhemmenden Wirkung der Langtagbehandlung ist es gefährlich, Kulturen, deren Blüte im Frühjahr erwartet wird, schon zu bald im Herbst zu belichten. Man erzielt damit zwar sicherlich eine Verfrühung, bekommt aber möglicherweise schlechtere Qualität, zum Teil vertrocknete Blüten und damit einen geringeren Ertrag.

Wichtig ist daher, daß die zu belichtenden Bestände in kräftigem Wachstum stehen; dann kann man auch über einen etwas längeren Zeitraum hinweg belichten. Ist dies nicht der Fall, führt eine zu frühe Belichtung vor Ende Dezember möglicherweise zu der schon erwähnten Knospenvertrocknung. Ist aber die Triebentwicklung gut, so kann schon ab Mitte November für einige (2 bis 4) Wochen belichtet werden. Anschließend kann nach einer Pause von einigen Wochen eine solche Belichtung in gleicher Dauer wiederholt werden. Damit können sich in der Zwischenzeit wieder neue Triebe bilden (Rünger 1976).

Während der ganzen Kultur ist eine möglichst hohe Lichtintensität für den Erfolg ausschlaggebend. Trotzdem ist in Perioden hoher sommerlicher Einstrahlung leicht zu schattieren. Assimilationsbelichtung in den lichtarmen Monaten ist zu aufwendig und daher wenig sinnvoll.

Temperatur

Die Alstroemerienkultur läßt sich mit relativ geringem Heizungsaufwand durchführen. Sie verträgt niedrige Temperaturen recht gut, wenngleich sortenbedingte oder vom Pflanzentypus ausgehende Unterschiede bestehen mögen. Dennoch ist es unangebracht, *Alstroemerien* im Winter kalt stehen zu lassen, obwohl unter bestimmten Umständen sogar eine bedingte Frosthärte vorliegt, denn man will im Frühjahr Neuaustrieb erreichen.

Die höchsten Temperaturansprüche stellen *Alstroemerien* nach der Neupflanzung, wenn die Nachttemperatur in den ersten Wochen 16 °C nicht unterschreiten darf, bis die Kultur in Gang gekommen ist. Allerdings brauchen die Temperaturen auch nicht höher zu liegen. Da so die Bewurzelung am besten gefördert wird, ist eine Boden- oder Vegetationsheizung vorteilhaft. Sie spart Energie, bringt die Wärme direkt an den Ort des Bedarfs und beugt *Botrytis* vor.

Sobald stärkeres Wachstum einsetzt, wird die Temperatur langsam auf 12 bis 10 °C zurückgenommen.

Eine vorjährige Pflanzung kann zum Herbst hin ebenfalls bei Nachttemperaturen von 12 °C stehen, später sogar um 8 °C, je nach Sorte eventuell noch darunter. Dann ist zwar im Winter kein Ertrag mehr zu erwarten, doch läßt er sich so ins Frühjahr verlagern. Dann allerdings kann man auch bei etwa 5 °C Nachttemperatur überwintern. Durch leichtes Heizen, eventuell einige kleinere Temperaturstöße, läßt sich eine kaltgehaltene Kultur aktiv erhalten. Sollen während des Winters auch noch Blumen geschnitten werden, dann sind Mindestnachttemperaturen von 8 bis 10 °C erforderlich. Eine weitere Temperaturerhöhung ist unnötig, unter Umständen sogar nachteilig, wenn sie durch Heizung erzeugt wird. Durch Sonneneinwirkung ist sie dagegen im allgemeinen ungefährlich, weil sie mit einem höheren Lichtangebot verbunden ist. Heizt man jedoch die Häuser nachts auf 12 bis 14 °C auf, so reagieren einige Sorten ('Carmen') durch eine erhöhte Bildung von Blindtrieben und höhere, aber schlappe Pflanzen. Diese Nachteile werden durch eine Blüteverfrühung kaum kompensiert. Dagegen können 'Orchid'-Typen bei gleichen Nachttemperaturen gute Ergebnisse bei früher Blüte bringen.

Untersuchungen von Heins und Wilkins (1979) an den Sorten 'Orchid' und 'Regina' ergaben, daß hohe Lufttemperaturen um 25 °C und kurze Tageslängen von 8 Stunden die vegetative Triebbildung fördern, während niedrige Temperaturen von 9 bis 13 °C und lange Tage von 12 Stunden Blütentriebe induzierten. Darüberhinaus hemmten die hohen Temperaturen auch unabhängig von der Tageslänge die Blüte.

CO_2-Begasung

Wie bei anderen Kulturen auch, ist die Erhöhung des CO_2-Gehaltes der Gewächshausluft für die Ergebnisse zwar positiv zu bewerten, aber doch in erster Linie eine Kostenfrage. Wenn man sich zur Begasung entschließt, sollte sie möglichst ohne Temperaturerhöhung stattfinden.

Pflegemaßnahmen

Neben den genannten Kulturmaßnahmen erfordern *Alstroemeria* noch einige spezielle Pflegemaßnahmen, die jedoch – abgesehen vom Ausdünnen der Bestände – keinen sehr hohen Aufwand erfordern.

Ausdünnen

Alstroemerien wachsen verhältnismäßig schnell und dicht. Daher ist es gerade bei etwas älteren Beständen erforderlich, die Pflanzen im Herbst auszulichten, besonders, wenn im Frühjahr ein guter Ertrag erwartet wird, wofür letztlich die Herbstbehandlung der Pflanzen mitentscheidend ist.

Abb. 6. Entblatten der Schnittstiele.

Dünne, schwache und vor allem blinde Triebe sollten regelmäßig, auf jeden Fall aber im Herbst, herausgenommen werden. Auch Triebe mit vertrockneten Knospen werden entfernt. Man fängt damit möglichst bald an, etwa im Oktober, um den Neuaustrieb im Frühjahr zu begünstigen. Sofern erforderlich, wird nach etwa vier Wochen das Ausdünnen wiederholt. Gerade im Winter ist der ungehinderte Zutritt von Licht und Luft zu den Pflanzen sehr wichtig. Das aber wird vor allem durch dünne und schwache Triebe beeinträchtigt, die nur die Pflanzen füllen, ohne selbst Ertrag zu bringen. Sie vermehren somit im Prinzip nur den Anteil solcher schwacher Triebe nach Art und Weise eines „Schneeballsystems" (VELLEKOOP 1979).

Als Faustregel für den Umfang des Ausdünnens gilt, daß etwa 15 Stiele an der Pflanze stehen bleiben und bei einem Arbeitsgang nicht mehr als ⅔ aller Stiele einer Pflanze entfernt werden sollten.

Förderung nach der Frühjahrsblüte
Mit Abklingen des Frühjahrsflors zielen alle Pflegemaßnahmen auf einen guten Wiederwuchs für die Sommer- beziehungsweise besser Herbstblüte hin. Voraussetzung für den Erfolg ist neben einer normalen, gleichmäßigen Bodenfeuchtigkeit und einem hohen Lichtgenuß für die Pflanzen die Einhaltung möglichst niedriger Temperaturen. Dies bedeutet die richtige Anwendung von Lüftung und Schattierung der Häuser bei größerer Sonneneinstrahlung und gleichzeitiger Aufrechterhaltung der relativen Luftfeuchte von 80 bis 85 % sowie ständiger Kontrolle der Bodenfeuchtigkeit auch in tieferen Schichten bei etwa 50 cm.

Soweit noch Triebe an den Pflanzen sind, können diese (sortenabhängig!) ste-

Abb. 7. Flache Becken mit einer Wasserstandshöhe von etwa 5 cm werden zum Wässern der Schnittblumen benutzt.

hen bleiben. Lediglich bei 'Orchid'-Typen kann man sie wegnehmen, sobald der Durchtrieb für den nächsten Schnitt deutlich einsetzt.

Die Beete werden, soweit erforderlich und möglich, gesäubert und die von der letzten Blüte noch hochliegenden Netze nach unten geschoben, um dann mit fortschreitendem Wachstum wieder hochgezogen zu werden.

Ernte

Alstroemeria sind erntereif, sobald die ersten Blüten Farbe zeigen. Sie blühen in der Vase noch gut auf.

Die Stiele werden mit einem kräftigen, kurzen Ruck gezogen. So bleiben keine fäulnisanfälligen Stengelstümpfe an der Pflanze zurück. Sofern geschnitten wird, zum Beispiel bei Sorten, die sich schlecht reißen lassen ('Regina'), muß möglichst tief abgeschnitten und der Stielrest bald entfernt werden. Dadurch erhöht sich natürlich der Arbeitsaufwand.

Die Längensortierung der Stiele kann auf einer Rosensortiermaschine gut durchgeführt werden.

Bei bis zu 2 ½ Schnitten je Jahr können zwischen 100 und 250 Blütenstiele und darüber vom Nettoquadratmeter geerntet werden (MILDE 1981a und 1981b, VAN STAAVEREN).

Standdauer

Alstroemerien bleiben im Durchschnitt 2 Jahre stehen, Sorteneignung und Gesundheit des Bestandes vorausgesetzt. Die Rodung gibt dann Gelegenheit zur vegetativen Vermehrung (Lizenzfrage beachten!).

Abb. 8. Wässern der fertigen Bunde.

Abb. 9. Nach Abschluß der Kultur wird gefräst.

Literatur

ANONYM: Alstroemeria wirtschaftlich vermehren. Taspo-Magazin (3), 76, 1974.
–: Van Staaveren introduceert twee rode Alstroemeriarassen. Vakbl. v. d. Bloemisterij **34,** (18), 19, 1979 a.
–: Alstroemeria Hergroei na voorjaarsbloei. Vakbl. v. d. Bloemist. **34,** (22), 26, 1979 b.
–: Alstroemeria Belichting in najaar. Vakbl. v. d. Bloemist. **34,** (30), 18, 1979 c.
–: Alstroemeria Planten. Vakbl. v. d. Bloemist. **34,** (36), 20, 1979 d.
–: Alstroemeria Dunnen. Vakbl. v. d. Bloemist. **34,** (40), 28, 1979 e.
–: Alstroemeria Nachttemperatuur. Vakbl. v. d. Bloemist. **34,** (41), 26, 1979 f.
–: Alstroemeria Dunnen. Vakbl. v. d. Bloemist. **34,** (48), 22, 1979 g.
–: Alstroemeria Belichting. Vakbl. v. d. Bloemist. **35,** (1), 20, 1980 a.
–: Alstroemeria Temperatuur. Vakbl. v. d. Bloemist. **35,** (2), 20, 1980 b.
–: Alstroemeria Belichten. Vakbl. v. d. Bloemist. **35,** (4), 30, 1980 c.
–: Alstroemeria Kasklimaat. Vakbl. v. d. Bloemist. **35,** (5), 42, 1980 d.
BROERTJES, C., and VERBOOM, H.: Mutation breeding of Alstroemeria. Euphytica **23,** 39–44, 1974.
GAALEN, H. J. van, und VELLEKOOP, L.: Arbeidsbesparing bij oogst en verwerking Alstroemeria. Vakbl. v. d. Bloemist. **35,** (24), 38–39, 1980.
HEINS, R. D., and WILKINS, H. F.: Effect of Soil Temperature and Photoperiod on Vegetative and Reproductive Growth of Alstroemeria 'Regina'. Jour. Amer. Soc. Hort. Sci. **104,** (3), 359–365, 1979.
LELIVELD, H. P. J.: Hoe staat het met de teelt van Alstroemeria? Vakbl. v. d. Bloemist. **29,** (37), 12–13, 1974.
LELIVELD, H. P. J.: Ziektebestrijding in Alstroemeria-teelt. Vakbl. v. d. Bloemist. **31,** (11), 15, 1976.
L. ST.: Alstroemeria – Keine problemlos Kultur. Gartenwelt **73,** 127–128, 1973.
MILDE, H.: Alstroemeria-Ligtu-Hybriden. Gb + Gw **81,** (7), 156–158, 1981a.
MILDE, H.: Alstroemeria-Ligtu-Hybriden. Gb + Gw **81,** (34), 778–780, 1981b.
MOUM, P. O., und STROEMME, E.: Blütensteuerung bei Alstroemeria. Gb + Gw **81** (26) 601–603, 1981.
MÜCKE, K. H.: Die Alstroemeria-Kultur. Gartenwelt **73,** 220–222, 1973.

Alstroemeria-Kultur (Übersicht)

Kulturabschnitt/Kulturmaßnahme	Termin	Temperatur	Spezielle Hinweise
Pflanzung (eventuell Teilung älterer Pflanzen)	X (VIII, II)		2 Reihen/Beet, 50 cm Abstand; 40 bis 60 cm Abstand in der Reihe
		16 °C	Bis Bewurzelung erfolgt
		10–12 °C	Anschließend
Winterstand, auch ältere Bestände		7 bis 8 °C	
Belichtung (Langtagbehandlung 40 bis 60 Lux, Tageslänge 11 bis 16 Stunden)	Mitte VIII – Mitte IX		Nur Bestände, die zum Winter gerodet werden sollen
	Ende XII/Anfang I		Andere, gut wüchsige Bestände
Ausdünnen	Herbst, etwa ab X		Dünne, schwache, blinde Triebe entfernen, dadurch guter Ertrag im Frühjahr
Blüte	Frühjahr, Sommer/Herbst		Bis zu 2,5 Ernten/Jahr
Steuerung			Begrenzt möglich durch Langtagbehandlung
Kulturdauer bis Blüte	½ Jahr		
bis Rodung	2 Jahre		
Ertrag			60 bis 100 Stiele je Ernteperiode, also bis über $250/m^2$/Jahr.
Markt			Gängige Schnittblume mit mittlerem Marktanteil

Häufige Kulturfehler

Fehlerquelle	Kulturfehler	Folgen
Licht	Zusatzbelichtung junger Kulturen im Herbst, die im Frühjahr und Sommer blühen sollen	Behinderung des Austriebes, schwacher Durchtrieb
	Zu früh, vor Ende Dezember beginnende Belichtung bei ungenügender Wüchsigkeit	Gefahr der Blütenvertrocknung, dadurch hoher Ausfall
	Zu lang andauernde Zusatzbelichtung, zu große Tageslänge durch Zusatzlicht	Kurze Stiele, geringere Zahl von Einzelblüten, Blütenvertrocknung möglich, aber (positiv!) frühe Blüte
Temperatur	Unterschreitung von 16 °C nach Neupflanzung	Verzögertes Anwachsen, Wachstumsstockung schon im Aufbau
	Hohe Nachttemperatur von 12 bis 14 °C im Winter	Blindtriebbildung, schlappe Pflanzen
Wasser	Vernässung im Winter, schlechte Dränage	Ausfälle
Pflege	Unterlassenes oder mangelhaftes Ausdünnen älterer, dichtgewachsener Bestände im Herbst	Neuaustrieb behindert, Vermehrung schwacher, nicht leistungsfähiger Triebe

Pflanzenschutz

Krankheit, Erreger, Schädling	Schadbild	Bekämpfung	Bemerkungen
Pythium-Wurzel- und Rhizomfäule *Pythium spec.*	Wurzelfäule, die sich auf das Rhizom ausdehnt, Welkeerscheinungen; besonders gefährdet sind Vermehrungen	Bayer 5072, Ortho-Difolatan, AAterra, Previcur	
Rhizoctonia-Fußkrankheit *Rhizoctonia spec.*	Stengelfäule dicht oberhalb des Wurzelstockes, auf Rhizom übergreifend; häufig bei jungen Pflanzen nach der Ruhezeit	Zineb, Captan, TMTD, Metiram, Bayer 5072	Bodenentseuchung
Grauschimmel *Botrytis cinerea* Pers.	Fäulnis, Schimmelrasenbildung	Tecto fl., Euparen, TMTD, diverse Räuchermittel	Hygienemaßnahmen! Gefahr im Winter: enger Stand, schlechte Durchlüftung
Blattläuse	Saugschäden	Demeton (Metasystox), Methomyl (Lannate 25 WP)	
Weiße Fliege	Saugschäden durch Larven an Blattunterseite	Viele Insektizide, z. B. Dichlorvos (Dedevap)	Virusüberträger (?)
Raupen	Fraßschäden an Knospen und Blättern	Trichlorphon (Dipterex), Lannate 25 WP	
Viruserkrankung	Ringflecken auf Blättern		Bekämpfung von Vektoren zum Beispiel Älchen (Trichodorus) (LELIVELD, 1976)

PROEFSTATION V. D. BLOEMIST., AALSMEER, PROEFSTAT. V. D. TUINBOUW ONDER GLAS, NAALDWIJK, CONSULENTSCHAPPEN V. D. TUINBOUW: Alstroemerialteelt. Bloementeeltinformatie Nr. 20, 1981.
SPIER, P., und MILDE, H.: Eine wertvolle Schnittblume. Gb + Gw **77,** 774–776, 1977.
VAN STAAVEREN: (Prospektmaterial, o. J., ausgegeben 1981).
THOMPSON, P. A., NEWMAN, P., and KEEFE, P. D.: Germination of species of Alstroemeria L. Gartenbauwissenschaft **44,** (3), 97–102, 1979.
VELLEKOOP, L.: Met Alstroemeria de winter door. Vakbl. v. d. Bloemist. **34,** (46), 26–27, 1979.
VONK NOORDEGRAAF, C.: Bloemproduktie bij Alstroemeria 'Walter Fleming'. Meded. Nr. 69, Proefstat. v. d. Bloemist., Aalsmeer, 1981.

Anemone

Anemone L. – f – *Ranunculaceae*, Anemone
Name: anemos (gr.) = Wind
Heimat: Etwa 120 Arten sind weit verbreitet, vorwiegend in der Nordhemisphäre, einige (5) Arten sind sogar arktisch.

Bedeutung für den Schnittblumenanbau

Art	Heimat	Blüte
A. coronaria L. Garten- oder Kronen-Anemone	Mittelmeergebiet, West-Asien	III–V
A. × *fulgens* (DC.) Gayer (*A. hortensis* × *A. pavonina*)		III–V
A.-Japonica-Hybriden (*A. hupehensis* var. *japonica* × *A. vitifolia; A. hybrida* Paxt., *A.* × *elegans* Decne.) Herbstanemonen		VII–IX

Neben den Sorten der genannten Arten und Hybriden kommen in kleinerem Ausmaß einige Frühjahrsblüher des Staudengartens für den Blumenschnitt in Frage.

Anemone coronaria ist die am häufigsten und im allgemeinen kultivierte Art; auf sie beziehen sich auch die folgenden Ausführungen. Sie wird durch Aussaat oder durch Knollen vermehrt.

Sämlingskultur

Aussaat ist lohnend, wenn man von gutem Saatgut aus selektierten Beständen ausgeht. Die daraus erwachsenden Farbmischungen befriedigen nur bei guten Herkünften.

Nach der Samenreife, also ab Anfang September, wird unter Glas, eventuell im Frühbeetkasten, ausgesät. Der Saatgutbedarf liegt bei 10 g/m^2. Weite Aussaat erspart das Pikieren.

Nach Überwinterung unter Glasschutz blühen die Sämlinge ab Mai. Die jungen, noch relativ schwachen Pflanzen bringen so schon bald die ersten Erträge.

Februar- beziehungsweise Märzaussaat führt zu einem kräftigen vegetativen Aufbau der Pflanzen und bringt im Folgejahr eine schon frühe Blüte im Februar. Dieses Verfahren ist jedoch aufwendiger, weil bei einem geringeren Keimergebnis ein etwas höherer Saatgutverbrauch zu verzeichnen ist und außerdem in Handkisten gesät wird, wodurch Pikieren oder Verpflanzen notwendig wird; Abstand etwa 12 × 12 bis 12 × 15 cm, also 50 bis 65 Pflanzen/m^2.

Wenn die Pflanzen nach der Blüte eingezogen haben, werden die Knollen geerntet, geputzt und zu gegebener Zeit wieder aufgepflanzt. Für planmäßige Knollenerzeugung sollten die Pflanzen jedoch nicht geblüht haben. Von den brüchigen, vorsichtig zu behandelnden Knollen („Pfoten“, „Klauen“) werden die Brutknöllchen abgenommen und im März bis April unter Glas (Frühbeetkasten, Folientunnel) im Abstand 12 × 12 bis 12 × 15 cm ausgepflanzt.

Abb. 10. Anemonenblüten verschiedenen Alters. Oben: Blüte zur Samengewinnung. Unten: Das optimale Schnittstadium ist bereits überschritten.

Knollenkultur

Nur bestes Ausgangsmaterial guter Herkünfte in den Größen 6/7 oder 7/8 cm verspricht vollen Erfolg. Da die Knollen oft recht lange trocken gelagert werden, müssen sie vor dem Pflanzen maximal bis zu 6 Stunden lang in lauwarmem Wasser eingeweicht werden. Dies kann bei Pflanzung auf feuchteren Böden entfallen, doch sollte trotzdem vorher durchdringend bewässert werden.

Zweifellos am einfachsten und unproblematischsten ist der Freilandanbau mit anschließender Überbauung für frühe Blüte, zum Beispiel mit Folientunnel, Wanderkasten oder dem recht aufwendigen Rollhaus. Im September/Oktober bis Dezember wird in den gut gelockerten Boden 3 bis 5 cm tief gepflanzt. Bei Reihenabständen von 15 cm liegt die Pflanzweite in der Reihe bei 10 cm. Besser ist es jedoch, bei zwar etwas höherem Flächenaufwand Reihenabstände von 25 cm zu wählen, wodurch die Kultur wesentlich mehr Licht und Luft erhält, was auch dann der Fall ist, wenn nunmehr innerhalb der Reihe enger mit 5 bis 8 cm Abstand gepflanzt wird. Dank der Reihenpflanzung werden bei verringerter Botrytis-Gefahr die Pflege- und Erntearbeiten erleichtert.

Die Neupflanzung kann mit einer etwa 3 cm starken Schicht aus Torf und/oder Kompost abgedeckt werden. Wenn erforderlich, wird gut eingeregnet. Noch vor Frosteinbruch, also etwa im November, wird die Überbauung angebracht. Möglicherweise wird ein zusätzlicher Windschutz nützlich sein, der aber schon bald wieder entfernt werden muß, wenn die Februarsonne anfängt, stärker zu wirken.

Mit zunehmender Sonne und Wärme wird reichlicher gelüftet und bewässert. Die Kulturen dürfen nicht austrocknen. Je nach Witterungsbedingungen setzt die Blüte schon ab Februar ein.

Bei einem Satz für früheste Blüte mit Pflanzung Ende September/Anfang Oktober kann schon ab Anfang Januar die Haustemperatur auf 12 bis 15 °C erhöht werden. Aber auch ein leichtes Heizen auf 8 bis 10 °C bringt einen frühen, guten Ertrag. Bei Sonne muß ausreichend gelüftet werden, weil bei Haustemperaturen von mehr als 20 °C die Knospenentwicklung zum Stillstand kommt.

Eine wesentliche Verbesserung gegenüber diesem Kulturverlauf bietet nach HEGELE (1982) die Einführung der F_1-Riesen-Anemone 'Mona Lisa' mit geringen Temperaturansprüchen und qualitativ wie quantitativ hohen Erträgen.

'Mona Lisa' wird im Juni/Juli im Abstand von 15 × 25 cm auf entseuchte Gewächshausgrundbeete gepflanzt. Der Boden sollte neutral bis alkalisch (pH 7 bis 8) sein. Vor dem Pflanzen werden 4 bis 4,5 kg Superphosphat je 100 m^2 gegeben. Nach dem Einwurzeln folgt eine flüssige stickstoff-kali-betonte (N:P:K = 25–35:5:30) Düngung. Um Austrocknen zu vermeiden, wird bis Ende August schattiert und erst ab September bei vollem Licht kultiviert. Ab September wird auf 7 bis 8 °C geheizt, ab 12 bis 15 °C muß gelüftet werden.

HEGELE (1982) gibt die Erträge für den Zeitraum von Oktober bis März mit rund 15 Stielen je Pflanze, also etwa 450 Blumen vom Quadratmeter, an. Die Qualität ist bei Blütendurchmessern bis zu 10 cm und Stiellängen bis zu 45 cm hoch. Die Haltbarkeit in der Vase wird mit mindestens 10 Tagen angegeben, sofern die Blumen in erblühtem (!) Zustand geschnitten werden. Ab 1983 sind Farbsorten von dieser Anemone zu erwarten.

Ernte

Anemonen werden knapp halbgeöffnet geschnitten, da sie in der Vase gut aufblühen. Voll geöffnete Blüten sind schon zu weit entwickelt und stehen vor dem Verblühen. Sie werden in Bunden zu 20 Stück gehandelt. Von einer Knolle können, je nach Qualität des verwendeten Pflanzmaterials, 5 bis 10 Schnittblumen geerntet werden.

Beim letzten Erntedurchgang können die Pflanzen mit dem Laub aus dem Boden gezogen und weggeworfen werden, um eine notwendige Rodungsaktion einzusparen. Die gebrauchten Knollen sind zwar wieder zu verwenden, aber die durch die Unterglaskultur eingetretene deutliche Schwächung und eine mögliche Gesundheitsschädigung der Knollen läßt dies nicht als zweckmäßig erscheinen.

Literatur

ANONYM: Anemoon Buitenplanten voor teelt in rolkassen. Vakbl. v. d. Bloemist. **34,** (38), 26, 1971 a.

–: Anemoon Lage Temperatuur. Vakbl. v. d. Bloemist. **34,** (49), 24, 1979 b.

–: Anemoon Temperatuur. Vakbl. v. d. Bloemist. **35,** (2), 20, 1980.

HEGELE, A.: Eine neue Riesen-Anemone. Deutscher Gartenbau **36**, (11), 506–507, 1982.

SCHMIDT, E.: Schnittblumen für das Frühjahr Gb + Gw **78,** 32, 1978.

Anemone-Coronaria-Kultur (Übersicht)

Kulturabschnitt/Kulturmaßnahme	Termin			Temperatur	Spezielle Hinweise
Aussaat	VIII–IX	II–III		16 bis 18 °C	(Optimaltemperatur!) Frostkeimer, Aussaat unter Glas, etwa 10 g/m²
Knollenpflanzung (eventuell Teilung)	–	–	IX–X (bis XII) VI–VII		Freiland, vor Frost überbauen; 15 × 10 cm oder 25 × 6 bis 8 cm ('Mona Lisa') Kalthaus, 15 × 25 cm
Blüte	V	II	II–V	8 bis 10 °C 7–8 °C	Maiblüte im Freiland, vorher unter Glas oder Folie ('Mona Lisa') Oktober bis März
Steuerung					Nur durch Folgesätze unter Glas, Folie und im Freiland
Kulturdauer bis Blüte	9 Monate	11 bis 12 Monate	5 bis 8 Monate		
bis Rodung	Jeweils etwa 1 Monat länger nach Aberntung				Wiederverwendung der Knollen möglich, aber kaum zu empfehlen
Ertrag					5 bis 10 Stiele/Knolle
Markt					Beliebte, gängige Schnittblumen

Häufige Kulturfehler

Fehlerquelle	Kulturfehler	Folgen
Temperatur	Hohe Haustemperatur von 20 °C und darüber	Knospenentwicklung unterbleibt, Ausfall der Blüte
Ernte	Falscher, verspäteter Erntezeitpunkt, wenn die Blumen schon geöffnet sind	Haltbarkeitsdauer erheblich vermindert

Anthurium

Anthurium Schott – n – *Araceae*, Flamingoblume
Name: anthos (gr.) = Blüte, oura (gr.) = Schwanz
Heimat: Etwa 500 Arten sind im tropischen Amerika verbreitet.

Bedeutung für den Schnittblumenanbau

Hybride	Heimat	Blüte
A.-Andreanum-Hybriden Große Flamingoblume	Stammart aus Kolumbien	ganzjährig
A.-Scherzeranum-Hybriden Kleine Flamingoblume	Stammart aus Costa Rica, Guatemala	praktisch ganzjährig, besonders Frühjahr

Reine Arten sind als Schnittblumen nicht in Kultur. Im allgemeinen werden *A.*-Andreanum-Hybriden für Schnittzwecke kultiviert, während *A.*-Scherzeranum-Hybriden überwiegend als Topfpflanzen Verwendung finden. Sie können jedoch auch als haltbare, gern gekaufte Schnittblumen gelten, werden aber zu diesem Zweck relativ selten angebaut. Die folgenden Ausführungen beziehen sich daher auf *A.*-Andreanum-Hybriden. Sie werden von Spezialbetrieben in erstklassigen Herkünften angeboten.

Anthurium-Jungpflanzen werden als Sämlinge angezogen, auf herkömmliche Weise vegetativ vermehrt oder durch Gewebekultur erzeugt. Dieses letztgenannte Verfahren ermöglicht die schnelle und absolut sortenreine Vermehrung besonders guter Typen in ausreichender Menge. Sämlinge streuen dagegen in ihrem Erscheinungsbild recht weitgehend, und die vegetative Vermehrung ist nicht ergiebig genug. So sind dank der neuen Vermehrungsmethode farblich und in ihren sonstigen Eigenschaften einheitliche Sorten zu beziehen. Daneben sind noch Farbmischungen (Sämlinge) mit den Haupttönen Rot und Orange im Handel.
Die wesentlichen Anforderungen an das Ausgangsmaterial sind:

- Hohe Erträge allgemein und in den verschiedenen Jahreszeiten, insbesondere Wintererträge,
- gute, reine Farbe, ansprechende Form und ausreichende Größe der Spatha, vor allem ohne grünen Rand und nicht zum Verblauen neigend,
- Versandfestigkeit und Haltbarkeit,
- geringe Wärmeansprüche in der Kultur und Unempfindlichkeit gegenüber Temperaturabsenkungen.

Anthurium-Andreanum-Hybriden

Vermehrung
Aussaat
Obwohl die Vermehrung durch Aussaat durch die neuen Entwicklungen auf dem Gebiet der Gewebekultur in einem anderen Licht gesehen werden muß und auch der Schnittblumenbetrieb sein benötigtes Jungpflanzenmaterial durch Zukauf erwerben statt selbst vermehren dürfte, wird die Saatvermehrung zunächst noch Bedeutung behalten.

Gewinnung des Saatgutes

Saatgut darf nur von streng selektierten Mutterpflanzen gewonnen werden.

Der Kolben (Spadix) stellt einen Blütenstand dar, dessen Einzelblüten von unten nach oben aufblühen und protogyn (vorweibig) sind. Demnach sind die weiblichen Blütenorgane früher reif als die männlichen, so daß zur Bestäubung Pollen von älteren auf die Narben von jüngeren Blüten mit einem feinen Pinsel übertragen werden müssen. Da der Ablauf der Blüte und damit der Reife innerhalb eines Blütenstandes etwa 6 Wochen in Anspruch nimmt, muß innerhalb dieser Zeit mehrmals wöchentlich bestäubt werden. Kreuzbestäubung ist vorzuziehen, schon weil man bei Bestäubung innerhalb desselben Blütenstandes wegen der Protogynie zumindest auf die Befruchtung der ersten Blüten verzichten müßte. Das wäre nicht vertretbar, da eine der zwar zahlreichen Beeren nur jeweils 2 bis 3 Samenkörner enthält.

Die Samenreife dauert, je nach Jahreszeit, 6 bis 7 Monate. Die Beeren sind dann orangegelb leuchtend.

Aufbereitung des Saatgutes

Wegen der kurzen Keimfähigkeit müssen die Beeren möglichst schnell verarbeitet werden. Da der Saft des Fruchtfleisches keimhemmend wirkt, werden die Beeren entweder auf Schaumstoff oder in den Händen zerrieben und das so gewonnene Saatgut anschließend mehrmals in lauwarmem Wasser (20 bis 24 °C) sorgfältig gewaschen. Möglich ist auch die Beseitigung des restlichen Fruchtfleisches durch Vergärung oder auf chemischem Wege (Maurer und Brandes 1979).

Das Saatgut wird nach dem Waschen kurz an der Luft getrocknet. Eine Lagerung ist nicht zu empfehlen, sondern die Aussaat sollte baldmöglichst erfolgen, um ein Höchstmaß an Keimfähigkeit zu bewahren, die andernfalls innerhalb weniger Tage erlischt (Bachthaler 1977). (Die Ergebnisse wurden bei *A.*-Scherzeranum-Hybriden erzielt, sind aber möglicherweise auf *A.*-Andreanum-Hybriden zu übertragen).

Kann nicht unverzüglich ausgesät werden, zum Beispiel, weil der Abschluß der gesamten Samenernte abgewartet werden soll, so sind die Samen besser bis zur Aussaat in den Beeren zu lassen und erst dann auszureiben und zu waschen.

Aussaat

Anthurien werden direkt in Kisten oder Styroporschalen gesät und weder bedeckt noch angegossen. Als Substrat ist Torf sehr gut geeignet, aber auch Epiphytenpflanzstoffe mit einem hohen Sphagnumanteil oder reines gehacktes Sphagnum sowie Nadelerde werden verwendet.

Die Samen werden etwa 2 × 2 cm weit ausgelegt, wodurch ein sehr frühes Pikieren eingespart wird. Die Keimung läuft bei 24 °C und hoher relativer Luftfeuchtigkeit innerhalb von 10 Tagen ab. Zur Erhaltung einer hohen Luftfeuchtigkeit kann eine Sprühnebelanlage eingesetzt oder mit Folie abgedeckt werden.

Die Keimergebnisse variieren mit den Keimbedingungen, der Qualität und dem Alter des Saatgutes.

Pikieren

Bei einer etwa 24monatigen Anzuchtzeit zwischen Aussaat und Pflanzung ist es verständlich, daß etwa dreimal pikiert werden muß. Dies geschieht erstmalig nach rund 4 Monaten auf einen Abstand von 5 × 5 cm. Nach weiteren jeweils 6 Monaten wird auf 10 × 10 cm beziehungsweise beim letzten Mal auf 15 × 15 cm pikiert. Als Substrate kommen TKS 1, andere selbsthergestellte Torfsubstrate, Nadelerden, Rindensubstrate oder humusreiche Praxismischungen zur Anwendung. Die Pflanzen stehen am besten auf Tischen oder Beeten mit Unterheizung.

Obwohl es naheliegt, durch die Wahl größerer Pikierabstände Arbeitszeit einzusparen, ist doch vor einer zu großzügigen Standraumbemessung zu warnen, da *Anthurium* wegen ihrer Abhängigkeit von einem geschlossenen Bestandesklima bei engerem Stand besser und damit schneller wachsen und sich entwickeln. Schließlich muß der Standraum im Gewächshaus wegen des hohen Heizungsaufwandes zumindest im Winter weitgehend ausgenutzt werden.

Auslese des Pflanzgutes
Von großer Bedeutung ist die sorgfältige Selektion des Pflanzgutes schon bei jedem Pikiervorgang.

Größensortierung: Besonders wichtig ist es, bei jedem Pikieren oder Verpflanzen nach Pflanzengrößen zu sortieren und den Standraum diesen anzupassen. Pflanzen, die deutlich hinter solchen desselben Satzes zurückgeblieben sind, werden ausgeschieden, da sie auch in Zukunft nur langsam wachsen und niemals zur erwarteten hohen Leistungsfähigkeit gelangen werden. Auch recht buschig gewachsene Pflanzen sind zu verwerfen, denn meistens bringen solche Pflanzen mit einer größeren Anzahl von Vegetationspunkten nur Laub und kaum Blütenstände hervor (PROEFSTATIONEN NAALDWIJK/AALSMEER 1977). Die wenigen Blumen sind dann obendrein noch zu klein.

Abweichungen von der Norm: Pflanzen mit abweichenden Formen oder Farben bei Blättern und Blütenständen lassen auch später keine qualitativ hochwertigen Erträge erwarten. Beispielsweise sind Pflanzen mit mehr runden Blättern verdächtig, ähnlich – also schlecht! – geformte Spathen zu bringen.

Eine sorgfältige, nicht zu kleinliche Auslese schon beim Pikieren erfordert zwar das Ausmerzen einer eventuell größeren Zahl von Pflanzen, was bei der Aussaat schon einkalkuliert werden muß, garantiert dafür aber einen um so besseren Schnittbestand. Dies sollte man bei einer so wertvollen Kultur bedenken.

Teilung
Teilung ist unergiebig und dient der Verjüngung und qualitativen Verbesserung stehender Bestände. Nur in bescheidenem Maße ist eine Vermehrung möglich.

Das sich nach oben stark verlängernde Stämmchen läßt die Pflanzen nach einiger Zeit zu hoch werden. Sie stehen nicht mehr fest. Man biegt sie seitlich um, befestigt sie am Boden und bedeckt den unteren Stammteil mit Substrat. Die Temperatur muß erhöht werden, am besten auf 22 bis 25 °C, was in den meist großen Häusern zu einem sehr hohen Heizaufwand führt. Daher sollte man für dieses Vorhaben die warme Jahreszeit wählen. Die relative Luftfeuchtigkeit wird möglichst hoch auf 90 % und darüber eingestellt. So bilden sich an den angehäufelten Stengelteilen bald Wurzeln und Austriebe. Anschließend werden der bewurzelte Kopfteil der Pflanze und, soweit möglich, ein oder mehrere bewurzelte Triebteile abgenommen und als neue Pflanzen aufgepflanzt.

Auf diese Weise werden nur die besten Pflanzen eines Bestandes vermehrt, um die Durchschnittsqualität zu heben.

Abb. 11. Anthurium-Andreanum 'Hybride': Mit Luftwurzeln besetzte Sprosse zeigen eine deutliche Verlängerung des Stämmchens.

Gewebekultur

Die seit 1974 in den Niederlanden durch Pierik und Leffring vorangetriebene Entwicklung der Gewebekultur bei *Authurium* eröffnet für den Anbau neue, interessante Perspektiven. So ist die schnelle und weitgehend sichere Vermehrung eines besonders guten Typs möglich, und zwar von einer Einzelpflanze ausgehend! Mit den bisherigen Methoden der Aussaat (starke Streuung, da genetisch uneinheitliches Material) und Teilung (unergiebig, nur sehr langsam fortschreitender Klonaufbau) sind die Gärtner nur langsam vorangekommen.

Nunmehr ist es möglich, mit genauen Zielvorstellungen an die Auslese vermehrungs- und anbauwürdiger Typen zu gehen, da man aus einer großen Population nur ganz wenige Pflanzen auslesen muß und nicht, wie bisher, eine Vielzahl von Mutterpflanzen zu selektieren hat. Selbst relativ kurzfristig auftretende Notwendigkeiten in der Festlegung der Zuchtziele lassen sich weit schneller realisieren als bisher. Dank der großen Vermehrungsrate durch Gewebekultur kann von einer einzigen idealen Pflanze ausgehend innerhalb kurzer Zeit eine große Zahl identischer Nachkommen erzeugt werden. Da die Methode ihrerseits einen hohen Aufwand erfordert, muß die Auslese mit äußerster Sorgfalt erfolgen. Nur absolute Spitzenpflanzen werden bearbeitet!

Bei dieser Methode wird unter Laborbedingungen auf Blattstückchen Kallusbildung erzielt. Mit dem rasch fortschreitenden Kalluswachstum kommt es zur Kallusvermehrung und schließlich zur Trieb- und Wurzelbildung, so daß neue Pflänzchen in sehr großer Zahl entstehen. Die Schwierigkeit liegt darin, daß in der sogenannten Kallusphase die Gefahr von Mutationen recht groß ist, so daß das Ergebnis durchaus anders als erwünscht sein kann; dies scheint im Fall der

Anthurien im Gegensatz zu manchen anderen Kulturen jedoch relativ selten einzutreten. Eine Reihe von Anzuchtbetrieben arbeitet mit dieser Methode und bietet sortenreines, einheitliches Material an. Vergleiche solcher Klone mit Sämlingen (VAN LEEUWEN 1980) haben gezeigt, daß mit diesen Sorten erhebliche Ertragssteigerungen zu erzielen sind.

Pflanzung

Bodenvorbereitung
Vor jeder Neupflanzung stehen Bodendesinfektion und Unkrautbekämpfung, sofern erforderlich sogar Austausch des Substrates. Wegen der durch die Düngung der Vorkultur möglichen Gefahr einer Bodenversalzung ist ferner das Durchspülen mit reichlich Wasser empfehlenswert. Damit werden Salzreste in tiefere Bodenschichten gewaschen und gleichzeitig wird der Untergrund befeuchtet. Mit dem Durchspülen läßt sich zudem das Funktionieren der Dränage überprüfen, mit der während der Kultur jederzeit überschüssiges Wasser abgeführt und eventuell angesammelte Salze ausgewaschen werden können.

Sobald der Boden etwas abgetrocknet ist, wird er grob durchgefräst, wobei auf eine tiefe Bearbeitung verzichtet werden kann.

Bei Grundbeeten werden Seitenkanten aus Betonrandsteinen oder (billigeren!) Eternitstreifen so angebracht, daß auf den gefrästen Boden eine Substratschicht auf Torfbasis oder aus Nadelerde in etwa 15 bis 20 cm Stärke aufgebracht werden kann.

Nach Verabreichen der vorgesehenen mineralischen Düngung wird das Pflanzbeet über die Bewässerungsanlage durchdringend angefeuchtet.

Technische Ausstattung der Beete
Neben einer gut funktionierenden Bewässerungsanlage in Beetmitte sind die Beete mit einer Boden- oder Vegetationsheizung auszustatten.

Pflanztermin
Anthurien können jederzeit gepflanzt werden, so daß für die Wahl des Pflanztermins letztlich Überlegungen des Betriebsleiters ausschlaggebend sind. Neben den jahreszeitlich unterschiedlichen Wachstumsbedingungen spielen betriebswirtschaftliche Erwägungen, das Vorhandensein geeigneter freier Flächen, die Verfügbarkeit guten Pflanzmaterials und organisatorische Bedingungen eine Rolle für die Wahl des Pflanztermins. Meist werden Frühjahrs- oder Spätsommer- bis Herbstpflanzungen angelegt.

Pflanzabstände
Bei Reihenabständen von 30 bis 35 cm pflanzt man innerhalb der Reihe auf etwa 30 cm, gelegentlich sogar noch etwas enger, je nach Größe und Wuchstyp der verwendeten Pflanzen und vorgesehener Standdauer. Somit wird mit einem Bestand von 6,5 bis 7,5 Pflanzen je Bruttoquadratmeter gerechnet.

Die Beete werden bis zu 1,40 m breit angelegt, um vier Reihen pflanzen zu können. Sind die Beetbreiten, bedingt durch den Gewächshaustyp, anders festgelegt, werden die Pflanzabstände im Einzelfall variiert. Die Wegbreiten sollten bei aller gebotenen Sparsamkeit nicht unter 60 cm, besser 70 cm, bemessen werden.

Pflanzung

Die brüchigen Wurzeln der Anthurien erfordern sehr sorgfältige Pflanzung, um Beschädigungen zu vermeiden. Bei getopfter Jungware ist die Gefahr geringer als bei ausgepflanzt herangezogenen Pflanzen, die natürlich besonders vorsichtig herausgenommen und transportiert werden müssen. Zwischen dem Herausnehmen der Pflanzen aus dem Anzuchtbeet und dem Pflanzen soll möglichst wenig Zeit liegen. Außerdem wird an einem eher trüben als sonnigen Tag gepflanzt und ausreichend schattiert. Beim Pflanzen werden die Wurzeln sorgfältig ausgebreitet, mit Substrat bedeckt, nicht angedrückt (!) und anschließend gut angegossen.

Für Schnittkulturen kommt nur die Beetpflanzung in Frage. Gefäßkulturen sind möglich, aber unüblich und wahrscheinlich unwirtschaftlich, so daß sie hier nicht weiter zu erörtern sind. Es sei jedoch darauf hingewiesen, daß *A.*-Andreanum-Hybriden für Hydrokultur gut geeignet sind und in diesem Zusammenhange auch Topfkulturen durchgeführt werden. Auch die Schnittblumengewinnung ist aus Hydrokulturen möglich, dann ist in den Beeten anstelle des herkömmlichen Pflanzstoffes mit entsprechenden Substraten, zum Beispiel Lecaton oder auch Steinwolle, zu arbeiten.

Ernährung

Das Kultursubstrat bestimmt weitgehend die Ernährungsgrundlage für die Pflanzen. Bei den im allgemeinen auf Torfbasis hergestellten Mischungen empfiehlt sich eine Grunddüngung mit 1,5 bis 2,0 kg kohlensaurem Kalk oder Magnesiumkalk sowie 1,0 bis 1,5 kg eines Mehrnährstoffdüngers je Kubikmeter Substrat. Die erforderlichen Spurennährstoffe können durch Fetrilon mit 10 bis 15 g und eventuell Natriummolybdat mit 2 g der Mischung zugesetzt werden. Dies richtet sich jedoch nach der Zusammensetzung des verwendeten Mehrnährstoffdüngers.

Abweichungen von den genannten Werten sind bei Verwendung anderer Substrate möglich, zum Beispiel bei Kompost, auch Stallmistkompost, Rinde- oder Nadelerden. Gerade bei diesen Substraten ist auf die Einhaltung des erforderlichen niedrigen pH-Wertes von 4,5 bis 5,0 zu achten. Auch nach den ersten Erfahrungen mit Steinwolle muß der Ernährung der Pflanzen in diesem Medium große Sorgfalt gewidmet werden, obwohl sich Anthurien in diesem Zusammenhange in Aalsmeer als verhältnismäßig tolerant gegenüber dem pH-Wert erwiesen haben (T'HART 1981).

Weitere flüssige Düngungen in Konzentrationen von 0,1 bis 0,2 % sind nach Bedarf zu gestalten. Sie werden je nach Wachstumsintensität in etwa wöchentlichen Abständen gegeben. Insgesamt soll die Düngermenge 150 g/m^2 je Jahr nicht übersteigen, also bei etwa 3 g/m^2 je Woche liegen, auf eine ganzjährig durchgehende Düngung bezogen.

Bewässerung

Gießen

Anthurien verlangen eine mäßige, den jeweiligen Witterungsumständen angepaßte, etwa gleichbleibende Bodenfeuchtigkeit. Dazu wird ein Düsenstrang in der Beetmitte nahe der Bodenoberfläche verlegt. Mit fortschreitendem Wachstum der Pflanzen sind gelegentlich diejenigen Blätter zu entfernen, die den Gießstrahl einzelner Düsen behindern. Da über den Kulturen Sprühleitungen mit Nebeldüsen verlegt werden, um die erforderliche Luftfeuchtigkeit von ständig etwa 80 % zu garantieren, läßt sich ein Teil der Gießarbeit auch über diese Leitungen erledigen, so daß die bodennahen Anlagen oft erst bei steigendem Bedarf eingesetzt werden.

Die Gießwassertemperatur sollte möglichst nicht unter 20 °C liegen, vor allem, wenn durch weniger geeignete Bewässerungsmethoden das Wasser in dickem Strahl auf die Pflanzen gelangt. Bei einer feineren Zerstäubung durch geeignete Düsen erwärmt es sich an der umgebenden Luft und fällt so nicht ganz kalt auf die Kulturen.

Im übrigen ist auf eine gute Wasserqualität zu achten, um zum Beispiel Verschmutzungen, wie Gießflecken, auf den Spathen zu vermeiden.

Luftfeuchtigkeit

Richtige Luftfeuchtigkeitsbedingungen sind für die Anthurienkultur entscheidend. Sowohl nach oben als auch nach unten sind relativ enge Grenzen gezogen.

Ständig zu hohe Luftfeuchtigkeit behindert die Transpiration und fördert die Ausbildung schwacher Blumen; die Spatha verblaut. Die Pflanze streckt sich bei hoher Luftfeuchtigkeit stärker als bei niedrigerer. Zeitweiser Niederschlag durch Kondenswasser führt zu Wachstumsstagnation sowie Schrumpfrissen oder auch braunen Flecken auf Laubblättern und Spathen.

Bei zu tiefer relativer Luftfeuchtigkeit bleibt die Pflanze ebenfalls im Wachstum zurück und bringt nur kleine Spathen beziehungsweise Blütenstände hervor.

Ein plötzliches Abtrocknen der Luft, zum Beispiel bei zu schnellem und starkem Lüften, führt ebenfalls zu Wachstumsstillstand und meist zu Verbrennungen an Blättern und Spathen.

Die durch zu niedrige Luftfeuchtigkeit drohenden Gefahren können durch gute Bodenfeuchtigkeit gemildert, aber wohl nicht ganz vermieden werden. Zu hohe Luftfeuchtigkeit kann durch leichtes Heizen in Verbindung mit kurzzeitigem Lüften reduziert werden, indem die erwärmte und damit feuchtigkeitsbeladene Luft durch kühlere und somit trockenere Außenluft ersetzt wird.

Die richtige Einstellung der relativen Luftfeuchtigkeit liegt bei folgenden Werten: Nachts nicht über 90 bis 95 %, bei trübem, dunklem Wetter nicht über 80 bis 85 % und bei sehr sonnigem Wetter nicht unterhalb des Minimalwertes von 55 bis 60 %. Gerade an warmen Sonnentagen kann es durch rasches, unüberlegtes Öffnen der Lüftungen zu einem rapiden Abfall der Luftfeuchtigkeit kommen.

Licht

Anthurium benötigen für gute Erträge reichlich Licht, sind aber gegen starke Einstrahlung empfindlich. Bei zu hellem Stand entstehen Verbrennungsschäden an Blumen und Blättern, zumindest aber werden diese zu hell und damit für den Absatz weniger geeignet. Diese Nachteile treten vor allem bei starken Schwankungen der Einstrahlungsintensität auf. So kommt es bei hohem Lichtangebot in Verbindung mit Schwankungen der Temperatur und der Luftfeuchtigkeit zwangsläufig zu wechselnder Transpirationsleistung. Dies ist wohl die eigentliche Ursache für die genannten Schäden, die auf einem zeitweisen Defizit an Feuchtigkeit in Blättern und Spathen beruhen. Somit gewinnt die Gestaltung der Luftfeuchtigkeit in Anthurienkulturen im engen Zusammenspiel mit der Beachtung des tatsächlichen Lichtangebotes große Bedeutung.

Natürlich zeigen die Erträge in den verschiedenen Jahreszeiten, daß hoher Lichtgenuß bei angepaßten Feuchtigkeits- und Temperaturbedingungen zu besseren Ernten führt. Unter den günstigen Lichtbedingungen der hellen Jahreszeit mit hohem Lichtangebot bei gleichzeitig leichter Schattierung tritt ein starkes vegetatives Wachstum mit erhöhter Blatt- und Seitentriebbildung ein. Die folgende Blumenproduktion ist im Herbst quantitativ und qualitativ besser als im Frühjahr. Um genügend Licht in die oftmals sehr dichtgewachsenen Bestände zu bekommen, wird durch Blattschneiden ausgedünnt (siehe Seite 39).

Künstliche Zusatzbelichtung in den Wintermonaten mit dem Ziel der höheren Frühjahrsproduktion dürfte unwirtschaftlich sein. Dagegen ist eine Reinigung des Glases von Schmutz und Schattierfarbresten angebracht.

Im Zuge wärmesparender Maßnahmen werden *Antuhurium*-Kulturen durch Folienunterspannung unter dem Dach und an den Stehwänden versehen. Dadurch entstehende Lichtverluste können erheblich sein und 40 bis 50% des Lichteinfalls betragen. Dies kann bei trübem, dunklem Wetter bei gleichzeitig hoher Temperatur sehr nachteilig werden. In diesem Zusammenhang ist auch der Veränderung der Luftfeuchtigkeit Rechnung zu tragen.

Temperatur

Das beste Wachstum tritt bei Tagestemperaturen um 20 °C, bei hellem Wetter auch darüber, auf. Die Tagestemperatur kann durch Sonneneinwirkung ohne Schaden bis knapp unter 30 °C steigen. Erst bei mehr als 35 °C kommt es zu Verbrennungen. Die Nachttemperaturen sollten um 18 °C gehalten werden. Im Winter ist ein geringfügiges Absinken auf 17 °C, im Sommer eine leichte Erhöhung auf etwa 20 °C ohne Nachteile.

Abb. 12. Blick auf einen Anthurienbestand.

Abb. 13. Durch Blattausdünnung licht gehaltener Bestand mit seitlicher Düsenbewässerung.

Trotz dieser hohen Wärmeansprüche gibt es sinnvolle und zweckmäßige Einsparungsmöglichkeiten. So sind zunächst beim Jungpflanzenkauf Typen mit geringeren Wärmeansprüchen zu bevorzugen. Aber auch die heute im allgemeinen angebauten *Anthurien* erlauben nächtliche Temperaturabsenkungen auf 16 °C, unter Umständen sogar auf 15 °C, ohne Nachteile. Die Tagestemperaturen sollten dann allerdings möglichst etwas höher bei 20 °C liegen. Bei der Prüfung einiger Klone im Temperaturbereich von 13 bis 22 °C traten jedoch erst ab 16 °C keine Pflanzenschäden wie bei tieferen Werten mehr auf. Sortenabhängig zeigte sich hinsichtlich der Erträge ein günstiger Temperaturbereich von 16 bis 19 °C (Schenk und Brundert 1981).

Beim Einsatz eines Energieschirmes, etwa durch Schließen der Innenschattierung über Nacht, kann durch abruptes Öffnen am Morgen ein deutlicher und sehr schädlicher Temperatursturz im Pflanzenbestand eintreten, wenn die oberhalb der Anlage liegende Kaltluft plötzlich und massiert auf die Kulturen herabstürzt.

Da nur die Temperaturen im Pflanzenbestand maßgebend sind, kann der Vegetationsheizung, knapp oberhalb der Bodenoberfläche installiert und mit niedrigen Vorlauftemperaturen gefahren, große Bedeutung zukommen.

Schließlich ergeben sich interessante Perspektiven bei einer lichtabhängigen Temperatursteuerung. Ihr ist bei Kulturen mit hohem Wärmebedarf in Abhängigkeit vom herrschenden Lichtangebot sicherlich ein hoher Wert beizumessen.

Geerntete Anthurium-Blütenstände dürfen nicht gekühlt werden, wie es bei den meisten anderen Schnittblumen üblich ist. Sie dürfen nur bei minimal 15 °C gehalten werden, da sonst die Gefahr des Verblauens der Spatha besteht.

Abb. 14. Mit einem Folienvorhang werden die empfindlichen Pflanzen gegen Zugluft geschützt.

Pflegemaßnahmen

Blattschneiden

Im Interesse einer guten Durchlüftung des Bestandes und des ungehinderten Lichtzutritts bis zur Basis der Pflanzen muß vor allem in der lichtarmen Jahreszeit durch Ausdünnen aufgelockert werden.

Zweckmäßigerweise wird das Blattschneiden regelmäßig durchgeführt und nicht stoßweise in eigens angesetzten Aktionen, um Schockwirkungen zu vermeiden. Ein plötzlicher größerer Blattverlust beeinträchtigt die Assimilationsleistung und die Transpiration der Einzelpflanze und damit letztlich das Bestandsklima innerhalb der gesamten Kultur. Obendrein wäre ein eigener Arbeitsgang aufwendiger. So wird beim Ernten oder sonstigen Kulturmaßnahmen beziehungsweise Gelegenheiten hin und wieder ein Blatt geschnitten.

Entfernt werden kranke, gelbe oder beschädigte Blätter, aber auch solche, die in irgendeiner Weise hinderlich sind, zum Beispiel den Strahl einer Düse stören oder in den Weg hängen. Grundsätzlich werden nicht mehr Blätter entfernt als erforderlich und möglichst keine voll aktiven. Die Assimilationsfläche der Pflanze darf weder zu schnell noch einschneidend verringert werden.

Bei regelmäßigem Blattschnitt – etwa alle 4 bis 5 Wochen 1 Blatt – während der Kultur geht der Bestand gut vorbereitet und ausgelichtet in die dunkle Jahreszeit, und man kommt jetzt nicht in die Zwangslage, trotz eventuell ungünstiger Wetterlage Blätter schneiden zu müssen.

Maßstab für den Umfang des Blattschneidens ist allein die Tatsache, daß Licht und Luft in den Pflanzenbestand kommen. Daher läßt sich auch nur schwer eine bestimmte Blattzahl angeben, die an den Pflanzen erhalten bleiben muß. Dennoch sollten nicht weniger als vier Blätter an einer Pflanze stehen bleiben. Bei älteren, verzweigten Pflanzen bleiben etwa drei Blätter am Haupttrieb und etwa zwei an jedem Seitentrieb erhalten.

Bei zu dichten Pflanzen können auch die schwächsten Seitentriebe entfernt werden. Sie füllen die Pflanze unnötig und bringen keine oder nur schlechte Erträge; die verbleibenden starken Seitentriebe erfahren dadurch eine Förderung.

In sorgfältig ausgedünnten Beständen entstehen bei regelmäßigem Blattschnitt viel weniger krumme Stiele, wodurch das Qualitätsniveau deutlich gehoben wird.

Schattieren
Der erforderliche Schatten wird durch Schattierfarbe in dünner, noch gut lichtdurchlässiger Schicht gegeben und durch eine bewegliche Innenschattierung ergänzt. Letztere kann zusätzlich nachts als Wärmeschirm dienen. Beim Öffnen am Morgen ist dann allerdings behutsam vorzugehen, um einen plötzlichen Temperaturabfall zu vermeiden.

Lüften
Anthurien brauchen wenig Lüftung. Sie ist im Interesse der Einhaltung der geforderten Luftfeuchtigkeit mit großer Sorgfalt einzusetzen. Im Zweifelsfalle nimmt man lieber eine etwas zu hohe Temperatur in Kauf als eine mögliche plötzliche Veränderung der relativen Luftfeuchtigkeit.

Ernte

Schnittreife
Schnittreife *Anthurium* sind am Stengel unmittelbar unterhalb der Spatha hart. Das ist im allgemeinen in einem bestimmten Blühstadium des Kolbens der Fall. Da die Stengelhärte jedoch auch durch die Luftfeuchtigkeit beeinflußt wird, ist dieser somit wieder große Aufmerksamkeit zu widmen. Bei langanhaltender hoher Luftfeuchtigkeit dauert es länger bis zur Erreichung des Reifestadiums bzw. der erforderlichen Stengelhärte, als bei insgesamt niedrigerer bzw. richtiger Luftfeuchtigkeit. Daher sollte man die Schnittreife nicht allein nach dem Blühstadium des Kolbens beurteilen, sondern immer das Kriterium der Stengelhärte beachten.

Unreif geschnittene *A.* halten sich nicht und sind sehr anfällig gegen Beschädigungen und Verblauen, lassen sich auch schlechter verpacken und versenden.

Ernten
Obwohl beim Schnitt auf möglichst große Stiellänge zu achten ist, muß doch ein kleiner Stengelstumpf von etwa 4 bis 5 cm an der Pflanze stehenbleiben; er trocknet ein, während eine Schnittstelle direkt an der Pflanze wegen der Krankheitsanfälligkeit zum Gefahrenherd werden kann. Botrytisinfektionen können dann zu großen Schäden führen.

Weiterverarbeitung
Die Schnittblumen werden vorsichtig an die etwas tieferen Temperaturen des Sortierraumes gewöhnt, wobei 15 °C wegen der Verblauungsgefahr der Spathen nicht unterschritten werden dürfen. Daher kommen sie nicht in den Kühlraum.

Soweit nötig werden die Spathen gesäubert. Anschließend wird nach Qualität und Größe sowie Stiellänge sortiert. Dabei sind die Sortiervorschriften des jeweiligen Marktes einzuhalten; diese wie auch die gültigen Verpackungsvorschriften sind beim zuständigen Großmarkt oder der Versteigerung zu erfahren. Dort ist im allgemeinen auch das Packmaterial günstig zu beziehen.

Bei der Qualitätssortierung werden Blumen mit grünem Rand sowie beschädigte oder abweichende Ware getrennt behandelt.

Abb. 15. Durch ein aufgelegtes Gitter läßt sich das Wassergefäß voll ausnutzen und gegenseitiges Berühren der Spathen vermeiden.

Sehr wichtig ist die Qualitätserhaltung auch in der Verpackung und während des Transports. Hierfür spielt die Wasserversorgung eine Rolle. Dafür werden die Stiele in kleine, 20 cm^3 fassende wassergefüllte Plastikröhrchen mit durchlochtem Plastikdeckel gesteckt. So ist der einzelne Blumenstiel während der Handelsphase mit Wasser versorgt. Die Röhrchen werden maschinell oder von Hand gefüllt. Geschieht dies jeweils am vorhergehenden Abend, können am folgenden Morgen vor dem Verpacken undichte Röhrchen ausgeschieden werden.

Die Blumen werden so in den Karton gelegt, daß die Röhrchen fest auf dem Kartonboden aufliegen. Die Stiele werden mit Klebeband ebenfalls am Boden befestigt, daß ein Verrutschen der Blumen unmöglich ist. Um Beschädigungen der Spathen durch Reibung oder Druck zu vermeiden, wird mit weichem Papier oder Schaumstoff ausgepolstert. Dabei sind alle Stellen zu beachten, an denen eine Spatha mit der Kartonwand in Berührung kommt. Da die Suche nach Verbesserung der Anthurienverpackung (Nijlunsing 1981) ständig weitergeht, ist zu empfehlen, solche Entwicklungen aufmerksam zu beobachten, zumal sie durchaus auch ökonomische Vorteile bringen können.

Wegen der Beschädigungsgefahr dürfen nur feste Kartons verwendet werden.

Häufig werden die Blumen vor dem Schließen der Kartons leicht eingesprüht, um das Klima in der Verpackung zu verbessern, insbesondere bei hoher Lufttrokkenheit. Hierbei ist jedoch sehr vorsichtig zu verfahren, da bei Nässe im Karton der Inhalt verdirbt.

Auch wird in Plastiktüten verpackte, zu 3 bis 5 Stück gebündelte Ware, in Holland zusätzlich mit einigen Farnwedeln zusammen, angeboten.

Abb. 16. Schonende Verpackung im Karton.

Erträge
Abhängig vom Ausgangsmaterial und der Kulturführung werden im Schnitt 6 bis 12 Blumen je Pflanze und Jahr geerntet.

Standdauer

Von der Pflanzung bis zum Vollertragsbeginn dauert es, je nach Pflanztermin und herrschenden Kulturbedingungen, 6 bis 9 Monate. Von diesem Zeitpunkt an ist die gesamte Standdauer mit noch etwa 3 bis 4 Jahren anzugeben. Für die Entscheidung über den tatsächlichen Rodezeitpunkt sind natürlich die jeweiligen Bedingungen ausschlaggebend.

Literatur

ANONYM: Anthurium andreanum Arbeid! Vakbl. v. d. Bloemist. **34,** (3), 20, 1979 a.
–: Anthurium andreanum Bijmesten. Vakbl. v. d. Bloemist. **34,** (23), 26, 1979 b.
–: Anthurium andreanum Blauwverkleuring schutblad. Vakbl. v. d. Bloemist. **34,** (43), 32, 1979 c.
–: Anthurium andreanum Plastik in de kas. Vakbl. v. d. Bloemist. **34,** (45), 24, 1979 d.
–: Anthurium andreanum Inpakken. Vakbl. v. d. Bloemist. **34,** (47), 18, 1979 e.
–: Anthurium andreanum Gieten. Vakbl. v. d. Bloemist. **35,** (5), 42, 1980.
BACHTHALER, E.: Keimung von Anthurium-Scherzerianum-Hybriden. Gartenbauwissenschaft **42,** (3), 136–138, 1977.
–: Anthurien – Zur Keimung von Scherzerianum-Hybriden. Gb + Gw **78,** 202–204, 1978.
CONSULENTSCHAP V.D. TUINBOUW, Aalsmeer-Utrecht: Energiebesparing bij ... Anthurium andreanum. Vakbl. v. d. Bloemist. **35,** (4), 39, 1980.
GEIER, T., und REUTHER, G.: Vegetative Vermehrung von Anthurium scherzerianum durch Gewebekultur. Zierpflanzenbau **21**, (11), 477, 1981.
T'HART, M. J.: Anthuriumteelt is er nog niet. Vakbl. v. d. Bloemist. **36**, (15), 38–39, 1981.
LEFFRING, L.: Die Bedeutung der Gewebekultur. Gartenwelt **76,** 474–475, 1976.
LEEUWEN, C. VAN: Meer bloemen van weefselkweek-Anthurium. Vakbl. v. d. Bloemist. **35**, (46), 30–31, 1980.

MAURER, M., und BRANDES, S.: Die Extraktion der Samen von Anthurium-Scherzerianum-Hybriden. Gartenbauwissenschaft **44,** (2), 71–73, 1979 a.
–: Die Lagerung von Samen von Anthurium-Scherzerianum-Hybriden. Gartenbauwissenschaft **44,** (3), 103–106, 1979 b.
NIJLUNSING, W.: Wijzigingen in Anthuriumverpackking. Vakbl. v. d. Bloemist. **34,** (24), 55, 1979.
–: Minder beschadiging Anthurium door interieur. Vakbl. v. d. Bloemist. **36,** (47), 43, 45, 1981.
PENNINGSFELD, F.: Bedeutung von Bodenreaktion und Borversorgung für Entwicklung und Blütenbildung von Anthurium scherzerianum in Torfsubstrat. Jahresbericht 1977 der FH Weihenstephan.
PROEFSTATION v. d. Groenten en Fruitteelt o. glas, Naaldwijk, Proefstation v. d. Bloemisterij, Aalsmeer u. Consulentschappen v. d. Tuinbouw, Aalsmeer u. Naaldwijk: De teelt van Anthurium andreanum. 4. gew. druk Bloementeeltinformatie Nr. 2, Juli 1977.
RAALTE, D. van: Anthurien aus Gewebekultur. Deutscher Gartenbau 32, 576–577, 1978.
SCHENK, M., und BRUNDERT, W.: Temperatureinfluß bei Anthurium-Andreanum-Hybriden. Deutscher Gartenbau **35,** (49), 2064–2065, 1981.
VBN: Nieuw voorschrift voor Anthurium. Vakbl. v. d. Bloemist. 34, (20), 57, 1979.

Anthurium-Scherzeranum-Hybriden

Sie haben ihre Hauptbedeutung als Topfpflanzen, können aber begrenzt als Schnittblumen durchaus reelle Marktchancen haben. Als relativ kleine, aparte und sehr gut haltbare Schnittblume müßte sie eigentlich stärker am Markt vertreten sein.

Für die Aussaat gelten weitgehend die bei *A.*-Andreanum-Hybriden gemachten Angaben. Auch eine vegetative Vermehrung durch Gewebekultur ist inzwischen möglich (GEIER und REUTHER 1981).

In guten Herkünften werden die Jungpflanzen als Tuffs zu 2 bis 3 Sämlingen zusammengestellt mit Topfballen geliefert. Üblicherweise werden sie getopft weiterkultiviert, für Schnittkultur aber besser auf ein Beet mit Unterheizung ausgepflanzt. Die Ernährung wird wie bei *A.*-Andreanum-Hybriden gehandhabt.

Als bedeutsamer Unterschied in der Kulturführung ist zu beachten, daß die *A.*-Scherzeranum-Hybriden im Gegensatz zu den *A.*-Andreanum-Hybriden eine angedeutete Ruhezeit durchmachen, während der eine Kühlbehandlung mit dem Ziel einer reichen Blüte angebracht ist. Diese fällt natürlicherweise in den Winter, also in die Zeit des höchsten Heizungsaufwandes. Dank der erforderlichen Kühlung ergeben sich spürbare Einsparungen auf dem Heizungssektor.

Im Laufe des Dezember/Januar bietet es sich an, die Pflanzen für etwa 6 Wochen bei niedrigen Temperaturen um 13 bis 15 °C zu halten. Bei gegebenen Möglichkeiten läßt sich die Kühlperiode auch in andere Monate legen, um beispielsweise im Sommer Vollblüte zu erhalten.

Am besten ist es, wenn die Tag/Nachttemperaturen konstant bei 15 °C (RÜNGER 1976) liegen; dann ist bei anschließendem Wärmerstellen bei 20 bis 21 °C mit einem sehr guten Blüherfolg zu rechnen. In der Praxis werden etwas tiefere Temperaturen angewendet, man geht dabei jedoch nicht unter 13 °C. Nach RÜNGER sind bei konstant 12 °C Blattverhärtungen zu erwarten.

Behandelte Pflanzen bringen nicht nur sehr sicher, sondern vor allem mehr Blütenstände hervor, als es bei unbehandelten Sätzen der Fall ist. Möglicherweise könnte nach Eintritt des Blütenschubes eine erneute Kühlbehandlung für die Erzielung eines weiteren Flores sinnvoll sein, wie auch RÜNGER vermutet.

Abb. 17. Bestäubung einer Anthurium-Scherzeranum-Hybride.

Abb. 18. Die reifen Beeren werden geerntet.

Anthurium-Andreanum-Hybriden-Kultur (Übersicht)

Kulturabschnit/Kulturmaßnahme	Termin		Temperatur	Spezielle Hinweise
Pflanzung	II/III	VIII/IX	20 °C	Bis zum Anwachsen eventuell etwas wärmer, nachts nur geringfügig absenken
Weiterkultur			20 °C bei Tag 16 °C bei Nacht	Temperaturabsenkung nachts möglich, nicht unter 15 °C
Blattschneiden	Spätsommer bis Herbst			Blattmasse nicht schlagartig verringern; mindestens 3 bis 4 Blätter je Pflanze belassen
Luftfeuchtigkeit				Maximal 90% nachts, 80% an trüben Tagen; mindestens 60% an sonnigen Tagen
Blüte	Ab Herbst			Relativ ungünstige Absatzzeit für die ersten kleinen Blumen; guter Ertrag an großen Blumen im Winter
		Ab Spätwinter		Erste kleine Blumen in günstiger Absatzzeit; Ertrag an großen Blumen relativ spät
Kulturdauer bis Blüte bis Vollertrag bis Rodung	6 Monate 6 bis 9 Monate 3 bis 4 Jahre	6 Monate 6 bis 9 Monate 3 bis 4 Jahre		Kulturdauer ab Pflanzung. Für Sämlingsanzucht dazu 2 Jahre (ab Blühbeginn)
Ertrag				6 bis 12 Blumen/Pflanze und Jahr, abhängig von Pflanzenmaterial und Kulturführung
Markt				Gute Absatzmöglichkeiten

Häufige Kulturfehler

Fehlerquelle	Kulturfehler	Folgen
Saatgut	Überlagerung	Verlust der Keimfähigkeit
	Aussaat mit Fruchtfleisch	Keimhemmende Wirkung des Saftes
Pflanzenmaterial	Mangelhafte Auslese, Nichtbeachtung der Zuchtziele, Einkauf minderwertigen (billigen) Pflanzgutes	Geringe Erträge nach Menge und Qualität; zu hohe Temperaturansprüche gegenüber besseren Typen
Luftfeuchtigkeit	Zu hoch, zum Beispiel nachts, an trüben Tagen, durch wärmedämmende Maßnahmen, dadurch zeitweise Niederschlag auf Blättern und Spathen	Behinderung der Transpiration, schwache, kleine Blumen, Spatha verblaut. Schrumpfrisse, braune Flecken auf der Spatha
	Zu niedrig, zum Beispiel bei sonnigem Wetter	Wachstumsstagnation; kleine Blumen
	Plötzliche starke Abtrocknung der Luft durch unsachgemäßes Lüften	Wachstumsstillstand; Verbrennungen an Blättern und Blütenständen
Blattschneiden	Blattschneiden unterbleibt	Mangelhafte Durchlüftung des Bestandes, Lichtmangel im Bestand: Botrytis-Gefahr
	Plötzliches starkes Ausdünnen	Schlagartige Beeinträchtigung von Assimilation und Transpiration, dadurch krasse Veränderung des Bestandsklimas (Luftfeuchtigkeit): Wachstumsstörungen, Ertragsminderung
Licht	Zu hohe Einstrahlung	Verbrennungen
	Lichtentzug; Mißverhältnis zwischen Licht, Temperatur und Luftfeuchtigkeit	Qualitätsmängel, Ertragseinbußen
Temperatur	Zu niedrige Temperatur, zum Beispiel durch zu starke Nachttemperaturabsenkung auf unter 15 °C beziehungsweise je nach verwendetem Pflanzentyp (Bei *A.*-Scherzeranum-Hybriden keine Kühlung)	Wachstumsstagnation, Ertragsrückgang bzw. -ausfall; Krankheitsgefahr (z. B. durch Kondenswasserbildung); Verblauen der Spatha, Schrumpfrisse, Flecken (mangelhafter Blütenansatz)
Ernte	Falscher Schnittzeitpunkt, Ernte nicht schnittreifer Blumenstiele	Haltbarkeit beeinträchtigt
	Kühlung der geernteten Blumen	Verblauen der Spatha, Unverkäuflichkeit

Pflanzenschutz

Krankheit, Erreger, Schädling	Schadbild	Bekämpfung	Bemerkungen
Pythium-Wurzelfäule (*Pythium splendens* Braun)	Wachstumsstockung; Laub welkt, vergilbt; Wurzel fault; besonders häufig im Herbst und Winter bei relativ niedriger Temperatur und zu feuchtem Stand	Fenaminosulf Bayer 5072, AAterra, Previcur	Oft in Verbindung mit *Fusarium*
Stengelgrundfäule (*Phytophthora parasitica* Dastur)	Schadbild ähnlich, aber Fäulnis beginnt an Blattstielbasis; Stengelgrund schwarz, Blatt gelb. Blattstiel knickt an der Verdickungsstelle unterhalb der Spreite, Spreite braun; obere Wurzelteile können befallen werden	Wie Pythium-Wurzelfäule	
Blattläuse Blasenfüße	Saugschäden; Verschmutzung der Pflanzen	Unter anderem Alphos-Nebeldose, Dichlorvos, Temik 5 G	
Spinnmilben	Silbrige Sprenkel und Fleckchen, Blattverfärbungen, Blattverlust	Kelthan-Präparate, Pentac, Fundal forte 750, Anilix, Alphos Nebeldose, Temik 5 G	Lufttrockenheit vermeiden
Schildläuse	Saugschäden, Verschmutzung	Methymol, Propoxur, Dichlorvos und andere, Mineralölpräparate	Mineralölpräparate verschmutzen die Pflanzen

Antirrhinum

Antirrhinum L. – n – *Scrophulariaceae,* Löwenmaul

Name: anti (gr.) = gegen (im Sinne von Gegenstück, Ähnlichkeit), rhinos (gr.) = Nase

Heimat: Etwa 40 Arten sind in Nordamerika und im Mittelmeergebiet beheimatet.

Bedeutung für den Schnittblumenanbau

Für den Anbau zur Schnittblumengewinnung unter Glas und im Freiland sind zahlreiche Sorten einer einzigen Art geeignet:

Art	Herkunft	Blüte
A. majus L.	Südwest-Europa,	VI–IX
Gartenlöwenmaul	Nordwest-Afrika, West-Asien	

Obwohl Staude, also ausdauernd, wird *Antirrhinum* nur einjährig kultiviert. Wirtschaftliche Gründe sprechen gegen eine Weiterkultur nach dem Abernten.

Das für den Freilandanbau angebotene Sortiment ist sehr groß und vielfältig. Für den Anbau unter Glas sind sogenannte Treibrassen im Handel. Diese sind durchweg F_1-Hybriden und stehen in allen wichtigen Farben zur Verfügung. Als langstielige, reichblühende Schnittblumen rechtfertigen sie einen bestimmten Mindestaufwand für die Kultur im Gewächshaus.

Der Anbau von Freilandware hat überall dort Bedeutung, wo in den Sommermonaten der Absatz von Sommerblumen gesichert ist.

Abb. 19. Blühender Löwenmaulbestand im Haus.

Die sehr rührige Züchtung bietet dem Gartenbau erstklassige Sorten und Herkünfte an.

Der Gärtner geht entweder von eigener Aussaat aus, was sicher die Regel sein dürfte, er kann aber auch von Jungpflanzenbetrieben Saatkistchen beziehen.

Anzucht

Antirrhinum werden bei 18 bis 22 °C ausgesät. 1 g Saatgut enthält etwa 5500 Korn und reicht für ungefähr 80 m^2 Pflanzfläche aus, wenn man mit 64 Pflanzen/m^2 rechnet. Man sät in Kisten mit Komposterde und Sand beziehungsweise TKS 1 oder Einheitserde.

Der Aussaattermin richtet sich nach dem geplanten Erntetermin und der Kulturführung. Sehr frühe Aussaaten ab Oktober/November bringen die erste Ernte im Haus schon ab März/April, doch spielen die ungünstigen Lichtverhältnisse zu Beginn der Anzucht eine negative Rolle. So gesehen liegen Aussaaten um Anfang Dezember günstiger, bringen aber auch erst ab Anfang Mai (Muttertag!) Ertrag. Bei Dezemberaussaat ist mit rund 5½ Monaten Kulturdauer bis zur Ernte zu rechnen. Folgesaaten liefern Schnittblumen bis zum Beginn des Freilandangebotes.

Das Saatgut wird ausgestreut, leicht angedrückt und nicht mit Erde bedeckt. Die Saatkistchen werden dann unter Folie oder unter Sprühnebel möglichst hell und warm bei 18 bis 22 °C aufgestellt. Sobald nach etwa 2 Wochen die Keimblättchen gut sichtbar sind, wird die Folie abgenommen beziehungsweise die Sprühnebelanlage abgestellt und die Aussaaten werden kühler bei 12 bis 15 °C

Abb. 20. Die hohen, wertvollen Treibsorten benötigen ein Netz.

gestellt. Sollen die Pflanzen für die Kultur im ungeheizten Folienhaus herangezogen werden, so empfiehlt sich ein Abhärten im Kalthaus.

Für Frühkultur im Gewächshaus wird wegen einer guten Ballenbildung zunächst in Jiffy-Strips, Multitopfplatten, Erdpreßtöpfe und so weiter pikiert. Ausreichend vorhandene Jungpflanzen vorausgesetzt, können dabei 2 bis 3 Sämlinge zusammengefaßt werden. So bekommt man später gleich mehrköpfige Pflanzen, die ebensoviele Blumenstiele liefern. Die Regel ist aber die Kultur von Einzelpflanzen.

Der Vorteil getopfter gegenüber ins Beet pikierter Pflanzen liegt vor allem darin, daß sie dank des vorhandenen Ballens nach dem Auspflanzen ohne jede Stokkung weiterwachsen können. Der daraus resultierende Vorsprung wiegt die Mehrarbeit sicherlich auf.

Weiterkultur

Die Pflanzen der Dezemberaussaat werden Anfang bis Mitte März auf Grundbeete in Chrysanthemennetze mit der Maschengröße 12,5 × 12,5 cm, also 64 Stück/m^2, gepflanzt. Nur in den ersten Tagen wird zum Anwachsen bis auf etwa 15 °C geheizt, dann muß kühler kultiviert werden. Die Düngung erfolgt sparsam, weil überdüngte Pflanzen mastig werden, somit einen höheren Aufwand für das Ausbrechen überzähliger Triebe erfordern und obendrein Schnittstiele liefern, die beim Ernten, Sortieren oder Verpacken leicht brechen.

In guter Kultur befindliche Beete werden mit einer Grunddüngung von 80 g/m^2 eines Mehrnährstoffdüngers versehen, oder es werden 4 bis 5 dt gut verrotteter Stallmist zuzüglich 3 kg Patentkali auf 100 m^2 eingearbeitet. Mit einsetzendem Durchtrieb werden nach Bedarf bis zu 40 g/m^2 eines Mehrnährstoffdüngers einmalig gegeben. Anstelle dieser Gabe können auch mehrere flüssige Nachdüngungen in einer Konzentration von 0,2% über die Bewässerungsanlage verabreicht werden. Im übrigen sind die Kulturen regelmäßig zu bewässern, sie dürfen nicht austrocknen; die Pflanzen müssen allerdings jeweils bis zum Abend wieder abgetrocknet sein.

Für eintriebige Kultur werden die Seitentriebe rechtzeitig und regelmäßig ausgebrochen. Dieser Arbeitsaufwand wird durch entsprechende Qualität kräftiger Schnittstiele honoriert. Reichen kürzere Stiele aus, so können durch rechtzeitiges Stutzen mehrtriebige Pflanzen erzogen werden. Hierfür muß von vorneherein ein größerer Standraum vorgesehen werden; man pflanzt auf 25 × 25 cm Abstand und stellt nur 16 Pflanzen auf den Quadratmeter. Im Interesse einer guten Qualität werden diese Pflanzen mit nicht mehr als höchstens sechs Trieben aufgebaut.

Parallel zur Hauskultur können frostfrei gehaltene Folienhäuser und schon ab März/April nach guter Abhärtung (Frostgefahr) einige Beete im Freiland oder besser unter unbeheiztem Folientunnel bepflanzt werden. Nach dem ersten Hakken wird im Freien ebenfalls ein Netz ausgelegt, um auch hier einwandfreie, gerade Stiele zu bekommen. Bei entsprechender Sortenwahl werden die Pflanzen bis über 1 m hoch.

Nach dem ersten Schnitt treiben Antirrhinum wieder durch, bringen dann aber etwas schwächere Qualität, weshalb unter Umständen Folgesaaten vorzuziehen sind.

Einfluß von Licht und Temperatur

Als quantitative (fakultative) Langtagpflanzen werden *Antirrhinum* durch Verlängerung der täglichen Belichtungsdauer, Nachtunterbrechung oder zyklische Belichtung in der Blütenanlegung gefördert. Weiterhin erfahren sie eine Begünstigung durch steigende Temperaturen.

Beiden Möglichkeiten sind wirtschaftliche Grenzen gesetzt. Am ehesten realisierbar scheint noch eine Zusatzbelichtung zur Wachstumsförderung der Jungpflanzen bei großer Pflanzenzahl/Quadratmeter zu sein.

Bei Temperaturen um 20 °C läßt sich die Entwicklung deutlich beschleunigen. Im weiteren Verlauf sollten aber im Interesse der Pflanzenqualität und aus Kostengründen nur in der Anfangsphase nach dem Auspflanzen für etwa 14 Tage noch 15 °C eingehalten werden. Dann wird auf 10 °C abgesenkt. Höhere Temperaturen nach der Knospenanlage beschleunigen zwar den Kulturverlauf, haben aber eine deutlich schwächere Qualität zur Folge.

Ernte

Löwenmaul werden so langstielig wie möglich geschnitten, wobei auf die Pflanze keine Rücksicht genommen werden kann. Ein erneuter Durchtrieb bringt im Anbau unter Glas nicht die erforderliche Qualität. Im Freilandanbau können andere Maßstäbe gültig sein, weil dann auch in größerem Ausmaß kürzere und schwächere Schnittstiele gebraucht werden. Dann wird man natürlich bei der Ernte soweit möglich Rücksicht auf nachkommende Triebe nehmen und das Remontieren fördern.

Werden Antirrhinum erblüht geschnitten, liegt die Haltbarkeit in der Vase bei etwa einer Woche. Knospen gehen dabei nicht auf, und die Farben verblassen sogar. Wird dem Vasenwasser ein Blumenfrischhaltemittel zugesetzt, kann bereits bei einer geöffneten Blüte geschnitten werden, ohne Qualitätsminderungen hinnehmen zu müssen (Carow 1978).

Die Schnittstiele werden im unteren Drittel entlaubt und nach den jeweiligen Marktvorschriften gebündelt.

Literatur

Anonym: Amerikaanse kasleeuwebek zaaien. Vakbl. v.d. Bloemist. **34,** (19), 26, 1979.

Akker, A. v. d. und Ketelaars, J.: Teelt van Leeuwebek. Vakbl. v. d. Bloemist. **35**, (23) 28–29, 31, 1980.

Krogt, Th. M. v. d.: Rassenkeuze van belang bij najaarsteelt Antirrhinum. Vakbl. v. d. Bloemist. **36**, (43), 46–47, 1981.

Loeser, H.: Ergebnisse aus einem Treiblöwenmaulversuch 1976. Gartenwelt **77,** 25–27, 1977.

Loeser, H.: Verschiedene Kulturmethoden bei Treib-Antirrhinum. Rhein. Monatsschrift 69, (11), 528–529, 1981.

Schmidt, E.: Antirrhinum. Gb + Gw **77,** 1255–1256, 1977.

–: Treib-Antirrhinum für den frühen Schnitt. Deutscher Gartenbau **33,** (16), 1938, 1979.

Schulte-Scherlebeck, H.: Füllkulturen kritisch betrachtet. Gartenwelt **76,** 319–320, 1976.

Seibold, H.: Antirrhinum – F_1 – Züchtungen für das Freiland. Deutscher Gartenbau **33,** (10), 413–414, 1979.

Antirrhinum-Kultur (Übersicht)

Kulturabschnitt/ Kulturmaßnahme	Termin					Temperatur	Spezielle Hinweise
Aussaat	A IX	A–M X	M-E XI	M-E XII		20 bis 22 °C	Etwa ½ g Saatgut/1000 Pflanzen; Treibsorten für Unterglaskultur
					I – III	18 bis 20 °C	Übriges Sortiment für Freilandkultur Keimzeit: 6 bis 18 Tage
Pikieren	Etwa 4 bis 6 Wochen nach der Aussaat					20 °C	Für Ballenpflanzen, Jiffy-Strips, Multitopfplatten, Erdpreßtöpfe
Auspflanzen	Etwa 6 bis 7 Wochen nach dem Pikieren					15 °C, nach 14 Tagen kühler: nachts 10 °C tags 12 bis 15 °C Winter: 10 bis 12 °C	Netze 12,5 × 12,5 cm Eintrieber: 64 Pflanzen/m^2, Mehrtrieber: 16 bis 25 Pflanzen/m^2
	A-M XII	A-M I	M-E II	M-E III			
					Ab V		Freilandbeete
Stutzen							Frühzeitig nach dem Pflanzen weich stutzen, 4 bis 6 Triebe
Blüte	M II	M III	M IV	M V	VI – X		
Kulturdauer							
von Saat – Blüte	Etwa 5 ½ Monate						
Pflanzung – Blüte	Etwa 2 Monate						
Ertrag							1 Trieb/Pflanze: beste Qualität, 64 Stiele/m^2 4 bis 6 Triebe/Pflanze, schwächer, etwa 80 bis 100 Stiele/m^2 Freiland: Durch hohe Remontierfähigkeit höhere Erntezahlen bei sinkender Qualität

Markt		Gute Hausware im allgemeinen gut abzusetzen; Freilandschnitt örtlich unterschiedlicher Marktwert

Häufige Kulturfehler

Fehlerquelle	Kulturfehler	Folgen
Licht	Lichtmangel, zum Beispiel bei sehr früher Anzucht für Pflanztermine vor März, zu engem Stand der Jungpflanzen und der ausgepflanzten Kultur	Ertragsminderung, Qualitätsverschlechterung
Temperatur	Zu hohe Temperatur im Unterglasanbau, besonders in den Wintermonaten (über 12 bis 15 °C)	Schlappe, schwache Stiele, Qualitätsverlust
	Zu niedrige Temperatur während der Anzucht	Verzögerung im Kulturablauf, Verhärten der Jungpflanzen
Stutzen	Je nach Pflanzdichte werden mehr als 4 bis 6 Triebe zur Entwicklung gebracht, dadurch Lichtmangel im Bestand, Konkurrenzsituation	Qualitätsminderung, kurze Stiele
Ernte	Im Unterglasanbau: Ernte kurzer Stiele aus Rücksicht auf nachkommende Seitentriebe	Erhöhter Anteil minderer Sortierung wegen ungenügender Stiellänge

Pflanzenschutz

Krankheit, Erreger, Schädling	Schadbild	Bekämpfung	Bemerkungen
Umfallkrankheit, Schwarzbeinigkeit *Pythium debaryanum* Hesse; *Rhizoctonia solani* Kühn und andere	Vermehrungskrankheit, Sämlinge faulen, fallen um	Zineb	Substrate und Gefäße entseuchen
Rost *Puccinia antirrhini* Diet. et. Holw.	Blattoberseite schwache, gelbliche Flecke, in deren Mitte, meist Blattunterseite, Rostpusteln. Untere Blätter werden zuerst befallen. Pflanzen kümmern, gehen ein	Plantvax, Dithane Ultra Saprol, Polyram Combi, Zineb, Maneb	
Phyllosticta-Blatt- und Stengelflecken-Krankheit *Phyllosticta antirrhini* Syd.	Auf Blättern und Stengeln bräunliche, später ausbleichende Flecke. Stark befallene Blätter vertrocknen	Polyram-Combi Mancozeb (Dithane Ult.) Metiram (Polyram Combi) Grünkupfer	Saatbeize (10 g/kg)
Falscher Mehltau *Peronospora antirrhini* Schroet.	Blattunterseite schmutzigweißer Belag, Blattoberseite bleichgrüne Flecken. Wachstumshemmung, Verkrüppelungen. Kranke Blätter oft löffelartig nach oben gewölbt	Zineb, Mancozeb, Metiram, Prothiocarb (Previcur)	Nicht bei blühenden Beständen, da Spritzflecken auf Blüten
Grauschimmel *Bortytis cinerea* Pers.	Stengel- und Blütenfäule, besonders bei feuchter Witterung im Freiland und unter Glas	Tecto fl., Euparen, TMTD, Räuchermittel	

Bellis

Bellis L. – f – *Compositae (Asteraceae),* Maßliebchen, Tausendschön, Gänseblümchen

Name: bellus (lat.) = schön

Heimat: 8 bis 10 Arten bewohnen die nördliche Hemisphäre

Bedeutung für den Schnittblumenanbau

Für den Anbau im Freiland, in begrenztem Umfange auch unter Glas oder Folientunnel, eignen sich Sorten von

Art	Heimat	Blüte
B. perennis L. Gänseblümchen	Europa, Kleinasien bis Syrien	IV–VI

Als Staude ist das Gänseblümchen zwar ausdauernd, als Wildform sogar äußerst robust, die Zuchtsorten dagegen werden nach der Blüte nicht mehr weiterkultiviert; sie bauen im folgenden Jahr schon zu stark ab.

Das reichhaltige Sortiment bietet eine große Auswahl an Farben und Formen, also einfach- und gefülltblühende Sorten. Die Vermehrung erfolgt durch Aussaat.

Kultur

Die Aussaat erfolgt bei 18 °C oder kühler Anfang Mai im Kalthaus (kalter Kasten, Folientunnel) möglichst dünn, um das Pikieren einzusparen. Schon die Sämlinge erhalten einige 0,2 %ige mineralische Düngergaben in flüssiger Form, oder sie werden einmal mit 40 g/m^2 mit einem Mehrnährstoffdünger trocken gedüngt; eine solche Gabe wird anschließend eingeregnet beziehungsweise eingegossen.

Abb. 21. Das Bellis-Sortiment bietet viele Blütentypen; rechts unten die Wildform des Gänseblümchens.

Abb. 22. Blühender Bestand mit reichem Ertrag.

Im Sommer wird auf Freilandbeete mit 15 × 20 cm Standweite ausgepflanzt. Nach dem Anwachsen muß laufend in 14tägigem Turnus mit jeweils etwa 20 g/m^2 mit einem Mehrnährstoffdünger gedüngt und eingeregnet werden. Bis gegen September wachsen gesunde, kräftige Pflanzen heran, die zur Frühkultur unter Glas oder Folie mit starkem Ballen herausgenommen und umgepflanzt werden können. Bei kleinem Bedarf ist Kistenkultur möglich.

Die beste Blütenproduktion ist bei Tagestemperaturen von 18 °C und Nachttemperaturen von 8 °C (Rünger, 1976) zu erwarten. Problematisch sind die relativ hohen Tagestemperaturen wegen der Heizkosten. Immerhin können aber ab November die ersten Knospen und bald darauf die ersten Blumen erwartet werden. Gelingt es, die Temperaturen einzuhalten, ist auch mit qualitativ guten Erträgen bis ins Frühjahr hinein zu rechnen.

Um die Osterzeit sind Kleinschnittblumen stets gut abzusetzen. Folgesätze bringen erhöhte Sicherheit und sind zu empfehlen.

Die weiteren Pflegearbeiten umfassen die den Wetterbedingungen angepaßte Bewässerung und, sobald im Frühjahr die Temperaturen steigen, eine zunehmend stärkere Lüftung, um insbesondere die Nachttemperaturen auf den erforderlichen niedrigen Werten zu halten. Solange sie noch unter 12 bis 14 °C gehalten werden können, ist mit Ertrag zu rechnen, der bei höheren Temperaturen schlagartig aussetzt.

Eine einfache Möglichkeit zur Verfrühung um wenige Wochen ist das Überbauen von Freilandbeeten mit Folientunnels oder Wanderkästen.

Die Ernte verursacht zwar aufwendige Handarbeit, bringt aber sonst keine Probleme mit sich.

Bellis-Kultur (Übersicht)

Kulturabschnitt/Kulturmaßnahme	Termin	Temperatur	Spezielle Hinweise
Aussaat	A V	18 °C (Keimoptimum)	Haus, Kalthaus, kalter Kasten, Folientunnel
Pflanzung	VII		Freiland, 15 × 20 cm
Weiterkultur unter Glas oder im Folientunnel	Ab IX in Folgesätzen	Tag: 18 °C Nacht: 8 °C	Kalthaus, Frühbeet, Folientunnel
Blüte	Ab XI bis Ostern		Bei steigender Temperatur Rückgang der Blüte
Kulturdauer Saat – Blüte „Antreiben“ – Blüte	6 bis 11 Monate Etwa 2 Monate		
Markt			In kleinen Mengen in ansprechenden Farben und Sorten gut verkäuflich, relativ hoher Ernteaufwand

Häufige Kulturfehler

Fehlerquelle	Kulturfehler	Folgen
Temperatur	Überschreitung der optimalen Temperatur, besonders der Nachttemperatur und Anwendung zu hoher Temperaturen im Frühjahr	Mangelhaftes Blühen, Ertragsminderung bis -ausfall

Pflanzenschutz

Krankheit, Erreger, Schädling	Schadbild	Bekämpfung	Bemerkungen
Grauschimmel *Botrytis cinerea* Pers.	Auf Blättern, Blattstielen, Blütenstengeln, weichfaule Stellen; Schimmelrasen; im Spätherbst und Winter unter Glas besonders gefährlich	TMTD; Euparen; Ronilan	

Bouvardia

Bouvardia Salisb. – f – *Rubiaceae,* Bouvardie

Name: Charles Bouvard, 1572 bis 1658, Leibarzt Ludwigs XIII. und Vorsteher des Jardin du Roi, Paris.

Heimat: Etwa 30 Arten kommen in Mittelamerika, vorwiegend in Mexiko, vor.

Bedeutung für den Schnittblumenanbau

Als Schnittblumen werden keine reinen Arten genutzt, sondern nur die *Bouvardia*-Hybriden.

Sie werden auch unter den Synonymen *B.* × *domestica* Thorsr. et Reis. und *B.* × *hybrida* hort. geführt.

Die starkwachsenden, sich reich verzweigenden Bouvardien bringen beliebte Schnittblumen in der Zeit zwischen Mai und Dezember hervor, benötigen aber anschließend eine Ruhezeit.

Die Kultur ist nicht sehr energieaufwendig, weil der Wärmebedarf gerade in den kältesten Monaten des Jahres nur gering ist, aber sie wird durch relativ hohe Arbeitsaufwendungen belastet.

Eine Blütezeitsteuerung durch gezielte Blüteninduktion ist auf dem Wege der Verkürzung der Tageslänge möglich (De Joode 1981, Onstenk 1982).

Vermehrung

Nur von sorgfältig ausgesuchten Mutterpflanzen wird Vermehrungsmaterial entnommen, da auch innerhalb der angebauten Sorten Streuungen, zum Beispiel bei der Farbe, auftreten.

Die Vermehrung wird dadurch etwas erschwert, daß Bouvardien im Dezember/Januar eine Ruhezeit durchmachen, so daß angetriebene Mutterpflanzen erst relativ spät zur Verfügung stehen. Die ersten Pflanztermine liegen daher wohl auch aus diesem Grunde nicht vor Mitte März. In diesem Punkte ist jedoch eine größere Flexibilität zu erwarten, sobald die zur Zeit der Drucklegung dieses Buches noch diskutierten Steuerungsmöglichkeiten in vollem Umfange praxisreif sein werden.

Die Vermehrung erfolgt durch Stecklinge von Februar bis Mai bei 22 bis 25 °C.

Pflanzung

Bodenvorbereitung

Bei der Vorbereitung der Pflanzbeete kommt es darauf an, den Boden möglichst luftig und durchlässig zu gestalten. So ist für eine gute Dränage zu sorgen, was besonders auf schweren Böden unerläßlich ist. Ferner müssen 1,5 bis 2 m^3 Torf oder, in Holland bevorzugt, Nadelerde eingearbeitet werden. Nach De Joode (1980) und Onstenk (1979) ist durch Nadelerde eine bessere und dauerhaftere Durchlüftung des Bodens zu erreichen als zum Beispiel mit Torf.

Technische Ausstattung der Beete

Zur Aufleitung von *Bouvardia* sind bis zu 4 Netze mit der Maschengröße von 12,5 × 12,5 cm erforderlich. Dazu sind Stützgerüste, wie sie auch von Nelken her bekannt sind, anzubringen. Die Gerüste an den Beetenden müssen besonders gut

Abb. 23. Junge Bouvardia-Pflanzung mit Netz und Düsenbewässerung.

verankert werden, da sie erheblichen Zugkräften durch die Netze ausgesetzt sind.

Die Installation einer Vegetationsheizung ist empfehlenswert. Sie wird oberhalb des untersten Netzes verlegt. Hierauf ist beim Auslegen der Netze zu achten. Bei Verzicht auf eine Vegetationsheizung ist jedoch der Einbau einer Bodenheizung anzuraten.

Schließlich ist in Beetmitte eine Bewässerungsleitung anzulegen. Sie wird zweckmäßigerweise bodennah unter dem untersten Netz eingerichtet.

Pflanztermin

Hauptpflanzzeit sind die Wochen von Mitte März bis Ende Mai/Anfang Juni. Spätere Pflanztermine sind weniger zu empfehlen, da sich eindeutig gezeigt hat, daß die Erträge um so höher sind, je früher gepflanzt wird. So sind bei frühen Pflanzterminen auch sicher zwei Flore im ersten Jahr zu erwarten, während Pflanzungen nach Mitte Mai nur einen Schnitt bringen (De Joode 1980).

Pflanzabstände

Auf den Nettoquadratmeter werden 16 bis 20 Pflanzen vorgesehen. Bei 1 m breiten Chrysanthemennetzen bleiben sowohl die Randreihen als auch die von der Vegetationsheizung und der Bewässerung in Anspruch genommenen beiden Mittelreihen frei. Die jeweils verbleibende 2. und 3. Reihe von außen wird dann im Wechsel bepflanzt.

Pflanzung

Die Wurzeln von *Bouvardia* sind sehr empfindlich gegen Druck, weshalb das Pflanzen mit sehr großer Sorgfalt durchgeführt werden muß. Keinesfalls dürfen die Jungpflanzen einfach in den Boden gedrückt werden, wie es bei manchen anderen Pflanzenarten durchaus möglich ist. Die Ballenoberfläche schließt mit der Erdoberfläche ab, vor einem zu tiefen Pflanzen ist zu warnen.

Ernährung

Ansprüche an den Boden und die Ernährung
Bouvardien wünschen einen humusreichen, luft- und wasserdurchlässigen Boden. Die Pflanzen sind außerordentlich empfindlich gegen Nässe, worauf sie rasch mit Wurzelfäule reagieren. Daher wird die Einarbeitung von Nadelerde oder Rinde empfohlen. Auch die Verwendung zum Beispiel von Styromull kann zum gewünschten Effekt führen.

Auf schweren und nicht dränierten Böden wachsen die Pflanzen vor allem im zweiten Jahr stark vegetativ und kommen verspätet zur Blüte.

Hinsichtlich der Ernährung ist auf regelmäßige Düngung, etwa wie bei Nelken, zu achten. Der pH-Wert wird zwischen 5,5 und 6,5 (bis 7,0) eingestellt.

Düngung
Wegen der Salzempfindlichkeit der Pflanzen werden möglichst keine chloridhaltigen Düngemittel verwendet. Auch auf eine Vorratsdüngung wird deshalb meist verzichtet. Dagegen wird möglichst regelmäßig nachgedüngt, wobei im Frühjahr und Sommer N-betonte, im Herbst dagegen K-betonte Dünger gewählt werden. Sie werden über die Gießanlage in wöchentlichen Gaben von 0,2% ausgebracht.

Bewässerung

Nach dem Pflanzen wird leicht angegossen. *Bouvardia* verlangen nicht viel Wasser, müssen aber ständig mäßig feucht gehalten werden. Nässe ist unter allen Umständen zu vermeiden. Während der Kultur richten sich die Wassergaben nach der vorhandenen Pflanzenmasse, dem Entwicklungsstadium und der Witterung. Auch der Boden ist in diesem Zusammenhang zu beachten.

Während der Ruhezeit im Dezember/Januar benötigen die Pflanzen schließlich gar keine Wassergaben mehr. Sie können in dieser Zeit ihren ohnehin geringen Wasserbedarf dank ihres verzweigten Wurzelsystems im allgemeinen gut aus tieferen Bodenschichten decken. Am Ende der Ruheperiode steht dann der Rückschnitt mit gleichzeitiger Temperaturanhebung. Jetzt ist eine zusätzliche kräftige Wassergabe sinnvoll, um die Pflanzen wieder ins Wachsen zu bringen und gleichzeitig die durch das Trockenhalten während der Ruhezeit erhöhte Salzkonzentration im Boden wieder zu senken.

Während der ganzen Kultur ist auf eine der Temperatur angemessene Luftfeuchtigkeit zu achten.

Stutzen – Rückschnitt – Ausbrechen

Stutzen
Bald nach dem Pflanzen wird zum ersten Mal weich gestutzt, um eine gute Verzweigung der Pflanzen von unten her zu erreichen. Ein zweites Mal wird im August gestutzt, wodurch sich die Chancen für eine gute und gleichmäßige Herbst-/Winterernte verbessern. So können *Bouvardia* noch lange bis in den Winter hinein geschnitten werden, allerdings verschlechtert sich mit fortschreitender Jahres-

Abb. 24. Bouvardien im Ertrag.

zeit die Qualität. Die nach dem Rückschnitt erscheinenden Triebe werden ebenfalls auf 2 bis 3 Augen gestutzt. Dadurch verzögert sich die Ernte um etwa 14 Tage, bringt aber zahlenmäßig höhere Erträge.

Rückschnitt
Nach Beendigung der Ruhezeit wird die Kultur bis auf etwa 20 cm Höhe zurückgeschnitten. Damit wird im Februar begonnen. Bei gleichzeitiger Temperaturerhöhung wird vorbeugend gegen *Botrytis* vorgegangen und schließlich, mit beginnendem Anschwellen der Augen, mit der Bewässerung wieder begonnen.

Ausbrechen
Das starke Wachstum der *Bouvardien* führt zum Austrieb zahlreicher Seitentriebe an den Schnittstielen, die weitgehend ausgebrochen werden müssen. Dabei kann man auf verschiedene Weise vorgehen:

Die aufwendigere und daher weniger empfehlenswerte Methode geht darauf aus, schon auf dem Beet an den stehenden Pflanzen alle Seitentriebe auszubrechen. Hiermit darf man jedoch nicht zu früh beginnen, weil die Gefahr eines erneuten Durchtreibens von Seitentrieben besteht und dann nochmals ausgebrochen werden müßte. Man kann sich jedoch auch darauf beschränken, nur die Seitentriebe auszubrechen, die den Hauptblütenstand überwachsen. Damit wird begonnen, wenn die Blüten anfangen, sich zu färben.

Eine einfachere und weniger aufwendige Methode ist das Ausbrechen nach der Ernte während des Sortierens der Schnittstiele. Dabei werden nur die wirklich störenden Seitentriebe entfernt, so daß man schöne, volle Schnittstiele erhält.

Licht

Die Kultur ist durch hohe Ansprüche an die Qualität des Lichtes gekennzeichnet. Daher ist zu empfehlen, jederzeit für möglichst ungehinderten Lichtzutritt zu den Pflanzen zu sorgen. Dem entsprechend sollte das Schattieren auch das letzte Mittel zur Herabsetzung der Haustemperatur im Sommer sein, nachdem dies durch Lüften und Spritzen versucht worden ist.

Eine Steuerung der Blüte durch Verkürzung der Tageslänge ist mit Sicherheit möglich.

Aus der während der Entstehung dieses Buches noch laufenden Diskussion (ONSTENK 1982) ist zu folgern, daß bei frühem Kulturbeginn durch Anheben der Temperatur ab Anfang Januar unter natürlichen Kurztagbedingungen schon gegen Ende April der erste Schnitt zu erwarten ist. Danach wird der Bestand auf gleiche Höhe zurückgeschnitten. Sind die Neuaustriebe um Anfang Juni 25–30 cm lang, wird verdunkelt, so daß die Tageslänge um 10 Stunden liegt. Nunmehr ist eine zügige Induktion möglich, die zu einem geschlossenen zweiten Flor um Mitte Juli führt, der innerhalb von etwa 10 Tagen abgeerntet werden kann. Der dritte Flor läßt sich danach noch im Frühwinter um Ende Oktober/November erwarten. Er ist auch wegen des relativ geringen Aufwandes (BOUILLON und MÜLLER 1982) auf jeden Fall anzustreben. Ihm folgt die Ruhezeit und ab Januar ein neuer Beginn.

Nur relativ geringfügige Abweichungen hiervon enthalten direkte holländische Empfehlungen (ANONYM 1982) für die Praxis. Sie gehen von einer Tageslänge von 11 bis 12 Stunden während einer Kurztagbehandlung von 14 bis 18 Tagen aus, wobei die rote Sorte am schnellsten, die hellrosa am langsamsten reagiere. Bei Kurztagbeginn wird bereits eine Trieblänge von nur 20 bis 25 cm als ausreichend erachtet. Nach der Blütenanlage werden noch etwa 4 Blattpaare gebildet, so daß die Schnittstiele bei der Ernte ungefähr 60 cm lang sind.

Sinn der Kurztagbehandlung ist auch eine Straffung der Ernteperiode, weshalb angesichts des relativ hohen Arbeitsaufwandes vor der gleichzeitigen Verdunkelung einer zu großen Anbaufläche gewarnt wird. Es ist sicher günstiger, diese Behandlung zu staffeln.

Auf die Möglichkeit des Botrytis-Befalls durch zu hohe Luftfeuchtigkeit unter der Verdunkelungsfolie ist hinzuweisen.

Temperatur

Nach dem Pflanzen werden für einige Wochen die Nachttemperaturen auf mindestens 18 °C gehalten, während die Tagestemperaturen in Abhängigkeit von der Sonneneinstrahlung bis 23 °C ansteigen können. In der dann folgenden Kulturperiode reichen Nachttemperaturen von 15 bis 17 °C aus. Auch dann werden die Tagestemperaturen lichtabhängig bis zu 23 °C eingehalten.

Erst zur Einleitung der Ruheperiode werden die Temperaturen langsam gesenkt, um während der Ruhezeit von etwa 6 Wochen bei 8 bis 12 °C zu liegen. Tiefer sollten sie nicht angesetzt werden, weil dann größere Ausfälle (VAN DEN BERG et al., 1979) nicht mehr zu vermeiden sind. Demgegenüber gibt PAPENHAGEN (1978) für die Ruhezeit eine Temperatur von nur 2 bis 4 °C an.

Die Möglichkeit einer Kühlbehandlung zur Förderung der Blüteninduktion wird eher skeptisch gesehen, zumal damit auch eine Verlängerung der Kulturdauer verbunden sein dürfte (ONSTENK 1982).

Nach dem Rückschnitt werden mit Beendigung der Ruhe für etwa 14 Tage Nachttemperaturen bis zu 15 °C gegeben, während die Tageswerte wiederum in Abhängigkeit vom Lichtangebot höher steigen können.

CO_2-Begasung
In Holland hat die CO_2-Begasung im Frühjahr zu einer Blüteverfrühung geführt (VAN DEN BERG et al., 1979). Außerdem zeigte sich eine Qualitätsverbesserung durch festere Stiele, gleichzeitig aber mußten kürzere Stiele in Kauf genommen werden.

Kistenkultur
Unter bestimmten Voraussetzungen können *Bouvardia* besser in Kisten als im Grundbeet kultiviert werden. Prinzipiell sind natürlich ausgepflanzte Kulturen vorzuziehen, doch bei ungeeigneten Böden bietet sich die Verwendung von Kisten an. Nach DE JOODE (1980) werden dafür Kisten mit einer Tiefe von 15 bis 20 cm und 1 m Breite verwendet. Sie werden mit Folie ausgelegt und müssen einzeln dräniert werden, damit sie eine gute Entwässerung erhalten. Nur dann lassen sich Pilzkrankheiten vermeiden. So lassen sich die Kulturbedingungen viel besser regulieren als auf schweren, nassen Böden.

Als Substrat empfiehlt DE JOODE eine Mischung aus Torf, Nadelerde und 1,5 bis 2 m^3 abgelagertem Mist sowie 10 kg kohlensaurem Kalk für eine Fläche von 100 m^2.

Pflegemaßnahmen
Neben den besprochenen Kulturmaßnahmen kommen an laufenden Pflegearbeiten vor allem qualitätserhaltende Eingriffe in die Kultur vor. Um der Ausbildung krummer Stiele entgegenzuwirken, ist es erforderlich, jeweils rechtzeitig die Netze hochzuziehen, die Blütenstiele in die Maschen zu leiten und in den Weg wachsende Triebe wieder in den Bestand hineinzulenken. Dabei ist zu bedenken, daß sich zu lange Triebe nicht mehr gut biegen lassen, daher sind diese Arbeiten laufend zu erledigen.

Farbtafel 1
Oben links: Alstromeria-Ligtu-Hybriden.
Oben rechts: Anthurium-Andreanum-Hybriden 'Guatmala'.
Unten links: Antirrhinum zum Schnitt.
Unten rechts: Crocosmia masonorum.

Ernte

Schnittreife
Im Interesse einer guten Haltbarkeit der Schnittblumen wird erst geerntet, wenn 2 bis 3 Blüten im Blütenstand geöffnet sind. Abweichend davon können weißblühende Sorten etwas früher geschnitten werden, wenn 1 bis 2 Einzelblüten geöffnet sind.

Ernten
Die Stiele werden geschnitten oder gebrochen. Häufig wird dabei so vorgegangen, daß zuerst die längsten Stiele der besten Qualität geerntet werden, dann erst die kürzeren und schließlich die ganz kurzen und auch krummen Stiele, die zwar weniger gut aber doch abzusetzen sind.

Sehr wichtig ist, daß die Schnittblumen maximal nur bis zu 10 Minuten nach der Ernte trocken liegen dürfen. Daher ist es zu empfehlen, die Blumen schon im Gewächshaus in Wasser – am besten mit Frischhaltemittel – zu stellen. Sind sie einmal schlapp geworden, erholen sie sich entweder überhaupt nicht mehr oder nur mit sehr großen Schwierigkeiten. Daher sollten vor der Ernte grundsätzlich genügend saubere, mit Wasser gefüllte Eimer im Haus bereitgestellt werden. Bei sonnigem Wetter ist rechtzeitig vor Erntebeginn zu schattieren und für eine Atmosphäre im Haus zu sorgen, die der Frischhaltung des Erntegutes entgegenkommt.

Weiterverarbeitung
Die Schnittblumen werden zügig weiterverarbeitet. Zunächst müssen sie unverzüglich aus dem Gewächshaus in den Sortierraum gebracht werden. Die Sortierung wird nach Qualität und Stiellänge vorgenommen, wobei 4 bis 5 Sortierungen anfallen. Die untersten Blätter werden abgestreift.

Farbtafel 2
Dahlien-Mischung.

Abb. 25. Bouvardien liefern attraktive Schnittblumen.

Beim Bündeln werden im allgemeinen farbeinheitliche Bunde hergestellt. Innerhalb der Bunde ist auf gleiche Länge und Stärke der Stiele sowie auf gleichen Entwicklungsstand zu achten. 10 Stiele ergeben ein Bund. Oft werden fünf Bunde nochmals zusammengefaßt und gemeinsam eingetütet.

Kurzstielige Blumen von sonst guter Qualität werden häufig farblich gemischt gebündelt. Schließlich werden krumme und zu dünne Stiele als unterste Qualitätsstufe eingereiht.

Erträge

Nach Papenhagen (1978) sind in Friesdorf im Jahresdurchschnitt einiger Sorten zwischen 390 und 480 Stiele aller Sortierungen und Qualitäten vom Nettoquadratmeter geerntet worden. Onstenk (1979) hat einen erheblichen Einfluß der Pflanzzeit auf die Ertragshöhe festgestellt. Sie sinkt deutlich mit späteren gegenüber früheren Pflanzterminen. Er kommt auch auf wesentlich geringere Ertragszahlen als Papenhagen und zwar auf 95,4 Stiele bei Pflanzung Anfang April, aber nur auf 44,7 Stiele/m^2/Jahr bei Pflanzung Anfang Juni.

Übereinstimmend läßt sich aus den genannten Veröffentlichungen ableiten, daß ein relativ hoher Prozentsatz an minderen Qualitäten anfällt. Es ist anzunehmen, daß dieser um so höher ist, je größer die Gesamtzahl geernteter Stiele ist. Daher ist sicherlich zu empfehlen, die Pflanzen nicht mit zu zahlreichen Trieben aufzubauen und alle schwachen Triebe jeweils auszubrechen, so daß von vornherein zwar zahlenmäßig weniger, dafür aber qualitativ befriedigende Schnittstiele produziert werden. Onstenk kommt im günstigsten berichteten Falle auf einen Erntedurchschnitt von 7,2 Stielen/Pflanze und Jahr.

Bouvardia-Kultur (Übersicht)

Kulturabschnitt/Kulturmaßnahme	Termin	Temperatur	Spezielle Hinweise
Vermehrung durch Stecklinge	II – V	22 bis 25 °C	
Pflanzung	M III – A VI	Tag/Nacht maximal 23/18 °C Anfangstemperatur, später Tag/Nacht maximal 23/15 bis 17 °C	Boden: pH 5,5 bis 6,5, 16 bis 20 Pflanzen/m^2, 4 Netze, Vegetationsheizung
Stutzen	E III – M IV VIII		 Nach Rückschnitt auf 2 bis 3 Augen
Ausbrechen von Seitentrieben	Vor oder besser (!) nach der Ernte		
Blüte	V – XII		Induktion durch Kurztagbehandlung möglich
Ruhezeit	XII/I	8 bis 12 °C	Etwa 6 Wochen, trocken halten
Rückschnitt nach Ruhezeit	II	15 °C	Auf 20 cm Höhe zurückschneiden
Stutzen im 2. Jahr	III		
Blüte im 2. Jahr	Ab V		
Kulturdauer: Steckling – Blüte Pflanzung – Blüte	3 Monate 2 Monate		
Standdauer	Mehrjährig		
Ertrag			390 bis 480 Stiele/m^2/Jahr, alle Qualitäten (Papenhagen, 1978); dagegen etwa 95 Stiele/m^2/Jahr, gute Qualität (Onstenk 1979)
Markt			Gute Absatzchancen

Häufige Kulturfehler

Fehlerquelle	Kulturfehler	Folgen
Pflanzung	Späte Pflanzung nach etwa Mitte April	Verringerte Erträge
Boden	Pflanzung auf schweren, feuchten Boden	Starkes vegetatives Wachstum, verspätete Blüte
Bewässerung	Zu feucht	Ertragsrückgang
Temperatur	Zu gering in der Wachstumsperiode	Schlechtes, verzögertes Wachstum, Ertragsrückgang
	Zu gering in der Ruhezeit (unter 8 °C ?)	Ausfälle
Netze	Verzicht auf Netze, zu wenig Netze	Krumme Stiele, schlechte Qualität, Erschwerung der Erntearbeit
Ernte	Trockenaufbewahrung der Schnittblumen länger als maximal 10 Minuten (!) während und nach der Ernte	Irreversibles Welken, Haltbarkeit erheblich beeinträchtigt

Pflanzenschutz

Krankheit, Erreger, Schädling	Schadbild	Bekämpfung	Bemerkungen
Grauschimmel *Botrytis cinerea* Pers.	Fäulnis, Schimmelrasen, besonders bei feuchtem Herbstwetter und dichter Belaubung	Tecto fl., Euparen, TMTD, Stäube- und Räuchermittel	Hygiene, richtig Lüften und Heizen
Wurzelfäule *Pythium spec.*	Wurzeln faulen, Pflanzen sterben ab	Bayer 5072, Previcur	
Rhizoctonia-Fußkrankheit *Rhizoctonia spec.*	Fäule, am unteren Stielende beginnend, besonders bei jungen Pflanzen während der Ruhe und bei zu feuchter und kalter Kultur	TMTD	Boden entseuchen
Weiße Fliege, Mottenschildlaus	Saugschäden, gelbfleckige Blätter	Ambush, Permasect 25 Talcord (Berg et al., 1979, Berg, 1980) Temik 5 G	
Wurzelerkrankung durch freilebende Älchen *Pratylenchus penetrans*	Welkeerscheinungen, Pflanzen sterben ab. Wurzeln mit braunen Schadstellen	Methylbromid, Basamid Terracur P, Temik 5 G, Zinophos (Nemafos)	Bodenentseuchung, Dämpfung
Wurzelgallenälchen *Meloidogyne spec.*	Knötchen an Wurzeln, Pflanzen kümmern	Wie Pratylenchus	
Schild- und Wolläuse	Saugschäden, Verunreinigungen	Gusathion H, Dimethoat, Lannate 25, Unden flüssig	
Virus Gurkenmosaikvirus (Berg et al., 1979, Hakkaart, 1979)	Fahle, blasse Blüten, auch Farbzeichnung	Vektoren bekämpfen	Auslese (Testen), viele Wirte (Viola, Zinnia, Primula, Petunia usw.)

Literatur

ANONYM: Bouvardia watergeven. Vakbl. v. d. Bloemist. **34,** (49), 24, 1979 a.
–: Bouvardia Bestellen plantmateriaal en sortiment. Vakbl. v. d. Bloemist. **34,** (50/51), 40, 1979 b.
–: Bouvardia Selectie op Virus en kleur. Vakbl. v. d. Bloemist. **35,** (2), 20, 1980 a.
–: Bouvardia, Snoeien. Vakbl. v. d. Bloemist. **35,** (4), 30, 1980 b.
–: Bouvardia toppen. Vakbl. d. v. Bloemist. **35,** (7), 24, 1980 c.
–: Bouvardia toppen van grondscheuten. Vakbl. v. d. Bloemist. **35,** (18) 26, 1980 d.
–: Bouvardia Gewasverzorging. Vakbl. v. d. Bloemist. **35,** (24), 24, 1980 e.
–: Bouvardia. Verduisteren. Vakbl. v. d. Bloemist. **37**, (22), 16, 1982.
BERG, A. J. VAN DEN: Levenswijze en bestrijding witte vlieg in Bouvardia. Vakbl. v. d. Bloemist. **35,** (24), 28–29, 1980.
–, LEEUWEN, C. VAN und JOODE, A. DE: Bouvardia onder de loup. Vakbl. v. d. Bloemist. **34,** (42), (43), 94–95, 97, (44), 42–43, 1979.
BOUILLON, G., und MÜLLER, A.: Bouvardia-Hybriden. Gb + Gw **82** (18), 400–401, 1982.
HAKKAART, F. A.: Virus in Bouvardia te bestrijden door toetsen en selecteren. Vakbl. v. d. Bloemist. **34,** (32), 40–41, 1979.
JOODE, A. DE: Bouvardia zo vroeg mogelijk planten. Vakbl. v. d. Bloemist. **35,** (9), 32–33, 1980.
–: Positieve bloeibeinvloeding door verduisteren bij Bouvardia. Vakbl. v. d. Bloemist. **36,** (43), 47, 49, 1981.
ONSTENK, R.: Imago Bouvardia hoog houden. Vakbl. v. d. Bloemist. **34,** (27), 42–43, 45, 1979.
–: Bloeispreiding steeds dichter binnen bereik Bouvardiatelers. Vakbl. v. d. Bloemist. **37,** (16), 44–45, 1982.
PAPENHAGEN, A.: Bouvardien-Prüfung der Blumenerträge. Gb + Gw **78,** (13), 287–288, 1978.

Capsicum

Capsicum L. – n – *Solanaceae*, Spanischer Pfeffer, Paprika

Name: Herkunft und Bedeutung ungewiß.

Heimat: Eine nicht bekannte Zahl von Arten ist in Mittel- und Südamerika beheimatet.

Bedeutung für den Schnittblumenanbau

Art	Heimat
C. annuum L. Spanischer Pfeffer, Paprika	wahrscheinlich Mexiko

Nur die hohen Sorten sind für die Gewinnung von Schnittstielen geeignet, während die niedrigwachsenden gesuchte Topfpflanzen sind. Die schöngefärbten, glänzenden Früchte besitzen hohen Zierwert.

Vermehrung

Zierpaprika für Schnittzwecke wird in Folgesätzen zwischen Januar und April ausgesät. Die Keimung verläuft am besten bei 18 bis 20 °C. Als Aussaatsubstrat kommen TKS 1, Einheitserde oder auch Mischungen aus Komposterde, Misterde, Sand und Torf in Frage. Die Saat wird leicht bedeckt und gleichmäßig feucht gehalten. Nach einmaligem Pikieren in Multitopfplatten, Jiffy-Strips oder dergleichen sind die Pflanzen mit gutem Ballen etwa 8 Wochen nach der Saat pflanzfähig.

Capsicum-Kultur (Übersicht)

Kulturabschnitt/Kulturmaßnahme	Termin	Temperatur	Spezielle Hinweise
Aussaat	I–IV	20 °C	
Pikieren	II–V	18 bis 15 °C	Multitopfplatten, Jiffy-Strips und so weiter
Pflanzung	III–E V	15 °C	30 × 30 bis 40 × 40 cm, 1 Netz
Stutzen	V–VII		6 bis 8 Triebe/Pflanze
Ernte	Ab IX		Stiele entblättern, trocken aufhängen
Kulturdauer:	5 bis 9 Monate		
Ertrag			Bis zu 8 Stiele/Pflanze
Markt			Für Trockenbinderei geeignet; Absatz örtlich unterschiedlich

Häufige Kulturfehler

Fehlerquelle	Kulturfehler	Folgen
Licht	Lichtmangel in der Reifezeit (starker Schatten, zu dichter Stand, verschmutztes Glas und so weiter)	Mangelhafte Ausfärbung der Früchte, dadurch Unverkäuflichkeit
Ernährung	Stickstoffüberdüngung	Schlechter Fruchtansatz, ungenügende Ausfärbung der Früchte, verminderte Haltbarkeit

Pflanzenschutz

Krankheit, Erreger, Schädling	Schadbild	Bekämpfung	Bemerkungen
Botrytis-Stengelfäule *Botrytis cinerea* Pers.	Welkeerscheinungen einzelner Zweige oder Triebe, Verfärbungen an Blatt- und Stengelteilen, Schimmelrasen	TMTD, Euparen	Hygiene, exakte Kulturführung, Klimatisierung
Blattläuse	Saugschäden	Mevinphos u. a.	
Spinnmilben	Saugschäden, Verfärbungen, Sprenkelung	Kelthane MF, Pentac	

Pflanzung

Nach Januarsaat wird im März auf gut vorbereitete Beete im Abstand von 30 × 30 bis 40 × 40 cm gepflanzt. Ein Netz ist zur Stützung der schweren Fruchtstiele nötig und wird gleich zu Beginn der Kultur ausgelegt und später höhergezogen.

Die Pflanztermine richten sich nach den jeweiligen Aussaatterminen. Bei Februarsaat wird entsprechend im April bis Anfang Mai gepflanzt.

Weiterkultur

Die Temperatur wird allmählich auf etwa 15 °C eingestellt. Schon nach dem Pikieren, also vor dem Auspflanzen, erfolgt die erste Temperaturabsenkung, nachdem die Keimung bei 20 °C abgelaufen ist.

Während der Wachstumsperiode muß laufend reichlich gewässert und bis zum Fruchtansatz alle 14 Tage mit Mehrnährstoffdünger gedüngt werden, der mit beginnender Fruchtreife kalibetont gewählt wird. Die Konzentration der Düngerlösung liegt bei 0,2 bis 0,3 %.

Stutzen ist zweckmäßig, da bei 6 bis 8 Trieben je Pflanze ausreichend große und dekorative Schnittstiele gebildet werden.

Ernte

Gegen Ende September färben sich die Früchte intensiv rot bzw. gelb. Die Stiele werden geschnitten, entblättert, gebündelt und trocken aufgehängt. Bei gleichzeitiger Reife aller Triebe einer Pflanze kann auch jeweils gleich die ganze Pflanze aus der Erde gezogen, entblättert und entsprechend weiterbehandelt werden. Damit erspart man sich die Rodearbeit.

Paprikastiele halten sich am besten in Vasen mit feuchtem Sand. Sie können auch in Wasser gestellt werden, was aber zu einem etwas früher eintretendem Abfaulen der Stiele führen kann. Während einer Haltbarkeitsdauer von 6 bis 8 Wochen färben sich die letzten Früchte noch recht gut aus.

Literatur

HAHN, E.: Schnitt – Paprika. Gartenwelt **74,** 443, 1974.

Chrysanthemum

Chrysanthemum L. – n – *Compositae* (*Asteraceae*) Chrysantheme, Winteraster, Wucherblume

Name: chrysos (gr.) = Gold, anthemon (gr.) = Blume

Heimat: Über 200 Arten sind im Mittelmeergebiet, Vorder- und Ostasien, sowie in Südafrika verbreitet.

Bedeutung für den Schnittblumenanbau

Art/Hybride	Heimat	Blütezeit
C.-Indicum-Hybriden Gartenchrysantheme, Winteraster		IX – XII in Kultur: I – XII

Abb. 26. Gelegentlich gibt es böse Überraschungen, wie der von Cuscuta (Kleeseide) befallene Südsteckling zeigt.

Abb. 27. Trotz aller Sorgfalt wachsen die Jungpflanzen nicht absolut gleichmäßig.

Staudenchrysanthemen		
C. coccineum Willd. Pyrethrum	Kaukasus, Armenien, Iran	V – VI
C.-Koreanum-Hybriden		VIII – X
C. maximum	Pyrenäen	VI – VII
C.-Maximum-Hybriden		VI – VII
Einjahrsblumen		
C. carinatum Schousb.	Nordwest-Afrika	VI – IX
C. coronarium L.	Mittelmeergebiet, Portugal	VI – IX
C. nivellei Braun-Blanq. et Maire	Marokko	VII – IX
C. segetum L.	Ägäis, Südwest-Asien	VII – X
C × spectabile Arvid Nilss.		VII – IX

Die *C.*-Indicum-Hybriden besitzen gegenüber den anderen genannten Vertretern die überragende Bedeutung, zumal sie in gesteuerter Kultur ganzjährig angeboten werden können. Daneben spielen die Staudenchrysanthemen, nicht zuletzt wegen der guten Möglichkeiten einer Blüteverfrühung, z. B. in Folientunneln, und schließlich auch die verschiedenen einjährigen Chrysanthemen eine Rolle. Letztere kommen hauptsächlich für den Freilandschnitt in Betracht, sie lassen sich aber

Abb. 28. Chrysanthemenstecklinge werden im Jungpflanzenbetrieb vor dem Versand größenmäßig sortiert, um einheitliche Ware bieten zu können.

auch geschützt verfrühen. Daher beziehen sich die folgenden Ausführungen ausschließlich auf die *C.*-Indicum-Hybriden.

Die Jungpflanzen

Auf eine Beschreibung der Mutterpflanzenauslese und -kultur sowie des gesamten Vermehrungsganges kann hier verzichtet werden, weil eine eigene Vermehrung nur in Ausnahmefällen durchgeführt wird und Jungpflanzenkauf – auch bei Normalkultur – die Regel ist. Er bietet dem Gärtner eine Reihe von Vorteilen:

- Durch Einsparung eines eigenen Mutterpflanzenbestandes und seiner exakten, aufwendigen Kulturführung sowie einer eigenen Vermehrung, die unter anderem erhebliche Aufwendungen für Hygienemaßnahmen erfordert, wird der Betrieb entlastet.
- Spezialbetriebe sind in der Lage, erstklassige Qualitätsjungpflanzen zu liefern, die allen Ansprüchen gerecht werden.
- Die Gleichmäßigkeit des sortiert gelieferten Pflanzgutes kann bei eigener Vermehrung nicht grundsätzlich garantiert werden; sie ist aber eine bedeutsame Voraussetzung für den Kulturerfolg speziell bei gesteuerten Kulturen.
- Gute Anzuchtbetriebe liefern mit sehr großer Sicherheit sortenechte, sortenreine, krankheits- und schädlingsfreie Ware.
- Termingerechte Lieferung ermöglicht die Einhaltung der vorgesehenen Pflanztermine.
- Die Jungpflanzenbetriebe bieten im allgemeinen einen guten und zuverlässigen Beratungsservice.

- Bei rechtzeitiger Vorausbestellung können eventuell günstige Bedingungen ausgehandelt werden.
- Der Jungpflanzenbetrieb besitzt Vermehrungslizenzen für geschützte Sorten und kann ständig Neuheiten anbieten, deren Wert er aus eigener Anschauung beurteilen kann.
- Eigenanzucht ist nicht zwangsläufig billiger!

Gute Jungpflanzen sind vollständig, also nicht nur einseitig, bewurzelt und für den Schnittblumenanbau etwa 6 bis 8 cm lang. Für Normalkulturen und Freilandanbau werden sie meistens etwas länger, 8 bis 10 cm, geliefert.

Die bei Topfchrysanthemen häufig verwendeten unbewurzelten Stecklinge ('Redy-Rooter'), die im Endtopf bewurzelt werden, spielen bei ausgepflanzt kultivierten Schnittchrysanthemen keine Rolle. Die Topfkultur von Schnittchrysanthemen ist ohnehin kein Thema mehr.

Die Jungpflanzen werden zu jeweils 25 Stück in Folienbeuteln verpackt in Kartons mit einem Fassungsvermögen von 500 Jungpflanzen geliefert. Die bestellte Menge sollte daher zumindest durch 25 teilbar sein.

Gesteuerte Kultur

Pflanzung

Bodenvorbereitung

Die Beete werden gut gelockert, wobei nach Bedarf eine flache Schicht, etwa 2 bis 3 cm, Torf oder abgelagerter Stallmist eingefräst werden kann. Stehen Trogbeete zur Verfügung, wird das Substrat (TKS 2, Einheitserde, Praxismischung) in einer Schichthöhe von 15 bis 20 cm eingebracht. Sehr dünne Substratschichten von nur etwa 5 cm Stärke sind zwar möglich, erfordern aber eine sehr intensive und exakte Überwachung, besonders hinsichtlich der Ernährung, so daß sie nicht allgemein zu empfehlen sind. Derart dünne Schichten werden verwendet, wenn das Substrat nur einmal genutzt werden soll. In allen anderen Fällen wird es wiederverwendet und bedarf dann mindestens einmal jährlich (eventuell häufiger!) einer Entseuchung auf chemischem Wege oder durch Dämpfen. Da in den vom vorangegangenen Dämpfen noch warmen Boden recht vorteilhaft gepflanzt werden kann, sollte man diese Art der Desinfektion vorwiegend in den kälteren Monaten des Jahres anwenden. Bei chemischer Entseuchung müssen die erforderlichen Wartezeiten eingehalten werden, um Schäden an den Pflanzen auszuschließen.

Das Durchspülen des Bodens durch mehrere sehr kräftige Wassergaben sorgt für die Auswaschung überschüssiger Salze. Es kann auch nach einer Entseuchung, zum Beispiel mit Methylbromid, notwendig werden.

Pflanzentermin

Gesteuerte *Chrysanthemen* können ganzjährig gepflanzt werden. Der Sinn des gesteuerten Anbaues liegt darin, entweder zu bestimmten Absatzterminen oder ganzjährig blühende Ware zur Verfügung zu haben.

Im ersten Falle ergibt sich der Pflanztermin durch Rückrechnung vom angestrebten Blühtermin um die Reaktionszeit (zum Beispiel 10 Wochen) der Sorte,

Abb. 29. Im Extremfalle kommen Chrysanthemen mit einer nur etwa 5 cm starken Substratschicht aus, erfordern jedoch größte Sorgfalt.

zuzüglich der von der Jahreszeit und den Sorteneigenschaften abhängigen Anlaufzeit für das vegetative Wachstum bis zum Beginn der Kurztagbehandlung, also weitere 4 bis 7 Wochen.

Beispiel:

Eine 10-Wochen-Sorte, zum Beispiel 'Mefo', soll zum Muttertag blühen, also in der 18. Woche. Bringt man 10 Wochen Reaktionszeit + 5 Wochen für das vegetative Wachstum in Ansatz, so kommt als Pflanztermin die 3. Woche, also Mitte Januar, in Frage.

Im zweiten Falle wird im Abstand von jeweils einer Woche gepflanzt, wobei mit wöchentlichen Ernten zu rechnen ist, die dann auch straff durchgeführt werden müssen, weil unmittelbar nach der Ernte wieder mit der Vorbereitung desselben Beetes für die planmäßig folgende Neupflanzung begonnen werden muß.

Führt man die Kultur so durch, daß im Abstand von 14 Tagen gepflanzt wird, zieht man die Ernte über zwei Wochen hin, um keine Lücken in der Marktbeschickung zu bekommen.

Flächenbedarf bei Ganzjahreskultur

Bei einer durchschnittlichen Dauer von 16 Wochen für eine Kultur ist im Jahresverlauf mit einer 3- bis knapp 3,5maligen Ernte von einer Fläche zu rechnen. Bei wöchentlicher Neupflanzung ist somit von einem durchschnittlichen Bedarf von 16 Beeteinheiten beziehungsweise Beetgruppen auszugehen. In der 17. Woche wird dann wieder das abgeerntete Beet Nr. 1 und so weiter bepflanzt. In den Wintermonaten kann eine weitere Flächeneinheit zusätzlich erforderlich werden.

Bei 14tägigem Pflanzturnus sind entsprechend nur 8 Einzelflächen erforderlich.

Abb. 30. Beetanlage mit Bewässerung, Vegetationsheizung und Netz.

Pflanzabstände

Die Beetbreite hängt von den Netzmaßen ab. Die üblichen Chrysanthemennetze haben Maschengrößen von 12,5 × 12,5 cm aufzuweisen. 10 Maschen entsprechen also einer Beetbreite von 1,25 m. Um den Standraum noch besser ausnutzen zu können, kann man auf um 1 bis 2 Maschen breitere Netze übergehen, wodurch auf den laufenden Meter 4 bis 8 Pflanzen zusätzlich gepflanzt werden können. Auch die Verwendung eines Netzes mit der Maschengröße 10 × 10 cm ist in diesem Zusammenhang zu überlegen, was aber eher als ungünstig anzusehen ist; die Pflanzen stehen dann doch sehr dicht und leiden unter Lichtentzug.

Eine Verbreiterung der Beete über das genannte Maß hinaus um 1 bis 2 Maschen der Größe 12,5 × 12,5 cm geht auf Kosten der Wegbreite, wodurch eine Arbeitsbehinderung in Kauf genommen werden muß. Weitere Nachteile können sein, daß der Bestand schlecht durchlüftet wird und unter stagnierender Luft und zu hoher Luftfeuchtigkeit leidet, woraus sich Pflanzenschutzprobleme sowie ein möglicher Lichtentzug ergeben können. Als Vorteil wird dagegen angeführt, daß bei engen Wegen die Randpflanzen weniger stark gefördert werden und somit im Wachstum denjenigen in der Bestandesmitte entsprechen, was zu einer größeren (erwünschten!) Gleichmäßigkeit beiträgt (ANONYM 1979a).

Die Standweiten werden von der Jahreszeit, der Kulturweise (gestutzt oder ungestutzt, ausgebrochen oder nicht ausgebrochen) und den Sorteneigenschaften (groß-, mittel-, kleinblumig, stark- oder schwachwüchsig) bestimmt. Da *Chrysanthemen* gute Lichtverhältnisse brauchen, ist vom möglichen Maximalbestand von 64 Pflanzen/m^2 abzuraten. Allgemein werden ungestutzte, aber ausgebrochene Sommerkulturen mit Bestandesdichten von etwa 48, Winterkulturen mit etwa 40

Abb. 31. Chrysanthemen-Mutterpflanzen werden im Block ausgepflanzt.

Abb. 32. Jungpflanzen in Steinwolle (GRODAN). Die Platte wird mittels eines einfachen Gerätes transportiert.

Pflanzen/m^2 gepflanzt. Bei 1,25 m breiten Beeten sind das 56 beziehungsweise 48 Pflanzen/lfm.

Pflanzung

Nach Verlegung der Bewässerungsanlage und Ausrollen der Netze wird gepflanzt.

Sollten sich Verzögerungen ergeben, so können die termingerecht angelieferten Jungpflanzen noch für einige Tage in geöffneten Kartons bei +1 °C gelagert werden. Grundsätzlich jedoch sollte unverzüglich nach Eintreffen der Sendung gepflanzt werden.

Obwohl die Jungpflanzen vom Lieferanten vorsortiert sind, kann sich eine nochmalige Größensortierung als nützlich erweisen, um möglichst gleichmäßige Verhältnisse zu schaffen. Dies ist jedoch nur erforderlich, wenn die Vorsortierung zu großzügig gehandhabt worden ist.

Die Pflanzen werden möglichst flach gepflanzt, so daß der kleine Ballen eben mit Erde bedeckt ist. Sie werden auch nicht zu fest angedrückt, obwohl viele Kultivateure die Jungpflanzen nur in den gut gelockerten Boden eindrücken, also nicht im eigentlichen Sinne pflanzen.

Ernährung

Bei schematischer Düngung werden je nach Bodenart und Bevorratung 50 bis 80 g/m^2 eines Mehrnährstoffdüngers vor dem Pflanzen eingearbeitet. Auch Langzeitdünger haben sich bewährt. Möglich sind jedoch auch Vorratsdüngungen mit Einzeldüngern, zum Beispiel 60 bis 80 g/m^2 Patentkali und zusätzlich 100 bis 150 g/m^2 Thomasphosphat, die bei der Bodenbearbeitung verabreicht werden. In diesem Falle wird Stickstoff später nachgedüngt. In allen Fällen sind jedoch nach dem Anwachsen der Pflanzen laufend flüssige Mehrnährstoffdüngergaben in Konzentrationen um 0,2% erforderlich. Der pH-Wert wird auf 6 bis 7 eingestellt.

Farbtafel 3
Oben links: Euphorbia fulgens 'Granat', 'Karmina', 'Albatros'.
Oben rechts: Freesia-Hybriden.
Unten links: Gentiana acaulis.
Unten rechts: Gentiana 'Royal Blue'.

Bei Düngung nach Bodenuntersuchungsergebnissen kann auf die Grunddüngung verzichtet werden, weil die jeweils fehlenden Nährstoffe rechtzeitig verabreicht werden können. Nach PENNINGSFELD und FORCHTHAMMER (SCHARRER und LINSER 1965) können folgende Richtwerte für die Beurteilung von Bodenuntersuchungsergebnissen angenommen werden:

	je 100 g	je 100 ml
% wasserlösliches Salz	0,3 bis 0,7	0,3 bis 0,6
mg N	20 bis 40	15 bis 36
mg P_2O_5	80 bis 100	51 bis 90
mg K_2O	100 bis 150	90 bis 135

Natürlich kann auch bei schematischer Düngung auf eine Grunddüngung verzichtet werden, wenn rechtzeitig mit dem Nachdüngen begonnen wird. Das richtet sich weitgehend nach dem Zustand des Bodens.

Schon in der Woche nach der Pflanzung erfolgt die erste schwache Düngung mit 0,1 %, sobald die Jungpflanzen Wurzelwachstum erkennen lassen. In der darauffolgenden Woche wird die Konzentration verdoppelt und so bis zum Abschluß der Kultur bei wöchentlichen Düngergaben beibehalten.

Bewässerung

Nach der Pflanzung wird nur leicht gewässert, was in den folgenden Tagen mehrmals wiederholt wird, ohne die Pflanzen einzuschlämmen. Auch später wird die Fläche nur mäßig feucht gehalten. Schließlich werden die Kulturen zur Einleitung der Blütenbildung in der 2. und 3. Woche nach Beginn der Kurztagbehandlung etwas trockener bis ganz trocken gehalten, wodurch die Induktion unterstützt wird. Dies ist zugleich eine vorbeugende Maßnahme gegen das „Durchwachsen“, was bei starkwachsenden Sorten leicht vorkommt. Allerdings muß man dabei mit großer Sorgfalt und Vorsicht verfahren; schlappen dürfen die Pflanzen nicht.

Der Einsatz einer bodennah verlegten einfachen Bewässerungseinrichtung ist sehr wichtig, weil die Pflanzen möglichst nicht benetzt werden sollen. Keinesfalls dürfen sie naß in die Nacht gehen oder an trüben Tagen schlecht abtrocknen; die Gefahr von Pilzkrankheiten ist sehr groß. Eine solche Bewässerungsanlage erlaubt, im Gegensatz zu einer Beregnung, den ungehinderten Einsatz bis zur Ernte.

Farbtafel 4
Oben links: Gerbera 'Marlen'.
Oben rechts: Gerbera 'Vulkan'.
Mitte links: Gerbera 'Euza'.
Mitte rechts: Gerbera, schnittreife Blume.
Unten links: Gerbera-Wurzelstöcke mit Austrieb.
Unten rechts: Gerbera-Wurzelstöcke, entblättert.

Entsprechend ist auch die Luftfeuchtigkeit zu halten. Sie darf zwar nicht zu niedrig liegen, sollte aber nie in die Nähe des Sättigungspunktes ansteigen. Daher ist gegebenenfalls nachts vorsichtig zu heizen. Durch geschickte Handhabung der Lüftung läßt sich ein zu starkes Ansteigen der Luftfeuchtigkeit ebenfalls vermeiden.

Licht

Chrysanthemum-Indicum-Hybriden verlangen einen hellen Standort und auch während des kurzen Tages eine hohe Lichtintensität.

Hinsichtlich der Blütenbildung sind sie quantitative (fakultative) Kurztagpflanzen mit einer oberen kritischen Tageslänge von 13 bis 15 Stunden.

Als Kurztagpflanzen bieten sie die Möglichkeit der exakten Blütesteuerung, die Verwendung geeigneter Sorten vorausgesetzt.

Langtagbehandlung

Nach der Pflanzung sind zur vegetativen Entwicklung und zum Erreichen einer ausreichenden Stiellänge je nach Jahreszeit und Sorteneigenschaft 3 bis 7 Wochen Langtagbedingungen erforderlich, bevor die Blütenbildung eingeleitet werden kann. Demnach muß in der Periode des natürlichen Kurztages (August bis April) zusätzlich belichtet werden, um das vegetative Wachstum bei gleichzeitiger Verhinderung der Blüteninduktion zu fördern. Dieses Zusatzlicht kann gegeben werden als

- Tagesverlängerung im Anschluß an das natürliche Tageslicht,
- Nachtunterbrechung als zusammenhängender Block inmitten der Nacht, zyklische Belichtung (auch als Wanderlicht).

Die erforderlichen Beleuchtungsstärken sind relativ gering, sollten aber im Pflanzenbereich mindestens 70 Lux erreichen. Wichtig ist, daß der Bestand insgesamt möglichst gleichmäßig ausgeleuchtet wird. Falsche Lampenaufhängung führt zum Beispiel dazu, daß die Beetmitte zwar ausreichend, die Beetränder jedoch nicht mehr genügend belichtet werden. Somit kommt es zu ungleichmäßiger Entwicklung durch verfrühte Induktion an den Beeträndern, was letztlich zu ungleichmäßiger Blüte und damit zur Streuung der Ernte führt.

Für die Tagesverlängerung beziehungsweise die Nachtunterbrechung wird allgemein vorgeschlagen, die Belichtungsdauer so zu bemessen, daß die natürliche und die künstliche Belichtung zusammen die obere kritische Tageslänge überschreiten. Bei der zyklischen Belichtung braucht diese Summe nicht erreicht zu werden; hier ist der Störeffekt offenbar für eine Verhinderung der Induktion ausreichend.

Folgende zusätzliche tägliche Belichtungsstunden werden in der Praxis für die Tagesverlängerung beziehungsweise Nachtunterbrechung bei schematischer Handhabung empfohlen:

September und April	2 Stunden
Oktober und März	3 Stunden
November und Februar	4 Stunden
Dezember und Januar	5 Stunden

Richtet man sich nach den tatsächlich herrschenden Tageslängen und belichtet den Bedingungen des jeweiligen Tages entsprechend lang, läßt sich nicht unerheblich an Strom sparen.

Abb. 33. Der Kulimat-Gießwagen kann zur Belichtung eingesetzt werden („Wanderlicht"). Die Leuchtstofflampe ist nach hinten abgedunkelt, um störenden Lichteinfluß auf andere Bestände zu vermeiden.

Günstiger als eine ausgesprochene Tagesverlängerung ist eine Nachtunterbrechung, also Belichtung inmitten der Nacht, so daß keine Dunkelphase von mehr als 7 bis 8 Stunden eintritt.

Die zyklische Belichtung wird entweder mittels einer stationären Belichtungsanlage, schnell auswechselbaren Lichtketten oder einer auf einen Gießwagen montierten und damit mobilen Beleuchtung durchgeführt. Die letztgenannte Methode erfordert nur wenige Beleuchtungskörper, so daß der Stromverbrauch noch geringer gehalten wird. Hinzu kommt nur der für den Antrieb des Gießwagens notwendige Energieaufwand. Das ständig über den Pflanzen beziehungsweise zwischen den Beeten hin und herwandernde schwache Licht hat den gewünschten photoperiodischen Effekt der Verhinderung vorzeitiger Blüteninduktion.

Bei zyklischer Belichtung wechseln mittels einer Zeitschaltuhr Lichtphasen von zum Beispiel 2 Minuten Dauer und Dunkelphasen von 8 Minuten Dauer miteinander ab. Auch andere Intervalle sind möglich und je nach herrschenden Verhältnissen und Erfahrungen anzuwenden, zum Beispiel 15 Minuten Licht/45 Minuten Dunkelheit. Kürzere Zyklen sind wirksamer und daher vorzuziehen. Diese Form der Zusatzbelichtung erfordert etwas höhere Lichtintensitäten von etwa 100 Lux, in Pflanzenhöhe gemessen. Eine weitere Steigerung der Lichtintensität gestattet eine Verlängerung der Dunkelphase bei gleichbleibender Dauer der Lichtphase.

Die zyklische oder Intervallbelichtung braucht nicht, wie oft angenommen, während der ganzen Nacht gegeben zu werden, sondern praktisch nur über die zur Tagesverlängerung erforderliche Stundenzahl. Die Praxis neigt jedoch aus Sicherheitsgründen dazu, diese Belichtung etwa eine Stunde länger auszudehnen. Wenn zum Beispiel im Dezember für die Tagesverlängerung beziehungsweise

Nachtunterbrechung bei durchgehender Belichtung 5 Stunden erforderlich sind, so braucht die zyklische Belichtung in dieser Zeit ebenfalls nur 5 Stunden durchgeführt zu werden, kann aber auf 6 Stunden ausgedehnt werden. Die erhebliche Stromersparnis wird deutlich. RÜNGER (1976) hält, zumindest bei einer Reihe von Sorten, sogar eine Belichtungsdauer von nur 2 bis 2,5 Stunden für ausreichend.

Die zyklische Belichtung erlaubt schließlich, die gesamte zu belichtende Fläche in mehreren Teilflächen nacheinander zu belichten. Durch Verriegelung der Belichtungsanlagen gegeneinander kann jeweils immer nur eine dieser Teilflächen belichtet werden, während die anderen dunkel liegen. Dadurch läßt sich der Anschlußwert des Betriebes geringer halten. Dieser ist ein durch den Stromtarif bedingter beachtlicher Kostenfaktor.

Teilt man die Gesamtfläche in diesem Sinne auf, so ergeben sich für die Teilstücke folgende Belichtungszeiten:

Beispiel 1:

2 Minuten Licht/8 Minuten Dunkelheit, 5 Teilflächen, Beginn 22 Uhr

Teilfläche 1	Teilfläche 2	Teilfläche 3	Teilfläche 4	Teilfläche 5
22,00 – 22,02	22,02 – 22,04	22,04 – 22,06	22,06 – 22,08	22,08 – 22,10
10 – 12	12 – 14	14 – 16	16 – 18	18 – 20
20 – 22	22 – 24	24 – 26	26 – 28	28 – 30
30 – 32	32 – 34	34 – 36	36 – 38	38 – 40
40 – 42	42 – 44	44 – 46	46 – 48	48 – 50
50 – 52	52 – 54	54 – 56	56 – 58	22,58 – 23,00

und so weiter

Bei diesem Vorgehen beträgt der Anschlußwert für die Belichtungsanlage nur 1/5 desjenigen, der für die Gesamtfläche bei gleichzeitiger Belichtung erforderlich wäre.

Beispiel 2:

15 Minuten Licht/45 Minuten Dunkelheit, 4 Teilflächen, Beginn 22 Uhr

Teilfäche 1	Teilfläche 2	Teilfläche 3	Teilfläche 4
22,00 – 22,15	22,15 – 22,30	22,30 – 22,45	22,45 – 23,00

und so weiter

In diesem Beispiel beträgt der Anschlußwert 1/4 desjenigen, der für die Gesamtfläche bei gleichzeitiger Belichtung erforderlich wäre. Damit und durch den außerdem höheren Stromverbrauch je Einzelfläche (Belichtungsdauer insgesamt im Fall 1 = 12 Minuten/Stunde, im Fall 2 = 15 Minuten/Stunde) ist ein Vorgehen nach dem Muster des ersten Beispiels günstiger.

Bei der Anwendung anderer Licht-/Dunkelphasen ist entsprechend zu verfahren. Die Dauer der Dunkelphase muß durch die der Hellphase teilbar sein, da sich sonst Überschneidungen ergeben. Wählt man zum Beispiel 8 Minuten Licht/22 Minuten Dunkelheit, so kommt es dazu und der Anschlußwert muß höher angesetzt werden.

Schnittchrysanthemen müssen im Winter mindestens bis zu einer Pflanzenhöhe von 30 bis 40 cm, im Sommer bis zu 20 bis 25 cm, unter Langtagbedingungen heranwachsen. Im nachfolgenden Kurztag strecken sie sich um 40 bis 70 cm, so daß eine ausreichende Stiellänge erreicht wird. Die vegetative Wachstumszeit unter Langtagbedingungen ist daher nach Jahreszeit und Sorteneigenschaft mit 3 bis 7 Wochen anzusetzen. Im Winter ist daher eine entsprechend längere Kulturdauer bei der Planung einzukalkulieren.

Kurztagbehandlung

Um *Chrysanthemen* während des natürlichen Langtages zur Blüte bringen zu können, müssen durch Verdunkeln künstlich Kurztagbedingungen geschaffen werden. Das ist der Fall zwischen Ende März und Ende September.

In der Praxis wird während dieses Zeitraumes im allgemeinen täglich von etwa 17 Uhr bis 8 Uhr verdunkelt. Zur sicheren Blüteninduktion sind mindestens 30 Kurztage einzuhalten, besser sogar bis zum Farbezeigen der Knospen. Nach diesem Zeitpunkt sind weitere Kurztage unnötig und bringen keine Beschleunigung oder Verbesserung der Blütenentwicklung. Aus praktischen Gründen werden aber dennoch gelegentlich die Verdunkelungsmaßnahmen bis zum Schluß durchgeführt.

In den Wochen von Ende März bis gegen Mitte Juni muß besonders exakt und frühzeitig verdunkelt werden, weil die Gefahr des „Durchwachsens“ gerade dann sehr groß ist.

Jede Unterbrechung der Kurztagperiode durch Langtage führt zur Verzögerung der Knospenbildung und damit zur Kulturzeitverlängerung. Die Störung ist um so größer, je früher nach Beginn der induktiven Bedingungen Langtage einwirken, sie verringert sich aber mit fortschreitender Knospenbildung beziehungsweise Entwicklung.

Abb. 34. Hier wurde bis zum Farbezeigen verdunkelt.

Abb. 35. Die Verdunkelung wurde zwei Wochen über das Farbezeigen hinaus fortgesetzt.

Abb. 36. Typischer Verdunkelungsfehler. Durch Lichteinfall wurde die Induktion teilweise verzögert, der geplante Blühtermin kann nicht eingehalten werden.

Das Einschieben von Langtagen in eine Kurztagbehandlung erfolgt aus zwei Gründen: Aus arbeitswirtschaftlichen Erwägungen wird am Wochenende einen Tag auf das Verdunkeln verzichtet, sofern die Kulturen mindestens schon in der 3. Kurztagwoche stehen. Bis dahin sollte durchgehend verdunkelt werden. Diese Maßnahme ist dort angebracht, wo handarbeitsaufwendige Verdunkelungssysteme bestehen; sie würden zwangsläufig dazu führen, daß sie am Sonnabendabend schon sehr früh geschlossen und am Sonntagmorgen eventuell sehr spät geöffnet werden.

Ein zweiter Grund ist in der möglichen Qualitätsverbesserung zu sehen, wenn in der Zeit ab Ende August bis Ende Januar jeweils begrenzte Etappen von Langtagen eingebaut werden. In diesen Fällen können frühestens 10 Tage nach Kurztagbeginn bis zu 10 Langtage, unter Umständen sogar mehr, eingeschoben werden. Dies erfolgt jedoch keineswegs rein schematisch, sondern ist in vielfältiger Weise abhängig von den Sorten und den Kulturbedingungen. Je günstiger die Bedingungen sind, desto früher können Langtage eingeschoben werden. Auch mit fortschreitender Jahreszeit verschiebt sich der Termin für den Beginn der Kurztagunterbrechung. Auch die Zahl der eingeschobenen Langtage nimmt zu mit der Verschlechterung der Wachstumsbedingungen, so daß bei dunklem Wetter mehr Unterbrechungstage notwendig werden als bei hellem. Die Mindestnachttemperatur soll während der Unterbrechung auf 17 °C gehalten werden. Wie verhältnismäßig kompliziert die richtige Handhabung dieses Instrumentes ist, geht aus der folgenden holländischen Empfehlung hervor.

Richtlinien für die Unterbrechung der Kurztagbehandlung bei Ganzjahreschrysanthemen (ANONYM 1979 l, NIJEBOER 1979)

Monat Sorte	Aug.	Sept.	Okt.	Nov.	Dez.	1. Hälfte Jan.	2. Jan.	
'Spider' und 'Horim'	14	14	15	16	17	18	18	Tage Kurztagbehandlung
	6	10	11	12	15	7	5	Tage Unterbrechung
'Westland Blue'	12	12	13	14	14	14	14	Tage Kurztagbehandlung
	8	12	14	16	16	10	7	Tage Unterbrechung
'Accent'	16	16	17	19	20	21	21	Tage Kurztagbehandlung
	6	10	11	12	15	7	5	Tage Unterbrechung

Erwünschte Folgen einer Kurztagunterbrechung sind Stielverlängerung, allgemeine Verbesserung der Blütenqualität und bessere Verzweigung bei geeigneten Sorten. Die Zahl der Zungenblüten wird bei vielen Sorten durch Langtage nach etwa 8 bis 10 Kurztagen gesteigert (RÜNGER 1976), was eine bessere Blütenfüllung bedeutet. Eine um etwa die Dauer der Unterbrechung verlängerte Kulturzeit muß dabei in Kauf genommen werden.

Während des kurzen Tages ist auf eine möglichst hohe Lichtintensität zu achten, ganz besonders in der lichtarmen Jahrezeit. Daher auch die geringere Bestandesdichte.

Verdunkelt wird mit schwarzer Folie oder schwarzem Tuch. Folie ist wesentlich billiger, allerdings auch verschleißanfälliger und, was sich sehr nachteilig auswirken kann, undurchlässig für Luft und Feuchtigkeit. So kann es im Sommer schon kurz nach dem Verdunkeln zu unerträglich hohen Temperaturen unter der Folie kommen, wodurch die Induktion verhindert bzw. aufgehoben werden kann. Die ebenfalls mögliche hohe Luftfeuchtigkeit kann zu weiteren Schäden (zum Beispiel *Botrytis*) führen. Hiergegen kann zwar durch nächtliches Lüften der Verdunkelung etwas unternommen werden, doch birgt dies neben einem recht hohen zusätzlichen Arbeitsaufwand auch die Gefahr des Lichteinfalls in sich. Stoff als Verdunkelungsmaterial ist zwar im Gegensatz zu Folie luftdurchlässig, aber in der Anschaffung wesentlich teurer und gewichtsmäßig viel schwerer, was bei der Aufhängung an der Gewächshauskonstruktion zu beachten ist.

Ein Vorteil der Verdunkelung ist schließlich die damit verbundene Heizkosteneinsparung, da die nächtliche Abkühlung durch das Verdunkelungsmaterial deutlich eingeschränkt wird.

Zum System ist zu sagen, daß eine horizontal, in etwa 2 m Höhe angebrachte Verdunkelung relativ einfach zu montieren und mittels Motoren zu handhaben ist. Sie deckt aber im allgemeinen eine größere Fläche ab, meist ein ganzes Gewächshaus oder zumindest eine Beetgruppe. Dagegen läßt sich das meist recht arbeitsaufwendige Tunnelsystem innerhalb eines Hauses auf begrenzter Fläche einsetzen, etwa in der Breite eines oder mehrerer Beete. Solche Systeme sind un-

Abb. 37. Einfache Verdunkelungseinrichtung.

ter Umständen sogar transportabel und können nach Bedarf umgestellt werden. Der kleinere Luftraum führt aber leicht zu Hitzestau und überhöhter Luftfeuchtigkeit, was beim erstgenannten System weniger schnell der Fall ist. Schließlich sind Tunnels im allgemeinen nicht begehbar, während unter horizontalen Konstruktionen freier Durchgang möglich ist.

Reaktionszeit

Unter Reaktionszeit versteht man den Zeitraum vom Beginn induktiver Maßnahmen, also vom ersten Kurztag an, bis zur Blüte, optimale und exakte Kulturbedingungen vorausgesetzt. Sie ist sortenmäßig unterschiedlich lang und wird durch die Temperatur- und Lichtverhältnisse beeinflußt. Die meisten angebauten Sorten haben eine Reaktionszeit von 9 bis 12 (13) Wochen. Sorten mit kürzerer und längerer Reaktionszeit sind zwar bekannt, spielen aber in der Praxis keine Rolle. Bei den im allgemeinen verwendeten 9-, 10-, 11-, 12-Wochen-Sorten ist also vom Beginn der Verdunkelung bis zur Blüte mit einer Kulturdauer von recht genau 9, 10, 11, oder 12 Wochen zu rechnen, sofern keine zusätzlichen Langtage oder andere Störfaktoren einwirken.

Für Blütezeiten zwischen November und Februar verwendet man zweckmäßigerweise besser Sorten mit längerer Reaktionszeit, also 12- oder eventuell sogar 13-Wochen-Sorten. Für die übrigen Blütezeiten wird man mit 9- beziehungsweise 10-Wochen-Sorten recht gut auskommen.

Zur Errechnung der Gesamtkulturdauer ist noch die vom Pflanztermin bis zur Kurztagbehandlung erforderliche Zeit von 3 bis 7 Wochen hinzuzurechnen.

Abb. 38. Geschlossene Verdunkelung.

Temperatur

Das vegetative Wachstum der *Chrysanthemen* wird am stärksten unter Langtagbedingungen bei hoher Lichtintensität und hohen Temperaturen um 25 °C gefördert. Das sind Bedingungen, wie sie im Sommer weitgehend zutreffen beziehungsweise ohne besonderen Heizaufwand realisierbar sind. Im Kurztag und bei dem schwachen Licht des Winters bilden *Chrysanthemen* bei Temperaturen um 15 bis 17 °C und darüber nur schwache Stiele und kleines Laub aus, weswegen in diesen Monaten auch nur Temperaturen um 12 bis 15 °C während der Nacht gehalten werden (RÜNGER 1976). Steigen die Tagestemperaturen durch Sonneneinwirkung etwas höher, ist das unschädlich. Zwangsläufig tritt bei diesen Temperaturen ein verlangsamtes Wachstum ein, woraus sich der in den Wintermonaten bis zu 7 Wochen dauernde erforderliche Zeitraum von der Pflanzung bis zur Einleitung der Blüteninduktion erklärt. Eine Beschleunigung dieses Ablaufes durch höhere Temperaturen ist im Interesse einer guten Verkaufsqualität der Schnittstiele indiskutabel, es sei denn, im Zusammenhange mit einer starken Zusatzbelichtung, die aber unwirtschaftlich sein dürfte.

Für die Blütenbildung gelten andere Abhängigkeiten. So ist ein Teil der *Chrysanthemen*-Sorten, vor allem solche für Normalkultur, vernalisationsbedürftig und muß in einem beliebigen Stadium der Anzucht beziehungsweise bereits an der Mutterpflanze eine mehrwöchige Kühlbehandlung bei Temperaturen um 5 °C erhalten, um überhaupt blühfähig zu sein. Dieser Reiz, dem die Mutterpflanze ausgesetzt wird, wirkt auf die Stecklinge weiter. So liefert der Jungpflanzenbetrieb bereits richtig behandelte Pflanzen, der Gärtner braucht sich dann nicht mehr um

Abb. 39. Beweglich angebrachte, transparente Lochfolie zur Wärmedämmung und als Schutz gegen Zugluft.

die Vernalisation zu kümmern. Dafür hat er weitere deutliche Temperaturabhängigkeiten im Zusammenhang mit der Blütenbildung und -entwicklung streng zu beachten.

Je nach Sorte liegen die Optimaltemperaturen für die Blütenbildung, also während der Kurztagbehandlung, zwischen 15 und 25 °C, zum Teil sogar schon ab 10 °C aufwärts. Man spricht in dieser Beziehung von sogenannten thermopositiven, thermonegativen und thermoneutralen Sorten (Cathey, zitiert bei Rünger 1976). Hieraus ergibt sich, daß Chrysanthemen zur Blütenbildung im Durchschnitt der gebräuchlichen Sorten Temperaturen um 15–16 °C brauchen, was im wesentlichen auch immer wieder bestätigt wird (Rünger 1979, Carow und Zimmer 1977. Das führt zu einem relativ hohen Energieaufwand in der kälteren Jahreszeit, der jedoch mit einer Vegetationsheizung deutlich zu senken ist (Nijeboer und Van Holsteijn 1981). Die Suche nach Sorten mit geringerem Heizbedarf hat bislang noch keine nennenswerten Erfolge gebracht, aber immerhin gezeigt, daß es möglich ist, solche Sorten zu finden. Insbesondere bei kleinblumigen, aber auch bei ausgebrochen kultivierten Sorten laufen entsprechende Arbeiten (Jordan 1975, Miske 1978). Immerhin ist davon auszugehen, daß die Optimaltemperaturen nicht grundsätzlich für einen jeweils größeren Entwicklungsabschnitt konstant sein müssen, sondern sich mit dem Entwicklungsablauf ändern, also auch verringern können. Dabei sind unterschiedliche Einflüsse auf bestimmte Ergebnisse, beispielsweise die Zahl der sich bildenden Zungenblüten, denkbar (Rünger 1981).

Leider ist vorerst bei der Kulturführung mit tieferen Temperaturen um 12 °C sortenabhängig mit Qualitätsverlusten, Ertragseinbußen und längerer Kulturdauer zu rechnen. Problematisch ist auch nach wie vor die immer wieder empfohlene nächtliche Temperaturabsenkung. Auch sie scheint, zumindest sortenbedingt, eher Nachteile zu bringen. Dennoch ist diesem Fragenkomplex weiterhin größte Aufmerksamkeit zu widmen, zumal es Sorten gibt, deren Blütenbildung sich bei 10 °C gegenüber 16 °C nur um maximal 5 Tage verzögert (Carow 1980) und Zimmer und Carow (1981) bereits über eine Reihe geeigneter temperaturtoleranter Sorten berichten, die bei niedriger als der für optimal angesehenen Nachttemperatur keine größeren Verzögerungen oder Kulturzeitverlängerungen brachten. Schließlich liegt nach Smaal und De Jong (1981) auch kein negativer Einfluß tieferer Nachttemperaturen während der Kultur auf spätere Haltbarkeit in der Vase vor.

Wie begrenzt die Zahl temperaturtoleranter Sorten noch ist, geht auch aus entsprechenden Sortenversuchen in Eelde hervor (Buisman 1982). Aber auch zu hohe Nachttemperaturen wirken schädlich. Sie werden zwar nicht absichtlich gegeben, wohl aber schnell bei Sommerkulturen unter der Verdunkelungsfolie erreicht, wenn bei hoher Einstrahlung zu früh verdunkelt wird. Unter der Folie steigen die Temperaturen sehr schnell an und erreichen 30 °C und mehr, wodurch die Induktion verhindert wird. An solchen Tagen ist es ratsam, durch einen Spätdienst eine Stunde später verdunkeln zu lassen und am kommenden Morgen erst eine Stunde später zu öffnen.

Manche Gärtner öffnen bei warmer Wetterlage die Verdunkelung für einige Stunden während der Nacht, um die aufgestaute feuchtwarme Luft abzuführen (s. Seite 91). Andere Gärtner lassen die Verdunkelungsfolie an den Beetseiten knapp über dem Boden enden und schaffen so eine Art Dauerlüftung. Doch besteht auch hier die Gefahr des Lichteinfalls (Anonym, 1979c).

CO_2-Begasung

Zweifellos ist eine zusätzliche CO_2-Zufuhr zu Schnittchrysanthemen zu begrüßen. In der Praxis sind jedoch die möglichen Begasungsperioden am Tage meist nur recht kurz, weil viel gelüftet werden muß. Im Herbst, Winter und Frühjahr ist das Licht der begrenzende Faktor. In Holland, wo die CO_2-Begasung dank günstiger Voraussetzungen mehr Bedeutung hat als in Deutschland, wird vorgeschlagen, die Bewässerungsanlage für die Begasung mit einzusetzen; dadurch spart man die Installation eigener Leitungssysteme.

Stutzen und Ausbrechen

Stutzen

Sofern gestutzt werden soll, geschieht dies möglichst frühzeitig nach dem Pflanzen, sobald die Jungpflanzen eingewurzelt sind. Es wird grundsätzlich weich gestutzt, also nur die oberste Spitze des Haupttriebes entfernt.

Gestutzte *Chrysanthemen* benötigen einen größeren Standraum und werden daher weiter gepflanzt. Maximal stehen 20 bis 24 Pflanzen/m^2.

Stutzen führt zwar zur Verzweigung der Pflanzen und bedeutet auch Einsparungen beim Jungpflanzenkauf, aber dennoch sind die Nachteile des Stutzens, besonders bei gesteuerter Kultur, sehr deutlich. Gestutzte Kulturen bieten ein wesentlich ungleichmäßigeres Bild als ungestutzte. Die Gleichmäßigkeit der Bestände ist aber gerade bei gesteuerter Kultur von größter Bedeutung für den er-

Abb. 40. CO_2-Begasung bei Mutterpflanzen zur Steigerung des Stecklingsertrages.

wünschten Kulturerfolg. Nicht stutzen bedeutet außerdem die Einsparung dieses Arbeitsganges. Die Nachteile des Stutzens machen sich bei der Herbst- und Winterkultur stärker bemerkbar als bei der Sommerkultur, daher ist in dieser Jahreszeit fast grundsätzlich vom Stutzen abzuraten.

Wenn gestutzt wird, zieht man die Außenreihen dreitriebig, die Innenreihen wegen der besseren Belichtung aber nur zweitriebig.

Die Zeit vom Pflanzen bis zum Stutzen ist zusätzliche Kulturzeit, was bei der Berechnung der Termine bedacht werden muß.

Ausbrechen der Seitenknospen

Eine Reihe von Sorten wird ausgebrochen, andere können sowohl ausgebrochen als auch unausgebrochen kultiviert werden. Wieder andere läßt man grundsätzlich als Büschelware kommen. Es empfiehlt sich, entsprechende sortenbezogene Hinweise in Jungpflanzenkatalogen zu beachten.

Durch Ausbrechen der Seitenknospen bildet sich die Hauptknospe des betreffenden Triebes sehr groß aus, so daß man die sogenannten Dekorativen oder Mittelblumigen beziehungsweise sogar die Großblumigen oder Einstieler erhält. Die wichtige Maßnahme des Ausbrechens muß jeweils möglichst frühzeitig durchgeführt werden, solange die Knospen noch klein sind und nach Bedarf wiederholt werden. Sind die Seitenknospen schon größer, kommt es beim Ausbrechen zu größeren Verletzungen und damit erhöhten Gefahren für die Pflanzen.

Die Knospen entwickeln sich an den oberen Trieben zuerst. Nach unten fortschreitend folgen die jeweils nächsttieferen, da die Induktion in der Pflanze von oben nach unten verläuft. Sie entstehen in den Blattachseln. Sobald ein Trieb soweit entwickelt ist, daß man ihn gut fassen kann, wird ausgebrochen. Das wird im Laufe der Kultur so oft und so lange es notwendig ist wiederholt. Dabei werden die Seitenknospen mitsamt Achseltrieb aus der Blattachsel vorsichtig herausgebrochen.

Zu dieser Arbeit müssen die Pflanzen gut frisch sein, sie dürfen keinesfalls schlappen, damit sich die Triebe gut brechen lassen.

Ausbrechen der Hauptknospen
Gelegentlich kann es ratsam sein, bei unausgebrochen als Büschelware kultivierten Sorten die Hauptknospe auszubrechen. Dadurch wird verhindert, daß die Hauptknospe zu groß wird und damit die Einheitlichkeit des ganzen Blütenstandes – der ja hier insgesamt die Wirkung des Schnittstieles ausmacht – stört.

Ausbrecharbeiten sind zeitraubende Handarbeit (ROTHENBURGER, in STORCK 1969).

Pflegemaßnahmen

Lüften
Chrysanthemen benötigen viel frische Luft. Durch Lüften wird die Temperatur reguliert, aber auch die Luftfeuchtigkeit weitgehend geregelt. Letzteres geschieht unter Umständen im Zusammenspiel mit der Heizung und ist besonders in den Übergangsmonaten mit stärkerer nächtlicher Abkühlung wichtig.

Schattieren
Trotz des hohen Lichtanspruches ist gegen eine zu hohe Einstrahlung rechtzeitig zu schattieren. Das muß zum Zeitpunkt des Farbezeigens der Knospen sehr sorgfältig ausgeführt werden. Vor allem rosafarbene Sorten sind sehr empfindlich.

Eine bewegliche Innenschattierung reicht im allgemeinen aus. Sie läßt sich außerdem nachts als Wärmedämmung zusätzlich einsetzen. Dann ist allerdings am Morgen bei Öffnen vorsichtig zu verfahren, um größere Temperaturschwankungen zu vermeiden.

Netz hochziehen
Das bei der Pflanzung aufgelegte Netz muß mit fortschreitendem Wachstum höhergezogen werden. Bei eintriebiger Kultur steht für jede Pflanze eine Netzmasche zur Verfügung, während bei mehrtriebiger Kultur die Triebe einer Pflanze auf mehrere Maschen verteilt werden müssen. Hier ist auch die – arbeitsmäßig allerdings schlechtere (!) – Lösung möglich, das Netz überhaupt erst anzubringen, wenn die Triebe etwa 10 bis 15 cm lang geworden sind. Man kann sie dann gleich wie gewünscht in die Maschen leiten. Das bedeutet aber, daß die Pflanzung auf markierten Beeten (zusätzliche Arbeit) erfolgen muß und daß beim Auflegen des Netzes wegen der Gefahr des Abbrechens von Pflanzenteilen mit besonderer Sorgfalt vorzugehen ist.

Chrysanthemen benötigen die Netze unbedingt, wenn gerade Schnittstiele erzielt werden sollen.

Ständige Kontrollen

Zu den wichtigen laufenden Maßnahmen gehören regelmäßige Kontrollen:

- Gesundheitszustand der Pflanzen,
- Wasser- und Nährstoffgehalt im Boden, einschließlich Salzgehalt,
- Auszubrechende Seitentriebe bzw. Knospen,
- Temperatur,
- Luftfeuchtigkeit,
- Bewässerungsanlage,
- Belichtungs- und Verdunkelungsanlage, insbesondere die Dichtigkeit der Folie oder des Stoffes.

Normalkultur

„Normalkultur“ bedeutet den Anbau von Chrysanthemen ohne Einsatz steuernder Maßnahmen, zum Beispiel einer Kurztagbehandlung.

Da sich der Begriff im Prinzip auf die Einleitung der Induktion unter natürlichen Tageslängen bezieht, schließt er im Gebrauch der Praxis eine Zusatzbelichtung im Herbst zur Erzielung einer späteren Blüte, zum Beispiel für Weihnachten, nicht unbedingt aus.

Das Prinzip der Normalkultur beruht auf der jeweils spätestmöglichen Pflanzung und straffer Kulturführung. Unterschiedliche Blütezeiten werden durch die Wahl der Pflanztermine und der Sorten erzielt. Hierbei spielen dann Begriffe wie Früh-, Mittelfrüh- und Spätsorten eine Rolle. Diese aber sind ihrerseits wiederum durch ihre Zugehörigkeit zu bestimmten Reaktionsgruppen gekennzeichnet.

Nach RÜNGER (1976) kann man davon ausgehen, daß mittelfrüh- und spätblühende Sorten vorwiegend obligatorische Kurztagpflanzen sind, frühblühende dagegen nicht oder kaum photoperiodisch reagieren. Ferner liegt die obere kritische Tageslänge bei späteren Sorten im allgemeinen tiefer als bei frühen. Somit wird im jahreszeitlichen Verlauf vom Sommer zum Herbst hin die höhere kritische Tageslänge der Frühsorten zu einem früheren Termin unterschritten als die tiefere der Spätsorten. Außerdem haben die Frühsorten eine kürzere Reaktionszeit. Somit ist im Normalanbau bei geschickter Sortenwahl praktisch im ganzen letzten Jahresdrittel mit blühenden *Chrysanthemen* zu rechnen.

RÜNGER (1976) hält eine für die meisten Sorten bestehende Gesetzmäßigkeit für möglich, ausgehend von CATHEY, der für einige untersuchte Sorten aus verschiedenen Reaktionsgruppen die obere kritische Tageslänge angibt. BÜRKI (1975) pauschaliert schließlich entsprechende Angaben für die jeweilige Reaktionsgruppe. Daraus ergibt sich das folgende Bild (siehe nebenstehende Tabelle), das den praktischen Erfahrungen entspricht, wenngleich die Angaben der genannten Autoren geringfügig voneinander abweichen.

Bei ausgebrochen, aber ungestutzt kultivierten Sorten kann im Normalanbau bei später Pflanzung noch bis etwa zur zweiten Augustwoche durch gestaffelte Zusatzbelichtung (Langtagbehandlung) eine Streuung des Angebotes erreicht werden. Hierfür können Sorten wie ‘May Shoesmith’ oder ‘Improved Rivalry’, also Herbstsorten der RG 11, verwendet werden. Die Belichtung wird dann bis zum Ende der 1., 2. beziehungsweise 3. Septemberwoche durchgeführt, woraus sich drei unterschiedliche Blühtermine ergeben. Allerdings empfiehlt sich dann eine

Blütetermine von Chrysanthemensorten verschiedener Reaktionsgruppen nach Bürki (1975) beziehungsweise Cathey (zitiert bei Rünger 1976)

Reaktionsgruppe (-Wochen-Sorte)	obere kritische Tageslänge in Stunden	Termin der Unterschreitung der oberen kritischen Tageslänge	Blütetermin
Cathey:			
6 ('White Wonder')	16		
8 ('Pristine')	15 1/4		
10 ('Encore')	14 1/2		
12 ('Fortuna')	13		
Bürki:			
9	14 1/2	Mitte August	Ende Oktober
11	14	Ende August	Mitte November
14	13 – 13 1/2	Anfang September	Mitte Dezember

Hieraus resultieren folgende Richttermine für Pflanzung und Blüte von Normalchrysanthemen (Anonym 1979 g, 1979 h, 1979 i):

Sortengruppe (Reaktionsgruppe RG)	Pflanztermine bei gestutzter Kultur	Pflanztermine bei ungestutzter Kultur	Blütezeit
Frühblühende Sorten (RG etwa 9 bis 10)	10. bis 20. VII.	20. bis 30. VII.	Ende Oktober/ Anfang November
Mittelfrühblühende Sorten (RG etwa 11 bis 12)	15. bis 25. VII.	25. VII. bis 5. VIII.	November
Spätblühende Sorten (RG etwa 13 bis 14)	20. bis 30. VII.	1. bis 10. VIII.	Dezember

ein- oder sogar mehrmalige Alar-Behandlung im Interesse einer guten, stabilen Stielqualität.

Für den Normalanbau gelten im Prinzip die Kulturmaßnahmen wie für die gesteuerte Kultur; auch der Normalanbau kann und muß sehr exakt und zügig geführt werden.

Die Beetvorbereitung entspricht der bei der gesteuerten Kultur angegebenen. So muß entseucht werden, wenn man kein Risiko eingehen will, auch wenn andere Kulturen, zum Beispiel Gemüsekulturen, vorausgegangen sind.

Die Jungpflanzen werden in der Regel aus guten Anzuchtbetrieben bezogen, die ein bewährtes und umfangreiches Sortiment speziell für Normalkultur anbieten und Jungpflanzen in erstklassiger Qualität liefern. Da nahezu alle Normalkultursorten – im Gegensatz zur Gruppe der steuerbaren – vernalisationsbedürftig sind, stammen die Jungpflanzen aus guten Lieferbetrieben von vernalisierten Mutterpflanzen.

Abb. 41. Vorbereitung der Pflanzreihe für Freiland-Chrysanthemen mit der Rillscheibe.

Normalkultursorten werden bei etwas geringeren Temperaturen von höchstens 14 bis 15 °C kultiviert. Laufen die Temperaturen höher auf, kann es trotz vorausgegangener Vernalisation zu Mißerfolgen, zum Beispiel Rosettenwuchs, kommen (SÜPTITZ-Mitteilungen).

Je nach den örtlichen klimatischen Bedingungen können Chrysanthemen auch in Folientunneln angebaut werden.

Freilandkultur

Freilandkultur dekorativer und kleinblumiger Schnittsorten kann lohnend sein, wenn mit der gebotenen Sorgfalt gearbeitert wird. Ein an Formen und Farben reiches Sortiment steht dem Gärtner zur Verfügung.

Nach guter Bodenvorbereitung wird spätestens Mitte Juni ausgepflanzt. Spätere Pflanzungen lassen kaum noch die gewünschten Erfolge erwarten; sie ergeben meist zu kurze, für den Schnitt kaum geeignete Stiele. Außerdem sind sie der Frostgefahr ausgesetzt, der allerdings mit Folienschutz begegnet werden kann.

Die Pflanzenabstände werden so gewählt, daß nicht mehr als 60 Stiele/m^2 stehen.

Pflanzt man nicht direkt in Netze aus, die auch bei Freilandkultur erforderlich sind, müssen diese spätestens nach etwa 3 bis 4 Wochen bei Erreichen einer Pflanzenhöhe von rund 25 cm angebracht werden.

Aus hygienischen Gründen wird am besten von unten bewässert, zum Beispiel durch perforierte Schläuche. Beregnung von oben führt leicht zu Pilzbefall und Blütenschäden.

Je nach örtlicher Lage und Windverhältnissen ist für jeweils eine Gruppe von 5

Abb. 42. Pflanzung im Freiland hinter der Rillscheibe.

bis 7 Beeten Windschutz zu empfehlen. Die weiteren Kultur- und Pflegearbeiten erstrecken sich auf Düngung, Unkrautbekämpfung und qualitätserhaltende beziehungsweise -fördernde Maßnahmen.

Bei der Düngung von Freilandkulturen sind Bodenart und -beschaffenheit zu beachten. Eine Bodenverbesserung vor der Pflanzung mit Torf oder abgelagertem Stallmist kann nützlich sein. Später ist eine laufende Nährstoffversorgung erforderlich. Bei durchlässigen Böden ist auf die Auswaschung von Nährstoffen zu achten und dementsprechend zu düngen. Während der Knospenbildung ist hinsichtlich der Anwendung von Stickstoff Vorsicht geboten. In diesem Stadium ist die Düngung kali- und phosphorsäurebetont, weil ein größeres Stickstoffangebot ganz besonders bei kleinblumigen Büschelchrysanthemen sehr schnell zum Durchwachsen führen kann.

Zur Unkrautbekämpfung läßt sich zum Beispiel Tenoran in einer Aufwandmenge von 50 g/20 Liter Wasser/100 Quadratmeter noch im Keimblattstadium anwenden. Abends wird gesprüht, am folgenden Morgen werden die Pflanzen gut abgebraust.

Dekorative Sorten werden laufend ausgebrochen. Zur Erzielung möglichst großblumiger Stiele bleiben bei gestutzten Pflanzen nur 2 bis 3 Triebe stehen.

Einige Freilandsorten neigen zur Bildung eines „langen Halses“ und müssen mit Alar behandelt werden.

Zur Erhaltung der Blütenqualität werden die Knospen dekorativer Sorten eingetütet. Damit ist ein guter Wetterschutz gewährleistet, aber die Tüten bieten auch Unterschlupf für Schädlinge, zum Beispiel Ohrwürmer, sie sollten daher gelegentlich kontrolliert werden. Wenn die Knospen anfangen, Farbe zu zeigen, werden sie eingetütet. Sie müssen dazu unbedingt abgetrocknet und schädlings- beziehungsweise krankheitsfrei sein. Die Tüten müssen groß genug sein und so angebracht werden, daß sich die Blume darin gut entwickeln kann.

In den Tüten kann sich Niederschlag bilden, worauf geachtet werden sollte. Neben den meistens verwendeten Plastik- oder Cellophantüten sind auch spitze Papiertüten in Gebrauch.

Kurzkultur

Um einem Bedarf an kurzstieligen Schnittchrysanthemen (zum Beispiel für die Gastronomie, Tischschmuck) entgegenzukommen, aber auch um im Rahmen der Ganzjahreskultur zwangsläufig eintretenden Flächenüberhang auszunutzen, können Kurzkulturen ein geeignetes Mittel sein.

Durch Verkürzung der vegetativen Aufbauphase kann die Kurztagbehandlung früher einsetzen, so daß bei Winterkulturen anstelle von sonst notwendigen 7 Wochen Wachstum im Langtag mit nur etwa 4 Wochen gearbeitet wird. Somit lassen sich ungefähr 3 bis 4 Wochen an der Gesamtkulturzeit einsparen.

Nach Flikweert (zitiert bei Plömacher 1978) ergeben sich folgende Anbauzeiten und Pflanzmengen:

Satz	Pflanzenzahl je Quadratmeter	
	herkömmliche Ganzjahreskultur	Kurzkultur
1. Winter	48	64
2. Frühjahr	64	80
3. Sommer	56	80
4. Herbst	56	64

Hieraus sind einerseits ein wesentlich größerer Pflanzenbedarf und damit eine höhere Arbeitsbelastung für die Kurzkultur ersichtlich, andererseits steht dem ein höherer Stückertrag bei verkürzter Kultur und allerdings etwas niedrigerem Erlös gegenüber. Für eine derartige Kultur werden Sorten angeboten, die sich für Dichtpflanzungen eignen und geringere Temperaturansprüche stellen als die üblichen Ganzjahressorten. Es handelt sich um 8- bis 9-Wochen-Sorten, die im Winter mit Nachttemperaturen von 15 °C, ab Februar mit 14 °C auskommen. Sie können bei diesem Verfahren ganzjährig kultiviert werden, so daß man in den Wintermonaten nicht auf Sorten einer höheren Reaktionsgruppe umplanen muß.

Die Möglichkeit einer Kurzkultur mit sehr dichter Pflanzung und 5 Folgesätzen innerhalb eines Jahres von derselben Fläche, wird von Miske (1981) beschrieben. Danach wurden in der Hamburgischen Gartenbau-Versuchsanstalt Fünfhausen (HGVA) Stecklinge kleinblumiger Sorten in Jiffy 9 bei 18 °C mit 200 Stück/m^2 innerhalb einer Woche bewurzelt, anschließend im natürlichen Kurztag mit 1000 Lux 3 Wochen belichtet und schließlich mit 128 Stück/Netto-m^2 ausgepflanzt und sofort Kurztagbedingungen ausgesetzt.

Es ist verständlich, daß hierfür nur ein begrenztes Sortiment kleinblumiger und kleinlaubiger Sorten in Frage kommt. Auch Hemmstoffeinsatz (Alar, 0,1 %) ist im Interesse der Stielqualität nötig. Die Pflanzen erreichen eine Höhe von 40 bis 60 cm.

Die Entscheidung für die Durchführung solcher Kulturen mit kurzen Schnittstielen ist jedoch immer von der Marktsituation abhängig zu machen.

Abb. 43. Schnittreifer, mehrtriebiger Bestand.

Ernte

Schnittreife

Chrysanthemen dürfen nicht unreif geerntet werden. Dekorative und großblumige Sorten müssen die typische volle, runde Form bereits erreicht haben, ohne jedoch schon ganz aufgeblüht zu sein. Kleinblumige Sorten können geschnitten werden, wenn 4 bis 5 Blumen an einem Büschel geöffnet sind. Sie blühen in der Vase noch gut auf. Bei knospiger Ware können Knospenöffnungsmittel eingesetzt werden (Carow 1978).

Ernten

Da die Pflanzen nach der Ernte wertlos geworden sind und nicht mehr wie früher als Mutterpflanzen dienen, brauchen sie bei der Ernte nicht geschont zu werden. Daher schneidet man möglichst langstielig, bei Mehrtriebern aber unter sinnvoller Schonung noch vorhandener Stiele, was jedoch einen weiteren Erntegang erfordert. Der Nachteil dieser Methode ist, daß die Pflanzen später gerodet werden müssen. Viele Kultivateure ziehen daher bei der Ernte die ganzen Pflanzen samt Wurzeln aus dem Boden. Sie können entweder im Gewächshaus gleich abgeschnitten und die Stiele gebündelt werden, oder die Wurzeln werden im Sortierraum beim Bündeln abgeschnitten.

Weiterverarbeitung

Für den Transport der Schnittstiele aus dem Gewächshaus werden Erntewagen benutzt. Auch das Transportband kann gut eingesetzt werden, wenn es sich schnell und unproblematisch umsetzen läßt.

Abb. 44. Ernte und Verpackung in einem Arbeitsgang.

Abb. 46. Folienverpackung im Haus.

Abb. 45. Ernten und Bündeln am Beet.

Abb. 47. Arbeit am Packtisch im Haus.

Abb. 48. Ein einfaches Gerät und Klebeband erleichtern das Bündeln.

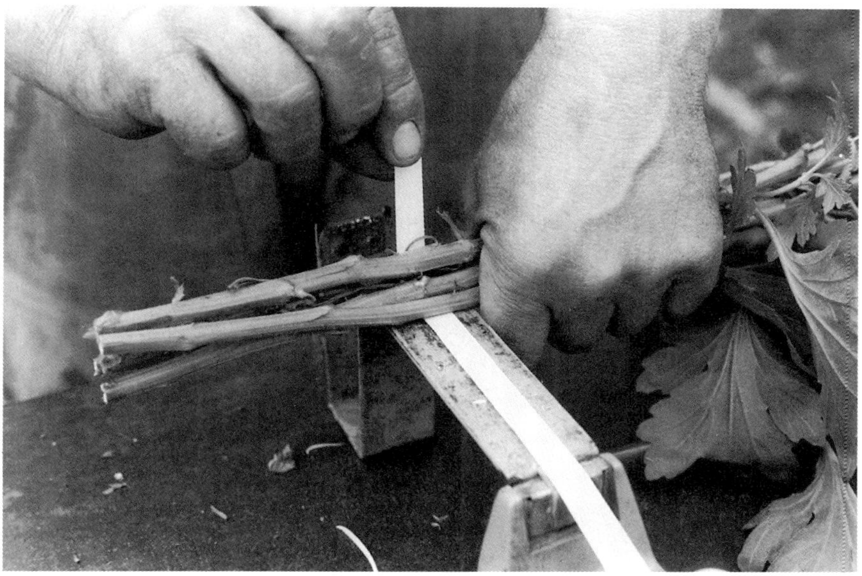

Abb. 49. Auch zum Eintüten der Bunde gibt es preiswerte Geräte und Hilfsmittel.

Abb. 50. Im Großanbau wird das Fließband zur Chrysanthemenernte eingesetzt.

Abb. 51. Die Blume ist in einem dehnbaren Kunststoffnetz aufgeblüht und nun für den Transport geschützt.

Abb. 52. Eintüten in fortgeschrittenem Knospenstadium dient der Qualitätserhaltung und erspart Packarbeit bei der Ernte.

Im unteren Drittel des Stieles werden die Blätter abgestreift. Anschließend wird nach Qualität und Länge sortiert und zu 5 Stück gebündelt. Die Blumen dekorativer und großblumiger Sorten werden eingetütet oder mit Netzen geschützt. Die Stiele werden auf etwa gleiche Länge geschnitten und ins Wasser gesetzt, bevor sie nach weiteren 2 bis 3 Stunden zum Versand kommen.

Die Bunde werden in Folienbeutel oder in Kartons verpackt.

Sollen Schnittchrysanthemen vorübergehend gelagert werden, halten sie sich mit Wurzel besser. Nach 2- bis 3stündigem Einstellen in Wasser können sie im Kühlraum gelagert werden.

Literatur

Anonym: Chrysant jaarrondteelt. Doorgroei. Bredere bedden. Vakbl. v. d. Bloemist. **34,** (18), 22, 1979 a.

–: Chrysant normaalteelt. Koelen. Vakbl. v. d. Bloemist. **34,** (19), 26, 1979 b.

–: Chrysant jaarrondteelt. Verduistering. Vakbl. v. d. Bloemist. **34,** (20), 26, 1979 c.

–: Chrysant buitenteelt. Vakbl. v. d. Bloemist. **34,** (21), 22, 1979 d.

–: Chrysant buitenteelt. Vakbl. v. d. Bloemist. **34,** (22), 26, 1979 e.

–: Chrysant Buitentellt. Vakbl. v. d. Bloemist. **34,** (26), 26, 1979 f.

–: Chrysant normaalteelt (kas.). Vakbl. v. d. Bloemist. **34,** (26), 26, 1979 g.

–: Chrysant normaalteelt. Planttijd. Vakbl. v. d. Bloemist. **34,** (28), 26, 1979 h.

–: Chrysant normaalteelt. Bloespreiding geplozen chrysanten. Vakbl. v. d. Bloemist. **34,** (30), 18, 1979 i.

–: Chrysant normaalteelt. Planttijden troschrysanten. Vakbl. v. d. Bloemist. **34,** (30), 18, 1979 j.

–: Chrysant. Allgemeen. Vakbl. v. d. Bloemist. **34,** (36), 28–29, 1979 k.

–: Chrysant jaarrondteelt. Onderbreking. Vakbl. v. d. Bloemist. **34,** (36), 29, 1979 l.

–: Inzakken van geplozen chrysanten. Vakbl. v. Bloemist. **34,** (40), 28–29, 1979 m.

–: Chrysant. Doseren van koolzuurgas. Vakbl. v. d. Bloemist. **34,** (43), 32, 1979 n.

–: Chrysant normaalteelt. Verwelkingsziekte (Verticillium). Vakbl. v. d. Bloemist. **34,** (45), 24, 1979 o.

–: Chrysant jaarrondteelt. Nachttemperatuur. Temperatuur meten. Vakbl. v. d. Bloemist. **34,** (49), 24, 1979 p.

–: Chrysant jaarrondteelt. Energiebesparning. Vakbl. v. d. Bloemist. **35,** (2), 20, 1980 a.

–: Chrysant jaarrondteelt. Watergeven. Vakbl. v. d. Bloemist. **35,** (3), 18, 1980 b.

–: Chrysant normaalteelt. Vroege bloei onder glas. Vakbl. v. d. Bloemist. **35,** (5), 42, 1980 c.

Bürki, M.: Chrysanthemen – Praktische Grundlagen. Langendorf 1975.

Buisman, J.: Rassenonderzoek chrysant bij lagere temperaturen. Vakbl. v. d. Bloemist. **37,** (23), 38–39, 1982.

Carow, B.: Aufblühen und Haltbarkeit der knospig geschnittenen Spray-Chrysantheme 'Miguel'. Deutscher Gartenbau **32,** (10), 404–405, 1978.

–: Screening von Chrysanthemen. Deutscher Gartenbau **34,** ( ), 284–285, 1980.

–, und Zimmer K.: Gehören konstante Nachttemperaturen der Vergangenheit an? Gartenwelt **77,** 227–228, 1977.

Groot, Th., De, und Hoeven, A. P. van: Maaibalk chrysanten zorgt voor verlichting arbeid. Vakbl. v. d. Bloemist. **33,** (51/52), 30–31, 1978.

Harkema, H.: Verbeterde wateropname belangrijk voor chrysanten. Vakbl. v. d. Bloemist. **35,** (5) 96–97, 1980.

Hendrick, P. M. G.: Microsanten: welkome aanvulling. Vakbl. v. d. Bloemist. **35,** (1), 46–47, 1980.

Hoeven, A. P. van den: Teelt van microsanten. Vakbl. v. d. Bloemist. **35,** (1), 24–25, 1980.

Jordan, C.: Züchtungsarbeiten an Chrysanthemen. Gartenwelt **75,** 407–108, 1975.

Looye, A. A. und Os, E. A. van: Teelt snijchrysanten in voedingsfilm mechaniseeren: utopie of werkelijkheid? Vakbl. v. d. Bloemist. **34,** (20), 50–51, 53, 1979.

Miske, Th: Trotz sparen Qualität erzeugen. Gb + Gw **78,** 822–825, 1978.

–: Chrysanthemen-Kurzkultur 1980. Gb + Gw **81,**, (4), 74–76, 1981.

Mol, C. P.: Verduisteren bij geplozen chrysanten. Vakbl. v. d. Bloemist. **34,** (35), 49, 1979.

NIJEBOER, D. J.: Onderbreken bij jaarrondchrysant: snel handelen voor het meeste effect. Vakbl. v. d. Bloemist. **34,** (45), 28–29, 1979.
–: Wanneer herfstchrysanten onder glas planten? Vakbl. v. d. Bloemist. **35,** (26), 34–35, 1980.
– und VAN HOLSTEIJN, G. P. A.: Perspectief voor gewasverwarming bij jaarrondchrysanten. Vakbl. v. d. Bloemist. **36** (35), 28–31, 1981.
ONSTENK, R.: Goede ervaringen met teelt microsanten. Vakbl. v. d. Bloemist. **35,** (17), 36–37, 1980.
PAPENHAGEN, A.: Nährlösungskultur von Schnittchrysanthemen in Fließrinnen. Deutscher Gartenbau **33,** (21), 901–903, 1979.
PLÖMACHER, H.: Chrysanthemenkurzkultur, erste Erfahrungen mit dieser Kultur bei 'Fides International'! zb 18, (26), 1041, 1978.
PROEFSTATION v. Tuinbouw onder Glas te Naaldwijk, Profst. v. d. Bloemist. te Aalsmeer, Consulentschappen v. d. Tuinb. te. Aalsmeer en Naaldwijk: Teelt van Herfstchrysanten onder Glas. Bloementeeltinformatie No. 3, August 1979, 3. Aufl.
RÜNGER W.: Dauer der Hauptlichtperiode und der Unterbrechung der Dunkelperiode und Blütenbildung von Chrysanthemum 'Mefo'. Gartenbauwissenschaft **37,** 239–242, 1972.
–: Dauer der Nachtunterbrechung bei Chrysanthemen. Gartenwelt **76,** 410, 1976.
–: Einfluß der Dauer des Tageslichtes und der Unterbrechung der Dunkelperiode auf die Blütenbildung mehrerer Chrysanthemensorten. Gartenbauwissenschaft **41,** 149–152, 1976.
–: Einfluß der Temperatur während der ersten dreißig Tage der Kurztagperiode auf die Blütenbildung und -entwicklung von Chrysanthemen. Gartenbauwissenschaft **44,** 162–165, 1979.
–: Chrysanthemen. Gb + Gw **82**, (1), 10–13, 1982.
SMAAL, A., und DE JONG, J.: Lagere teelttemperatuur niet van invloed up houdbaarheid chrysant. Vakbl. v. d. Bloemist. **36**, (35), 27, 1981.
VOGELMANN, A.: Chrysanthemen. Verlag Eugen Ulmer, Stuttgart 1969, 7. Aufl.
ZIMMER, K., und CAROW, B.: Temperaturtolerante Chrysanthemen. Deutscher Gartenbau **35,** (26), 1060–1063, 1981.

Chrysanthemum-Kultur (Übersicht) – Gesteuerte Kultur eintriebig gezogener Sorten

Kulturabschnitt/ Kulturmaßnahme	Termin	Temperatur	Spezielle Hinweise
Pflanzung	Jede Woche ein Satz beziehungsweise zu jedem beliebigen Termin	15 – 17 °C	Nur flach in den vom Dämpfen warmen Boden pflanzen. Ein Netz auslegen, Pflanzdichte 40 bis 48 Pflanzen/m^2 und eventuell mehr je nach Jahreszeit und Kulturführung.
Stutzen	Entfällt Wenn gestutzt wird, etwa 2 Wochen nach der Pflanzung		Stutzen verzögert die Kultur um etwa 14 Tage. Die Gleichmäßigkeit des Bestandes leidet durch Stutzen.
Langtag	Im Sommer 2 bis 4 Wochen nach Pflanzung Im Winter 5 bis 7 Wochen nach Pflanzung		Zyklische Belichtung: 2 Minuten Licht/8 Minuten Dunkel
Kurztag	Im Sommer ab 3. bis 5. Woche nach Pflanzung Im Winter ab 6. bis 8. Woche nach Pflanzung	16 °C	Ausreichend, bis Knospen Farbe zeigen. Ab 3. Kurztagwoche Unterbrechung zum Beispiel am Wochenende möglich. In der 2. und 3. Kurztagwoche trocken halten.
Ernte	Je nach Reaktionsgruppe 9 bis 13 Wochen nach Kurztagbeginn		
Kulturdauer Pflanzung – Blüte	Etwa 12 bis 16 Wochen		Abhängig von Jahreszeit u. Reaktionsgruppe
Steuerung			Photoperiodische Reaktion als Kurztagpflanze. Regulierung der Tageslänge
Ertrag			Bis zu 60 Stiele/m^2/Satz 3 bis 3,5 Sätze/Jahr/Flächeneinheit
Markt			Bedeutender Marktanteil, Preise abhängig von Angebot, Qualität und Nachfrage

Normalkultur: s. Tabelle Seite 99

Häufige Kulturfehler

Fehlerquelle	Kulturfehler	Folgen
Licht	Nicht ausreichende Langtagphase vor Kurztagbeginn	Zu kurze Stiele
	Ungleichmäßige Ausleuchtung der Bestände bei der Langtagbehandlung, zum Beispiel durch zu schwache Lampen oder falsche Lampenaufhängung	Vorzeitige Induktion der zu schwach belichteten Partien, dadurch Streuung der Ernte
	Unsorgfältiges Verdunkeln, schadhaftes Verdunkelungsmaterial, dadurch Störlicht	Be- beziehungsweise Verhinderung der Induktion im Lichteinfallsbereich; Kulturzeitverlängerung
	Derselbe Fehler zwischen Ende März und Mitte Juni	Dieselben Folgen, zusätzlich Gefahr des Durchwachsens
Temperatur	Temperaturen über 15 °C während des vegetativen Wachstums in den lichtarmen Monaten	Schwache, schlappe Blütenstiele, keine Verkaufsqualität
	Überhöhte Temperatur (Hitzestau) unter der Verdunkelungsfolie während der Kurztagbehandlung (über 30 °C)	Be- beziehungsweise Verhinderung der Induktion
	Unterschreitung der erford. Induktionstemperatur von 16 °C, z. B. durch zu starke Nachttemperaturabsenkung	Verzögerung eventuell Verhinderung der Induktion; Kulturzeitverlängerung; Qualitätsmängel
Wasser	Niederschlag auf farbezeigenden oder blühenden Pflanzen, zum Beispiel durch nächtliche Abkühlung	Pilzbefall, Flecken auf den Blüten, Unverkäuflichkeit; Besonders gefährdet: rosablühende Sorten
	Beregnung von oben, Benetzung zur Unzeit	Pilzbefall, Qualitätsminderung
	Zu starke Bewässerung in der Induktionsphase in der 2. bis 4. Woche nach Kurztagbeginn	Erschwerung der Induktion, Gefahr des Durchwachsens starkwüchsiger Sorten
Düngung	Überbetonung von Stickstoff während Knospenbildung	Gefahr des Durchwachsens
Pflanzung	Zu dichte Pflanzung	Qualitätsmängel, Krankheitsgefahr erhöht
	Zu weite Pflanzung	Platzverschwendung, Erhöhung d. Heizkosten je Pflanze
Allgemein	Nichtbeachtung von Terminen	Kulturzeitverlängerung; Qualitätsminderung; Absatzschwierigkeiten

Pflanzenschutz

Krankheit, Erreger, Schädling	Schadbild	Bekämpfung	Bemerkungen
Bakterielle Welke *Erwinia chrysanthemi* Burk. et al.	Plötzliche Welkeerscheinungen; charakteristisch: einseitig in Streifen verlaufende oder allseitige Schwärzung des Stengels; Gewebe zerstört, Wasserleitungsbahnen gebräunt	Bodendesinfektion	Hohe Temperatur und Luftfeuchtigkeit begünstigen die Krankheit
Pythium-Stengelfäule *Pythium ultimum* Trow. und andere	Rasch fortschreitende Verfärbung vom Stengelgrund aus, oft nur einseitig schwarz; Gewebe braun, rascher Zusammenbruch der Pflanzen	Bayer 5072; Previcur	Hohe Temperatur (Sommer!) begünstigt den Pilz
Ascochyta-Krankheit Ascochyta chrysanthemi Stev.	Alle Pflanzenteile können befallen werden. Erste Anzeichen: kleine, braune Flecken auf den Blüten, später schwarzbraune Fäule	Ferbam, Mancozeb, Triforine (Saprol), Dithianon (Delan), Captan	Quarantänekrankheit
Verticillium-Welke *Verticillium alboatrum* R. et B.	Krankheitsbild unterschiedlich: Welkeerscheinungen, oder Gelb-, Rot-, Braunverfärbung der Blätter, Blattränder eingekrümmt; Wasserleitungsbahnen verstopft, eventuell einseitig, daher Welkeerscheinungen gelegentlich einseitig	Bodendesinfektion	
Grauschimmel *Botrytis cinerea* Pers.	Braune, punktförmige Fleckchen auf der Blüte; meist Blüten – oft einseitig – braun, faul; mausgrauer Schimmelrasen auf den Befallsstellen	Chlorothalonil-Räuchermittel, Vinclozolin (Ronilan), Iprodion (Rovral)	Stagnierende Luft, hohe Luftfeuchtigkeit, Niederschlag vermeiden
Mehltau *Oidium chrysanthemi* Rab.	Gleichmäßiger oder fleckiger weißer Belag auf Blüten, Blättern, Trieben	Netzschwefel, Chloraniformethan (Imugan), Triforine (Saprol), Mehltaumittel F 238, Benodanil (Calisus)	
Weißer Rost *Puccinia horiana* Henn.	Blattoberseits grünlich-weiße Flecken, unterseits zunächst weißliche, später braune, wachsartige Pocken	Oxycarboxin (Plantvax); Später: Triforine (Saprol), Mancozeb (Dithane Ultra), Maneb, Benodanil (Calirus)	

Rost *Puccinia chrysanthemi* Roze.	Blattunterseits, seltener oberseits oder an Stengeln, braune Rostpusteln, Blattverluste	wie beim Weißen Rost	
Septoria-Blattflecken *Septoria chrysanthemella* Sacc.	Rundliche, braune bis schwarze, bis pfennig-große Flecken oft zu größeren Befallsstellen zusammenfließend	Mancozeb, Dithianon, Zineb, Captan	
Blattälchen *Aphelenchoides ritzemabosi* (Schwartz) Good.	Durch die Blattnerven deutlich begrenzte, rotbraune bis schwarze Flecken; Absterbeerscheinungen	Zinophos (Nemafos), Parathion, Aldicarb (Temik 10 G)	
Wandernde Wurzelnematoden, zum Beispiel *Pratylenchus spec.*	Wurzelschäden	Fensulfothion (Terracur P)	Anwendung vor dem Pflanzen oder bei stehender Kultur
Rote Spinne *Tetranychus urticae* Koch und andere	Gelbliche oder weißliche, oft silbrig schimmernde Sprenkel; Blattverluste	Kelthan, Pentac, Mevinphos, Chlorfensulfid + Chlorfenethol (Anilix), Aldicarb und andere	
Blasenfüße, Thrips	Saugschäden, weiße Sprenkel auf Blättern, später Bräunung; Blüten mit schmutzigbraunen Flecken	Parathion, Malathion, Diazinon, Propoxur, Aldicarb, Sulfotepp (Bladafum), Mevinphos, Dichlorvos	
Blattminierfliege *Phytomyca atricornis* Meig.	Helle, vielfach gewundene Gangminen in den Blättern	Methomyl (Lannate), Trichlorphon (Dipterex) Mevinphos	
Ohrwürmer	Unregelmäßige, zerfetzte Löcher in den Zungenblüten, oft auch jüngste Blätter benagt	Parathion	
Blattläuse	Saugschäden, Verkrüppelungen	nahezu alle bekannten Insektizide	
Blattwanzen	Saugschäden, Verkrüppelungen	Methomyl, Propoxur, Parathion	
Virus, zum Beispiel Mosaik-, Stauche-, Aspermie-Virus und andere	Symptome nicht immer deutlich, oft Flecken, Streifen, Kräuselungen, auch blasse Blütenfarben, verfrühte Blüte, kleine Blüten usw.	Bekämpfung der Vektoren (Überträger), zum Beispiel saugende Insekten	Kauf virusfreier Jungpflanzen

Clematis

Clematis L. – f – *Ranunculaceae,* Waldrebe
Name: Klema (gr.) = Schößling, Zweig, Weinrebe
Heimat: Etwa 300 Arten sind kosmopolitisch verbreitet.

Bedeutung für den Schnittblumenanbau

C.-Hybriden	Zusammenfassung aller großblumigen Sorten	Blütezeit VI–IX

Clematis besitzen für die Unterglaskultur zwar untergeordnete Bedeutung, können aber in kleinen Mengen als aparte und relativ selten angebotene Schnittblumen den Markt bereichern.

Vermehrung
Die Anzucht erfolgt durchweg in Baumschulen. Zweckmäßigerweise besorgt sich der Gärtner von dort auch das Pflanzmaterial für Schnittblumenkulturen.

Abb. 53. Clematis müssen rechtzeitig an Stäben aufgeleitet werden.

Kultur
Für den Anbau unter Glas werden die Pflanzen entweder im Abstand von 40 × 40 cm auf Grundbeete in gut durchlässigen Boden gepflanzt oder einjährig in Töpfen gezogen.

Ab Mitte Februar läßt man sie bei maximal 15 °C zur Entwicklung kommen. Höhere Temperaturen vertragen sie nicht.

Die Pflanzen werden von Anfang an gestäbt und mit fortschreitendem Alter laufend angeheftet, damit sich die Triebe nicht ineinander verheddern. Der Ar-

Clematis-Kultur (Übersicht)

Kulturabschnitt/Kulturmaßnahme	Termin			Temperatur	Spezielle Hinweise
Ausgangsmaterial	Einjährige Pflanzen aus der Baumschule				
Pflanzung	Februar				40 × 40 cm Abstand; Pflanzen stäben.
Einleitung der Schnittkultur	M II	M V	E VII	10 bis 15 °C	Keine Treibtemperatur, Maximum 15 °C
Blüte	M V	M VII	X		Letzter Satz meistens unbefriedigend
Kulturdauer von der Einleitung der Schnittkultur bis zur Blüte	Etwa 11 Wochen	Etwa 8 Wochen	Etwa 10 Wochen		
Ertrag					Bis zu 6 bis 8 Triebe/Pflanze
Winterstand				Frostfrei	Rückschnitt auf 3 bis 4 Augen
Standdauer unter Glas					Bis zu 10 Jahren
Markt					Begrenzte Absatzmöglichkeiten, örtlich unterschiedlich

Häufige Kulturfehler

Fehlerquelle	Kulturfehler	Folgen
Temperatur	Anwendung hoher Treibtemperaturen	Weicher Trieb, schlechte oder unterbleibende Blütenbildung
Pflege	Fehlender oder falscher Rückschnitt während der Winterruhe	Schlechter und zu hoher Austrieb, Ertragsminderung
	Zu spätes oder fehlendes Aufleiten der Triebe an Stäben	Triebe ranken aneinander hoch und lassen sich nur mühsam entwirren, dadurch unverhältnismäßig hoher Arbeitsaufwand bei der Ernte

Pflanzenschutz

Krankheit, Erreger, Schädling	Schadbild	Bekämpfung	Bemerkungen
Ascochyta-Stengel- und Blattfleckenkrankheit *Ascochyta clematidina* Thüm.	Stengel, daneben auch Blätter braunfleckig, dunkle Befallsstellen, zum Teil stengelumfassend, zusammenfließend; Absterbeerscheinungen oberhalb der Befallsstellen	Ferbam, Mancoceb, Triforine (Saprol), Dithianon (Delan fl.), Captan	
Welkekrankheit *Coniothyrium clematidis-rectae* Petrak	Welke- und in der Folge Absterbeerscheinungen	Bodenentseuchung; Grünkupfer, Mancoceb (Dithane Ultra), Captan, Fentinacetat + Maneb (Brestan)	
Echter Mehltau *Erysiphe*	Blattflecken, Blätter und Triebe mit mehlartigem Belag	Dinocap (Karathane), Zineb, Mancoceb, Cyclomorph (Mehltaumittel 238), Dichlofluanid (Euparen), Bayleton und vieles anderes	

beits- und Pflegeaufwand ist dadurch relativ hoch. Günstig ist die Verwendung billiger Ruten zum Aufbinden, weil diese bei der Ernte leicht mit der ganzen Ranke geschnitten werden können. Bei Topfkultur wird hierfür auch Drahtgeflecht verwendet, über das die Triebe verteilt werden.

Die geringen Temperaturansprüche, etwa zwischen 10 und 15 °C, erlauben die Verwendung kühlerer Gewächshäuser, die jedoch hell genug sein müssen. Die Frühkultur beginnt dann um Mitte Februar und bringt den ersten Schnitt zum Muttertag. Ein zweiter Flor folgt etwa acht Wochen später und ein dritter nach weiteren etwa 8 bis 10 Wochen im Oktober. Dieser letzte Schnitt befriedigt im allgemeinen weniger.

Die Kultur ist mehrjährig durchführbar. Sie steht im Winter frostfrei. Nach dem Rückschnitt auf 3 bis 4 Augen beginnt man um Mitte Februar erneut mit der Produktion. Hieraus ist zu ersehen, daß der Heizungsaufwand im Winter geringfügig ist. Man sollte sich aber auch gut überlegen, ob man diese Kultur in einem teuren Gewächshaus durchführt, das aus Kostengründen möglichst ganzjährig vollständig ausgelastet sein sollte. Die Kultur ist auch im Folientunnel denkbar, dann muß allerdings mit Verzögerungen beim ersten Schnitt gerechnet werden, die aber sicher durch eine Vegetationsheizung ausgeschaltet werden können. Zur Zeit liegen darüber keine Erkenntnisse vor.

Ernte

Clematis werden aufgeblüht als ganze Ranken geschnitten, zu 10 Stielen gebündelt und in Cellophan beziehungsweise Folie verpackt. Die Haltbarkeit ist befriedigend, während der Absatz begrenzt sein dürfte. Gut entwickelte Pflanzen lassen 6 bis 8 Triebe erwarten. Die gesamte Standdauer unter Glas kann 10 Jahre betragen.

Literatur

Steffen, L.: Rosen unter Glas und Treibgehölze. Verlag Eugen Ulmer, Stuttgart 1969.

Convallaria

Convallaria L. – f – *Liliaceae*, Maiglöckchen, Maiblume

Name: Lateinischer Pflanzenname nach Linné.

Heimat: Die einzige Art der Gattung entstammt Wäldern der Nordhemisphäre, wo sie weit verbreitet ist.

Bedeutung für den Schnittblumenanbau

Art	Heimat	Blüte
C. majalis L.	Europa, Asien, in Nordamerika eingebürgert.	V

Die für die Treiberei verwendeten Maiblumen sind Auslesen aus der Wildform, also nicht züchterisch bearbeitet. Es existieren auch keine Kultursorten.

Das Ausgangsmaterial für die Treiberei, die „Keime" (Rhizome), werden feldmäßig in mehrjähriger Kultur angezogen. Der Erwerbsgärtner führt im allgemeinen nur den letzten Kulturabschnitt, die Treiberei, durch.

Anzucht der Keime

Da Samenvermehrung ausscheidet, werden Maiblumen vegetativ durch ihre unterirdischen Rhizome vermehrt. Dies erfolgt in zwei- bis dreijährigem Feldanbau.

Im Oktober/November oder auch im Frühjahr wird auf unkrautfreien Feldern maschinell gepflanzt. Um Keime für Frühtreiberei zu erzeugen, werden sandige Böden bevorzugt. Die Vorfrucht spielt eine wichtige Rolle. Obwohl die Kartoffel als Hackfrucht besonders gut hierfür geeignet ist, darf sie aus phytosanitären Gründen nicht verwendet werden, zumindest nicht bei Exportkeimen. Die Gefahr einer Verbreitung des in den meisten Ländern als Quarantäneschädling geltenden Kartoffelnematoden (*Heterodera rostochiensis* Wr.) mit den Keimen anhaftenden Bodenteilchen ist groß. Bei im Inland verwendeten Keimen spielt dies keine Rolle.

Der Anbau verursacht einen erheblichen Arbeitsaufwand, der durch Maschineneinsatz zwar zu reduzieren ist, aber dennoch nicht unterschätzt werden darf.

Je Hektar werden 800 000 bis 1 000 000 Keime flach gepflanzt und nur 1 bis 2 cm stark mit Erde überdeckt. Eine zusätzliche Bodenabdeckung mit luftdurchlässigem Material wie Torf, Stroh, Sägemehl, Rapsschoten, Fichten- und Kiefernnadeln und so weiter hat sich bewährt, ist aber ebenfalls sehr aufwendig.

Die vorausgehende Düngung wird mit 100 dt/ha Stallmist und 200 kg/ha Kali- und Phosphorsäuredünger durchgeführt. Stickstoff wird später nach Bedarf nachgereicht. Diese Kopfdüngungen werden erstmalig in 2 bis 3 Gaben im Frühjahr des ersten Jahres nach der Pflanzung mit 70 bis 80 g/m^2 eines Mehrnährstoffdüngers gegeben. Diese Düngung wird im Folgejahr wiederholt. Zur Förderung der Entwicklung von „Blühkeimen“ darf die Stickstoffdüngung keinesfalls überbetont werden. Deshalb wird die Düngung im letzten Jahr im Mai eingestellt, um das Ausreifen der Keime nicht zu behindern.

Die Knospenbildung erfolgt im Keim ab Juni bis Mitte/Ende Juli und wird mit einer Termindüngung von 60 bis 80 g/m^2 eines stickstoffarmen Mehrnährstoffdüngers gefördert. Diese Termindüngung erfolgt, wenn gegen Ende Juli beim Durchschneiden einiger Keime deutlich sichtbare Knospen vorgefunden werden. Bei dreijähriger Kultur ist dies sinngemäß im dritten Jahr der Fall. Allgemein ergeben zweijährige Kulturen die besten Qualitäten, dreijährige dagegen die höheren Erntezahlen.

Nach völligem Absterben des Laubes wird maschinell gerodet, was frühestens im Oktober der Fall ist. Die Keime werden zunächst in erdbedeckten Haufen zur Feuchthaltung aufbewahrt und anschließend in nur mäßig warmen, zugluftfreien Räumen, in denen sie nicht austrocknen, geputzt und gleichzeitig sortiert und gebündelt. Die Qualitätssortierung sieht dabei vor, daß die Blühkeime (Keime mit angelegter Blütenknospe) in die Qualitätsstufen I A = Exportkeime sowie I. und II. Qualität eingeteilt werden. Vorblüher (Keime, bei denen ein Teil des Blütenstandes vorzeitig ausgebildet ist, was in der Treiberei zur ungleichmäßigen Entwicklung der Blüte führt) werden gesondert gebündelt, gekennzeichnet und als III. Qualität eingestuft. Sie sind an der unregelmäßigen Form des Keims zu erkennen. Auch Nichtblüher und sogenannte Blattkeime werden gesondert behandelt und als Pflanzware für den Vermehrungsanbau verwendet. Blattkeime sind noch junge, nicht blühfähige Keime und gelten als gesuchte Pflanzkeime.

Die fertigen Bunde zu jeweils 25 Stück werden mäßig feucht und aufrechtstehend in Sand eingeschlagen und bis zum Verbrauch so gehalten.

Eiskeime
Für ganz frühe Treiberei können nur vorjährige Keime verwendet werden, die als sogenannte Eiskeime bei 0 bis −1 °C überlagert worden sind.

Treiberei

Vorbehandlung der Keime

Ruhezeit
Im Herbst befinden sich die Keime im Ruhezustand und können nicht austreiben.

Dieser Ruhezustand ist bei niedrigen Temperaturen, deren Optimum bei +1 bis −2 °C liegt, zu beenden. Ab Ende Oktober reichen hierfür drei Wochen aus, danach sind sogar noch kürzere Kühlzeiten erforderlich. Diese Kühlbehandlung kann im Kühlhaus erfolgen, da unter normalen Umständen im Herbst diese Temperaturen in der Natur nicht oder nicht in ausreichender Dauer erreicht werden. Ist ganz frühe Treiberei vorgesehen, so muß die Kühlperiode eventuell noch früher beginnen und dann auf 4 bis 5 Wochen ausgedehnt werden.

Sobald die Ruhezeit zu Ende geht, kann anstelle der Kühllagerung ab Mitte November auch mittels Warmwasserbades von 12 Stunden Dauer bei 30 bis 32 °C der aus der Ruhe noch verbliebene Wachstumswiderstand gebrochen werden, um anschließend problemlos treiben zu können. Nach Ende Dezember ist auch diese Behandlung unnötig.

Treiberei
Die Treibkeime werden in 8 bis 10 cm tiefe Kisten eng im Abstand von nur 2 cm in der Reihe und etwa 3 cm zwischen den Reihen in Packmoos eingepflanzt, nachdem die Wurzeln etwas eingekürzt worden sind. Sie werden fest gepflanzt, daß sich eine gute Verbindung mit dem umgebenden Moos als Grundlage für eine ausreichende Wasserversorgung ergibt.

Nach starkem Einwässern werden die Kisten bei der frühen Treiberei anfänglich dunkel aufgestellt, bis sich die Blütenstiele gestreckt haben. Treibt man von Anfang an hell, bleiben die Schnittstiele zu kurz.

Die frühe Treiberei ab Ende November bis Dezember ist durch sehr hohe Temperaturansprüche um 25 bis 28 °C stark belastet. Erst nach dem Hellstellen und wenn Stiele und Blätter ergrünt sind, wird die Temperatur allmählich auf 15 bis 18 °C gesenkt, um die Verkaufsware abzuhärten.

Spätere Treibsätze werden insgesamt bei Temperaturen um 18 bis 20 °C getrieben und ebenfalls bei 15 °C abgehärtet.

Eiskeime können früh bei 15 bis 18 °C hell getrieben werden. Wegen ihres starken Blattwuchses muß bei einer Trieblänge von etwa 15 cm vorsichtig mit dem Ausschneiden überzähliger Blätter begonnen werden. Da frühe Treiberei im allgemeinen wenig Laub bringt, kann durch einen kleinen Anteil von Eiskeimen auch diesem Mangel begegnet werden.

Neben der Treiberei ist eine einfache Verfrühung ohne wesentlichen Heizaufwand möglich, indem im Herbst aufgepflanzte zweijährige Keime im Frühjahr überbaut oder unter einen Folientunnel gebracht werden.

Convallaria-Kultur (Übersicht)

Kulturabschnitt/ Kulturmaßnahme	Termin				Temperatur	Spezielle Hinweise
Anzucht: Dauer	2 bis 3 Jahre					
Treiberei: Beginn	Vor M XI				15 bis 18 °C	Eiskeime, Helltreiberei
		25. XI.	XII–I		25 bis 28 °C 18 bis 15 °C	Frühtreibkeime; anfangs dunkel, später hell treiben
				nach M I	18 bis 20 °C	Normale Treibkeime
Warmwasserbad anstelle der Kühlung	–	+	+	–	30 bis 32 °C	12 Stunden; anschließend sofort pflanzen, Treibbeginn
Blüte	M XII	Weihnachten	I–II	E II–III		Mit Wurzel ziehen, bündeln
Abhärten der gezogenen Maiblumen					10 bis 12 °C	2 bis 3 Tage aufrecht in Kisten kühl stellen
Treibdauer bis Blüte:	Etwa 4 Wochen					Hoher Heizungsaufwand
Markt						Gute Absatzmöglichkeiten

Häufige Kulturfehler

Fehlerquelle	Kulturfehler	Folgen
Temperatur	Zu geringe Temperatur bei der Frühtreiberei	Schlechtes Treibergebnis, Verzögerung der Blüte
	Nichtbeachtung des Kühlbedarfes beziehungsweise Verzicht auf Warmwasserbad bei Frühtreiberei	Fehlschlag
	Mangelhafte oder unterlassene Abhärtung vor dem Verkauf	Stark verminderte Haltbarkeit
Licht	Zu kurze Dunkeltreiberei bei Frühsätzen	Kurze Stiele
Wasser	Zu geringe Boden- und Luftfeuchtigkeit bei hoher Treibwärme	Schlechtes Treibergebnis, Trockenschäden, besonders an den Blüten
	Zu hohe Luftfeuchtigkeit, Niederschlag auf den Blüten	Botrytis-Gefahr, Flecken auf den Blüten, Unverkäuflichkeit

Pflanzenschutz

Krankheit, Erreger, Schädling	Schadbild	Bekämpfung	Bemerkungen
Schwarzwerden der Keime, Maiblumenpest, Schwarzer Tod *Sclerotium denigrans Pape.*	Schwarze Knospenschuppen, Knospeninneres angegriffen; Faulstellen auf Wurzeln, Wurzelstock. Steckenbleiben oder Stengelgrundfäule in Treiberei	Keime vor Einschlag 1 Stunde tauchen, Wassertemperatur 43,5 °C	
Grauschimmel *Botrytis cinerea* Pers.	Faulstellen am Blattstiel, Ausbreitung der Fäule, Umknicken. Schimmelrasen. Fleckchen auf Blüten, Blütenstielchen, Einzelblüten faul oder trocken	Euparen, Captan	
Penicillium-Fäule *Penicillium corymbiferum* Westl.	Schimmelbelag, besonders bei Eiskeimen	Tauchbehandlung wie bei „Schwarzwerden“	
Brennfleckenkrankheit der Blätter *Gloeosporium spec.*	Längliche, gelblichbraune, rotbraun umrandete Flecken. Blattgewebe papierartig vertrocknet	Grünkupfer, Mancozeb, Zineb	
Wurzelgallenälchen *Meloidogyne spec.*	Knötchenförmige Anschwellungen an den Wurzeln	Heißwasserbad wie bei *Sclerotium*	
Maiblumenälchen und Wiesenälchen *Pratylenchus spec.*	Faulstellen an den Wurzeln, schlechter Austrieb	Ebenso	
Kartoffelnematode *Heterodera rostochiensis* Wr.	Greift Maiblumen nicht an! Da Quarantäneschädling, dürfen Maiblumen nach Kartoffel-Vorkultur im allgemeinen nicht importiert werden (Gilt für viele Staaten)		

Ernte
Die getriebenen Maiblumen werden mit der Wurzel gezogen, wenn die Hälfte der Glöckchen am Blütenstand geöffnet ist. Nach anschließendem Sortieren und Bündeln zu 25 Stück werden sie in Kisten gestellt und noch einige Tage bei 10 bis 12 °C abgehärtet und danach auf den Markt gebracht.

Literatur
ROHDE, J.: Überwindung der Knospenruhe bei Rhizom- und Knollengewächsen. Gartenwelt **72,** 258–259, 1972.
ST. L.: Die Maiblume einst und heute. Gartenwelt **74,** 375–376, 1974.

Crocosmia

Cocosmia Planch. – f – *Iridaceae,* Montbretie
Name: Krokos (gr.) = Safran, osme (gr.) = Duft
Heimat: Etwa 5 Arten sind vom tropischen Ost- und Mittelafrika bis Südafrika verbreitet.

Bedeutung für den Schnittblumenanbau

Art	Heimat	Blütezeit
C. × *crocosmiiflora* (Lemoine) N. E. Br. (C. aurea × C. pottsii) Montbretie		VII–IX
C. masonorum (L. Bol.) N. E. Br.	Natal	VII–VIII

Montbretien sind Schnittblumen von nur mäßiger Haltbarkeit, können aber das Angebot durchaus bereichern. Als Knollenpflanzen, den Gladiolen ähnlich, sind sie nicht völlig winterhart, so daß es zweckmäßig ist, sie im Herbst aufzunehmen und einzulagern. Bei zweijähriger Kultur ist entsprechender Winterschutz zu empfehlen.

Vermehrung
Montbretien werden in Spezialbetrieben vermehrt, von denen das Pflanzmaterial am besten bezogen wird. Dennoch kann der Gärtner selbst durch Brutknollen vermehren, die er beim Roden der Pflanzen gewinnt. Auch Samen ist leicht zu gewinnen, jedoch leidet die Nachkommenschaft unter der Aufspaltung. Nur relativ schwer ist reines Saatgut zu bekommen. Innerhalb von zwei Jahren lassen sich aus Samen blühfähige Knollen heranziehen. *Crocosmia masonorum* wird selten farbenrein angeboten. Mischungen von gelb bis orange und rot sind die Regel.

Kultur
Montbretien wachsen auf allen guten Gartenböden, vorzugsweise aber auf humusreichen. Wichtig ist vor allem eine gute Bodenfeuchtigkeit, wie sie die Pflanzen verlangen; Nässe ist jedoch unerwünscht. Eine chemische Unkrautbekämpfung sollte der Pflanzung vorausgehen.

Die Pflanzung erfolgt im zeitigen Frühjahr, am besten etwa um Anfang März. Spätere Pflanzungen führen zu einer späteren Blüte, solche nach Ende April bringen nur noch eine geringfügige Ausbeute an Blumen.

Die Pflanzdichte liegt bei 120 bis 140 Stück/m^2 im Freiland, bei Hauskultur darunter. Unter Glas können sich die Pflanzen sehr stark entwickeln. Zu dicht stehende Bestände setzen keine Blumen an. Die Auslage eines Netzes kann zweckmäßig sein.

Die Kultur wird wegen der Frostempfindlichkeit im allgemeinen einjährig durchgeführt, das heißt, daß am Ende der Kulturperiode die Knollen aufgenommen werden müssen. Hiermit darf nicht zu früh begonnen werden, weil die Knollen sonst zu stark einschrumpfen. Die oberirdischen Teile sollten zum Rodetermin weitgehend abgestorben sein.

Die Knollen werden in den ersten vier Wochen nach dem Roden bei 15 bis 18 °C unter Dach gelagert, anschließend sinken die Temperaturen auf 2 bis 5 °C ab.

Sollen die Knollen im Boden verbleiben, muß Frosteinfluß durch Strohauflage verhindert werden. Dies hat unter anderem den Vorteil, daß im nächsten Jahr mehr Pflanzgut geerntet werden kann, sofern man auf diese Weise selbst vermehren möchte.

Im Frühjahr ist darauf zu achten, daß diese Beete nicht austrocknen, da sonst erhebliche Schäden und Ausfälle die Folge wären. Montbretien haben gegenüber anderen Knollengewächsen den Vorteil, daß sie sich nicht verpuppen.

Ein weiterer Aspekt der zweijährigen Kultur ist, daß im zweiten Jahr die Blüte etwas früher eintritt, aber auch die Ernte innerhalb einer kürzeren Zeit abgewickelt wird. Hierfür sind rund drei Wochen anzusetzen, während bei einjähriger Kultur mit gut sechs Wochen zu rechnen ist. Das trifft besonders für *C. masonorum* zu. Bei ihr streut die Blüte etwas mehr, etwa von Anfang Juli bis September bei einjähriger Kultur.

Ernte

Schnittreife ist gegeben, wenn das unterste Blütchen am Blütenstand gerade aufgesprungen ist. Die Blumen dürfen nicht zu tief abgeschnitten werden, weil das unterste Stengelstück etwas verholzt und daher für die Wasseraufnahme schlecht geeignet ist.

Die Haltbarkeit dieser Schnittblumen ist leider nicht befriedigend. Dem häufig beklagten Abfallen von Einzelblütchen soll durch Blattdüngung vorzubeugen sein (Zandbergen 1979).

Literatur

Anonym: Crocosmia masonorum-Bewaring. Vakbl. v. d. Bloemist. **34,** (48), 23, 1979 a.

–: Crocosmia masonorum-Tweejarige tellt. Vakbl. v. d. Bloemist. **34,** (49), 24, 1979 b.

Zandbergen, J. K.: Montbretia wordt goed betaald. Vakbl. v. d. Bloemist. **34,** (38), 48–49, 1979.

Crocosmia-Kultur (Übersicht)

Kulturabschnitt/Kulturmaßnahme	Termin	Temperatur	Spezielle Hinweise
Pflanzung	III		Freiland: 120 bis 140 Stück/m^2, unter Glas sortenbedingt geringere Pflanzdichte
Blüte	VII–IX		
Kulturdauer Pflanzung – Blüte	4 Monate		
Rodung der Knollen	X		
Lagerung über den Winter		15 bis 18 °C 2 bis 5 °C	Während der ersten vier Wochen, anschließend während der Lagerung
Markt			In begrenzten Mengen gut abzusetzen, schlechte Haltbarkeit ist zu berücksichtigen

Häufige Kulturfehler

Fehlerquelle	Kulturfehler	Folgen
Pflanzung	Zu dichte Pflanzung, vor allem bei Kultur unter Glas	Geringer Blütenansatz
	Zu späte Pflanzung nach Ende April	Geringe, oft sogar ausbleibende Erträge

Cyclamen

Cyclamen L. – n – *Primulaceae,* Alpenveilchen

Name: kyklaminos (gr.), von kyklos = Kreis, runde Scheibe

Heimat: Etwa 20 Arten sind im Mittelmeergebiet über die Alpen bis zum Kaspischen Meer verbreitet.

Bedeutung für den Schnittblumenanbau

Art	Heimat	Blüte
C. persicum Mill. Alpenveilchen	Ägäis, Tunesien, Südwest-Asien	VIII–IV

Neben der genannten Art, die große Bedeutung als Topfpflanze besitzt, gelten einige Vertreter der Gattung als beliebte Gartenstauden.

Für den Schnittblumenanbau werden überwiegend langstielige Typen von *C. persicum*-Sorten verwendet. Gelegentlich werden auch kleinblumige Alpenveilchen angebaut beziehungsweise empfohlen. Die Züchterfirmen bieten spezielle Schnittrassen an. Sie sind früh- und reichblühend, bringen langstielige, kräftige Blumen in ausreichender Reinheit hervor und bleiben bei guter Ernährung und pflanzenschutzlicher Überwachung lange im Ertrag.

Vermehrung

Reichliche Saatgutbeschaffung ist wegen der relativ geringen Keimfähigkeit von 70 bis 80% und dem zusätzlichen Verlust von bis zu 10 bis 15% der Sämlinge durch notwendige rigorose Auslese schlechtwüchsiger und zurückgebliebener Pflanzen zu empfehlen. Die Auslese erfolgt in einem möglichst frühen Stadium der Kultur, wenn erstmalig aus der Saatkiste pikiert oder getopft wird. Diese Pflanzen holen den bereits erlittenen Rückstand gegenüber wüchsigen Jungpflanzen während der gesamten Kultur nicht mehr auf und bleiben weit weniger produktiv.

Aussaattermin

Mit dem Ziel guter Schnitterträge im Winterhalbjahr fällt die Aussaat schon auf Juli bis Ende August, also früher als für Topfware, die auch kleiner ist. Schnitt-*Cyclamen* brauchen eine gute vegetative Entwicklung, um zur vollen Leistungsfähigkeit zu gelangen. Während Topfcyclamen vergleichsweise im 10- bis 12-cm-Topf verkauft werden, müssen Schnittcyclamen bei Topfkultur im 13- bis 15-cm-Topf stehen; sie werden jedoch besser ausgepflanzt kultiviert. Dieser notwendige starke vegetative Zuwachs ist bei früher Aussaat leicht zu erzielen.

Aussaat

Die Aussaat erfolgt in stapelbare Kisten. Das Aussaatsubstrat kann auf Lauberde-Grundlage gemischt und auf einen pH-Wert zwischen 5,6 und 5,8 (ANONYM 1979) als Optimalwert beziehungsweise auf den allgemeingültigen weiteren Bereich von 5,5 bis 6,5 eingestellt werden. TKS 1 oder Einheitserde P sind ebenfalls gut geeignet.

Einzelkornsaat in Abständen von 2 × 2 cm kann in Handarbeit, bei größeren Posten jedoch mit pneumatischen Sägeräten erfolgen. Breitsaat kommt aus wirtschaftlichen Gründen nicht mehr in Frage.

Die Saat wird dünn mit Substrat oder Sand abgedeckt. Die fertig besäten Kisten lassen sich auf engem Raum stapeln, wobei sie nach Bedarf mit schwarzer Folie oder Styroporplatten ummantelt werden. Sie dürfen nicht austrocknen und müssen dunkel stehen. Bei Temperaturen von 16 bis 18 °C keimen sie innerhalb von 3 Wochen, dann können sie schon im Gewächshaus hell aufgestellt werden. Zum Schutz gegen Austrocknung wird die relative Luftfeuchtigkeit auf 85 % gehalten. Bleibt das unbeachtet, kann das erste Blättchen von der Samenhaut festgehalten werden und sitzenbleiben, ein Vorgang, auf den sicherlich mancher Mißerfolg zurückzuführen sein mag.

Stehen in dieser Phase während der ersten 8 bis 10 Tage im Gewächshaus die gekeimten Pflanzen zusätzlich unter einem Folientunnel, läßt sich bei gleichzeitiger Heizkosteneinsparung die Temperatur besser und genauer halten, aber aus hygienischen Gründen muß sorgfältig und gut gelüftet werden.

Anzucht der Jungpflanzen
Je nach Bedarf wird pikiert oder – besser – in Gittertöpfe, Mulittopfplatten, Jiffy-Pots, Paper-Pots und so weiter gepflanzt. Derartige Anzuchttöpfe sind dem Pikieren in Kisten oder auf Beete wegen der für das Auspflanzen vorteilhaften Ballenbildung vorzuziehen. Topfballen bleiben im Gegensatz zu einfachen Erdballen beim Pflanzen unbeschädigt. Im Jungpflanzenstadium wirken höhere Temperaturen von 18 °C und darüber wachstumsfördernd und blühverfrühend. Sie können schon in sehr frühen Entwicklungsstadien gegeben werden, solange die Pflanzen noch auf engem Raum stehen.

Für die getopften Pflanzen gelten, nach kurzer Anwachszeit, weiterhin Temperaturen von 16 °C. Absenkungen unter diese Marke führen zu verlangsamtem Wachstum, was unter Umständen später wieder ausgeglichen werden kann. Zu starke Absenkungen auf Nachttemperaturwerte unter 10 °C sollten jedoch unterbleiben. Zur Wärmedämmung kann weiterhin ein Folienzelt im Gewächshaus nützlich sein, sofern dadurch der Lichtzutritt zu den Pflanzen nicht zu stark behindert wird.

Die getopften Jungpflanzen bleiben auf relativ engem Raum stehen, bis sie sich kräftig entwickelt haben und zur Fertigkultur ausgepflanzt oder gegebenenfalls eingetopft werden können. Dabei darf der Standraum nicht so eng werden, daß sich die Pflanzen aneinander hochschieben und lang werden.

Wöchentliche Düngergaben mit stickstoffreichen Mehrnährstoffdüngern in Konzentrationen von 0,1 bis 0,2 % sind erforderlich.

Topfkultur

Bei kleineren Beständen kann Topfkultur vorteilhaft sein, bei größeren wird man sicherlich die Beetkultur vorziehen. Nur große und damit relativ unhandliche Töpfe von mindestens 13 cm Durchmesser kommen für Schnittkulturen in Frage. Allgemein werden bis zu 15 cm große, zum Teil sogar größere Töpfe verwendet. Diese Pflanzen werden mit weitem Abstand luftig auf Tischen aufgestellt und so weiterkultiviert, daß ein gutes vegetatives Wachstum stattfinden kann. Die ziemlich dicht werdenden Pflanzen sind durch *Botrytis cinerea* gefährdet, so daß für eine laufende vorbeugende Bekämpfung des Pilzes gesorgt werden muß. Auch die Klimabedingungen sind darauf einzustellen, insbesondere muß die Luftfeuchtigkeit der herrschenden Temperatur und dem Lichtangebot angepaßt werden.

Abb. 54. Mit Topfballen auf Grundbeete ausgepflanzte Schnittcyclamen 'Victoria'.

Der zu erwartenden großen Blühleistung entsprechend muß reichlich, aber nicht zu mastig, gedüngt werden. Wöchentliche Mehrnährstoffdüngergaben in Lösungen von 0,2% sind erforderlich.

Beetkultur

Beetkultur ist kostengünstiger als Topfkultur, obwohl hierbei vom Auspflanztermin an der gesamte Standraum besetzt ist; Topfkulturen hingegen können jeweils auf den erforderlichen Abstand gerückt werden. Die Pflege ausgepflanzter Kulturen ist etwas leichter als die der getopften.

Pflanzung

Nach guter Vorbereitung der Pflanzfläche, also Durchspülen, um Salze auszuwaschen, Dämpfen oder chemisches Entseuchen und Durchfräsen mit gleichzeitigem Einbringen von Torf, wird ausgepflanzt. Zweckmäßig sind mit Bodenheizung oder Vegetationsheizung ausgestattete Beete, um das Einwurzeln zu erleichtern.

Pflanztermin ist Mai bis Juni/Juli.

Die Pflanzabstände betragen je nach Rasse und Kulturdauer 30 × 30 bis 40 × 40 cm. Die Pflanzen werden nur so tief gesetzt, daß der Rand zum Beispiel des Gittertopfes über der Erdoberfläche steht.

Ernährung

Cyclamen gedeihen gut bei pH-Werten um 5,5 bis 6,5.

Vorratsgedüngte Substrate wie TKS 2 oder Einheitserde eignen sich gut, doch werden Schnittcyclamen üblicherweise in den vorhandenen Gewächshausboden

Cyclamen-Kultur (Übersicht)

Kulturabschnitt/Kulturmaßnahme	Termin	Temperatur	Spezielle Hinweise
Aussaat	VII–VIII	16 bis 18 °C	Dunkelkeimer, Keimfähigkeit 70 bis 80 %. Einzelkornsaat, 2 × 2 cm
Pikieren	IX–X	16 °C	Kiste, besser: Gittertopf, Multitopfplatte, Torfanzuchttöpfe und so weiter
Topfen	Etwa II (nach Bedarf)		Eventuell 9- bis 12-cm-Topf, aus dem später ausgepflanzt wird. Für Topfkultur eventuell mehrmals, Endtopf 13 bis 15 cm
Auspflanzen	V–VII	Boden: 16 bis 18 °C Luft: 14 bis 15 °C	30 × 30 bis 40 × 40 cm. Laufende Düngung 0,05 bis 0,2 %. Vorbeugungsmaßnahmen gegen *Botrytis cinerea*
Blüte	VIII–III	15 °C	Wöchentlich ein- bis maximal zweimal ernten; Stiele ziehen!
Kulturdauer: Saat – Blüte Pflanzung – Blüte	12 bis 14 Monate 3 Monate		
Standdauer	18 Monate		
Ertrag			30 bis 40 und mehr Blütenstiele/Pflanze, abhängig vom Ausgangsmaterial und der Kulturführung
Markt			Gute Absatzmöglichkeiten

Häufige Kulturfehler

Fehlerquelle	Kulturfehler	Folgen
Pflanzmaterial	Schlechte Herkunft, heterogenes Material	Unausgeglichene Bestände, großer Anteil schlechter Qualität
	Mangelhafte Auslese der Sämlinge	Unterschiede in Wüchsigkeit, Größe und Leistungsfähigkeit der Pflanzen
Temperatur	Abweichungen von der optimalen Keimtemperatur	Verzögerte Keimung, dadurch erhöhte Kosten
	Zu tiefe Anzuchttemperatur um beziehungsweise unter 10 °C	Langsame Entwicklung, kleine, verhärtete Pflanzen; Kulturzeitverlängerung
	Nachttemperaturabsenkung bei nicht voll ausgewachsenen Pflanzen	Verzögerung der Entwicklung, verspätete Blüte
Feuchtigkeit	Gelegentliche Ballentrockenheit	Blühen unter dem Laub, kurze, unverkäufliche Stiele
	Zu hohe Luftfeuchtigkeit, Niederschlag auf den Pflanzen, zu häufiges Spritzen	Botrytis-Befall, Verweichlichung der Pflanzen
	Zu geringe Luftfeuchtigkeit	Schlappen, Verbrennungsgefahr, Verhärtung
Ernährung	Stickstoffüberdüngung	Verweichlichung der Pflanzen, geringere Erträge, schlechte Stielqualität und Haltbarkeit
	Unterversorgung mit Nährstoffen	Wachstumsdepression, Verhärtung, Ertragseinbuße
Pflanzenschutz	Mangelhafte Überwachung, Vernachlässigung der Pflanzenhygiene und Verzicht auf vorbeugende Maßnahmen speziell gegen *Botrytis cinerea*	Krankheitsgefahr allgemein, Fäulnis, hoher Arbeitsaufwand für das Durchputzen der Pflanzen
Schattierung	Zu starke Schattierung	Verweichlichung, Pflanzen werden lang (Lichtentzug)
	Unsorgfältige Schattierung bei der vegetativen Entwicklung	Verbrennungsgefahr
Lüftung	Mangelhafte Frischluftversorgung	Stagnierende Luft im Bestand; besonders gefährlich in Verbindung mit hoher Luftfeuchtigkeit und Lichtentzug: Botrytis-Befall, lange, schlappe Pflanzen bzw. Stiele

Pflanzenschutz

Krankheit, Erreger, Schädling	Schadbild	Bekämpfung	Bemerkungen
Welkekrankheit *Fusarium oxysporum f. cyclaminis* Gerl.	Welkeerscheinungen zuerst an ältesten Blättern; Vergilbung; Blattstiele von unten her weich, Blätter hängen schlapp. Wurzeln faul, Wasserleitungsbahnen braun	Hygienemaßnahmen, Bodendämpfung	Zur Zeit kein absolut wirksames Fungizid vorhanden
Cylindrocarpon-Wurzel-Knollen-Stengelgrundfäule *Cyclindrocarpon radicicola* Wr.	Wurzeln an Ansatzstellen braun, faul. Faulstellen an Blatt- und Blütenstielen, Umknicken. Kleine Faulstellen an Knollen, später schorfig, abgeflacht. Absterben vieler Pflanzen als junge Pflanzen	Maneb, Ortho-Phaltan 50	
Wurzelbräune *Thielaviopsis basicola* Berk. et Br. Err.	Ältere Blätter gelblich, schlapp; Wachstumsstockung; Schlechter Ballen; Wurzeln mit Faulstellen oder ganz braun; Wurzelspitzen bleiben am längsten weiß	Maneb, Ortho-Phaltan 50, Zineb, Captan, Folcidin, Cercobin M	
Grauschimmel *Botrytis cinerea* Pers.	Naßfaule Flecke, weichfaule Blatt- und Blütenstiele; Schimmelrasen. Fleckchen auf Blüten	Chlorothalonil, Thiabenzol-Räuchermittel, Ronilan	Hygienemaßnahmen
Weichhautmilben *Tarsonemus pallidus* Banks und andere	Blätter verkrüppelt, beulig, Rand nach oben umgerollt; Blütenknospen verkümmert, verkrüppelt. Blütenstiele krumm, Pflanzen blühen unter dem Laub	Kelthan, Endosulfan, Aldicarb (Temik 5 G)	
Blasenfüße, Thrips	Auf Blüten weiße, später bräunliche Flecken; Blattunterseite braune, grindige Stellen, eventuell gewundene Korklinien	Malathion, Diazinon, Methomyl, Mevinphos, Lindan, Dichlorvos	
Dickmaulrüßlerlarven	Wachstumsstockungen; Fraßschäden an Wurzeln und Knollen	Diazinon, Parathion	

auf Grund- oder Bankbeete gepflanzt. Die Anreicherung des Bodens mit Torf ist zu empfehlen, schon um auf den gewünschten pH-Wert hinzuarbeiten. Dazu können Mehrnährstoffdünger in mäßigen Mengen eingearbeitet werden, jedoch sollte eine Salzkonzentration von 0,1 % im Boden nicht wesentlich überschritten werden. Im übrigen wird die Ernährung durch laufende Nachdüngungen sichergestellt, sobald die Pflanzen gut eingewurzelt sind. Industriesubstrate wie Einheitserde oder TKS sind für einen Zeitraum von ungefähr 6 Wochen bevorratet. Auch Rindensubstrate sind für Cyclamen gut geeignet (Schmidt und Schenk 1982). Allerdings ist bei stickstoffarmen Herkünften mit einer Blühverzögerung zu rechnen, so daß in diesen Fällen eine entsprechend hohe Stickstoffdüngung erforderlich wird.

Flüssige Nachdüngungen werden nach Bedarf (Wachstumsstand, Entwicklungsgeschwindigkeit, Pflanzengröße, Jahreszeit, Temperatur) 1- bis 2mal wöchentlich in Konzentrationen von 0,1 bis 0,4 % gegeben. Bei ausgepflanzten Kulturen ist besonders darauf zu achten, daß es nicht zu einer Stickstoffüberversorgung kommt, wodurch die Pflanzen zu mastig und infolgedessen anfällig gegen Pilzkrankheiten werden. Soll mit jedem Gießen gleichzeitig über die Bewässerungsanlage gedüngt werden, dürfen die Konzentrationen maximal zwischen 0,05 und 0,1 % liegen.

Bewässerung

Cyclamen-Kulturen müssen laufend mäßig feucht gehalten werden. Sie dürfen weder naß stehen noch austrocknen. Bei warmem Wetter ist Überspritzen nichtblühender Bestände erforderlich. Bei trübem Wetter wird dagegen das Laub wegen der Botrytis-Gefahr trocken gehalten. Die Verlegung einer bodennahen Bewässerungsanlage ist zweckmäßig, weil dadurch ein Benetzen der Pflanzen beim Gießen ausgeschlossen wird. Ein zusätzlicher Strang mit Nebeldüsen zum Spritzen kann über den Kulturen installiert werden.

Licht

Die Blütenbildung scheint bei *Cyclamen* nicht von der Tageslänge abhängig zu sein (Rünger 1976).

Während des vegetativen Wachstums lieben *Cyclamen* zwar hellen Stand, jedoch weniger direkte Sonneneinstrahlung. Ihre Empfindlichkeit ist dabei je nach Entwicklungsstadium unterschiedlich, da sie schubweise wachsen. Während eines

---

Farbtafel 5
Oben links: Gloriosa rothschildiana.
Oben rechts: Hippeastrum-Hybriden 'United Nations', 'Fantastica', 'Front Page'.
Unten links: Liatris spicata-Blütenstand.
Unten rechts: Liatris, ausgepflanzt.

solchen Wachstumsschubes sind die jungen, in der Pflanzenmitte heranwachsenden Blätter naturgemäß mehr gefährdet als in der nachfolgenden Reifephase. Entsprechend ist auch die Schattierung zu handhaben. Allerdings gilt auch hier der Grundsatz, eine Temperaturregulierung zuerst durch Lüften und erst in zweiter Linie durch Schattierung herbeizuführen. Lichter, beweglicher Schatten ist angebracht, Dauerschatten möglichst zu vermeiden. Üblich ist eine Kombination aus leichtem Dauerschatten und einer beweglichen Schattierungseinrichtung.

Temperatur

Allgemein gelten *Cyclamen* als nicht sehr wärmebedürftig, eine Annahme, die nicht so pauschal aufrechterhalten werden kann (Temperaturansprüche während der Keimung und Jungpflanzenanzucht siehe Seite 127).

Nach dem Auspflanzen läßt sich durch Boden- oder Vegetationsheizung im Pflanzenbestand, insbesondere auch im Wurzelbereich, die Temperatur noch bei 16 bis 18 °C, die Lufttemperatur um 2 bis 3 °C tiefer, halten. Man muß davon ausgehen, daß die Förderung des vegetativen Aufbaues der Pflanzen die Grundlage für den späteren Blütenertrag ist. Nur kräftige Pflanzen bringen reichlichen Knospenansatz.

Nach RÜNGER (1976) werden Blütenknospen in den Achseln der Blätter oberhalb des 7. Blattes gebildet. Daraus ist zu folgern, daß der Zeitpunkt des Erreichens dieses Stadiums über die Frühzeitigkeit entscheidet. Für die Blütenentwicklung gibt er Temperaturen um 15 °C als günstig an. Höhere Werte wirken hemmend.

Friesdorfer Versuche (ANONYM 1973) zur Absenkung der Nachttemperatur brachten erst bei voll ausgewachsenen Pflanzen Erfolge. Vorher sind Verzögerungen zu erwarten. Demnach sind Temperaturabsenkungen kaum vor Oktober aktuell und interessant. Dabei hält man die Tagestemperatur bei 15 °C und geht nachts um 3 °C und mehr, in Friesdorfer Versuchen sogar um 9 °C, zurück. In allen Fällen brachten diese nächtlichen Temperaturabsenkungen zwar eine Verzögerung, nicht aber unbedingt auch eine Verringerung der Blütenproduktion.

Farbtafel 6
Oben: Lilium-Maculatum-Hybride 'Enchantment'.
Unten links: Lilium 'Golden Harvest'.
Unten rechts: Iris-Hollandica-Hybride 'Imperator'.

Pflegemaßnahmen

Lüften
Cyclamen lieben frische Luft, aber keine Kälte. Reichliches Lüften ist geboten, sobald die Außentemperaturen dies erlauben. Durch die richtige Handhabung der Lüftung ist auch die Luftfeuchtigkeit zu regulieren. Feuchte, stagnierende Luft ist Gift für *Cyclamen,* Botrytisbefall ist die unmittelbare Folge.

Schattieren
Maßvolles Schattieren zur Herstellung einer feuchtkühlen, frischen Atmosphäre spielt eine ähnlich wichtige Rolle wie richtiges Lüften. Es dient in erster Linie der Vermeidung von Verbrennungsschäden an den Pflanzen bei starker Sonneneinstrahlung und der Herstellung günstiger Klimabedingungen.

Spritzen
Das Überspritzen nichtblühender Bestände ist eine ebenfalls das Hausklima beeinflussende Maßnahme. Sie muß mit Sorgfalt eingesetzt werden, da bei zu häufigem Gebrauch die Pflanzen verweichlicht werden können. Vorsicht ist bei blühenden Beständen sowie an trüben und regnerischen Tagen geboten.

Unkrautbekämpfung
Sofern der Boden nicht unkrautfrei ist, muß im Laufe der Standzeit gelegentlich nach Bedarf Unkraut entfernt werden. Dabei kann gleichzeitig zwischen den Reihen eine Bodenlockerung erfolgen.

Gesunderhaltung
Neben einer allgemeinen pflanzenschutzlichen Überwachung und laufenden Kontrolle auf Krankheits- oder Befallssymptome kommt der vorbeugenden Bekämpfung von *Botrytis cinerea* überragende Bedeutung zu. Der regelmäßige Einsatz von Räuchermitteln hält die Bestände gesund und erspart aufwendiges Durchputzen der Pflanzen.

Ernte

Schnittreife
Cyclamen-Blüten werden ein- bis zweimal wöchentlich geerntet. Bei häufigeren Erntegängen besteht die Gefahr, daß zu junge Blüten entnommen werden, die sich in der Vase nicht halten. Alpenveilchenblüten nehmen 4 bis 6 Tage nach dem Aufblühen noch an Größe zu, der Stiel wird fester, die Schnittblumen reifen aus. Erst dann ist der günstigste Schnittzeitpunkt erreicht.

Ernten
Die Stiele werden nicht geschnitten, sondern mit einem kurzen, kräftigen Ruck an der Basis abgerissen. Dabei ist vorsichtig zu verfahren, damit die Pflanzen selbst nicht zerrissen und verletzt werden. Auch dürfen keine Stengelstümpfe stehen bleiben. Diese, aber auch andere Wunden, sind beste Voraussetzungen für Pilzbefall.

Weiterverarbeitung
Bevor die Stiele ins Wasser gestellt werden, werden sie schräg angeschnitten. Erst beim Endverkauf werden sie auf etwa 5 cm Länge von unten her gespalten, um eine möglichst ungehinderte Wasseraufnahme zu ermöglichen. Unangeschnittene *Cyclamen*-Blütenstiele welken innerhalb weniger Stunden, während sie, korrekt behandelt, mehrere Wochen lang haltbar sind.

Die Stiele werden nach Qualitäten und Längen sortiert und gebündelt.

Standdauer

Von der Aussaat bis zum Blühbeginn dauert es etwa 12 Monate, so daß von der Pflanzung bis zum Blühbeginn mit einer Zeitspanne von etwa 2 Monaten gerechnet werden kann. Der Ertragszeitraum umfaßt etwa 6 Monate, die Gesamtkulturdauer demnach etwa 18 Monate. Die Winterertragszeit ist marktwirtschaftlich günstig.

Ertrag

Nach Praxiserfahrungen ist mit Erträgen von 30 bis 40 und mehr Schnittblumen je Pflanze zu rechnen. Das hängt natürlich weitgehend von den Kulturbedingungen, den Sorten, der Ertragsdauer und der Qualität der Pflanzen ab.

Literatur

Anonym: Optimale Nachttemperaturen durch Temperaturabsenkung. Gartenwelt **73,** 409–411, 1973.
–: Cyclamen, Kiemtemperatuur; Zaaigrond. Vakbl. v. d. Bloemist. **34,** (27), 27, 1979.
Bosse, G.: Kulturerfahrungen mit Schnittcyclamen. Deutsche Gärtnerbörse **73,** 1, 1973.
Maatsch, R.: Cyclamen. Verlag Paul Parey, Berlin und Hamburg 1971, 5. Aufl.
Röber, R.: Zur Düngung von Cyclamen. Gartenwelt **76,** 491–492, 1976.
Schmidt, K., und Schenk, M.: Cyclamen-Düngung von Kulturen in Rindensubstrat. Gb + Gw **82** (5), 97–98, 1982.

Dahlia

Dahlia Cav. – f – *Compositae* (*Asteraceae*), Dahlie, Georgine

Name: Andreas Dahl, 1751 bis 1789, schwedischer Botaniker.

Heimat: Etwa 12 bis 15 Arten bewohnen Gebirge Mexikos und Guatemalas.

Bedeutung für den Schnittblumenanbau

Art	Blütezeit
D.-Hybriden syn. *D.* × *cultorum* Thorsr. et Reis, *D. variabilis* hort. non (Willd.) Desf.	VII–X

Die zahlreichen Sorten eignen sich weitgehend als hervorragende Schnittblumen aus dem Freiland zur Bereicherung des sommerlichen und herbstlichen Angebotes. Sie sind auch für die Trauerbinderei sehr beliebt.

Vermehrung

Die Vermehrung liegt zwar weitgehend in Händen von Spezialbetrieben, doch kann sie auch für den Erwerbsbetrieb zur Deckung des eigenen Bedarfs interessant sein.

Ausgehend von nur erstklassigen Mutterpflanzen, die während der Hauptblütezeit im September aus Schnittbeständen nach den Zuchtzielen selektiert werden, wird durch Knollenteilung oder krautige Stecklinge vermehrt. Teilung ist unergiebig, da nur 2 bis 3 Teilpflanzen von einer Knolle zu erwarten sind. Immerhin ist sie dort angebracht, wo der Bestand weniger vermehrt als in sich verbessert werden soll.

Samenvermehrung ist zwar ebenfalls möglich, aber auch sie bringt nur eine geringe Ausbeute. Wegen der Heterogenität streuen Sämlinge erheblich, weshalb die Ausfälle durch Selektion sehr groß sind.

Abb. 55. Angetriebene Dahlienknollen liefern die Stecklinge für die Vermehrung.

Zur Stecklingsvermehrung werden die Knollen ab Anfang Januar auf Gewächshaustischen in TKS 1 oder ein entsprechendes entseuchtes Substrat, das in einer 5 bis 8 cm hohen Schicht aufgebracht ist, eingeschlagen. Der Wurzelhals der Knollen bleibt dabei unbedeckt. Bei 18 bis 20 °C und hoher relativer Luftfeuchtigkeit wird, am besten unter Sprühnebel, angetrieben. Schon nach wenigen Tagen beginnt der Austrieb und die Stecklinge können gebrochen oder mit desinfizierten Messern so geschnitten werden, daß ein kleiner Knollenansatz an ihnen verbleibt. Ideal sind Stecklinge mit 2 ausgebildeten und einem in der Entwicklung begriffenen Blattpaar von insgesamt etwa 6 bis 8 cm Länge. Letztere ist sortenabhängig.

Die Ergiebigkeit ist unterschiedlich, je Knolle ist mit einer Ausbeute von 15 bis 50 Stecklingen zu rechnen.

Sie werden direkt nach der Entnahme gesteckt oder kurzfristig in feuchtem Papier aufbewahrt. Bei Bodentemperaturen von 20 bis 25 °C und Lufttemperaturen, die keinesfalls höher liegen sollen, erfolgt die Bewurzelung in 10 bis 14 Tagen, am besten unter Folie oder Sprühnebel. Als Stecksubstrat kommt TKS 1 in Frage. Um von vornherein eine Ballenbildung zu fördern, wird in Anzuchttöpfe (Multitopfplatten, Jiffy-Strips, Gittertöpfe und so weiter) gesteckt. Nach eingetretener Bewurzelung kann die Temperatur etappenweise gesenkt werden, um eine allmähliche Abhärtung zu erreichen. Nach dem dritten Blattpaar wird entspitzt, um einen guten Aufbau zu erzielen. Im Laufe des April ist die Vermehrung beendet, so daß nach Mitte Mai ins Freiland gepflanzt und dort bis zum Frosteintritt im Herbst kultiviert werden kann.

Ziel des Anbaues ist zunächst die Erzeugung guter Knollen. Daher sind laufende Kontrollen auf Virusbefall notwendig, verdächtiges Pflanzenmaterial ist rigoros auszuscheiden. Während der Wachstumsperiode, etwa ab Ende Juli, wird mehrmals mit der Sense oder der elektrischen Heckenschere auf 30 bis 50 cm Höhe gestutzt. Die Häufigkeit des Stutzens richtet sich nach dem Nährstoffgehalt des Bodens. Dadurch erzielt man feste, mittelgroße Knollen, die nicht zu stark wachsen. Blüten werden ebenfalls laufend entfernt. Mehrmalige Düngungen erfolgen mit stickstoffarmen Mehrnährstoffdüngern, da ein hohes N-Angebot die oberirdischen Teile zwar begünstigen, das Knollenwachstum aber negativ beeinflussen würde. Die Unkrautbekämpfung kann chemisch (zum Beispiel Simazin) erfolgen.

Einige Tage nach den ersten Nachtfrösten werden die Pflanzen auf etwa 5 cm heruntergeschnitten und aufgenommen. Bei sehr frühen Frösten kann sich im Interesse einer guten Knollenentwicklung Frostschutzberegnung lohnen.

Nur gesunde, unverletzte Knollen werden bei starker Lüftung und etwa 17 °C unter Dach getrocknet und in unbeheizten, aber frostfreien Räumen ohne größere Temperaturschwankungen eingelagert. Diese Knollen liefern in der nächsten Saison hervorragende Schnittbestände.

Einfluß der Tageslänge

Zum oberirdischen Wachstum benötigen Dahlien Tageslängen von mindestens 12 Stunden, anderenfalls ist das Wachstum gehemmt; auch die Blütenentwicklung läßt im Kurztag zu wünschen übrig, da nur schlecht gefüllte Blumen entstehen. Im Interesse einer guten Verzweigung und damit auch einer großen Zahl von Blüten sollten sie, wie bei der Freilandkultur üblich, unter Langtagverhältnissen heranwachsen. Interessant ist, daß selbst bei sehr kurzen Tageslängen noch Blütenknospen angelegt werden, die sich allerdings nur mangelhaft entwickeln. Tageslängen von 13 Stunden und mehr lassen gut verzweigte und reichblühende Pflanzen erwarten.

Die Knollenbildung wird unter Kurztagbedingungen gefördert, im Langtag gehemmt. Daraus ergibt sich für den Vermehrungsbetrieb die Möglichkeit, die Knollenbildung durch Kurztagbehandlung mit 20 bis 30 Tagen bei Tageslängen zwischen 8 und 11 Stunden auszulösen.

Bei Kurztagbehandlung im Anschluß an das durch Langtage bereits geförderte Wachstum mit dem Erfolg einer guten Verzweigung werden Knospen von 1 cm Durchmesser und mehr begünstigt, aber keine weiteren gebildet.

Die Reaktion der *Dahlia* auf die Tageslänge macht Schnittkulturen auch in an-

Dahlia-Kultur (Übersicht)

Kulturabschnitt/ Kulturmaßnahme	Termin		Temperatur	Spezielle Hinweise
Knollenanzucht: Mutterpflanzen aufstellen	II		16 bis 20 °C	Selektierte, gesunde, geputzte Knollen unter Sprühnebel auf Gewächshaustischen leicht einschlagen
Stecklinge	III		22 bis 25 °C (Boden)	15 bis 50 Stück/Knolle. Gittertopf, Jiffy-Strips, Multitopfplatten und so weiter
Stutzen				Nach dem 3. Blattpaar
Auspflanzen	Ab M V			Freiland; 20 × 35 cm
Stutzen	Ab VII			Mehrmals (Sense, Heckenschere) auf 30 bis 50 cm Höhe
Knollenernte	Ab X			Kurztag fördert Knollenbildung
Anzuchtdauer	8 Monate			
Schnittkultur: Ausplanzen der Knollen	V	(III)	Frostfrei	Freiland; 60 × 60 bis 75 × 100 cm Rollhaus, Folientunnel: Langtagbehandlung
Blüte	Ab E VII	(V)		Anhaltende Blüte bis Frosteinbruch
Kulturdauer bis Blüte	2 Monate	2 Monate		
Steuerung				Langtag fördert oberirdisches Wachstum und damit die Blüte
Markt				Nahabsatz, allgemein gut, örtlich unterschiedlich

Häufige Kulturfehler

Fehlerquelle	Kulturfehler	Folgen
Pflanzmaterial	Verwendung alter (kranker!) Knollen	Mindererträge, Qualitätsmängel
	Nichtbeachtung viröser Pflanzen	Abbau des Bestandes, Ertragsrückgang
Pflanzung	Zu früh, vor Mai	Frostschäden
	Zu spät	Verkürzte Entwicklungszeit, verspäteter und geringerer Ertrag
Ernährung	Unterernährung, N-Mangel	Geringe Schnitterträge
	N-Überschuß bei Knollenanzucht	Schlechte Knollenerträge
Wasser	Wassermangel	Ertragseinbußen

Pflanzenschutz

Krankheit, Erreger, Schädling	Schadbild	Bekämpfung	Bemerkungen
Bakterielle Welke-Krankheit und Stengelfäule *Erwinia chrysanthemi* Burk. et al.	Übelriechende Naßfäule an Knollen, rasche Ausbreitung; Triebe: vermindertes Wachstum, dunkelgrün, Welkeerscheinungen; Gefäße verfärbt	Kranke Pflanzen entfernen und vernichten	5 Jahre lang keinen Anbau von Dahlien auf der Befallsfläche
Entyloma-Blattfleckenkrankheit *Entyloma dahliae* Syd.	Blattoberseits zunächst grünlichgelbe, später graubraune, runde bis eckige Flecken mit dunkelbraunem Rand, etwa 1 Zentimeter groß. Gewebe vertrocknet, Blätter sterben ab	Grünkupfer, Captan (Orthocid)	

Pflanzenschutz Fortsetzung

Krankheit, Erreger, Schädling	Schadbild	Bekämpfung	Bemerkungen
Grauschimmel *Botrytis cinerea* Pers.	Blüten, zum Teil auch Blätter und Stengel, braunfleckig, bei hoher Luftfeuchtigkeit mausgrauer Schimmelrasen. Als Lagerfäule auch an Knollen	Thiabendazol (Tecto fl.) Dichlofluanid (Euparen) Anilazin (Botrysan), TMTD, diverse Stäube- und Räuchermittel, Ronilan, Rovral	Hygienemaßnahmen
Blasenfüße	Blumen fleckig, verschmutzt, unverkäuflich	Parathion und andere Mittel	
Blattwanzen	Saugschäden an Blättern, eintrocknende Flecken. Blätter später beulig, zum Teil zerrissen oder durchlöchert, Triebenden verkrüppelt	Propoxur (Unden fl.) Methomyl (Lannate 25 WP) Trichlorfon (Dipterex fl.), Dimethoat und andere	
Mosaikkrankheit, Stauche Dahlia-Virus 1	Blattfleckung, Blätter kleiner, schmäler, verkrüppelt; Pflanze gestaucht, Wuchsdepressionen; Blüten verkrüppelt beziehungsweise verkümmert	Hygienemaßnahmen, Bekämpfung der Vektoren	Manche Sorten latente Virusträger
Ringfleckenkrankheit Dahlia ringspot, Lycopersicum virus 3	Unregelmäßige Ring- und Zickzackmuster, oft in Form von Eichenblättern	Keine Entnahme von Vermehrungsmaterial aus verseuchten Beständen	Übertragung beim Schnitt und durch Blasenfüße
Bleichfleckenkrankheit Gurkenmosaik-Virus Cucumis virus 1	Fleckige Blattaufhellung, Ring- oder Linienmuster	Befallene Pflanzen entfernen und vernichten	Übertragung durch Blattläuse und beim Schnitt

deren Jahreszeiten denkbar. Dabei ist zu beachten, daß die Ausbildung der Blumen an hohe Lichtintensitäten gebunden ist und die lichtarmen Wintermonate für eine wirtschaftliche *Dahlia*-Kultur unter Glas ausscheiden. Will man aber Ostern oder Muttertag Schnittdahlien ernten, so muß die Anzucht unter Langtagbedingungen erfolgen.

Schnittkultur

Nach den Spätfrösten im Frühjahr werden die Knollen auf leichten bis mittelschweren, gut erwärmbaren Boden mit guter Wasserführung gepflanzt. Wind- und Frostlagen sollten gemieden werden, da Dahlien dagegen empfindlich sind. Die Pflanzabstände richten sich nach Sorte und Wüchsigkeit sowie nach der zweckmäßigen Arbeitsbreite der einzusetzenden Geräte und Maschinen und liegen zwischen 60 × 80, 75 × 75 und 75 × 100 cm. Weiterhin ist für reichliche Bewässerung und ausgeglichene Düngung zu sorgen.

Getopfte Stecklinge können ebenfalls zur unmittelbaren und sogar frühen Schnittblumengewinnung ausgepflanzt werden. Sie bedürfen intensiver Pflege und einer Bodenabdeckung mit Torf zur Aufrechterhaltung der Feuchtigkeitsverhältnisse. Da sie relativ eng stehen, sind die Erträge je Flächeneinheit recht gut. Der Vorteil ist die frühe Blüte, der Nachteil die geringere Knollenausbildung.

Weil Dahlien schon beim ersten geringfügigen Nachtfrost erfrieren, lohnt sich unter Umständen bei guter Absatzlage ein Überbauen oder Überrollen eines Teils der Bestände, was im September geschehen müßte. Dann läßt sich der Dahlien-Schnitt noch bis in den Oktober fortsetzen, was durch gute Preise für Schnitt- und Kranzware honoriert wird.

Die Verfrühung von Dahlien im Rollhaus oder Folientunnel kann lohnend sein. Bei Pflanzung der Knollen im März setzt der Schnitt im Mai ein. Langtagbehandlung ist hierbei günstig. Entscheidend für einen derartigen Anbau sind die örtlichen Marktverhältnisse.

Dahlien werden im allgemeinen vollerblüht geschnitten und am Ort abgesetzt.

Literatur

Mehlis, E.: Die Anzucht von Dahlien aus Stecklingen. Gartenwelt **77,** 197–198, 1977.

Vidalie, H., und Digat, B.: Anzucht von Dahlien und ihre Bakteriosen. Übersetzung. H. S./ Pépiniéristes-Horticulteurs-Maraîchers Nr. 208, in Deutscher Gartenbau **34,** 1529–1530, 1980.

Dianthus

Dianthus L. – m – *Caryophyllaceae,* Nelke

Name: dios (gr.) = Gott, (Zeus), anthos (gr.) = Blume, Blüte

Heimat: Rund 300 Arten sind von Eurasien bis Japan und im Himalaya verbreitet, vor allem im Mittelmeergebiet, ferner in Gebirgen des tropischen Afrikas und in Südafrika.

Bedeutung für den Schnittblumenanbau

Die im Unterglasanbau verbreiteten Nelkensorten sind in langer züchterischer Arbeit entstanden. Sie entstammen der Wildform

D. caryophyllus L., Gartennelke (Heimat: Mittelmeergebiet).
Zu ihr gehören die Edelnelken (auch: Amerikanische oder Deutsche Edelnelken genannt), als wichtige Schnittblume, speziell für den Anbau unter Glas, ferner:
Rivieranelken, heute bedeutungslos,
Chabaudnelken, für Freilandschnitt geeignet,
Remontantnelken, nur in geringem Umfange interessant,
Landnelken, für Freilandschnitt geeignet, sowie
Chornelken, Hängenelken, Malmaisonnelken, Margaretennelken.

	Heimat	Blüte
D. barbatus L. Bartnelke	Pyrenäen, Ost-Karpaten, Balkan, Südwestrußland bis Sibirien	VI–VIII

Bartnelken sind in vielen Sorten im Handel und für die Schnittblumengewinnung auch in größerem Maßstab gut geeignet; großmarktfähig.

Vermehrung

Grundsätzliches
Während Bartnelken in guten Sorten durch Aussaat vermehrt keine besonderen Probleme aufwerfen, erfordern Edelnelken um so größere Aufmerksamkeit. Die außerordentlich hohen Ansprüche, die der Markt an die Qualität beziehungsweise die der Anbauer aus ökonomischen Gründen an die Nelke stellen, machen die Erstellung des Ausgangsmaterials für eine erfolgreiche Kultur besonders aufwendig. Nicht nur die Heterogenität, sondern hauptsächlich phytosanitäre Probleme erschweren und verteuern die Anzucht der Jungpflanzen. So ist die Arbeitsteilung zwischen Anzuchtbetrieben und Erwerbsgärtnereien im Nelkenanbau heute die Regel, Eigenanzucht die Ausnahme.

Auf phytosanitärem Gebiet erfordert einerseits das Virusproblem kostspielige Anzuchtmethoden, andererseits verlangen die Welkekrankheiten ebenfalls schon im Anzuchtbetrieb spezielle Hygienevorkehrungen. Virusbefall führt zum schnellen Sortenabbau und damit bei Nichtbeachtung zu quantitativen und qualitativen Ertragsdepressionen, Welkekrankheiten zum raschen Totalausfall. Der Einkauf gesunder Jungpflanzen ist deshalb unumgänglich. Eigenanzucht im herkömmlichen Produktionsbetrieb aus eigenem Mutterpflanzenmaterial mit ausschließlich konventionellen Methoden ist zum Mißerfolg verurteilt.

Die Aufwendungen des spezialisierten Jungpflanzenbetriebes erstrecken sich nicht nur auf die rein technischen, hygienisch vorbildlichen Vermehrungseinrichtungen, sondern auch auf wissenschaftlich fundierte Vermehrungsmethoden und -einrichtungen.

Als Blütenpflanzen können Edelnelken zwar durch Aussaat vermehrt werden, doch kommt sie nur für züchterische Zwecke in Frage. Die herkömmliche Vermehrungsart ist die durch Kopfstecklinge. Das Ausgangsmaterial hierfür wird in Gewebekulturen erzeugt.

Gewebekultur
Ausgehend von der Erfahrung, daß Meristeme virusfrei sind, regeneriert man im Labor aus winzigen Gewebeteilchen neue Pflanzen, die sich in Testverfahren als virusfrei erweisen müssen. Nach langwieriger Aufzucht bilden diese Pflanzen das

Ausgangsmaterial für die Erstellung von Mutterpflanzen, die durch Stecklingsvermehrung gewonnen werden. Somit ist der Aufbau eines Mutterpflanzenbestandes langwierig und bedarf einer größeren Zahl solcher aus Gewebekultur stammender Ausgangspflanzen, weil die weitere Vermehrungsrate durch die relativ geringe Zahl von Stecklingen begrenzt ist.

Inzwischen ist die in vitro-Vermehrung aus Stengelstückchen gelungen, wodurch sich der Aufbau eines Mutterpflanzenbestandes beschleunigen läßt. Voraussetzung hierfür ist allerdings virusfreies Ausgangsmaterial, also meristemvermehrte Pflanzen. Immerhin lassen sich aus Stengelstückchen im Labor angezogene Pflanzen schon 4 Monate nach Anzuchtbeginn im Gewächshaus auspflanzen (Roest und Bokelmann 1979).

Stecklingsgewinnung
Die auf Trogbeeten ausgepflanzten Mutterpflanzen werden durch laufende Stecklingsentnahme ständig im vegetativen Wachstum gehalten und am Blühen gehindert. Sie werden maximal ein Jahr lang kultiviert und dann gerodet. Nur so ist beste Qualität des Vermehrungsmaterials gewährleistet.

Die in den Blattachseln gebrochenen Stecklinge werden in Perlite oder Sand-Torf-Gemisch auf Tischbeeten unter Sprühnebel bei 20 bis 22 °C Bodentemperatur, die nach etwa 10 Tagen auf 17 bis 18 °C gesenkt werden kann, bewurzelt. Die gesamte Bewurzelungsdauer beträgt 3,5 bis 4 Wochen. Bei einem Steckabstand von 4 × 4 cm stehen 625 Stecklinge auf dem Quadratmeter.

Das Jungpflanzenmaterial
Dem Schnittblumengärtner wird von den Jungpflanzenbetrieben nach Wunsch und Bedarf verschiedenartiges Pflanzmaterial angeboten:

Bewurzelte Stecklinge
Sie entstammen dem Vermehrungsbeet, werden aber auch aus Multitopfplatten, Torfanzuchttöpfen und dergleichen angeboten. Sie sind das hauptsächlich verwendete Ausgangsmaterial für die Schnittblumenerzeugung. Im allgemeinen sind Jungpflanzen aus dem Vermehrungsbeet völlig ausreichend; Jungpflanzen mit Ballen (Multitopf, Torfanzuchttopf und so weiter) wachsen dank des festeren, größeren Ballens und wegen der nur ganz geringfügigen Störung beim Verpflanzen noch schneller an.

Südstecklinge
Die im Mittelmeerraum oder auf atlantischen Inseln erzeugten Stecklinge haben gegenüber den in Mitteleuropa herangewachsenen den Vorteil des höheren Lichtgenusses in den Wintermonaten. Dabei genügt es, wenn die Mutterpflanzen im Südbetrieb stehen und die unbewurzelten Stecklinge nach Mittel- oder Nordeuropa eingeflogen und dort bewurzelt werden.

Südstecklinge wachsen bei Winter- und Frühjahrspflanzungen schneller an als einheimische Stecklinge und verzweigen sich von Anfang an auch ohne Stutzen sehr gut. Nachteile sind häufig, vor allem bei Miniaturnelken, in der nicht immer problemlos verlaufenden Akklimatisation zu sehen (Anonym 1979 n), insbesondere, wenn der Boden beim Auspflanzen zu kalt ist, nämlich unter 15 °C , und gleichzeitig die Transpiration der Pflanzen unangemessen hoch ist.

Gestutzte Stecklinge
Sie werden bereits im Vermehrungsbeet entspitzt und als verzweigte Jungpflanzen geliefert. Sie sind natürlich etwas teurer, bringen aber frühere Ernten, weil das Stutzen im Fertigkulturbetrieb entfällt und somit nach dem Pflanzen kein Aufenthalt mehr eintritt. Sie können bei Januarpflanzung schon im Mai/Juni einen vollen ersten Flor liefern.

Vorkultivierte Jungpflanzen
Jungpflanzen aus Herbstvermehrung können zunächst in Jiffy-Strips, Gittertöpfe oder entsprechende Gefäße getopft und auf engem Raum vorkultiviert werden, so daß für eine spätere Pflanzung ab Januar bereits gestutzte Pflanzen ausgepflanzt werden können. Sie haben gegenüber bewurzelten Stecklingen um diese Zeit einen erheblichen Vorsprung.

Möglich ist auch das Aufpflanzen bewurzelter Stecklinge im September auf ein „Wartebeet" (ANONYM 1979h). Auch damit wird eine Vorkultur eingeleitet, jedoch ohne zu topfen. Im Dezember/Januar stehen dann gute Jungpflanzen mit 4 bis 5 Trieben zur Pflanzung bereit.

In beiden Fällen hat der Fertigkulturbetrieb die Möglichkeit, relativ günstig noch im Herbst gutes Stecklingsmaterial einzukaufen, durch die Vorkultur freie Flächen zu nutzen und schließlich hervorragendes Pflanzmaterial zur Verfügung zu haben. Allerdings muß spätestens im September der Jungpflanzenankauf erfolgen, anderenfalls ist kaum mit dem Aufbau der gewünschten guten Qualität zu rechnen. Die besseren Lichtverhältnisse des Herbstes müssen dazu noch genutzt werden, was insbesondere für das Stutzen Voraussetzung ist.

Anfangs stehen die Pflanzen zum Einwurzeln bei Nachttemperaturen um 18 °C, bei Tage darf es bis zu 24 °C warm werden. Sobald sich die Pflanzen akklimatisiert haben und Wachstum zeigen, reichen Temperaturen von 14 °C in der Nacht und von 18 °C am Tage aus. Die anfangs hohe relative Luftfeuchtigkeit wird mit der Temperatur allmählich gesenkt. Nunmehr kann auch gelüftet werden.

Da der Bestand sehr dicht steht und eine gute Verzweigung angestrebt wird, kann zusätzlich belichtet werden. Zumindest ist jedoch für sauberes Glas zu sorgen, damit kein unnötiger Lichtentzug entsteht. Immerhin stehen bis zu etwa 100 Pflanzen/m^2.

Anforderungen an die Qualität der Jungpflanzen
Wegen der großen wirtschaftlichen Bedeutung der Edelnelke werden an das Jungpflanzenmaterial besonders hohe Qualitätsanforderungen gestellt. So erwartet der Jungpflanzenkäufer:
- Virus- und welkefreie Pflanzen,
- gleichmäßiges, gut sortiertes Pflanzenmaterial
- vollständig bewurzelte, wüchsige, in bestem Kulturzustand befindliche Pflanzen,
- termingerechte Lieferung,
- Auswahl zwischen einheimischen, südländischen beziehungsweise gestutzten Stecklingen,
- dem neuesten züchterischen Stand entsprechende Pflanzen,
- Angebot beziehungsweise Lieferung nur leistungsfähiger Sorten,

– Beratung durch den Lieferbetrieb in allen Fragen des Nelkenanbaues.

Gute, leistungsfähige Jungpflanzenbetriebe erfüllen diese Forderungen. Darüber hinaus bietet sich bei rechtzeitiger Vorausbestellung unter Umständen die Möglichkeit einer günstigen Preisgestaltung.

Pflanzen

Vorbereitung der Beete

Nelken werden auf Grundbeeten kultiviert. Trogbeete erfordern wesentlich höheren finanziellen Aufwand; bevor man sich hierzu entschließt, sollte man alle Möglichkeiten der Bodenentseuchung ausschöpfen. Lediglich Mutterpflanzen stehen prinzipiell auf Trogbeeten.

Beetbreiten von 1,00 m bis maximal 1,20 m werden bevorzugt. Schmalere Beete von 0,80 m sind zwar wegen des höheren Lichtgenusses für die Pflanzen günstiger zu beurteilen, aber sie sind doch sehr platzaufwendig und führen zu einer schlechten Ausnutzung des Hauses. Breitere Beete von 1,40 m sind arbeitswirtschaftlich weniger geeignet.

Der Bodenbearbeitung geht die Entseuchung durch Dämpfen oder auf chemischem Wege (zum Beispiel mit Methylbromid – Vorsicht, Wartezeit einhalten!) voraus. Im Anschluß daran wird der Boden gut durchgespült, um Salzreste, insbesondere Chloride, auszuwaschen. Auch einer möglichen Nitritvergiftung junger Pflanzen wird auf diese Weise vorgebeugt (Anonym 1979 i). Eine gute Dränage vorausgesetzt, kann schon bald nach dem Durchspülen mit der Bodenbearbeitung begonnen werden.

Abb. 56. Schmales, nur 80 cm breites Nelkenbeet.

Im Rahmen der Beetvorbereitung muß die Dränage überprüft und, soweit erforderlich, in Ordnung gebracht werden. Bei dem hohen Wasserbedarf der Kulturen und der Notwendigkeit des gelegentlichen Durchspülens kann auf eine funktionstüchtige Dränage nur bei gut durchlässigem Untergrund verzichtet werden. Während der Kultur leistet sie gute Dienste durch Abführen überschüssigen Wassers und beugt damit einer Salzanreicherung vor, führt aber auch zur Auswaschung von Nährstoffen, was bei der Düngung zu berücksichtigen ist. Eventuell bei chemischer Bodenentseuchung entstehende Giftstoffe werden ebenfalls ausgespült. Letztlich erhält sie durch ihre Wirkung die Bodenstruktur und bewahrt einen großen Wurzelraum für die Pflanzen.

Eine tiefgründige Bodenlockerung ist nur bei verdichteten Böden nötig und sollte dann 40 cm Tiefe erfassen. Normalerweise reicht eine Bearbeitungstiefe von 25 bis 30 cm aus. Dabei werden, je nach Bodenverhältnissen und Bedarf, bis zu 10 Ballen Torf/100 m^2 flach eingefräst, was auch die Feuchtigkeitsverhältnisse in der Bodenoberschicht günstig beeinflußt. Eine zusätzliche Gabe von gut abgelagertem Stallmist kann zur Ergänzung nützlich sein. Von der Stallmistverwendung wird jedoch wegen des hohen Chloridgehaltes immer häufiger abgeraten (Anonym 1979 m). Zu beachten ist auch, daß der pH-Wert, der für Nelken bei 5,5 bis 7,0 liegen sollte, durch Torf gesenkt, durch Stallmist angehoben wird.

Technische Ausstattung der Beete

Neben einer gut funktionierenden, bodennahen Bewässerungsleitung, über die auch die Düngung abgewickelt werden kann, hat sich die Installation einer Vegetationsheizung in Höhe des untersten Netzes bewährt.

Abb. 57. Beet mit Bewässerungsanlage, Vegetationsheizung und mehreren Netzlagen, die bei Bedarf höhergezogen werden.

Zur Aufleitung der Pflanzen werden, um krumme Stiele zu verhindern, vor der Pflanzung mehrere Lagen Netze ausgelegt. Damit erübrigt sich ein Markieren der Pflanzstellen, da direkt in die Maschen gepflanzt wird. Zur Anwendung kommen herkömmliche Netze mit der Maschengröße 12,5 × 12,5 cm. Sie können aus ver-

Abb. 58. Nelkennetze erfordern eine stabile, standfeste Halterung an den Beetenden, weil hier erhebliche Zugkräfte wirken.

Abb. 59. Nelkenpflanzung mit selbstgefertigtem Netz.

zinktem Draht, Bindfaden oder Kunststoff hergestellt sein. Im Laufe der Kultur werden sie dann mit fortschreitendem Wachstum hochgezogen.

Überwiegend werden Fertignetze verwendet, doch werden unter bestimmten, im Einzelfall begründeten, Umständen Netze in Handarbeit selbst geknüpft.

Will man die Jungpflanzen nicht im herkömmlichen Sinne pflanzen, sondern nur ausstellen, wobei sie ohne weiteres gut anwachsen, so empfiehlt sich die Anbringung eines engmaschigen Drahtgeflechtes (zum Beispiel „Hühnerdraht") in 8 bis 10 cm Höhe als unterste Netzlage. Die Pflanzen können dann einfach an den Draht angelehnt werden.

Für kräftige und gut verankerte Halteelemente an den Beetenden ist zu sorgen. Diese äußeren Stützen haben die Hauptlast der Netze zu tragen, während die Haltegerüste über den Beeten in Abständen von jeweils etwa 3 bis 4 m nur unterstützend wirken und den Abstand zwischen den Netzlagen auf 25 bis 30 cm gewährleisten.

Pflanztermine

Nelken lassen sich jederzeit pflanzen. Bevorzugte Pflanztermine sind die Monate von Januar bis Juli. Spätere Pflanzungen haben unter den weniger günstigen Lichtverhältnissen des Spätherbstes und Winters eine wesentlich längere Entwicklungszeit bis zur Blüte, was sich aus den Erkenntnissen von Aicardi (zitiert bei Münz et al. 1973) ableiten läßt.

Von der Pflanzzeit hängen der Termin des ersten Flors (und damit auch des nachfolgenden Flors) und die Wahl des Pflanzgutes ab.

Für einen ergiebigen Winterschnitt sind Pflanztermine um Ende Februar/Mitte März und Ende Mai/Juli günstig zu beurteilen. Pflanzungen zwischen Ende März und Anfang Mai laufen Gefahr, ihren Hauptertrag in der Zeit der „Nelkenschwemme" während der Sommermonate Juli/August zu bringen, in denen Qualitäten und Preise schlecht sind. Diese Termine sollte man besser umgehen.

Farbtafel 7
Oben links: Blaue Limonium (Limonium sinuatum).
Oben rechts: Levkojen, einfach und gefüllt.
Unten links: Levkojen, allgefüllte Sämlinge, hellaubig (gefüllt blühend), dunkellaubig (ungefüllt blühend).
Unten rechts: Narcissus poeticus.

Pflanzungen im September/Oktober erfordern sehr gute Jungpflanzen, zügige Kultur und rasches Stutzen, spätestens 3 Wochen nach der Pflanzung (ANONYM 1979h, LANGIUS und VERSLEIJEN 1980). Allerdings muß mit Zusatzlicht gearbeitet werden, um einen vollen Flor schon Ende April/Anfang Mai zu bekommen. Sobald die Pflanzen 6 bis 7 Triebe aufweisen, wird 14 Tage lang jeweils während der ganzen Nacht belichtet. Bei Kulturen mit ungleichmäßiger Triebbildung empfehlen sich sogar zwei derartige Belichtungsphasen mit einem Abstand von 10 bis 14 Tagen. Eine CO_2-Begasung ist zusätzlich bei dieser Herbstpflanzung zu empfehlen (LANGIUS und VERSLEIJEN 1981).

Herkömmliche Pflanztermine für Standardnelken (bearbeitet nach FISCHER ohne Jahresangabe)

Pflanztermin	Blütetermine 1. Flor	2. Flor	Bemerkungen
Januar	Juni	September/Oktober	1mal entspitzen
Februar/März	Juli	Oktober/November	1mal entspitzen
April	laufender Flor ab August	Frühjahr	1,5mal entspitzen
Mai/Juni	September/Oktober	Juli	1mal entspitzen
Juli	Februar/März	Juli	1mal entspitzen

Dieses sehr schematische Vorgehen bringt die Erträge zum Teil in ungünstigen Zeiten und mit größeren Pausen. Eine Milderung zeigt sich im dritten Beispiel, bei dem durch das 1,5malige Stutzen auch im folgenden Frühjahr ein guter Ertrag zu erwarten ist.

Verwendet man Südstecklinge, so kann bei gleichen Pflanzterminen eine um etwa 4 Wochen frühere Blüte erwartet werden. Ähnliche Bedingungen bringt auch die Verwendung gestutzter, eventuell schon induzierter Stecklinge.

Im Zusammenspiel mit einer Zusatzbelichtung läßt sich eine weitere Verfrühung erreichen und damit die Möglichkeit, je nach Pflanztermin entsprechend

Farbtafel 8
Oben: Blaue Clematis als Treibgehölz.
Unten links: Clematis 'Nelly Moser'.
Unten rechts: Treibgehölz Forsythia.

Abb. 60. Primitiver, aber wirkungsvoller Verdunstungsschutz für die Schnittblumen im Gewächshaus.

günstige Absatzzeiten anzusteuern. So ergibt sich bei Pflanzung gestutzter Stecklinge im Januar und Kultur mit Zusatzlicht der erste Flor im Mai. Der Folgeflor läßt sich dann eventuell durch Stutzen terminlich beeinflussen.

Pflanzabstände

In Abhängigkeit von der Jahreszeit (Pflanztermin), der Standdauer und dem Jungpflanzenmaterial arbeitet man mit Bestandesdichten von 24 bis 64 Pflanzen/m.^{2} Von zu großen Bestandesdichten, auch bei Kurzkulturen (s. Seite 169), ist im Interesse der Qualität abzuraten. Man kann davon ausgehen, daß die niedrigsten Bestandesdichten von 24 Pflanzen/m^2 die gebräuchlichsten sind. In Holland wird von dichteren Pflanzungen eindeutig abgeraten (PROEFSTATION V. D. BLOEMIST. 1979a). Lediglich für September- und spätere Pflanzungen geht man dort auf 32 Pflanzen/m^2 und bei Pflanzungen für nur einen Schnitt (Kurzkultur) auf 48 Pflanzen/m^2 (ANONYM 1979 h, PROEFSTATION V. D. BLOEMIST. 1979 a).

BUNT und POWELL (1982) haben die Zusammenhänge zwischen Pflanzdichten und Pflanzterminen hinsichtlich der Erträge untersucht, ausgehend von 5 Pflanzterminen im Januar, März, Juli, September und November mit jeweils 4 verschiedenen Pflanzdichten von 12,9 – 25,8 – 51,7 und 103,3 Pflanzen/m^2. Die Ergebnisse bestätigen den Nachteil zu hoher Bestandesdichten, zeigen aber Unterschiede bei den einzelnen Pflanzterminen.

Bei hoher Bestandesdichte fiel ein großer Teil des Jahresertrages auf den 1. Flor und zwar etwa 48 % bei der Septemberpflanzung mit Erntebeginn um Mitte April, also einer absatzgünstigen Zeit, und 75 % bei der Märzpflanzung mit einem Erntebeginn um Anfang Juli, also einer weit weniger günstigen Jahreszeit. Bei geringer Bestandesdichte entfielen auf den 1. Flor nur 26 bis 31 % des Jahresertrages. Den insgesamt höchsten Ertrag brachte die Januarpflanzung mit einem Erntebeginn um Mitte Juni, den geringsten die Julipflanzung mit einem Erntebeginn um Mitte November. Die von den genannten Autoren angegebenen Ertragszahlen für diese beiden Pflanztermine weisen als Mittelwerte der untersuchten Pflanzdichten einen spürbaren Unterschied mit 367,2 beziehungsweise 262,9 Schnittstielen/m^2/Jahr auf.

Nach dem 1. Flor gingen die Schnitterträge bei der höheren Bestandesdichte besonders bei November-, Januar- und Märzpflanzung stärker zurück als bei geringerer. Mittlere bis höhere Bestandesdichten von 25,8 und 51,7 Pflanzen/m^2 brachten die beste Produktionskontinuität je Flächeneinheit, die geringste von 12,9 Pflanzen/m^2 die je Pflanze.

Schließlich bestätigten diese Untersuchungen die Lichtabhängigkeit der Blüteninitiation und die starke Behinderung des Lichteinfalles durch sehr dichte Pflanzung. So wurden im November weniger als 20 % des einfallenden Lichtes im Bestand einer September-Dichtpflanzung gemessen. Kontinuierliche Belichtung erhöhte nicht die zahlenmäßige Produktion, brachte aber eine deutliche Verfrühung der Initiation und damit eine frühere Ernte.

Pflanzung

Die bewurzelten Stecklinge werden gleich nach ihrem Eintreffen aus dem Spezialbetrieb an Ort und Stelle in Netze oder Maschendraht gepflanzt. Jungpflanzen mit Perliteballen, die die Regel sind, werden vor der Pflanzung kurz gewässert, weil das Perlite vom Transport her noch trocken ist.

Die Pflanzen werden flach gepflanzt, der kleine Ballen wird nur gerade mit Erde leicht bedeckt. Vor zu tiefem Pflanzen ist wegen der Gefahr von Fäulnis im Wurzelhalsbereich zu warnen.

Anstelle des Pflanzens hat sich das arbeitsparende Ausstellen der bewurzelten Stecklinge bewährt. Dabei werden die Ballen lediglich auf den gut gelockerten Boden so aufgestellt, daß sie an ein engmaschiges Drahtnetz angelehnt werden. Innerhalb weniger Tage sind die Pflanzen angewachsen.

Bei diesem Verfahren wird das unterste Netz gleich in 8 bis 10 cm Höhe angebracht. Es sollte hierfür engmaschig sein, daher hat sich einfacher „Hühnerdraht" gut bewährt. Man kann natürlich auch ein Netz mit der Maschengröße von 12,5 × 12,5 cm verwenden, dann allerdings stehen die Pflanzen jeweils mehr am Maschenrand, weil sie dort angelehnt worden sind. Das aber ist ziemlich belanglos, da die Stiele in den höheren Netzlagen sowieso mit dem Draht in Berührung kommen.

Ernährung

Ansprüche an Boden und Ernährung

Nelken gedeihen auf jedem normalen Gewächshausboden, vor allem, wenn er mit organischen Anteilen gut versorgt ist. Er sollte vor der Verwendung gut durchgespült, entseucht und bearbeitet worden sein. Nelken gelten zwar als relativ salzverträglich (Penningsfeld 1960), sie zeigen aber doch bei steigender Salzkonzentration im Boden deutlich Schäden (Proefstation v. d. Bloemist. 1979 a). Dies bestätigt somit die Empfehlungen von Penningsfeld, eine optimale Salzkonzentration von 0,3 bis 0,6 g/100 g Boden anzustreben.

Düngung
Eine gute Versorgung der Beete mit organischen Stoffen ist vor allem auf humusärmeren Flächen erforderlich, wie sie oft in Gewächshausneubauten oder auf ärmeren Böden ganz allgemein, vorzufinden sind. Die hierfür früher gerade in Holland bevorzugten, zum Teil recht hohen Stallmistgaben sind wegen ihres möglichen hohen Salzgehaltes (Chloride) nicht mehr uneingeschränkt zu empfehlen.

In der Praxis verwendet man bis zu 2 m^3 Torf (oder auch Stallmist) oder 2 m^3 eines Gemisches aus Torf und Stallmist auf 100 m^2. Bei gut versorgten Böden, die schon längere Zeit in Kultur sind, ist eine solche Gabe nicht unbedingt vor jeder Neupflanzung erforderlich. Man muß sich allerdings vergegenwärtigen, daß eine gute Humusbilanz bei der reichlichen Wasserversorgung im Sommer stabilisierend auf den Boden und seinen Nährstoffzustand wirkt. Die Notwendigkeit der Zufuhr organischer Stoffe vor der Pflanzung hängt somit von der Beurteilung der Pflanzflächen durch den Kultivateur ab.

Der pH-Wert liegt für Nelken zwischen 5,5 und 7,0. Eine erforderliche Kalkung ist mit kohlensaurem Kalk in Größenordnungen von 20 bis 30 kg/100 m^2, im akuten Bedarfsfalle sogar wesentlich höher, möglich. Auch kohlensaurer Mangankalk wird empfohlen, doch treten gelegentlich nach dem Dämpfen zu hohe Manganwerte auf, die zu Vergiftungserscheinungen führen können (PROEFSTATION V. D. BLOEMISTERIJ 1979 a). Nach dem Dämpfen kann es außerdem zu Vergiftungserscheinungen durch Nitrit kommen, das als Zwischenprodukt bei dem Umsetzungsprozeß zwischen Ammoniak und Nitrat auftreten kann. Bei ausgewogener Tätigkeit der für diese Umsetzungen verantwortlichen Bodenbakterien *Nitrosomas* und *Nitrobacter* tritt ein Nitratüberschuß kaum auf, doch ist eine Störung durch das Dämpfen leicht möglich (VAN EYSINGA und V. D. MEIJS 1981).

Man kann davon ausgehen, daß normale Gewächshausböden mit Nährstoffen in der Regel soweit versorgt sind, daß sich eine Grunddüngung gegebenenfalls erübrigt. Das ist selbstverständlich der Fall bei Industriesubstraten wie Einheitserde, TKS und ähnlichen Produkten, deren Nährstoffvorrat für etwa 6 Wochen ausreicht.

Wo dies nicht der Fall ist, wird entweder nach Bodenuntersuchung mit den fehlenden Nährstoffen nachgedüngt, oder bei schematischem Vorgehen mit Mineraldüngergaben bis zur Höhe von 5 bis 8 kg Thomasphosphat, 4 kg Patentkali und 7 bis 15 kg kohlensaurem Kalk je 100 m^2 gearbeitet.

Die laufenden Düngungen während der Kultur werden am besten nach Bodenuntersuchungsergebnissen gestaltet. Die gebräuchlichen Schnellmethoden erlauben eine gezielte Düngung mit einzelnen, im Moment für die Pflanze nicht verfügbaren Nährstoffen. Dabei spart man die Gabe anderer, bei schematischer Düngung zwangsläufig mit verabreichter Nährstoffe ein. Düngung nach Bodenuntersuchungsergebnissen ist zuverlässiger, sicherer und sparsamer als die schematische.

Die schematische Düngung wird etwa im wöchentlichen Abstand mit Mehrnährstoffdüngern in Konzentrationen von 0,2% durchgeführt. Abweichungen ergeben sich je nach Jahreszeit, Alter der Bestände und Kulturzustand. Bei der Düngung mit jedem Bewässerungsvorgang sind geringere Konzentrationen um maximal 0,1% einzuhalten. Dabei ist zu berücksichtigen, daß zur Herbst- und Winterdüngung kalibetonte Versorgung, im Frühjahr und Sommer eine eher stickstoffbetonte richtig ist.

Abb. 61. Kultur auf Steinwolle (GRODAN). Die Matten liegen auf Folie, in Beetmitte ist eine Abflußrinne für überschüssiges Wasser angelegt.

Abb. 62. Seitenansicht eines GRODAN-Beetes.

Abb. 63. Gesamtansicht eines Nelkenbestandes auf Steinwolle.

Über die Bewässerungsanlagen kommen ausschließlich vollwasserlösliche Düngemittel zur Anwendung, um ein Verstopfen der Leitungen beziehungsweise Düsen zu vermeiden. Selbstverständlich sind auch billigere Dünger, zum Beispiel Blaukorndünger und ähnliche, gut geeignet; sie haben aber einen höheren Anteil nicht wasserlöslicher Stoffe.

Die Verwendung fester Dünger zur Trockenausbringung mit anschließendem Einwässern ist möglich, wird aber aus arbeitswirtschaftlichen Gründen kaum durchgeführt. Es gibt jedoch Düngerstreugeräte hierfür.

Steinwolle

Versuche mit Nelkenkulturen in Steinwolle (Grodan) haben gezeigt, daß dieses Substrat für diesen Zweck – wenn auch mit Einschränkungen (Leeuwen 1982) – durchaus gut geeignet ist (Miske 1979a, Sieben 1979, Leeuwen 1980, Schwiebert 1982). So konnten Qualitätsverbesserungen festgestellt werden. Für die Düngung solcher Bestände sind die besonderen Bedingungen des Verfahrens zu beachten. Ähnlichkeit mit der bei Nelken schon lange erprobten Hydrokultur liegen vor (vgl. Seite 173f.).

Bewässerung

Ansprüche an die Wasserversorgung

Der hohe Wasserbedarf der Nelken erfordert die Installation einer leistungsfähigen Gießanlage, in Bodennähe verlegt, um eine unnötige Benetzung der Pflanzen zu vermeiden. Bei Beetbreiten von 1 m reicht eine Regenleitung in der Beetmitte

Abb. 64. Durch Folieneinlage wurde ein preisgünstiges Trogbeet hergestellt.

aus, die Düsen sprühen rundum. Bei breiteren Beeten werden an beiden Rändern des Beetes Düsenrohre verlegt, die dann nur ins Beetinnere sprühen, die Wege aber weitgehend trocken halten. Auch verschiedene Systeme von Tröpfchenbewässerungen sind in Gebrauch. Bei der Verlegung von Kunststoffrohren mit eingesetzten Düsen ist darauf zu achten, daß sie nicht durchhängen und somit Ungleichmäßigkeiten in der Wasserversorgung hervorrufen. Sie müssen in kürzeren Abständen durch Halterungen unterstützt werden.

Die Wassergaben richten sich nach der zu versorgenden Pflanzenmasse und der Jahreszeit. Je größer die Pflanzenmasse ist, desto größer ist auch die Verdunstung. Sie beträgt zum Beispiel in den Monaten Mai, Juni und Juli im Durchschnitt 140 mm/m^2 und Monat, also 140 Liter (Proefstation v. d. Bloemist. 1979 a). Bei hoher relativer Luftfeuchtigkeit in den Gewächshäusern wird die Verdunstung eingeschränkt, der Wasserbedarf sinkt also. Das kann im Extremfall dazu führen, daß kaum noch bewässert werden muß, wodurch der Erhöhung der Salzkonzentration im Boden Vorschub geleistet wird. Somit ist durch Heizen und Lüften jeweils auch für eine Senkung der Luftfeuchtigkeit zu sorgen, wenn diese zu hoch ansteigt.

Gießen

Neupflanzungen werden zunächst vorsichtig bewässert, um die Bewurzelung zu fördern und eine Vernässung zu vermeiden, die sehr schnell unter anderem zu Pilzkrankheiten führen würde.

Zum Herbst und Winter hin wird weniger gegossen, aber ab Januar/Februar werden die Wassergaben den Witterungsbedingungen angemessen etwas erhöht.

Schließlich spielt auch die Bodenart eine Rolle. Je nach Durchlässigkeit müssen die Wassergaben bemessen werden. Reine Torfsubstrate, die zwar kaum verwendet werden, sind relativ leicht zu bewässern, weil ein Vergießen praktisch unmöglich ist. Größere Aufmerksamkeit erfordern sehr sandige und damit durchlässige Böden, die leicht zu Wassermangel neigen und schwere, undurchlässige Böden, bei denen es zu Verschlämmungen kommen kann. Schon aus diesen Gründen ist für eine ausreichende Humusversorgung die oben erwähnte Torfgabe erforderlich.

Luftfeuchtigkeit
Durch ausreichendes Lüften und, soweit erforderlich durch Heizen (Vegetationsheizung), ist für eine ausreichende, aber mäßige Luftfeuchtigkeit zu sorgen. Sobald die relative Luftfeuchtigkeit Werte in der Nähe des Sättigungspunktes erreicht, sinkt die Transpiration deutlich ab. Dadurch kommt es zur Temperaturerhöhung in den Blättern, Verbrennungen sind die Folge. Dagegen sorgt ausreichende Transpiration bei normaler Luftfeuchtigkeit für Verdunstungskälte und führt damit zur Senkung der Blattemperatur. Das Zusammenspiel zwischen Lüften, Luftfeuchtigkeit und Bewässern ist weitgehend mitentscheidend für den Kulturerfolg. So ist unter anderem der hohe Gießbedarf für Nelkenkulturen zu erklären (Proefstation v. d. Bloemist. 1979 a).

Stutzen – Rückschnitt – Ausbrechen

Stutzen
Das Entspitzen hat den Zweck, die Verzweigung von unten her zu fördern, um einen guten vegetativen Aufbau der Pflanze als Grundlage für eine hohe Produktionsleistung zu schaffen. Ein anderer Grund kann sein, daß ein zu erwartender Flor ganz oder teilweise verschoben werden soll.

Man stutzt auf 5 Blattpaare, bei später Pflanzung im Mai eventuell auf 6, um durch einen etwas stärkeren Austrieb einen höheren Herbstertrag zu bekommen. Es ist aber sinnvoller, bei dieser Pflanzung etwas engere Pflanzabstände zu wählen und dann auf 5 Blattpaare zu stutzen (Proefstation v. d. Bloemist. 1979 a).

Der Zeitpunkt für das Stutzen liegt im allgemeinen schon kurz nach der Pflanzung, sobald die Stecklinge im Beet angewurzelt sind. Es ist auch möglich, vor der Pflanzung zu stutzen beziehungsweise gestutzte Stecklinge zu kaufen, oder bei eigener Vorkultur das Stutzen vor die Pflanzung zu legen. In den Fällen, in denen Stecklinge auf ein „Wartebeet" gepflanzt oder auch getopft werden, ist das Stutzen noch in dieser Zeit, also gegen Ende September, zu empfehlen, wenn es die Umstände erlauben (Lichtangebot!). Hierin liegt die Schwierigkeit bei frühen Pflanzungen im Dezember/Januar/Februar, die wegen des geringen Lichtangebotes kaum vor Ende Februar gestutzt werden können. Tut man es dennoch früher, kann man nicht mit einem zügigen Austrieb rechnen. So ist in dieser Jahreszeit das Pflanzen gestutzter Jungpflanzen oder von Südstecklingen, die eventuell ungestutzt bleiben können, vorteilhaft.

Jedes Stutzen verzögert den nachfolgenden Flor gegenüber ungestutzten Kulturen gleichen Entwicklungsstandes, je nach Jahreszeit, um mehrere Wochen. So kann man bewußt eine zu erwartende Schwemme umgehen oder einen Flor durch teilweises Stutzen auseinanderziehen. Werden zum Beispiel im April Nel-

Abb. 65. Nach dem Stutzen verzweigen sich die Pflanzen mit kräftigen Trieben.

ken gepflanzt, so blühen diese bei einmaligem Stutzen schon recht bald im Juli, also zur Zeit schlechter Preise. Stutzt man diesen Bestand bis Mitte Juni nochmals teilweise (sogenanntes 1,5maliges Stutzen), also pro Pflanze 2 bis 3 Triebe auf 4 bis 5 Blattpaare, ergibt sich zwar eine etwas geringere Ernte im Juli/August, aber dafür ist mit einem zufriedenstellenden Ertrag zu Beginn des Herbstes um Anfang Oktober zu rechnen.

Rückschnitt

Ein kräftiger Rückschnitt wird bei Nelken nur angewandt, wenn ältere Bestände verjüngt werden sollen und gleichzeitig die Schwemme zugunsten eines guten Winterertrages umgangen werden kann. Mit einer elektrischen Heckenschere werden die Pflanzen auf etwa 40 cm Höhe gleichmäßig heruntergeschnitten. Auch aus dem verholzten Teil treiben sie willig aus, so daß man schließlich bis auf etwa 4 Triebe/Pflanze ausdünnen muß. Man entfernt die jeweils schwächsten und stärksten Triebe, also die Extreme, um ein möglichst gleichmäßiges Bild zu bekommen. Diese, nunmehr gleichmäßige Kultur, wird anschließend langtagbehandelt und bringt den erwünschten Flor. Freilich ist zu überlegen, ob sich diese Prozedur lohnt und einer Neupflanzung tatsächlich vorzuziehen ist.

Ausbrechen von Seitenknospen

Seitenknospen, auch überzählige Neutriebe, werden laufend ausgebrochen. Sie sollen an der Pflanze nicht zu groß werden, um nicht unnötig Nahrung zu verbrauchen, auch entstehen beim Wegbrechen größerer Pflanzenteile zu große Verletzungen.

Seitenknospen werden entfernt, um die Hauptknospe zur vollen Größe bringen zu können. Miniaturnelken dagegen behalten die Seitenknospen, bei ihnen wird die Hauptknospe ausgebrochen, um einen gleichmäßigen Blütenstand zu erhalten.

Ausbrechen erfordert einen hohen Arbeitsaufwand, der allerdings von der Höhe der Pflanzen und der Zahl der Netze abhängt. Daher muß diese Kulturarbeit auch methodisch gut geplant werden.

Abb. 66. Mit dem Ausbrechen der Nebenknospen wurde zu lange gewartet, dies hätte früher geschehen müssen.

Licht

Ansprüche an die Lichtintensität und die Tageslänge

Nelken benötigen in allen Entwicklungsphasen hohe Lichtintensitäten, also qualitativ gutes Licht. Gegen Lichtentzug sind sie empfindlich. Hinsichtlich der Blütenbildung sind sie quantitative (fakultative) Langtagpflanzen und legen (RÜNGER 1976) mit zunehmender Tageslänge auch früher Blütenknospen an bei gleichzeitiger Abnahme der Blattpaarzahl unter der Knospe. Diese Wirkung steigert sich bis zu ihrem Höhepunkt bei Dauerlicht. Eine Nachtunterbrechung ist ebenfalls wirksam und sogar günstiger zu beurteilen als eine gleichlange Tagesverlängerung im Anschluß an das natürliche Tageslicht.

Belichtung

Für eine Langtagbehandlung reicht schwaches Licht aus, um einen Blüheffekt zu erzielen, jedoch nimmt die Wirkung mit steigender Lichtintensität zu. So ist bekannt, daß sich Nelken bei größerer Lichtintensität und gleicher Tageslänge schneller entwickeln und wachsen, aber auch weniger Blattpaare bis zur Blüte bilden als bei schwächerer Lichtintensität. Daraus ergibt sich, daß bei der praktischen Durchführung einer Langtagbehandlung zur Blühförderung nur mit Einschränkungen den ersten englischen Empfehlungen für eine Lampenleistung von nur 7 Watt/m^2 gefolgt werden kann (Ministry of Agriculture 1967). Diese sehr schwache Belichtung wird durchgehend von Sonnenuntergang bis Sonnenaufgang eingesetzt.

Unangenehme Nebenerscheinung ist eine vorübergehende Vergilbung der Pflanzen. Deshalb werden von Rünger 20 Watt/m^2 als gut wirksam, besser sogar 40 bis 50 Watt/m^2 angegeben, was etwa 500 Lux Glühlampenlicht entspricht. Auch Fischer (ohne Jahresangabe) hält 20 Watt/m^2 (80 bis 100 Lux in Pflanzenhöhe) für ausreichend. Zimmer und Hatipoglu (1972 b) weisen auf die deutliche Überlegenheit einer installierten Leistung von 50 beziehungsweise 75 Watt/m^2 gegenüber einer schwächeren von 25 Watt/m^2 hin. Natürlich sind betriebswirtschaftliche Grenzen gesetzt. Daraus sind wohl auch holländische Empfehlungen zu erklären, nach denen 10 Watt/m^2, aber mindestens 35 Lux zu installieren sind (Anonym 1979 f, Anonym 1980 a).

Als Aufhänghöhe der Lampen (Glühlampen, Lichtketten) empfiehlt Fischer (ohne Jahresangabe) 1,20 m über den Pflanzen, in Holland (Anonym 1980 a) werden dagegen 1,80 m bei 150 Watt-Lampen vorgeschlagen. Fischer weist aber darauf hin, daß jede andere Lichtquelle ebenfalls geeignet ist. Wichtig ist nur, daß die erforderliche Luxzahl in Pflanzenhöhe erreicht wird.

Die Angaben beziehen sich auf eine Langtagbehandlung zur Auslösung der Blüteninduktion. Wachstum kann hierbei nicht erwartet werden; dafür sind wesentlich höhere Lichtintensitäten von mindestens 1000 bis 2000 Lux erforderlich (Holley, zitiert bei Münz et al. 1973). Schließlich zeigen die Untersuchungen von Aicardi (Münz et al. 1973) den Zusammenhang zwischen jahreszeitlich unterschiedlichen Wachstumsbedingungen und der Entwicklungsgeschwindigkeit (Tageslänge, Lichtintensität, Temperatur).

Anhand von Rivieranelken, die unseren Edelnelken sehr ähnlich reagieren, hat Aicardi diese Abhängigkeiten dargestellt, indem er den einzelnen Monaten „Wachstumswerte“, in Ziffern von 1 bis 7 ausgedrückt, zugeordnet hat. Für die

Diagramm für die Berechnung der Blütezeit von Rivieranelken nach Aicardi (Münz et al. 1973)

Monat	Wachstumswerte		Monat
Juni	------------- 7 -------------		Juni
Mai	-------------6	6-------------	Juli
April	-----------5	5-----------	August
März	----------4	4----------	September
Februar	---------3	3---------	Oktober
Januar	-------2	2-------	November
Dezember	------1	1------	Dezember

Entwicklung eines Triebes vom Stutzen bis zur Blüte fand er einen Entwicklungszeitraum von 12 bis 16 Wachstumswerten, je nach Sortenfrühzeitigkeit, heraus.

Deutlich ist die Periode der ansteigenden Wachstumsintensität vom Dezember bis zum Höhepunkt im Juni und die der abnehmenden Wachstumsintensität vom Juni bis zum Dezember, dem unterem Extrem, zu erkennen. Durch Addition der Wachstumswerte vom Monat des Stutzens an bis zur Summe von etwa 15 ergibt sich der Blühtermin der betreffenden Pflanze, in offensichtlicher Abhängigkeit von der Lichtintensität, der Tageslänge und der Temperatur.

Soll nun eine Langtagbehandlung durchgeführt werden, so ist das nur bei weitgehend einheitlichen Kulturen sinnvoll. Junge Pflanzungen eignen sich am besten. Sie sollten mindestens 6 entwickelte Blattpaare haben, bei den gestutzten Pflanzen sollten die Triebe 5 bis 7 entwickelte Blattpaare haben (RÜNGER 1976).

Zusatzlicht wird je nach Jahreszeit unterschiedlich lange gegeben. Nach RÜNGER (1976) sind zwar nur 1 bis 2 Wochen erforderlich, doch empfiehlt er, wie es in der Praxis auch gehandhabt wird, eine Belichtungsdauer von 4 bis 6 Wochen. In einem solchen Zeitraum erfaßt man eine größere Zahl von Trieben, da trotz optimaler Ausgangsposition wegen der naturgemäß unterschiedlichen Entwicklung der Seitentriebe deren Blühreife auch unterschiedlich eintritt. Man rechnet daher mit folgenden Belichtungszeiten:

Sommer	4 Wochen
Frühjahr und Herbst	5 Wochen
Winter	6 Wochen

Diese Zeiten werden sowohl zusammenhängend eingehalten als auch in zwei Blöcke von jeweils 2 bis 3 Wochen mit einem Zwischenraum von 14 Tagen unterteilt. Dies ist bei älteren und weniger gleichmäßigen Beständen zu empfehlen, weil man dann ein Maximum an blühfähigen Trieben erreicht. Das wird vor allem angewendet, wenn eine Kultur vor dem Abräumen noch einen verstärkten Ertrag bringen soll. Die so zur Blüte und noch zur Ernte kommenden Triebe kämen naturgemäß ohne Zusatzlicht erst nach dem Rodetermin zur Blüte, müßten also ungenutzt weggeworfen werden.

Zusatzbelichtung ist unter folgenden Umständen im allgemeinen angebracht (PROEFSTATION V. D. BLOEMIST. 1979a):

Für gute Erträge im Mai (Muttertag!):	Belichtung Januar bis Februar
Geplante Rodung zum Jahresende:	Belichtung August
Geplante Rodung im März/April:	Belichtung September

Bei Pflanzungen im Herbst (September/Oktober) ist eine Zusatzbelichtung im Winter von 6 bis 7 Blattpaaren ab unerläßlich (vgl. Seite 153, LANGIUS und VERSLEIJEN 1981).

Temperatur

Nelken haben einen relativ geringen Heizungsbedarf. Zur Temperaturführung lassen sich folgende generelle Angaben machen (MÜNZ et al. 1973, RÜNGER 1976):

Sommer: 16 bis 18 °C beziehungsweise nachts 15 °C, tagsüber 16 bis 20 °C.

Winter: 10 bis 15 °C beziehungsweise nachts 8 bis 10 °C, tagsüber 12 bis 15 °C.

Dennoch sind die Ansprüche in den einzelnen Entwicklungsphasen differenzierter, so daß von diesen Pauschalwerten Abweichungen möglich und erforderlich sind; dies um so mehr, je genauer man zum Beispiel einen Blütetermin ansteuern will. Ebenso ist zu beachten, daß die Temperatur dem jeweiligen Lichtangebot entspricht, daß zum Beispiel bei der winterlichen Lichtarmut die genannten 12 bis 15 °C nicht überschritten werden dürfen.

Der Einfluß der Temperatur auf die Blütenbildung zeigt sich in der positiven Wirkung niedriger Wärmegrade. Bei höheren Werten werden mehr Nodien und damit Blattpaare bis zur Blüte angelegt als bei geringeren. Tiefe Temperaturen fördern die Blütenbildung, höhere verzögern sie, je länger sie anhalten. Hier liegt ein Einfluß der Wärmesumme vor; es ist also nicht unbedingt die absolute Temperatur ausschlaggebend, sondern das Produkt aus Temperatur und Einwirkungsdauer, also Grad C × Tage der Einwirkung (Zimmer und Hatipoglu 1972 a).

Rünger (1976) zitiert Untersuchungen, nach denen die Blühauslösung durch niedrige Temperaturen von 5 °C erfolgt, ohne daß die Tageslänge darauf noch einen merklichen Einfluß ausübt. Die Kühlung müßte 3 bis 4 Wochen lang durchgeführt werden. Anschließend stehen die Pflanzen wieder wärmer bei einer den Lichtverhältnissen angepaßten Temperatur, um die Weiterentwicklung der Blüten zu beschleunigen. Bleiben die Pflanzen dagegen weiterhin kühl beziehungsweise kalt stehen, erhöht sich der Blüheffekt nicht mehr, aber das Aufblühen verzögert sich. Daraus folgt, daß zwar die Blütenanlegung bei niedrigen Temperaturen gefördert, die Weiterentwicklung aber gehemmt wird.

Für eine solche Kühlbehandlung zur Steigerung des Blüheffektes müssen die Seitentriebe nach dem Stutzen 6 bis 8 Blattpaare aufweisen.

Der Einfluß der Temperatur auf die Qualität der Nelken zeigt sich einerseits, wenn hohe Temperatur bei niedriger Lichtintensität gegeben wird: die Stiele werden schlaff, die Blütenqualität schlecht. Andererseits provozieren zu niedrige Temperaturen und noch mehr krasser Wechsel von höheren zu geringeren Tem-

Abb. 67. Das Platzen der Nelken wird durch verschiedene Einflüsse hervorgerufen. So werden Fehler bei der Temperaturführung, Ernährung und der Kultur allgemein dafür verantwortlich gemacht. Sortenanfälligkeit kommt hinzu.

peraturen das Platzen der Kelche. Levonen (1977) schlägt daher vor, für die Frühjahrsblüte Tag und Nacht 16 °C einzuhalten. In der Praxis neigt man jedoch viel mehr zu tieferen Temperaturen und hält im Winter oftmals sogar unter 10 °C, zum Teil bei etwa 8 °C im Dezember und Januar. Man heizt lediglich in den Morgenstunden kurzzeitig etwas auf, um die relative Luftfeuchtigkeit zu senken und Kondensation zu vermeiden.

In diesem Zusammenhang kommt sicherlich der Vegetationsheizung Bedeutung zu. Sie wird mit Kunststoffrohren etwa in der Höhe der ersten Netzlage verlegt und kann so mitten im Bestand zur Wirkung kommen, wo sie tatsächlich gebraucht wird. Mit dieser Art der Heizung läßt sich mit geringstmöglichem Energieaufwand die Kultur vor zu hoher Luftfeuchtigkeit und stagnierender Luft im

Abb. 68. „Bullenkopf“ als Folge plötzlichen Temperatursturzes, z. B. durch unachtsames Lüften, überstürztes Öffnen des Energieschirmes.

Pflanzenbestand schützen. Man darf nur nicht den Fehler begehen, die gesamte Heizung auf diese Weise bestreiten zu wollen. Bei sehr dichtem Pflanzenbestand, wie es bei einer älteren Pflanzung regelmäßig der Fall ist, kann es im oberen Bereich dennoch zur Kondensation kommen, wenn die umgebende Luft wesentlich kühler ist als die innerhalb des Bestandes. Das passiert bei Verzicht auf die hohe Rohrheizung leicht. Folgen sind Pilzbefall und Schäden an den Pflanzen.

Bei ganz jungen Pflanzen kann die ausschließliche Anwendung der Vegetationsheizung ebenfalls zu Störungen führen. Bei der noch geringen Blattmasse kommt es im Pflanzenbereich unter Umständen zu einer zu starken Luftabtrocknung, was wiederum zu schlechtem Wachstum führt.

CO_2-Begasung
Die CO_2-Anwendung wird in Nelkenkulturen durch den reichlichen Gebrauch der Lüftung begrenzt, zumal sie nur bei hohem Lichtangebot sinnvoll ist. Mit Besserung der Belichtungsverhältnisse im Frühjahr, beziehungsweise solange sie im Herbst und in den Wintermonaten ausreichen, kann auch bei Tagestemperaturen um 12 °C begast werden. Eine weitere Erwärmung durch Sonneneinfluß ist dann nicht schädlich, eher sogar erwünscht. Die CO_2-Konzentration wird im Gewächshaus auf 0,12 bis 0,2 % (Glas 1980) angehoben. Um eine Grundfläche von 1000 m^2 entsprechend zu begasen, sind 7 bis 8 m^3 CO_2-Gas je Stunde oder etwa 6 Liter Petroleum erforderlich (Proefstation v. d. Bloemist. 1979a). Durch die Begasung wird das am Tage bei geschlossener Lüftung durch die Assimilation im Gewächshaus entstehende Defizit an CO_2 (normal: 0,03 %) ausgeglichen und die Konzentration insgesamt auf das Vier- bis Siebenfache erhöht. Diese zusätzliche „Düngung" verbessert vor allem die Qualität der Schnittstiele. Nach Praxiserfahrungen aus den Niederlanden ist der Effekt bei jungen, einjährigen Pflanzungen größer als bei älteren, mehrjährigen.

Wachstumsregulatoren
Wachstumsregulatoren werden bei Nelken im Zusammenhang mit einer Langtagbehandlung eingesetzt, weil häufig im Anschluß daran Qualitätsverschlechterungen beobachtet werden. Diese sind insbesondere schwache Stiele, verursacht durch eine starke Streckung der Internodien. Spritzungen mit 0,25 % Cycocel-Lösung haben sich bewährt. Als bester Anwendungstermin gilt der Zeitpunkt des Belichtungsbeginns. Spätere Behandlungen, zum Beispiel 14 Tage nach Beginn der Belichtung, waren im Versuch weniger günstig.

Münch und Fritzsche (1975 a) konnten deutlich erkennbare Verbesserungen gegenüber unbehandelten Partien feststellen. Vor allem war der Anteil der 1. Qualität bei gleichzeitiger Verfrühung und Verringerung der Zahl der „Platzer" gegenüber belichteten, aber nicht mit Wachstumsregulatoren behandelten, Pflanzen höher.

Pflegemaßnahmen

Schattieren
An heißen Sommertagen können Schäden durch zu starke Einstrahlung entstehen, vor allem wird die Gewächshaustemperatur überhöht. Daher muß in dieser Zeit im allgemeinen schattiert werden. Dauerschatten, so bequem er auch sein mag, ist nicht die beste Lösung, weil in den Morgen- und Abendstunden das Licht voll einwirken soll. Dennoch wird man langanhaltenden Sonnenperioden mit leichtem Dauerschatten begegnen und nach Bedarf eine zusätzliche bewegliche Schattierung einsetzen.

Besondere Gefahr besteht bei plötzlicher starker Sonne nach einer Periode trüber Tage. Aber auch Pflanzen, die zum Beispiel durch die Ernte viel Substanz verloren haben, reagieren empfindlich auf starke Sonneneinstrahlung, weil durch den plötzlichen Verlust an Blattmasse die Transpiration eingeschränkt und damit das Hausklima ungünstig beeinflußt wird.

Das Schattieren darf man nicht isoliert von anderen Pflegemaßnahmen sehen; so ist immer der Zusammenhang zwischen Sonneneinstrahlung, Temperatur der

Abb. 69. Nelken können in relativ einfachen Gewächshäusern kultiviert werden. Sie müssen nur hell und gut lüftbar sein.

Luft und der Blätter, Luftfeuchtigkeit sowie Entwicklungs- und Kulturzustand der Pflanzen im Auge zu behalten.

Lüften

Das Lüften spielt eine ähnliche Rolle wie das Schattieren. Ein zu starkes Ansteigen der Haustemperaturen sollte zuerst durch Lüften und nur, wenn dies nicht ausreicht, auch durch Schattieren verhindert werden.

Gegen zu hohe Temperatur kann man mit einer Zwangsbelüftung, gekoppelt mit einem Kühlsystem – zum Beispiel Mattenkühlung an einer Giebel- oder Stehwand – wirksam vorgehen. Die Investition hierfür ist jedoch hoch und nicht alle Gewächshäuser sind problemlos umzurüsten. Die Methode hat ein Maximum an Lichteinfall bei gleichzeitig nicht zu hoch auflaufenden Temperaturen für sich.

Die Lüftung wird nicht nur in der warmen Jahreszeit eingesetzt, auch und gerade in den kühleren Übergangszeiten spielt sie, unter Umständen im Zusammenwirken mit der Heizung, eine sehr wesentliche Rolle bei der Regulierung der relativen Luftfeuchtigkeit. Im Haus herrscht im allgemeinen eine höhere Luftfeuchtigkeit als außerhalb, die bei Anstieg nahe 100% die Transpiration behindert, eventuell ganz unterbindet. Kühlere Luft hat eine geringere Wasseraufnahmekapazität als warme, sie ist daher auch früher gesättigt. So kommt es bei Temperaturabfall zum Beispiel über Nacht zu Niederschlag auf den Pflanzen. Ist diese feuchtigkeitsbeladene Luft wärmer als die Außenluft, zieht sie durch die Lüftung ab und wird durch trockenere Außenluft ersetzt, die nunmehr die Transpiration wieder besser ermöglicht und gleichzeitig die Pflanzen abtrocknet, wodurch Pilzbefall und Fleckenbildung vermieden werden.

Abb. 70. Auch Folienhäuser eignen sich für die Kultur von Standardnelken.

Netze hochziehen beziehungsweise anbringen
Die vor der Pflanzung aufgelegten Netze müssen mit fortschreitendem Wachstum hochgezogen werden. Die Netzlagen werden im Abstand von rund 25 cm auf den Gerüsten befestigt. Sie vermeiden das Krummziehen der Blumenstiele und erleichtern die Erntearbeit, indem kein undurchdringbares Gewirr durcheinandergewachsener Triebe entsteht.

Mit zunehmender Höhe der Pflanzung müssen nach Bedarf weitere Netze angebracht werden. Dies hat rechtzeitig zu geschehen, weil diese Arbeit sonst unnötig erschwert wird und Bruchschäden an den Pflanzen unvermeidlich werden.

Meist werden industriell hergestellte Netze aus Draht oder Kunststoffaser verwendet. Eine Reihe von Gärtnern fertigt aber nach wie vor diese Netze selbst an. Sie werden auf dem Beet in der vorgesehenen Höhe in Handarbeit geknüpft. Wegen des hohen Aufwandes sollte das vorher gut durchkalkuliert werden. Natürlich ist auch das Hochziehen bereits ausgelegter Netze arbeitsaufwendig (Storck 1969).

Kurzkultur
In neuerer Zeit ist die schon früher propagierte Kurzkultur, auch „Einflor-Kultur“ genannt, wieder interessant geworden. Während man in den Empfehlungen der sechziger Jahre dafür Dichtpflanzungen bis zu 100 Pflanzen/m^2 vorgeschlagen hat, geht man heute von Bestandesdichten um 40 bis 50 Stück/m^2 aus, rechnet mit 6 bis 7 Monaten Kulturdauer und räumt dann zugunsten einer Neupflanzung ab. Im Gegensatz zur früheren Kurzkultur wird jetzt einmal gestutzt und im weiteren Kulturverlauf werden alle Seitenknospen und vegetativen Seitentriebe bis

unten hin ausgebrochen. Dies muß jeweils so bald wie möglich geschehen. Man kommt mit nur 3 Netzen aus. Die Blumen werden ganz unten abgeschnitten, man braucht auf nachkommende Triebe keine Rücksicht zu nehmen.

Nachteile dieses Verfahrens sind die hohen Belastungen durch das häufige Pflanzen und Abräumen der Flächen sowie der erhebliche Bedarf an Jungpflanzen. Die Kulturführung muß absolut exakt sein, da sich Fehler wohl nicht mehr korrigieren lassen. Als Vorteil mag gelten, daß man in fortlaufenden Sätzen jederzeit neu pflanzen kann, um bestimmte Erntetermine mit sehr guten Qualitäten genau anzusteuern.

Standdauer

Während Nelkenkulturen früher möglichst lange, zum Teil drei Jahre und länger, standen, spricht heute sehr viel für kürzere Kulturzeiten, im Extremfalle der Kurzkultur sogar von nur einem halben Jahr. Im allgemeinen haben sich aber Standzeiten von 1 bis 2 Jahren durchgesetzt.

Die Vor- und Nachteile ein- und zweijähriger Nelkenkulturen seien im folgenden einander gegenübergestellt.

Pflanzenbedarf

Für die einjährige Kultur braucht man im gleichen Zeitraum mehr als die doppelte Menge an Jungpflanzen wie für die zweijährige Kultur, weil zweimal und, wegen der kürzeren Standdauer, auch enger gepflanzt wird.

Arbeitswirtschaft

Einjährige Kultur erfordert höheren Arbeitsaufwand durch häufigere Pflanzung und Rodung. Für die kürzere Kultur sprechen aber arbeitswirtschaftliche Vorteile, die sich aus der geringeren Höhe der Pflanzen ergeben, was die Pflege- und Erntearbeiten erleichtert und obendrein eine geringere Zahl von Netzen erfordert.

Erträge

Jüngere Kulturen bringen oftmals die etwas bessere Qualität. Ferner liegt der Flächenertrag bei einjährigen Kulturen wegen der größeren Bestandesdichte höher als der längerfristiger Kulturen im ersten Standjahr. Diese lassen im zweiten Standjahr recht gute Erträge erwarten, wenn sie gesund bleiben. Einschränkend ist festzustellen, daß ein nicht unwesentlicher Teil des Ertrages im zweiten Standjahr in die marktwirtschaftlich ungünstigste Zeit, nämlich Juli/August, fällt.

Blütesteuerung

Einjährige Kulturen lassen sich während ihrer Standzeit schon durch die Wahl des Pflanztermins recht gut planen, während mehrjährige im zweiten Jahr ziemlich sicher in der Schwemmezeit blühen. Eine Beeinflussung der Blüte durch Langtagbehandlung setzt dann auch meistens Rückschnitt voraus.

Gesunderhaltung

Kulturen mit kürzerer Standdauer sind weit weniger durch Infektionen aus dem Boden gefährdet als längerfristige, die im zweiten Jahr tiefer wurzeln und bei Grundbeeten in Schichten vorstoßen, die nicht entseucht worden sind beziehungsweise werden konnten.

Miniaturnelken

Allgemeines

Miniaturnelken, auch Büschel- oder Spraynelken genannt, haben rasch begonnen, in ernstzunehmende Konkurrenz zu den großblumigen Nelken zu treten. Erhebliche Flächenanteile stehen im Unterglasanbau für diese Kultur zur Verfügung.

Miniaturnelken zeigen jedoch im Winter nur ein recht träges Wachstum und bringen nicht immer zufriedenstellende Resultate. Daher werden in neuerer Zeit verstärkt Kurzkulturen während der Sommermonate sowohl unter Glas als auch unter Folienbauten und im Freiland empfohlen.

Wesentliche Teile ihrer Kultur entsprechen der Kultur großblumiger Nelken, so daß sich die folgenden Ausführungen auf einige Besonderheiten dieser klein- und vielblumigen Sorten beschränken können.

Pflanzenmaterial

Wie bei großblumigen Sorten werden bewurzelte Stecklinge angeboten. Auch hier spielen im Vermehrungsbeet gestutzte Stecklinge eine Rolle. Unter bestimmten Umständen lohnt sich die Pflanzung vorkultivierter Jungpflanzen.

Pflanzung

Miniaturnelken werden in Bestandesdichten bis zu maximal 50 Stück/m^2 gepflanzt, wobei Sortenunterschiede, Standdauer und allgemeine Kulturbedingungen zu beachten sind. So gelten etwa folgende Richtlinien für maximale Pflanzdichten, wenn Kurzkultur vorgesehen ist:

Sorten der 'Elegance'-Gruppe:	bis zu 48 Stück/m^2
Sorten der 'Royalette'-Gruppe:	bis zu 42 Stück/m^2

Sollten Miniaturnelken über längere Zeiträume, also bis zu zwei Jahren, kultiviert werden, sind die Pflanzabstände diesen Bedingungen anzupassen. Sie dürfen keinesfalls dichter gepflanzt werden als das für Standardnelken gebräuchlich ist. Allerdings wird der Pflanzabstand im Hinblick auf spätere Bestandesdichte auch vom Stutzen und damit letztlich vom Umfang der Einzelpflanze bestimmt, so daß sich ein Einfluß auf den Ertrag nur beim ersten Flor zeigen kann (Spithost, 1981). Dies wird auch durch Bunt und Powell (1982) bestätigt (vgl. Seite 154 f.).

Sie können nahezu während des ganzen Jahres gepflanzt werden, abgesehen von der am wenigsten günstigen Zeit von Mitte Juli bis Anfang September.

Für Freiland- beziehungsweise Folienhauskultur liegt der Pflanztermin um Ende April.

Spezielle Kulturmaßnahmen

Ausbrechen

Während bei Standardnelken zur Erzielung großer Blüten nur die Hauptknospe am Blütenstiel erhalten bleibt und die Nebenknospen und -triebe ausgebrochen werden, richtet sich bei Miniaturnelken das Augenmerk auf die Erzielung eines guten, mehrblütigen Blütenstandes, dessen Einzelblüten möglichst gleichmäßig, also auch gleich groß, sein sollen. Daher wird hier die Hauptknospe ausgebrochen, während die Seitenknospen zur Entwicklung gelangen.

Abb. 71. Miniaturnelkenkultur mit minimalem Energieaufwand im Folientunnel.

Temperaturführung
Miniaturnelken sind etwas anspruchsvoller an die Temperaturführung, so daß sie mindestens bei gleicher Wärme, eventuell sogar um 1 bis 2 °C höher, gehalten werden, als dies bei Standardnelken üblich ist. Dennoch lassen sie sich ohne weiteres mit diesen gemeinsam in einem Haus anbauen, wenn man ihnen einen guten Standort zubilligt, der insbesondere gut belichtet ist. Miniaturnelken stellen hohe Ansprüche an die Lichtintensität.

Kurzkultur
Die Durchführung einer längerfristigen Kultur entspricht weitgehend derjenigen von Standardnelken und braucht deshalb nicht weiter erörtert zu werden. Sie ist jedoch äußerst problematisch wegen des hohen Energieaufwandes und der oft unbefriedigenden Qualität im Winter (Gradner und Reimherr 1982). Dagegen können Kurzkulturen, speziell solche unter Folientunneln oder/und im Freiland interessant sein. Die Ansichten der Fachleute über die Zweckmäßigkeit kurzfristiger Kulturen gehen auseinander. Während in Holland zum Teil die Meinung herrscht, Kurzkulturen seien wegen der Arbeitsverteilung ausschließlich für große Betriebe mit mehr als 7000 m^2 Fläche akzeptabel (Proefstation v. d. Bloemist. 1979b), wird ihre Durchführung zum Beispiel von Fischer (1976, 1977, 1980), Müller-Haslach (1977), Müller-Haslach und Gradner (1976) und Deiser (1982) empfohlen. Dies ist durchaus zu unterstreichen, da sich im Sommerhalbjahr deutlich bessere Ergebnisse abzeichnen als im Winterhalbjahr und sich die Miniaturnelke auch in Einfachbauten bewährt hat. Der Heizaufwand ist in dieser Zeit sehr gering, fällt also kaum ins Gewicht. Damit ergibt sich fast automatisch die Frage, ob

diese Kultur überhaupt in teuren stationären Gewächshäusern durchgeführt werden muß, wenn sie ohnehin nur während der warmen Jahreszeit geführt wird.

Um von möglichst kräftigem Pflanzmaterial ausgehen zu können, das schon mit einem Wachstumsvorsprung zur Pflanzung gelangt, ist in manchen Fällen eine Vorkultur sinnvoll. Müller-Haslach (1977) schlägt dafür folgendes Verfahren vor:

Für die Pflanzung um Anfang bis Mitte Mai werden bewurzelte Stecklinge etwa 4 Wochen früher gekauft, also Anfang bis Mitte April, in TKS 1 in 8-Zentimeter-Töpfe getopft und im Gewächshaus ohne Abstand aufgestellt, womit der Platzbedarf minimal gehalten wird. Bei 16 bis 18 °C und laufender Düngung im Abstand von 14 Tagen wachsen die Pflanzen kräftig heran. Sie brauchen in dieser Zeit allerdings einen gut belichteten, also hellen, Standort. Somit kann der gesamte Heizaufwand für eine Kurzkultur auf die vierwöchige Vorkultur begrenzt werden.

Fischer (1976) schlägt Kulturschemata vor, die sich nach den Verhältnissen des jeweiligen Betriebes abändern lassen:

Vorschlag 1:

Bewurzelte Stecklinge ohne Vorkultur werden Mitte bis Ende April im Folienhaus gepflanzt. Die Kultur wird ohne Terminalknospe geführt, daher wird nach etwa 3 Wochen auf 5 bis 6 Blattpaare entspitzt. Der Flor beginnt ab September und hält den Oktober hindurch an. Anschließend wird gerodet. Diese Kultur kommt ganz ohne Heizung aus!

Vorschlag 2:

Die Jungpflanzen werden ab März, in Jiffy-Pots oder auf Tische pikiert, vorkultiviert, um dann Ende April bis Anfang Mai gut bewurzelt im Folienhaus ausgepflanzt werden zu können. Es wird nicht entspitzt, also mit Terminalknospe gezogen. Diese blüht im Juni, der Hauptflor folgt ab Anfang August und hält bis zum Oktober hin an. Auch hier wird anschließend gerodet. Zumindest für die Vorkultur wird bei diesem Vorschlag Heizung benötigt.

Diese Vorschläge sind natürlich variabel (Fischer 1980, Deiser 1982).

Fischer gibt zu bedenken, daß der Ernteverlauf bei der vorkultivierten ungestutzten Kultur gleichmäßiger und für den Marktverlauf eventuell sogar günstiger ist und obendrein mehr Triebe hervorbringt, als es das andere Verfahren erwarten läßt, dagegen sind die gestutzten Miniaturnelken je nach Sorteneigenschaft etwas schneller und damit geschlossener abzuernten. Qualitative Unterschiede sind nach Fischer nicht festzustellen. Er schlägt deshalb vor, beide Möglichkeiten nach Bedarf zu kombinieren.

Kultur auf Steinwolle

Schwiebert (1982) befaßt sich eingehend mit der Kultur von Miniaturnelken auf Steinwolle (Grodan). Dieses Verfahren bietet sich vor allem an, wenn der Boden aus phytosanitären Gründen für diese Kultur ausscheidet.

Voraussetzung sind glatte, ebene Beete, in deren Mitte ein schmaler, etwa 10 cm tiefer Entwässerungsgraben zur Aufnahme des aus den Steinwollmatten abfließenden überschüssigen Wassers angelegt wird. Von den Beeträndern zur Mitte besteht ein leichtes Gefälle von ungefähr 2 %. Das Beet wird mit Folie bedeckt, die an den Rändern jeweils etwa 20 cm übersteht. Die 90 cm langen, 40 cm breiten und 7,5 cm starken Steinwollmatten werden beiderseits des Mittelgrabens ausgelegt, die Folie außen umgeschlagen und auf der Oberseite der Steinwollmatten befestigt. Aus Hygienegründen wird nach jeder dritten Matte ein Folienstreifen eingelegt, um die Ausbreitung möglicher Infektionen mit dem Wasserfluß durch die Matten zu verhindern.

Das im Betrieb vorhandene Bewässerungssystem und die Halterungseinrichtungen werden in gewohnter Weise eingesetzt.

Die bewurzelten Stecklinge werden entweder auf die Matten aufgesetzt oder in einfach eingedrückte Vertiefungen gepflanzt.

Probleme können bei Steinwollekulturen durch ungeeignetes Gießwasser auftreten, weil dieses Material keinerlei Pufferungsvermögen besitzt. Folgende Analysenwerte des Gießwassers sollten nicht überschritten werden:

Karbonathärte	7 ° dH
Natriumgehalt	30– 80 mg/Liter
Cloridgehalt	50–100 mg/Liter
Eisengehalt	2 mg/Liter

Zu hohe Härtewerte können durch Phosphor- und Salpetersäure reduziert werden. Wenn möglich, sollte das Wasser mit besser geeignetem zumindest verschnitten werden. Ferner empfiehlt sich bei zu hohen Analysenwerten außerdem eine Bewässerung im Überschuß, um eine weitere Anreicherung der genannten Stoffe im Substrat zu vermeiden.

Schwiebert (1982) empfiehlt für die Düngung die Zusammenstellung von Stammlösungen aus Ein- und Zweinährstoffdüngern. Dies ist kostengünstiger gegenüber Mehrnährstoffdüngern und ermöglicht eine bessere Anpassung an die Wasserqualität und Pflanzenbedürfnisse. Bei den empfohlenen Stammlösungen verzichtet Schwiebert auf Mengenangaben, weil diese mit den Gehalten des Rohwassers variieren.

Stammlösungen für die Düngung der Kulturen in Steinwolle (Schwiebert 1982):

Lösung A	Lösung B
Kalksalpeter	Kalisalpeter, Mangansulfat,
Kalisalpeter	Monokaliphosphat, Zinksulfat,
Amonnitrat	Schwefelsaures Kali, Borax,
Eisenchelat	Bittersalz, Kupfersulfat, Natriummolybdat.

Die gebrauchsfertige Nährlösung weist bei richtiger Abstimmung folgende Werte auf:

pH	6,0	Salzgehalt: 1,5 g/Liter, also 1,5 Promille = 2,0 mS
N	135 mg/Liter	
P	30 mg/Liter	
K	230 mg/Liter	
Mg	30 mg/Liter	
Ca	120 mg/Liter	
Fe	1,5 mg/Liter	

Im weiteren Verlauf sind der pH-Wert und die Salzkonzentration (Leitfähigkeit) zu überwachen. Diese Messungen der Lösung in der Steinwolle erfolgt wöchentlich, anfangs nach Bedarf häufiger. Dabei sind Meßwerte für die Salzkonzentration im Bereich von 2,0 mS (mS × 0,7 = g/Liter) und ein pH-Wert um 6,5 anzustreben.

Ernte

Schnittreife

Nelken dürfen nicht unreif geerntet werden, da sich dies nachteilig auf die Haltbarkeit auswirkt. Die Blume muß schon geöffnet, darf jedoch noch nicht am Verblühen sein.

Miniaturnelken sind erntereif, wenn zwei Blumen am Blütenstiel geöffnet sind; die Haltbarkeit ist dann am besten.

Ernten

Nelken können zwar gebrochen werden, was vor allem bei jüngeren Pflanzen ganz gut geht, doch ist die Gefahr der Pflanzenbeschädigung relativ groß. Die meisten Gärtner schneiden deshalb.

Zu beachten ist, daß möglichst nur Blumen gleichen Entwicklungsstandes geschnitten werden. Die Sortiervorschriften verlangen ohnehin, daß ein Bund nur Blumen des gleichen Entwicklungsstandes enthalten darf.

Beim Schneiden selbst ist darauf zu achten, daß ausreichend junge Triebe geschont werden, um einen guten Folgeflor zu gewährleisten. Der Hauptfehler liegt im zu tiefen Schneiden (MÜNZ et. al. 1973), um möglichst lange Stiele zu bekommen. Je tiefer aber geschnitten wird, um so später und unter Umständen spärlicher tritt der nächste Flor ein. Das geschieht besonders leicht bei der ersten Ernte an jungen Pflanzen oder zu Beginn eines Flores, wobei die besten Triebe, die die kräftigsten Stiele bringen würden, weggeschnitten werden. Nach Praxiserfahrungen ergeben die ersten 30% Blütenstiele die kräftigste Qualität. Die später nach-

Abb. 72. Blumenablage als praktische Erntehilfe.

Abb. 73. Rollbares Erntetuch.

folgenden, meist dünneren Stiele, werden etwas tiefer geschnitten. Das ist sogar erforderlich, um einer zu vollen Pflanze vorzubeugen, die nur relativ schwache Qualitäten erbringen könnte. Das muß bei älteren Pflanzen gerade im Frühjahr und im Sommer beachtet werden.

Gelegentlich stehen Gärtner auf dem Standpunkt, daß tief geschnitten werden muß, um einem zu hohen Bestand vorzubeugen. Das ist verständlich, da sich ein hoher Bestand schwerer bearbeiten läßt und auch mehr Netzlagen erfordert als ein niedrigerer, doch erreichen sie damit tatsächlich nur die oben genannten Nachteile des zu tiefen Schneidens.

Die Jahreszeit hat jedoch auch Einfluß. So sind die Folgen tiefen Schneidens im Frühjahr und Sommer bis etwa in den Juni hinein, nicht unbedingt schwerwiegend, weil schnell neue Triebe gebildet werden. Später, etwa ab Juli, geht die Triebentwicklung zunehmend langsamer vor sich (vergleiche Seite 163 f.) und die zu tief, also „blindgeschnittenen" Triebe, bilden entweder überhaupt keine Neutriebe mehr aus oder werden zumindest sehr träge. Folge ist, daß im Herbst, wenn die Preise wieder anziehen, die Ernte auf ein Minimum sinkt.

Die geschnittenen Nelken werden auf einem Erntewagen abgelegt und damit innerhalb des Gewächshauses transportiert. Sammeln der Schnittblumen im Arm ist zu umständlich und erfordert mehr Zeitaufwand.

Das Erntegut darf nicht austrocknen, daher müssen die Nelken im Gewächshaus nach dem Schneiden durch Abdecken gegen Verdunstung geschützt werden. Sammelt man die Blumen trocken im Haus, dürfen sie keinesfalls länger als bis zu einer Stunde liegen bleiben. Werden sie dagegen gleich in Wasser gestellt, kann diesem schon ein Blumenfrischhaltemittel zugesetzt werden.

Weiterverarbeitung
Der Abtransport aus dem Haus muß baldmöglichst und zügig erfolgen. Im Sortierraum werden die Nelken gleich in Wasser, eventuell mit Frischhaltemittel, gestellt. Wird ein solches Präparat eingesetzt, benötigen die Schnittblumen etwa 3 Stunden zum Aufziehen des Mittels und müssen demnach solange in der Lösung gehalten werden. CAROW (1978) beschreibt ausführlich die Anwendung von Blumenfrischhaltemitteln und deren Vorzüge bei Nelken. BARENDSE (1982) beklagt, daß in den Niederlanden davon nur zögernd Gebrauch gemacht wird und weist eindringlich auf die möglichen Nachteile für den Export holländischer Nelken hin.

Mit Nelkenknospenchrysal (CAROW 1978) können knospig geschnittene und bei 0 °C gelagerte Nelken ohne Einbuße ihrer Haltigkeit zur Blüte gebracht werden.

Die Sortierung wird an Sortiertischen, meist Fächertischen mit Zähleinrichtung, vorgenommen. Dabei wird, soweit erforderlich, ein künstliches Kelchblatt an geplatzten Blumenkelchen angebracht. Mittels einiger im Handel erhältlicher Maschinen und Geräte läßt sich der erhebliche Arbeitsaufwand für Schnittblumensortierung deutlich reduzieren (HENDRIX 1981). Das Bündeln schließt sich an, dann kommen die Blumen in den Kühlraum.

Es ist absolut falsch, besonders an warmen Tagen, die frischgeernteten Blumen aus dem Gewächshaus direkt in den Kühlraum zu bringen. Der sehr große und plötzlich eintretende Temperaturunterschied führt zu erheblichen Qualitätsmängeln; auch wird der Kühlraum manchmal zu kalt gehalten. Für Nelken reicht eine Kühltemperatur von minimal 8 °C voll aus, dieser Wert sollte nicht unterschritten werden (ANONYM 1979e). Dagegen geht CAROW (1978) von einer Lagerdauer von 4 bis 5 Tagen in Wasser bei 2 bis 5 °C ohne merklichen Qualitätsverlust aus. Für knospig geschnittene und mit Knospenöffnungsmittel zu behandelnde Nelken gibt er 0 °C als optimale Lagertemperatur an.

Zum Versand werden die Nelken in genormte Schnittblumenkartons verpackt. Im Sommer kann eine Vorkühlung des Packmaterials erforderlich sein.

Abb. 74. Eimer mit Haltevorrichtung für langstielige Schnittblumen wie Nelken.

Erträge

Die Schnitterträge hängen von der Qualität der Pflanzen, den Kulturbedingungen, der Bestandesdichte, der Pflege, der Jahreszeit, dem Alter und der Gesundheit der Bestände, der Sorte und so weiter ab. Sie streuen demnach erheblich und erlauben keine genauen Angaben. Nach MÜNZ et al. (1973) kann mit Erträgen von 150 bis 280, im Mittel also mit rund 200 Blüten/Bruttoquadratmeter und Jahr gerechnet werden. Das deckt sich ungefähr mit den Angaben von STORCK et al. (1969), die von einem Durchschnittsertrag von 300 Stück/Nettoquadratmeter und Jahr ausgehen, allerdings eine zweijährige Kultur zugrunde legen.

Mindestens ebenso wichtig wie der Gesamtertrag ist die jahreszeitliche Verteilung der Ernte, diese ist aber von der Kulturführung und -planung abhängig.

Roden

Das Abräumen einer alten Kultur ist arbeitsaufwendig. Die Pflanzen werden mit der Heckenschere abgeschnitten und aus den Netzen herausgezogen. Die Netze werden anschließend geborgen, um später erneut verwendet zu werden. Halteeinrichtungen sind abzunehmen, weil sie der Bodenbearbeitung im Wege stehen. Die Pflanzen werden schließlich mit Wurzeln entfernt, was aus hygienischen Gründen sehr sorgfältig und gründlich geschehen muß. Häufig sind einzelne Befallsstellen mit Pilzkrankheiten zu finden. Sie müssen genau diagnostiziert werden, um zu wissen, mit welchem Erreger man es zu tun hat. An Nelken kommen sehr viele gefährliche Krankheiten vor, die einer speziellen Bekämpfung bedürfen, zum Beispiel Fusarium- oder Phialophora-Welke, die unterschiedlich zu bekämpfen sind. Während bei Fusariumbefall gedämpft werden muß, kann gegen Phialophorawelke mit Methylbromid vorgegangen werden (ANONYM 1979g). Schon aus Kostengründen ist es also wichtig, die Diagnose genau zu stellen.

Literatur

ANONYM: Anjer. Toppen grootbloemige anjer. Vakbl. v. d. Bloemist. 34, (16), 22, 1979a.
–: Anjer. Schermen jonge anjers. Vakbl. v. d. Bloemist. 34, (18), 22, 1979b.
–: Anjer. Diepte snijden. Vakbl. v. d. Bloemist. 34, (20), 26, 31, 18, 1979c.
–: Anjer. Doortoppen grootbloemige anjer. Vakbl. v. d. Bloemist. 34, (23), 26, 1979d.
–: Anjer. Koelcel. Vakbl. v. d. Bloemist. 34, (23), 26, 1979e.
–: Anjer. Belichten grootbloemige anjers tegen einde teelt – Belichting trosanjers. Vakbl. v. d. Bloemist. 34, (27), 24, 1979f.
–: Anjer. Opruimen oud gewas. Vakl. v. d. Bloemist. 34, (28), 26, 1979g.
–: Anjer. Septemberplanting. Stek op wachtbed. Vakbl. v. d. Bloemist. 34, (34), 24, 1979h.
–: Anjer. Doorspoelen na grondstomen. Vakbl. v. d. Bloemist. 34, (37), 30, 1979i.
–: Anjer. Gewasverwarming. Vakbl. v. d. Bloemist. 34, (40), 28, 1979j.
–: Anjer. Klimaat in najaar en winter. Vakbl. v. d. Bloemist. 34, (43), 32, 1979k.
–: Anjer. Anjerbloemen in knop niet weggooien. Vakbl. v. d. Bloemist. 34, (46), 18, 1979l.
–: Anjer. Grondbewerking en bemesting. Vakbl. v. d. Bloemist 34, (48), 22, 1979m.
–: Anjer. Zuidstek en voorgekweekt plantmateriaal. Vakbl. v. d. Bloemist. 34, (48), 22, 1979n.
–: Anjer. Jong gewas. Vakbl. v. d. Bloemist. 34, (49), 24, 1979o.
–: Anjer. Belichten. Vakbl. v. d. Bloemist, 35 (2), 20, 1980a.
–: Anjer. Watergeven trosanjers. Vakbl. v. d. Bloemist, 35, (3), 18, 1980b.
–: Anjer. Temperatuur bij overjarige anjers. Vakbl. v. d. Bloemist, 35, (5), 42, 1980c.
–: Tips voor behandeling anjer en trosanjer. Vakbl. v. d. Bloemist, 35, (12), 41, 1980d.
BARENDSE, L.: Gebruik Anjer-vb nog zeer beperkt. Vakbl. v. d. Bloemist. **37** (1), 64, 1982.
BOSSE, G.: In Friesdorf jetzt ausprobiert: Edelnelken als gute Rollhauskultur. Taspo Magazin (1), 82–84, 1974.
BREEBAART, J.: Aanvoervoorschrift standaardanjers. Vakbl. v. d. Bloemist. 35, (24), 49, 1980.

Kulturprogramme für Edelnelken

Nr.	Pflanzzeit	Stutzen	Belichten	1. Flor	Stutzen	Belichten	2. Flor	Bemerkungen	Pflanzmaterial
1	M IX–A X	+	I	A–M V	–	–	etwa VII–X		Bewurzelte Stecklinge
2	E XI–A XII	(–)	I	A V	bis M VI	–	IX–XII		Vorkultivierte Pflanzen
3	A–M XII	(–)	I	A V	bis M VII	VIII/IX	XII		Gestutzte Südstecklinge
4	XII–I	+	–	Ab VI	–	–	IX–X		Bewurzelte Stecklinge
5	II	–	–	Ab V	s. 1–3				Bewurzelte Südstecklinge
6	III	+	–	A VII	–	–	X–XII		Bewurzelte Südstecklinge
7	A IV	1,5mal	–	Herbst	–	XI/XII	Frühjahr	Ohne Belichtung 2. Flor VII	Bewurzelte Stecklinge
8	IV	+	–	VII–VIII	–	VIII/IX	X–XII	Belichtung M–E VIII und M–E IX	Bewurzelte Stecklinge
9	V	+	–	A IX	–	–	VI–VII		Bewurzelte Stecklinge
10	M–E VI	(–)	–	IX	–	–	VI–VII	In Vorkultur stutzen	Vorkultivierte Pflanzen
11	VII	+	VIII	XI–XII	–	–	–	Kurzkultur: Abräumen nach der Ernte	Bewurzelte Stecklinge
12	VII	+	–	II–III	–	–	VII		Bewurzelte Stecklinge

Weitere Variationsmöglichkeiten sind gegeben, zum Beispiel:

1 a			A–M I und A–M II	Muttertag	Anschließend abräumen für Neupflanzung ab V/VI
11 a			A–M VIII und A–M IX	Weihnachten	Anschließend abräumen für Neupflanzung ab I

Dianthus-Kultur (Übersicht)

Kulturabschnitt/ Kulturmaßnahme	Termin	Temperatur	Spezielle Hinweise
Pflanzung	Etwa ab IX bis VII	15 bis 18 °C für etwa 3 Wochen danach langsam senken Sommer: Tag/Nacht 16 bis 20 °C/15 °C Winter: Tag/Nacht 12 bis 15 °C/8 bis 10 °C	Je nach Bedingungen bewurzelte, gestutzte oder Südstecklinge, eventuell vorkultivierte Pflanzen. 24 und mehr, maximal 64 Pflanzen/m^2
Stutzen	Etwa 3 Wochen später nicht: I/II im weiteren Kulturverlauf nach Bedarf (Planung, Absatzlage)		5 bis 6 Blattpaare bleiben stehen Stutzen verzögert die Blüte um einige Wochen; 1,5maliges Stutzen zur Verteilung des Flors
Belichten (sofern Kulturplan dies erfordert)	Jungpflanzen oder Neutriebe müssen mindestens 5 bis 7 Blattpaare aufweisen		Durchgehend oder zyklisch, 4 bis 6 Wochen lang, eventuell in 2 Etappen; 20 Watt/m^2. Voraussetzung: Gleichmäßigkeit.
Blüte	4 bis 7 Monate nach Pflanzung oder Stutzen		Einfluß der Jahreszeit beachten (Aicardi). Florfolgen entsprechend
Kulturdauer: Pflanzung–Blüte Pflanzung–Rodung	 4 bis 7 Monate 1,5 bis 2 Jahre		 Abweichungen möglich.
Steuerung der Blüte			Langtagbehandlung; Stutzen; Pflanztermin

Ertrag	Standardnelken: 165 bis 200 Stück/Brutto-m^2 und Jahr Miniaturnelken: 140 bis 180 Stück/Brutto-m^2 und Jahr
Markt	Bedeutender Marktanteil, Absatz stark abhängig von Jahreszeit, Import

Dianthus-Kultur (Übersicht) – Miniaturnelken – Kurzkultur

Kulturabschnitt/Kulturmaßnahme	Termin		Temperatur	Spezielle Hinweise
Vorkultur	Ab III		16 bis 18 °C	Bewurzelte Stecklinge pikieren oder topfen (zum Beispiel Jiffy-Pot und so weiter)
Pflanzung	 E IV–A V	M-E IV		Folienhaus, kalt; bewurzelte Stecklinge Folienhaus, kalt, vorkultivierte Pflanzen
Stutzen	–	A–M V		Auf 5 bis 6 Blattpaare stutzen
Blüte	VI Ab VIII–X	 IX–X		Terminalknospe Hauptflor
Rodung	Nach Aberntung			
Kulturdauer: Pflanzung–Blüte Pflanzung–Rodung	 3 bis 5 Monate 7 Monate	 5 Monate 6 Monate		
Heizungsbedarf	Vorkultur	Entfällt		

Häufige Kulturfehler

Fehlerquelle	Kulturfehler	Folgen
Boden	Mangelhafte oder mit falschen Mitteln durchgeführte Bodenentseuchung	Gefahr durch Welkekrankheiten; Methylbromid wirkt gut gegen *Phialophora*, nicht immer befriedigend gegen *Fusarium;* eventuell Bromschäden
	Mangelhafte oder unterlassene Durchspülung	Salzschäden
Pflanzung	Zu dichter Pflanzenbestand	Lichtmangel; schlechtes Bestandsklima: Ertragsminderung sowohl quantitativ als auch qualitativ
	Ungünstiger Pflanzzeitpunkt nach Jahreszeit und Wachstumsbedingungen	Qualitätsminderung; dünne, schwache Stiele, lange Wartezeit. Eventuell Belichtung erforderlich
	Ungünstiger Pflanzzeitpunkt hinsichtlich der Blütezeit	Flor fällt in marktungünstige Zeit, zum Beispiel bei Aprilpflanzung in den Juli
Stutzen	Zu tiefes Stutzen	Schlechter Aufbau, zu wenige Triebe entstehen
	Zu spätes Stutzen	Kulturverzögerung
	Ungünstiger Stutztermin, zum Beispiel Januar/Februar	Erschwerter Austrieb wegen Lichtmangels
Ernährung	Disharmonische Düngung, Über- beziehungsweise Unterversorgung mit Haupt- und Spurennährstoffen	Qualitätseinbußen, zum Beispiel Platzer, mißgeformte Knospen, Ertragsrückgang
Temperatur	Allgemein zu niedrige Temperaturen	Verzögerungen, Platzer; bei Miniaturnelken deutliche Qualitätsverluste
	Temperaturschwankungen, Temperatursturz, zum Beispiel durch zu spätes Ablüften an kalten Tagen	Platzen der Kelche, Blütenverkrüppelungen („Ochsenköpfe“)
	Zu hohe Temperaturen im Sommer bei mangelhafter Lüftung	Qualitätsverluste; rasches Auf- und Verblühen; schlechte Haltbarkeit

	Verzicht auf Oberheizung bei Vegetationsheizung, dadurch unter Umständen erhebliches Temperaturgefälle vom Bestandesinneren nach außen	Gefahr der Kondensation im Knospenbereich, dadurch Pilzbefall, Qualitätsminderung
Wasser	Zu hohe relative Luftfeuchtigkeit	Pilzbefall, schwache Stiele, Qualitätsverlust
	Zu geringe relative Luftfeuchtigkeit	Schlechter Austrieb, Verhärtungen der Pflanzen
	Bewässerungsanlage falsch verlegt, zu große Düsenabstände, verstopfte Düsen	Ungleichmäßige Bewässerung, trockene und nasse Stellen wechseln im Bestand ab, dadurch ungleichmäßiges Wachstum, Durchtrieb erschwert; erhöhte Krankheits- und Schädlingsgefahr.
Ernte	Zu tiefer Schnitt, um lange Stiele zu bekommen, dadurch keine Schonung wichtiger Seitentriebe, besonders nach Juli	Schlechter Austrieb, geringe Erträge beim verspäteten (!) Folgeflor
	Schnittblumen bleiben zu lange trocken im Gewächshaus liegen	Austrocknen, Welkeerscheinungen, Verlust der Haltbarkeit
	Schnittblumen kommen aus dem warmen Gewächshaus zu schnell in den (zu!) kalten Kühlraum	Qualitäts- und Haltbarkeitsverluste

Pflanzenschutz

Krankheit, Erreger, Schädling	Schadbild	Bekämpfung	Bemerkungen
Bakterielle Welke, Stengelaufriß-Bakteriose, Spaltenbakteriose *Pseudomonas caryophyllii* Starr. et Burkh.	Langgezogene Aufrißstellen am Stengel. Braunes, klebriges Innengewebe sichtbar. Pflanzen können trotz Befalls noch längere Zeit am Leben bleiben	Welkefreie Jungpflanzen verwenden, Boden entseuchen, Hygienemaßnahmen	
Bakterielle Stauche- und Welkekrankheit *Pectobacterium parthenii* var. *dianthicola* Hellm.	Triebspitzen schwach stumpfgrau verfärbt. Gipfelblätter steil, Blattränder gerollt, Blatt schrumpelig. Wasserleitungsbahnen, Rinde, Mark gebräunt	ebenso	
Phialophora-Welke- und Vergilbungskrankheit *Phialophora cinerescens* van Beyma	Rötliche Verfärbungen, Welkeerscheinungen. Wasserleitungsbahnen gebräunt	wie folgende Fusariumkrankheit	
Fusarium-Welke- und Vergilbungskrankheit *Fusarium oxysporum f. dianthi* Snyd. et Hans; *F. redolens f. dianthi* Gerlach	Vergilbung bis rötliche Verfärbung, Welkeerscheinungen, Gefäßbündel, Rinde und Mark fleckig braun verfärbt	Bavistin; Cypentazol (Folcidin); Thiophanat M (Cercobin M) Bodenentseuchung Hygienemaßnahmen	
Fusarium-Stengel- und Fußerkrankung *Fusarium avenaceum* Sacc., *F. culmorum* Sacc. und andere	Fahl gelbliche, graubraune oder grauviolette, dunkel umrandete Verfärbungen im Stengelknotenbereich. Inneres Gewebe faul. Einzelne Triebe oder ganze Pflanze faulen ab	Captan, Cercobin M	
Rost *Uromyces dianthi* Niessl.	Gelblichgrüne Flecken mit Rostpusteln	Zineb, Ferbam, Mancozeb (Dithane Ultra); Zineb + Schwefel	Ferbam: Verschmutzen der Pflanzen!

Mittelmeer-Nelkenwickler *Cacoecimorpha pronubana* Hbn.	Fensterfraß, schartig befressene Ränder an Blättern, zusammengezogene Blattspitzen	Parathion, Methomyl (Lannate 25-WP)	Quarantäneschädling
Spinnmilben *Tetranychus spec.*	Feine, helle Sprenkel auf den Blättern; Vergilbungen, Blattvertrocknung	Omethoat, Demeton, Dimethoat, Mevinphos, Fundal forte, Galecron, Pentac, Kelthane MF, Temik 5 G	
Blasenfüße	Weißliche und mißfarbene Sprenkel auf den Blüten. Verkrüppelungen, Steckenbleiben. Blattflecken	Propoxur (Unden flüssig) Omethoat, Parathion, Diazinon, Dichlorvos	
Virosen			
Nelkenscheckung Carnation mottle	Schwache Blattscheckung, leichte Streifung farbiger Blüten. Wuchs- und Ertragsdepressionen		
Adernscheckung Carnation vein mottle	Blattflecken entlang Blattadern. Brechung der Blütenfarbe	Verwendung virusfreien Pflanzenmaterials (Gewebekultur, Wärmetherapie, Testung)	
Ringfleckenkrankheit Carnation ringspot	Wachstumsdepressionen; Blattspreiten gewellt, etwas verdreht. Ringförmige Fleckung, braune Streifung. Blasse Blütenfarbe. Erhöhte Neigung zum Platzen der Kelche	Hygienemaßnahmen Bekämpfung der Vektoren	
Etchedring-Virose Carnation etched ring	Chlorotische Flecken, Ringe; später wie verätzt aussehende Flecke		
Strichelkrankheit Carnation streak virus	Weißliche, rötliche, gelblichbraune Strichelung parallel zu Adern. Absterbeerscheinungen		
Latente Nelkenvirose Carnation latent virus	Kaum eigene Symptome, aber deutliche Verstärkung der Symptome anderer Virosen und Verstärkung der Krankheitsmerkmale		

BUNT, A. C., and POWELL, M. C.: Carnation yield patterns: The effects of plant density and planting-date. Scientia Horticulturae **17** (2), 177–186, 1982.

DEISER, E.: Kurzkulturen mit Miniaturnelken. Deutscher Gartenbau, **36** (11), 488–490, 1982.

DEMMINK, J. F.: 'Albivette', nieuwe trosanjer van IVT. Vakbl. v. d. Bloemist. 34, (19), 32, 1979.

EYSINGA, J. P. N. L. R. van, und MEIJS, M. Q. v. d.: Laag stikstofgehalte tegen nitrietvergifting bij anjers. Vakbl. v. d. Bloemist. **36**, (15), 37, 1981.

FISCHER, U.: „Entwicklungshilfe“ – diesmal für Mini-Nelken. Gartenwelt 76, (5), 91–93, 1976.

–: Minaturnelken als Freilandkultur? Gartenwelt 77, 100–102, 1977.

–: Nelken-Kurzkultur (bei Großblumigen- oder Standardnelken) Zierpflanzenbau 18, (26), 1037–1039, 1978.

–: Nelkenkurzkulturen in unbeheizten „Billigbauweisen“ und im Freien. Zierpflanzenbau **20** (23), 1132–1136, 1980.

–: Jiffy-Nelken oder die Möglichkeit, die Rentabilität Ihrer Nelkenkultur zu erhöhen. selecta-Nachrichten (o. J.).

–: Zusatzlicht bei Nelken. selecta-Nachrichten (o. J.).

GLAS, J. J.: CO_2 belangrijke groeifactor bij anjers. Vakbl. v. d. Bloemist. 35, (11), 40–41, 1980.

GRADNER, U., und REIMHERR, P.: Kulturverfahren bei Miniaturnelken im Haus. Deutscher Gartenbau (**36**) (11), 486–487, 1982.

HEINS, R. D. und WILKINS, H. F.: Influence of photoperiod on Improved White Sim carnation (Dianthus caryophyllus L.) branching and flowering. Acta Horticulturae 71, 69–74, 1977.

HENDRIX, A. I.: Arbeidsbesparing door hulpmiddelen bij sorteren anjers. Vakbl. v. d. Bloemist. **36** (34), 28–31, 1981.

–: Mechanisatie biedt voordeel bij centrale verwerking trosanjers. Vakbl. v. d. Bloemist. **36** (46), 46, 47, 49, 1981.

KANKOVIRTA, E.: The influence of timing and duration of photoperiodic lighting on the winter flowering of carnations. Acta Horticulturae 71, 83–95, 1977.

LANGIUS, C., und VERSLEYEN, P.: Najaarsplanting anjer een dure zaak. Vakbl. v. d. Bloemist. **35** (28), 21, 1980

–, –: Najaarsplanting anjer-Belichten geeft tien dagen oogstvervroeging. Vakbl. v. d. Bloemist. **36** (4), 62–63, 1981.

LEEUWEN, C. VAN: Anjers op steenwol biedt problemen en perspectieven. Vakbl. v. d. Bloemist, 35, (22), 26–27, 1980.

–: Anjers op steenwol nog geen groot succes. Vakbl. v. d. Bloemist. **37** (22), 20–21, 1982.

LEVONEN, H. J.: Geplatzte Nelkenkelche im Frühjahr 1977. Gb + Gw 77, 1216–1218, 1977.

MÜLLER-HASLACH, W.: Miniatur-Nelken. Gb + Gw 77, 1087–1090, 1977.

–, und GRADNER, U.: Kurzkultur von Miniaturnelken unter Folie. Deutscher Gartenbau 30, (33), 1055–1057, 1976.

MÜNCH, J. und FRITZSCHE, G.: Zusatzbelichtung von Edelnelken bei Folgesätzen. Taspo-Magazin (1), 61–65, 1975.

–: Wuchshemm-Mittel und Qualität bei Edelnelken. Taspo-Magazin (1), 65–69, 1975.

MÜNZ, E., SCHUPP, F., ZIMMER, K.: Edelnelken – Ihre Entwicklung, Kultur und Züchtung. Verlag Paul Parey, Berlin und Hamburg, 1973, 2. Aufl.

MINISTRY OF AGRICULTURE, Fisheries and Food: A Manual of Carnation Production. Buelletin Nr. 151. Her Majesty's Stationery Office, London 1967.

MISKE, TH.: Edelnelken – Möglichkeiten einer Grodan-Kultur im Vergleich zur Erdkultur. Rhein. Monat 79 (6), 322–324, 1979 a.

–: Miniaturnelken. Sortenprüfung 1978 in Hamburg-Fünfhausen. Gb + Gw 79, (33), 781–784, 1979 b.

PLÖMACHER, H.: Kleinblumige Nelken, groß im Kommen? Zierpflanzenbau 17, (2), 54, 1977.

–: Nelken unter Folie. Zierpflanzenbau **20** (17), 862, 1980.

PROEFSTATION v. d. BLOEMIST. te Aalsmeer, Profst. v. d. tuinb. onder glas te Naaldwijk, Consulentschappen v. d. tuinb.: Teelt van standaardanjers. Bloementeeltinformatie No. 12, 1979a.

–: Teelt van trosanjers. Bloementeeltinformatie No. 10, 1979b.

ROEST, S., und BOKELMANN, G. S.: Vermeerding anjer in kweekbuizen. Vakbl. v. d. Bloemist, 34 (49), 38–39, 1979.

Schröder, U.: Sortenvergleich bei Mininelken. Deutscher Gartenbau 30, (33), 1058–1059, 1976.
Schwiebert, G.: Miniaturnelken auf Steinwolle. Deutscher Gartenbau, **36** (11), 490–494, 1982.
Sieben, J.: Goede ervaringen met trosanjers op steenwol. Vakbl. v. d. Bloemist. 34, (23), 39, 1979.
Spithost, L. S.: Gewasdichtheid trosanjers beinvloedt alleen eerste snee. Vakbl. v. d. Bloemist. **36** (45), 48, 49, 51, 1981.
Störmer, H.: Rund um die Nelkenkurzkultur. Deutscher Gartenbau 32, (40), 1680–1681, 1978.
Stoffert, G. und Rohlfing, H. R.: Minimum des Zeitbedarfes für das Ausbrechen von Nelkenseitentrieben in Abhängigkeit von ihrer Anzahl je Haupttrieb. Taspo-Magazin (4), 25–27, 1975.
Sytsema, W.: Voorbehandeling van anjers. Vakbl. v. d. Bloemist. 34, (44), 46–47, (45), 30–31, 1979.
Zimmer, K. und Hatipoglu, A.: Wirkung der Temperatur auf das Umstimmen zur Blütenbildung bei Edelnelken. Gartenwelt 72, (3), 51–52, 1972 a.
–: Einfluß zusätzlicher Belichtung auf die Entwicklungsdauer. Edelnelken. Gartenwelt 72, (4), 74–75, 1972 b.
–: Über den Einfluß zusätzlicher Belichtung auf die Umstimmung zur Blütenbildung bei Edelnelken (Dianthus caryophyllus L.) Kali-Briefe 3, 1972.

Dianthus barbatus

Bartnelken werden in größeren Mengen als beliebte, preiswerte Schnittblumen gehandelt. Ihre schönen Farben sind bestechend.

Freilandkultur

Von April bis Juli wird kalt ausgesät, nachdem das Saatgut für etwa 24 Stunden eingeweicht worden ist. Es wird einmal pikiert und ab Ende Juli bis Mitte August im Freiland auf gut vorbereiteten, gedüngten, sandig-lehmigen Boden ausgepflanzt.

Bartnelken werden an Ort und Stelle überwintert und müssen daher spätestens bei Frostbeginn eingewurzelt sein, wenn Auswinterungsschäden vermieden werden sollen. Im allgemeinen vertragen sie den Winter, von Kaninchenfraßschäden abgesehen, gut. Im Frühjahr blühen sie willig und bringen reichlichen Ertrag. Es kann auch lohnend sein, einen Teil des Bestandes im Januar mit Folientunneln zu überbauen.

Weiterkultur über mehrere Jahre ist nicht zu empfehlen; am schönsten sind immer wieder frische Bestände.

Frühkultur

Frühkultur wird im Gewächshaus, Rollhaus oder im Folientunnel durchgeführt.

Der gut bearbeitete, entseuchte Boden wird nach Bedarf durchgespült, um überschüssige Salze und Bromrückstände zu entfernen.

Das Pflanzmaterial wird entweder mit Ballen aus dem Freiland entnommen, oder es werden 25 bis 30 Jungpflanzen/m^2 nach künstlicher Kühlbehandlung aus-

Abb. 75. Bartnelkenkultur kann lohnend sein. Die Blumen bestechen durch ihre herrlichen Farben.

gepflanzt. Das Haus wird bis zur beginnenden Frostgefahr gelüftet, anschließend frostfrei gehalten.

Bevor der Bestand dichtwächst, muß die Bewässerungsanlage verlegt werden.

Temperatur

Bartnelken sind hinsichtlich der Blütenbildung vernalisationsbedürftig, sie benötigen also eine Periode mit niedrigen Temperaturen. Nach RÜNGER (1976) ist hierfür ein Zeitraum von 6 bis 9 Wochen bei 5 °C erforderlich. V. D. KROGT (1980) stellt hierzu fest, daß erhebliche Sortenunterschiede bestehen, so daß bei einigen Sorten bereits drei Wochen ausreichend, bei anderen aber mehr als neun Wochen erforderlich sind. Zur Vernalisation müssen die Pflanzen eine Mindestgröße aufweisen, die sie etwa 12 Wochen nach Aussaat erreichen.

Bei Normalkultur werden die Pflanzen während des winterlichen Standes im Freien unter dem Einfluß des natürlichen Temperaturverlaufes vernalisiert. Sehr frühe Blütezeiten ab Dezember erfordern dagegen eine künstliche Kühlbehandlung im Kühlhaus.

Die Ausbildung der Blüten erfolgt am besten bei 15 bis 20 °C (RÜNGER 1976). Dennoch wird in der Praxis die Temperatur nur allmählich gesteigert. Anfang Februar wird sie auf etwa 12 °C angehoben und erst später mit zunehmender Tageslänge bis in den Bereich von etwa 15 °C gebracht. Höhere Temperaturen sind nachteilig für die Qualität und die Gesundheit der Pflanzen.

Licht

Bartnelken sind nicht oder nur wenig von der Tageslänge abhängig (Rünger 1976). Dennoch zeigt sich in der Kultur, daß eine zusätzliche Belichtung über maximal 2 bis 2½ Wochen etwa ab Mitte Februar günstig auf die Entwicklung der Pflanzen und die Stiellänge wirkt. Hierfür ist eine photoperiodisch wirksame Belichtung nach dem Muster der Chrysanthemenzusatzbelichtung mit ungefähr 15 Watt/m^2 ausreichend (Anonym 1980 b). V. D. Krogt (1980) empfiehlt dagegen eine Zusatzbelichtung mit 25 Watt/m^2 bis auf eine Tageslänge von 16 Stunden während eines Zeitraumes bis zu 6 Wochen.

Kulturverlauf

Die erforderlichen Zeiträume sind wie folgt anzusetzen:

Anzucht bis zur Vernalisationsfähigkeit	12 bis 16 Wochen
Erforderliche Kühlperiode (Vernalisation)	8 bis 9 Wochen
Fertigkultur bis zur Blüte	9 bis 15 Wochen

Die angegebenen Zeiten für Anzucht und Fertigkultur variieren mit der Jahreszeit. So ist bei April-Aussaat für Dezember-Blüte mit einer Anzuchtdauer von 16, bei späterer Saat um Mai/Juni mit nur etwa 12 Wochen zu rechnen. Auch die Dauer der Fertigkultur ist von der Jahreszeit abhängig. So ist im Anschluß an die Kühlperiode ab etwa Anfang Oktober mit einer Kulturdauer von rund 70, ab Anfang Dezember dagegen mit 110 Tagen zu rechnen. Bei späterem Abschluß der Kühlperiode ermäßigt sich diese Zeit wieder.

Ernte

Schnittreif sind Bartnelken, wenn einige Blüten im Blütenstand geöffnet sind. Die Schnittstiele werden meistens farbig gemischt gebündelt über den Großmarkt gehandelt.

Die Erträge sind schwankend, im Durchschnitt können etwa bis zu 10 Stiele je Pflanze innerhalb einer Blütezeit von 3 bis 5 Wochen geerntet werden.

Literatur

Anonym: Duizendschoon-Teelt in vaste kas/teelt in rolkas. Vakbl. v. d. Bloemist. **34,** (49), 24, 1979.

–: Duizendschoon-Verwarmen/Belichting. Vakbl. v. d. Bloemist. **35,** (4), 30, 1980 a.

–: Duizendschoon-Teelt in kas/Belichting. Vakbl. v. d. Bloemist. **35,** (5), 42, 1980 b.

Krogt, Th. v. d.: Bloei van duizendschoon in de wintermaanden. Vakbl. v. d. Bloemist. **35,** (16), 34–35, 1980.

Velzen, A. J. v.: Teelt duizendschoon blijft in belangstelling. Vakbl. v. d. Bloemist, **33,** (39), 22–23, 1978.

Dianthus barbatus-Kultur (Übersicht)

Kulturabschnitt/ Kulturmaßnahme	Termin					Temperatur	Spezielle Hinweise
Aussaat	IV–VII	E IV	A V	E V	A VI		2 bis 3 Korn/Topf, Kalthaus
Pflanzung	E VII–VIII						25 bis 30 Pflanzen/m^2; Freiland
Überbauen mit Folientunnel	Ab I/II						
Kühlung (künstlich)		A VIII– E IX	M VIII– M X	E VIII– E X	A IX– A XI	5 °C	8 bis 9 Wochen, Kühlraum
Pflanzung der vernalisierten Jungpflanzen		E IX	M X	E X	A XI	Bis 12 °C	Haus, Rollhaus, eventuell Folientunnel
Belichtung	Nach Pflanzung 2 bis 6 Wochen lang						15 bis 25 Watt/m^2, Tageslänge: 16 Stunden
Blüte	Ab III/VII						Überbauter Bestand/Freilandblüte
		XII	I	II	III		Sätze aus Frühkultur
Kulturdauer Aussaat – Blüte	10 bis 12 Monate	7 bis 8 Monate	7 bis 8 Monate	7 bis 8 Monate	7 bis 8 Monate		Kulturdauer variiert mit Sorte, Jahreszeit, Kulturbedingungen
Ertrag							Etwa 10 Stiele/Pflanze während der Blütezeit von 3 bis 5 Wochen
Markt							Im allgemeinen gute Absatzbedingungen für gemischtfarbige Bunde

Häufige Kulturfehler

Fehlerquelle	Kulturfehler	Folgen
Anzucht	Zu kurze Anzuchtzeit vor der Vernalisation	Vernalisationsreiz wird nicht oder nur ungenügend aufgenommen. Pflanzen bilden keine Blüten aus
	Wahl für die Frühkultur ungeeigneter Sorten	Verlängerung der Kulturzeit
Temperatur	Nicht ausreichende Vernalisation bei zu hoher Temperatur oder ungenügende Einwirkungsdauer	Rosettenartiges Wachstum, Blütenbildung unterbleibt
	Zu hohe Kulturtemperatur	Weiche, schlappe Pflanzen; Gefährdung durch Krankheiten

Pflanzenschutz

Krankheit, Erreger, Schädling	Schadbild	Bekämpfung	Bemerkungen
Rost *Uromyces dianthi* (Pers.) Niessl.	Siehe *Dianthus* Seite 184		
Bartnelkenrost *Puccinia arenariae* (Schum.) Wint.	Blattoberseits gelbgrüne, violett umrandete Flecken, auf deren Unterseite warzenförmige Aufwölbungen mit braunem Sporenpulver. Absterbeerscheinungen	Oxycarboxin (Plantvax) Zineb, Maneb, Mancoceb (Dithane U.), Metiram (Polyram Combi), Triforine (Saprol)	
Alternaria-Blatt-, -Stengel- und -Blütenerkrankung *Alternaria dianthicola* Neerg.	Auf Blättern, Stengeln, aschgraue, runde bis langgestreckte Flecken mit hellolivbraunem Sporenbelag in der Mitte. Absterbeerscheinungen	Folpet (Ortho-Phaltan) Zineb, Zineb + Schwefel (Phytox + Ultraschwefel)	

Eucharis

Eucharis Planch. et Lind. – f – *Amaryllidaceae*, Eucharis, Herzenskelch
Name: eucharis (gr.) = anmutig
Heimat: Etwa 21 Arten sind in den kolumbianischen Anden beheimatet.

Bedeutung für den Schnittblumenanbau

Art	Heimat	Blüte
E. grandiflora Planch. et Lind. Herzenskelch	Anden Kolumbiens	XII–I V–VIII

Diese Zwiebelgewächse werden in Spezialbetrieben angezogen. Ihre Vermehrung aus einem eigenen Bestand zur Schnittblumengewinnung ist dank ausreichender Brutzwiebelbildung nicht schwierig. Ein gesunder Bestand kann so ständig verjüngt und ausgebaut werden.

Eucharis sind als Schnittblumen recht beliebt. Ihr allerdings ziemlich hohes Wärmebedürfnis muß als Nachteil dieser Kultur angesehen werden.

Pflanzung

Während der Ruhe, also nach der Winter- oder Sommerblüte im März/April oder August, werden die Zwiebeln 4 bis 6 cm tief auf gut gelockerten Boden gepflanzt. Reihenabstände von 25 bis 30 cm sind zu empfehlen, während in der Reihe sehr dicht gepflanzt wird, so daß maximal 40 Pflanzen/m^2 stehen.

Abb. 76. Eucharis grandiflora.

Auch Topfkultur ist möglich, wofür jedoch besser Schalen verwendet werden. Sie werden ebenfalls so dicht wie möglich bepflanzt. Bei Einzelpflanzung bleibt der Erfolg meist aus, denn *Eucharis* lieben und verlangen Geselligkeit.

Abb. 77. Euchariskultur auf Grundbeeten.

Ernährung

Auf einem guten humosen Boden ohne starke Salzbelastung werden während der Wachstumszeit bei sonst günstigen Bedingungen wöchentliche Mehrnährstoffdüngergaben bis zu 0,2% verabreicht. Vor einer Überdüngung ist zu warnen, weil während der Trockenzeit dann Salzschäden nicht auszuschließen sind.

Bewässerung

Ansprüche an die Feuchtigkeit

Während des Wachstums stellen *Eucharis* keine von der Norm abweichenden Feuchtigkeitsansprüche. Im Hinblick auf die Blütenbildung zeigt sich aber das Bedürfnis nach einer Trockenperiode von einigen Wochen Dauer. Hierdurch läßt sich die Blütezeit regulieren, und die Kultur kann auf marktgünstige Zeiträume eingestellt werden. Da *Eucharis* mehrmals im Laufe eines Jahres blühen können, lassen sich durch geschickte Anwendung des Trockenhaltens bis zu vier Flore erzielen.

Trockenhalten

Nach Carow (1977), der sich seinerseits auf Bailey bezieht, können Pflanzen mit gesunden, kräftigen Zwiebeln durch Trockenhalten zu mehrmaliger Blüte gebracht werden. Für etwa 4 bis 6 Wochen wird den Pflanzen das Wasser vorenthalten, ohne daß es dabei zum Vergilben oder gar Absterben der Blätter kommen darf. In dieser Phase sind etwas geringere Temperaturen angebracht, sie müssen aber im Anschluß an das Trockenhalten wieder angehoben werden.

Während der Wachstumszeit wird normal bewässert.

Licht

Die Ansprüche an die Qualität des Lichtes entsprechen denen vergleichbarer Kulturen. *Eucharis* verlangen einen normal hellen Standort.

Eine Blütesteuerung durch Veränderung der Tageslänge ist nicht bekannt.

Temperatur

Ansprüche an die Temperatur
Eucharis stellen relativ hohe Ansprüche an die Temperatur, zumal die Blüte durch Wärme beeinflußbar ist. Nur während der Trockenzeit ist der Wärmebedarf gering. Der Bodentemperatur kommt eine besondere Bedeutung zu, so daß eine Boden- oder Vegetationsheizung nahezu unverzichtbar ist.

Temperaturführung
Die blütesteuernde Wirkung hoher Bodentemperaturen ermöglicht die Planung der Blütezeit nach absatzorientierten Gesichtspunkten. Während des Trockenhaltens kann die Bodenheizung abgestellt werden, doch im Anschluß daran fördert sie die Blüte um so mehr, je höher sie gefahren wird. Carow (1977) zitiert in diesem Zusammenhang Arbeiten verschiedener Autoren (Lindstrom, Adams, Urdahl), wonach Bodentemperaturen von 21 °C und darüber die Blüte induzieren. Günstig ist es, wenn man für gut drei Wochen 24 °C im Boden halten kann. Die Weiterentwicklung der Blüte geht anschließend auch bei geringerer Wärme vonstatten. So kann die Haustemperatur während der ganzen Zeit unter 20 °C gehalten werden.

Während des Trockenhaltens können Lufttemperaturen von 15 bis 18 °C, im Winter sogar von nur 13 bis 15 °C gegeben werden.

Pflegemaßnahmen

Eucharis stellen keine besonderen Pflegeansprüche, von der sorgfältigen Einhaltung der Klima- und Kulturbedingungen abgesehen. Hinsichtlich des Verpflanzens wird ein größerer Aufwand nur im Turnus von 3 bis 4 Jahren erforderlich. Ein häufigeres Verpflanzen ist wegen des Verlangens der Pflanzen nach Geselligkeit unzweckmäßig. Deshalb werden die Pflanzen auch nicht zu stark aufgeteilt, wenn man Brutzwiebeln abnimmt.

Steuerung der Eucharis-Blüte (Carow 1977).

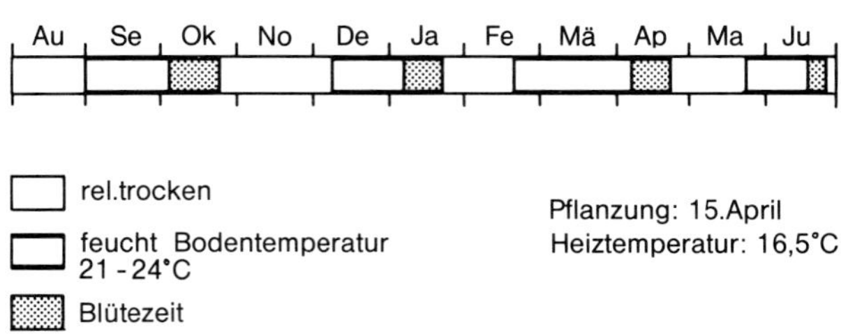

Steuerung der Blütezeit

Nach den oben geschilderten Erkenntnissen ist eine Steuerung der Blütezeit möglich. Dabei ist zu beachten, daß nach den genannten Quellen vom Beginn der

Eucharis-Kultur (Übersicht)

Kulturabschnitt/Kulturmaßnahme	Termin	Temperatur	Spezielle Hinweise
Pflanzung	III/IV (VIII)		25 cm Reihenabstand, etwa 40 Pflanzen/m^2
Trockenhaltung	Etwa 4 bis 6 Wochen lang bis zu viermal im Jahr	Boden: unbeheizt Luft: Sommer: 15 bis 18 °C Winter: 13 bis 15 °C	Pflanzen dürfen weder vergilben noch Blätter verlieren
Feuchthalten	Anschließend, etwa 6 Wochen lang bis zur Blüte	Boden: 21 bis 24 °C Luft: unter 20 °C	Bodenheizung dringend erforderlich. Induktion
Blüte	120 bis 140 Tage nach der Induktion		Die bei der vorletzten Blühbehandlung (trocken-feucht) induzierte Blüte kommt im Anschluß an die letzte zur Blüte (Carow 1977)
Steuerung			Trockenhalten; Temperatureinfluß
Markt			Beliebte Schnittblume, relativ selten im Angebot

Häufige Kulturfehler

Fehlerquelle	Kulturfehler	Folgen
Feuchtigkeit	Nichteinhaltung der Trockenperiode	Ausbleibende oder mangelhafte Blüte. Ertragsausfälle
Temperatur	Zu geringe Bodenwärme während der Induktion	Induktion unterbleibt, wird verzögert oder erfolgt unbefriedigend. Ertragsausfälle
Teilung	Zu häufige beziehungsweise zu starke Teilung	Schwächung der Pflanzen, Ertragsrückgang
Pflanzung	Einzelpflanzung, zu geringe Bestandesdichte	Langsamer Aufbau der Kultur, die durch geselligen Stand gefördert wird

Krankheiten, Erreger, Schädlinge

Ursache	Schadbild	Bekämpfung	Bemerkungen
Roter Brenner *Stagonospora curtisii* (Berk.) Sacc. und andere	Auf Blättern, Blütenschäften und Zwiebeln rote, rissige Stellen. Verkrüppelungen an Blütenschäften und Blättern. Wachstumsstockungen	Warmwasserbad bei ruhenden Zwiebeln: 2 Stunden 43,5 °C. Tauchbehandlung: Grünkupfer, Captan	
Zwiebelschalenmilben, Wurzelmilben	Saugschäden, Verkrüppelungen	Tauchen: Metasystox	

Temperaturbehandlung (21 bis 24 °C Bodentemperatur) an bis zum Blühbeginn 120 bis 140 Tage vergehen. Daraus resultiert, daß es nicht innerhalb einer solchen relativ kurzen Heizperiode von der Induktion direkt zur Blüte kommt, da sich tatsächlich bis zu 4 Flore im Jahr erzielen lassen. Auch können für die optimale Weiterentwicklung der Blüte andere Temperaturen als die genannten hohen Bodentemperaturen günstig sein.

Unter Normalbedingungen werden im Juni/Juli meistens die erforderlichen hohen Bodentemperaturen erreicht, die Blüte erscheint im Oktober. Bei gezieltem Trockenhalten nach der Blüte und anschließender Temperaturbehandlung lassen sich aber innerhalb kürzerer Zeiträume Flore erzielen, wie das Schema auf Seite 194 verdeutlicht.

Ernte

Eucharis werden geschnitten, wenn eine Blume am Blütenstand geöffnet ist. Die restlichen etwa 2 bis 5 Knospen blühen im allgemeinen in der Vase noch gut auf. Von der Zahl dieser Knospen hängt die Haltbarkeitsdauer ab, da sie nacheinander aufblühen. Man kann im Durchschnitt mit einer Haltbarkeitsdauer von 10 bis 12 Tagen rechnen.

Für Versandaufträge wird meist schon recht knospig geschnitten, weil die Blütenblätter der geöffneten Blüten außerordentlich empfindlich gegen Stoß, Druck und Reibung sind. Sie müssen daher auch sehr sorgfältig verpackt und transportiert werden.

Literatur

CAROW, B.: Zur Kultur von Eucharis grandiflora. Deutscher Gartenbau **31,** (4), 120–122, 1977.

Euphorbia

Euphorbia L. – f – *Euphorbiaceae,* Wolfsmilch, Korallranke, Poinsettie

Name: Euphorbus, 54 v. Chr., Arzt des Königs Juba von Mauretanien, soll als erster den Saft als Heilmittel gebraucht haben.

Heimat: Etwa 1600 Arten kommen vorzugsweise in wärmeren Gebieten vor.

Bedeutung für den Schnittblumenanbau

Art	Heimat	Blüte
E. fulgens Karw. ex Klotzsch Korallranke	Mexico	XII–I
E. pulcherrima Willd. ex Klotzsch Poinsettie, Weihnachtsstern	Tropen Mexico Mittelamerika	XII

Während Poinsettien vorwiegend als Topfpflanzen und erst in zweiter Linie als Schnittblumen Bedeutung besitzen, steht die Korallranke als Schnittblume in der besonderen Gunst der Käufer. Als Kurztagpflanzen erlauben beide die Durchführung gesteuerter Kulturen zu beliebigen Absatzterminen. Poinsettien haben aber

Abb. 78. Jungpflanzenanzucht von Euphorbia fulgens im Spezialbetrieb.

außerhalb der Advents- und Weihnachtszeit nur geringe Marktchancen, während Korallranken auch zu anderen Zeiten gekauft werden.

Die Temperaturansprüche beider Arten sind zwar relativ hoch, doch läßt sich durch geschickte, dem jeweiligen Entwicklungsstand und der Jahreszeit angepaßte Temperaturführung sparsam arbeiten.

Eigene Vermehrungen sind in beiden Fällen nicht zu empfehlen, da von Spezialbetrieben sehr gutes Jungpflanzenmaterial termingerecht geliefert wird. Außerdem sind die meisten, vor allem die interessanten, Sorten geschützt und dürfen ohne Lizenz nicht vermehrt werden.

Die Jungpflanzen werden am besten getopft (Gittertopf, Jiffy 7, Blocksubstrate) bezogen, da die Wurzeln brüchig sind und der Ballen leicht beschädigt wird. Pflanzen mit gutem Ballen wachsen leichter und ohne Stockung weiter.

Bei *E. fulgens* haben sich nach Erfahrungen in Straelen (Habermann 1976) Pflanzen aus Kopfstecklingen besser bewährt als solche aus Teilstecklingen. Letztere brachten weniger Blütentriebe 1. Qualität, was auf die stärkere Verholzung und damit geringere Wüchsigkeit gegenüber Kopfstecklingspflanzen zurückgeführt wird.

Der Transport der Jungpflanzen sollte möglichst kurz und schonend ablaufen, so daß es sich empfiehlt, die Jungpflanzen aus nicht allzu entfernten Gebieten zu beziehen.

Am besten sind nach Habermann (1976) Jungpflanzen geeignet, die gerade anfangen, die Gittertöpfe zu durchwurzeln.

Abb. 79. Jungpflanzen werden meist im Gittertopf, häufig aber auch in der Multitopfplatte, angezogen.

Euphorbia fulgens

Vermehrung

Die Vermehrung wird, schon aus Gründen des Sortenschutzes und damit der Lizenzfrage, in spezialisierten Jungpflanzenbetrieben durchgeführt. Für eigene Vermehrungen kommen deshalb nur ältere Sorten beziehungsweise der Ausgangstyp der Art in Betracht.

Stecklinge, bevorzugt Kopf-, aber auch Teilstecklinge, werden bei 20 °C bewurzelt, während die weniger gebräuchliche Steckholzvermehrung bei 18 °C möglich ist. Höhere Temperaturen und hohe Luftfeuchtigkeit beeinträchtigen den Vermehrungserfolg. Liegt die relative Luftfeuchtigkeit so hoch, wie man das von anderen Vermehrungen gewohnt ist, kommt es zum Blattfall schon im Vermehrungsbeet. Damit ist der Mißerfolg eingeleitet.

Praxiserfahrungen (Habermann 1976) zeigen, daß Kopfstecklinge wegen der bessseren Qualität der Schnittstiele gegenüber Teilstecklingen den Vorzug verdienen. Dennoch wird man kaum ganz auf Teilstecklinge verzichten, um ausreichend Jungpflanzen liefern zu können, auch mögen bestimmte Überlegungen zum Verwendungszweck und zur Kulturführung die Pflanzung von Teilstecklingen nicht ausschließen.

Pflanzung

Bodenvorbereitung
Die spezifischen Ansprüche von *E. fulgens* verbieten ihre Pflanzung auf schweren, wasserundurchlässigen Böden mit hohem Feuchtigkeitsgehalt und schlechtem Wasserabzug, weil sich dadurch erhebliche Schwierigkeiten für den Triebabschluß und die Blütenbildung ergeben. Auf leichten Böden stellen sich in dieser Hinsicht keine Probleme für die Kultur. Die Bewässerung wird um so schwieriger, je schwerer der Boden ist. In gleicher Richtung wirkt sich der Grundwasserstand aus. Ist er hoch, läßt sich bei einer Kultur mit mehreren Ernten unter Umständen nur schwer die Endknospenbildung erreichen, weil es zum Durchwachsen der Blütentriebe kommt (siehe Seiten 206, 213). Schon nach dem zweiten Flor erreichen die Wurzeln eine Tiefe von 1,50 m.

Verdichtungen im Boden, auch in tieferen Schichten, müssen durch eine tiefe Bearbeitung beseitigt werden. Ist dies einmal erfolgt, so kann man bei den nachfolgenden Kulturen mit einer normalen Bearbeitung und Bodenlockerung der oberen Krume, zum Beispiel durch Fräsen, auskommen.

Technische Ausstattung der Beete
Als Bewässerungsanlage können zwischen den Reihen Rieselschläuche verlegt werden. Auf Beeten ohne Bodenheizung sollte eine Vegetationsheizung installiert werden. Anschließend sind die zur Aufleitung und zur Erzielung gerader Schnittstiele erforderlichen ein bis zwei Netze auszulegen.

Farbtafel 9
Oben links: Nerine-Hybriden.
Oben rechts: Treibgehölz Prunus triloba.
Unten links: Rosa 'Sutters Gold'.
Unten rechts: Rosa 'Sonja'.

Pflanztermin
Als steuerbare Kultur können Korallranken mit Blick auf den gewünschten Absatztermin jederzeit, als Normalkultur aber nicht nach Ende Juli/Anfang August, gepflanzt werden. Bei natürlicher Umstimmung zur Blüte sind dann noch aus-

Abb. 80. Beetanlage mit Bewässerung, Vegetationsheizung und Netzen.

reichende Stiellängen zu erzielen. Bei so späten Pflanzterminen sind dann Dichtpflanzungen mit etwa 64 Stück/m^2 und Verzicht auf Stutzen zu empfehlen. Nur so wachsen die Pflanzen schnell genug heran und können im Dezember abgeerntet werden.

Farbtafel 10
Oben: Strelitzia reginae.
Unten links: Chrysanthemum leucanthemum 'Maistern'.
Mitte rechts: Chrysanthemum frutescens, gelb, einfach.
Unten rechts: Chrysanthemum coccineum 'Regent'.

Abb. 81. Neugepflanzte Korallranken.

Rechnet man bei gesteuerten Kulturen mit etwa 4,5 Monaten von der Pflanzung bis zur Blüte, so ergeben sich daraus Pflanztermine ab Anfang April bis Anfang August, wobei sich Pflanzungen von Anfang/Mitte Juni und Anfang/Mitte Juli als die gebräuchlichsten erweisen (HAHN 1977). Bei geschickter Staffelung der Sätze läßt sich der Markt von Anfang September bis gegen Ende Januar beliefern. Um beispielsweise Ostern Schnittware anbieten zu können, kann ein erneuter Durchtrieb nach der Ernte ab Januar eingeleitet werden, was sinnvoller als eine Neupflanzung zum Beispiel um Ende November/Anfang Dezember ist.

Pflanzabstände

Die Pflanzabstände richten sich nach der vorgesehenen Standdauer, dem Pflanztermin und danach, ob gestutzt oder ungestutzt kultiviert werden soll, beziehungsweise nach der geplanten Zahl von Trieben je Pflanze.

Allgemein werden Pflanzabstände von 25 × 25, 25 × 20 oder 25 × 12,5 cm und bei ungestutzten Dichtpflanzungen 12,5 × 12,5 cm eingehalten. Sie lassen sich durch die Netze leicht festlegen.

Pflanzung

Die in Gittertöpfen stehenden Pflanzen werden nur flach gesetzt. Am besten sind die Pflanzen geeignet, die eben im Begriff sind, den Gittertopf zu durchwurzeln. Sind die Ballen schon stärker verfilzt, wachsen die Jungpflanzen weniger zügig an. Soll der Ballen deshalb gelockert werden, darf dies nur mit größter Vorsicht geschehen, denn Ballen- und Wurzelverletzungen sind letztlich nachteiliger als ein etwas zu dichtgewurzelter Ballen.

Nichtgetopfte Pflanzen aus dem Vermehrungsbeet müssen besonders sorgfältig gepflanzt und dürfen nicht fest angedrückt werden.

Stutzen

Verzweigte Pflanzen mit mehreren Trieben lassen sich nur durch Stutzen aufbauen. Dies wird allgemein nur bei Pflanzdichten bis zu maximal etwa 32 Pflanzen/m^2 angewendet, während dichtere Pflanzungen besser eintriebig gezogen werden. Wer dennoch stutzen will, darf dann nicht zu viele Triebe aufbauen wollen.

Sobald die Pflanzen etwa 10 bis 14 Tage nach dem Pflanzen gut angewachsen sind, wird weich gestutzt. Dadurch kommt es zu einem sehr willigen Austrieb der Achselknospen und einer guten Verzweigung der Pflanzen von unten her (Litlere 1974). Nach Welling (1980) bringt Stutzen etwa 10 Tage nach der Pflanzung eine größere Zahl von Austrieben und Blütenzweigen als 10 Tage vor oder direkt nach dem Pflanzen.

Auch die Pflanzung getopfter, bereits gestutzter Pflanzen ist möglich, nachdem diese auf engem Raum vorkultiviert worden sind.

Ein einmaliges Stutzen genügt in der Regel.

Die Zahl der Triebe wirkt sich auf die Qualität aus. Je mehr Triebe aufgebaut werden, desto kleiner bleiben sie und bringen die unteren, kürzeren Sortierungen, die durchaus gut abgesetzt werden können. Wenige Triebe je Pflanze bringen langstielige Qualität.

Beläßt man bei einer Bestandesdichte von 32 Pflanzen/m^2 3 Stiele an der Pflanze, so kommt man auf etwa 90 Stiele sehr guter Qualität. 4 bis 5 Triebe/Pflanze bringen dann schon mittlere Größen, fallen also nicht mehr unter die 1. Qualität. Noch mehr Triebe je Pflanze aufzubauen ist – zumindest beim ersten Schnitt – kaum zu empfehlen.

In Normalkultur werden Spätpflanzungen von Ende Juli/Anfang August nicht mehr gestutzt (Anonym 1979 b).

Ernährung

Ansprüche an Boden und Ernährung

Euphorbia verlangen humosen Boden von sehr guter Wasserdurchlässigkeit mit einem pH-Wert um 6,0 bis 6,5. Der Salzgehalt sollte nicht über 1000 mg/Liter Boden liegen (Hahn 1977).

Die Nährstoffversorgung des Bodens wird vom selben Autor (Hahn 1977) wie folgt angegeben:

N konstant 200 mg/Liter Boden
P konstant 500 mg/l Boden
K konstant 600 mg/l Boden
Mg konstant 250 mg/l Boden

Zu beachten ist, daß zum Zeitpunkt des Abschlusses und der Endknospenbildung kein N-Überangebot besteht, weil es sonst zum Durchwachsen an den Triebspitzen kommt.

Düngung

Die geringe Salzverträglichkeit der Korallranke wird noch dadurch zugespitzt, daß aus kulturbedingten Gründen nur mit einer relativ geringen Bodenfeuchtigkeit gearbeitet werden kann (Reimherr und Gradner 1979). Während des Triebabschlusses und der Knospenbildung muß trockengehalten werden, so daß die Gefahr einer zu hohen Salzkonzentration in der Bodenlösung sehr groß ist. Auf gut dränierten Böden tritt dieses Problem praktisch nicht auf.

Die Frage der Grunddüngung ist nicht unumstritten. Auf guten Gewächshausböden kann man ganz darauf verzichten oder man arbeitet, eventuell zusammen mit einer Torfgabe, eine leichte Mehrnährstoffdüngung ein. Auch Kuhmist wird in Höhe bis zu 2 m^3/100 m^2 Fläche empfohlen. Allerdings kann Stallmist sehr salzhaltig sein, was oft nicht bedacht wird. Außerdem hebt er den pH-Wert, während Torf ihn senkt.

Flüssige Nachdüngungen werden entweder mit jedem Gießen in maximaler Konzentration von 0,05% oder in etwa wöchentlichen Abständen mit höchstens 0,2% gegeben.

Während des Triebabschlusses läßt sich die Blütenbildung durch Einschränkung der N-Gaben fördern, eventuell wird sogar bis zur erfolgten Endknospenbildung die Düngung ganz eingestellt, zumal kaum bewässert werden kann, solange die Endknospe noch nicht sichtbar ist.

Bewässerung

Ansprüche an die Feuchtigkeit
Euphorbien stellen keine hohen, aber differenzierte Ansprüche an die Bodenfeuchtigkeit. Daher sollte die Kultur nur auf gut dränierten Böden mit nicht zu hohem Grundwasserstand angebaut werden.

Die Ansprüche an die Luftfeuchtigkeit entsprechen üblichen Bedingungen, lediglich während der Vermehrung kann zu hohe Luftfeuchtigkeit zum Blattfall führen.

Gießen
Das Gießen erfolgt über einfache Rieselschläuche oder Tröpfchenbewässerungsanlagen. Sprühleitungen sind wegen der durch sie verursachten starken Benetzung der Pflanzen weniger geeignet. Ein einfaches, billiges System, das eine gleichmäßige Bodenbefeuchtung garantiert, ist angebracht.

Nach der Pflanzung werden *Euphorbia* bis zum Einwurzeln und darüber hinaus im vegetativen Wachstum relativ feucht gehalten. Gießt man anfangs zu wenig, senden die Pflanzen ihre Wurzeln in größere Tiefe, wo sie ausreichend Feuchtigkeit vorfinden. Dadurch wird aber später die Endknospenbildung erschwert oder sogar verhindert. Je früher die Wurzeln in diese tieferen wasserführenden Schichten gelangen, desto geringer sind die Aussichten, nach erneutem Durchtrieb einen zweiten Schnitt erzielen zu können.

Die Blütenbildung ist durch Trockenhalten wesentlich zu unterstützen. Die Endknospenbildung wird verzögert oder verhindert, wenn der Pflanze in dieser Zeit zuviel Feuchtigkeit zur Verfügung steht. Solange die Endknospe nicht deutlich sichtbar ist, besteht die Gefahr des Durchwachsens, das heißt, oberhalb der bereits angelegten Blüten wächst die Triebspitze vegetativ weiter, da die Pflanze, durch Bodenfeuchtigkeit begünstigt, ungehindert Stickstoff aufnehmen kann. Offenbar wird diese Tendenz noch verstärkt, wenn gleichzeitig kühl kultiviert wird (Reimherr und Gradner 1979). So wurde festgestellt, daß höhere Temperaturen in Verbindung mit Trockenhalten die Blütenanlage und Endknospenbildung beschleunigten, also vorverlegten, kühle und feuchte Kultur dagegen verzögerte. Nach ALBERT (1976) sollte das Austrocknen schon nach dem Durchwurzeln beginnen, also etwa 10 Tage vor Kurztagbeginn und bis zur Bildung der Endknospe andauern. Anschließendes Gießen führt dann zur Entwicklung reichblühender Blütenstände an den Seitentrieben, da diese keine „quirlständigen" Blüten haben und sich sympodial verzweigen.

Nach ALBERT (1976) verträgt *E. fulgens* das Austrocknen in torfhaltigem Substrat und bei hoher Temperatur von 25 °C sieben Wochen lang! Da sich eine Trokkenperiode bei hohem Grundwasserstand und entsprechend tiefgehender Bewurzelung nicht realisieren läßt, ist die Kultur auf Grundbeeten immer problematisch. HAHN (1977) schlägt daher vor, in 25 cm Tiefe eine Folie einzugraben, wenn diese Gefahr zu erwarten ist.

Die Temperatur von 25 °C ist nicht als Soll-Temperatur zu verstehen. Bei Pflanzungen im Sommer sind jedoch derartig hohe Tagestemperaturen jahreszeitlich bedingt möglich; man muß in diesen Fällen also nicht gleich lüften. Für die Pflanzen besteht keine Gefahr, solange keine Feuchtigkeit zugeführt wird. Dann allerdings fördern höhere Temperaturen im Kurztag das Durchwachsen.

Nach Endknospenanlegung wird wieder normal gegossen, sonst besteht die Gefahr des Knospenabwurfes. Ein Durchwachsen ist nicht mehr zu befürchten, wohl aber eine deutliche Qualitätsverbesserung zu registrieren.

Kommt es während der Trockenperiode zu leichtem Schlappen der Blätter, kann mit vorsichtigem Spritzen Blattverbrennung und anderer Schaden vermieden werden.

Luftfeuchtigkeit

E. fulgens lieben keine zu hohe Luftfeuchtigkeit, sondern Bereiche von 65 bis 70 % (HABERMANN 1976). Hohe Werte treten leicht unter der Verdunkelungsfolie auf und steigern die Botrytis-Gefahr. Ähnlich ist die Luftfeuchtigkeit bei Vermehrungen zu halten, denn hier verursachen hohe Prozentsätze Laubfall. Bei blühenden Beständen führt extrem niedrige Luftfeuchtigkeit zu blaustichigen Blüten (ARMBRÜSTER 1975). Das größere Problem liegt aber meist darin, daß die Luftfeuchtigkeit vor allem in den Herbstmonaten zu hoch ansteigen kann. Dann müssen Ventilatoren für Luftumwälzung sorgen, ferner muß leicht geheizt und sinnvoll gelüftet werden. Nur so läßt sich die feuchte Luft abführen und Botrytis-Befall vermeiden.

Licht

Ansprüche an die Lichtintensität und die Tageslänge

E. fulgens benötigen zu gutem Wachstum volles Licht und werden auch im Sommer kaum schattiert.

Als Kurztagpflanzen mit einer oberen kritischen Tageslänge von 11 bis 12 Stunden (RÜNGER 1976) werden sie unter natürlichen Verhältnissen in Mitteleuropa erst Anfang bis Mitte Oktober umgestimmt. Daher kam vor allem bei den früher verwendeten Typen die Blüte oft nicht mehr zum Weihnachtsgeschäft, sondern erst kurz danach. Allerdings spielen dabei auch andere Faktoren (zum Beispiel Feuchtigkeit) eine Rolle. Nach RÜNGER ist jedoch die genannte obere kritische Tageslänge mit wechselnden Umweltbedingungen veränderlich.

Abb. 82. Als Kurztagpflanzen müssen Euphorbien während des natürlichen Langtages zur Einleitung der Blütenbildung verdunkelt werden.

Belichtung

Der natürliche Kurztag für *E. fulgens* liegt zwischen Anfang Oktober und Mitte März. Soll sie in dieser Zeit vegetativ wachsen, muß zwischen Mitte September und Mitte April mit Zusatzlicht gearbeitet werden.

Schon geringe Lichtintensitäten von 60 bis 70 Lux, umgerechnet also etwa 60 Watt/m^2 (Habermann 1976) reichen aus, um die Blüteninduktion zu verhindern. Die Belichtung kann, wie bei *Chrysanthemum* (siehe Seite 86 ff.) angegeben, durchgeführt werden.

Verdunkelung

Um ausreichend lange Schnittstiele zu bekommen, müssen die Triebe bei Beginn der Kurztagbehandlung 25 bis 35 cm lang sein. Während des Kurztages strecken sie sich noch genügend. Bei sortenmäßig unterschiedlicher Reaktionszeit von 11 bis 12 Wochen läßt sich der Termin für die Einleitung induktionsfördernder Maßnahmen bestimmen, wenn man vom gewünschten Blühtermin diese Zeitspanne zurückrechnet. Bis dahin muß die Kultur entsprechend gewachsen sein.

Schon 10 bis 14 Tage vor Kurztagbeginn wird die Trockenperiode (siehe Seite 206) eingeleitet.

Verdunkelt wird täglich im Rhythmus der Arbeitszeit, also von 18 bis 8 Uhr oder auch von 17 bis 7 Uhr. Diese Zeit ist aber meistens ungünstig, da es nach dem relativ frühzeitigen Schließen der Verdunkelungsfolie an sonnigen Tagen schnell zum Hitzestau mit allen Nachteilen kommen kann. Bei den dann eintre- …nden hohen Temperaturen treten zwangsläufig irreparable Schäden auf, wie …rf der Knospen beziehungsweise Blüten oder Laubverlust. Auf die Gefahr des zu starken Anstieges der Luftfeuchtigkeit unter der Folie wurde bereits hingewiesen (siehe Seite 207). Manche Gärtner versuchen diesen Einflüssen zu begegnen, indem sie nachts die Verdunkelung öffnen und gegen Morgen wieder schließen. Das hat zwar den Vorteil, daß nachts Luft in den Bestand gelangt, aber der Nachteil einer spürbaren zusätzlichen Arbeitsbelastung ist nicht zu übersehen. Außerdem sind *Euphorbia* sehr anfällig gegen schon geringfügiges Störlicht, zum Beispiel von Straßenbeleuchtungen, vorbeifahrenden beleuchteten Fahrzeugen und so weiter, wodurch die Induktion entscheidend gestört werden kann.

Euphorbia müssen unbedingt mindestens bis zur Ausbildung der Endknospen verdunkelt werden, also praktisch bis zur Blüte. Unterbrechung des Kurztages bewirkt (Albert 1976):

- schnelles Verblühen der Cyathien,
- Abfallen schon angelegter Knospen,
- bei längerer Dauer der Unterbrechung vegetative Weiterentwicklung der Seitentriebe.

Unterbrechung der Kurztagbehandlung am Wochenende, wie es bei Chrysanthemen gehandhabt wird, ist bei Korallranken zwar möglich, bringt aber erhebliche Ernteverspätung und schlechtere Qualität (Welling 1980).

Während des kurzen Tages sind Pflanzen, die verdunkelt werden, sehr anfällig gegen Verbrennung (Trockenhalten!), so daß in dieser Phase sorgfältig schattiert werden muß (Anonym 1978 a).

Temperatur

Ansprüche an die Temperatur

Allgemein läßt sich sagen, daß höhere Temperaturen das vegetative Wachstum beschleunigen, unter Kurztagbedingungen die Blütenbildung verzögern, sofern Feuchtigkeit vorhanden ist, aber bei Überschreitung einer Grenze von etwa 30 °C zur Einstellung des Wachstums führen. Daraus ist abzuleiten, daß die Kultur bei hohen Temperaturen bis etwa 25 °C, viel Licht und Feuchtigkeit, sehr gut wächst und die Anzahl der Blätter, die bis zum Spitzencyathium gebildet werden, mit steigender Temperatur zunimmt, also verzögerte Blütenbildung bedeutet. Bei trockener Kulturführung beschleunigen höhere Temperaturen dagegen die Entwicklung von Seitentrieben mit Blüten und die Induktion allgemein.

Eine Verfrühung, also Vorverlegung der Erntereife, ist bei höheren Temperaturen und Trockenheit während der Kurztagbehandlung zu beobachten (Reimherr und Gradner 1979). Dabei sind offensichtlich nicht alle Temperaturbereiche in gleicher Richtung wirksam. So zeigte sich bei einem Vergleich der Kulturführung bei 17 und 19 °C, daß die höhere Temperatur sowohl bei feuchter als auch bei trockener Kultur eine etwas frühere Blüte einleitete. Bei kühler und feuchter Kulturführung kam es zu einem besonders späten Triebabschluß, wobei zwar der blühende Triebteil sehr lang war, aber mit relativ wenigen Cyathien je Blütenstand schlechtere Ergebnisse brachte. Kühle und feuchte Kultur führt zu lockeren Blütenständen von minderer Qualität. Die besten Ergebnisse hinsichtlich des Qualitätsanteils waren bei kühler und trockener Kulturführung zu beobachten, während bei warmer Kulturführung die Länge der blühenden Triebteile nicht befriedigte.

Temperaturführung
In den ersten drei Wochen nach der Pflanzung wird das Anwachsen bei Temperaturen um 20 °C gefördert, während im weiteren Verlauf geringere Wärmegrade ausreichen. Bis Kurztagbeginn können zunächst noch tagsüber 19 °C, nachts 17 °C gefahren werden, um das Wachstum noch zu beschleunigen. Im Kurztag werden diese Temperaturen noch leicht abgesenkt (REIMHERR und GRADNER 1979). Nach HABERMANN (1976) reichen in dieser Phase 16 °C bei Tage und 14 °C bei Nacht aus. Nach Bildung der Endknospe sollte generell bei nur 14 °C weiterkultiviert werden, um einen hohen Anteil guter Qualität zu garantieren.

Hohe Temperaturen, zum Beispiel unter der Verdunkelungseinrichtung, müssen unbedingt vermieden werden, da Werte um 30 °C selbst bei relativ kurzfristiger Einwirkung schädlich sind.

Pflegemaßnahmen

Lüften
Rechtzeitigem, maßvollem Lüften kommt große Bedeutung zu. Es dient der Regulierung der Temperatur und besonders auch der Luftfeuchtigkeit, die nicht zu hoch ansteigen darf.

Schattieren
Schattieren ist nur sehr sparsam vorzunehmen, um jeden unnötigen Lichtentzug zu vermeiden. Während des Wachstums hat daher das Lüften absoluten Vorrang vor dem Schattieren als Mittel zur Temperaturregulierung. Zu Kulturbeginn kann

Abb. 83. Die Installation einer Innenschattierung hat den Vorteil, diese auch als Energieschirm nutzen zu können.

Abb. 84. Ein guter Bestand, wie ihn der Gärtner wünscht.

Abb. 85. Das Bild verdeutlicht die Notwendigkeit von Netzen.

zur Unterstützung des Anwachsens vorsichtiges Schattieren angebracht sein. Ebenso müssen Verbrennungen an den Pflanzen während der Kurztagbehandlung und des damit verbundenen Trockenhaltens durch Schattierung vermieden werden. In dieser Phase sind die Pflanzen sehr anfällig gegen Verbrennungen. Eventuell kann durch vorsichtiges Spritzen unterstützend eingegriffen werden.

Netze hochziehen
Das oder die Netze müssen mit fortschreitendem Wachtsum bis in ungefähr halbe Höhe hochgezogen werden, um den Trieben die notwendige Stütze geben zu können, da es anderenfalls zu krummen Blütenstielen und zu einem arbeitserschwerenden Durcheinanderwachsen der Triebe kommt.

Steuerung der Blütezeit
Bei Normalkultur ist nicht damit zu rechnen, daß die gesamte Ernte rechtzeitig zum Weihnachtsfest eintritt, vielmehr verteilt sie sich zu ungefähr je einem Drittel auf Weihnachten, Neujahr und Januar.

Für eine Steuerung ergeben sich folgende Berechnungsdaten:

Pflanzung bis Stutzen	etwa 2 Wochen,
Stutzen bis Kurztagbeginn	etwa 4 Wochen,
Kurztagbeginn bis Ernte	etwa 11 bis 12 Wochen.

Demnach ist bei ungestutzter Kultur mit etwa 15 bis 16 Wochen, bei gestutzter mit 17 bis 18 Wochen zu rechnen.

Kultur mit mehreren Ernten
Neben der Möglichkeit der Rodung nach dem ersten Schnitt, kann auch weiterkultiviert werden. Voraussetzung dafür ist allerdings, daß die Feuchtigkeitsverhältnisse im Boden weiterhin kontrollierbar bleiben, was auf Grundbeeten nicht immer der Fall ist, weil die Pflanzen sehr tief wurzeln und so in ständig feuchte Bodenschichten vorstoßen. Daraus ergeben sich dann Schwierigkeiten für die Ausbildung des Spitzencyathiums.

Für den zweiten und dritten Flor kann man 6 bis 8 Triebe kommen lassen, für den dritten sind sogar 10 bis 15 Triebe möglich, die zwar viele kurze, aber dennoch gut absetzbare Blütenstiele ergeben. Natürlich sind die Preise dafür entsprechend niedrig.

Er erneuter Durchtrieb liegt im allgemeinen innerhalb der Periode des natürlichen Kurztages, weshalb allgemein empfohlen wird, nach der Ernte des ersten Schnittes eine Langtagbehandlung durchzuführen, um den Neuaustrieb anzuregen. Demgegenüber stellt Albert (1976) fest, daß dies nur begrenzt erforderlich sei. Nach seinen Beobachtungen wachsen die Seitentriebe, die sich weit unten am Haupttrieb befinden, auch ohne Zusatzbelichtung befriedigend. Demnach scheint sich der Kurztagreiz nicht sofort auf diese tiefliegenden Seitentriebe auszuwirken. Deren Länge hängt nach seinen Angaben mehr von der Lage am Haupttrieb ab als vom Zeitpunkt des Stutzens beziehungsweise Schnittes. Er hält daher eine Zusatzbelichtung nach dem Stutzen beziehungsweise Schnitt für unnötig und sogar für die Qualität der noch nicht abgeernteten blühenden Triebe für nachteilig.

Habermann (1976) ist dagegen der Meinung, daß in der lichtarmen Zeit von November bis Februar ein Durchtreiben der *E. fulgens* nicht ohne weiteres möglich ist.

Steuerung			Photoperiodische Reaktion; Blüte etwa 11 bis 12 Wochen nach Kurztagbeginn
Ertrag			Entspricht Triebzahl/Pflanze
Durchtrieb für weitere Ernten nach 1. Schnitt		Analog	6 bis 8 Triebe/Pflanze, unter Umständen mehr
Langtag	Für etwa 4 Wochen		
Kurztag	Anschließend, meist natürliche Tageslänge		
Markt			Sehr gut, Unterschiede im Jahresablauf, daher kaum Ganzjahreskultur

Häufige Kulturfehler

Fehlerquelle	Kulturfehler	Folgen
Wasser	Nichteinhaltung der Trockenperiode zur Blütenbildung	Durchwachsen der Triebspitze oberhalb Blütenansatz, Nichtabschluß mit Spitzencyathium. Qualitätsmangel
	Zu wenig Bodenfeuchtigkeit während des vegetativen Wachstums zu Kulturbeginn	Wurzeln stoßen rasch in tiefere, feuchte Bodenschichten vor, Abschließen gefährdet
	Zu wenig Feuchtigkeit nach Endknospenbildung	Blüten- und Knospenabwurf, Blattverlust
	Vernässung	Laubfall; Fäulnis; Ausfälle
Boden	Verdichtungen im Boden nicht beseitigt, dadurch Feuchtigkeit im Wurzelbereich trotz Trockenhaltens	Durchwachsen, Abschließen gefährdet
	Zu hoher Grundwasserstand	Durchwachsen, Abschließen gefährdet
Düngung	Zu hohes N-Angebot während Blütenbildung	Endknospenbildung gefährdet
	Hohe Salzkonzentration im Boden	Wurzel- und Pflanzenschäden; Wirkung wird durch Trockenhalten verstärkt
Licht	Fehlerhafte (Störlicht) oder unterbrochene Verdunkelung	Induktion gestört, verzögert oder verhindert; Verlängerung der Kulturzeit, Qualitätsmängel
Stutzen	Aufbau zu hoher Triebzahlen (maximal 3 bis 5, erst bei nochmaligem Durchtrieb mehr!)	Lichtverluste im Bestand, Klimaverschlechterung, nur kürzere Stiele, zu geringer Anteil an Spitzenqualitäten
Mechanische Verletzungen	Blattverletzungen, zum Beispiel mit Verdunkelungsfolie	Austreiben tieferliegender Seitentriebe möglich, dadurch Qualitätsbeeinträchtigung

Einsatz von Wachstumsregulatoren
Das vegetative Wachstum kann auch mit Hilfe von Hemmstoffen kontrolliert werden. Hierfür hat sich CCC bewährt. Die Konzentration ist dabei abhängig vom Grad des Durchwachsens, sie liegt etwa bei 2 bis 3 ml/Liter Wasser (ANONYM 1980).

Durch E. fulgens hervorgerufene Allergie
HAUSEN (1976) berichtet aus der Universitäts-Hautklinik Hamburg-Eppendorf über das Auftreten allergischer Erscheinungen bei Gärtnern und Floristen, die mit *E. fulgens* arbeiten. Sie zeigen sich gehäuft zur Blütezeit von Oktober bis Januar.

Die befallenen Personen klagen über Niesreiz, Augenjucken, Augentränen, Fließ- oder Stockschnupfen und Atembeschwerden bis zur akuten Luftnot. Die Patienten sind an arbeitsfreien Wochenenden und im Urlaub beschwerdefrei, also nur bei direktem Kontakt mit der Pflanze gefährdet. Als Ursache der Allergie ist der Pollen der Korallranke festgestellt worden.

Ernte

Schnittreife
Die Ernte darf erst erfolgen, wenn die Spitzenknospe aufgeblüht ist. Zu früher Schnitt hat mangelhafte Haltbarkeit zur Folge.

Ernten
Die Triebe werden langstielig mit der Schere oder einem scharfen Messer geschnitten und unmittelbar danach auf eine Länge von etwa 5 cm von der Schnittstelle aufwärts in heißes bis kochendes Wasser getaucht. Dadurch wird der ausfließende Milchsaft gestoppt und gleichzeitig ein Verschmieren und Verkleben der Schnittstelle mit antrocknendem Milchsaft verhindert.

Weiterbehandlung
Die Schnittstiele werden sortiert, anschließend auf die gewünschte einheitliche Länge geschnitten und nochmals in heißem Wasser präpariert. Auch Anbrennen der Stielenden ist möglich und führt zu ebenfalls guten Resultaten. Unterläßt man die Behandlung des blutenden Stieles, so sind unterschiedliche Ergebnisse zu erwarten. Zumindest sollte man die Stiele nach dem Bündeln etwa 15 cm tief in Wasser stellen und mit Folie abdecken (ANONYM 1979 d).

Werden die Stielenden anstelle der Heißwasserpräparation angebrannt (Feuerzeug, Kerze und so weiter), dürfen sie erst nach dem Abkühlen in Wasser gestellt werden.

Eine Kühlung der Blütenzweige im Kühlraum darf nicht bei Temperaturen unter 10 °C erfolgen, da es sonst leicht zu Fleckenbildung auf den Brakteen kommt (HAHN 1977).

Erträge
Die Erträge ergeben sich aus der Zahl der Triebe je Pflanze, der Pflanzenzahl je Flächeneinheit und der Häufigkeit der Ernte (Kultur auf einen oder mehrere Schnitte). Mit steigender Triebzahl geht die Qualität hinsichtlich Stiellänge zurück.

Standdauer
Im Intensivanbau werden häufig Kulturen mit nur einer Ernte und einer Standdauer von etwa 4,5 bis 5 Monaten durchgeführt. Anderenfalls verlängert sich die Standdauer um die für die Erzielung eines oder mehrerer zusätzlicher Schnitte erforderliche Kulturzeit von weiteren 4 bis 10 Monaten.

Literatur

Albert, G.: Kulturerfahrungen bei Euphorbia fulgens. Gartenwelt **76,** 511–512, 1976.
Anonym: Euphorbia fulgens; Verduisteren. Vakbl. v. d. Bloemist. **33,** (22), 26, 1978 a.
–: Euphorbia fulgens; Oogsten van de bloemen; Tweede snee. Vakbl. v. d. Bloemist. **33,** (37), 22, 1978 b.
–: Euphorbia fulgens; Verduisteren. Vakbl. v. d. Bloemist **34,** (22), 26, 1979 a.
–: Euphorbia fulgens: Laat planten. Vakbl. v. d. Bloemist. **34,** (31), 19, 1979 b.
–: Euphorbia fulgens; Beheersing luchtvochtigheid. Vakbl. v. d. Bloemist. **34,** (47), 18, 1979 c.
–: Euphorbia fulgens; Oogsten van de bloemen; Tweede snee. Vakbl. v. d. Bloemist. **34,** (49), 25, 1979 d.
–: Euhporbia fulgens; Remmen. Vakbl. v. d. Bloemist. **35,** (23), 25, 1980.
Armbrüster, J.: Ursachen der Blütenfarbe- und Blütengrößenvariation bei Euphorbia fulgens. Gartenwelt **75,** 51, 1975.
Döpner, W.: Paßt gut in bestehende Kulturpläne: Euphorbia fulgens als Schnittblume. Taspo-Magazin (1), 47–49, 1976.
Habermann, H.: Kulturerfahrungen bei Euphorbia fulgens. Gartenwelt **76,** 355–358, 1976.
Hahn, E.: Euphorbia fulgens. Gb + Gw **77,** 1277–1278, 1977.
Hausen, B. M.: Euphorbien-Allergie. Gartenwelt **76,** 228, 1976.
Litlere, B.: Versuch über Tageslänge und Temperatur bei Euphorbia fulgens. Gartenwelt **74,** 220–223, 1974.
Reimherr, R., und Gradner, U.: Bodenfeuchte und Temperatur bei Euphorbia fulgens. Deutscher Gartenbau **33,** 1257–1258, 1979.
Rünger, W. und Albert, G.: Influence of temperature, soil moisture and CCC on the flowering of Euphorbia fulgens. Scientia Horticulturae **3,** 393–403, 1975.
Welling, P. A.: Proefresultaten verduistering bij Euphorbia fulgens. Vakbl. v. d. Bloemist, **35,** (15), 30–31, 1980.

Farbtafel 11
Oben links: Paphiopedilum-Blüte von der Seite, Schuh zur Hälfte entfernt. Obere bogenförmige Abdeckung das Staminodium (= Schildchen), darunter Pollinium der einen Seite der Columna, weiter darunter die helle Narbenfläche mit einem aufgeklebten Pollenpaket.
Oben rechts: Keimender Orchideensamen drei Wochen nach der Aussaat. Einsetzende Chlorophyllbildung.
Mitte links: Orchideen-Protokorm mit beginnender Keimblattbildung, Spitzen nach oben gerichtet.
Mitte rechts: Orchideensämlinge auf Nährboden in Glaskolben etwa 1 Jahr nach der Aussaat.
Unten links: Junger Trieb von Cattleya, äußere Blätter entfernt. Die spitzen Dreiecke an der Basis über den Wurzelansätzen enthalten das Meristemgewebe.
Unten rechts: Durch Schnitt halbiertes Meristem-Protokorm auf Nährboden hat zwei erbgleiche Jungpflanzen gebildet.

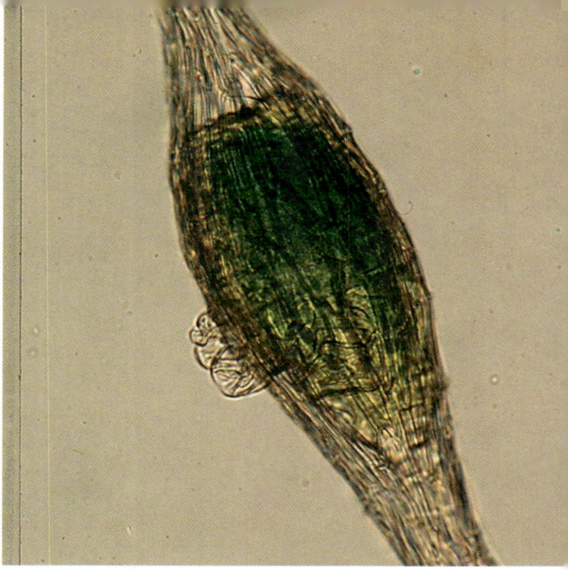

Euphorbia pulcherrima

Vermehrung

Aus ständig im vegetativen Wachstum gehaltenen Mutterpflanzenbeständen gewinnen Jungpflanzenbetriebe das Stecklingsmaterial. Die früher gebräuchlichen Methoden der Mutterpflanzenhaltung sind nicht mehr aktuell, zum Beispiel die Aufbewahrung abgeblühter Pflanzen, die nach der Überwinterung im Frühjahr schräg eingeschlagen und zum Austrieb gebracht wurden oder der Kauf alter, großer Pflanzen, die als Stecklingslieferanten dienten. Da Jungpflanzen in großen Mengen nur für Kulturen gebraucht werden, die vor und zu Weihnachten abgesetzt werden, läßt sich die Mutterpflanzenkultur in Folienhäusern durchführen.

Beim Schnitt der Stecklinge ist das Ausfließen des Milchsaftes zu vermeiden, indem die Schnittstellen in warmes Wasser getaucht oder die Stecklinge kopfüber in Kisten gestellt werden, wodurch ebenfalls der Milchsaftfluß begrenzt wird. Beim Stecken wird der angetrocknete Milchsaft durch die Berührung mit dem Substrat abgerieben.

Poinsettien werden bei Bodentemperaturen von mindestens 22 °C in kleinen Töpfen (Gittertöpfe, Multitopfplatten, Torfanzuchttöpfe, Jiffy 7, Blocksubstrate usw.) bewurzelt.

Hauptliefertermine für Jungpflanzen von Schnittsorten sind die Tage um und nach Mitte Juli bis Mitte August, also die Hauptpflanztermine für Blütezeiten im Dezember.

Die Durchführung von Gewebekulturen wird von ROEST und BOKELMAN (1980) eher skeptisch beurteilt.

Farbtafel 12
Oben links: Zwei-Gattungs-Hybride Laeliocattleya.
Oben rechts: Aus der Naturform Dendrobium phalaenopsis entwickelter Cultivar-Typ.
Mitte links: Zwei-Gattungs-Hybride Odontioda.
Mitte rechts: Paphiopedilum-Hybride mit P. insigne-Abstammung.
Unten links: Einfarbige Phalaenopsis-Hybride.
Unten rechts: Zwei-Gattungs-Hybride Vanda X Ascocentrum.

Abb. 86. Ein Mutterpflanzenbestand von Schnittpoinsettien in einem Jungpflanzenbetrieb.

Abb. 87. Poinsettien-Jungpflanzen.

Abb. 88. Poinsettien-Mutterpflanze in Steinwolle (GRODAN).

Auspflanzen oder Eintopfen

Schnittpoinsettien können sowohl ausgepflanzt als auch getopft kultiviert werden.

Beetkultur

Auf gut vorbereitete Beete, denen ausreichend Torf zugeführt worden ist, werden die Topfballen je nach Sorteneigenschaften und Pflanztermin in Abständen von 25 × 25 cm bei früher und 20 × 20 cm bei später Pflanzung ausgepflanzt. Beete mit Bodenheizung oder Vegetationsheizung sind günstig, weil die Pflanzen Unterwärme lieben.

Topfkultur

Die Jungpflanzen werden locker eingetopft, erhalten also auch ein lockeres, humoses Substrat. Hauptsächlich kommen Topfgrößen im Durchschnitt von 12 bis 13 cm in Frage. Bei sehr frühen Sätzen kann noch darüber hinausgegangen werden, spätere können eventuell mit dem 11-cm-Topf auskommen.

ENGLER (1981) empfiehlt, die Töpfe in vorgefertigte (Locheisen, wie bei Azaleen und Eriken üblich) spitze Löcher auszustellen. Dadurch kommt die Pflanze nicht umittelbar mit dem Boden in Kontakt, was aus phytosanitären Gründen erwünscht sein kann, Staunässe unter dem Topf wird weitgehend vermieden und das gefürchtete Durchwurzeln aus dem Topf in den Boden (JANSEN 1980, 1981b) läßt sich leichter verhindern.

Abb. 89. Wachstumsstörungen auf Grundbeeten, wofür Salzanreicherungen, Schadstoffe oder Nässe im Boden verantwortlich sein können.

Stutzen

Sofern mehrtriebig gezogen werden soll, was bei Schnittpoinsettien bedingt zu empfehlen ist (ENGLER 1981), kann 2 Wochen nach der Pflanzung beziehungsweise dem Topfen weich gestutzt werden. Allerdings muß die Kultur etwa 4 Wochen früher begonnen werden, als dies für Einstieler erforderlich wäre.

Ernährung

Die nur wenig salzverträglichen Poinsettien wünschen einen nahrhaften, humosen Boden mit einem Reaktionsgrad um pH 6 bis 6,5. Er sollte außerdem durchlässig und gut erwärmbar sein.

Für Topfkulturen eignen sich neben Praxismischungen auch Industriesubstrate wie TKS 2 oder Einheitserde und Rindensubstrate (SCHMIDT und SCHENK 1981).

Sobald die Pflanzen gut angewachsen sind, beginnen laufende wöchentliche Düngungen mit einer Durchschnittskonzentration von 0,2%. Von Ende September bis Ende Oktober wird die stickstoffreiche Düngung auf 0,3% verstärkt, um große Brakteen zu bekommen. In der übrigen Zeit werden ausgeglichene, also nicht ausgesprochen N – betonte, Mehrnährstoffdünger verwendet.

ENGLER (1981) empfiehlt als Topferde eine Mischung aus Weißtorf und Kompost im Verhältnis 4:1 mit folgendem Düngerzusatz je Kubikmeter:

4,0 kg Kohlensauer Kalk
2,5 kg Plantosen 4 D
1,5 kg Kalimagnesia
0,1 kg Radigen

Der pH-Wert dieses Substrates liegt um 6,5. Natürlich ist auch hier eine Nachdüngung im weiteren Kulturverlauf notwendig.
ENGLER gibt weiter einen Substratbedarf von 10 bis 11 m^3 für 15 000 Pflanzen der Sorte PLA 'Eckespoint C 35' im 11-cm-Topf an.

Nach MAWICK und DALCHOW (1978) ist der hohe Molybdänbedarf von Schnittpoinsettien zu beachten. Er wird durch 3 bis 5 flüssige Gaben von Ammonium- oder Natrium-Molybdat gedeckt, und zwar durch Gießen mit 7,5 g/100 Liter Wasser oder durch Spritzen in einer Konzentration von 0,02 %.

Bewässerung
Bei Beetkultur kann über eine einfache, auf dem Boden oder in Bodennähe verlegte Bewässerungsanlage, bei Topfkultur im Anstauverfahren auf Sand oder Matten bewässert werden. Dabei ist in dem etwas kritischen Stadium der Ausbildung der Brakteen zu beachten, daß die Pflanzen nicht zu trocken stehen. Insbesondere darf nie Ballentrockenheit auftreten. Auch Wurzelschäden durch zu viel Nässe müssen vermieden werden. Ebenso muß unmittelbar nach dem Eintopfen bei der erforderlichen hohen Temperatur von 20 bis 22 °C häufig übersprüht werden, um ein stärkeres Abtrocknen der Blätter und damit das Einrollen und nachfolgendes Verbrennen zu verhüten.

Die Luftfeuchtigkeit wird mit etwa 80 % der Temperatur angepaßt. Sie darf nicht ständig sehr hoch sein, da Botrytis-Infektionen zu Schäden führen. Zu geringe Luftfeuchtigkeit ist ebenfalls nachteilig, vor allem auch während der Induktionszeit.

Licht
Als Kurztagpflanze mit einer oberen kritischen Tageslänge um 12 Stunden, die allerdings mit der Temperatur veränderlich ist, verhalten sich Poinsettien hinsichtlich ihrer Steuerbarkeit etwa ebenso wie *E. fulgens*. Auch Parallelen zu Chrysanthemen haben in Topfpflanzenbetrieben dazu geführt, daß Topf-Chrysanthemen und -Poinsettien hervorragend aufeinander abgestimmt kultiviert werden. Die technische Durchführung der Belichtungs- und Verdunkelungsmaßnahmen wird analog gehandhabt. Hinzu kommt, daß Schnitt-Poinsettien durchaus in Normalkultur, also ohne Verdunkelung, zu kultivieren sind. Durch die Wahl der Sorten, die hinsichtlich ihrer Reaktionszeit (Zahl der Wochen vom Kurztagbeginn bis zur Verkaufsfertigkeit) variieren, kann eine Streuung im Angebot erreicht werden. Da im Laufe der ersten Oktoberhälfte die Tageslängen auf für die Induktion ausreichende Kürze absinken, kann mit den ersten blühenden Beständen schon Anfang Dezember, mit den späteren Sorten etwa um Mitte Dezember, gerechnet werden.

Poinsettien verlangen viel Licht. Schon die Stecklinge sollten in Vermehrungen ohne Sprühnebel höchstens in den ersten 10 Tagen schattiert werden, dann brauchen sie mehr Licht. Bei Sprühnebelvermehrungen dagegen kann der Schatten ohnehin weitgehend entfallen.

In der Induktionsphase sind sie während der langen Nacht außerordentlich empfindlich gegen selbst geringfügiges Störlicht. Nächtlicher vorübergehender oder erst recht andauernder Lichteinfluß von benachbarten Lichtquellen führt zur Verzögerung der Kultur, in schweren Fällen sogar zur Verhinderung der Blüte und damit zum Fehlschlag.

Temperatur
Gleich nach der Pflanzung bzw. dem Topfen werden Poinsettien bei 22 bis 20 °C gehalten, wenig oder nicht gelüftet. Sobald das Wachstum in Gang kommt, kann gelüftet werden. Die Temperatur bleibt zunächst noch bei etwa 20 °C, um die vegetative Entwicklung zu fördern. Wird die Bodentemperatur auf ähnlichen Werten, eventuell sogar bis 22 °C gehalten, kann mit der Oberheizung sparsamer umgegangen werden.

Da die Induktion durch die Temperatur beeinflußbar ist, weil sie die kritische Tageslänge verschieben kann, ist während dieses Stadiums die Temperaturführung besonders zu beachten. Die Temperatur sollte sich um 18 bis 20 °C bewegen.

Während der Brakteenanlegung und ihrer Ausbildung ist vor zu niedrigen Temperaturen zu warnen. Sie sollten immerhin (sortenbedingt!) in dieser Phase um 20 °C liegen. Erst zum Schluß der Brakteenausbildung, also etwa gegen Ende November, kann bis auf 16 °C abgesenkt werden.

In diesem Zusammenhang kann der lichtabhängigen Temperaturführung zur Einsparung von Heizenergie größere Bedeutung zukommen. In Versuchen der Versuchsanstalt Friesdorf hat sich gezeigt, daß tatsächlich solche Einsparungen möglich sind, ohne dabei Qualitätsmängel in Kauf nehmen zu müssen (LWK Rheinland 1977).

Untersuchungen von Zimmer (1980) lassen die Möglichkeit der Auslese oder Züchtung temperaturtoleranter Sorten erkennen, die zu erheblichen Heizkosteneinsparungen beitragen könnten.

CO_2-Begasung
Etwa ab Mitte Oktober wird die CO_2-Begasung zur Kräftigung der Pflanzen und Qualitätsverbesserung empfohlen (Jansen 1981b). Die Konzentration des Gases, gemessen in Pflanzenhöhe, sollte 0,1% nicht übersteigen, da sonst Blattkräuselungen und Blattstielverdrehungen zu erwarten sind.

Pflegemaßnahmen
Neben den bei *E. fulgens* besprochenen Maßnahmen der Lüftung und Schattierung, die hier ähnlich zu handhaben sind, ist darauf hinzuweisen, daß der Überwachung der Ernährung, des Salzgehaltes im Boden und der Feuchtigkeit größere Bedeutung zukommt, zumal zu hoher Salzgehalt ebenso wie Ballentrockenheit oder falsche Klimaführung die Brakteenausbildung stören oder verhindern können.

Ernte

Schnittreife
Poinsettien werden geschnitten, wenn die Cyathien gut ausgebildet und die Nektarien reif und gelb geworden sind. Erst dann ist mit einer befriedigenden Haltbarkeit zu rechnen.

Ernten
Nach dem Schnitt werden die Schnittstiele zur Verhinderung des Ausfließens des Milchsaftes, wie bei *E. fulgens* angegeben (siehe Seite 217), präpariert. Eine weite-

Pflanzenschutz *Euphorbia fulgens* und *E. pulcheroima*

Krankheit Erreger, Schädling	Schadbild	Bekämpfung	Bemerkungen
Pythium-Wurzelfäule *Pythium ultimum* Trow u. A.	Plötzliches Abwelken, meist ohne vorhergehende Laubvergilbung. Wurzel zerstört	Fenaminosulf (Bayer 5072); Etridiazol (AA-terra; Prothiocarb (Previcur)	
Wurzelbräune *Thielaviopsis basicola* Ferr.	Wurzeln erkrankt; Blattränder nach oben gekrümmt; Vergilbung, Laubverlust. Wurzeln braun	Captan (Orthocid 50); Bayer 5072	
Grauschimmel *Botrytis spec.*	Faulflecke, Blatt-, Blüten, Stengelschäden	Thiabenzol (Tecto)-Räuchermittel; Ronilan, Rovral	
Spinnmilben	Sprenkeln; Blattverfärbungen, Blätter trocken, fallen ab.	Aldicarb (Temik 5 G); Melathion, Demeton, Kelthane, Mevinphos	trockene Luft vermeiden
Weiße Fliege, Mottenschildlaus	Saugschäden; Blätter grob-gelbfleckig; Verunreinigung; Blätter krumm, Vergilbung, Laubfall	Mevinphos, Dichlorvos, Ambush	
Schildläuse	Saugschäden; Verschmutzung der Pflanzen	Melathion; Dichlorvos; Aldicarb	
Trauermückenlarven	Fraßschäden an unteren Stammteilen	Aldicarb; Zinophos; Lindan	

Euphorbia Pulcherrima-Kultur (Übersicht)

Kulturabschnitt/ Kulturmaßnahme	Termin	Temperatur	Spezielle Hinweise
Pflanzung/Eintopfen	M VII	20 °C	25 × 25 cm Abstand beziehungsweise 11-cm-Topf, anfangs geschlossen, hohe relative Luftfeuchtigkeit. Schattieren nur in den ersten 10 Tagen, dann vorsichtig heller, leicht lüften
	A – M VIII	20 °C	
(Stutzen)	(Etwa 14 Tage nach Pflanzung)		Besser: eintriebig kultivieren; Stutzen nur bei Bedarf und bei früher Pflanzung
Kurztag	Natürlicher Kurztag ab A X	18 bis 20 °C	Störlicht während Induktionsphase vermeiden. Keine Ballentrockenheit
Blüte	A bis M Dezember	16 bis 18 °C ab M XI	Sortenbedingt; Reaktionsgruppe beachten
Kulturdauer Pflanzung – Blüte	4 bis 5 Monate		Bedingt durch Sorte und Pflanztermin
Ertrag			16 bis 20 Schnittstiele/m^2
Markt			Relativ geringes Angebot; Absatz in kleineren Mengen befriedigend

Häufige Kulturfehler

Fehlerquelle	Kulturfehler	Folgen
Pflanzung	Zu frühe Pflanzung bei Normalkultur	Zu langes vegetatives Wachstum, dadurch zu lange Schnittstiele, unnötige Kulturzeit
	Zu dichte Pflanzung, Pflanzung ungleichmäßiger, verschieden hoher Pflanzen	Lichtentzug für kleinere Pflanzen, Brakteenbildung beeinträchtigt
Düngung	Salzüberschuß im Boden	Wurzelschäden, Schäden an Brakteen, Ausfälle
	N-Mangel während der Brakteenbildung	Kleine Brakteen
Licht	Lichtmangel, besonders während der Brakteenbildung	Kleine, mißgeformte Brakteen
	Störlicht während der Induktionsphase	Induktion verzögert oder verhindert, Termine können nicht eingehalten werden, unter Umständen Absatz unmöglich
Temperatur	Zu starke Nachttemperaturabsenkung (selbst relativ unempfindliche Sorten nicht unter 15 °C!)	Verkrüppelte Brakteen, Verzögerungen in der Kultur
Wasser	Wiederholte Ballentrockenheit (vor allem bei Topfkultur beachten!)	Brakteenbildung beeinträchtigt, kleine, eventuell verkrüppelte Brakteen
	Zu seltenes oder unterlassenes Sprühen in der Anfangsphase nach dem Eintopfen	Trockenes Laub rollt sich ein, Verbrennungserscheinungen an den Blättern
CO_2-Begasung	Überschreiten der Maximalkonzentration von 0,1%	Blattkräuselungen, Blattstielverdrehungen
Ernte	Ernte nicht schnittreifer Blütenstiele	Haltbarkeit stark vermindert

re Möglichkeit ist die Ernte mit Wurzeln. Die Pflanzen werden aus der Erde gezogen und die Wurzeln leicht eingekürzt. In diesem Falle muß spätestens beim Verkauf im Blumengeschäft abgeschnitten und gebrüht werden. Auch beim Nachschneiden der Stiele muß erneut gebrüht werden.

Weiterverarbeitung
Wegen ihrer Empfindlichkeit müssen Poinsettien nach der Ernte zügig und schonend sortiert und verpackt werden. Lagerung ist möglichst zu umgehen. Allerdings dürften Poinsettien als Schnittblumen weniger in großen Mengen als eher in marktnahen Endverkaufsbetrieben in dem dort angebrachten Umfange angebaut werden, so daß sie im Regelfalle schnell zum Verkauf, meist über das eigene Blumengeschäft oder nahegelegene Verkaufsstellen, gelangen. Dennoch ist, auch bei nur kurzem Transportweg, auf eine sehr sorgfältige und schonende Verpakkung der großen Brakteen Wert zu legen. Sie werden in Seidenpapier eingeschlagen, so daß sie fest verpackt sind und weder gedrückt noch geknickt werden oder sich aneinander beziehungsweise an der Verpackung reiben können.

Poinsettien sind für angewärmtes Vasenwasser dankbar.

Erträge
Zweckmäßigerweise werden Poinsettien für den Schnitt eintriebig kultiviert, um möglichst große Brakteen zu erhalten. Demnach entspricht die Zahl der Schnittstiele derjenigen der Pflanzen, also 16 bis 20 Stiele/m^2.

Die Qualität richtet sich unter anderem nach der Stiellänge, die um so größer ist, je früher die Pflanzung erfolgt, weil Poinsettien so lange vegetativ wachsen und an Länge zunehmen, wie es die Tageslänge erlaubt. Da erst etwa in der 2. Oktoberwoche die Induktion beginnt, kann mit einem frühen Pflanztermin für lange Stiele gesorgt werden. Entsprechend kräftige Pflanzen bringen bei richtiger Düngung große, prächtige Brakteen.

Nach Mawick und Dalchow (1978) ergeben sich folgende Höhen der Pflanzen in Abhängigkeit von der Sorte und vom Pflanztermin:

Sorten	Höhe bei Schnittreife in cm, gepflanzt in der			
	28. Woche	30. Woche	32. Woche	34. Woche
‚Eckespoint C-35' (rot)	120 bis 135	90 bis 100	80 bis 100	60 bis 65
‚WSE Nr. 142' (weiß)	125 bis 148	100 bis 130	90 bis 120	75 bis 85
‚WSE Nr. 116' (rosa)	110 bis 130	90 bis 105	85 bis 100	65 bis 70

Literatur

Anonym: Das Cyathium bereitet Sorgen. Taspo-Magazin (2), 57 bis 58, 1976.
Bosse, G.: Schnitt-Kultur bei Poinsettien lohnt bei richtiger Sortenwahl immer noch. Taspo-Magazin (3), 62 bis 68, 1975.
Engler, N.: Anbau von Euphorbia pulcherrima als Schnittkultur aus der Sicht des Produzenten! Zierpflanzenbau **21** (14), 637–639, 1981.
Fischer, U.: Programmierung von Poinsettien, selecta-Nachrichten o. J.
Hörmandinger, K.: Kulturmaßnahmen während der Brakteenausbildung, zb **15**, 828–831, 1976.

JANSEN, H.: Teelttechnische aspecten van eindfase Poinsettiateelt. Vakbl. v. d. Bloemist. **35** (47), 50–51, 1980.
–: Teelttechnische wenken bij Poinsettiateelt. Vakbl. v. d. Bloemist. **36** (35), 42–45, 1981a.
–: Eindfase Poinsettiateelt eist aandacht en tijd. Vakbl. v. d. Bloemist. **36** (49), 36–37, 1981b.
LWK RHEINLAND: Lichtabhängige Temperaturführung bei Euphorbia pulcherrima Schnittsorten. Gartenbauliche Versuchsberichte, 255 bis 257, 1977.
MAWICK, J., und DALCHOW, J.: Zur Topfkultur von Schnitt-Poinsetten. Gb + Gw **78,** 187 bis 189, 1978.
MÜNCH, J., und FRITZSCHE, G.: Schnittpoinsettien. Gb + Gw **79,** 1225 bis 1227, 1979.
ROEST, S., und BOKELMAN, G. S.: Vegetatieve vermeerdering van Poinsettia in kweekbuizen. Vakbl. v. d. Bloemist. **35** (47), 36–37, 1980.
SCHMIDT, K., und SCHENK, M.: Poinsettien. Rindensubstrat anstelle der herkömmlichen Erde. Gb + Gw **81** (35), 800–803, 1981.
SCHULTE-SCHERLEBECK, H.: Produktionsprogramm „Poinsettien". zb **16,** 38, 43 bis 45, 1976.
WESTENFELDER, D.: Erprobung der Haltbarkeit von Schnitt-Poinsettien. Deutscher Gartenbau **33,** (2), 40 bis 41, 1979.
ZIMMER, K.: Die Wirkung niedriger Nachttemperaturen bei einigen Poinsettien-Sorten. Deutscher Gartenbau **34** (48), 2082–2084, 1980.

Forsythia

Forsythia Vahl – f – *Oleaceae*, Forsythie, Goldglöckchen

Name: William Forsyth, 1737 bis 1804, gärtnerischer Leiter der Königlichen Gärten in Kensington, England.

Heimat: Etwa fünf Arten stammen aus Ostasien, eine aus Albanien.

Bedeutung für den Schnittblumenanbau

Art	Blütezeit
F. × intermedia Zab. *(F. suspensa × F. viridissima)*	IV – V

Von diesem Bastard eignet sich eine Reihe von Sorten für die Gewinnung blühender Zweige aus dem Freiland und aus der Treiberei. Ballentreiberei ist ungebräuchlich, wohl aber die Verfrühung abgeschnittener Zweige schon vor Weihnachten.

Vorkultur

Baumschulware oder selbstvermehrte Stecklingspflanzen (BERG, 1980) werden auf unkrautfreie, gut durchlässige, leichte Gartenböden gepflanzt. Böden mit Staunässe und windige Lagen scheiden aus. Schwere Böden sind ebenfalls zu meiden, da die Blühleistung auf leichteren Böden besser ist. Der Pflanzabstand wird mit 1,00 × 1,50 m bis 1,20 × 1,20 m bemessen, nur auf schweren Böden geht man etwas weiter auf 1,50 × 1,50 m.

Ziel der Vorkultur ist, im ersten Jahr gut ausgebildete Langtriebe zu bekommen, die sich im zweiten Jahr mit vielen Kurztrieben (den eigentlichen Blütentrieben) verzweigen. Stickstoffreiche Düngung vor dem Austrieb unterstützt dies. Später wird eine weitere Gabe von 4 kg/100 m^2 Kalkammonsalpeter verabreicht. Verspätete Düngergaben verhindern das rechtzeitige Ausreifen der Triebe vor dem Winter. Im Frühjahr des zweiten Jahres erfolgt eine erneute Kopfdüngung (Mehr-

Forsythia – Kultur (Überblick)

Kulturabschnitt/ Kulturmaßnahme	Termin	Temperatur	Spezielle Hinweise
Vorkultur Förderung der Langtriebe	Im 1. Jahr nach Pflanzung beziehungsweise nach Schnitt der Treibzweige		N-reiche Düngung vor Austrieb, etwa 4 kg/100 m^2, später nochmals 4 kg /100 m^2 Kalkammonsalpeter
Schnittmaßnahmen	Winter		Ausschneiden schwacher Langtriebe, Einkürzen von Nebentrieben
Förderung der Kurztriebe	Im 2. Jahr nach Pflanzung beziehungsweise nach Schnitt der Treibzweige		Frühjahrsdüngung, 4 kg/100 m^2; Termindüngung nach Knospenbildung, 5 kg/100 m^2 Mehrnährstoffdünger
Knospenbildung	August		Abschluß der Knospenbildung
Ruhezeit	September/Oktober		
Schnitt der Zweige für die Treiberei	Ab Oktober	– 2 bis + 5 °C	Künstliche Kühlung, 4 bis 5 Wochen, erforderlich
Treiberei Schnitt der Zweige	E X A XI A XII A/M I		Zweige bündeln

Kühlbehandlung	5 Wochen	4 Wochen	4 Wochen	keine künstliche Kühlung	-2 °C	95% relative Luftfeuchtigkeit, Zweige vor Einlagerung wässern
Treibereibeginn	E XI	A XII	E XII/AI	A/M I	18 bis 20 °C	Vor Treibbeginn Zweige 1/2 Tag in Wasser auftauen. Treiberei in Wassergefäßen (Eimer)
Blüte	A XII	M XII	M I	E I		
Kulturdauer: Schnitt – Blüte	7 Wochen	6 Wochen	6 Wochen	2 Wochen		
Markt						Allgemein gute Absatzbedingungen

Pflanzenschutz

Krankheit Erreger, Schädling	Schadbild	Bekämpfung	Bemerkungen
Bakterienseuche *Pseudomonas syringae* van Hall	Zunächst kleine, braune, hell gerandete Flecken auf den Blättern, später Blätter kraus, schwarz. Blattstiele und Zweige ebenfalls befallen	Hygienemaßnahmen, exakte Kulturführung, Kupfer nach der Blüte	
Welkekrankheit *Verticillium dahliae* Kleb.	Plötzliche Zweigwelke während der Blüte; Gefäße gebräunt, Wurzeln äußerlich gesund erscheinend	Hygienemaßnahmen Bodenentseuchung	

Häufige Kulturfehler

Fehlerquelle	Kulturfehler	Folgen
Vorkultur	Vernachlässigung der aufgepflanzten Bestände (Ernährung, Windschutz, Schnitt und so weiter)	Schlechter Pflanzenaufbau, geringer Ertrag, Minderwertige Qualität
Schnitt der Treibzweige	Alljährlicher Schnitt aus einem Satz	Keine ausreichende Langtriebbildung, schlechter Blütenbesatz, geringe bis unverkäufliche Qualität
Temperatur	Fehlende oder nicht ausreichende Kühlung	Mangelhafte Blüte
Feuchtigkeit	Trockenheit während der Kühlung	Zweige vertrocknen im Kühlraum
Treibbeginn	Zu rascher Übergang aus der Kühlung zur Treiberei, ohne Zweige aufzutauen und anzuschneiden	Mißerfolg der Treiberei

nährstoffdünger) und nach der Knospenbildung können nochmals 5 kg/100 m^2 Mehrnährstoffdünger als Termindüngung gegeben werden.

Um Blütentriebe bester Qualität zu bekommen, werden im Winter alle schwachen Langtriebe entfernt. Die verbleibenden besetzen sich mit Kurztrieben, die für eine reiche Blüte Sorge tragen.

Schnitt der Blütenzweige für die Treiberei

Beim Schnitt der Treibzweige ist unbedingt zu vermeiden, daß der gesamte Bestand alljährlich durchgeschnitten wird. Besser ist es, mit zwei Sätzen zu arbeiten, die umschichtig im einen Jahr geschnitten und im Folgejahr wieder aufgebaut werden, woraus sich ein zweijähriger Turnus ergibt. Sollen darüber hinaus auch Blütenzweige aus dem Freiland verkauft werden, so ist hierfür ein eigener Bestand beziehungsweise ein dritter Satz vorzusehen.

Die für die Kühllagerung bestimmten Stiele werden in handlichen Bunden gebündelt.

Vorbereitung der Treibzweige

Die Knospenbildung erfolgt im Jahr vor der Blüte an Kurztrieben und wird im Laufe des Augusts abgeschlossen. Im September beginnt die Winterruhe, deren Höhepunkt im Oktober liegt. Die Dauer der Ruhezeit hängt vom Temperaturverlauf im Herbst und Winter ab. Bei frühzeitig niedrigen Temperaturen sind Forsythien entsprechend früh treibfähig. Niedrige Temperaturen sind erforderlich, um die Winterruhe zu überwinden und aufzuheben; dazu müssen die Pflanzen 30 Tage bei Temperaturen um beziehungsweise unter + 5 °C stehen. Die Treibfähigkeit hängt von der Summe der Tage mit niedrigen Temperaturen ab. Deshalb ist der Termin für die Treibfähigkeit nicht jedes Jahr gleich, sondern Schwankungen von etwa Ende Dezember bis Mitte Januar unterworfen und liegt damit fast immer erst nach Weihnachten; dann aber lassen sich *Forsythia* leicht zur Blüte bringen.

Daher müssen die abgeschnittenen Zweige für frühe Treiberei bei Optimaltemperaturen von −2 °C im Kühlraum behandelt werden. Eine Unterschreitung dieses Wertes ist nicht angebracht, während eine geringfügige Überschreitung bis höchstens + 5 °C unschädlich ist, sich aber nachteilig auf die notwendige Dauer der Kühlperiode auswirkt, die im Normalfall etwa vier Wochen beträgt. Im Kühlraum herrscht eine hohe Luftfeuchtigkeit von 95% und mehr, damit die trocken lagernden Zweige nicht austrocknen. Aus dem gleichen Grunde sollten die Zweige vor der Kühlung gewässert werden, daß sie sich gut vollsaugen können.

Diese Kühlung ist frühestens ab Ende Oktober möglich, da vorher noch keine Ausreife erfolgt sein kann; sie ist aber für den Erfolg unbedingte Voraussetzung. Die abgeschnittenen Zweige werden gebündelt unter den genannten Bedingungen für 4 bis 5 Wochen eingelagert. Dabei dürfen sie nicht zu dicht gestapelt und sollen am besten aufrecht gehalten werden.

Für den Weihnachtsbedarf mit einer Blüte um den 20. Dezember müssen die Zweige demnach Anfang November geschnitten, bis Anfang Dezember gekühlt und Ende der ersten Dezemberwoche zur Treiberei aufgestellt werden.

Treiberei der abgeschnittenen Zweige
Die Treiberei von Forsythienzweigen ist auch in Laienkreisen weit verbreitet. Da hier aber häufig Unkenntnis über die Voraussetzungen herrscht, wird oft über mangelhafte Blüte geklagt.

Im Anschluß an die Kühlung werden die Zweige einen halben Tag über langsam in kaltem Wasser aufgetaut. Danach werden sie bei 18 bis 20 °C, in Wasser stehend, hell getrieben. Dabei werden sie ständig feucht gehalten. In 10 bis 14 Tagen ist die Treiberei beendet.

Verkaufsfähig sind *Forsythia,* sobald sich die Knospen öffnen und an den Spitzen einen gelben Punkt zeigen. Mit Blumenfrischhaltemitteln lassen sich das Aufblühen, die Farbintensität der Blüten und die Haltbarkeit deutlich verbessern (CAROW 1978).

Literatur
BERG, A. J. VAN DEN: Hoe zelf Forsythia stekken? Vakbl. v. d. Bloemist **35,** (7), 32–33, 1980.
DR. B.: Forsythien mit Kulturrhythmus. Taspo-Magazin (1), 94, 1973.

Freesia

Freesia Eckl. ex Klatt – f – *Iridaceae,* Freesie, Kapmaiblume

Name: F. Th. Freese, 1795 bis 1876, Kieler Arzt und Botaniker.

Heimat: Die drei bekannten Arten stammen aus Südafrika.

Abb. 90. Die typische Kammbildung der Freesie. Im Vordergrund ein schnittreifer Stiel.

Bedeutung für den Schnittblumenanbau

Freesia – Hybriden

Sie stehen dem Gärtner in vielen Sorten zur Verfügung. Dabei hat er die Wahl zwischen Samenfreesien und Knollenfreesien.

Allgemeine Beurteilung

Samenfreesien

Saatgut steht in ausreichend guter Qualität zur Verfügung, es leidet jedoch unter Heterogenität, so daß keine reinen Sorten, wohl aber Farbtöne und Mischungen erhältlich sind. Die Durchzüchtung ist bisher noch nicht vollständig gelungen.

Die Samenfreesie hat eine lange Kulturzeit und kann nicht, wie die Knollenfreesie, jederzeit und für jeden beliebigen Erntetermin gepflanzt werden. Sie spielt daher eine untergeordnete Rolle.

Knollenfreesien

Der Anbau von Schnittblumenkulturen aus Knollen ist das übliche Verfahren. Hierfür stehen erstklassige Knollen zur Verfügung, die dank präziser Lagerbehandlung für jeden beliebigen Pflanztermin präpariert lieferbar sind. Sie sind in reinen Sorten erhältlich, da sie vegetativ vermehrt werden.

Für den Schnittblumenanbauer haben sie den Vorteil, daß Terminkulturen möglich sind. Ihre Kulturzeit ist wesentlich kürzer als die der Samenfreesien. Allerdings sind Knollen in der Anschaffung teurer als das Saatgut für die entsprechende Fläche.

Vermehrung

Knollengewinnung

Die Knollen werden aus sorgfältig selektierten, abgeblühten Beständen gewonnen. Dafür kommen nur im Frühjahr blühende Sätze in Frage, weil später abblühende während der anschließenden Knollenausbildung schon unter der Lichtarmut des späten Jahres leiden. Die Folge sind weniger gute Knollen.

Die Behandlung der abgeblühten Kultur beeinflußt die Qualität der sich bildenden Knollen. Licht, Temperatur und die Regelung aller übrigen Wachstums- und Kulturbedingungen sind wichtig.

Nach der Blüte – die Blüten werden geerntet und verkauft, brauchen also nicht, wie bei Tulpen, frühzeitig durch Köpfen entfernt zu werden – bleiben die Pflanzen für weitere etwa 6 Wochen im Boden. Die Wassergaben werden allmählich eingeschränkt. Für volles Licht wird zwar gesorgt, dennoch muß durch sorgfältiges Schattieren ein langsames Ausreifen gefördert (Anonym 1979f) und die Temperatur bei möglichst genau 15 °C gehalten werden. Höhere Wärme begünstigt wohl das Trockengewicht der Knollen beträchtlich, vermindert aber zugleich auch die Zahl der neugebildeten Knollen, die ihrerseits durch niedrigere Wärmegrade gesteigert wird.

Von einer Pflanze beziehungsweise Mutterknolle sind bis zu fünf Knollen zu erwarten. Ihre Qualität hängt wesentlich davon ab, daß die Ausreifedauer lange genug bemessen wird. Da wegen der Witterungsbedingungen nur Frühjahrs-, nicht aber Herbstkulturen zur Knollengewinnung in Frage kommen, müssen die so gewonnenen Knollen für die verschiedenen Pflanztermine unterschiedlich lan-

Abb. 91. Nach der Ausreife werden Freesien sorgfältig gerodet.

Abb. 92. Gerodete Freesien mit Brutknollen.

ge gelagert werden. Somit wirkt es sich negativ auf die Kulturergebnisse aus, wenn die erforderlichen Bedingungen nicht eingehalten werden. Daher wurden verschiedene Präparationsverfahren entwickelt, um für jeden Pflanztermin hochwertiges Pflanzgut zur Verfügung zu haben. Allerdings ist der Erfolg einer Ganzjahreskultur von einer sehr sorgfältigen Planung abhängig. Hierzu sind fundierte Kultur- und Sortenkenntnisse ebenso erforderlich, wie eine genaue Marktbeobachtung und präzise Kalkulation für die Kultur in den verschiedenen Jahreszeiten, sowie die Verwendung des für den jeweiligen Pflanztermin richtig präparierten Pflanzmaterials VAN LEEUWEN 1982a).

Saatgutgewinnung
Sie wird ausschließlich in spezialisierten Betrieben durchgeführt. Zwar bestehen keinerlei Schwierigkeiten, da jedoch eine äußerst sorgfältige Auslese im Interesse der Qualität und eines Mindestmaßes an Farbeinheitlichkeit unumgänglich ist, sollte sich der Erwerbsgärtner damit nicht befassen.

Gewebekultur
Gewebekulturen (PIERIK und STEEGMANS 1975) spielen in den Anzuchtbetrieben eine recht wichtige Rolle. Sie werden einmal zur Gewinnung virusfreier Eliten eingesetzt, können andererseits aber auch zur Vermehrung beitragen. Hierfür ist unter anderem eine Methode erarbeitet worden, bei der aus Blütenstielen neue Pflanzen regeneriert werden.

Präparation
Um für jeden gewünschten Pflanztermin Knollen in bester Qualität verfügbar zu haben, werden während der Lagerung bestimmte Temperaturbehandlungen praktiziert. Ist die Präparation eigener Knollen im Schnittblumenbetrieb nicht möglich, kann diese im Lohnverfahren durch Spezialfirmen (im allgemeinen die bekannten Lieferfirmen) durchgeführt werden.

Wärmebehandlung
Nach der Blüte und dem anschließenden Ausreifen der Knollen tritt eine Sommerruhe ein, die am schnellsten bei relativ hohen Temperaturen überwunden wird (RÜNGER 1976). Zu kühle Lagerung verursacht Entwicklungen, die den Austrieb nach der Pflanzung verzögern, erschweren oder verhindern.

Die erforderliche Lagerdauer richtet sich nach Sortenbedürfnissen und Temperatur. Bei einer Lagerdauer von 12 Wochen bei 28 bis 31 °C wird nach RÜNGER bei allen Sorten die Sommerruhe überwunden und beendet. Niedrigere und höhere Temperaturen erfordern eine Verlängerung der Lagerzeit. Lagerzeiten von mehr als vier Monaten sind schädlich und sollten daher zwischen 13 und 17 Wochen liegen (STEFFEN 1973 b.). Demgegenüber sprechen GILBERTSON-FERRISS, WILKINS und HOBERG (1981) von durchschnittlich 10 bis 13wöchiger Lagerung bei 30 °C ± 2 °C, während VAN LEEUWEN (1982b), im Zusammenhang mit der Sorte „Balerina“, vor einer zu kurzen Präparationsdauer von weniger als 13 Wochen warnt. Während der Behandlung mit hohen Temperaturen herrscht eine relative Luftfeuchtigkeit von 60 bis 70 %.

Anschließend werden die Knollen für 2 bis 4 Wochen bei 13 °C nachbehandelt, was eine Verfrühung der Blüte je nach Sorte um 7 bis 15 Tage zur Folge hat.

Abb. 93. In speziellen, klimatisierten Lagerräumen werden die Knollen getrocknet und für die Pflanzung präpariert (temperaturbehandelt).

Nach Lagerung unter diesen Bedingungen treiben die Knollen nach dem Pflanzen sicher und vollständig aus. Da die Behandlung auf maximal vier Monate begrenzt ist, müssen Pflanztermine außerhalb dieses Zeitraumes mit anders vorbereiteten Knollen ermöglicht werden.

Hemmen
Freesienknollen können durch Lagertemperaturen von 1 bis 2 °C maximal 9 bis 11 Monate lang hingehalten werden. Sie befinden sich dabei im Ruhezustand. Steigen die Temperaturen über 5 °C an, gehen sie zur Verpuppung über. Werden sie länger als angegeben bei diesen tiefen Temperaturen gelagert, versteinen oder verkalken sie und werden wertlos.

Die bei 1 bis 2 °C gelagerten Knollen werden als „Gehemmte Knollen" bezeichnet. Sie stehen für einen Großteil der gewünschten Pflanztermine zur Verfügung, müssen jedoch vor der Pflanzung die obenbeschriebene Wärmebehandlung durchmachen. Sie sind erstklassiges Pflanzgut.

Verpuppen
Lagerung der Knollen nach der Ernte bei niedrigen Temperaturen, jedoch über 5 °C, führt nach einiger Zeit zur Bildung einer neuen Knolle aus der Hauptknospe der Mutterknolle, ohne einen neuen Austrieb vorauszusetzen. Diese Knolle vergrößert sich ständig, erreicht jedoch nicht die Größe der Ausgangsknolle. Gegenüber dieser beträgt der Gewichtsverlust der neuen Knolle bis zu 40 %. Der ganze Vorgang dauert nach Steffen (1973 b) 6 bis 8, nach Rünger (1976) 8 bis 9 Monate. Die Temperatur muß während dieser Zeit bei 13 bis 15 °C gehalten werden. Dies

gilt als günstigster Temperaturbereich, obwohl die Verpuppung zwischen 5 und 17 °C möglich ist.

Die alte Knolle schrumpft dabei ein, die neue ist sehr gut. Sie wird anschließend wärmebehandelt, bevor sie ausgepflanzt werden kann. Da der ganze Prozeß ungefähr 10 bis 12 Monate in Anspruch nimmt, stehen diese Knollen für Pflanztermine zur Verfügung, zu denen bei normaler Lagerung kein Pflanzgut vorhanden wäre.

Die Methode des Verpuppens spielt vor allem bei Brutknollen eine Rolle, die ab April/Mai im Freiland gepflanzt werden sollen. Bei größeren Knollen wird sie weniger angewendet.

Aktivierte Freesienknollen
Um die Kulturdauer noch weiter verkürzen zu können, werden „Aktivierte Knollen" gehandelt. Dieses Pflanzgut wird nach der Wärmebehandlung etwa 10 Tage lang bei 14 °C, 90 bis 95 % relativer Luftfeuchtigkeit und ausreichender Luftbewegung gehalten (Anonym 1979 h). Dadurch beginnt der Austrieb bei begrenzter Ausbildung von Blatt- und Wurzelanlagen. Diese dürfen auch nicht zu groß sein, da sonst beim Versand und beim Pflanzen Verluste durch Abbrechen entstehen würden. Diese sogenannte Aktivierung hat zur Folge, daß die Knollen bei fachgerechter Kulturführung schneller durchtreiben und nach gut 3 bis 4 Monaten blühen.

Knollenfreesien

Pflanzung

Bodenvorbereitung
Wegen der Salzempfindlichkeit der Freesien ist der Boden vor einer Neupflanzung gut durchzuspülen, um Salzreste auszuwaschen. Eine hohe Salzkonzentration im Boden führt namentlich bei jungen Pflanzen zu Wachstumsstagnationen, schädigt aber auch ältere Pflanzen. Wird auf das Durchspülen des Bodens verzichtet, muß nach dem Pflanzen kräftig bewässert werden, wodurch eine zumindest teilweise Auswaschung überschüssiger Salze erreicht wird.

Der Boden wird desinfiziert und sorgfältig bearbeitet. Freesien wünschen einen lockeren Boden, gut drainiert und durchlüftet. Nach Bedarf wird Torf eingearbeitet, während Stallmist weniger zu empfehlen ist. Der Salzgehalt ist auch bei abgelagertem Stalldung relativ hoch und kann sich nachteilig auf die Kultur auswirken.

Pflanztermin
Knollenfreesien können jederzeit gepflanzt werden, entsprechend präpariertes Material vorausgesetzt. Allerdings beeinflussen die Pflanztermine die Kulturzeit und damit die Blüte unterschiedlich.

Günstige Pflanztermine, die eine rasche, relativ unkomplizierte Kultur und eine günstige Blütezeit ermöglichen, liegen ab Mitte August bis etwa Anfang Oktober. Die Blüte fällt vornehmlich in die Frühjahrsmonate mit Schwerpunkt im März und April. Spätere Pflanzungen leiden unter dem zunehmenden Lichtmangel des

Winters und Pflanzungen während der Sommermonate Juli/Anfang August unter hohen Bodentemperaturen. Auch Pflanzungen Mitte Dezember/Januar gelten als günstig, weil das Lichtangebot wieder besser wird und die Blüte in eine absatzfreundliche Periode bis Mai fällt. Maipflanzungen für die Blüte im Herbst/Winter sind beliebt. Hier kann im Freiland gepflanzt und später überrollt werden.

Den ungünstigeren Pflanz- und Kulturbedingungen zwischen Mitte Oktober und Ende November kann durch Bodenbeheizung auf 14 °C bei einer Lufttemperatur von nur 10 °C entgegengewirkt werden. Die Pflanzen wachsen gut und bleiben bei der niedrigen Temperatur trotz der schlechten Lichtverhältnisse kurz und gedrungen, liefern also eine brauchbare Qualität. Steigen die Temperaturen an, ist mit viel zu schwachen Stielen zu rechnen.

Sommerpflanzungen können im Freiland vorgenommen werden. Die Pflanzflächen lassen sich durch Abdecken, zum Beispiel mit Torf, und Beregnung kühlen.

Pflanzdichte

Die Pflanzdichte von Freesienknollen variiert mit den Sorteneigenschaften und der Jahreszeit. So werden von November bis Mai/Juni etwa zwischen 100 und 130 Knollen/m^2 gepflanzt, während es von Juli bis gegen Oktober nur ungefähr 80 bis 120 Stück/m^2 sind. Genaue, sortenbezogene Angaben sind den Katalogen und Hinweisen der Lieferfirmen zu entnehmen und zu beachten.

Pflanzung

Präparierte Freesienknollen müssen unverzüglich nach Eintreffen der Lieferung gepflanzt werden. Sie können nicht in großen Mengen auf einmal bezogen und dann beliebig gelagert werden. Für jeden Pflanztermin ist eine eigene Lieferung nötig.

Über die Beete werden zwei Chrysanthemennetze gerollt, wodurch gleichzeitig die Pflanzstellen markiert werden. Zur Arbeitszeitersparnis werden die Knollen anschließend nicht im eigentlichen Sinne gepflanzt, sondern nur locker in den Boden gedrückt. Dabei müssen Verdichtungen unterhalb des Knollenbodens vermieden werden; sie entstehen leicht in schlechtbearbeiteten Böden.

Die Knollen müssen die richtige „Pflanzreife" (Anonym 1979k) haben. Bei korrekter Präparation sind kleine Wurzelansätze sichtbar. Aktivierte Knollen sind besonders empfindlich, weil schon der Austrieb beginnt, der Blatt- und Blütenknospen enthält und weder beschädigt noch abgebrochen werden darf.

Nach der Pflanzung wird der Boden abgedeckt, um die Temperaturverhältnisse besser regulieren zu können, aber auch zum Schutz der Pflanzfläche gegen starke mechanische Beanspruchung, zum Beispiel durch die Bewässerung. Als Abdeckmaterial können Torf, Stroh, Nadelerde oder anderes brauchbares Material verwendet werden. Insbesondere in der warmen Jahreszeit ist diese Abdeckung unerläßlich; durch Beregnung läßt sich schließlich Verdunstungskälte erzeugen und ein zu starkes Ansteigen der Bodentemperatur verhindern. Sie muß in den ersten etwa fünf Wochen ziemlich genau auf 14 bis 15 °C gehalten werden.

Ernährung

Ansprüche an Boden und Ernährung

Freesien verlangen gutgelockerten Boden, der auch bei stärkerer Beanspruchung strukturstabil, gut durchlüftet, drainiert und vergießfest bleibt. Selbstverständlich muß er von hohem Salzgehalt, Krankheiten und Schädlingen frei sein. Gleiches gilt auch für das Abdeckmaterial, das nach der Pflanzung aufgebracht wird. Stroh muß zum Beispiel von Unkraut- und Getreidesamen frei sein. Wo das nicht garantiert ist, muß es vor der Verwendung gedämpft oder mit Methylbromid behandelt werden (Anonym 1979 d). Eine spätere Unkrautbekämpfung ist auch chemisch möglich (Boer 1979).

Düngung
Die Salzempfindlichkeit der Freesien muß bei der Düngung beachtet werden. Deshalb ist man mit einer Grunddüngung vor der Pflanzung vorsichtig. Von der Stallmistverwendung ist der Gärtner inzwischen wieder weitgehend abgekommen, weil darin auch die Gefahr einer hohen Salzbelastung gesehen werden muß. Eine mäßige, dem Bodenzustand angepaßte Torfmenge mit einer mineralischen Mehrnährstoffdüngergabe von bis zu 7 kg/100 m^2 kann verabreicht werden. Meist sind die Gewächshausböden von der Vorkultur her noch relativ gut mit Nährstoffen versorgt, so daß deutlich geringere Gaben erforderlich sind.

Besser ist es im allgemeinen, wenn das Anwachsen und die erste Entwicklung in einem nur leichtversorgten Boden erfolgen können, weil dann auch keine Versalzungsgefahr besteht. Die Kopfdüngungen müssen dann jedoch entsprechend frühzeitig einsetzen, wenn die Pflanzen angewurzelt sind und gut ausgetrieben haben. Bei nur geringfügiger Grunddüngung läßt sich die Ernährung im weiteren Verlauf in häufigeren flüssigen Gaben viel vorteilhafter gezielt durchführen. Dabei können neben guten Handelsdüngern spezielle Nährstoffe gezielt eingesetzt werden, zum Beispiel Kali- und Phosphorsäuredünger zur Blütenbildung und -entwicklung oder verstärkt Stickstoffdünger zum vegetativen Aufbau. Die Konzentrationen werden um 0,2 % gehalten.

Als Richtwerte für die Beurteilung von Bodenuntersuchungsergebnissen geben Penningsfeld und Forchthammer (Scharrer und Linser 1965) an:

	je 100 g	je 100 ml
% wasserlösliches Salz	0,1 bis 0,4	0,1 bis 0,4
mg N	10 bis 20	10 bis 20
mg P_2O_5	40 bis 60	40 bis 75
mg K_2O	50 bis 100	50 bis 100

Bewässerung

Ansprüche an die Feuchtigkeit
Freesien müssen regelmäßig bewässert werden, um einen möglichst gleichmäßigen Feuchtigkeitszustand im Boden zu garantieren. Das schließt sowohl Nässe als auch Trockenheit aus; beide Extreme führen zu schweren Schäden und zum Fehlschlag der Kultur.

Bewässerungsmaßnahmen sind so durchzuführen, daß der Boden nicht überbeansprucht wird und jederzeit durchlässig und luftig bleibt. Blühende beziehungsweise farbezeigende Bestände dürfen wegen der Botrytisgefahr nicht von oben beregnet werden.

Die Bewässerung ist außerdem der Witterung und dem Entwicklungsstand anzupassen.

Die Luftfeuchtigkeit wird weitgehend durch die Bodenbefeuchtung mit geregelt. Freesien sind recht anfällig für Schwankungen der relativen Luftfeuchtigkeit. Sie brauchen zwar eine höhere relative Luftfeuchtigkeit, die ihnen eine normale Transpiration ermöglicht, sind aber empfindlich gegen Werte in der Nähe des Sättigungspunktes, aber besonders auch gegen deren starkes Absinken, was in der kalten Jahreszeit leicht eintritt; ein Unterschreiten der 50-Prozent-Grenze muß vermieden werden.

Das Zusammenspiel zwischen Boden- und Luftfeuchtigkeit muß so harmonieren, daß es niemals zum Schlappen der Stiele kommt, weil diese dann krumm werden und bleiben. Das passiert sehr leicht bei akutem Wassermangel, aber auch bei zu hoher Luftfeuchtigkeit, die die Transpiration be- oder gar verhindert. Botrytisschäden kommen noch dazu.

Gießen
Vor der Pflanzung wird der Boden gut angefeuchtet (siehe Seite 241) und dann nicht mehr vor dem Abdecken mit Torf oder Stroh gegossen. Bewässern unmittelbar nach dem Pflanzen und vor dem Abdecken führt zur Verschlämmung der Bodenoberfläche und damit zu Behinderungen des Wachstums.

Sommerpflanzungen erfordern relativ große Wassergaben schon bald nach der Pflanzung, um durch ständiges Feuchthalten der Abdeckung eine Kühlung des Bodens zu erreichen.

Luftfeuchtigkeit
Während der ganzen Kultur muß die Luftfeuchtigkeit weitgehend gleichmäßig gehalten werden, daß eine normale Transpiration ermöglicht wird. Einem plötzlichen starken Absinken der relativen Luftfeuchtigkeit, beispielsweise im Winter bei Frost oder durch unsachgemäßes Lüften, muß durch vorsichtige Feuchtigkeitszufuhr begegnet werden. Beim schnellen Absinken der Luftfeuchtigkeit wird die Transpiration der Pflanze ebenso rasch erhöht, die Wasseraufnahme kann nicht in gleichem Maße Schritt halten, die Folgen sind schwerwiegend. Es kommt zum Schlappen der Schnittstiele, die sich in dieser hängenden Lage fixieren und krumm bleiben, also minderwertige Qualität bringen. Blätter, Knospen und Blütenstiele vertrocknen, Wachstumsstagnation tritt auf (Anonym 1980a).

Steigt demgegenüber die relative Luftfeuchtigkeit zu hoch, wird die Transpiration vermindert und schließlich ganz eingestellt. Dadurch werden auch die Wurzeln inaktiv und es kommt zu erheblichen Wachstumsdepressionen. Aber durch geschicktes Heizen und Lüften muß dieser Entwicklung entgegengewirkt werden.

Licht
Die Ansprüche der Freesien an die Lichtintensität sind hoch. Besonders ist auf ein gutes Verhältnis zwischen Lichtintensität und Temperatur zu achten, wenn an trüben Tagen oder im Winter das Lichtangebot schwach wird. Sogar Laub, das wie ein Schattendach auf dem Stütznetz liegt, vermindert die Lichtzufuhr ins Bestandesinnere. Folge davon ist, daß Seitentriebe und Blütenknospen in der Entwicklung behindert werden und unter Umständen sogar absterben können.

Schattierung darf nur erfolgen, so lange sich keine Knospen gebildet haben. Das betrifft demnach die erste Kulturphase, in der die Temperaturen durch verschiedene Maßnahmen, zu denen auch das Schattieren gehört, niedrig gehalten werden. Mit Erscheinen der Knospen muß der Schatten jedoch weggenommen werden, Tage mit sehr starker Einstrahlung ausgenommen.

Der Einfluß der Tageslänge ist gering und hinsichtlich der Blütenbildung offenbar nur bei höheren Temperaturen wirksam. So wird die Induktion im Kurztag und bei Temperaturen um 18 bis 21 °C) die Blütenentwicklung dagegen durch Langtage und höhere Temperaturen um 20 °C gefördert (RÜNGER 1976).

Im Langtag und bei höheren Temperaturen werden die Knollen am größten, daher sind im Sommer die besten Knollenqualitäten zu erwarten, während die Zahl der Brutknollen mehr von niedrigen Temperaturen und Kurztagen begünstigt wird (RÜNGER 1976).

Temperatur

Ansprüche an die Temperatur

Die Ansprüche der Knollen an die Lagertemperatur beziehungsweise die Wärmeführung zur Vorbereitung auf die Kultur sind auf Seite 239 ff. erörtert worden und brauchen an dieser Stelle nicht wiederholt zu werden.

Die Knollen treiben zwar bei hohen Temperaturen schnell aus, aber die Blütenbildung wird durch tiefere Temperaturen begünstigt. Sortenunterschiede und vor allem Unterschiede in der Präparation können wirksam werden. Allgemein hat sich herausgestellt, daß Freesienknollen nach dem Pflanzen zunächst bei etwa 15 °C gehalten werden müssen. Bei etwas tieferen Temperaturen ist ebenfalls mit sehr günstigen Ergebnissen zu rechnen, doch müssen die im allgemeinen verwendeten aktivierten Knollen die genannten Bedingungen vorfinden. Wenn die Pflanzen 7 sichtbare Blätter haben, wird der Blüteninitiationsprozeß nach 6 Wochen bei 13 °C abgeschlossen. Die Initiation ist irreversibel nach 4 Wochen bei 13 °C, aber schon nach 3 Wochen bei 5 °C, dennoch gelten 13 °C als optimale Temperatur für die Blüteninitiation, während 20 °C oder mehr nicht mehr induktiv sind (GILBERTSON-FERRISS, WILKINS und HOBERG, 1981). Versuche derselben Autoren mit wechselweiser Anwendung induktiver (13 °C) und nichtinduktiver (24 °C) Temperaturen haben ergeben, daß es ausreicht, wenn die induktive Temperatur über 8 Stunden/Tag herrscht. Dabei spielt es keine Rolle, ob die höhere, also nichtinduktive Temperatur, über 8 oder 16 Stunden während des Tages oder der Nacht einwirkt; eine Blütenbildung wurde dadurch nicht verhindert. GILBERTSON-FERRISS et. al. schließen daraus, daß Freesienkulturen dann in die warme Jahreszeit hinein ausgedehnt werden können, wenn die Einhaltung der induktiven Temperatur von 13 °C während des genannten Zeitraumes von 8 Stunden garantiert werden kann.

Seitentriebe und damit mehr Blütenstände werden zwischen 12 und 20 °C angelegt. Liegen die Temperaturen nach der Induktion um 21 °C und darüber, werden vor allem hohe Blütenstengel ausgebildet.

Temperaturführung

Während der ersten vier bis fünf Wochen nach der Pflanzung bleiben die Bodentemperaturen bei niedrigen Werten um 14 bis 15 °C. Sie sollen weder nach oben noch nach unten stärker und keinesfalls nachhaltig abweichen. Im Sommer ist daher eine Kühlung, zum Beispiel durch Bodenabdeckung und Beregnung (siehe Seite 242), allgemein erforderlich.

Winterpflanzungen werden dagegen eher zu kalt gehalten, also erheblich unter der 15- °C-Grenze. In dieser Jahreszeit können bodenbeheizte Beete gut mit Folie abgedeckt werden, wodurch sich bei Haustemperaturen von nur 6 bis 8 °C Heizkosten einsparen lassen und obendrein ein regelmäßigerer Austrieb erfolgt (Consulentschap v. d. Tuinb. 1979.).

Nach der Knospenbildung werden die Bodentemperaturen bei 10 bis 12 °C gehalten. Die Mindestnachttemperatur beträgt 8 bis 10 °C, die Mindesttagestemperatur 10 bis 12 °C. Unter 10 °C gibt es leicht Blattnekrosen, während ein durch Sonneneinwirkung verursachter leichter Temperaturanstieg auf maximal 18 bis 20 °C unschädlich ist (Consulentschap v.d. Tuinb. 1979). Anzustreben sind Temperaturen um 12 bis 15 °C.

In Pflanzschalen vorkultivierte Freesien werden bei 13 bis 14 °C gehalten.

Pflegemaßnahmen

Lüften

Die Lüftung von Freesienhäusern ist sehr sorgfältig zu handhaben, da sie nicht nur der Temperaturregulierung dient. Sie hat zwar die Aufgabe, die Raumtemperatur auf dem gewünschten Niveau zu halten, soll aber darüberhinaus bei Sommerpflanzungen im Zusammenspiel mit der Bodenbedeckung und Bewässerung eine Kühlung erreichen.

Durch die Lüftung wird ferner die Luftfeuchtigkeit im Hause und im Bestand reguliert, wodurch die Transpiration und somit die Feuchtigkeitsversorgung der Pflanzen mitbestimmt werden. Blütenstiele dürfen nie schlappen (vergl. Seite 244).

Schattieren

Ebenfalls zur Regulierung der Temperatur, insbesondere der Bodentemperatur, aber auch zur Milderung einer zu hohen Einstrahlung wird zumindest zeitweise schattiert. Sobald Knospen angelegt sind, muß für viel Licht gesorgt werden, so daß die Schattierung dann auf das unumgänglich Notwendige beschränkt wird.

Nach der Blüte wird zur Förderung der Ausreife und Entwicklung der Knollen wieder schattiert. Unterbleibt dies, stirbt der Bestand sehr schnell ab und hinterläßt Knollen schlechter Qualität (Anonym 1979a, f).

Auch vor Neupflanzungen im Sommer ist es ratsam, die Häuser gut zu schattieren, um von vornherein mit geringeren Bodentemperaturen beginnen zu können, als sie in unschattierten Häusern herrschen.

Rechtzeitiger Glasschutz

Sommerkulturen, die im Freien beginnen, müssen später unter Glas gebracht werden. Dieser Glasschutz – auch Folienhäuser sind geeignet – muß rechtzeitig erfolgen. Der letzte Zeitpunkt hierfür ist mit dem beginnenden Farbezeigen der ersten Blüten gekommen. Die Witterungsbedingungen spielen dabei allerdings eine Rolle. Bei anhaltend schönem Wetter können die Freesien auch noch länger ungeschützt stehen, doch muß bei Schlechtwettereintritt mit Schäden durch *Botrytis* gerechnet werden (Anonym 1979e).

Lichteinfall fördern
Trübe Witterung und zum Winter hin nachlassende Lichtintensität erfordern Maßnahmen, um den Pflanzen höchstmöglichen Lichtgenuß zu vermitteln. Schattierfarbe kann an trüben Tagen durch Anfeuchten transparent gemacht werden (ANONYM 1979b). Zum Herbst hin kann die Reinigung der Verglasung erforderlich werden, besonders in Gebieten mit starker Verschmutzung aus der Luft. Zum Reinigen der Scheiben sollten keine fluorhaltigen Mittel verwendet werden, da Freesien in hohem Maße gegen Fluor empfindlich sind (auch im Gießwasser!, ANONYM 1979g).

Blattschnitt
Starkes Blattwachstum im Sommer und Herbst beeinträchtigt den Zutritt von Licht und Luft zu den Pflanzen, was die Botrytisgefahr steigert und zur Verminderung der Erträge nach Höhe und Qualität führt. Daher muß rechtzeitig mit dem Schneiden überhängender oder aufliegender Blätter begonnen werden. Auch das nur teilweise Wegnehmen, also Einkürzen, ausgewachsener Blätter führt zum Ziel. Dabei ist streng zu beachten, daß keine jungen, aktiven, in Entwicklung befindlichen Blätter abgeschnitten oder eingekürzt werden, weil dies die Pflanze und damit die Ergebnisse beeinträchtigt, besonders, wenn es kurz vor der Blüte geschieht.

Blattschnitt kann wiederholt werden, so lange die Blütenstengel noch unter dem Laub sitzen (ANONYM 1979j).

Abb. 94. Wegen des Lichtbedarfes dürfen die Blätter nicht auf den Netzen aufliegen, sondern müssen senkrecht stehen.

Netze hochziehen
Freesien verlangen ein bis zwei Netze zur Aufleitung. Diese müssen rechtzeitig hochgezogen werden, damit das Laub nicht auf ihnen aufliegt und Licht- und Luftzufuhr zu den Pflanzen behindert. Die Blätter müssen immer gut aufrecht stehen (ANONYM 1979 g).

Ausdünnen
Oft kommen bei Freesien schon bald nach der Pflanzung mehrere Triebe zur Ausbildung, wodurch der Bestand sehr dicht werden kann, was besonders bei enger Pflanzung zu Nachteilen führt. Das ist auch bei der Pflanzung von Brutknollen möglich.

In solchen Fällen ist es ratsam, im Interesse einer guten Qualität auszudünnen, da sich die zu dicht stehenden Blütenstiele nicht sicher zu guter Verkaufsware entwickeln (ANONYM 1979c).

Weitere Kulturverfahren

Vorkultur in Pflanzschalen
Der Pflanzung in einem zu warmen Boden während des Sommers kann durch Vorkultur in Pflanzschalen, wie sie von der Firma VAN STAAVEREN, Aalsmeer, entwickelt worden sind, begegnet werden. Gleichzeitig kann dadurch etwas später gepflanzt und somit die Fläche vorher länger anderweitig genutzt werden.

Die in 12 Rillen gepreßten Platten aus Torfsubstrat haben die Abmessungen 45 × 32 × 3,5 cm. Nach kurzer Vorwässerung werden sie auf eine spezielle Unterla-

Abb. 95. Vorkultur auf begrenztem Raum in der holländischen Stavé-Kulturschale.

ge oder in Kisten gelegt, zu etwa 1/4 mit torfreichem Substrat gefüllt und mit 8 bis 9 Freesienknollen je Reihe bepflanzt. Anschließend wird mit Substrat aufgefüllt.

Bei 13 °C im Gewächshaus oder in einem kühlen Raum aufgestellt, können die Knollen auf verhältnismäßig engem Raum ihre erste Entwicklung durchmachen. Boden- und Luftfeuchtigkeit müssen gleichmäßig und ausreichend hoch gehalten werden.

Nach etwa drei Wochen, wenn die Pflanzen etwa 10 bis 15 cm hoch ausgetrieben haben, können sie noch bis zum Pflanzen im Gewächshaus für etwa 14 Tage im Freien an schattiger, geschützter Stelle stehen. Anschließend beginnt die Kultur im Gewächshaus am endgültigen Standort.

Die Schalen werden so auseinandergebrochen, daß die einzelnen Rinnen mit den ausgetriebenen Knollen wie Riegel in Reihen ausgelegt werden können. Sie müssen mit der Oberkante 4 bis 5 cm tief unter der Bodenoberfläche liegen. Bei Beachtung aller Kulturerfordernisse wachsen sie zügig weiter und bringen gute Ergebnisse.

Blüteschema der Freesien im Jahreslauf (van Staaveren o. J.)

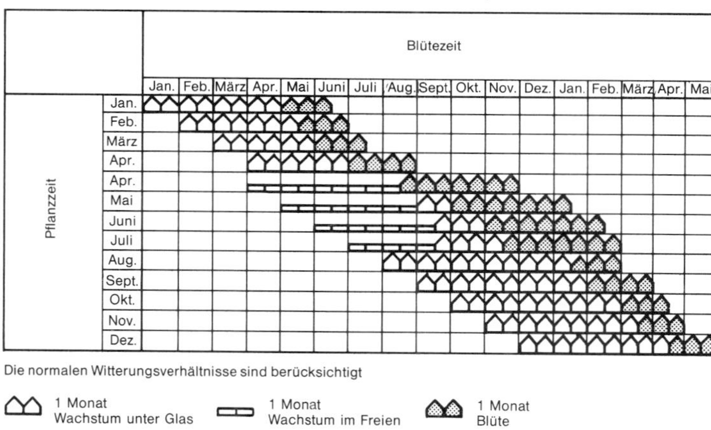

Rollhauskultur

Hierauf braucht nur kurz hingewiesen zu werden, da sich die Bedingungen für diese Form des Anbaues lediglich durch die Pflanzung ins Freiland und späteres Überrollen von denen der ausschließlichen Hauskultur unterscheiden.

Neben der Möglichkeit, auch Freilandflächen mit in den Anbau einzubeziehen und in den Sommermonaten die vorhandene mobile Glasfläche anderweitig zu nutzen, hat die Pflanzung auf Freilandbeete den Vorteil, daß die Kultur bei angemessenen Bodentemperaturen beginnen kann. Dennoch kann sich auch auf Freilandflächen eine Beetabdeckung und Beregnung zur Kühlung als notwendig erweisen.

Auf rechtzeitigen Glasschutz im August/September, sobald die Pflanzen beginnen Farbe zu zeigen, ist schon hingewiesen worden (siehe Seite 246). Anstelle des Rollhauses können auch Einfachbauten, zum Beispiel Folientunnel, treten.

Saatfreesien

Saatfreesien bringen bei früher Aussaat ab Ende September/Anfang Oktober bis ins Frühjahr hinein gute Erträge. Gegenüber Knollenfreesien sind sie weniger einheitlich und durch die sehr lange Kulturzeit belastet.

Aussaat

Saatgutbedarf
Bei einer Aussaatmenge von ungefähr 200 bis 300 Korn/m² benötigt man zwischen 2 und 3 g Saatgut. Die Schwankungen ergeben sich je nach Sorte und Klasse.

Vorkeimung
Die Aussaat vorgekeimten Saatgutes ist zu empfehlen, weil sich daraus eine weit größere Sicherheit ergibt.

Das Saatgut wird zwischen den Händen gerieben, um die äußere Samenschale aufzurauhen. Anschließend wird es für 24 Stunden in 20 °C warmem Wasser eingeweicht und schließlich mit feuchtem Sand gleichmäßig vermischt. Das Gefäß mit der Saatgut-Sand-Mischung wird dunkel (Dunkelkeimer!) bei 20 °C aufgestellt und regelmäßig durchgemischt und feuchtgehalten. Innerhalb von 14 bis 18 Tagen tritt die Keimung ein. Sobald etwa 60 % des Saatgutes eben sichtbare Keimwürzelchen zeigen, wird vorsichtig auf den endgültigen Standort „ausgesät".

Aussaattermine
Frühe Aussaaten von Mitte März bis Ende April sind nur unter Glas oder im Folienhaus möglich, weil Freesien frostgefährdet sind. Diese Sätze können nach Mitte Mai, wenn die Pflänzchen 5 bis 6 cm hoch geworden sind, bis gegen Mitte September freigestellt werden. Somit eignet sich die Kultur für Rollhäuser oder Folientunnel. Die Ernte beginnt ab Ende November/Anfang Dezember und hält bis zum Januar/Februar an.

Freilandaussaat ist kaum vor Mitte Mai möglich und wird bis gegen Ende Mai durchgeführt. Je nach örtlichen Klimabedingungen kann eventuell auch schon früher im Freien ausgesät werden, wenn man erfahrungsgemäß keine Spätfröste mehr erwartet. Auch diese Sätze müssen ab Mitte bis Ende September unter Glas gebracht werden. Abhängig vom Aussaattermin blühen sie ab Januar bis ins Frühjahr hinein. Spätere Freilandaussaaten blühen etwa ab Februar/März, so daß in Grenzen eine Staffelung der Sätze und Blütezeiten möglich ist.

Aussaaten unter Glas mit ausschließlicher Kultur im Gewächshaus sind innerhalb des genannten Zeitraumes möglich, wenn sehr gut lüftbare Gewächshäuser zur Verfügung stehen. Besonders günstig sind Konstruktionen mit herausnehmbaren Seitenwänden.

Für spezielle Verhältnisse ist Aussaat in Kisten zur Gefäßkultur ebenso möglich wie die Aussaat in Töpfe zur Vorkultur für anschließendes Auspflanzen.

Aussaat
Auf gutvorbereitete Beete wird in Rillen von etwa 0,5 cm Tiefe mit 12 cm Reihenabstand so ausgesät, daß 25 bis 35 Korn auf den laufenden Meter kommen. Allerdings kann das Samen-Sand-Gemisch auch breitwürfig ausgebracht werden, wenn auf möglichst gleichmäßige Verteilung geachtet wird. Danach wird mit Erde überdeckt oder bei Breitsaat leicht in die Bodenoberfläche eingeharkt.

Weiterkultur

Kulturmaßnahmen
Wenn der Bestand nach der Keimung zu dicht ist, muß vereinzelt werden, noch bevor die Ziehwurzeln ausgebildet sind. Die dabei anfallenden Pflanzen können zum Nachpflanzen in Lücken verwendet werden.

Zur Aufleitung sind bis zu drei Netze rechtzeitig anzubringen.

Nachdem 6 bis 8 Blätter gebildet sind, lösen niedrige Temperaturen die Blütenbildung aus. Nach GILBERTSON-FERRIS, WILKINS und HOBERG (1981) liegt das Optimum dafür bei 13 °C, wenn 7 sichtbare Blätter ausgebildet sind. Dabei ergeben sich bei Sommerkulturen unter Glas gelegentlich Schwierigkeiten durch zu hohe Gewächshaustemperaturen, so daß die Freilandkultur vorteilhaft ist.

Bei gleichmäßiger Bewässerung ist das Verschlämmen des Bodens unbedingt zu vermeiden, denn Freesienwurzeln sind luftbedürftig. Häufigere kleine Wassergaben zur Kühlung des Bodens sind daher besser zu beurteilen als größere Mengen in jeweils größeren Abständen.

Zwischen Aussaat und Ernte liegen etwa neun Monate Kulturzeit.

Knollenerte
Von Saatfreesien können Knollen geerntet und etwa drei Jahre lang nachgebaut werden. Darüber hinaus lohnt es sich nicht mehr (SENNELS und STEFFEN 1973). Hierfür müssen die Pflanzen nach der Blüte gut abreifen (s. Seite 237). Die Knollenbildung wird durch Temperaturen um 10 °C ausgelöst (RÜNGER 1976).

Ernte

Schnittreife
Freesien werden häufig unreif geerntet, was die Haltbarkeit beeinträchtigt; oft blühen sie dann beim Käufer nicht einmal mehr auf. Am Kamm sollten eine bis zwei Blüten geöffnet sein und etwa zwei weitere deutlich Farbe zeigen. Zumindest sollte sich auf einem normal ausgebildeten Kamm die erste Blüte gerade öffnen (ANONYM 1979n). Wird geschnitten, bevor die Knospen Farbe zeigen, muß mit Knospenöffnungslösungen gearbeitet werden. Allgemein ist die Anwendung von Blumenfrischhaltemitteln vorteilhaft (CAROW 1978).

Ernten
Vor dem Schnitt werden viröse Pflanzen wegen der Infektionsgefahr beseitigt.

Mit einem scharfen Messer oder mit der Schere wird zunächst der Haupttrieb geschnitten. Die Nebentriebe folgen später, wie sie heranreifen. Die Blütenstiele werden möglichst lang geerntet, wobei jedoch die sich entwickelnden Seitentriebe geschont werden.

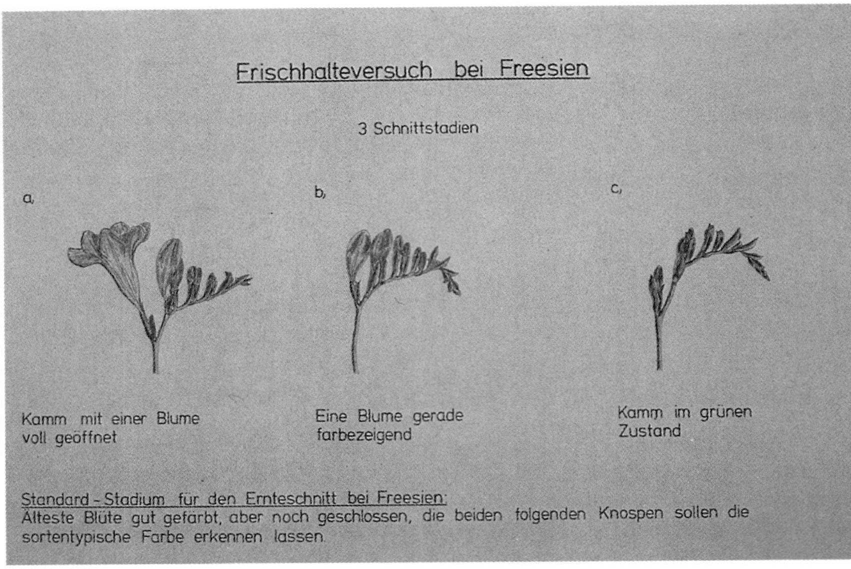

Abb. 96. Darstellung der Schnittreife.

Weiterverarbeitung
Freesien können gleich am Beet gebündelt werden. Allerdings ergeben sich dabei leicht Schwierigkeiten, wenn die Ernte qualitativ unausgeglichen ist. Sortieren und Bündeln am Tisch wird dagegen dadurch erschwert, daß sich die Blütenkämme ineinander verhaken, was zu erhöhtem Zeitaufwand führt.

Die Blumen werden einfarbig gebündelt, allerdings können auch mehrfarbige Bunde gut abgesetzt werden.

Kurzfristige Lagerung bis zur Vermarktung ist bei 1 bis 5 °C im Kühlschrank möglich.

Erträge
Die Erträge richten sich nach Knollengröße und Bestandesdichte. Kleinere Knollen bringen nur 1 bis 2 Blütenstiele, während größere bis zu 4 Schnittstielen liefern, also neben dem Haupttrieb noch 1 bis 3 Nebentriebe. Dabei sind jahreszeitlich bedingte Ertrags- und Preisunterschiede zu berücksichtigen (DE HAAN, POLMAN und V. D. WIELEN 1982)

Standdauer

Sätze
Knollenfreesien können ganzjährig, Saatfreesien von März bis Juni in Sätzen angebaut werden. Die Kulturdauer beträgt rund 9 Monate für Saatfreesien und, je nach Jahreszeit und Präparation, etwa 4 bis 6 Monate für Knollenfreesien. Dazu kommt noch eine Reifezeit von 6 Wochen, wenn Knollen geerntet werden sollen.

Abb. 97. Größen- und Qualitätssortierung an einem einfachen Sortiertisch.

Rodung

Nach der Kultur wird sorgfältig gerodet. Aus phytosanitären Gründen dürfen keine alten Knollen im Boden bleiben. Sie werden entweder weggeworfen oder, wenn sie gesund und gut ausgereift sind, nach erneuter Präparation (im Lohnverfahren durch Spezialfirmen) für eine weitere Pflanzung verwendet. Dabei sind gelegentlich widersprüchliche Bedingungen in Einklang zu bringen. So richtet sich der Rodetermin letztlich nach dem tatsächlichen Ernteschluß, der Qualität des zu rodenden Materials, wenn eine Wiederverwendung vorgesehen ist und nach dem geplanten nächsten Pflanztermin (van Leeuwen 1982a).

Knollen und Brutknollen werden getrennt aufbereitet und gepflanzt.

Literatur

Anonym: Freesia-Schermen. Vakbl. v. d. Bloemist. **34,** (20), 18, 1979a.
–: Freesia-Maatregelen bij zomerplanting. Vakbl. v. d. Bloemist. **34,** (23), 27, 1979b.
–: Freesia-Najaars- en winterpartijen. Vakbl. v. d. Bloemist. 34, (24), 27, 1979c.
–: Freesia-Stro als afdekmiddel. Vakbl. v. d. Bloemist. **34,** (26), 27, 1979d.
–: Freesia-onder glas brengen! Vakbl. v. d. Bloemist. **34,** (31), 19, 1979e.
–: Freesia-Uitgroeien van knollen. Vakbl. v. Bloemist. **34,** (31), 19, 1979f.
–: Freesia-Gewassen voor najaarsbloei. Vakbl. v. d. Bloemist. **34,** (36), 29, 1979g.
–: Freesia. Aktivering van knollen en kralen. Vakbl. v. d. Bloemist. **34,** (37), 30, 1979h.
–: Freesia. Plantmateriaal. Vakbl. v. d. Bloemist. **34,** (40), 29, 1979i.
–: Freesia-Bladsnoei. Vakbl. v. d. Bloemist. **34,** (41), 26–27, 1979j.
–: Freesia-Plantrijpheid. Vakbl. v. d. Bloemist. **34,** (45), 24, 1979k.
–: Freesia-Grondverwarming. Vakbl. v. d. Bloemist. **34,** (47), 18, 1979l.
–: Freesia-Planten. Vakbl. v. d. Bloemist. **34,** (48), 23, 1979m.
–: Freesia-Houdbaarheid. Vakbl. v. d. Bloemist. **34,** (49), 25, 1979n.

Freesia-Kultur (Übersicht)

Kulturabschnitt/Kulturmaßnahme	Termin	Temperatur	Spezielle Hinweise
Saatfreesien			
Vorkeimen des Saatgutes	14-18 Tage vor dem Aussaattermin	20 °C	24 Stunden lang vorquellen, anschließend:
		20 °C	14 bis 18 Tage lang in feuchtem Sand dunkel halten, bis etwa 60% der Samen Keimwurzeln zeigen
Aussaat	III IV V	20 °C	In Reihen oder breitwürfig, Torfdecke
Blüteninduktion	Wenn 6 bis 8 Blätter gebildet sind	10 bis 13 °C	
Blüte	IX–XI X–I XII–II		
Kulturdauer bis Blüte	6 bis 9 Monate		
Knollenfreesien			
Pflanzung der Knollen	Sätze nach Bedarf	14 bis 15 °C	Reihenpflanzung, 80 bis 130 Knollen/m^2 je nach Jahreszeit und Umständen. Verwendung termingerecht präparierter Knollen
Blüte	Etwa 4 bis 5 Monate nach Pflanzung		
Kulturdauer bis Blüte bis Rodung	Entsprechend zusätzlich etwa 6 Wochen für die Ausreife der Knollen		Warm, trocken, sonnig.

Erträge	Je nach Knollengröße 1 Haupttrieb und bis zu 3 Nebentriebe
Markt	Gute Absatzbedingungen. Für Großmarkt neben einfarbigen auch gemischte Bunde

Häufige Kulturfehler

Fehlerquelle	Kulturfehler	Folgen
Temperatur	Zu hohe Bodentemperaturen bei Knollenfreesien nach der Pflanzung und bei Saatfreesien nach der Bildung von 6 bis 8 Blättern	Blütenbildung erschwert oder verhindert
Licht	Lichtentzug durch zu dichten Stand, zu starke Schattierung oder mangelhafte Aufleitung (Blätter liegen auf den Netzen auf, statt zu stehen)	Ertragsrückgang nach Qualität und Menge
Feuchtigkeit	Schlappen der Blütenstiele	Krumme, schlecht verkäufliche Blütenstiele
Glasschutz	Glasschutz zu spät gegeben, nachdem die Blüten Farbe zeigen oder nach Mitte bis Ende September (Witterung beachten!)	Botrytis-Gefahr, Qualitätsmängel
Ernte	Schnitt zu knospiger Stiele	Schlechte Haltbarkeit, Aufblühen in der Vase wird erschwert oder verhindert

Pflanzenschutz

Krankheit, Erreger, Schädling	Schadbild	Bekämpfung	Bemerkungen
Fusarium-Welke und Knollenfäule *Fusarium oxysporum f. gladioli* Synd. et Hans	Quarantänekrankheit. Laub vergilbt, stirbt ab; kümmerlicher Austrieb (Knolle war schon befallen). Knolle mit braunen Flecken, innen rotbraun verfärbt, Knollenboden fault. Wasserleitungsbahnen befallen, Wurzeln sterben ab	Bodenentseuchung durch Dämpfen, Di-Trapex	Krankheit ist temperaturabhängig, bei höherer Temperatur wird sie begünstigt
Grauschimmel-Krankheit *Botrytis cinerea* Pers.	Auf Blättern und Stengeln graubraune Flecken, ausgedehnte Faulstellen, Schimmelrasen. Auf Blüten Stippen und Pocken, die zu größeren Befallstellen zusammentreten	B 500, Tecto-Räuchertabletten, Liro-Räuchertabletten, Exotherm-Thermil, Botrysan, Ronilan, Rovral	Krankheit wird durch hohe Luftfeuchtigkeit und stagnierende Luft gefördert
Blattläuse	Saugschäden, Verkrüppelungen	gebräuchliche Insektizide	
Blasenfüße (Thrips)	Weißlichgrau bis silbrig schimmernde Fleckchen, die sich später über das ganze Blatt verbreiten	Parathion, Malathion und andere Präparate	
Spinnmilben	Saugschäden, Fleckchenbildung, später ganze Blattfläche befallen. Blüten unverkäuflich	Insektizide, dazu Spezialmittel: Kelthane, Fundal forte 750, Galecron, Drawinol S, Pentac und andere	Trockene Luft begünstigt den Schädling
Freesien-Mosaik *Freesia virus* 1	Mosaikartige Scheckung und Fleckung oder feine Streifenbildung auf Blütenblättern farbiger Sorten. Blattsymptome nicht immer deutlich	Vektoren bekämpfen	Sortenanfälligkeit unterschiedlich, ebenso Symptomausprägung

Gelbmosaik der Buschbohne *Phaseolus virus* 2	Hellgrüne, gelbliche Striche, Flecken auf Blättern. Durch Einschnürungen unterhalb der Blumenblattzipfel öffnen sich Blüten nicht oder schlecht	Vektoren bekämpfen	Auch Bohnen, Erbsen, Gladiolen werden befallen
Freesia streak virus	Symptome ähnlich wie bei den beiden genannten Virosen, stark wechselnd je nach Sorte und Umweltbedingungen		

–: Freesia-Vriezend weer. Vakbl. v. d. Bloemist. **35,** (2), 21, 1980a.
–: Freesia-Vocht en verdamping. Vakbl. v. d. Bloemist. **35,** (4), 30, 1980b.
–: Freesia-Temperatuur. Vakbl. v. d. Bloemist. **35,** (4), 30, 1980c.
–: Freesia-Luchtvochtigheid, cv. 'Fantasie'. Vakbl. v. d. Bloemist. **35,** (5), 42, 1980d.
Boer, W. den: Mogelijkheden voor chemische onkruidbestrijding Freesia. Vakbl. v. d. Bloemist. **34,** (21), 42–43, 1979.
Breebaart, J.: Let op het juiste oogststadium. Vakbl. v. d. Bloemist. **35,** (14), 54, 1980.
Consulentschap voor de Tuinbouw: Energiebesparing bij... teelt Freesia. Vakbl. v. d. Bloemist. **34,** (49), 30–31, 1979.
Gilbertson-Ferriss, t., Wilkins, h. f., and Hoberg, r.: Influence of alternating day and night temperatures on flowering of Freesia hybrida. Jour. Amer. Soc. Hort. Sci. **106** (4), 466–469, 1981.
Glas, J. J.: Maatregelen bij zomerplanting Freesia. Vakbl. v. d. Bloemist, **35,** (23), 36–37, 39, 1980.
Haan, n. de, Polman, h., und Wielen th. v. d.: Jaarlijks opbrengstonderzoek Freesia. Vakbl. v. d. Bloemist. **37** (24), 46–47, 1982.
Leeuwen, c. van: Jaarrondplanning Freesia moeilijk maar noodzakelijk! Vakbl. v. d. Bloemist. **37** (11), 34–35, 1982a.
–: Proef bij „Ballerina“: Prepareer Freesiaknollen niet te kort. Vakbl. v. d. Bloemist. **37** (11), 37, 1982b.
L. St: Bei Wachstumsstörungen keine Blütenrispe. Taspo-Magazin (4), 91, 1974.
Pierik, R. L. M., und Steegmans, H. H. M.: Vegetatieve vermeerdering van Freesia in kweekbuizen. Vakbl. v. d. Bloemist. **30,** (24), 18–21, 1975.
Sennels, N. J., und Steffen, L.: Kultur der Freesien und Nerinen. Verlag Paul Parey, Berlin und Hamburg 1973, 3. Aufl.
Steffen, L.: Terminkultur bei Freesien möglich? Gartenwelt **73,** (8), 173–174, 1973a.
–: Die Behandlung der Freesien-Knollen. Gartenwelt **73,** (9), 198, 200–201, 1973b.
–: Der Einfluß des Pflanztermins auf die Kultur und Blüte bei Freesien. Gartenwelt **73,** (10), 222–223, 1973c.

Gardenia

Gardenia Ellis – f – *Rubiaceae*, Gardenie

Name: Alexander Garden, 1730 bis 1791, amerikanischer Arzt und Naturforscher.

Heimat: Etwa 60 Arten sind in tropischen und subtropischen Gebieten Asiens und Afrikas beheimatet.

Bedeutung für den Schnittblumenanbau

	Heimat	Blütezeit
G. jasminoides Ellis	Japan, Riukiu-Inseln, Taiwan, China	VII–X

Neben ihrer Verwendung als Topfpflanzen können *Gardenia* in begrenztem Umfang als Schnittblumen angeboten werden. Eine Reihe guter Sorten ist hierfür geeignet.

Vermehrung

In den Hauptvermehrungszeiten von Ende Juli bis September und von Januar bis April werden, nach Steffen (1951) und Hahn (1977) halbausgereifte nach Steib et al. (1981) kräftige ausgereifte, aber noch nicht verhärtete Kopfstecklinge, nach Plömacher (1980) auch Triebstecklinge mit einigen Blattpaaren in reinen Torf oder Torf-Sand-Gemisch gesteckt. Die brüchigen Wurzeln erfordern Gitter-, Torfanzucht- oder andere Verwendungstöpfe. Bei 22 bis 25 °C unter Sprühnebel oder Folienabdeckung tritt die Bewurzelung nach 4 bis 5 Wochen ein.

Abb. 98. Gardenia jasminoides.

Kultur

Etwa 6 bis 8 Wochen nach dem Stecken kann in 11- bis 12-cm-Töpfe eingetopft oder ausgepflanzt werden. Steffen (1951) schlägt vor, Jungpflanzen aus der Wintervermehrung im Mai mit 45 × 50 cm Abstand auszupflanzen. Das starke Wachstum der Gardenien, die 1,50 m groß werden können, führt aber dazu, daß später jede zweite Pflanze herausgenommen werden müßte. Er rät deshalb zur Pflanzung in Kästen (Efeukästen), die sich je nach Bedarf auf den erforderlichen Abstand stellen lassen. Obendrein sei der Blütenansatz in derartigen Kästen besser als bei freiem Stand im Bankbeet. Da das Entfernen einer so großen Zahl von Pflanzen zur Auflockerung des Bestandes nicht vertretbar ist, der Standraum aber auch in der Aufbauphase gut genutzt werden muß, kommt entweder eine Reduzierung der Reihenzahl je Beet (Zweireihenpflanzung) oder anstelle der empfohlenen, heute aber nicht mehr aktuellen Efeukästen, die Benutzung von Kunststoffcontainern in Frage.

Ein- bis zweimaliges Stutzen fördert die Verzweigung. Für die Blüte im zeitigen Frühjahr muß dies bis spätestens Ende August erfolgen. Im Spätsommer bis Herbst entwickeln sich blühfähige Triebe. Bei älteren Pflanzen kann dies durch Wegnahme schwacher Triebe begünstigt werden. Gleichzeitig entstehen neue Bodentriebe, die den Folgeflor sicherstellen. Im Winter bilden sich Blütenknospen.

Die Pflanzflächen müssen durchlässig sein, Staunässe vertragen Gardenien keinesfalls. Wegen der geringen Salzverträglichkeit werden die Beete vor der Pflanzung kräftig beregnet, um Salzreste von der Vorkultur auszuwaschen. Torfgaben richten sich nach dem jeweiligen Bedarf und dem zuträglichen pH-Wert um 5,5 bis 6,5. Für Containerkulturen eignen sich reiner, leicht mit 1 kg/m^3 Mehrnähr-

Gardenia – Kultur (Übersicht)

Kulturabschnitt/Kulturmaßnahme	Termin		Temperatur	Spezielle Hinweise
Vermehrung	XII – III	VIII – IX	22 bis 25 °C Bodentemperatur	Halbausgereifte Kopfstecklinge, Triebstecklinge
Auspflanzen (kleine Sätze eventuell topfen, Containerkultur)	V – VI	X – XI	15 bis 17 °C nachts am Tage höher bis maximal 30 °C	45 × 50 cm. Anfangs mit hoher Temperatur Förderung des vegetativen Wachstums
Ruheperiode	VIII – IX		15 bis 16 °C	Bei mehrjähriger Kultur jährliche Ruhe
	4 bis 6 Wochen lang, 3 bis 4 Monate vor Blühtermin		15 bis 16 °C	Bei Kulturen bis zu zweijähriger Standdauer
Blüte	XI – XII	V	15 bis 17 °C	
Kulturdauer: Pflanzung-Blüte	1 Jahr	9 Monate		Gesamtstanddauer möglichst nicht länger als zwei Jahre
Markt				Absatz begrenzt, örtlich unterschiedlich

Häufige Kulturfehler

Fehlerquelle	Kulturfehler	Folgen
Temperatur	Zu niedrige Anfangstemperatur	Ungenügende vegetative Entwicklung, Verzögerung, verringerte Leistungsfähigkeit
	Zu hohe Temperatur vor der Blüte	Ungenügende Blühförderung
	Zu hohe Temperatur in der Ruhezeit	Schäden an den Pflanzen durch Mißverhältnis der Wachstumsfaktoren und Kulturmaßnahmen (Trockenhalten)
Ruhezeit	Nichteinhaltung der Ruhezeit	Mangelhafte Blüte

stoffdünger angereicherter Torf, TKS 1, Einheitserde P oder eine Mischung aus Rasenkuhdungerde mit abgelagerter Lauberde, Torf und Sand.

Gardenien sind sehr salzempfindlich und weden deshalb oftmals nur organisch gedüngt. STEIB et al. (1981) empfehlen als Grunddüngung 1 bis 2 kg/m^3 Hornspäne und 0,5 bis 1 kg/m^3 Mehrnährstoffdünger. In der Hauptwachstumszeit sollte mit Konzentrationen nicht über 0,15 % flüssig nachgedüngt werden. Fetrilon wird mit 0,1 % bei Chlorose unter gleichzeitiger Temperaturanhebung gegossen.

Hinsichtlich der Reaktion auf die Tageslänge weisen STEIB et al. (1981) darauf hin, daß in den USA blühfähige Bestände von der zweiten Julihälfte ab für 4 Wochen von 18 bis 8 Uhr verdunkelt werden, um eine Weihnachtsblüte zu erreichen. Im übrigen wünschen Gardenien, außer in der Vermehrung, nur leichten Schatten, im Winter volles Licht.

Die Temperaturansprüche sind vor allem in der Anzucht recht hoch. So sind nach der Bewurzelung bei 22 bis 25 °C bis zum Topfen 18 bis 20 °C, danach aber zur Förderung des Anwachsens wieder 20 bis 22 °C zu halten. Hierbei könnten Vegetationsheizung und Folienzelt nützlich sein. Im weiteren Verlauf werden 18 bis 20 °C, in den lichtarmen Wintermonaten noch 16 bis 17 °C Boden- und Lufttemperatur gegeben. Diese letztgenannten Temperaturen werden als günstig für die Blütenknospenbildung und -entwicklung angegeben; nach ENCKE (1968) liegt dieser Bereich zwischen 15 und 17 °C. Dabei handelt es sich jeweils um Nachttemperaturen. Erreichen oder überschreiten diese den Wert von 18 °C, wird die Blütenknospenbildung gehemmt und der Knospenabwurf gefördert. Niedrige Temperaturen haben wiederum eine Verlangsamung der Knospenentwicklung und bei weiterem Absinken Chlorose zur Folge.

Um den Flor zu terminieren, ist eine 4- bis 6wöchige Ruhezeit etwa 3 bis 4 Monate vor dem gewünschten Blühtermin angebracht. Die Temperatur wird auf 15 bis 16 °C gesenkt und die Wasserzufuhr eingeschränkt, ohne es zu Welkerscheinungen kommen zu lassen (STEFFEN 1951, HAHN 1977).

Der Schnitt darf nicht zu spät erfolgen. Schnittreif sind *Gardenien* kurz bevor die Blüte voll entwickelt und ausgebaut ist.

Literatur

HAHN, E.: Topf-Gardenien. Gb + Gw **77,** 1234, 1237, 1977.
PLÖMACHER, H.: Kulturerfahrungen mit Gardenia jasminoides. Zierpflanzenbau **20** (17) 860–861, 1980.

Gentiana

Gentiana L. – f – *Gentianaceae,* Enzian

Name: Gentius, alter griechischer Name, abgeleitet von einem König der Illyrer.

Heimat: Enziane bewohnen vor allem Gebirge der Nordhemisphäre. Nur wenige Arten kommen in den Anden vor. Die Angaben über die Artenzahl streuen von etwa 200 bis über 800.

Abb. 99. Gentiana 'Royal Blue' liefert lange, kräftige Schnittstiele.

Bedeutung für den Schnittblumenanbau

Art	Heimat	Blütezeit
G. acaulis L.	Alpen, Karpaten bis NO-Spanien, Mittelitalien, Mitteljugoslawien	VI – VII
G. asclepiadea L.	Mitteleuropa bis Mittelitalien, Mittelgriechenland bis Nordwest-Ukraine, Vorderasien	VIII
G. clusii Perr. et Song.	Mittel- und Südeuropa, Karpaten bis Südfrankreich, Norditalien, Nordjugoslawien	V – VI
G. septemfida Pall. var. *lagodechiana* Kusn.	Ostkaukasus	VII – IX
G. ‚Royal Blue‘	Japanische Züchtung	VIII

Während *G. acaulis* und *G. clusii* nur sehr kurzstielige Kleinschnittblumen liefern, sind von *G. septemfida* var. *lagodechiana* mehrblütige Stiele von etwa 15 bis 20 cm Länge zu erwarten. *G. asclepiadea* und vor allem die japanische Sorte 'Royal Blue' bringen recht ansehnliche, vielblütige Schnittblumen mit 80 bis 130 cm Länge hervor. Diese letztgenannte Sorte ist seit etwa 1979 recht interessant geworden. Alle genannten Vertreter blühen blau. Sicher können auch andere Arten für zumindest gelegentliche Schnittblumengewinnung brauchbar sein.

Abb. 100. 'Royal Blue'-Schnittbestand im Freilandanbau.

Vermehrung

Enzian wird durch Aussaat (Frostkeimer!) und durch Teilung vermehrt. Sämlinge lassen erst im zweiten Jahr Erträge erwarten. Zur vegetativen Vermehrung werden ältere Pflanzen nach der Blüte geteilt und sorgfältig aufpikiert.

Kultur

Enziane lieben humosen, frischen, feuchten Lehmboden mit geringem Kalkgehalt in mäßig sonniger Lage. Sie liefern bei Freilandkultur Blüten zwischen Mai und Oktober.

Eine Verfrühung läßt sich nicht durch Treiben, sondern durch Überbauen (Folientunnel) im zeitigen Frühjahr ab März erreichen. Die Temperaturen dürfen nur langsam ansteigen, denn einerseits fördern sie die Blüte, andererseits ist Treibwärme schädlich. Reichliche Lüftung ist wichtig.

Um jedes Jahr gute Erträge zu bekommen, wird in Sätzen kultiviert, weil nach etwa drei Jahren geteilt werden muß.

Auch Topfkultur in TKS 2 ist möglich und wird bei den niedrigen Formen durchgeführt.

'Royal Blue' erfordert ein Stütznetz (Chrysanthemennetz) für die bis 1,30 m langen Stiele. Dieser Enzian darf nicht zu oft aufgenommen und geteilt werden, da im Folgejahr jeweils deutlich geringere Erträge und kürzere Stiele auftreten. Er ist vorsichtig zu pflanzen, weil die Wurzeln senkrecht in die Erde (pH-Wert um 5,0) gebracht werden müssen. Der Wurzelstock wird nur leicht, etwa 4 cm, bedeckt. Die Gesamtstanddauer liegt bei etwa fünf Jahren.

Gentiana – Kultur (Übersicht)

Kulturabschnitt/ Kulturmaßnahme	Termin				Temperatur	Spezielle Hinweise
	G. acaulis	*G.* 'Royal Blue'	*G. clusii*	*G. septemfida* var. *lagodechiana*		
Aussaat	XI – I	XI – I	XI – I	XI – I	Frostkeimer	
Teilung	VIII	III	VIII	IX		Freilandbeete oder getopft, Kalthaus
Blüte	VI – VII	IX – XI	V – VI	VIII – IX		Normale Freilandblüte
Kulturdauer:						
Saat-Blüte	1,5 Jahre	1 bis 2 Jahre	1,5 Jahre	1,5 Jahre		
Teilung-Blüte	Etwa 8 Monate					
Standdauer bis Teilung	3 Jahre	5 Jahre	3 Jahre	3 Jahre		
Markt						In kleineren Mengen gut abzusetzen

Häufige Kulturfehler

Fehlerquelle	Kulturfehler	Folgen
Vermehrung	Zu häufiges Teilen, vor allem bei *G. asclepiadea* 'Royal Blue'	Geringer Ertrag
Temperatur	Anwendung hoher Temperatur bei der Verfrühung	Schlechte Blühergebnisse

Pflanzenschutz

Krankheit, Erreger Schädling	Schadbild	Bekämpfung	Bemerkungen
Blattfleckenkrankh. *Septoria* spec.	1 bis 2 Millimeter große, kreisrunde, gelblich-braune Flecken; Absterberscheinungen	Grünkupfer, Metiram (Polyram Combi), Mancoceb (Dithane Ultra)	
Grauschimmel *Botrytis cinerea* Pers.	Fäulnis am Stengelgrund, Vergilbung, Absterben; bei Feuchtigkeit grauer Schimmelrasen	Dichlofluanid (Euparen) Ronilan, Rovral	
Blattälchen *Aphelenchoides ritzemabosi* (Schwartz) Good.	*G. clusii* zeigt verkrüppelte Sproßgipfelblätter, Vergilbung, sichelförmige Einkrümmungen: Wachstumsstockung; Bei starkem Befall Absterben der Sproßspitze	Parathion (E 605), Zinophos (Nemafos), Aldicarb (Temik 5 G)	

Wenn etwa 3/4 der Blüten geöffnet sind, ist Schnittreife eingetreten. Die übrigen Blüten blühen in der Vase noch restlos auf. Das gilt analog für *G. septemfida* var. *lagodechiana*. *G. acaulis* und *G. clusii* werden geschnitten, sobald die Blüten geöffnet sind; bei letzteren handelt es sich um Einzelblüten.

Der langstielige Enzian 'Royal Blue' eignet sich gut zur Hauskultur bzw. zum Anbau im Roll- oder Folienhaus. Er ist durch seine späte Blütezeit attraktiv.

Literatur

Anonym: Gentiana verreijking snijbloemenaanbod. Vakbl. v. d. Bloemist. **35,** (13), 69, 1980.
De Groot, K.: Teelt van Gentiana als snijbloem. Vakbl. v. d. Bloemist. **35,** (11), 32 bis 33, 1980.

Gerbera

Gerbera L. – f – *Compositae* (*Asteraceae*), Gerbera

Name: Traugott Gerber, gest. 1743, deutscher Naturwissenschaftler

Heimat: Etwa 45 Arten sind im wärmeren und südlichen Afrika und Asien beheimatet.

Bedeutung für den Schnittblumenanbau

Art	Heimat	Blütezeit
G. jamesonii H. Bolus ex Hook.	Süd-Afrika	IV – IX

Intensiver züchterischer Arbeit ist die Entwicklung einer wertvollen Schnittblume aus dem ursprünglich vorhandenen Material zu verdanken. *Gerbera* sind genetisch uneinheitlich und streuen bei Aussaat. Immerhin gibt es heute Herkünfte, die auch bei generativer Vermehrung hohen Ansprüchen genügen. Dennoch stehen die vegetativen Vermehrungsmethoden wegen der homogenen und damit qualitativ besseren Nachkommenschaft – strenge Selektion vorausgesetzt – im Vordergrund. Das Angebot erstklassiger Klone, wie es seit Jahren möglich ist, hat der Gerberakultur neue Impulse gegeben. Hierzu hat auch die Entwicklung der Gewebekulturen beigetragen. Durch sie ist es möglich geworden, beste Typen schnell und wirtschaftlich zu vermehren.

Die Bedeutung des Ausgangsmaterials ist für den Erfolg der Gerberakultur überragend. Nicht nur die bei Sämlingen, speziell bei schlechten Selektionen, übliche weite Streuung in Farben und Qualität beeinträchtigt den Kulturerfolg, sondern auch die sehr großen Ertragsunterschiede zwischen einzelnen Stämmen beziehungsweise Pflanzen. Sie können zwischen Jahreserträgen einer Pflanze von nur drei oder vier Blütenstielen bis weit über 40 Stück schwanken. Nach Feststellungen in Aalsmeer (Anonym 1974) traten bei 1½jähriger Kultur sogar Schwankungen zwischen 3 und 128 Blumen/Pflanze auf.

Vermehrung

Selektion der Mutterpflanzen

Gerbera müssen wegen ihrer Heterogenität grundsätzlich einer ständigen, sehr strengen Selektion unterzogen werden, wobei insbesondere die folgenden Merkmale sorgfältig Beachtung finden müssen

Qualitätsmerkmale
- Blütenform: gleichmäßig rund, Petalen leicht aufwärts gerichtet,
- Blütentyp: einfach- oder gefülltblühend, Grad der Füllung; Form und Breite der Petalen dem Typ angepaßt,
- Blütengröße: der Gesamterscheinung angepaßte Blumengröße,
- Blütenfarbe: reine Farben,
- Stielqualität: fest, kräftig, drahtig, ausreichende Länge,
- Haltbarkeit in der Vase.

Betriebswirtschaftliche Merkmale
- Geringe Temperaturansprüche,
- Ertragshöhe,
- Ertragszeit: Wintererträge sind erwünscht,
- Pflanzentyp: Platzbedarf der Einzelpflanze, günstiges Blatt-Blüten-Verhältnis; je mehr Blätter/Pflanze gebildet werden, desto geringer – zumindest relativ – ist der gesamte Blütenertrag (Anonym 1974, Leffring 1981),
- Wüchsigkeit: kurze Anlaufzeit, frühzeitige Erträge,
- Qualitätsverteilung: hoher Anteil guter Qualitäten am Gesamtertrag,
- Widerstandsfähigkeit: gegen Krankheiten, Schädlinge, Witterungs- und Kultureinflüsse; Salzverträglichkeit.

Diese Anforderungen lassen sich bei generativer Vermehrung kaum in einer Sämlingsnachkommenschaft vereinigen. Sie hat daher für den Erwerbsanbau praktisch keine Bedeutung mehr, wohl aber für die Züchtung. Bei den hohen Anforderungen an Gerberakulturen haben Klone absoluten Vorrang vor Sämlingen, zumindest für Spezialkulturen. Kleiner Bedarf, zum Beispiel des sogenannten „gemischten" Betriebes, kann dagegen durch Sämlinge gedeckt werden, wenn man auf ein Formen- und Farbengemisch Wert legt und bereit ist, die Nachteile eines weniger ausgeglichenen Bestandes in Kauf zu nehmen.

Saatgutgewinnung und Sämlingsanzucht
Die Bestäubung ausgesuchter Mutterpflanzen verursacht keine Schwierigkeiten. Der Pollen wird mit einem weichen Pinsel übertragen. Die Strahlenblüten sind weiblich, die Röhrenblüten männlich oder zwittrig. *Gerbera* sind protogyn, d.h., die weiblichen Geschlechtsorgane sind früher reif als die männlichen.

Bei mehrmaliger Bestäubung während der Hauptblütezeit im Frühjahr ist der Samen schon nach 4 bis 6 Wochen reif. Ein Blütenköpfchen bringt zwischen 25 und 75 Samenkörner (Proefstat. v.d. Bloemist. 1979) die von hoher Keimfähigkeit sind, wenn sie sachgemäß gelagert werden und im selben Jahr zur Aussaat kommen.

Bald nach der Samenreife, also etwa ab Juli bis September, wird in ein hygienisch einwandfreies Sand-Torf-Gemisch bei 18 °C ausgesät. Auch höhere Temperaturen von 20 bis 23 °C begünstigen die Keimung, sind aber aufwendiger. Die Anzuchten sind gegen direkte Sonne und Nässe zu schützen. Nach etwa 2 ½ bis 3 ½ Monaten sind pflanzfähige Jungpflanzen herangewachsen.

Teilung
Diese Methode ist zwar unergiebig, aber sicher. Sie wird angewendet, um bestehende Bestände zu verbessern, indem die jeweils besten Pflanzen selektiert und

geteilt werden. Beim Teilen dürfen die Pflanzen nicht mehr als notwendig verletzt werden. An einem Teilstück muß neben mindestens zwei Laubblättern ein funktionsfähiges Rhizomstück mit Wurzel verbleiben. Wegen der Infektionsgefahr ist Desinfektion (Fungizide) erforderlich.

Die Teilstücke werden eingetopft oder in Vermehrungssubstrat gepflanzt und bis zum endgültigen Auspflanzen bei erhöhter Temperatur von mindestens 18 °C gefördert.

Von einer Mutterpflanze können bei sehr weitgehender Teilung in Abhängigkeit von der Rhizomform bis zu 30 und sogar mehr Jungpflanzen gewonnen werden. Oft jedoch verhindern rübenartige Wurzelstöcke eine hohe Ausbeute.

Stecklinge

Bei dieser derzeit gebräuchlichsten Methode werden die Mutterpflanzen am Ende der Vegetationsperiode, also gegen Ende der Blüte, nach sorgfältigster Auslese maschinell oder in Handarbeit gerodet und anschließend entblättert, wobei die Blattstiele bis auf das Rhizom entfernt werden müssen. Dies geschieht am besten morgens, weil dann die Stiele leicht brechen (Anonym 1979a). Nach Tauchen in Fungizidlösung werden sie auf Tischbeeten in Torf mit Kalkzusatz eingeschlagen und bei hoher Boden- und Lufttemperatur um 25 °C und hoher relativer Luftfeuchtigkeit – am besten unter Sprühnebel – angetrieben.

Der Stecklingsschnitt beginnt, sobald die ersten Austriebe groß genug sind. Dazu werden die Pflanzen meistens herausgenommen, weil man in der Hand besser schneiden kann. Den jungen Austrieben (Stecklingen) muß ein kleines Rhizomstückchen anhaften, sonst kommt es zu keiner Bewurzelung. Nach der ersten Ernte werden die Mutterpflanzen erneut eingeschlagen, so daß sie wieder anwurzeln und treiben können, um weitere Stecklinge zu liefern.

Die ersten Stecklinge können schon nach etwa vier Wochen geerntet werden. Sie haben zwei Blätter und sind um 10 cm lang. Die Mutterpflanzen werden in diesem Stadium etwas kühler gehalten, um die Stecklinge vorsichtig abzuhärten, ohne sie verhärten zu lassen. Eine Mutterpflanze bringt etwa 10 Stecklinge (Anonym 1974). Die Methode ist also auch nicht sehr ergiebig. Dazu kommt der hohe Arbeitsaufwand für Roden und Putzen der Mutterpflanzen, der mit etwa 100 Pflanzen/Stunde angegeben wird (Anonym 1979a).

Bei 24 °C Boden- und etwas geringerer Lufttemperatur wurzeln die Stecklinge in 3 bis 4 Wochen an. Zweckmäßig ist das Stecken in Torfanzuchttöpfe, Gittertöpfe, Multitopfplatte und so weiter, um eine gute Ballenbildung für das spätere Auspflanzen zu erzielen. Das Vermehrungssubstrat, Sand-Torf-Gemisch, TKS 1 oder ähnliches, wird gleichmäßig feucht gehalten. Eine Sprühnebelanlage ist vorteilhaft, es kann aber auch unter Folie bewurzelt werden.

Gewebekultur

Spezialisierte Anzuchtbetriebe bedienen sich der Gewebekultur zur Vermehrung von Neuheiten. Wegen der relativ großen Gefahr von Mutationen ist sie aber noch nicht unumstritten. Zumindest sind so vermehrte Pflanzen einer sorgfältigen Auslese zu unterziehen, bevor sie als Mutterpflanzen für die Stecklingsvermehrung dienen. Immerhin besteht die Möglichkeit, durch Verbindung der Methoden der Gewebekultur mit der Stecklingsvermehrung, Neuheiten schneller aufzubauen und in den Handel zu bringen. Von einigen Anzuchtbetrieben werden bereits

Jungpflanzen aus Gewebekultur angeboten, und es ist zu erwarten, daß dies in absehbarer Zeit allgemein der Fall sein wird. Momentan sind vor allem zwei Methoden gebräuchlich, nämlich die Vermehrung aus dem Vegetationspunkt und die aus Blütenköpfchen.

Pflanzung

Bodenvorbereitung
Gerbera sind salzempfindlich und außerdem durch Pilzkrankheiten gefährdet. Vor jeder Neupflanzung muß der Boden mit Wasser durchgespült werden, um überschüssiges Salz auszuwaschen. Entseuchung durch Dämpfen oder auf chemischem Wege ist ebenfalls erforderlich, um der wertvollen Kultur beste Bedingungen zu bieten.

Sofern Bodenverdichtungen auch in größerer Tiefe beseitigt sind, braucht die Bearbeitung nicht tiefer als etwa 25 bis 30 cm zu erfolgen; daher genügt es im allgemeinen, die Beete einmal sorgfältig durchzufräsen. Dabei kann man, je nach Bodenart, eine etwa fingerdicke Schicht Torf einarbeiten.

Schwere oder bindige Böden dürfen niemals in nassem Zustand bearbeitet werden, um ein Verschmieren und damit Verdichten zu vermeiden. Ferner müssen die Beete nach unten einen guten Wasserabzug haben oder so dräniert sein, daß keine Staunässe auftreten kann.

Im allgemeinen werden Grundbeete verwendet, aber auch Bank- und Trogbeete sind für die Kultur sehr günstig, jedoch teuer.

Pflanztermine
Die Praxis kennt zwei Hauptpflanzzeiten, die nach arbeits-, betriebs- und marktwirtschaftlichen Gesichtspunkten gewählt werden. Man unterscheidet zwischen Frühjahrspflanzung, etwa ab Mitte Februar bis Ende März, und Sommerpflanzung, etwa ab Ende Mai bis gegen Ende August.

Für die Frühjahrspflanzung verwendet man am besten noch im Dezember/Januar eingetopfte Jungpflanzen aus Herbstvermehrung. Sie können auf engem Standraum, eventuell mit Zusatzlicht, vorkultiviert werden und bringen bei früher Pflanzung gute Muttertagserträge. Für etwas spätere Pflanztermine können ungetopfte Jungpflanzen gewählt werden.

Die Sommerpflanzung kann in eine frühe und eine späte, letztere erst im Juli/August, gegliedert werden. Viele Gärtner ziehen die Sommerpflanzung der Frühjahrspflanzung vor, beginnend ab Ende Mai mit normalen, also nicht im Topf vorkultivierten Jungpflanzen. Für die späte Sommerpflanzung gegen Ende Juli und August sind wieder getopfte Pflanzen zu empfehlen, um mit kräftigem Ausgangsmaterial bei dem noch möglichen Zuwachs die Grundlage für eine gute Winterproduktion zu legen.

Die Wahl des Pflanztermins ist auch von der geplanten Standdauer abhängig.

Pflanzabstände
In Abhängigkeit von Wuchstyp, Kloneigenschaften, Jungpflanzenqualität und vorgesehener Standdauer, pflanzt man mit Abständen von 30 bis 35 cm (maximal bis 50 cm) in der Reihe und etwa 40 cm zwischen den Reihen. Auf ein Normalbeet von 1,00 bis 1,20 m Breite werden daher drei Reihen gepflanzt. Nach NEDER-

Abb. 101. Vorteilhaft ist die Pflanzung auf Dämme (Hügelpflanzung) wegen der besseren Belichtung und aus gesundheitlichen Gründen.

PEL (1980) kann man durch Pflanzabstände von 25 bis 27 cm in der Reihe vor allem in den ersten Monaten einen höheren Ertrag erzielen. Außerdem entsteht im Pflanzenbestand ein besseres Kleinklima und damit ein besserer Start als bei größeren Abständen. Selbstverständlich sind die Kosten für Pflanzmaterial/m^2 höher. Eine solche dichtere Pflanzung ist nur für kurze Kultur zu empfehlen und wenn die Anfangsproduktion in absatzgünstige Monate fällt.

Überwiegend wird die Zweireihenpflanzung mit Erfolg praktiziert. Auf schmaleren Beeten von nur etwa 60 cm Breite werden zwei Reihen mit 40 cm Entfernung gepflanzt. Der Abstand von etwa 30 cm in der Reihe richtet sich nach dem zu erwartenden Zuwachs und der Standdauer. Für einjährige Kultur reichen 25 bis 30 cm, für 1,5jährige pflanzt man bis zu 35 bis 40 cm auseinander (ANONYM 1980d). Die Wege zwischen den schmalen Beeten liegen tiefer, allerdings maximal 30 bis 35 cm, da sonst die Beetoberfläche zu schmal wird. Die höhere Lage des Beetes hat einige Vorteile; so können sich die Pflanzen besser entwickeln, die Blätter liegen weniger auf dem Boden auf und außerdem wird die Bearbeitung erleichtert. Schließlich sind zwei Reihen besser überschaubar als mehr Reihen auf breiten Beeten. Man hat zwar eine größere Zahl von Wegen im Hause als bei herkömmlichen Beetbreiten, doch sind die Vorteile durch höheren Lichtgenuß, insgesamt bessere Wachstumsbedingungen und in arbeitswirtschaftlicher Hinsicht deutlich. Allerdings kann man die Wegbreiten auch etwas geringer wählen als bei breiteren Beeten.

Abb. 102. Bei Gerbera hat sich die Pflanzung in zwei Reihen durchgesetzt. Der Weg liegt tiefer.

Pflanzung

Man läßt die Jungpflanzen so liefern, daß sie nach ihrem Eintreffen im Betrieb unverzüglich gepflanzt werden können und nicht erst noch aufpikiert oder gelagert werden müssen, sofern keine Vorkultur im Topf geplant ist. Die Pflanzfläche kann dann auch erst zum Pflanzzeitpunkt fertiggemacht werden, und es tritt keine unnötige Wartezeit zwischen der Rodung der Vorkultur und der Neupflanzung ein.

Die richtige Pflanztiefe ist dann gegeben, wenn das Herz der Pflanze gerade über der Bodenoberfläche, die Pflanze aber dennoch fest steht. Man muß bedenken, daß sich das Erdreich später noch etwas setzt.

In Töpfen vorkultivierte Pflanzen dürfen nur mit feuchtem Ballen gepflanzt werden, weil sie sonst schlecht anwurzeln und somit schon bei Kulturbeginn die erste Wachstumsstockung erleiden. Bei Topfballen besteht die Gefahr, daß sie zu hoch gepflanzt werden.

Jungpflanzen ohne Topfballen lassen sich im allgemeinen recht gut pflanzen, sie geraten aber leicht etwas zu tief. Sie werden fest gepflanzt und wurzeln schnell und problemlos an.

Grundsätzlich dürfen nur ausreichend bewurzelte, kräftige und gesund erscheinende Pflanzen verwendet werden. Was diesen Anforderungen nicht uneingeschränkt genügt, wird verworfen.

Nach holländischen Angaben (PROEFSTAT. V. D. BLOEMIST. 1979) benötigt man zum Pflanzen von 100 Topfballen etwa 20 Minuten, für 100 Jungpflanzen ohne Topfballen dagegen nur 12 Minuten.

Abb. 103. Jungpflanze aus Gewebekultur im Jiffy 7-Anzuchttopf in Containerkultur in einer Versuchsanlage.

Abb. 104. Containerkultur im Erwerbsgartenbaubetrieb.

Abb. 105. Die Container stehen auf Styroporplatten.

Weitere Kulturverfahren

Vorkultur

Will man möglichst große, gut entwickelte Pflanzen auspflanzen, die rasch und problemlos anwachsen und bald in Ertrag kommen, kann in Töpfen vorkultiviert werden. Entsprechend frühzeitig bezogene Jungpflanzen können, da sie auf engem Raum stehen, kostengünstiger mit den optimalen höheren Starttemperaturen gefördert werden, als am endgültigen Standort im Großraumgewächshaus. Bei frühen Pflanzterminen hat das den Vorteil der Einsparung von Energiekosten, ansonsten ist man etwas beweglicher mit dem endgültigen Pflanztermin.

Kultur in Containern

Wenngleich Beetkultur das übliche ist, so werden *Gerbera* doch auch in 12- bis 15-Liter-Containern mit 9 bis 10 Pflanzen/m^2 kultiviert. Dies hat den Vorteil, daß die Pflanzen in phytosanitärer Hinsicht sehr gut zu überwachen sind, was ja auch der Vorteil des Trogbeetes ist. Einzelne erkrankte Pflanzen können jederzeit aus dem Bestand genommen werden, ohne dabei benachbarte Pflanzen zu gefährden. Infektionen bleiben auf die kleinste Einheit begrenzt. Ferner sind Containerkulturen beweglich, während Beetkulturen ortsfest sind.

Als Nachteile sind der Zwang der Einzelpflanzenbewässerung mit relativ aufwendigen Mitteln und der insgesamt höhere Kostenaufwand zu sehen. Schließlich sollten sie zweckmäßigerweise auf Styroporplatten stehen, um Fußkälte zu vermeiden.

Abb. 106. Gerberakultur in Steinwolle (GRODAN).

Abb. 107. Blick auf eine Beetanlage mit Steinwolle (GRODAN).

Auch die Kontrolle der Nährstoffversorgung ist erschwert, Salzanreicherungen lassen sich nicht ausspülen und können somit schwerwiegende Folgen haben. So sind Containerkulturen im Erwerbsgartenbau umstritten (STÖRMER 1978).

Kultur in Steinwolle
Auch Steinwolle (Grodan) eignet sich offensichtlich gut als Substrat für die Gerberakultur. Nach holländischen Erfahrungen (HANSELMANN 1978) sind zwar unter Umständen geringere Erträge, dafür aber ein höherer Anteil sehr guter Qualitäten zu erwarten.

Steinwolle dürfte vor allem dort angebracht sein, wo Schwierigkeiten, zum Beispiel mit Pilzkrankheiten, auftreten. Dann kann anstelle des sonst eventuell erforderlichen Trogbeetes (hohe Anlagekosten!) auch mit Steinwolle auf Folienunterlage gearbeitet werden.

Ernährung
Die Salzempfindlichkeit der *Gerbera* verbietet sowohl eine hohe Grunddüngung als auch hohe Konzentration bei der Nachdüngung. Da insbesondere junge Pflanzen sehr empfindlich reagieren, sind Neupflanzungen stärker gefährdet als ältere Bestände.

Auch hohe Stallmistgaben sind unangebracht. Wenn der Anteil organischer Substanz im Boden zu niedrig erscheint, gibt man guten, abgelagerten, kurzstrohigen Stallmist bis maximal 1,5 $m^3/100\ m^2$ und arbeitet zusätzlich etwas Torf ein. Der Torfanteil in der oberen Beetschicht erleichtert das Anwachsen. So verzichten die meisten Gärtner lieber ganz auf Stallmist und geben dafür Torf. Allerdings ist zu bedenken, daß Torf den pH-Wert senkt, was unter anderem die Verfügbarkeit von Spurenelementen beeinflußt. Ist zum Beispiel Manganmangel zu befürchten, kann eine Torfgabe sinnvoll sein, weil durch die damit verbundene pH-Senkung Mangan freigesetzt und für die Pflanze aufnehmbar wird. Umgekehrt ist bei Manganüberschuß eine Anhebung des pH-Wertes auf 6,5 bis 7,0 zu empfehlen, indem vor dem Dämpfen Kalk zugesetzt wird. Manganüberschuß führt zu Wachstumsstagnation und wird damit deutlich sichtbar (Proefstat. v. d. Bloemist. 1979, Anonym 1980c). Der pH-Wert liegt normalerweise tiefer, und zwar zwischen 5,0 und 6,0. Stark humose Substrate und Torf werden der unteren, lehm- und tonhaltige dagegen mehr der oberen Grenze angenähert.

Eine eventuelle Vorratsdüngung beschränkt sich auf maximal 1,5 bis 2,0 kg/m^3 eines guten Mehrnährstoffdüngers. Zur Sicherung der Spurenelementversorgung werden Spezialdünger eingesetzt.

Im Kulturverlauf ist regelmäßig, dem Wachstumsstand und der Jahreszeit entsprechend, in wöchentlichen bis vierzehntägigen Abständen in Konzentrationen bis zu 0,2% flüssig zu düngen. Dabei stehen stickstoffbetonte Mehrnährstoffdünger im Vordergrund. Das von Penningsfeld (1960) angegebene Verhältnis der Hauptnährstoffe unterstreicht dies: N : P : K = 2 : 0,8 : 1,5. Allerdings stellen Pillnitzer Autoren (Bowe et al. 1969) dem einen erhöhten Phosphorsäurebedarf gegenüber und geben ihrerseits folgendes Verhältnis an: N : P : K = 2 : 1 bis 3 : 2. Zum Herbst hin und natürlich im Winter verschiebt sich das Verhältnis ohnehin zugunsten von Kali und Phosphorsäure.

Die Nachdüngung läßt sich am besten über die Gießanlage abwickeln, sofern voll wasserlösliche Dünger verwendet werden. Wird bei jeder Bewässerung gedüngt, ist die Konzentration auf 0,05% zu senken. Auch Blattdüngung, zum Beispiel mit Wuxal 0,2% ist wirkungsvoll.

Als Richtwerte für die Beurteilung von Bodenuntersuchungsergebnissen geben Penningsfeld und Forchthammer (Scharrer und Linser 1965) an:

	je 100 g	je 100 ml
% wasserlösliches Salz	0,2 bis 0,3	0,17 bis 0,25
mg N	10 bis 30	9 bis 25
mg P_2O_5	40 bis 85	34 bis 51
mg K_2O	60 bis 133	51 bis 85

Bewässerung

Gerbera wünschen eine gleichmäßige, nicht zu hohe Feuchtigkeit bei guter Dränage, die Vernässungen im Wurzel- und Wurzelhalsbereich ausschließt. Der Grundwasserstand sollte unter 0,80 bis 1,00 m (Störmer 1978), also bei durchschnittlich 60 bis 80 cm (Proefstat v.d. Bloemist. 1979), liegen.

Junge Pflanzungen können von oben beregnet werden, solange sie weder dichtgewachsen sind noch Blüten bringen. Das hat den Vorteil der Einfachheit der Durchführung und der Gleichmäßigkeit der Befeuchtung. Später darf dann nur noch von unten, zum Beispiel mittels Rieselschlauch, Tröpfchenbewässerung und so weiter, gegossen werden, um eine Benetzung der Pflanzen zu vermeiden. Diese Gießanlagen werden zweckmäßigerweise schon bald nach der Pflanzung verlegt, solange man noch ungehindert arbeiten kann. Hier bewährt sich die

Zweireihenpflanzung, weil sie mit einem zwischen den beiden Reihen liegenden Strang gleichmäßig versorgt werden kann. Bei der Dreireihenpflanzung ist dies schwieriger. Um die Gleichmäßigkeit der Wasserverteilung noch zu erhöhen, dekken manche Gärtner den Strang mit einem Folienstreifen ab.

Liegen die Auslaßöffnungen der Gießleitung in zu großen Abständen voneinander, kommt es ebenfalls zu ungleichmäßiger Befeuchtung, zumal immer damit zu rechnen ist, daß Blätter den Auslauf behindern. Unter den dadurch bedingten unterschiedlichen Feuchtigkeitsverhältnissen entstehen trockene und nasse Stellen im Boden, und es ist mit Wurzelgallenälchenbefall zu rechnen (Temik 5 G-Anwendung) (Anonym 1979i).

Sehr wichtig ist, daß die Pflanzen beim Gießen nicht mit Erde bespritzt werden, insbesondere auch nicht die Blütenstiele, weil das unter anderem zu einer Verringerung der Haltbarkeit führen kann, indem solche Stiele das Vasenwasser verunreinigen (Buys 1974), ganz abgesehen davon, daß schmutzige Stiele schlecht verkäuflich sind.

Die Wasserqualität spielt eine erhebliche Rolle. Dabei kommt es vor allem auf einen möglichst geringen Salzgehalt (Chloride) an. Wird bei Verwendung salzhaltigen Wassers zu wenig gegossen, kommt es schnell zu einer hohen Salzkonzentration im Boden. In diesen Fällen muß man reichlicher gießen, um schon während der Kultur laufend Salze auszuwaschen. Dies ist aber nur bei einer gut funktionierenden Dränage möglich, anderenfalls ist mit Mißerfolg zu rechnen.

Luftfeuchtigkeit

Die Luftfeuchtigkeit darf nicht zu hoch ansteigen, sie muß immer der Temperatur angepaßt werden, so daß ein gutes Hausklima gewährleistet wird. So kann sie gerade im Herbst leicht zu sehr ansteigen. Hohe Luftfeuchtigkeit führt bei gleichzeitig zu geringer Lichtintensität zu verkrüppelten Blumen und erhöht die Gefahr des Krankheitsbefalls (Anonym 1979j). In diesen Übergangszeiten (zum Beispiel Herbst) muß entsprechend gelüftet werden, um einer zu hohen Luftfeuchtigkeit vorzubeugen. Richtiger Einsatz der Heizung, eventuell der Vegetationsheizung, wirkt in der gleichen Richtung.

Umgekehrt kann durch zu viel Lüften der Fall eintreten, daß die Luftfeuchtigkeit zu weit gesenkt wird. Auch das wirkt sich negativ aus, es kommt zum Schlappen.

Junge Pflanzungen, die zum Anwachsen noch recht warm bei Temperaturen um und über 20 °C stehen, verlangen eine hohe relative Luftfeuchtigkeit von etwa 80 bis 90% (Anonym 1978, 1980d).

Licht

Das beste Wachstum und die beste Blütenentwicklung zeigen *Gerbera* in den lichtreichen Monaten. Entsprechend liegen die Erträge in den Wintermonaten niedrig, allerdings sind deutliche Unterschiede zwischen einzelnen Klonen festzustellen. Nach Leffring (1981) werden nämlich bei hoher Lichtintensität die meisten Seitentriebe angelegt, die sich dann auch häufiger fortsetzen, wodurch die Blütenproduktion direkt erhöht wird (s. Seite 288).

Hinsichtlich des Tageslängeneinflusses auf die Blütenbildung stellt Leffring (1981) fest, daß die von ihr untersuchten Klone Tageslängen von 8 bis 10 Stunden bevorzugen. So brachten kurze Tage (8 Stunden) eine höhere Blumenproduktion

Abb. 108. Kulturhaus mit Folienunterspannung zur Wärmedämmung.

als lange (16 Sunden). Im Kurztag kommt der Haupttrieb am schnellsten zur Induktion und setzt sich auch schneller fort. Außerdem werden dann auch die meisten Seitentriebe gebildet, die sich ebenfalls schnell fortsetzen.

Die Blütenknospenabortion scheint nicht von der Tageslänge beeinflußt zu werden, eher von der Lichtintensität, da sie in den Wintermonaten um Weihnachten am höchsten zu sein scheint. Experimentell konnte aber kein Zusammenhang zwischen Lichtintensität und Blütenknospenabortion nachgewiesen werden.

Zusatzbelichtung zur Hebung der Erträge, die mit hoher Lichtintensität durchgeführt werden müßte, scheitert an den Kosten. Außerdem ist sie im Winter wenig sinnvoll, da sie tatsächlich keinen Mehrertrag bringt. Erst ab Mitte Februar nimmt die Blumenproduktion wieder zu, wohl auch als Folge der vorangegangenen Kurztage.

Dagegen kann die Belichtung getopfter Jungpflanzen auf engem Raum Vorteile bringen, weil dann zur Frühjahrspflanzung hervorragend entwickeltes Pflanzmaterial verfügbar ist.

Während der ganzen Kultur sind die Temperaturen der herrschenden Lichtintensität anzupassen. Gerade in den Wintermonaten kommt es häufig zur Ausbildung schlapper Stiele, wenn die Haustemperatur im Verhältnis zur herrschenden Lichtintensität zu hoch gehalten wird (ANONYM 1980a).

Temperatur

Ansprüche an die Temperatur

Die allgemeine Diskussion um die Senkung des Energieaufwandes berührt auch *Gerbera*. Sicherlich sind hier Einsparungen durch exakte Temperaturführung möglich, dennoch sind die erforderlichen Mindesttemperaturen zu gewährleisten, wenn Ertrag und Qualität den Vorstellungen des Gärtners entsprechen sollen. Nach Rünger (1976) gelten für *Gerbera* folgende Temperaturbereiche, die allerdings in der Praxis zum Teil abgewandelt werden:

Samenkeimung	20 bis 23 °C
Vegetative Vermehrung	20 bis 23 °C
Jungpflanzenkultur	20 °C
Weiterkultur im Sommer	18 °C nachts, tagsüber etwas mehr
Weiterkultur im Winter	12 °C bei älteren Pflanzen, 15 °C bei jüngeren Pflanzen
Bodentemperatur	23 °C im Sommer 20 °C im Winter

Niedrige Temperaturen von 17 °C am Tage und 13 °C bei Nacht bringen höhere Blumenerträge als hohe Temperaturen von 25 °C am Tage und 21 °C bei Nacht. Leffring (1981) fand, daß die durch hohe Lichtintensität hervorgerufenen Effekte im Kurztag durch niedrige Temperatur noch verstärkt werden. So werden im Kurztag nicht nur mehr Seitentriebe angelegt, sondern sie kommen auch früher zur Blüte. Bei niedriger Temperatur ist ferner der Abortionsprozentsatz geringer als bei hoher. Als Begründung hierfür ist die Tatsache anzuführen, daß bei niedriger Temperatur weniger Blätter je Fortsetzung des Triebes gebildet werden.

Hochinteressant ist ferner, daß die im Handel befindlichen Klone beziehungsweise Sorten unterschiedliche Wärmeansprüche haben, die zum Teil erheblich voneinander abweichen können. Diese Tendenz zeigte sich auch bei den von Leffring (1981) untersuchten Klonen, von denen drei niedrige, einer aber höhere Temperaturen bevorzugte. Die Empfehlungen der Jungpflanzenlieferanten sollten also beachtet werden. Daraus folgt weiter, daß im Interesse einer möglichst einheitlichen, aber optimalen Temperaturführung nur Klone mit übereinstimmenden Temperaturansprüchen in einem Hause zusammengepflanzt werden sollten. Während wärmeliebende Klone Nachttemperaturen von 16 °C und Tagestemperaturen von 20 °C brauchen, kommen weniger wärmebedürftige mit 12 °C beziehungsweise 16 °C aus (Bulthuis 1979, Proefstat. v.d. Bloemist. 1979). Kultiviert man dagegen Klone mit unterschiedlichem Wärmeanspruch gemeinsam auf dem Niveau des geringsten Wärmebedarfes, so blühen die wärmebedürftigeren Sorten später, aber ohne Qualitätsverlust. Sie stehen dann zum Schnitt zur Verfügung, wenn der Markt mit den früheren, nicht immer wertvollsten Sorten bereits einige Zeit lang versorgt ist und nunmehr die wertvolleren recht gern aufnimmt.

Qualität und Haltbarkeit der Blumen sind, vor allem im Winter, bei den jeweils tieferen Temperaturen innerhalb der für einen Klon bestehenden Temperaturbereiche besser.

Temperaturführung

Praxiserfahrungen bestätigen im wesentlichen diese Angaben. So werden lediglich Jungpflanzen zum Anwachsen bei 18 bis 20 °C gehalten, gelegentlich darüber. Die Nachttemperaturen liegen bei älteren Pflanzungen in den Sommermonaten bei 15 °C und in den Wintermonaten sogar bei nur 13 °C, wenn Vegetations- oder Bodenheizung vorhanden ist und die Bodentemperatur bei etwa 20 °C gehalten werden kann. Anderenfalls müssen die Raumtemperaturen im

Winter um etwa 2 °C höher liegen. Die Tagestemperaturen können allgemein um einige Grade über den Nachttemperaturen liegen.

Mit Hilfe einer Vegetations- oder Bodenheizungsanlage läßt sich bei Einhaltung günstiger Temperaturen relativ sparsam heizen. In diesem Zusammenhang ist auch der Vegetationsheizung große Bedeutung beizumessen, zumal diese obendrein hervorragend geeignet ist, in den Herbst- und Wintermonaten beziehungsweise bei trübem Wetter für eine gesunde Abtrocknung der Luft innerhalb des Pflanzenbestandes zu sorgen (Anonym 1979e).

Wegen der Gefahr einer zu stark steigenden Luftfeuchtigkeit muß während der fraglichen Monate häufiger gleichzeitig geheizt und gelüftet werden, um die feuchtigkeitsbeladene Innenluft gegen trockene Außenluft auszutauschen.

CO_2-Begasung

Vor einer pauschalen Empfehlung zur CO_2-Begasung von Gerberakulturen ist zu warnen (v. Berkel 1982), da die Klone offenbar recht unterschiedlich reagieren. Zumindest dürfen die angewendeten Konzentrationen nicht über 0,1 % liegen. Die Sorte „Marleen" ist besonders empfindlich gegen höhere Konzentrationen, aber auch gegenüber anderen Gasen. So sind Blattvergilbungen zu beobachten, wenn durch Kesselabgase verunreinigtes CO_2 verwendet wird, wie das bei dem in Holland üblichen zentralen Verfahren der Fall ist. Als recht gefährlich wird von v. Berkel (1982) ein Gemisch aus NO und NO_2, als N_x bezeichnet, herausgestellt. Auch Dämpfe von PVC wirken ähnlich. Selbst bei der Verwendung reinen CO_2-Gases traten bei nur etwas höheren Konzentrationen Blattschäden bis zum Absterben von Blättern auf. Gleichzeitig konnte keine Erhöhung der Produktion bei den höheren Konzentrationen von mehr als 0,12 % festgestellt werden, aber auch geringere im unteren Versuchsbereich von 0,05 und 0,08 % brachten keine Ertragssteigerung, allerdings auch keine Blattschäden.

Messungen der N_x-Gehalte in holländischen Betrieben mit zentraler Begasung haben bei 0,1 % CO_2 bereits Werte im Schädigungsbereich (Wachstumshemmung) ergeben.

Während bei der Einwirkung von PVC-Dämpfen die Pflanzen eine deutliche Gelbverfärbung zeigten, traten bei höheren CO_2-Konzentrationen – auch bei der Verwendung reinen Gases – bei „Marleen" zunächst kleine gelbe, später größere chlorotische Flecken auf.

Pflegemaßnahmen

Lüften

Gerbera benötigen frische Luft. Durch maßvolles Lüften lassen sich Temperatur und Luftfeuchtigkeit im Hause regulieren. Während Jungpflanzen zum Anwachsen neben höheren Temperaturen eine hohe relative Luftfeuchtigkeit von 80 bis 90 % benötigen, also sparsam belüftet werden müssen, ist bei älteren Kulturen durch ständigen Luftaustausch im Interesse der Qualitätserzeugung und der Gesunderhaltung für eine sinnvolle Abtrocknung der Luft durch Lüftung zu sorgen. Da hohe Luftfeuchtigkeit – und nicht ursächlich niedrige Temperatur – Botrytisinfektion fördert, sollte das Haus bei Gefahr etwa eine Stunde vor Sonnenaufgang auf 17 °C aufgeheizt und gut gelüftet werden (Onstenk 1981a). Umgekehrt ist zu beachten, daß durch unangemessenen Einsatz der Lüftung die Luftfeuchtigkeit zu schnell und stark reduziert werden kann, vor allem in der kälteren Jahreszeit.

Abb. 109. Pflanzenschutzmaßnahmen sind nicht zu umgehen: Pulsfog-Gerät im Einsatz.

Schattieren
Die Ansprüche an die Beschattung können bei einigen Klonen unterschiedlich sein. Prinzipiell muß bei hoher Einstrahlung angemessen (Wachstums- und Entwicklungsstand) schattiert werden, um Brennflecken zu vermeiden. Manche Klone reagieren auf verspätetes Schattieren mit weniger intensiver Blütenfarbe und kurzen Blumenstielen.

Man arbeitet nach Möglichkeit mit einer beweglichen Schattierung, doch kann in Zeiten dauernder hoher Einstrahlung ein leichter Anstrich mit Schattierfarbe erfolgen, dessen Wirkung durch die bewegliche Anlage ergänzt werden kann.

Da insbesondere Jungpflanzen beziehungsweise im Aufbau befindliche Neupflanzungen durch Sonneneinstrahlung gefährdet sind, ältere Kulturen dagegen kaum, kann man den Schatten schon bald entfernen. Meist ist er, je nach Jahreszeit, nur während der ersten 4 bis 6 Wochen des Anwachsens nötig. Später, speziell wenn es auf die dunkleren Monate zugeht, darf der Lichteintritt in die Häuser nicht behindert werden. Dann empfiehlt sich sogar das Reinigen des Glases.

Blattschneiden
Sehr wüchsige Typen und Bestände, die länger stehen bleiben, fallen oft durch sehr dichten Blattwuchs auf, der die Licht- und Luftzufuhr ins Beetinnere behindert und mehr oder weniger die Wege zwischen den Beeten versperrt. Deshalb werden im allgemeinen Blätter ausgepflückt, um den Bestand zu lichten.

Als großer Nachteil dieser Maßnahme erweisen sich die zum Teil erheblichen Verletzungen an den Pflanzen, gerade am Blattansatz, also direkt am Rhizom. Außerdem werden häufig ganze Triebe und größere Pflanzenteile versehentlich mit herausgerissen. Als weiterer Nachteil ist zu verbuchen, daß die Blumenstiele nach dem Blattpflücken oft kurz bleiben; daher ist von dieser Form der Bestandsauslichtung abzuraten (Proefstat. v.d. Bloemist. 1979).

Bei der Zweireihenpflanzung tritt das Problem der zu dichten Pflanzenbestände kaum auf. Auf den erhöhten Beeten können die älteren Blätter noch weiter in den Weg hineinfallen, womit auch mehr Licht und Luft in die Pflanzen gelangen können.

Wo der Weg durch herabhängende Blätter versperrt wird, schneidet man mit der Heckenschere die Blätter am Rande entlang ab, wobei die Stiele und Teile der Blattspreiten stehen bleiben (Anonym 1979k, Proefstat. v. d. Bloemist. 1979). Die Verletzungen an den Blättern trocknen ein und bringen keine Gefahr für die Pflanzen.

Leffring (1981) hält regelmäßiges Blattpflücken in stärkerem oder geringerem Maße für überflüssig, da sich bei ihren Untersuchungen kein Einfluß auf die Blatt-, Trieb- und Blütenproduktion ergeben hat. Diese sind vielmehr bei den untersuchten Klonen jeweils gleichgeblieben. Die Blütenabortion wird ebenfalls nicht beeinflußt.

Onstenk (1981a) weist jedoch darauf hin, daß grundsätzlich beschädigte, überalterte oder faule Blätter entfernt werden müssen, um mögliche Botrytisinfektionen zu vermeiden.

Entfernen junger Knospen

Junge Gerberapflanzen bringen zu Beginn des Ertrages häufig nur kleine und oftmals sogar mißgestaltete Blumen hervor, die kaum als Verkaufsware in Frage kommen. Darüber hinaus hemmen sie die zügige Entwicklung der jungen Pflanzen, so daß es angebracht ist, diese ersten Knospen ein- oder zweimal rechtzeitig auszubrechen (Anonym 1979g).

Wegnahme von Haupt- und Seitentrieben

Bei den von Leffring (1981) untersuchten Klonen wurde die gegenseitige Beeinflussung zwischen Haupt- und Seitentrieben (s. Seite 288) deutlich. Die Wegnahme des Haupttriebes hat die Bildung einer größeren Zahl von Seitentrieben zur Folge, während die Wegnahme von Seitentrieben die Fortsetzung des Haupttriebes zu beschleunigen scheint. Das Maß dieser gegenseitigen Beeinflussung ist jedoch unterschiedlich. Für die Praxis ergibt sich kein Vorteil aus der Wegnahme von Haupt- oder Seitentrieben, da die Blumenproduktion insgesamt nicht erhöht wird.

Ernte

Schnittreife

Einfachblühende *Gerbera* sind erntereif, wenn 2 bis 3 Staubblattkreise voll entwickelt sind. Wird früher gepflückt, läßt die Haltbarkeit in der Vase erheblich zu wünschen übrig. Etwas schwieriger ist die Erntereife bei gefülltblühenden Blumen festzustellen. Der richtige Erntezeitpunkt ist erst erreicht, wenn der Stiel unmittelbar unter dem Blütenköpfchen fest ist. Solange er dort weich ist, kann keine gute Haltbarkeit erwartet werden. Viele Gärtner beurteilen die Erntereife auch nach den weiter innen liegenden Blumenblättern und warten ab, bis diese zur

Blumenmitte hin ziemlich flach liegen. Wichtig ist, daß die Blumenblätter voll entwickelt sind. In der Pflückreife stehen sie bei gefülltblühenden *Gerbera* etwas nach hinten (ANONYM 1980a, PROEFSTAT. V. D. BLOEMIST. 1979).

Ernten

Gerbera werden nicht geschnitten, weil Stielrückstände als potentielle Fäulnisherde an der Pflanze zurückbleiben, die maximale Stiellänge nicht erzielt wird und erhöhte Verletzungsgefahr für die Pflanze durch das Schneidwerkzeug besteht.

Der Blütenstiel wird seitwärts aus der Pflanze herausgebogen und mit kurzem, kräftigem Ruck gezogen. Dabei wird die Pflanze mit der freien Hand an der Bruchstelle etwas abgestützt, um das Ausreißen anhängender Pflanzenteile mit dem Blütenstiel zu vermeiden. Dies allerdings läßt sich nicht immer ganz umgehen, denn nicht alle Klone lassen sich gleich gut pflücken. Die gezogene Blume wird auf dem Erntewagen abgelegt.

Bei jungen, noch nicht fest eingewurzelten, Beständen kann es empfehlenswert sein, die ersten Blumen zu schneiden, um die Pflanzen nicht zu stark mechanisch zu beanspruchen. Dies kann auch bei getopften Pflanzen der Fall sein.

Sehr wichtig ist die Organisation der Erntearbeit. In großen Kulturen werden Sammelwagen mit wassergefüllten Eimern mitgeführt, um die Blumen möglichst schnell versorgen zu können. Auf diese Notwendigkeit, vor allem im Sommer, weisen BARENDSE (1980) und CAROW (1978, 1982) eindringlich hin. Viele Betriebe arbeiten dabei mit Frischhaltemitteln. So werden die Blumen unmittelbar nach der Ernte vorgewässert, bevor sie weiter verarbeitet werden. Dies ist sehr wichtig im Hinblick auf die zu erwartende Haltbarkeit. Allerdings müssen die Stiele vor

Abb. 110. Um das Erntegut schon im Gewächshaus wässern zu können, werden Sammelwagen mit Eimern eingesetzt.

dem ersten Wässern bis zur Markhöhle angeschnitten werden, da sie sich sonst nicht halten, weil die Wasseraufnahme des unangeschnittenen Stiels nicht ausreicht (ANONYM 1979f, BARENDSE 1980, CAROW 1982).

SYTSEMA (1981) hat jedoch farbliche Veränderungen und Bräunung der Zungenblüten einiger anfälliger Klone schon bei geringen Fluorgehalten im Vasenwasser festgestellt, so daß der Wasserqualität (fluoridiertes Trinkwasser!) viel Aufmerksamkeit zu widmen ist.

Die Erntehäufigkeit richtet sich nach den Witterungsbedingungen und dem Anfall reifer Blumen. Im allgemeinen wird im Winter zweimal, im Sommer dreimal wöchentlich durchgeerntet.

Weiterverarbeitung

Sortieren, Bündeln und Verpacken wird in kühlen, zugfreien Räumen nach den bestehenden Vorschriften durchgeführt. Sortierungs- und Verpackungsvorschriften sind vom zuständigen Großmarkt zu erfahren.

Der Qualitätserhaltung kommt in der Weiterverarbeitungsphase nach der Ernte besondere Bedeutung zu, zumal SYTSEMA (1981) deutliche sortenbezogene Haltbarkeitsunterschiede festgestellt hat. So sollten Blumenfrischhaltemittel schon möglichst bald, also schon im Produktionsbetrieb und nicht erst beim Käufer, angewendet werden. Größte Sauberkeit der Wasserbehälter wie Eimer oder Vasen ist wichtig, ebenso der Wasserwechsel, bevor neue Blumen in das Gefäß eingestellt werden. Dennoch sollte die Lagerung von *Gerbera*-Schnittblumen möglichst vermieden oder zumindest begrenzt werden. Selbst eine kurzfristige Trockenlagerung von nur 2 Tagen bei 2 °C, oder von 4 bis 7 Tagen in Wasser bei 1 bis 4 °C,

Abb. 111. Verpacken in Kelchtüten.

Abb. 112. Wässern der fertigen Bunde.

Abb. 113. Praktisches, fahrbares Gestell zum Sortieren und Einhängen in die Platten.

Abb. 114. Sortieren am Gestell.

Abb. 115. Die sortierten und eingehängten Blumen werden vor dem Verpacken gewässert.

Abb. 116. Fahrbare Aufhänge- und Sammelvorrichtung.

Abb. 117. Wässern der Schnittblumen.

Abb. 118. Raumsparende Hängevorrichtung.

Abb. 119. Die fertiggepackten Kartons werden auf den Kopf gelegt, um so das Krummziehen der Gerbera zu vermeiden.

hat eine Abnahme der Haltbarkeit zur Folge. Auch wegen der Borytisgefahr sollte die Lagerung im Kühlraum nicht zu lange ausgedehnt werden. Zu diesen Punkten sind zahlreiche Veröffentlichungen erschienen, unter anderem von VON BRANDIS (1975), BUYS (1974), CAROW (1978, 1982), ONSTENK (1981a).

Immer wieder zeigt sich, daß sich *Gerbera* in der Verpackung „krummziehen". Hiergegen wird vorgeschlagen, die Kartons im Kühlraum und während der Vermarktungsphase auf den Kopf zu stellen (ANONYM 1979f). Ferner werden neben den üblichen Schnittblumenkartons auch solche verwendet, bei denen die Blumen so eingehängt werden, daß sie senkrecht transportiert werden.

Erträge

Die Erträge schwanken selbst zwischen guten Klonen zum Teil erheblich, bei Sämlingen innerhalb einer Herkunft. Das ist im Prinzip vom Aufbau der Gerberapflanze abhängig. Nach LEFFRING (1981) bildet das sympodiale Rhizom eine Anzahl von Blättern, bevor die erste Blütenknospe durch das Spitzenmeristem angelegt wird. Die Zahl dieser Blätter schwankte bei den untersuchten Klonen zwischen 7 und 24. Etwa gleichzeitig mit der ersten wird eine zweite Blütenknospe in der Achsel des obersten Blattes angelegt. Anschließend entsteht in der nächstoberen Blattachsel ein vegetativer Trieb als Fortsetzung des Haupttriebes, der nach einer weiteren Anzahl von Blättern – bei den genannten Untersuchungen waren es 2 bis 8 – erneut eine Endblume, eine Seitenblume und wieder eine Fortsetzung bildet. Dieses Sympodium kann als Haupttrieb, in tieferliegenden Blattachseln entstehende Triebe als Seitentriebe, bezeichnet werden. Auch diese letzteren besitzen den typischen sympodialen Wuchscharakter. Demnach erhöht sich mit zunehmender Zahl von Seitentrieben auch die Blatt- und Blütenproduktion, ohne daß ein direkter Zusammenhang zwischen Blatt- und Blumenproduktion besteht.

Etwa 2 bis 3 Monate nach der Pflanzung setzt die Ernte ein, so daß bei einjähriger Standdauer etwa während 10 Monaten Blumen zur Verfügung stehen. Naturgemäß ist dieses Angebot nicht gleichmäßig verteilt, da *Gerbera* keine Winterblüher sind, sondern je nach Kloneigenschaften ihre Blüteschwerpunkte im Frühjahr und Sommer bis zum Herbst haben. Winterblühende Klone sind gesucht und begehrt.

Die Sortenabhängigkeit der Erträge nach Höhe, Jahreszeit und Qualität wird durch zahlreiche Sortenprüfungen nachgewiesen (FISCHER, FORCHTHAMMER und KALTHOFF 1982, BRUNDERT und SCHMIDT 1981, REIMHERR et al. 1981). Während der einjährigen Standzeit sind Ertragszahlen anzustreben, die zumindest um 100 Stück/m^2 liegen. Nach BULTHUIS (1979) kann bei optimalen Kulturbedingungen im Durchschnitt guter Klone mit ungefähr 150 Stück/m^2 gerechnet werden. Schon 1974 werden im ersten Standjahr mindestens 15 bis 20 Blumen/Pflanze (ANONYM 1974) gefordert. 1978 werden in der DDR Durchschnittserträge von 120 bis 125 Blumen/m^2 als Produktionsziel (HANSELMANN 1978) gefordert.

Standdauer

Die Standdauer der Kulturen richtet sich nach den Planungen im Betrieb und nach dem Gesundheitszustand der Pflanzen. Sobald größere Ausfälle auftreten, wird die Weiterführung der Kultur unrentabel. Auch ist davon auszugehen, daß jüngere Bestände bessere Qualitäten bringen als ältere. *Gerbera* werden heute ein- bis maximal dreijährig angebaut, während man noch vor wenigen Jahren längere Kulturzeiten hatte (Anonym 1979 h, Groenewegen 1973, Stork 1981, Schmidt und Brundert 1981).

Literatur

Anonym: Viele Diskussionsbeiträge zu Gerbera. Taspo Magazin (1), 86–87, 1974.
–: Gerbera-Opkweek plantmateriaal. Vakbl. v. d. Bloemist. **33,** (51/52), 24–25, 1978.
–: Gerbera-Rooien vam moerplanten. Vakbl. v. d. Bloemist. **34,** (16), 22–23, 1979a.
–: Gerbera-Schermen. Vakbl. v. d. Bloemist. **34,** (18), 23, 1979b.
–: Gerbera-Grondbewerking/Bemesting. Vakbl. v. d. Bloemist. **34,** (19), 27, 1979c.
–: Gerbera-Plantverband/Plantafstand. Vakbl. v. d. Bloemist. **34,** (21), 22–23, 1979d.
–: Gerbera-Grond- en bedverwarming. Vakbl. v. d. Bloemist. **34,** (22), 26–27, 1979e.
–: Gerbera-Plantabstand/Klaarmaken van de bloemen/Dozen op de kop. Vakbl. v. d. Bloemist. **34,** (24), 27, 1979f.
–: Gerbera-Tijdig scherm er af/Verwijderen van jonge knoppen/Aanleggen gietdarmen. Vakbl. v. d. Bloemist. **34,** (30), 19, 1979g.
–: Actueel-Gerberateelt langer dan één jaar aanhouden? Vakbl. v. d. Bloemist. **34,** (41), 21, 1979h.
–: Gerbera-Groeistagnatie. Vakbl. v. d. Bloemist. **34,** (41), 27, 1979i.
–: Gerbera-Misvormde bloemen/Lagere temperatuur in de herfst/Houdt de groei er in. Vakbl. v. d. Bloemist. **34,** (43), 32, 1979j.
–: Gerbera-Bladsnoei en bladuitbuigen. Vakbl. v. d. Bloemist. **34,** (48), 23, 1979k.
–: Gerbera-Steelkwaliteit/Oogstrijpheid. Vakbl. v. d. Bloemist. **35,** (1), 20–21, 1980a.
–: Gerbera-Produktie- en kwaliteitsbeoordeling klonen. Vakbl. v. d. Bloemist. **35,** (2), 21, 1980b.
–: Gerbera-Welke grondontsmetting?/Mangaanhuishouding. Vakbl. v. d. Bloemist. **35,** (3), 18, 1980c.
–: Gerbera-Voorjaarsplanting/Uitplanten/Verzorgen. Vakbl. v. d. Bloemist. **35,** (4), 31, 1980d.
Barendse, L. v.: Hieltjes verwijderen bij Gerbera voor stevige bloem. Vakbl. v. d. Bloemist. **35** (40), 23, 1980.
Berkel, N. van: Bladafsterving bij Gerbera door hoge CO_2-concentratie. Vakbl. v. d. Bloemist. **37,** (8), 35, 1982.
Berninger, E.: Effects of air and soil temperatures on the growth of Gerbera. Scientiae Horticulturae **10,** 271–276, 1979.
Bowe, R., Dänhardt, W., Fritzsche, W., Gerstner, W., Junges, W.: Gerbera. Verlag J. Neumann, Radebeul 1969.
Brandis, A. von: Prüfung von Frischhaltemitteln bei Gerbera-Schnitt. Gartenwelt **75,** 34–35, 1975.
Breutmann, B.: Klon-Vermehrung ergibt Gleichmäßigkeit. Deutsche Gärtnerbörse **77,** (7), 142–144, 1977.
Brundert, W., und Schmidt, K.: Gerbera. Gb + Gw **81,** (48), 1096–1099, 1981.
Bulthuis, J.: Energiebesparing ook bij Gerberateelt mogelijk. Vakbl. v. d. Bloemist. **34,** (28), 31–33, 1979.
Buys, C.: Läßt sich die Haltbarkeit der Gerbera verbessern? Gartenwelt **74,** 202–204, 1974.
Carow, B.: Zur Frischhaltung von Gerbera. Blumen-Einzelhandel **11,** (2), 80–82, 1982
Consulentschap in Alg. Dienst v.d. Bloemisterij: Enkele bedrijfseconomische aspecten m.b.t. de teelt en afzet van Gerbera's. Aalsmeer 1976.
Consulentschap v. d. Tuinbouw: Energiebesparing bij . . . teelt Gerbera. Vakbl. v. d. Bloemist. **34,** (47), 27, 1979.
Fischer, P., Forchthammer, L. und Kalthoff, F.: Gerbera-Klone im Vergleichsanbau. Deutscher Gartenbau **36,** (4), 138–141, 1982.
Groenewegen, C. A..: De teelt van 2jarige t.o.v. 1jarige Gerbera's. bedrijfsontwikkelingen **4,** (5), 507–513, 1973.
Hanselmann, E.: 0,71 Gerbera je DDR-Bürger, Gb + Gw **78,** 122, 1978a.
–: Steinwolle als Substrat. Gb + Gw **78,** 346–348, 1978b.
T'Hart, M. J.: Explosieve groei Gerbera ondanks teleurstellende rentabiliteit. Vakbl. v. d. Bloemist. **35,** (10), 30–31, 1980.

Gerbera – Kultur (Übersicht)

Kulturabschnitt/ Kulturmaßnahme	Termin	Temperatur	Spezielle Hinweise
Pflanzung	M II – E III E V – VII VII – VIII	Start 20 °C, dann nachts 18 °C im Sommer, 12 bis 15 °C im Winter. Boden 20 °C im Winter, 23 °C im Sommer	Getopfte Jungpflanzen bevorzugt Ungetopfte Jungpflanzen aus Stecklingsvermehrung Zweireihenpflanzung; Abstand etwa 40 cm zwischen, 25 bis 50 cm in den Reihen (Hügelpflanzung)
Blühbeginn	M IV – M V M VII – IX IX – X		
Kulturdauer: Pflanzung-Blüte	Je nach Bedingungen 6 bis 8 Wochen		
Planzung-Rodung	1 bis 1,5 (3) Jahre		Bei längerer Standdauer Ausfälle eventuell leichte Qualitätsminderung, aber zahlenmäßig höhere Erträge älterer Pflanzen sind möglich
Ertrag	Je nach Umständen etwa 100 Blumen/Brutto-m^2/Jahr		Erträge schwanken stark; Einzelpflanze sollte über 30 Blumen im Jahr bringen
Markt			In Abhängigkeit von der angebotenen Qualität und der Jahreszeit gute Absatzmöglichkeiten

Häufige Kulturfehler

Fehlerquelle	Kulturfehler	Folgen
Ausgangsmaterial	Wahl schlechter Klone oder schlechter Sämlingsherkünfte; Pflanzung von Sämlingsgemischen	Qualitativ und quantitativ schlechte Erträge mit zu hohem Anteil minderer Qualitäten am Gesamtertrag
	Mangelhafte Auslese bei Sämlingen	Ebenso
Boden	Bearbeitung zu nassen Bodens, zum Beispiel nach zu kurzer Wartezeit nach dem Durchspülen, vor allem bei schweren Böden	Verschmieren des Bodens, dadurch Verfestigungen und in deren Folge Wachstumsbeeinträchtigungen
Düngung	Überhöhter Salzgehalt im Boden, Verzicht auf Durchspülen des Bodens vor Neupflanzung oder unangebrachte Grunddüngung	Wurzelschäden, Wachstumsdepressionen, Ausfälle bis zum Totalschaden
Wasser	Unregelmäßigkeiten in der Wasserversorgung, verbunden mit Nässe beziehungsweise Trockenheit	Wachstumsstörungen, Ausfälle, Ertragsminderung
	Benetzung der Pflanzen zur Unzeit.	Fäulnis
	Schlechte Wasserqualität (zum Beispiel hoher Gehalt an Salzen und eventuell Schadstoffen)	Empfindliche Reaktion der Pflanzen, Ausfälle
	Sehr hohe Luftfeuchtigkeit bei geringer Lichtintensität.	Verkrüppelungen an den Blumen, Krankheitsgefahr
Temperatur	Zu geringe Wärme in den jeweiligen Entwicklungsphasen, zu starke Nachttemperaturabsenkungen	Verlangsamtes Wachstum bis hin zum Wachstumsstillstand, Ertragseinbußen
	Ungünstiges Licht-Temperatur-Verhältnis	Qualitätsmängel
Licht	Lichtentzug, zum Beispiel Schattieren im Übermaß	Qualitätsmängel, geringere Erträge
Pflege	Starkes (und falsches!) Auslichten der Bestände durch Entfernen von Blättern	Krankheitsgefahr durch Pflanzenbeschädigung, Qualitätsminderung durch zu kurze Blumenstiele
Ernte	Schneiden statt Pflücken	Krankheitsgefahr durch Stengelreste, kürzere Stiele, Beschädigungsgefahr für die Pflanzen
	Schlechte Ernteorganisation	Zu hoher Arbeitsaufwand

Pflanzenschutz

Krankheit, Erreger, Schädling	Schadbild	Bekämpfung	Bemerkungen
Gerberasterben: a) *Phytophthora cryptogeae* Ethybr. et Laff. b) *Verticillium alboatrum* Reinke et Barth *V. dahliae* Kleb.	Fußkrankheit, Wurzelhalsfäule, relativ schnell verlaufender Zusammenbruch der Pflanze Relativ langsam verlaufende Welkekrankheit, keine Anzeichen von Stammfäule, gelegentlich rötliche Blattfärbung. Gefäßbündel (Querschnitt) im Stammgrund und Wurzelhals gebräunt	Previcur bei Jungpflanzen	Bodenentseuchung, Verwendung nur einwandfreien, gesunden Pflanzmaterials; sorgfältige, exakte Kulturdurchführung
Echter Mehltau *Oidium spec.*	Mehlig weißer Belag auf oberirdischen Pflanzenteilen	Afugan Bei nichtblühenden Beständen: Saprol	
Grauschimmel *Botrytis cinerea* Pers.	Besonders gefährdet: Stammgrund, danach auch andere Teile. Fäulnis, mausgrauer Schimmelrasen, Fleckchen auf Blütenblättern	Tecto, Euparen, B 500-Staub, Ronilan, Rovral	Hohe Luft- und Bodenfeuchtigkeit,stagnierende Luft vermeiden
Spinnmilben	Blattoberseite unscharf begrenzte Gelbfleckung, unterseits Bronzeton geschädigter Partien	Demeton, Methamidophos Diazinon, Mevinphosmittel, Kelthane, Galecron-Mittel	Verträglichkeit testen
Weichhautmilben	Verkrüppelte, zerzauste Blütenköpfe, bei starkem Befall Blattspreite nach oben gewölbt, schwach gebräunt	Kelthane MF	

Blasenfüße	Saugstellen an Zungenblüten, ausgebleichte oder bräunliche Fleckchen	Methomyl, Methamidophos, Mevinphos, Diazinon, Dichlorvos
Weiße Fliege, Mottenschildlaus	Saugschäden, Blätter kümmern, Blattverlust. Verunreinigung der Pflanzen (Rußtaupilze)	Methomyl, Methamidophos, Demeton, Propoxur, Zinophos, Dichlorvos-Präparate. Temik 5 G, Ambush, Calcyan.
Blattminierfliege	Weiße, geschlängelte Fraßminen in den Blättern	Methomyl, Trichlorphon, Mevinphos

HEDTRICH, C. M.: Sproßregeneration aus Blättern und Vermehrung von Gerbera jamesonii. Gartenbauwissenschaft **44,** (1), 1–3, 1979.
HERMANN, P.: Gerbera-Kultur in Foliencontainern? Der Erwerbsgärtner **27,** (48), 2260–2261, 1973.
HORN, W.: Fragen der Züchtung von Gerbera. Der Erwerbsgärtner **27,** (48), 2257–2258, 1973.
KURZMANN, P., und REIS, A.: Vegetative Vermehrung von Gerbera jamesonii. Der Erwerbsgärtner **27,** (48), 2256, 2259–2260, 1973.
LEFFRING, L.: Die Bedeutung der Gewebekultur. Gartenwelt **76,** (23), 474–475, 1976.
–: De bloemproduktie van Gerbera. Proefschrift, Landbouwhogeschool te Wageningen, 1981.
MEETEREN, U. VAN: Water relations and keeping-quality of cut Gerbera flowers. Scientia Horticulturae **8**, 65–74, 1978; **9**, 189–197, 1978; **10**, 261–269, 1978; **11**, 83–93, 1978.
NEDERPEL, W.: Voorjaarsplanting Gerbera. Vakbl. v. d. Bloemist. **35,** (9), 30–31, 1980.
ONSTENK, R.: Met meristeemcultuur kwaliteit van Gerberaplantmateriaal verbeteren. Vakbl. v. d. Bloemist. **35,** (21), 48–49, 1980a.
–: Hoe flexibel is Gerberamarkt? Vakbl. v. d. Bloemist. **35,** (21), 50, 1980b.
–: Botrytis in Gerbera geen probleem voor telers die rekenen. Vakbl. v. d. Bloemist. **36,** (39), 55, 1981a.
–: In Gerberateelt nog opbrengstverhoging mogelijk. Vakbl. v. d. Bloemist. **36,** (44), 104–105, 1981b.
PAPENHAGEN, A.: Gerbera. Gb + Gw **78,** (15), 340–341, 1978.
PENNINGSFELD, F., und FORCHTHAMMER, L.: Gerbera: Methoden der vegetativen Vermehrung. Taspo Magazin (2), 75–78, 1975.
–, –, und KALTHOFF, F.: Gerbera-Düngung in Torfsubstraten. Der Erwerbsgärtner **27,** (48), 2253–2256, 1973.
PROEFSTATION V. D. BLOEMIST., Aalsmeer, Proefstation v. Tuinbouw onder Glas, Naaldwijk u. Consulentschappen v. d. Tuinbouw: Teelt van Gerbera. Bloementeeltinformatie No. 14, 1979.
RAALTE, D. VAN: Gerbera züchten und vermehren. Deutscher Gartenbau **32,** (42), 1754–1755, 1978.
REIMHERR, P., LOESER, H., MAYNC, A., MISKE, TH., PAPENHAGEN, A., und SCHENK, M.: Neue Sorten erfolgversprechend? Gb + Gw **81,** (48), 1094–1096.
SCHMIDT, K., und BRUNDERT, W.: Gerbera. Gb + Gw **81,** (48), 1099–1100, 1981.
STEEN, J. A. VAN DEN: Gerbera planten in het voorjaar. Vakbl. v. d. Bloemist. **33,** (50), 33, 1978.
STÖRMER, H.: Kometenhafter Aufstieg. Gb + Gw **78,** (15), 335–337, 1978.
STORCK, H.: Gerbera. Gb + Gw **81**, (42), 966–967, 970, 1981.
SYTSEMA, W.: Houdbaarheid Gerberarassen moeilijk te bepalen. Vakbl. v. d. Bloemist. **36,** (4), 50–51, 1981.
WILLMEROTH, B.A.J.: Amerikanische Untersuchungen zur Gerbera-Vermehrung. Gb + Gw **78,** (15), 341, 1978.

Gladiolus

Gladiolus L. – m – *Iridaceae,* Gladiole

Name: gladiolus (lat.) = kleines Schwert.

Heimat: Etwa 250 Arten sind in Europa, zum Beispiel im Mittelmeergebiet, Afrika und Vorderasien beheimatet.

Bedeutung für den Schnittblumenanbau

Hybride		Blütezeit
G.-Hybriden Edelgladiolen	Alle groß- und kleinblumigen Gartensorten	VI–IX

Zu ihnen zählen viele Kreuzungen, die als Vorläufer der Edelgladiolen anzusehen sind, zum Beispiel *G. × gandavensis* und die kleinblumigen Sorten von *G. × colvillei.* Zu diesen sind auch die Sorten der von ZANDER (1980) zwar unerwähnten, in namentlich holländischen Veröffentlichungen aber immer wieder genannten *G. nanus* und *G. tubergenii,* zu zählen. Die kleinblumigen Sorten erfreuen sich besonderer Beliebtheit bei Käufern und Floristen (ZANDBERGEN 1979). Ähnlich sind auch die sogenannten 'Butterfly'-Gladiolen und

G. primulinus Bak., Heimat: Trop. Südostafrika, Blütezeit: VII–IX,

zu beurteilen.

Gladiolen, allgemein als Freiland-Schnittblumen bekannt und geschätzt, sind schon lange im Unterglasanbau eingebürgert. Aus früher Anzucht werden schon zum Muttertag Schnittblumen angeboten. Bei geschickter Staffelung der Sätze läßt sich der Markt bis zum Herbst kontinuierlich beliefern.

Vermehrung

Gladiolen werden durch Brutknöllchen vermehrt, die beim Aufnehmen der Mutterknollen im Herbst anfallen. Die Vermehrung wird in Spezialbetrieben durchgeführt, für den Schnittblumenbetrieb dürfte sie kaum empfehlenswert sein. Eigene Vermehrung ist aber möglich, jedoch nur bei Freilandkulturen.

Die geputzten Brutknöllchen werden unter bestimmten Bedingungen eingelagert, da sie erst im späten Frühjahr wieder ausgepflanzt werden können. Während des Winters kann eine Warmwasserbehandlung durchgeführt werden, die allerdings nicht außerhalb der Zeitspanne zwischen dem letzten Dezemberdrittel und Anfang Januar liegen darf, weil sonst Schäden zu befürchten sind. Hierfür werden die Brutknöllchen bei 25 °C gelagert und innerhalb des angegebenen Zeitraumes 48 Stunden lang bei 24 °C eingeweicht. Anschließend erfolgt die eigentliche Wärmebehandlung bei Wassertemperaturen von sehr genau 53 °C, bei Fusarium-Befall von 55 °C. Die Dauer von 30 Minuten muß exakt eingehalten werden. Anschließend werden die Knöllchen schnell mit Wasser abgekühlt und schließlich nach Trocknung bei 12 °C bis zur Pflanzung gelagert.

Es ist auch möglich, die Brut vor dem Pflanzen drei Tage lang einzuweichen und sie anschließend an einem warmen, feuchten Ort vorzukeimen, bis sich Leben zeigt. Dann wird ausgepflanzt. So lassen sich blühfähige Knollen gewinnen.

In der Sowjetunion hat man Vermehrungsknollen aus Erdkultur in Hydrokultur verpflanzt und dabei eine deutlich bessere Entwicklung festgestellt. Gegenüber der herkömmlichen Erdkultur haben sich wesentlich mehr Brutknöllchen gebildet, nämlich etwa die dreifache Menge (HANSELMANN 1977); außerdem waren diese Knöllchen größer. Nach zweijähriger Kultur im Hydrosubstrat wurden allerdings wieder geringere Mengen an Brutknöllchen gewonnen, woraus die Versuchsansteller folgern, daß eine Steigerung der Gladiolenvermehrung durch ständigen Wechsel von Erd- und Hydrokultur möglich ist.

Das Pflanzmaterial

Knollen

Der erwerbsmäßige Schnittblumenanbau arbeitet nur mit erstklassigen Knollen der oberen Größensortierungen. Dies ist für Frühkulturen uneingeschränkt erforderlich. Hierfür werden die Knollen auf dem Lager wärmebehandelt.

Zur Auspflanzung kommen Knollen mit 10/12, 12/14 und 14/16 cm Umfang. Die größte Sortierung ist nicht unbedingt vorzuziehen. Sie bringt zwar oftmals zwei Stiele aus einer Knolle, von denen einer möglicherweise von etwas schwächerer Qualität sein kann. Einschneidender ist jedoch, daß sich ein höherer Arbeitsaufwand für die wegen der erforderlichen Schonung des nachkommenden zweiten Stieles sehr sorgfältig durchzuführende Ernte ergibt.

Kleinere Knollen als 10/12 cm bringen schwächere Schnittstiele und werden nicht verwendet.

Vorbehandlung der Knollen

Knollen für die Frühkultur unter Glas werden für 3 bis 4 Wochen bei 30 bis 35 °C und 50 % relativer Luftfeuchtigkeit gelagert. Eine höhere Luftfeuchtigkeit würde einen unerwünschten Wurzel- und Sproßaustrieb fördern. So aber werden nur ein verdickter Wurzelkranz und ein beginnender Austrieb erzielt.

Eine solche Behandlung kann in jedem Betrieb durchgeführt werden, wenn ein geeigneter Raum vorhanden ist. Die Knollen werden in Horden mit Drahtboden in dünner Schicht so gelagert, daß sie gut von Luft umspült werden. Da die hohe Temperatur gleichzeitig das Ausschlüpfen des Gladiolen-Blasenfußes *(Thaeniothrips simplex)* fördert, werden sie mit Parathionpulver eingestäubt.

Bei einer anderen Temperaturbehandlung spielt die Feuchtigkeit eine willkommene Rolle. Die Knollen werden ab Anfang November für 4 bis 6 Wochen bei 17° C gehalten, für Frühkulturen also bis gegen Mitte Dezember. In den folgenden sechs Wochen sind 20 °C bei gleichzeitig erhöhter Luftfeuchtigkeit anzuwenden, am einfachsten unter einem Gewächshaustisch. Nun tritt eine Vorkeimung ein,

Abb. 120. Gladiolen benötigen ebenfalls ein Netz.

bei der sich schon bald Wurzeln und Triebspitzen zu entwickeln beginnen. Nach vorsichtigem, sorgfältigem Auspflanzen können diese Knollen unmittelbar anwurzeln, austreiben und zügig weiterwachsen.

Soll auf den Effekt der „Vorkeimung" verzichtet werden, um mögliche Beschädigungen beim Pflanzen zu vermeiden, kann die Behandlung bei 20 °C auch in einem trockenen Raum erfolgen. Dies ist auch vor Pflanzungen für Freilandkultur zu empfehlen, dann allerdings zeitlich entsprechend später. Für Frühkultur können so vorbereitete Knollen ebenfalls schon nach dem 25. Januar gepflanzt werden. Allerdings müssen die Knollen nach der genannten Behandlung dann auch bis spätestens Ende Januar in den Boden kommen.

Für Freilandkultur werden die Knollen folgendermaßen vorbehandelt: Mindestens 4 bis etwa 7 Wochen vor der Pflanzung werden sie bei 20 °C gelagert (Anonym 1980 b). Vom Pflanzzeitpunkt ist demnach entsprechend zurückzurechnen. Etwa ab Mitte März kann schon unter Folie ausgepflanzt werden, demnach müßte ab Mitte Februar mit der Temperaturbehandlung begonnen werden. Muß die Pflanzung witterungsbedingt verschoben werden, kann die Temperaturbehandlung unbedenklich weitergeführt, also verlängert werden.

Für späte Pflanztermine ab Mai zur Herbstblüte werden die Knollen vorerst bei 9 °C oder 5 °C gelagert und erst vier oder nur drei Wochen vor der Pflanzung bei 17 °C aufbewahrt (Anonym 1980 b). Bei kleinblumigen Sorten können sich hierbei jedoch Probleme ergeben, wenn ihre Knollen bei der Lagerung zur Verpuppung übergehen (Zandbergen 1979).

Vorkultur

Vorkultivieren auf engem Raum kann zur Heizkosteneinsparung angebracht sein, das Verfahren ist aber insgesamt arbeitsaufwendiger als die Direktpflanzung.

Während schon früher Gladiolen gelegentlich in Töpfen für eine spätere Auspflanzung vorkultiviert wurden, empfiehlt Schmidt (1978) ein raumsparendes Verfahren, wobei die Knollen in stapelbaren Kisten oder Steigen in torfreichem Substrat oder TSK 1 in nur fingerbreitem Abstand ausgelegt werden. Die Kistenstapel werden temperiert aufgestellt und das Substrat gut feucht gehalten. Temperaturen um 16 bis 18 °C reichen aus. Heizräume sind wegen der zu geringen relativen Luftfeuchtigkeit dafür im allgemeinen weniger gut geeignet. Wenn die Austriebe etwa fingerlang sind, wird hell aufgestellt und dann möglichst bald ausgepflanzt. Im Prinzip können diese vorkultivierten Gladiolen sogar dann noch gepflanzt werden, wenn sie bereits kniehoch geworden sind.

Pflanzung

Bodenvorbereitung

Normale Gewächshaus- oder Freilandböden werden durchgefräst. Je nach Qualität des Bodens wird Torf eingearbeitet. Eine Grunddüngung entfällt meistens.

Bodenentseuchung ist nach Bedarf vorzunehmen. Sofern erforderlich, muß durchgespült werden, um angereicherte Salze und Schadstoffe (zum Beispiel Bromide) auszuwaschen.

Für die Bewässerung werden einfache perforierte Schläuche und schließlich ein Chrysanthemennetz zur Halterung für die Pflanzen ausgelegt. Je nach erwünschter Pflanzdichte kommt ein Netz mit 64 beziehungsweise 100 Maschen/m^2 zur Verwendung.

Abb. 121. Gladiolen-Frühkultur im Folientunnel.

Pflanztermine
Um während eines möglichst großen Zeitraumes blühende Gladiolen anbieten zu können, sind Pflanzungen ab Ende Januar bis Mitte Juni durchführbar. Im einzelnen bieten sich folgende Möglichkeiten:

	Pflanztermin	Erntetermin
Frühkultur unter Glas	ab 25. Januar ab Ende Februar (Sortenabhängig)	ab Anfang Mai (Muttertag) ab Anfang Mai (Muttertag) (Anonym 1979 f)
Kultur im Folienhaus oder Doppelkasten	ab März	ab Anfang/Mitte Juni
Pflanzung unter Flachfolie im Freiland	ab Mitte März	ab Anfang/Mitte Juli
Pflanzung im Freiland	ab Anfang/Mitte Mai bis Mitte Juni	ab Ende Juli bis September/Oktober
Kleinblumige Sorten unter Glas	Ende November/Anfang Dezember (Anonym 1979 g) Mitte Januar/Mitte Febr. Februar/März	ab Mitte April ab Anfang Mai Ende Mai/Anfang Juni
Weitere Sätze kleinblumiger Sorten	wie großblumige	

Pflanzabstände und Knollengrößen

Großblumige Sorten werden bei Knollengrößen von mindestens 10/12 bis maximal 14/16 cm Umfang mit 64 bis 80 Stück/m^2 gepflanzt. Eine dichtere Pflanzung mit 100 Stück/m^2 ist zwar möglich, aber nicht mehr empfehlenswert, weil daraus gegenüber etwas geringeren Bestandesdichten leichte Qualitätseinbußen resultieren. Das trifft besonders für die größten Knollenmaße zu, weil bei ihnen sowohl kräftigere Stiele als auch häufig zwei Blütenstände (siehe Seite 296) zu erwarten sind.

Kleinblumige Sorten werden in Knollengrößen von 8, sortenbedingt bis zu 10 cm Umfang, gepflanzt. Im Durchschnitt kann hier mit einer Bestandesdichte von 100 Stück/m^2 gerechnet werden. Abweichungen ergeben sich wiederum bei einzelnen Sorten und damit verbunden Knollengrößen. Die geringste Bestandesdichte liegt aber nicht unter 80, die höchste kaum über 110 Stück/m^2.

Pflanzung

Vor dem Auspflanzen werden die Knollen 2 bis 3 Stunden lang in warmes Wasser gelegt. Sie saugen sich mit Feuchtigkeit gut voll und erhalten so gegenüber trokken gepflanzten einen kleinen zeitlichen Vorsprung.

Die entseuchten (Fungizidlösung) Knollen werden im gewünschten Abstand in die ausgelegten Netze gepflanzt, indem sie leicht in die gut gelockerte Beetoberfläche gedrückt werden. Sie sollen möglichst flach liegen, maximal 5 bis 8 cm tief. Durch das Chrysanthemennetz wird ihnen später ausreichend Halt geboten, so daß sich daher eine tiefere Pflanzung erübrigt, zumal Gewächshausschutz gegeben ist.

Anders ist es bei Freilandpflanzungen; hier muß tiefer gepflanzt werden, um eine ausreichende Verankerung der Knollen in der Erde zu erreichen. Die stark kopflastigen Pflanzen fallen sonst sehr leicht um und werden krumm. Die Anbringung eines Netzes ist auch auf Freilandbeeten zu empfehlen.

Ernährung

Bei der Frühkultur wird oft keine Grunddüngung gegeben. Dafür erhalten Gladiolen 40 g/m^2 eines guten, ausgeglichenen Mehrnährstoffdüngers, sobald die Blütenstände hochkommen. Da die Knollen nach der Intensivkultur nicht wiederverwendet werden, ist eine weitergehende Ernährung unnötig.

Auch bei Freilandkulturen, bei denen die Knollen im nächsten Jahr wieder gebraucht werden sollen, ist eine zusätzliche Düngung kaum erforderlich. Vielmehr ist darauf zu achten, daß bei der Ernte mindestens zwei Laubblätter an der Pflanze stehen bleiben, um die Knolle mit den für die nächste Saison erforderlichen Assimilaten zu versorgen. Auf nährstoffarmen Böden kann dies durch eine zweite Düngergabe in gleicher Höhe unterstützt werden.

Bewässerung

Wenn die Knollen vor der Pflanzung gut gewässert worden sind, ist der erste große Wasserbedarf schon gedeckt; anderenfalls müssen sie die für den Austrieb erforderliche Feuchtigkeit erst der umgebenden Erde entziehen. Daher ist es bei trocken gepflanzten Gladiolen unumgänglich, bei vorgewässerten zumindest empfehlenswert, der Pflanzung sofort eine intensive Beregnung folgen zu lassen.

Bis zum Erreichen einer Austriebshöhe von etwa 20 cm wird der Boden sehr feucht gehalten. Anschließend werden die Wassergaben leicht eingeschränkt, um die Pflanzen nicht aufzuschwemmen. Erst wenn der Blütenstiel im Schaft allmählich fühlbar wird muß wieder stärker bewässert werden. Die Wurzeln sind nunmehr bis in 40 bis 50 cm Tiefe vorgestoßen und müssen dort ausreichend Wasser vorfinden. Oftmals sind Gewächshausböden schon in dieser Tiefe recht trocken, der Feuchtigkeitsbedarf der Gladiolen ist aber in diesem Stadium sehr hoch. Bei richtiger Wasserversorgung wächst der Blütenstiel rasch und ohne Stockung zur vollen Länge heran. Erst mit Erscheinen der Blüten wird die Bewässerung reduziert und „normal" gegossen.

Die Bewässerung erfolgt zweckmäßig über eine bodennah verlegte Anlage, um die Pflanzung vor unnötiger Benetzung zu bewahren.

Licht

Gladiolen sind gegen Lichtentzug empfindlich, daher darf weder zu eng gepflanzt noch bei Zwischenkulturen, zum Beispiel zwischen jungen Rosen, eine zu große Bestandesdichte erreicht werden.

Aus dem hohen Lichtbedürfnis erklärt sich auch der für großblumige Sorten angegebene früheste Pflanztermin im Unterglasanbau. Pflanzungen vor dem 25. Januar bringen, zumindest unter deutschen Klimabedingungen, schlechte Kulturerfolge, weil die natürliche Lichtintensität nicht ausreicht. Kleinblumige Gladiolen sind in dieser Hinsicht günstiger zu beurteilen und können schon ab Mitte November gepflanzt werden.

Abb. 122. Gladiolen als Zwischenkultur in jungen Rosen.

Temperatur

Bei Frühpflanzungen großblumiger Sorten ab Ende Januar wird die Bodentemperatur bei 12 °C gehalten; höhere Werte können zur Blütenvertrocknung und damit zu erheblichen Ausfällen führen. Die Lufttemperatur wird um 12 bis 14 °C eingestellt. Erst ab Mitte März sind Steigerungen auf 16 °C empfehlenswert (ANONYM 1980 c).

In holländischen Betrieben geht man aber doch mehr dazu über, gleich mit 16 °C zu beginnen. Das birgt natürlich die Gefahr von Blütenvertrocknungen in sich, hat aber den Vorteil, daß man etwas später pflanzen kann. Eine sich daraus ergebende Kulturzeitverkürzung kann sogar zu einer Einsparung an Heizmaterial führen, obwohl mit höheren Temperaturen angefangen wird.

Ab April wird die Steuerung der Temperatur immer schwieriger, dann sind allerdings auch Haustemperaturen von 20 bis 22 °C bei gleichzeitig 15 bis 18 °C Bodenwärme ungefährlich.

Kleinblumige Gladiolen werden bei früher Pflanzung im November/Dezember noch bis Mitte Februar bei nicht mehr als 10 °C kultiviert. Erst danach kann auf 12 °C, im März auf 14 °C, angehoben werden. Die Gefahr der Blütenvertrocknung ist auch bei kleinblumigen Sorten recht groß, daher sollten auch im April 16 °C nicht überschritten werden (ANONYM 1980 a).

Über die Temperaturansprüche und -behandlung während der Lagerung der Knollen siehe Seite 296 f.

Pflegemaßnahmen

Die Pflegeansprüche der Gladiolen sind relativ gering. Neben der üblichen Überwachung der Kulturarbeiten, vor allem der Bewässerung, Temperaturführung und den erforderlichen Pflanzenschutzmaßnahmen, sind die nachfolgend genannten Punkte zu beachten:

Lüftung

Reichliches Lüften ist notwendig. Bei dem hohen Wasserbedarf muß die Transpiration in vollem Umfang wirksam sein, was durch Lüftung mit unterstützt wird. Außerdem ist in den wärmeren Monaten die Temperaturregulierung durch Lüftung zu bewerkstelligen.

Luftfeuchtigkeit

Während der Blüte beziehungsweise im farbezeigenden Stadium der Knospen muß die relative Luftfeuchtigkeit so weit herabgesetzt werden, daß es bei kühleren Nachttemperaturen nicht zur Kondensation und damit Fleckenbildung *(Botrytis cinerea)* kommt. Eine zu starke Absenkung der Luftfeuchtigkeit ist jedoch auch zu vermeiden, weil dadurch die Transpiration wiederum eingeschränkt werden kann und außerdem Schädlinge begünstigt werden.

Schattierung

Nur im äußersten Falle wird schattiert, wenn zum Beispiel Verbrennungsgefahr besteht oder die Temperaturen anders nicht zu reduzieren sind.

Windschutz bei Freilandkultur

Vor allem bei späten Pflanzungen mit Ernteterminen im Herbst kann Windschutz von ausschlaggebender Bedeutung für den Kulturerfolg sein, weil nunmehr das Wetterrisiko recht groß ist (Anonym 1979 d). Als Windschutz können Riedmatten oder perforierte Folien zwischen den Beeten senkrecht angebracht werden. Die Pflanzung von Mais, Stangenbohnen oder Sonnenblumen kann ebenfalls guten Schutz bieten.

Flachfolie

Bei den frühesten Freilandpflanzungen unter Folie muß diese entfernt werden, sobald der Austrieb 10 bis 15 cm hoch ist. Das ist um Mitte Mai der Fall (Anonym 1979 c). Längeres Abwarten erhöht die Gefahr der Blattverbrennung. Auch darf die Folie niemals bei Frostgefahr oder starker Sonne abgenommen werden, am besten bei trübem, regnerischem Wetter. Bei milder Witterung kann man die Folie auch abends entfernen.

Netze hochziehen

Die Netze müssen rechtzeitig hochgezogen und dabei gut befestigt werden.

Seitenstiele

Sortenunabhängig entwickeln sich oftmals, vor allem bei großen Knollen, mehrere Blütenstiele nebeneinander (siehe Seite 296). Es ist meistens sinnlos, diese durchzukultivieren und daher besser, sie beizeiten auszubrechen und nur einen Blütenstand zur Entwicklung kommen zu lassen. Bei zahlenmäßig kleinen Beständen kann es dagegen richtig sein, jeden sich entwickelnden Stiel zu ernten. Im allgemeinen aber bringt das Ausbrechen solcher Stiele eine bessere Qualität des Hauptstieles und beugt der Blütenvertrocknung vor. Dieses Ausbrechen muß möglichst bald erfolgen, sobald die Pflanzen fest stehen und diese Triebe gut sichtbar sind (Anonym 1979 a).

Steuerung der Blütezeit

Durch Wahl verschiedener Anbautermine lassen sich bei konsequenter Ausnutzung unterschiedlicher Sorteneigenschaften von Mitte April bis zum Oktober Gladiolen aus einheimischer Produktion anbieten. Hierbei sind kleinblumige Sorten am frühesten auf dem Markt, wenn sie nach dem 20. November bis Anfang Dezember gepflanzt werden (Anonym 1979 g). Die spätesten Pflanzungen liegen bei großblumigen Sorten für die Herbstblüte im Freiland um den 15. Juni.

Zu beachten ist, daß für den frühesten Anbau im Gewächshaus nicht alle Sorten am beziehungsweise nach dem 25. Januar gepflanzt werden könnnen. Einige sich schnell entwickelnde Sorten, wie ‘Come Back’, ‘Hunting Song’, ‘Nova Lux’ und ‘Utopia’, dürfen nicht vor Ende Februar gepflanzt werden (Anonym 1979 f). Sie entwickeln sich sehr schnell, und die Blüte ist schon im März so weit ausgebildet, daß sie bei der dann noch herrschenden schlechten Lichtintensität vertrocknet. Trotz der späten Pflanzung blühen diese Sorten noch rechtzeitig Anfang Mai und bringen den Vorteil einer bedeutend kürzeren Kulturzeit mit. Leider ist das Farbenangebot bei ihnen noch nicht ausreichend, so daß sich der Anbau hauptsächlich auf die anderen bekannten Sorten mit Pflanzterminen zu Ende Januar erstreckt.

Im Haus lassen sich mehrere Sätze zeitlich versetzt anbauen. Auch das Rollhaus kann gut mit eingesetzt werden.

Für frühe Freilandsätze kann unter Flachfolie etwa ab Mitte März (Anonym 1979b) gepflanzt werden. Perforierte oder geschlitzte Folie ist ungeeignet, da die spitzen Triebe in diese Löcher hineinwachsen und bei Abnahme der Folie abgerissen werden. Eine Verfrühung um etwa 14 Tage gegenüber Freilandkultur ist zu erwarten. Selbstverständlich spielen die Klimabedingungen eine Rolle.

Kultur in Doppelkästen oder unter Folientunneln bringt eine weitere Verfrühung.

Spätkulturen sind möglich, wenn die entsprechende Knollenlagerung eine späte Pflanzung erlaubt, wobei der 15. Juni kaum überschritten werden darf, da die Kultur sonst nicht mehr zu befriedigender Qualität heranwächst.

Ernte

Schnittreife

Gladiolen können geerntet werden, sobald an der untersten Knospe ein erstes Farbpünktchen sichtbar ist (Anonym 1979 e). Der ganze Blütenstand blüht danach in der Vase noch gut auf. Vor allem bei größeren Versandentfernungen wird wegen der besseren Verpackungsmöglichkeit so frühzeitig geerntet.

Soll am Ort oder in näherer Umgebung verkauft werden, läßt man die Schnittstiele stehen, bis die unteren 3 bis 4 Knospen Farbe zeigen.

Ernten

Während der Erntearbeiten wird das Haus bei starker Sonneneinstrahlung schattiert, um dem Krummbiegen der Stiele vorzubeugen.

Bei der Ernte wird entweder oberhalb der Knolle geschnitten oder die ganze Pflanze mit Knolle gezogen. Im ersten Falle kann eventuell gleich an Ort und Stelle gebündelt werden, was insbesondere bei kleinblumigen Gladiolen zu überlegen ist. Das Schneiden oberhalb der Knolle auf dem Beet hat aber nur dann Sinn, wenn entweder auf einen zweiten, sich noch entwickelnden, Blütenstiel Rücksicht genommen werden muß, oder wenn die Knollen wiederverwendet werden sollen. Muß auf den zweiten Stiel Rücksicht genommen werden, kann der Haupttrieb naturgemäß nicht in voller Länge geschnitten werden, was für die Preisgestaltung nachteilig ist. Sollen die Knollen wiederverwendet werden, muß sogar noch kürzer geschnitten werden, um noch mindestens zwei Laubblätter an der Knolle zu erhalten.

Dieses Ernteverfahren ist sehr aufwendig, zumal die im Boden verbleibenden Knollen nach Ernteschluß gerodet werden müssen. Es ist bei Freilandsorten angebracht, weil deren Knollen für eine Wiederverwendung am ehesten geeignet sind. Knollen aus Frühkultur unter Glas sind dagegen wegen der starken Beanspruchung durch die Kultur erschöpft.

Die gebräuchlichste, weil auch arbeitswirtschaftlich günstigste Methode, ist das Ziehen der ganzen Pflanze. Die Knollen werden erst auf dem Bündeltisch abgeschnitten. Lediglich Ausfallknollen müssen extra gerodet werden.

Weiterverarbeitung

Nach der Ernte müssen die Blumen absolut aufrecht gehalten werden, weil sich die Spitzen sonst innerhalb recht kurzer Zeit krummziehen. Sie biegen sich dabei nach einigen Stunden nach unten. Am besten ist es, wenn man die Gladiolen aufrecht zum Markt anliefern kann.

Gladiolus-Kultur (Übersicht)

Kulturabschnitt/Kultur-maßnahme	Termin				Temperatur	Spezielle Hinweise
Pflanzung	Ab XI/XII				12 °C Boden 12 bis 14 °C Luft	Kleinblumige Sorten im Haus
		E I–etwa III			ebenso	Großblumige Sorten im Haus
			Ab III/IV		unbeheizt	Folienhaus beziehungsweise im Freiland unter Flachfolie
				A–M V–M VI		Freilandanbau
						Großblumige: Etwa 64 bis 80 Stück/m^2 Kleinblumige: etwa 80 bis 110 Stück/m^2
Flachfolie entfernen			etwa M. V			Austrieb ist 10 bis 15 cm hoch
Blüte	Ab IV	Ab A V	A–M VII	E VII–X		
Kulturdauer: Pflanzung–Blüte	5 Monate	5 Monate	4 Monate	2,5 Monate		
Ertrag	1 Blütenstiel/Knolle, bei großen bis zu 2 Stiele					Ernte von 2 Stielen/Knolle nur unter Vorbehalten zu empfehlen
Markt						Allgemein gut

Häufige Kulturfehler

Fehlerquelle	Kulturfehler	Folgen
Temperatur	Zu hohe Temperatur	Blütenvertrocknung; zu starke Laubentwicklung
Wasser	Bei Kulturbeginn zu wenig Wasser bis Erreichen einer Austriebshöhe von etwa 20 cm	Langsamer, schlechter Austrieb, unter Umständen Trockenschäden
	Im Anschluß daran (bis zum Fühlbarwerden des Blütenschaftes im Austrieb) zu viel Wasser	Pflanzen werden „aufgeschwemmt“, Blütenstiel bleibt stecken
Pflege	Seitentriebe bei großen Knollen werden nicht entfernt	Ausbildung von 2 Blütenstielen führt zu Beeinträchtigungen der Qualität und erschwert die Arbeit
	Flachfolie (keine Loch- oder Schlitzfolie!) wird zu spät entfernt	Gefahr der Blattverbrennung und der Verkrümmung der Pflanzen
	Nichtbeachtung der Witterung bei Abnahme der Flachfolie	Frostgefahr! Bei Sonne: Verbrennungen

Pflanzenschutz

Krankheit, Erreger, Schädling	Schadbild	Bekämpfung	Bemerkungen
Lackschorf der Knollen, Blattfleckenkrankheit, Blatt- und Stengelgrundfäule *Pseudomonas marginata* (McCulloch) Stapp	Quarantänekrankheit. Rötlichbraune Flecken oder Streifen, die später zu schwarzbraunen Faulstellen zusammenfließen können, auf den Blättern. Naßfäule am Blatt- und Stengelgrund. Auch Knollen sind befallen	Knollen vor der Pflanzung 30 Minuten lang in 1prozentiger Formaldehydlösung beizen	Pflanzenreste vernichten, kein Vermehrungsmaterial aus erkrankten Beständen entnehmen
Stromatinia-Knollentrokkenfäule, -Stengelgrund- und -Blattgrundfäule *Stromatinia gladioli* (Drayt.) Whetz. = *Sclerotinia gladioli* (Mass.) Drayt.	Quarantänekrankheit. Blattspitzen gelb, Blätter sterben ab, Pflanzen fallen um	Warmwasserbehandlung (siehe Seite 295)	
Septoria-Knollenhartfäule und -Blattfleckenkrankheit *Septoria gladioli* Pass.	Quarantänekrankheit. Frühzeitig kleine helle Blattfleckchen, später größere runde hellbraune, rötlich umrandete Flecken	Warmwasserbehandlung (siehe Seite 295) Grünkupfer, Mancozeb, Zineb	
Fusarium-Vergilbungskrankheit und -Knollenfäule *Fusarium oxysporum* (Schl.) *gladioli* (Massey) Snyder et Hansen	Quarantänekrankheit. Verzögerter, kümmerlicher Austrieb. Blattvergilbung von der Spitze her, Fäulnis am Blattgrund. Wurzeln sterben ab	Warmwasserbehandlung (siehe Seite 295) Bodenentseuchung: im Haus: Di-Trapex, Methylbromid	

Gladiolenblasenfuß *Thaeniothrips simplex* Mor.	Quarantäneschädling. Weißlichgraue, manchmal silbrig schimmernde Flecken und Streifen, später verbräunend, auf Blättern und Knospen. Blüten am Rand ausgebleicht, vertrocknet	Insektizideinsatz. Knollen mit Parathion einpudern. Lagerbehandlung mit Naphthalin. Tauchbehandlung mit 0,5prozentiger Lsysollösung 4 bis 5 Stunden. Parathion, Malathion, Propoxur, Aldicarb	
Weißstreifigkeit Bohnengelbmosaik-Virus, Gurkenmosaik-Virus	Graue oder gelblichgrüne, pinselartig zarte Streifung und Fleckung der Blütenblätter. Gelegentlich Farbänderung, leichte Kräuselung und Verdickung der Blütenblätter. Wachstumshemmung	Befallene Pflanzen ausmerzen	Nicht in die Nähe von Stauden, Buschbohnen, Klee und Steinklee pflanzen
Gelbsucht Aster yellows	Vergilbung, Wachstumsstockung. Zugwurzeln werden schwarz und sterben ab. Blütenstengel erscheint nicht oder er ist verkrüppelt, verdreht. In jungen Knollen sind die Gefäßbündel gebräunt	Zwergzikaden als Überträger bekämpfen. 1- bis 2stündige Warmwasserbehandlung, 50 °C vor dem Pflanzen	

Literatur

ANONYM: Gladiool-Verwijderen van zijsprieten. Vakbl. v. d. Bloemist. **34,** (10), 24, 1979 a.
–: Gladiool-Bloeivervroeging door afdekken met plasticfolie. Vakbl. v. d. Bloemist. **34,** (11), 25, 1979 b.
–: Gladiool-Plastic verwijderen. Vakbl. v. d. Bloemist. **34,** (16), 23, 1979 c.
–: Gladiool-Laatste plantdatum en windkering. Vakbl. v. d. Bloemist. **34,** (23), 27, 1979 d.
–: Gladiool-Oogst, bossen en oogsttijdstip. Vakbl. v. d. Bloemist. **34,** (28), 27, 1979 e.
–: Gladiool-Planning voor bloei in mei. Vakbl. v. d. Bloemist. **34,** (41), 27, 1979 f.
–: Gladiool-Kleinbloemige cultivars. Vakbl. v. d. Bloemist. **34,** (46), 18–19, 1979 g.
–: Gladiool-Bloemverdroging bij kleinbloemige gladiolen. Vakbl. v. d. Bloemist. **35,** (4), 31, 1980 a.
–: Gladiool-Knolpreparatie voor buitenteelt. Vakbl. v. d. Bloemist. **35,** (5), 43, 1980 b.
–: Voorlichting: Planten van grootbloemige gladiolen in kas. Vakbl. v. d. Bloemist. **35,** (5), 47, 1980 c.
HANSELMANN, E.: Sowjets vermehren Gladiolen in Hydro. Gb + Gw **77,** 1242, 1977.
SSCHMIDT, E.: Jetzt schon an den Sommer denken – Gladiolen verfrühen. Gb + Gw **78,** 149–150 1978.
ZANDBERGEN, J. K.: Teelt kleinbloemige gladiolen kan winstgevende zaak zijn. Vakbl. v. d. Bloemist. **34,** (37), 50–51, 1979.

Gloriosa

Gloriosa L. – f – *Liliaceae,* Gloriosa, Ruhmeskrone
Name: gloriosus (lat.) = ruhmreich
Heimat: 6 Arten kommen im tropischen Afrika und Asien vor.

Bedeutung für den Schnittblumenanbau

Art	Heimat	Blütezeit
G. rothschildiana O'Brian	Trop. Afrika	VI–VIII
G. superba L.	Trop. Afrika und Asien	VI–VIII

Weitere Arten werden selten angebaut. Von den genannten ist *G. rothschildiana* die bedeutendere; sie liefert längere Schnittstiele als *G. superba.*

G. rothschildiana wächst rasch hoch und bildet 2 bis 3 m hohe Triebe aus, die sich gut verzweigen und einer Aufleitung bedürfen. Die Blüten sind karminrot mit orangefarbenem Rand.

G. superba wächst ähnlich stark wie *G. rothschildiana.* Die Blütenfarbe ändert sich mit zunehmender Reife, ausgehend von einem hellen, fast fahlem Gelb über goldorange bis fast rot. Die Blütenblätter sind am Rande stark gekraust.

Vermehrung

Saatgut

Da vegetative Vermehrung nur langsam zu größeren Beständen führt, ist der generativen ebenfalls Bedeutung beizumessen. Außerdem sind Virosen nicht samenübertragbar.

Mit ausreichend selektierten, leistungsfähigen Mutterpflanzen ist die Erzeugung von Saatgut aus eigenen Beständen möglich. Die Bedingungen ergeben sich aus einer von CAROW (1979) durchgeführten Versuchsreihe. Danach wird im Juni/Juli bei sonnigem Wetter bestäubt. Die Pollen wurden im Versuch 24 bis 48 Stunden nach dem Aufplatzen der Antheren entnommen und auf die Narben von Blüten gleichen Entwicklungsstandes gebracht. Bei Samenreife im September/Oktober lieferten die 10 bis 12 cm langen Kapseln jeweils etwa 100 Samen. Die Keimkraft bleibt zwar nach Castelein (1979) einige Jahre lang erhalten, dennoch dürfte der Erfolg bei Verwendung frischen Saatgutes am sichersten sein.

Abb. 123. Eine Gloriosablüte hat Samen angesetzt.

Aussaat
Die roten, fleischigen Beeren werden nach Aufplatzen der Kapseln vorsichtig zerquetscht, abgetrocknet, abgerieben und nach kurzer Lagerung mit einem Fungizid eingestäubt und ausgesät.

Saattermin ist März/April, die Jungpflanzen wachsen in die helle Jahreszeit hinein. Der Samen wird nur leicht abgedeckt, weil die Keimung durch Licht gefördert wird. Bei einer optimalen Keimtemperatur im Bereich von 20 bis 25 °C läuft die Saat innerhalb von 3 bis 4 Wochen auf.

Nach einmaligem Pikieren wird ausgepflanzt. Im Herbst können nach oberirdischem Absterben der Pflanzen die Knollen geerntet werden, die nach der erforderlichen Lagerung für den Schnittblumenanbau verwendbar sind.

Aussaat ist dennoch für die Praxis von untergeordneter Bedeutung. Der Vermehrungsanbau wird allgemein vegetativ mit Knollen durchgeführt. Außerdem blühen Sämlinge im Gegensatz zu Knollen frühestens im zweiten Jahr.

Knollenbildung
Während der Vegetation bilden sich unterirdisch meist zwei Tochterknollen aus, die größer und stärker als die Mutterknolle sind. Diese verbraucht sich während

der Kultur (Castelein 1979). Nach der Blumenernte entwickeln sich diese Tochterknollen und machen noch in der Erde einen Reifeprozeß durch.

Da Größe und Qualität der Knollen in lichtreichen Jahreszeiten gefördert werden, sind vor allem bei Sommerkultur gute Ergebnisse zu erwarten, die zusätzlich zu steigern sind, wenn während der Wachstums- und Blütezeit Ernährungskonkurrenten wie Blütenknospen und Seitentriebe, ausgebrochen werden. Da weiterhin das oberirdische Wachstum von Knollengröße und -gewicht bestimmt wird, bauen große Knollen auch entsprechend viele Seitentriebe als Konkurrenten für die Tochterknollen auf; kleine Ausgangsknollen bilden dagegen praktisch keine Seitentriebe und bringen daher auch den relativ größten gewichtsmäßigen Zuwachs an neuen Knollen (Carow 1977 b).

Die Knolle hat nur einen Vegetationspunkt an der Spitze, der natürlich nicht beschädigt werden darf, weil sonst die ganze Knolle wertlos ist.

Knollenproduktion

Nach der Blüte werden die Pflanzen noch etwa 8 Wochen weiter kultiviert, um einen guten Knollenertrag zu garantieren. Erst gegen Ende dieser Periode läßt man die Pflanzen langsam einziehen und kann die Knollen ernten. Diese werden sorgfältig und schonend herausgenommen und an Ort und Stelle vorsichtig auseinandergebrochen, also getrennt. Ist man gezwungen, vor Ablauf der 8-Wochen-Frist zu ernten, ist dieses Auseinanderbrechen der jungen Knollen oftmals schwierig; dann muß vorsichtig mit dem Messer gearbeitet werden. Desinfektion mit Fungiziden oder zumindest Einpudern der Bruch- beziehungsweise Schnittstelle mit Holzkohlepulver ist zu empfehlen. Grundsätzlich muß die Wunde erst gut abgetrocknet sein, bevor die Knollen wieder in die Erde kommen.

Zur Trocknung werden die in luftdurchlässigen Behältern dünn geschichteten Knollen unter Dach für etwa eine Woche bis 10 Tage kühl und trocken gehalten. Anschließend können sie gelagert oder für die Pflanzung vorbehandelt werden.

Lagerung der Knollen

Die Lagerung erfolgt bei 17 bis 18 °C in einem geeigneten Raum entweder trokken oder in leicht feuchtem Torf. Sie kann bis zu 8 Monate durchgeführt werden, doch kann schon wesentlich früher erneut gepflanzt werden.

Soll bei tieferer Temperatur als angegeben gelagert werden, müssen die Knollen in Sand oder Torf eingeschlagen im Kühlraum aufbewahrt werden. Das Einschlagen verhindert das bei trockener Lagerung leicht mögliche Austrocknen.

Vorkeimen der Knollen

4 bis 6 Wochen vor dem geplanten Pflanztermin beginnt das Vorkeimen der Knollen. Sie werden, wenn nicht schon bei der Lagerung geschehen, in feuchten Torf eingelegt. Aber auch ohne dieses Hilfsmittel kann vorgekeimt werden, wenn die Knollen bei 25 bis 30 °C und 90% relativer Luftfeuchtigkeit (Sprühnebelanlage) zum Austrieb gebracht werden (Anonym 1979 c). Das kann auf einem Gewächshaustisch geschehen.

Auch bei geringeren Temperaturen treiben in Torf eingelegte Knollen aus, wenn es auch etwas länger dauert. So kann bei der oben genannten Temperatur von 17 bis 18 °C in feuchtem Torf und bei 70 bis 80% relativer Luftfeuchtigkeit bis zur Pflanzung gelagert werden, denn unter diesen Bedingungen haben

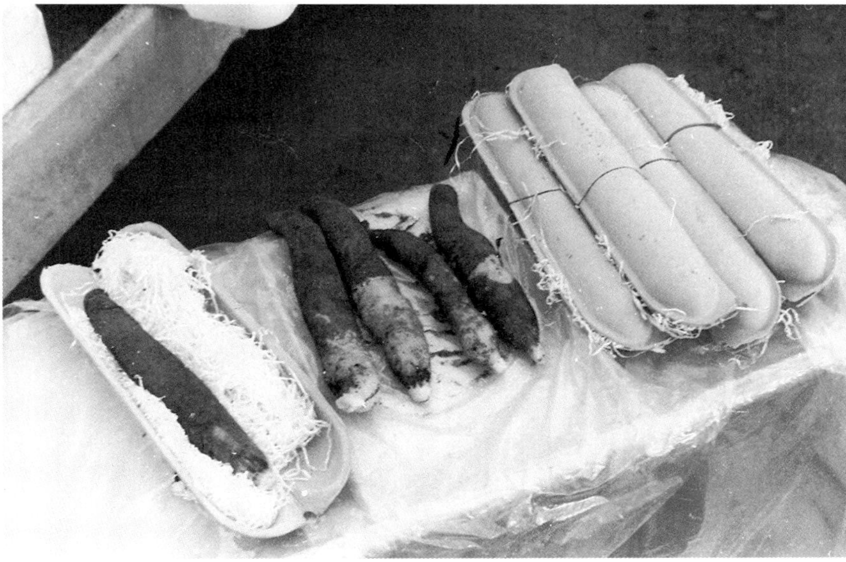

Abb. 124. Verpackung der äußerst empfindlichen Knollen.

die Knollen nach insgesamt 3 bis 4 Monaten ausgetrieben und sind pflanzfähig.

Mit dem Austrieb des Sprosses beginnt auch die Bewurzelung.

Knollengröße

Die Knollen können beachtliche Längen erreichen. Gesuchtes Pflanzmaterial sind mittelgroße, etwa 25 cm lange Knollen. Mit ihrer Größe steigen auch Durchmesser und Gewicht. Größere Knollen sind leistungsfähiger und bringen mehr Blüten hervor als kleinere, letztere können jedoch dichter gepflanzt werden und infolgedessen zu einem gleich hohen oder gar höheren Ertrag je Flächeneinheit führen.

Pflanzung

Bodenvorbereitung

Jeder gute Gewächshausboden eignet sich für die Kultur, am besten leichter, sandiger Lehm. Sandböden können bei einem Humusgehalt von etwa 5 % und einem pH-Wert über 6,5 wegen des möglichen Manganmangels zu Schwierigkeiten führen. Schwere Böden bergen oft Vernässungsgefahr. Bei ihnen sind eine gute Dränage sowie eine allgemeine Verbesserung der Bodenstruktur notwendig.

Wenn der Gewächshausboden insgesamt in einem guten Zustand ist und auch in tieferen Schichten keine Verdichtungen aufweist, reicht tiefes Durchfräsen vor der Pflanzung aus. Selbstverständlich ist der Boden vorher zu entseuchen und auch durchzuspülen, um Salzreste von der Vorkultur auszuwaschen.

Abb. 125. Die schnellwachsenden Pflanzen kommen nicht ohne ein Spalier zur Aufleitung aus.

Abb. 126. Gloriosabestände wachsen rasch, werden schnell dicht und füllen den Standraum ganz aus.

Abb. 127. Alte Knolle mit zwei Tochterknollen.

Technische Ausstattung der Beete

Gloriosa brauchen ein Spalier zur Aufleitung, weil sie sehr hoch werden und sich stark verzweigen. Es käme sonst zu einem unentwirrbaren Knäuel von Trieben, die später kaum zu beernten wären. In Beetmitte wird entweder ein grobmaschiges Netz senkrecht angebracht, oder es werden Längsdrähte im Abstand von 25 bis 30 cm bis zu etwa 2 m Höhe gespannt, an denen die Zweige angeheftet werden können.

Eine bodennahe Bewässerungsleitung wird ebenfalls in Beetmitte verlegt. Die Installation einer Boden- oder Vegetationsheizung aus Kunststoffrohren ist sinnvoll.

Pflanztermin

Gloriosa können zwar jederzeit gepflanzt werden, aber das Licht zeigt sich als begrenzender Faktor, so daß die dunklen Wintermonate kaum in Frage kommen. Als beste Pflanzzeiten gelten die Monate von Mitte Februar bis gegen Mitte August. Dabei kann man auf derselben Pflanzfläche zwei Kulturen hintereinander anbauen, nämlich um Mitte Februar und zwischen Mitte Juli und Mitte August. Pflanzungen vor Februar bringen deutlich geringere Erträge (Lichtmangel).

Pflanzabstände

Im allgemeinen werden Doppelreihen mit nur etwa 25 cm Zwischenraum gepflanzt. Zur nächsten Doppelreihe bleiben bis zu 1,50 m, möglichst nicht unter 1,20 m, frei, weil die hoch- und dichtwachsenden Pflanzen sonst unter Lichtmangel leiden.

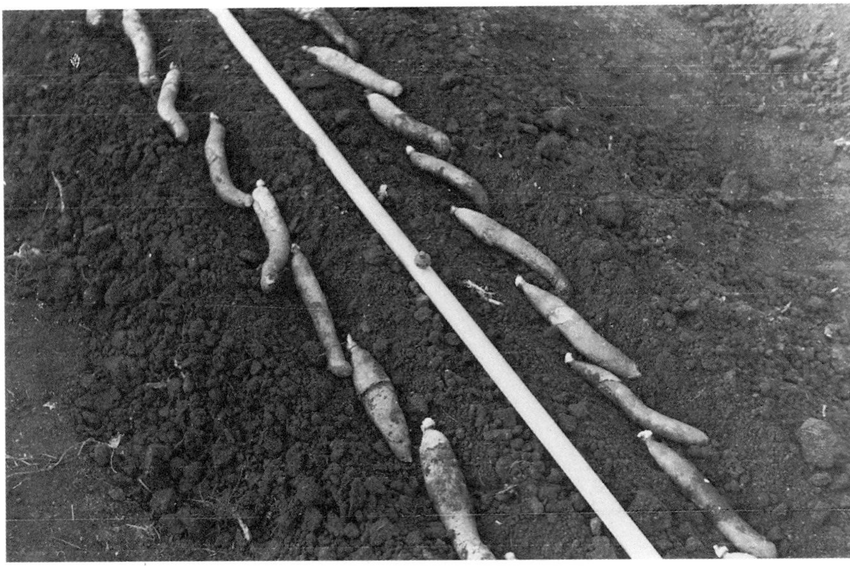

Abb. 128. Zur Pflanzung werden die Knollen waagerecht in Rinnen gelegt und anschließend eingeharkt. Innerhalb der Doppelreihe liegt die Bewässerung.

Die Größe des Pflanzgutes beeinflußt den Pflanzabstand. So werden bei Knollen von 20 bis 25 cm Länge 6 bis 7 Stück/m^2 gepflanzt. Entsprechend größer ist die Zahl bei kleineren, beziehungsweise geringer bei größeren Knollen. Man pflanzt in Längsrichtung mit nur geringem Abstand von etwa Knollenlänge (Anonym 1979 d).

Pflanzung

Die Knollen müssen waagerecht in die Erde kommen, keinesfalls dürfen sie senkrecht gepflanzt werden. Kleine Knollen können schräg bis an den Vegetationspunkt gepflanzt werden (Anonym 1979 d). Die Pflanztiefe richtet sich wiederum nach der Knollengröße und ist mit 3 bis 5 cm zu bemessen. Innerhalb der Doppelreihe steht das Spalier zur Aufleitung, das so beiden Einzelreihen als gemeinsames Haltegerüst dient. Da *Gloriosa* sehr schnell wachsen, ist dieses Spalier am besten vor der Pflanzung oder kurz nach dem Austrieb anzubringen.

Beim Pflanzen muß mit großer Sorgfalt vorgegangen werden, um eine Beschädigung des Vegetationspunktes beziehungsweise des durch Vorkeimen erzielten Austriebes zu vermeiden.

Ernährung

Wegen der Salzempfindlichkeit der Pflanzen entfällt meistens eine Grunddüngung, während das Einarbeiten von etwa 1 m^3 Torf/100 m^2, gegebenenfalls auch abgelagertem Stallmist, zu empfehlen ist. Lediglich auf sehr nährstoffarmen Böden werden bis zu 4,5 kg Superphosphat und 5 kg schwefelsaures Ammoniak je 100 m^2 gegeben.

Abb. 129. Die Knollen besitzen nur einen einzigen Vegetationspunkt an der Spitze. Beginnender Austrieb von Sproß und Wurzeln ist erkennbar.

Abb. 130. Ein wachsender, gut aufgeleiteter Bestand, der durch den breiten Weg ausreichend belichtet wird.

Im Kulturverlauf wird der hohe Nährstoffbedarf der Pflanzen durch Kopfdüngungen gedeckt, die flüssig in wöchentlichen Gaben von 0,2% mit stickstoffbetonten Mehrnährstoffdüngern verabreicht werden. Eine Steigerung der Konzentration auf 0,4% kann bei sehr wüchsigen Pflanzen möglich sein. Treten Stickstoffmangelerscheinungen auf, kann mit einer Blattdüngung eingegriffen werden.

Wenn der Dünger trocken gestreut und eingearbeitet oder eingegossen wird, kann es an den sehr flach unter der Bodenoberfläche liegenden Wurzeln zu Verbrennungen kommen.

Bewässerung

Gloriosa wachsen schnell und haben dadurch einen relativ hohen Nährstoff- und somit auch Wasserbedarf. Dennoch darf der Boden nicht vernäßt werden.

Die relative Luftfeuchtigkeit muß verhältnismäßig hoch gehalten werden, da es sonst zu Verbrennungen an jungen Pflanzen kommt, der Knospenaustrieb vermindert wird und angelegte Knospen abfallen. Derartige Verhältnisse treten leicht bei Frost oder Wind ein, wenn es zu einer schnellen Abtrocknung der Luft kommt. Dann muß für eine Anhebung der Luftfeuchtigkeit gesorgt werden, am besten durch einige Nebeldüsen, so daß eine zu diesem Zeitpunkt möglicherweise unerwünschte stärkere Bewässerung unterbleiben kann.

Licht

Nach Carow (1977 b) können *Gloriosa* sowohl im Dauerlicht als auch bei völliger Dunkelheit Blüten bilden. Zumindest zur Weiterentwicklung der Knospen sind aber, wie es die Praxis beweist, helle Gewächshäuser erforderlich. Daher stellt Carow auch die Frage nach der Zweckmäßigkeit einer Pflanzung in dunklen, isolierten Räumen bis zur Knospenbildung und anschließendem Einräumen ins Gewächshaus (Arbeitsaufwand!).

Gute Erträge sind bei der herkömmlichen Kulturweise nur in den lichtreichen Jahreszeiten zu erwarten. Es lohnt sich daher, bei früher oder später Kultur für eine gute Lichtzufuhr durch ausreichende Pflanzabstände und sauberes Glas zu sorgen.

Temperatur

Da Bodenwärme den Pflanzen zusagt, sollte im Wurzelbereich durch Bodenheizung für eine Temperatur von 20 °C gesorgt werden. Die Lufttemperatur wird nachts und an trüben Tagen bei 18 °C gehalten. An sonnigen, warmen Tagen kann die Raumtemperatur ohne Schaden für die Pflanzen auf 25 bis 30 °C ansteigen (allerdings nicht durch Heizung!), sofern gleichzeitig eine hohe relative Luftfeuchtigkeit gehalten werden kann. Ab 30 °C muß dann jedoch gut gelüftet werden.

Temperaturabsenkungen sind möglich, können aber zu einer Verlangsamung des Kulturablaufes führen.

Pflegemaßnahmen

Anheften der Triebe

Sobald die bis zu 4 m langwerdenden Triebe beginnen, sich zu verzweigen, müssen sie an das Spalier angeheftet werden. Dazu werden sie ab etwa 25 cm Länge horizontal mit Ringen befestigt. Die hieraus vertikal entspringenden Triebe heften sich mit ihren Blattranken selbst am Netz an (Anonym 1979 e). Diese Arbeit muß laufend durchgeführt werden, um ein übersichtliches, geordnetes Wachstum zu erreichen. Bei Doppelreihen ist zu beachten, daß diese Triebe nicht durch das Spalier hindurchwachsen, sondern auf der eigenen Seite bleiben; dadurch wird das Roden nach Abschluß der Kultur erleichtert.

In der lichtärmeren Jahreszeit werden die Triebe oft mehr bogenförmig und damit etwas höher befestigt, um so den Lichtgenuß zu erhöhen.

Lüften

Im Sommer braucht bei hoher Lichtintensität erst bei relativ hohen Temperaturen im Haus gelüftet zu werden. Selbst Wärmegrade bis etwa 30 °C sind für *Gloriosa* zumutbar, sofern sie allein durch die Sonneneinwirkung verursacht werden.

Im Zusammenhang mit der Lüftung ist die Luftfeuchtigkeit sorgfältig zu beachten; sie darf keinesfalls plötzlich absinken.

Ebenso ist zu vermeiden, daß durch unvorsichtiges Lüften Kaltluft unvermittelt auf die Pflanzen fällt, wodurch sich deutlich sichtbare Schäden ergeben.

Schattieren

Gloriosa vertragen zwar Sonne im allgemeinen recht gut, dennoch ist bei hoher Einstrahlung leichter Schatten angebracht, vor allem bei jungen, wachsenden Beständen. Wegen des hohen Lichtbedürfnisses sollte dieses Mittel jedoch mit Bedacht und erst nach Ausschöpfung anderer Möglichkeiten zur Verbesserung des Hausklimas, wie Sprühen und Lüften, eingesetzt werden.

Steuerung der Blütezeit

Eine Blütezeitsteuerung durch Veränderung der Tageslänge ist nicht möglich, wohl aber durch die Wahl der Pflanztermine. Dabei ist nur zu bedenken, daß die Sätze so angelegt werden, daß die Blütezeiten ineinander übergehen. Eine solche Planung hat zudem den Vorteil, daß bei größeren verfügbaren Flächen eine bessere Arbeitsverteilung erreicht wird, zumal die Ernte sehr arbeitsaufwendig ist. Der Kulturablauf stellt sich folgendermaßen dar:

Pflanzung bis Erntebeginn	etwa 8 Wochen
Blühbeginn bis Ernteschluß	etwa 8 Wochen
Ausreifezeit der Knollen im Boden	etwa 8 Wochen
Verweildauer eines Satzes im Boden	etwa 24 Wochen
anschließende Ruhezeit	maximal 8 Monate minimal 2 Wochen

Hieraus ergibt sich, daß beispielsweise Pflanzungen in Abständen von 4 bis 5 Wochen zu einem kontinuierlichen Ernteverlauf führen. Natürlich sind auch größere Zeitabstände möglich.

Ein besonderes, aber seltener angewandtes Verfahren empfiehlt, nach Ernteschluß und schon bei Beginn der Ausreife den nächsten Satz neben die abgeernteten Reihen zu legen. Diese Knollen können dann schon austreiben, allerdings wird dadurch das Roden des alten Satzes erschwert (Castelein 1979).

Ernte

Schnittreife

Gloriosa-Blüten sind erntereif, wenn die 6 Perigonblätter (Blütenblätter) nach hinten umgeschlagen sind und sich die Staubgefäße deutlich von den Stempeln absetzen.

Bei *G. superba* gibt außerdem die Blütenfarbe deutliche Hinweise auf die Schnittreife. Sie werden geerntet, solange die Blüten noch gelb sind. Sie färben sich dann in der Vase über orange bis hin zu rot, ein Vorgang, den man dem Käufer nicht vorenthalten darf, indem man später schneidet.

Ernten

Die Blüten entstehen in den Blattachseln und werden auch dort abgeschnitten, um möglichst lange Stiele zu bekommen. Die Stiellänge ist ohnehin sehr begrenzt und liegt zwischen 20 und 40 cm bei *G. rothschildiana*, bei *G. superba* nur selten über 30 cm.

Im allgemeinen werden Einzelblüten geerntet. Lediglich die letzten, obersten Blüten werden mit dem Trieb geschnitten. Auch kleine Knollen, die nur einen Austrieb bringen und, wenn überhaupt, sich nur geringfügig verzweigen, bieten die Möglichkeit der Ernte ganzer Triebe. Solche mit Blattschmuck und mehreren Blüten besetzte Siele sind dekorativ und werden von Floristen gern verwendet.

Abb. 131. Verpackung der Schnittblumen in luftgefüllte Folienbeutel.

Gloriosa-Kultur (Übersicht)

Kulturabschnitt/Kulturmaßnahme	Termin	Temperatur	Spezielle Hinweise
Aussaat	Frühjahr	20 bis (25 bis 28) °C	Keimzeit 3 bis 4 Wochen. Blühfähige Knollen sind nach 2 Jahren zu erwarten
Knollenanzucht	Im Anschluß an die Blüte während etwa 8 Wochen	Boden: 20 °C Luft: 18 °C und darüber	Vegetatives Wachstum fördern. Vorsicht bei Rodung, da nur ein Vegetationspunkt an jeder Knolle besteht
Lagerung der Knollen		17 bis 18 °C	Relative Luftfeuchtigkeit 70 bis 80% oder trocken Einlagerung in feuchtem Torf oder etwa 10 Tage lang vor der Lagerung luftig trocknen
Vorkeimen der Knollen	4 bis 6 Wochen vor Pflanztermin	25 bis 30 °C	Relative Luftfeuchtigkeit 90% in feuchtem Torf, der durch Sprühdüsen ständig feuchtgehalten werden sollte
Pflanzung in Sätzen	M II bis M VIII	Boden: 20 °C Luft: 18 bis 30 °C	Lufttemperatur darf nur durch Sonne bis 30 °C steigen! Doppelreihen mit 25 cm Zwischenraum und 1,50 m Abstand, innerhalb der Reihe etwa Knollenlänge. 6 bis 7 Knollen von 20 bis 25 cm Länge/m^2. Spalier anbringen
Blüte	M IV bis M X		Beginn etwa 8 Wochen nach der Pflanzung, Blühdauer etwa 8 Wochen lang
Kulturdauer: Pflanzung–Blüte Pflanzung–Rodung	Etwa 8 Wochen Etwa 24 Wochen		
Ertrag	100 bis 150 Blüten/m^2/Satz		
Markt			Allgemein gute Absatzmöglichkeiten

Häufige Kulturfehler

Fehlerquelle	Kulturfehler	Folgen
Knollen	Zu frühe Rodung nach mangelhafter Entwicklung und Reife	Kleine Knollen von geringer Leistungsfähigkeit, eventuell schlechtere Lagerfähigkeit
	Unsorgfältige Rodung und Verletzung der Knolle oder Beschädigung des einzigen (!) Vegetationspunktes	Fäulnis, Knolle treibt nicht aus
Pflanzung	Zu früher Pflanztermin vor Februar.	Geringe Erträge
	Zu enge Pflanzung und zu geringer Abstand zwischen den Reihen beziehungsweise Doppelreihen.	Lichtmangel, spürbare Ertragsminderung
	Senkrechte und zu tiefe Pflanzung der Knollen	Austrieb erschwert
Aufleitung	Zu späte Anbringung des Stützspaliers, Triebe werden nicht rechtzeitig angeheftet	Unentwirrbares Dickicht der Triebe entsteht, krumme Stiele, Ernte wird erschwert, unter Umständen unmöglich
Lüftung	Plötzliches Lüften bei größeren Temperaturunterschieden zwischen Haus- und Außenluft	Die plötzlich auf die Pflanzen auftreffende Kaltluft verursacht physiologische Schäden, die zu Ernteminderungen bis zum Ertragsausfall führen können

Pflanzenschutz

Krankheit, Erreger, Schädling	Schadbild	Bekämpfung	Bemerkungen
Knollenfäule Knollenmilben (Castelein 1979)	Auf den Knollen eingesunkene Faulstellen von braunschwarzer Farbe	Boden dämpfen, Methylbromid, Aldicarb	
Virosen (Castelein 1979)	Wachstumsdepressionen. Hellere Blattfarbe, grüne Blattnerven. Unregelmäßig geformte Blattflecken	Kranke Pflanzen ausmerzen	

Weiterverarbeitung
Beim Sortieren nach Qualität und Stiellänge werden von der Norm abweichende Blüten und solche mit krummen Stielen in mindere Qualitätsstufen eingereiht. Jeweils 5 Blüten in gleichem Entwicklungszustand und mit gleichlangen Stielen werden in einen Folienbeutel verpackt, der mit Luft gefüllt und dann verschlossen wird. Auch ganze Triebe werden so verpackt und auf den Markt gebracht.

Erträge
Die Faustregel, nach der je Zentimeter Knollenlänge eine Blüte zu erwarten ist, trifft nur bedingt zu. CAROW (1976) weist nach, daß das Knollengewicht beträchtlichen Einfluß hat, wodurch sich bei größeren und damit auch schwereren Knollen der Ertrag gegenüber kleineren und leichteren erhöht. Die Zunahme des Blütenertrages mit steigendem Knollengewicht ist unabhängig vom Pflanztermin.

Jahreszeitlich ergeben sich Ertragsunterschiede, da vor Mitte Februar gepflanzte Kulturen deutlich geringere Erträge als später gepflanzte Sätze bringen.

Es ist davon auszugehen, daß je Satz 100 bis 150 Blüten/m^2 geerntet werden können (CASTELEIN 1979).

Literatur
ANONYM: Gloriosa-Rooien knollen vroege teelt. Vakbl. v. d. Bloemist. **34,** (18), 23, 1979 a.
–: Gloriosa-Bewaring knollen van vroege teelt/April-planting. Vakbl. v. d. Bloemist. **34,** (19), 27, 1979 b.
–: Gloriosa. Vakbl. v. d. Bloemist, **34,** (28), 27, 1979 c.
–: Gloriosa. Vakbl. v. d. Bloemist. **34,** (32), 27, 1979 d.
–: Gloriosa. Vakbl. v. d. Bloemist. **34,** (33), 23, 1979 e.
–: Gloriosa. Uitgangsmateriaal nieuwe teelt. Vakbl. v. d. Bloemist. **34,** (43), 32, 1979 f.
–: Gloriosa. Grondverwarming. Vakbl. v. d. Bloemist. **35,** (2), 21, 1980 a.
–: Gloriosa. Bemesting. Vakbl. v. d. Bloemist. **35,** (3), 19, 1980 b.
–: Gloriosa-Planten van knollen. Vakbl. v. d. Bloemist. **35,** (4), 31, 1980 c.
–: Stikstofbemesting bij Gloriosa. Vakbl. v. d. Bloemist. **35,** (17), 55, 1980 d.
CAROW, B.: Untersuchungen zur Entwicklung von Gloriosa rothschildiana O'Brian. Gartenbauwissenschaft **41,** (2), 56–64, 1976.
–: Sink-induced compensation of a close tuber-shoot-correlation in Gloriosa. Gartenbauwissenschaft **42,** (4), 175–177, 1977 a.
–: Gloriosa rothschildiana. Gb + Gw **77,** 654–665, 706–709, 748–750, 778, 781–782, 1977 b.
–: Samenkeimung von Gloriosa. Deutscher Gartenbau **33,** (20), 845–846, 1979 c.
CASTELEIN S. J.: Teelt Gloriosa nog beperkt. Vakbl. v. d. Bloemist. **34,** (36), 40–43, 1979.
ESCHER, F., STRECH, H., LADEBUSCH, H.: Der Einfluß der Knollengröße auf den Ertrag bei Gloriosa superba. Gartenwelt **73,** (21), 460–462, 1973.
FROHWEIN, H.: Gloriosa speciosa. Gartenwelt **73,** (10), 223–224, 1973.

Gypsophila

Gypsophila L. – f – *Caryophyllaceae*, Schleierkraut

Name: gypsos (gr.) = Gips, philos (gr.) = Freund

Heimat: 80 bis 90 Arten sind besonders im östlichen Mittelmeergebiet, weniger im mittleren Eurasien, verbreitet. In Australien und Neuseeland sind *Gyposophila*-Arten wohl nur eingeschleppt.

Bedeutung für den Schnittblumenanbau

Art	Heimat	Blütezeit
G. paniculata L. Schleierkraut	Ost- und südliches Mitteleuropa, Kaukasus, West-Sibirien	VI–VIII

G. paniculata wurde schon früher als Schnittblume für zum Beispiel bunte Staudensträuße verwendet, ohne jedoch größere Bedeutung zu erlangen. Erst gegen Ende der siebziger Jahre wurde die Pflanze durch Importe aus Israel in größerem Umfange bekannt und zunächst in holländischen Schnittblumenbetrieben angebaut. Inzwischen sind größere Flächen auch unter Glas und in Folienhäusern in Kultur. So können *Gypsophila* über einen größeren Zeitraum hinweg, etwa von Mai bis November, beerntet werden. Daraus läßt sich unter anderem die Bedeutung der Staude für den Schnittblumenanbau erklären.

Die Wärmeansprüche der Kultur sind verhältnismäßig gering, groß ist jedoch das Lichtbedürfnis.

Als Ausgangsmaterial für Schnittkulturen kommen nach VELLEKOOP (1980) in Frage:

- vorjährige Pflanzen auf Freiland-Standquartieren für Freilandkultur,
- vorjährige Pflanzen, die aufgenommen und im Kühlraum eingelagert worden sind,
- bewurzelte Stecklinge nach Vorkultur im Topf.

Vermehrung

Aussaat

Die ebenfalls als Schnittblume verwendbare, aber im allgemeinen nur als Freilandkultur geführte einjährige *G. elegans* wird von März bis Mai direkt an Ort und Stelle im Freiland gesät. Sie blüht ab Juni bis etwa August. Für 1000 Pflanzen reichen etwa 2 g Saatgut aus. Im Handel sind einige gute Sorten dieser hübschen Art erhältlich.

Abb. 132. Die einjährige, durch Aussaat vermehrbare Gypsophila elegans kann zum Schnitt verwendet werden.

In der Hauptsache wird *G. paniculata* kultiviert, deren Aussaat von April bis Juli unter Glas vorgenommen wird. Für 1000 Pflanzen werden 5 g Saatgut benötigt. Bei 15 °C keimt die Aussaat innerhalb von 2 bis 3 Wochen. Es ist zweckmäßig, die Sämlinge einzeln zu pikieren und/oder getopft als Ballenpflanzen heranzuziehen, so daß sie nach dem Auspflanzen schnell anwachsen können.

Vegetative Vermehrung
Wegen der ausgeprägten Pfahlwurzelbildung ist Teilung erschwert oder unmöglich. Daher lassen sich *G. paniculata* vegetativ am besten durch Stecklinge vermehren. Diese werden bei 18 °C gehalten. Nach 3 bis 4 Wochen sind die Töpfe so gut durchwurzelt, daß ausgepflanzt werden kann.

Bewurzelte Stecklinge werden in größeren Mengen zum Beispiel aus Israel importiert.

Aus Gewebekultur sind sehr gute Herkünfte erhältlich.

Pflanzung

Bodenvorbereitung
Für *Gypsophila* ist jeder normale, möglichst entseuchte Gewächshausboden geeignet. Wegen der Salzempfindlichkeit und auch zur Beseitigung eventuell vorhandener schädlicher Rückstände von Bodendesinfektionsmitteln (Bromide) empfiehlt sich das Durchspülen der Pflanzfläche vor der Neupflanzung. GANSLMEIER (1982) schlägt zur Bodenentseuchung anstelle von Methylbromid wegen der besseren Verträglichkeit die tiefe Einarbeitung von Basamid-Granulat in einer Auf-

Abb. 133. Gypsophila paniculata als Freilandkultur für den Schnitt.

wandmenge von 50g/m^2 vor, weist aber auf die notwendige Einhaltung der Wartezeit hin. Zur Bearbeitung reicht normal tiefes Fräsen aus. Dabei werden abgelagerter Stallmist oder auch Torf bis zu 1 bis 2 m^3/100 m^2 eingearbeitet. Da die Pflanzen kalkliebend (Name!) sind, sollte die Torfgabe nicht zu hoch bemessen werden.

Pflanztermin
Um möglichst vom Frühjahr bis zum Herbst Schnittblumen ernten zu können, müssen die Pflanztermine gestaffelt werden. Dennoch sind hierfür Grenzen durch die photoperiodische Reaktion dieser Langtagpflanze gesetzt. Sehr frühe Pflanztermine von September/Oktober bringen daher gegenüber etwas späteren von Januar/Februar nur eine relativ geringe Verfrühung der Blüte, sofern keine Langtagbehandlung erfolgt. Immerhin sind dies die Pflanztermine für Frühjahrsschnitt ungefähr ab Mai. Die einzelnen Sätze folgen in etwa dreiwöchigem Abstand, wobei nach Pflanzung im Juni ab Ende August, mit Hauptschnitt im September, geerntet wird. Im Oktober kommt davon noch ein bis November anhaltender Nachschnitt. Gewächshäuser und Folientunnel können für diese Satzfolgen eingesetzt werden.

Pflanzabstände
Gypsophila breiten sich stark aus und dürfen daher nicht zu eng gepflanzt werden, anderenfalls lassen sie sich nur unter großen Schwierigkeiten beernten. Außerdem würden sie sich gegenseitig das Licht wegnehmen, was zu Ertragseinbußen Anlaß wäre.

Abb. 134. Wegen des hohen Platzanspruches sind bei Hauspflanzung breite Wege erforderlich.

Abb. 135. Vegetationsheizung und Bewässerungsanlage in einem Bestand in Hauskultur.

Unter Glas pflanzt man bei Reihenentfernung von 1,50 m mit Abständen von 50 cm in der Reihe. Man kann eventuell etwas enger pflanzen, wenn nur ein Schnitt geerntet werden soll. Dann können Reihenabstände von nur 1 m ausreichen, doch wird davon in der Praxis eher abgeraten. Bei dem vorgeschlagenen größeren Abstand zwischen den Reihen lassen sich zwei Schnitte gewinnen.

Pflanzung

Die Topfballen der Stecklinge oder die aus dem Kühlraum kommenden vorjährigen Pflanzen werden in nur einer Reihe je Beet fest gepflanzt. Danach wird eine Bewässerungsanlage verlegt, wofür ein einfaches System völlig ausreichend ist. Die vorherige Installation einer Bodenheizung oder eventuell Vegetationsheizung ist vorteilhaft.

Eine Aufleitung oder ein Stützgerüst ist unnötig und nur hinderlich beim Ernten. Durch Spannen je eines Drahtes an beiden Seiten der Reihe werden die Pflanzen am Überwuchern und Versperren des Weges gehindert.

Ernährung

Auf armen Böden werden, auch im Freiland, vor der Pflanzung bis zu 3 kg/100 m^2 eines Mehrnährstoffdüngers mit einem Verhältnis $N : P_2O_5 : K_2O = 12 : 10 : 18$ und, soweit erforderlich, 25 bis 50 kg/100 m^2 kohlensaurer Kalk eingearbeitet. Später wird selten nachgedüngt, es sei denn, der Bedarf würde offenkundig. Erst im Anschluß an die Hauptblüte wird kräftig gewässert und eine Düngergabe von 1 bis 2 kg/100 m^2 wie bei der Grunddüngung gegeben.

Abb. 136. Als Langtagpflanzen können Gypsophila zur Unterstützung der Blüteninduktion belichtet werden.

Bewässerung

Dank ihrer fleischigen Pfahlwurzeln dringen die Pflanzen tief in den Boden ein und sind widerstandsfähig gegen Trockenheit. Dies trifft nicht für junge Pflanzen aus bewurzelten Stecklingen zu, da sich die Pfahlwurzel erst im Laufe der Kultur ausbildet. Solche Pflanzungen müssen in den ersten Monaten regelmäßig bewässert werden.

Vorjährige Pflanzen werden im Gegensatz dazu nur vorsichtig gegossen, da sie nicht zu naß werden dürfen. Erst mit fortschreitendem Wachstum werden sie stärker mit Wasser versorgt.

Auf feuchten und stark wasserhaltenden Böden ist große Vorsicht geboten. Man hält *Gypsophila* eher trocken als naß, weil sie sich dann besser verzweigen, während sie auf nassen Böden wenig verzweigt hochwachsen. Auf trockenem Standort bilden sie ein viel besseres und verzweigtes Wurzelsystem aus als auf nassem.

Etwa eine Woche vor der Ernte wird das Gießen eingestellt, bis dann nach dem Hauptschnitt wieder mit einer kräftigen Wassergabe und Düngung für den erneuten Austrieb gesorgt wird.

Licht

Ansprüche an Lichtintensität und Tageslänge

Gysophila stellen hohe Ansprüche an die Lichtintensität. Daher wird nur im äußersten Falle leicht schattiert. Das hohe Lichtbedürfnis wird auch bei solchen Kulturen deutlich, die in den lichtärmeren Monaten relativ zu hohen Temperaturen ausgesetzt sind. Das Verhältnis der Lichtintensität zur angebotenen Temperatur ist für den Erfolg ausschlaggebend.

Photoperiodisch reagiert *Gypsophila* deutlich als Langtagpflanze. Nach VELLEKOOP (1980) beginnt die Blüteninduktion unter der Voraussetzung einer ausreichenden Zahl von Blattpaaren nicht vor Anfang März. Sortenunterschiede bestehen. Die geringste Tageslänge liegt bei 13 Stunden. Für das vegetative Wachstum sind dagegen kurze Tage mit 10 bis 11 Stunden und niedrige Temperaturen günstig (ONSTENK 1980).

Belichtung
Hieraus stellt sich zwangsläufig die Frage nach der Zweckmäßigkeit einer Langtagbehandlung. Vermutlich muß eine solche zusätzlich durch eine genügende natürliche Belichtung unterstützt werden, so daß sie im Dezember nicht sehr sinnvoll zu sein scheint. Dagegen ist es um Ende Februar/Anfang März möglich, die Blüteninduktion durch Zusatzlicht zu fördern. VELLEKOOP (1980) geht davon aus, daß eine Belichtung erst sinnvoll ist, wenn 15 bis 18 Blattpaare angelegt sind. Dann wird zwei Wochen lang während der ganzen Nacht belichtet. Später im Jahr ist dies schon ab 8 bis 10 Blattpaaren möglich. Bei Pflanzungen nach dem 15. Juni können gute Ergebnisse mit einer 14tägigen durchgehenden Belichtung vom 1. bis 15. August erreicht werden. Nach GANSLMEIER (1982) wird ab Ende Februar/Anfang März bei 7 bis 8 Blattpaaren an den ersten Trieben 3 bis 4 Wochen lang jeweils 5 Stunden/Nacht, ab Mitte März 4 Stunden/Nacht, mit 15 Watt/m^2 und nur etwas über 10 °C Raumtemperatur, belichtet. Neben dem Preisvorteil einer früheren Blüte bringt das frühere Räumen des Bestandes einen wesentlich stärkeren Herbstflor.

Für die Herbstblüte regt GANSLMEIER (1982) eine Belichtung in gleicher Stärke von Anfang August bis Ende September mit dem Ziele einer stärkeren Streckung der Blütenstiele an. Die Nachtunterbrechung erfolgt dabei im August von 22 bis 1 Uhr, im September von 22 bis 2 Uhr.

Eine Verbesserung der Lichtverhältnisse im Bestand ist auch durch Ausstreuen reflektierenden Materials möglich und ausdrücklich zu empfehlen (ONSTENK 1980). Hierfür kommen Styroporflocken, Perlite oder auch Vermiculit in Frage.

Temperatur
Die Anfangstemperaturen dürfen nicht zu hoch sein, weil sich sonst Verspätungen in der Kultur ergeben. Das vegetative Wachstum zu Kulturbeginn wird durch niedrige Temperaturen gefördert, dennoch ergeben sich je nach verwendetem Pflanzmaterial Unterschiede.

Feststehende vorjährige Pflanzen benötigen fast gar keine Heizung; sie werden zunächst frostfrei gehalten. Erst im beginnenden Frühjahr wird vorsichtig so geheizt, daß 10 bis 12 °C gehalten werden. Steigen die Haustemperaturen unter Sonneneinwirkung stärker an, so ist das ohne Schaden zu vertreten. Erst ab 20 bis 22 °C muß gelüftet werden (ANONYM 1980).

Nach dem Auspflanzen alter, in feuchten Torf eingeschlagener Pflanzen noch vor Januar, werden niedrige Temperaturen gehalten, die aber nicht unter 5 °C absinken sollten, damit die Pflanzen überhaupt Wurzeln bilden können.

Im Frühjahr gepflanzte Topfballen bewurzelter Stecklinge werden im Gegensatz zu älteren Pflanzen nach VELLEKOOP (1980) während der ersten zwei Wochen bei 16 °C gehalten, da bei geringeren Temperaturen kein Wachstum zu erwarten ist. HERMAN (ONSTENK 1980) empfiehlt nach israelischen Erfahrungen in den ersten drei Wochen nach der Pflanzung allgemein 8 bis 12 °C und im Anschluß daran 15 bis 17 °C zu halten. VELLEKOOP (1980) schlägt vor, mit Bodenheizung den Wurzelbereich auf 18 bis 20 °C zu erwärmen und bei stehenden, also nicht bei neugepflanzten, Beständen die Raumtemperaturen folgendermaßen einzustellen:

Januar	8 bis 10 °C
Februar	10 bis 12 °C
März	12 bis 15 °C

Diese Werte gelten speziell nachts. Tagsüber ist bei guter Lüftung ein Anstieg durch Sonneneinwirkung bis auf 25 °C vertretbar. Für eine etwas sparsamere Temperaturführung in Verbindung mit und ohne Belichtung macht GANSLMEIER(1982) folgende Angaben:

Dezember bis Januar:	ohne Heizung oder frostfrei, +1 bis 2 °C
Februar	ohne Belichtung, 10 °C am Tage, 6 °C nachts
März	mit Belichtung, 14 °C am Tage, 10 °C nachts
April	mit Belichtung, 14 °C am Tage, 10 °C nachts; ab 20 bis 24 °C sollte gelüftet werden
Oktober/November	8 °C am Tage, 5 bis 8 °C nachts; auch hier häufig lüften und Ventilatoren einsetzen, um der Botrytisgefahr zu begegnen.

Tiefe Temperaturen spielen bei der Aufbewahrung alter Pflanzen eine Rolle. Diese werden aus dem Freiland entnommen, zurückgeschnitten und in feuchten Torfmull eingeschlagen. Sie bieten einerseits die Vorteile älterer Pflanzen, da sie stärker und somit leistungsfähiger als junge sind, andererseits können sie nach Plan zum gewünschten Termin ausgepflanzt werden. Hierfür werden sie bei Temperaturen knapp über dem Gefrierpunkt im Kühlraum gehalten. Man spricht sogar von „Einfrieren“, Frostgrade sind aber tunlichst zu vermeiden. Nachteil dieser Methode ist, daß derart behandelte Pflanzen oft nur unbefriedigend wachsen und größere Ausfälle verkraftet werden müssen.

Pflegemaßnahmen

Neben den bereits besprochenen Kulturmaßnahmen fallen fast keine weiteren Pflegemaßnahmen an, die einer besonderen Erläuterung bedürften. Wichtig ist, daß die genannten Anforderungen an Licht, Temperatur, Feuchtigkeit, Pflanzenschutz und Ziehen von Drähten beachtet werden.

Containerkultur

Für Gefäßkulturen werden maximal 5-Liter-Eimer mit Abzugsloch verwendet (GANSLMEIER 1982). Um sowohl das Durchwurzeln als auch Fußkälte und Staunässe zu vermeiden, stehen sie auf Tischen oder einer Styroporunterlage. Die Wasser- und Düngerversorgung läßt sich über ein Einzeltopfbewässerungssystem bewerkstelligen. Die Pflanzen werden mit nur drei Trieben aufgebaut. Dennoch sind die Erträge nicht nur zahlenmäßig, sondern auch qualitativ, bezogen auf Trieblänge, denen von ausgepflanzten Beständen unterlegen. Containerkultur kommt daher, auch wegen des relativ hohen Aufwandes, nur bei kleinerem Anbauvolumen oder unter besonderen betriebsbedingten Verhältnissen in Frage.

Blütezeitsteuerung
Eine Steuerung und Streuung der Blütezeit ergibt sich unter Beachtung der besprochenen Bedingungen durch Variieren der Pflanztermine, die Standortwahl und spezielle Kulturmaßnahmen (Ganslmeier 1982, Vellekoop 1981a, 1982)

Standort	Pflanztermin	Blütezeit
Heizbares Haus	September/Oktober Januar/Februar Anfang Juni Ende Juni	Anfang/Mitte Mai Mitte Mai/Mitte Juni August/September Ende September/Oktober
Nicht heizbares Haus, Folientunnel (Überbauen vor dem Winter)	Außerhalb der Frostperiode, etwa ab März	Anfang/Mitte Juni bis Ende September
Flachfolie	(ab 2. Standjahr)	Anfang Juni
Freiland	Mitte April bis Mitte Juni	Im Pflanzjahr: August/September, später: Mitte Juni bis September

Eine weitere Verfrühung der Blütezeit ist durch Langtagbehandlung (s. Seite 328) möglich.

Sollen Freilandsätze zeitversetzt blühen, so läßt sich dies durch Stutzen zu unterschiedlichen Terminen erreichen. Zu bedenken ist jedoch, daß unter dem Einfluß abnehmender Tageslängen spätes Stutzen, etwa ab Juli, zu kürzeren Blütenstielen führt.

Ernte
Die Triebe müssen bei der Ernte mindestens 40 % offene Blütchen zeigen, anderenfalls ist die Haltbarkeit ungenügend. Dennoch läßt sich nach Lemper (1982) unreif geerntetes Schleierkraut mit weichen, gestreckten, aber noch farblosen Blumenständen in einem Langtagraum mit nur 500 bis 50 Lux Lichtintensität und einer Temperatur von 18 bis 22 °C unter Einsatz von Blumenfrischhaltemitteln mit gutem Erfolg nachreifen. Dafür werden 35 g AAdural AK und 25 g Nelken-Chrysal/Liter Wasser empfohlen. Diese Möglichkeit läßt es zu, einen letzten, an der Pflanze normalerweise nicht mehr ausreifenden Schnitt aus dem Freiland oder ungeheizten Kulturräumen zu gewinnen und zu verwerten.

Die gut verzweigten Stiele werden geschnitten und können gleich an Ort und Stelle gewogen und zu jeweils 300 g gebündelt werden. Die Schnittstiele müssen möglichst bald gewässert werden.

Die Ernte ist sehr arbeitsaufwendig. Vellekoop (1980b) gibt hierfür etwa 90 % des gesamten Arbeitsaufwandes für die Kultur an. In einer weiteren Schätzung (Vellekoop 1982) nimmt er an, daß bei Erträgen von etwa 70 Stück/m^2 beim Frühjahrsschnitt mit 350 Akh/1000 m^2 und von etwa 50 Stück/m^2 beim Herbstschnitt mit 250 Akh/1000 m^2 zu rechnen ist. Er stellt dabei die Möglichkeit sehr hoher Arbeitsspitzen in den Erntewochen heraus. Von einer Pflanze können bei einjähriger Kultur 10 bis 15 Bunde geerntet werden.

Gypsophila-Kultur (Übersicht)

Kulturabschnitt/ Kulturmaßnahme	Termin				Temperatur	Spezielle Hinweise
Aussaat	IV–VII				15 °C	Keimzeit: 3 bis 4 Wochen. 5 g Saatgut für 1000 Pflanzen. Sämlinge bald pikieren oder (besser!) topfen.
Stecklingsvermehrung	Frühjahr bis Sommer				18 °C	Auspflanzfähigkeit der Topfballen nach 3 bis 4 Wochen
Auspflanzung	IX/X	I/II			8 bis 10 °C (Januar)	Reihenabstand: 1,5 m; Pflanzenabstand in der Reihe: 50 cm. Bei Kulturen mit nur einem Schnitt: Reihenabstand 1,00 m. Als Pflanzmaterial kommen auch vorjährige Pflanzen aus dem Kühlraum in Frage
			II/III		10 bis 12 °C (Februar)	
				VI	12 bis 15 °C (März)	
Blüte	Ab IV	Ab V	Ab VI	Herbst		
Kulturdauer:						
Pflanzung–Blüte	6 Monate	etwa 2 Monate				
Pflanzung–Rodung	Bis zu 2 Jahren					
Erträge						Etwa 10 bis 15 Bund/einjährige Pflanze
Markt						Gute Aufnahmefähigkeit

Häufige Kulturfehler

Fehlerquelle	Kulturfehler	Folgen
Pflanzmaterial	Verwendung geringerer Qualitäten, unter Umständen übliches Stauden-Pflanzmaterial	Weniger befriedigende Erträge
Pflanzung	Zu dichte Pflanzung	Lichtentzug, Ertragseinbußen, frühe Rodung wird erforderlich
Wasser	Zu hohe Feuchtigkeit	Schlechte Verzweigung
Licht	Lichtentzug zum Beispiel durch Schattierung	Ertragseinbußen
Ernte	Zu früher Schnitt bei weniger als 40% offener Blüten, Schnitt noch farbloser Blütenstiele	sehr verminderte Haltbarkeit

Pflanzenschutz

Krankheit, Erreger, Schädling	Schadbild	Bekämpfung	Bemerkungen
Grauschimmel-Krankheit *Botrytis cinerea* Pers.	Fleckchen und Faulstellen auf den weißen Blüten	B 500, Botrysan, Exotherm-Thermil, Tecto-, Liro-Räuchertabletten, Ronilan, Rovral, Euparen	Stagnierende Luftfeuchtigkeit im Bestand durch Lüften und Heizen unterbinden

Standdauer

Je nach Planung bleiben *Gypsophila*-Kulturen bis zu zwei Jahren stehen. Auch bei reinen Freilandkulturen empfiehlt sich dann eine Erneuerung, um die Produktion leistungsfähig zu erhalten.

Werden starke Freilandpflanzen gerodet, in Torf eingeschlagen, kalt aufbewahrt und im Januar unter Glas gepflanzt, kann sogar von einer nur einjährigen Standdauer gesprochen werden. Dann allerdings könnte etwas dichter gepflanzt werden.

Literatur

ANONYM: Gypsophila paniculata-Uitplanten onder glas. Vakbl. v. d. Bloemist. **35,** (1), 21, 1980.

DIPNER, H.: Gypsophila als Spezialkultur. Deutscher Gartenbau **34,** 242, 1980.

EYSINGIA, J. P. N. L. R. VAN und MEIJS, M. Q, VAN: Bemesting van Gypsophila onder glas. Vakbl. v. d. Bloemist. **37**, (20), 34–35, 1982.

GANSLMEIER, H.: Gypsophila paniculata. Gb + Gw **82** (12), 257–259, 1982.

HANKE, H.: Gypsophila und Schnittgrün. Deutscher Gartenbau **36** (9), 406–408, 1982.

KUSEY, W. E., WEILER, T. C., HAMMER, P. A., HARBAUGH, B. K. und WILFRET, G. J.: Seasonal and chemical influences on the flowering of Gypsophila paniculata „Bristol Fairy" selections. J. Amer. Soc. Hort. Sci. **106,** (1), 84–88, 1981.

LEMPER, J. Gypsophila paniculata. Gb + Gw **82,** (12), 260, 1982.

ONSTENK, R.: „Dit spul heet Gypsophila, meer weten we er eigenlijk niet van". Vakbl. v. d. Bloemist. **35,** (20), 44–45, 1980.

VELLEKOOP, L.: Eerste ervaringen met teelt Gypsophila paniculata onder glas. Vakbl. v. d. Bloemist. **35,** (17), 30–31, 33, 1980.

–: Teelt Gypsophila paniculata. Vakbl. v.d. Bloemist. **36,** (5), 40–41. 43, 1981a.

–: Meer inzicht in gebruik Gypsophila paniculata gewenst. Vakbl. v.d. Bloemist. **36,** (6), 38–39, 1981b.

–: Betere bloeispreiding in Gypsophila door teeltplanning. Vakbl. v.d. Bloemist. **37** (6) 34–35, 1982.

Heliconia

Heliconia L. – f – *Musaceae,* Helikonie

Name: Berg Helicon, Sitz der Musen

Heimat: Etwa 150 Arten entstammen dem tropischen Amerika.

Bedeutung für den Schnittblumenanbau

Art	Heimat	Blütezeit
H. psittacorum L.	Westindien, Guayana, Brasilien, Paraguay	Frühjahr bis Winter

Die Kultur hat in den deutschen Schnittblumenanbau noch wenig Eingang gefunden, was unter anderem durch den hohen Wärmebedarf zu erklären ist.

Außer der genannten *H. psittacorum* gibt es einige weitere, recht ansehnliche und interessante Vertreter der Gattung, die aber sehr groß und schwer werden und daher für Gewächshauskulturen weniger geeignet sind.

H. psittacorum bringt auf etwa 50 bis 100 cm langen Stielen schön gezeichnete, hellgrüne Blätter von etwa 10 cm Breite und 40 cm Länge hervor. Die Blütenstände sind durch lange, orangefarbige Brakteen mit je 2 bis 3 kleinen, röhrenförmigen Blüten gekennzeichnet. 4 bis 5 derartiger Brakteen zieren das Ende der 100 bis 250 cm langen Blütenstiele. In der Vase entwickeln sich alle Blüten vollständig und zeigen eine gute Haltbarkeit von 2 bis 3 Wochen.

Vermehrung

Die Vermehrung erfolgt ausschließlich durch Teilung der Rhizome. Die Teilstücke werden entweder auf Beete in torfreiches Substrat eingeschlagen (Hahn 1973) oder eingetopft (Anonym 1974). Eintopfen hat den Vorteil, daß Topfballen später jederzeit, praktisch ganzjährig, gepflanzt werden können. Die Jungpflanzen werden gewonnen, wenn nach maximal zweijähriger Standdauer gerodet wird.

Pflanzung

Ein mittelschwerer, sandiger, humoser Lehmboden mit einem pH-Wert von 6,0 bis 7,0 wird tief bearbeitet. Sofern erforderlich, wird Humus eingefräst.

Hauptpflanzzeit ist März bis Mai, obwohl ganzjährig gepflanzt werden kann. Bei Aprilpflanzung ist schon nach etwa acht Wochen mit dem Schnitt der ersten Blumen zu rechnen. Die blattreichen, starkwachsenden Pflanzen werden verhältnismäßig eng mit nur etwa 30 cm Abstand bei Reihenabständen von nur 35 cm gepflanzt. Allerdings müssen die Wege mindestens 80 cm breit angelegt werden. Diese sollten wegen der starken Ausläuferbildung mit Eternitstreifen oder ähnlichem abgegrenzt werden (Anonym 1974).

Weiterkultur

Helikonien brauchen sehr viel Wasser, den hohen Kulturtemperaturen und dem starken Wachstum entsprechend. Bei der laufenden Düngung sollte ein Stickstoff-Kali-Verhältnis von 1 : 2 eingehalten werden.

Nur während der Anfangsphase der Kultur wird im allgemeinen schattiert, später wachsen die Pflanzen entgegen früheren Auffassungen vollsonnig weiter, müssen dabei aber reichlich und gut gelüftet werden. Helle Gewächshäuser werden bevorzugt. Die relative Luftfeuchtigkeit wird auf 85% und mehr eingestellt.

Für die Blütenbildung benötigen Helikonien viel Licht und eine Tageslänge von 14 Stunden (Anonym 1974), weshalb sie im Winter nicht mehr blühen. Die Blüten entwickeln sich aus den Blattscheiden. Da starke Pflanzen mit mehreren, etwa drei, Blattscheiden durchtreiben (Hahn 1973), sind im Laufe der Kulturperiode etwa drei Blütenstiele/Pflanze zu erwarten. Entsprechend wird mit einem Ernteertrag von 30 bis 35 Stielen/m^2 gerechnet. Demgegenüber entwickeln sich nach anderen Angaben (Anonym 1974) nach dem Auspflanzen 10 bis 14 neue Pflanzen mit jeweils einem Blütenstiel aus dem Rhizom und somit im ersten Jahr 25 bis 35 und im zweiten Jahr 40 bis 45 Stiele/m^2.

Helikonien bringen Blütenerträge etwa zwischen Mitte Juni und Mitte Januar. Anschließend folgt im Februar eine Ruheperiode. Insgesamt bleiben die Pflanzen höchstens zwei Jahre stehen.

Temperatur

Helikonien verlangen Tagestemperaturen von 25 und Nachttemperaturen von 20 °C. Die zusätzlich erforderliche Bodenheizung sollte ständig auf 18 bis 20 °C eingestellt sein.

Abb. 137. Von besonderem Reiz: die Blüte der Heliconia.

Nach dem letzten Schnitt werden in der Ruheperiode im Februar die Temperaturen auf 10 bis 12 °C (Hahn 1973) abgesenkt. Gleichzeitig wird die Feuchtigkeit stark eingeschränkt.

Ernte

Sobald die beiden unteren Brakteen geöffnet sind, beginnt die Ernte. Die Stiele werden direkt über dem Boden geschnitten und später auf die erforderliche Länge von 80 bis 100 cm gekürzt und einzeln in etwa 1 m lange Tüten, die unten etwa 10, oben 30 cm breit sind, oder zu 10 Stück mit je einem eigenen Blatt in Folie verpackt.

Die große Empfindlichkeit der Blüten gegen tiefe Temperaturen macht ein sehr vorsichtiges Umgehen mit ihnen erforderlich. Auch die Blätter sind stark gefährdet. Sie rollen sich oft wenige Stunden nach der Ernte ein. Um dies zu verhindern, werden Blätter und Blütenstiele nach dem Schneiden einen Tag lang in Wasser mit 25 °C bei gleichhoher Raumtemperatur gestellt. Anschließend wird verpackt, aber die Blüten sind auch weiterhin empfindlich gegen Temperatureinflüsse und Zugluft.

Literatur

Anonym: Heliconia – eine interessante Kultur für Gärtner mit Fingerspitzengefühl. Taspo Magazin (1), 96–97, 1974.

Hahn, E.: Neues im Heliconienanbau. Gartenwelt **73**, 154–156, 1973.

Heliconia-Kultur (Übersicht)

Kulturabschnitt/Kulturmaßnahme	Termine	Temperatur	Spezielle Hinweise
Pflanzung	III–V	25 °C tagsüber 20 °C nachts 18 bis 20 °C Boden- oder Vegetationsheizung	Getopfte Jungpflanzen; 35 × 30 cm Pflanzung ganzjährig möglich
Blüte	Ab A IV bis M I		
Kulturdauer: Pflanzung–Blüte Pflanzung–Rodung	7 bis 8 Wochen Maximal 2 Jahre		 Bei Rodung Teilung der Rhizome
Ruhezeit	E I–E II	10 bis 12 °C	Trockenhalten
Ertrag			30 bis 40 Stiele/m^2/Jahr
Markt			Gegenwärtig noch wenig im Angebot

Häufige Kulturfehler

Fehlerquelle	Kulturfehler	Folgen
Temperatur	Zu geringe Wärme während der Kultur	Ungenügendes Wachstum, geringe Erträge, Qualitätsmängel an den Blütenständen
	Zu geringe Temperatur nach der Ernte	Schäden an den Blütenständen, Einrollen der Blätter
Nachernte-behandlung	Verzicht auf eintägiges Einstellen der Blätter und Blütenstiele in 25 °C warmes Wasser	Einrollen der Blätter, schlechte Haltbarkeit
	Zuglufteinwirkung auf das Erntegut	Schäden an den Blütenständen, Haltbarkeit verringert

Helleborus

Helleborus L. – m – *Ranunculaceae,* Nieswurz
Name: Griechischer Pflanzenname
Heimat: Von Europa bis Zentralasien sind 20 bis 25 Arten verbreitet.

Bedeutung für den Schnittblumenanbau

Art	Heimat	Blütezeit
H. niger L. Christrose	Alpen, Karpaten, Apenninen, Jugoslawien	XII–III

Einige gute Rassen sind für die Frühkultur unter Glas gut geeignet und als Schnittblumen im Winterangebot recht beliebt, soweit es sich um erstklassige Auslesen handelt. Auch einige Sorten der *Helleborus*-Hybriden kommen für diesen Anbau in Betracht.

Helleborus sind winterblühende Stauden mit fleischigem, gut teilbarem Wurzelstock. Sie kommen bei relativ niedrigen Temperaturen zur Blüte und lassen sich in Kultur nicht durch Wärme treiben, sondern nur durch leichte Temperaturanhebung begünstigen. Obwohl sie aus Waldgebieten stammen, sind ihre Ansprüche an das Licht recht hoch.

Abb. 138. Einzelpflanzenauslese bei Helleborus niger. Nur sorgfältigste Selektion garantiert hochwertige Bestände.

Vermehrung

Aussaat

Helleborus können durch Samen vermehrt werden, doch besteht die Gefahr einer starken Aufspaltung. Man sollte aber bedenken, daß bei der großen Ergiebigkeit der generativen Vermehrung reichlich Material für die Auslese guter Typen anfällt und somit wertvolle Klone aufgebaut werden können. Möglichst bald nach der Samenreife sollte ausgesät werden. Die Schalen mit einem humosen Substrat werden kühl aufgestellt. Das weitere Wachstum geht verhältnismäßig langsam voran. Erst nach 2 bis 3 Jahren sind die Sämlinge zwar blühreif, aber für die Frühkultur unter Glas frühestens nach vier Jahren verwendbar.

Für 1000 Pflanzen sind 25 g Saatgut erforderlich.

Teilung

Vegetative Vermehrung ist allgemein gebräuchlich. Von ausgewählten Mutterpflanzen werden eigene Klone aufgebaut. Man sollte seine besten Pflanzen nicht in die Frühkultur nehmen, sondern als Mutterpflanzen behalten und so teilen, daß mindestens vier Knospen an einem Teilstück verbleiben.

Zur Vermehrung abgetriebener „Klumpen“ sollte man schon im Januar/Februar pflanzen. Bei Frostgefahr ist die Fläche vorher abzudecken und nach der Pflanzung mit einer Laubdecke zu schützen.

Der Boden wird auf pH 7,0 eingestellt und mit gut abgelagertem Stalldung reichlich versorgt, tief gelockert und vor dem Pflanzen gefräst. Am besten ist ein mittelschwerer Boden, auch sandiger Lehm, dem etwas Laub-, Komposterde oder Torf zugesetzt werden kann, geeignet. Guter Wasserabzug ist zur Vermeidung von Staunässe unerläßlich.

Die „Klumpen“ werden flach unter die Oberfläche gepflanzt, wobei die Wurzeln möglichst senkrecht in den Boden kommen. Die Pflanzabstände betragen nach Größe und vorgesehener Standdauer der „Klumpen“ 25 × 25 bis 30 × 30 cm.

Als Pflanzen aus Waldgebieten sind *Helleborus* in sonnigen Gegenden für einen durch Bäume beschatteten Standort dankbar.

Nach einer drei- bis vierjährigen Kulturdauer sind auch die „Klumpen“ treibfähig.

Die Teilung ist für die Pflanzen selbst nicht von Vorteil, da sie am besten wachsen und sich entwickeln, wenn sie ungestört stehen bleiben können. Außerdem ist sie wenig ergiebig, aber im Interesse des Aufbaues guter Klone nötig.

Frühkultur

Die Verfrühung von *Helleborus niger* kann im Kasten, Gewächshaus, Rollhaus oder auf überbauten Freilandbeeten, zum Beispiel unter Folientunneln, erfolgen.

Kräftige Klumpen werden gegen Mitte November mit Ballen aus dem Freiland ins Haus gebracht. Alle Blätter werden entfernt, um Fäulnisgefahr *(Botrytis)* von vornherein einzuschränken. Unter dem verhältnismäßig dichten Laubdach kann es im Hause leicht zum Faulen und Stocken kommen, was die Blütenproduktion und -qualität beeinträchtigt.

Die „Klumpen“ werden in Kisten oder auf Beeten möglichst dicht aneinander eingeschlagen. Viele Kultivateure verdunkeln während der ersten vierzehn Tage, um längere Schnittstiele zu erzielen. Dies ist aber im wesentlichen eine Frage der Auslese, die unter anderem auf Stiellänge erfolgen sollte. Man kann sich das Verdunkeln sparen, und die Erfolge können ebensogut oder sogar besser sein, weil die Pflanzen durch Feuchtigkeitskondensation unter der schwarzen Folie geschädigt werden können. Selbstverständlich dürfen die Pflanzen nicht austrocknen,

Abb. 139. Verfrühung von Christrosen im Folientunnel.

Abb. 140. Auch ein Doppelkasten eignet sich für die Frühkultur.

müssen aber wegen der Botrytis-Gefahr gegen hohe Luftfeuchtigkeit und stagnierende Luft geschützt werden.

Die Temperatur kann verhältnismäßig niedrig gehalten werden. Bei Kastenkultur ist es ohnehin kaum möglich, die Temperaturen zu erhöhen; 6 bis 8 °C reichen aber vollkommen aus, um innerhalb von 40 Tagen Blüten ernten zu können. Bei Hauskultur sollten 15 °C – im äußersten Falle 18 °C – nicht überschritten werden. Die Blüte tritt dann etwas früher ein, doch hat ein zu starkes Forcieren minderwertige Blütenqualitäten zur Folge. Den Pflanzen sollte hohe Lichtintensität gewährt werden.

Schließlich sei nochmals auf die Möglichkeit des Überbauens von Freilandquartieren mit einem durch Vegetationsheizung erwärmbaren Folientunnel oder Tragluftgewächshaus hingewiesen. Daraus ergeben sich Vorteile für den Anbau, wie Arbeitseinsparungen und Vermeidung von Pflanzenbeschädigungen, die beim Herausnehmen und Wiedereinschlagen sehr leicht auftreten und zu Ausfällen führen können.

Ernte

Die Blüten sollten bei der Ernte geöffnet sein, da sich knospig geschnittene in der Vase nicht halten.

Behandlung nach der Blüte

Die abgeblühten „Klumpen" werden möglichst bald (etwa ab März) in Abständen von 25 × 25 bis 30 × 30 cm feld- oder beetmäßig aufgepflanzt. Die stärksten werden 2- bis 3mal geteilt, gut durchkultiviert und können nach zwei Jahren erneut zur Verfrühung gelangen. Eine alljährliche Frühkultur ist nicht zu empfehlen. Es sind daher mindestens zwei Sätze nebeneinander erforderlich. Außerdem ist durch ständige Auslese für eine hochwertige und leistungsfähige Nachzucht zu sorgen.

Literatur

HAHN, E.: Helleborus-Schnitt wird immer Mangelware bleiben. Gartenwelt **73,** 24–25, 1973.
–: Helleborus-Kulturen für den Schnitt bei Haller in Bürstadt. Gartenwelt **76,** 497, 1976.

Helleborus-Kultur (Übersicht)

Kulturabschnitt/Kulturmaßnahme	Termin	Temperatur	Spezielle Hinweise
Anzucht: Teilung Aussaat	I/II II/III		Mindestens vier Knospen/Teilstück 25 g Saatgut/1000 Pflanzen; Keimzeit 20 bis 35 Tage
Blühfähigkeit	Nach 2 bis 3 Jahren		
Verwendungsfähigkeit für Frühkultur	Nach 3 bis 5 Jahren		
Frühkultur	Ab M XI	6 bis 8 °C eventuell bis 16 °C (maximal 18 °C)	Gewächshaus, Kasten, Folientunnel Verdunkelung zu Kulturbeginn möglich, aber Fäulnisgefahr unter schwarzer Folie!
Blüte	Ab M bis E XII		Folgesätze
Kulturdauer	4 Wochen		
Markt			Beliebte Schnittblume in der Advents- und Weihnachtszeit; geringes Angebot.

Häufige Kulturfehler

Fehlerquelle	Kulturfehler	Folge
Pflanzmaterial	Verwendung schlechter Typen	Schlechte Blütenfarbe (grün), geringe Qualität, Mindererträge
	Verwendung zu junger Pflanzen	Geringe Erträge, hohe Ausfälle
Temperatur	Anwendung hoher Temperaturen (über 15 °C)	Ertragseinbußen, Ausfälle
Ernte	Schnitt in knospigem Zustand	Schlechte Haltbarkeit

Pflanzenschutz

Krankheiten, Erreger, Schädlinge	Schadbild	Bekämpfung	Bemerkungen
Schwarzfleckenkrankheit *Coniothyrium hellebori* Cke. et Mass.	Braunschwarze Blattflecken mit schwacher, ringförmiger Zonenbildung, bis 1,5 bis 2 cm groß. Absterbeerscheinungen; Blatt- und Blütenstiele ebenfalls befallen; Knospe wird schwarz	Grünkupfer, Mancoceb (Dithane Ultra), Captan, Fentinacetat + Maneb (Brestan)	Vor Neuaustrieb altes krankes Laub entfernen
Falscher Mehltau *Peronospora pulveraceae* Fuck.	Kleine, verkrüppelte Blätter; Blattoberseite: bräunliche Flecken, auf deren Unterseite grauer Schimmelbelag. Während „Treiberei" verfrühte, kleine, graubraun verfärbte Blüten	Vorbeugung: Zineb, Maneb, Mancozeb (Dithane Ultra) Metiram (Polyram Combi)	Bekämpfung schwierig, befallene Pflanzen am besten vernichten
Älchen *Pratylenchus* spec.	Schwacher Austrieb, kümmerliches Wachstum	Zinophos (Nemafos), Aldicarb (Temik 5 G)	
Ringfleckenkrankheit (ähnlich: Päonien-Ringfleckenkrankheit)	Gelbe Flecke und Ringe auf Blättern, bis zu 1,5 cm groß		

Hippeastrum

Hippeastrum Herb. – n – *Amaryllidaceae*, Amaryllis, Ritterstern

Name: hippeus (gr.) = Ritter, astron (gr.) = Stern

Heimat: Etwa 50 Arten bewohnen Savannen und Waldgebiete mit Trockenzeiten im tropischen und subtropischen Amerika von Mexiko und Westindien bis Süd-Brasilien und Chile.

Bedeutung für den Schnittblumenanbau

Hybride	Blütezeit
Hippeastrum-Hybriden (Zusammenfassung aller Sorten)	I–IV

Die Sorten dieser Hybriden erfreuen sich als Topfpflanzen seit langem großer Beliebtheit, sind aber als Schnittblumen zunehmend in den Vordergrund getreten, nicht zuletzt durch holländische Importe.

Hippeastrum sind Zwiebelpflanzen mit relativ hohem Wärmeanspruch. Sie können in allen Entwicklungsstadien durch die Temperatur beeinflußt werden. Ähnlich den Tulpen kann so während des Lagerns Einfluß auf die Entwicklung, die Entwicklungsgeschwindigkeit und – begrenzt – auf die Qualität der Blütenanlage und der Blütenstände genommen werden.

Blütenbildung

Unter günstigen Wachstumsbedingungen bilden *Hippeastrum*-Zwiebeln während der Vegetationszeit nach jeweils vier Blättern nach und nach die Anlage für mehrere, etwa zwei bis vier, Blütenstände aus. Der zeitliche Abstand zwischen den einzelnen Blütenanlagen beträgt etwa 2½ bis 3 Monate. Einer oder zwei dieser Blütenstände kommen nach der Ruhezeit zur Blüte, meist kurz nacheinander oder fast gleichzeitig. Sogar der dritte wird oft noch ausgebildet und kommt später zur Entfaltung.

Die Blühfähigkeit tritt frühestens im dritten Kulturjahr ein.

Vermehrung

Aussaat

Die schnellste und ergiebigste Vermehrungsart ist die Anzucht aus Samen, während die ebenfalls mögliche Vermehrung durch Brutzwiebeln dagegen langsam verläuft und eine weit geringere Ausbeute bringt.

Die Saatgutgewinnung ist nicht schwierig, da *Hippeastrum* leicht ansetzen. Wesentlich ist, daß die Mutterpflanzen nach den Zuchtzielen ausgewählt worden sind.

Selbstbefruchtung ist wegen der Inzuchtwirkung zu vermeiden, daher wird kastriert, bevor die Narbe der Mutterpflanze durch eine deutlich sichtbare Spreizstellung ihre Reife anzeigt. Die Bestäubung ist technisch einfach und wird an sonnigen Tagen durchgeführt. Nach der Befruchtung wird die Blüte bald abgeworfen und der Fruchtknoten schwillt an. Die Reifedauer variiert mit der Jahreszeit; bei einer Bestäubung im Winter ist mit etwa 8, im Frühjahr dagegen mit nur etwa 3 bis 4 Wochen zu rechnen. Die reife Kapselfrucht springt auf, so daß bei Unachtsamkeit Samenverluste unvermeidlich sind. Sie sollte daher eingetütet werden.

Der Samen bleibt 3 bis 4 Monate keimfähig und muß bald nach der Ernte ausgesät werden, das heißt, der Aussaattermin ist für den Sommer festgelegt. Gutes, frisches Saatgut keimt innerhalb von drei Wochen restlos. Man sät in Schalen in ein Gemisch aus sandiger Lauberde mit Mistbeeterde, TKS 1 oder Einheitserde P aus. Der leicht bedeckte Samen wird mäßig feucht gehalten, nur geringfügig schattiert und bei 20 bis 25 °C Bodenwärme aufgestellt.

Bei Aussaat unmittelbar nach der Samenreife im Juni ist mit dem Auflaufen Anfang/Mitte Juli zu rechnen. Bei weitem Stand und nahrhaftem Substrat können die Sämlinge den Winter über im Aussaatgefäß stehen bleiben, um dann pikiert zu werden. Andernfalls wird noch im Aussaatjahr pikiert.

Brutzwiebeln
Brutzwiebeln bilden sich an älteren Zwiebeln, etwa vom vierten Kulturjahr ab. Die Vermehrungsquote ist weit geringer als bei Aussaat und scheidet daher für den Erwerbsanbau weitgehend aus, es sei denn, man wollte bestimmte Typen auf diese Weise in begrenztem Maße vermehren, um einen Schnittbestand auszubauen und zu verbessern.

Zwiebelteilung
Die Zwiebelteilung ist eine weitere Möglichkeit der vegetativen Vermehrung, deren Ergiebigkeit ebenfalls geringer als bei der Aussaat ist. Schnittlinge aus zwei Zwiebelblättern mit einem kleinen Stück anhaftenden Zwiebelbodens entwickeln sich in desinfizierten Schalen mit sauberem Sand gut bei 20 bis 22 °C Bodenwärme zu neuen Pflanzen. Zur Gewinnung des Vermehrungsmaterials werden die Zwiebeln mit einem Mindestmaß von 30 cm temperaturbehandelt und 7 bis 14 Tage lang bei 23 °C, anschließend bei 7 bis 9 °C, gelagert. Zwischen Januar und März, am besten im Februar, werden die Zwiebelschuppen abgenommen. Hierzu wird der obere Zwiebelteil abgeschnitten und der untere Teil in 16, aus jeweils zwei Zwiebelschuppen mit Wurzelbodenansatz bestehende, Stücke geteilt. Innerhalb von fünf Monaten sind diese Stücke zum Anwachsen zu verpflanzen (Busch 1978).

Kultur bis zur Blühreife

Während der ersten zwei Jahre werden die Jungpflanzen ohne Ruhezeit ausgepflanzt durchkultiviert, wobei Unterwärme als wesentliche Unterstützung für gutes Gedeihen und flottes Wachstum gegeben werden sollte. Ziel ist zunächst, daß die Zwiebeln im dritten Jahr ihre Blühreife erreichen, was nur möglich ist, wenn eine zügige Vorkultur für die erforderliche vegetative Entwicklung der jungen Pflanzen sorgt. Daher sollten, vor allem im Wurzelbereich, im Sommer um 18 bis 22 °C, im Winter mindestens 16 bis 18 °C gehalten werden, dazu angemessene Luftfeuchtigkeit bei nicht zu dunklem Stand. Die Pflanzen bleiben dann ununterbrochen im vegetativen Wachstum, vor allem, wenn sie durch leichte Düngergaben gefördert werden.

Im 2. und eventuell 3. Standjahr stehen bei Abständen von etwa 8 bis 10 × 10 cm etwa 100 bis 120 Pflanzen/m^2. Auf Grundbeeten mit Bodenheizung wachsen die Pflanzen auch während des Winters.

Auch Kastenkultur ist möglich, doch muß dann für den Winter eingetopft und eingeräumt werden.

Abb. 141. Kräftige, gesunde Hippeastrum- Zwiebeln.

Soweit die Zwiebeln am Ende des zweiten Jahres stark genug sind, kann man sie im folgenden dritten Jahr auf Blüte kultivieren. Schwache Exemplare werden ein weiteres Jahr wie bisher behandelt. Die „Blüher“ werden ausgepflanzt oder getopft. Bei möglichst viel Licht, 20 °C Lufttemperatur und entsprechender Luftfeuchtigkeit wird bis Ende Juli normal weiter kultiviert und flüssig gedüngt, soweit dies notwendig ist. Dann wird die Feuchtigkeitsversorgung allmählich eingeschränkt und schließlich ganz eingestellt, so daß das vegetative Wachstum zum Abschluß kommt.

Häufig werden Klagen laut, daß die Blühreife erst nach 4- bis 5- oder sogar 6jähriger Anzuchtzeit eintritt; dafür sind ausnahmslos Kulturfehler, vor allem in der Temperaturführung, verantwortlich.

Die Behandlung der Pflanzen mit Indolyl-Essigsäure und Gibberellinsäure während der Anzucht brachte größere Zwiebeln mit mehr Blättern, die später mehr und größere Blüten anlegten. Die Behandlung durch Besprühen des Laubes ist gegenüber dem Tauchen der Zwiebeln überlegen (Bose et al. 1980).

Ruhezeit

Die Ruhezeit ist ein wichtiger Abschnitt in der *Hippeastrum*-Kultur, da ihr größte Bedeutung für die Blüte zukommt. Sie wird durch allmähliche Einschränkung der Wassergaben eingeleitet, bis die Pflanzen schließlich ganz trocken stehen. Während dieses Kulturabschnittes muß ein Absinken der Temperatur im Zwiebelbereich auf Werte unter 15 bis 16 °C vermieden werden.

Der Zeitpunkt für die Einleitung der Ruhe richtet sich nach den Terminplanungen in der Kultur. Für eine frühe Treiberei zu Weihnachten muß sie spätestens ab

Abb. 142. Lagerung und Temperaturbehandlung der Zwiebeln in dünnen, luftigen Lagen in klimatisierten Räumen.

Mitte August beginnen, so daß die Ernte der Zwiebeln schon ab Anfang September eingeleitet werden kann. Üblicherweise werden sie im September/Oktober gerodet (dann aber für etwas spätere Treibtermine) und ab November wieder aufgepflanzt, nachdem sie während der Lagerung dem gewünschten Treibtermin entsprechend temperaturbehandelt worden sind.

Beim Roden wird das Laub abgeschnitten.

Temperaturführung

Die Temperaturführung während der Lagerung ist entscheidend für den Kulturerfolg. Allgemein verfrühen höhere Temperaturen die Blüte etwas, während niedrige sie eher verzögern. RÜNGER (1976) nennt 13 bis 17 °C als Lagertemperatur für die ersten Wochen als günstig, bei früherem Rodetermin um Anfang Juli aber 13 °C. Dabei ist eine Mindestlagerzeit von 4 Wochen bei 13 bis 17 °C beziehungsweise 6 bis 8 Wochen bei früherem Roden einzuhalten. Eine Lagerzeit von 10 Wochen ist nach derselben Quelle am günstigsten, eine solche von 12 bis 14 Wochen bei den genannten Temperaturen möglich.

Eine anschließende Behandlung von 4 (RÜNGER) bzw. 2 (BUSCH 1978) Wochen bei 23 °C wird empfohlen, besonders für geplante frühe Treibtermine. Für späte Treibtermine mit Blütezeiten im März/April ist eine solche Präparation unnötig.

Kühllagerung bei 3 bis 7 °C ermöglicht es, die Pflanzung und damit die Blüte hinauszuschieben, so daß die Zwiebeln bis zum gewünschten Pflanztermin im Sommer aufbewahrt werden können, wenn dies zweckmäßig erscheint.

Die Kühlung beginnt kurz vor dem Austreiben der Blütenstände. Die anschließende Treiberei dauert nur vier Wochen.

Abb. 143. Hippeastrum-Bestand im Vollertrag.

Treiberei

Die Zwiebeln werden auf gut vorbereitete, entseuchte Beete ausgepflanzt oder eingetopft. Voraussetzung für das Gelingen der Kultur ist Bodenwärme um 20 °C.

Für frühe Treiberei zur Weihnachtsblüte wird gegen Ende November gepflanzt. Die Kultur wird bei 23 °C Luft- und 20 °C Bodentemperatur durchgeführt; nach 14 Tagen kann die Temperatur um etwa 5 °C gesenkt werden, allerdings ist dann eine geringfügige Verspätung hinzunehmen (Busch 1978). Spätestens wenn sich die Blütenknospen zu färben beginnen, muß die Temperatur gesenkt werden, ohne dabei 15 °C zu unterschreiten. Dadurch ist bei etwas langsamerem Aufblühen eine sehr gute Blütenqualität zu erreichen.

Spätere Sätze werden nach Bedarf ab Januar gepflanzt. Sie können bei etwas geringeren Temperaturen um 20 °C getrieben werden und blühen ab Ende Februar bis zum April, je nach Staffelung.

Für die frühe Treiberei werden nach Möglichkeit starke Zwiebeln verwendet, weil diese gute Qualitäten garantieren. Auch kann bei frühen Sätzen im Interesse einer besseren Stiellänge anfänglich dunkel getrieben werden. Sobald die Stiele gut 20 cm lang geworden sind, wird die Kultur dem Licht ausgesetzt.

Behandlung nach der Blüte – Hauptwachstumszeit

Der Blüte folgt die Hauptwachstumszeit, die ihrerseits in die Ruhezeit mündet. Sie ist für die Pflanze von eminenter Bedeutung, so daß sich eine Vernachlässigung nach der Blüte durch Nichtbeachtung dieses Stadiums verheerend auswirken muß. Dies läßt sich im weiteren Kulturverlauf nicht mehr korrigieren, und die Blüte ist im Folgejahr unbefriedigend.

Abb. 144. Vegetatives Wachstum nach der Blüte.

Aus Termingründen ist die rechtzeitige Einleitung der Hauptwachstumszeit nach der Blüte notwendig, um nicht in Verzug zu geraten. Je länger und intensiver sie ist, desto besser ist der Zuwachs als Grundlage für die nächstjährige Blüte.

Nach RÜNGER (1976) wachsen *Hippeastrum* am besten im Winterhalbjahr bei 16 bis 18 °C oder im Sommer bei 21 bis 25 °C. Als günstig bezeichnet er aber auch eine Temperaturführung, bei der nachts 18 °C und tagsüber 23 °C gehalten werden, da höhere Werte wohl das Blattwachstum fördern, das der Zwiebel aber eher behindern. Letzteres wird durch tiefere Temperaturen von ungefähr 13 bis 18 °C gefördert und ist demnach im Herbst am besten.

Weiterhin wird die Hauptwachstumszeit von reichlichen Wassergaben und einer guten Ernährung bestimmt. So lieben *Hippeastrum* einen feuchten Boden und benötigen bei hoher Einstrahlung viel Wasser. Daher sollte eine geeignete, bodennah verlegte Bewässerungsleitung vorhanden sein. Nur dann kann ausreichend gegossen werden, ohne die Pflanzen selbst unnötig zu benetzen; sie sollten bis zum Abend abgetrocknet sein. Hierzu muß eventuell die Lüftung mit eingesetzt werden. Dadurch läßt sich „Roter Brenner" *(Stagonospora curtisii)* weitgehend verhüten. Für die Ernährung sind laufende Mineraldüngergaben zu verabfolgen.

Schließlich sind Wasser- und Düngergaben rechtzeitig einzuschränken, um die Zwiebeln zur Ruhezeit überzuleiten, die der erneuten Treiberei vorausgeht.

Ernte

Hippeastrum werden knospig geschnitten, da sich ihre Blüten in der Vase gut entwickeln. Knospig sind sie auch leichter zu verpacken als voll erblüht. Gleich nach dem Schnitt werden sie in Wasser gestellt und kühl gehalten. Ihre Haltbarkeit ist

Abb. 145. Schnittreife Blütenstiele.

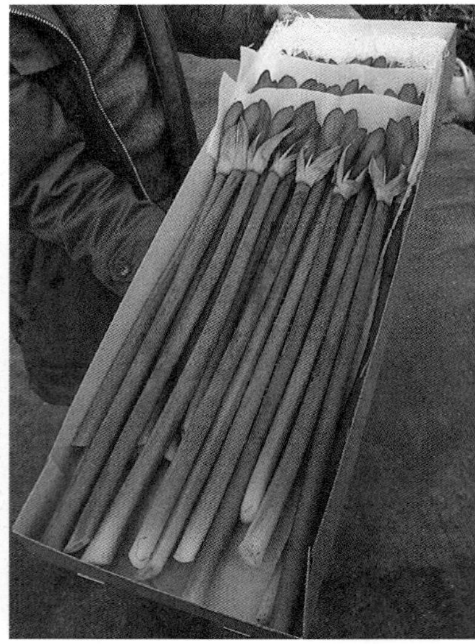

Abb. 146. Verpackte Schnittblumen.

recht gut und beträgt im Durchschnitt 10 bis 15 Tage. Gelegentlich wird nach der Ernte Schaftknicken beobachtet, nachdem die Blumen in Wasser gestellt worden sind. Dies wird durch Behinderung der Wasseraufnahme hervorgerufen. Daher spielt unter anderem auch die Qualität des Vasenwassers eine Rolle, wobei sich eisenarmes als recht günstig erwiesen hat. Auch Kalzium-Mangelerscheinungen sind beteiligt (Carow und Röber 1979).

Die Schnittstiele werden möglichst schnell sortiert und verpackt. Sie werden so in Kartons eingelegt, daß sie nicht durch Reibung beschädigt werden können. Zwischen den Stielen wird mit Schaumstoff ausgepolstert und außerdem reichlich Papierwolle verwendet.

Sollen die Blumen kurzfristig – zum Beispiel über ein Wochenende – gelagert werden, geschieht dies am besten bei 8 °C. Tiefere Temperaturen führen unter anderem zum „Schwarzwerden" und zum sogenannten „Schwitzen" der Blumen (Anonym 1979 b).

Literatur

Anonym: Amaryllis-Watergeven en bemesten. Vakbl. v. d. Bloemist. **34,** (18), 22, 1979 a.

–: Amaryllis-Aanvoer en bewaring van bloemen. Vakbl. v. d. Bloemist. **34,** (49), 24, 1979 b.

Bose, T. K., Jana, B. K., und Mukhopadhyay, T. P.: Effects of growth regulators on growth and flowering in Hippeastrum Hybridum Hort. Scientia horticulturae. **12,** 195–200, 1980.

Busch, W.: Lilie – Iris – Liatris – Amaryllis. Gb + Gw **78,** 119–120, 1978.

Carow, B., und Röber, R.: Schaftknicken bei Hippeastrum, Gartenbauwissenschaft **44,** 67–70, 1979.

Dijkhuizen, T.: Houdbaarheid Hippeastrum (Amaryllis) belangrijk. Vakbl. v. d. Bloemist. **35,** (18), 34–35, 1980.

Rohde, J.: Einfluß der Temperatur auf die Wachstumsruhe und das verzögerte Streckungswachstum wichtiger Zwiebelgewächse. Gartenwelt **72,** 323–324, 1972.

Hippeastrum-Kultur (Übersicht)

Kulturabschnitt/Kulturmaßnahme	Termin	Temperatur	Spezielle Hinweise
Aussaat	VI	20 bis 25 °C	Keimfähigkeit: 3 bis 4 Monate Keimdauer: etwa 4 Wochen
Brutzwiebeln	IX		Ab 4. Jahr; geringe Ausbeute
Zwiebelteilung	II	20 bis 22 °C Bodentemperatur	Nur große, vorbehandelte Zwiebeln teilen
Weiterkultur bis Blühreife		16 bis 18 °C Winter; 18 bis 22 °C Sommer	Ohne Ruhezeit; Dauer: etwa 2 bis 3 Jahre
Ruhezeit	Ende VIII/Anfang IX bis X	Etwa 16 °C	Erstmals im 3. (4.) Anzuchtjahr
Rodung	Ab Anfang IX–X		
Präparation während der Zwiebellagerung	Ab Rodetermin	13 bis 17 °C 23 °C	Während (4 bis) 6 bis 8 Wochen anschließend, (2 bis) 4 Wochen
Pflanzung für die Treiberei	Ab E XI bis II/III	23 °C Luft 20 °C Boden	Nach etwa 14 Tagen um maximal 5 °C senken
Blüte	Ab M XII bis IV		
Kulturdauer: Anzucht – Blüte Pflanzung – Blüte	Etwa 3 bis 4 Jahre Etwa 4 bis 6 Wochen		
Markt			Gut, Importe beachten!

Häufige Kulturfehler

Fehlerquelle	Kulturfehler	Folgen
Ausgangsmaterial	Verwendung zu kleiner beziehungsweise schwacher Zwiebeln für die Treiberei	Qualitativ schlechte Erträge, auch quantiatitver Rückgang
	Verzicht auf die Auslese kranker (viröser) Pflanzen	Abbauerscheinungen, Ertragsrückgang
Temperatur	Überhöhte Temperatur während der Hauptwachstumszeit	Verstärktes Blattwachstum bei relativ geringem Zwiebelzuwachs
	Nachhaltige Unterschreitung der Temperatur von 15 bis 16 °C während der Ruhezeit	Blütenbildung benachteiligt
	Nichtbeachtung oder falsche Anwendung der erforderlichen Präparationstemperatur auf dem Lager	Blütenbildung benachteiligt, Treibfähigkeit wird in Frage gestellt
	Überhöhte Treibtemperatur	Schlechte Ausbildung der Blüten und Stiele, überhöhte Heizkosten
Feuchtigkeit	Benetzung der Pflanzen zur Unzeit, zum Beispiel abends oder nächtliche Kondensation	Gefahr durch Pilzkrankheiten, insbesondere durch „Roten Brenner“ erhöht
	Unausgeglichene Wassergaben während der Kultur	Trocken- beziehungsweise Nässeschäden, Wachstumsbeeinträchtigungen
Hauptwachstumszeit	Allgemeine Vernachlässigung der Pflanzen im Anschluß an die Blüte	Ungenügende Vorbereitung auf die nächstjährige Blüte, schlechte Treibergebnisse, Mißerfolg

Pflanzenschutz

Krankheit, Erreger, Schädling	Schadbild	Bekämpfung	Bemerkungen
Roter Brenner *Stagonospora curtisii* (Berk.) Sacc. und andere	Obere Zwiebelschuppen, Blätter, Blütenschäfte, gelegentlich Blütenknospen rotbraune Flecken. Nach Ausbrechen des Gewebes Befallstellen tief dunkelrot umrandet. Wachstumsstockungen, Verkrümmung der Schäfte	Warmwasserbad ruhender Zwiebeln: 2 Stunden, 43,5 °C; Grünkupfer	
Milbenbrenner *Steneotarsonemus laticeps* Halb.	Karminrote, schwielige Flecken und Streifen auf Zwiebeln am Blütenschaft und auf Blättern; grobrissige, grindige Befallstellen als Folge	Dimethoat, Endosulfan (Beosit 35 flüssig, Thiodan 35 flüssig); Warmwasserbehandlung: 2 Stunden, 46 °C	

Hyacinthus

Hyacinthus L. – m – *Liliaceae*, Hyazinthe
Name: Hyakinthos, griechische mythologische Gestalt
Heimat: Etwa 30 Arten sind fast ausschließlich im Mittelmeergebiet und im Orient beheimatet.

Bedeutung für den Schnittblumenanbau

Art	Heimat	Blütezeit
H. orientalis L. Hyazinthe	Östl. Mittelmeergebiet	IV–V

Seit einigen Jahren werden Hyazinthen als Schnittblumen angeboten, was noch relativ unbekannt ist, da ihre Hauptbedeutung in der Topfpflanzentreiberei liegt. Für Schnittzwecke eignet sich bereits ein relativ großes Sortiment, für den Anfänger jedoch empfehlen sich nur einige besonders geeignete Sorten ('Anna Marie', rosa; 'Arentine Arendsen', 'L'Innocence' und 'Carnegie', weiß; 'Ostara', blau; 'Pink Pearl', rosa).

Abb. 147. Hyazinthenanbau in Holland.

Anzucht und Einkauf treibfähiger Zwiebeln

Für Anzucht und Einkauf treibfähiger Zwiebeln gelten im Prinzip die bei Narzissen und Tulpen gemachten Angaben. Abweichungen ergeben sich hinsichtlich des Zwiebelaufbaues und der Vermehrungsmethoden (vgl. Steib et al., 1981).

Pflanzung

Für die Schnittblumentreiberei werden etwas kleinere als für die Topfkultur empfohlene Zwiebelgrößen verwendet; sie bringen ausreichend große, dabei aber nicht zu schwere Blütenstände. Nach HOOGETERP (1979) sind Zwiebeln der Größe 15/16 cm gut geeignet. Sie werden wie Tulpen oder Narzissen in Kisten oder Töpfe gepflanzt und analog behandelt.

Temperatur

Für die Weihnachtsblüte müssen sie schon zwischen dem 5. und 10. Juni gerodet und einer anschließenden Temperaturbehandlung auf dem Lager unterzogen werden: 2 Wochen 30 °C + 3 Wochen 25 °C + 23 °C bis zum Abschluß des Stadiums A 2 (auch der zweite Antherenkreis ist angelegt; vergleiche Seite 508) + 4 Wochen 13 °C. Für spätere Blütetermine emfpiehlt HOOGETERP (1979) lediglich eine Behandlung bis zur Pflanzung bei 25 °C + 4 Wochen 17 °C.

Die anschließende Kühlperiode, die auch für Hyazinthen erforderlich ist, sollte im Durchschnitt 12 °C betragen und im Bewurzelungsraum bei 9 °C durchgeführt werden. Kühlung im Freien (Einschlag) birgt wegen der Unkontrollierbarkeit der Bodentemperaturen eine gewisse Unsicherheit; hier muß die Kühlperiode unter Umständen um einige Wochen verlängert werden. Eine Kühlung bei 5 °C ist nicht zu empfehlen.

Der Kühlbedarf der einzelnen Sorten ist sehr unterschiedlich und läßt sich der folgenden Übersicht entnehmen.

Kühlperiode für Hyazinthensorten für die Schnittblumenkultur, angegeben in Wochen Kühldauer (HOOGETERP 1979)

Sorte	Pflanzdatum 1. X.	1. XI.	1. XII.
'Anne Marie'	12	10	10
'Arentine Arendsen'	10	10	10
'Carnegie'	14	14	14
'Delft Blue'	14	14	14
'L'Innocence'	10	10	10
'Ostara'	12	12	12
'Pink Pearl'	14	14	14

Die Temperatur für die Treiberei, die nach Abschluß der Kühlperiode beginnen kann, liegt verhältnismäßig hoch bei 23 °C. Geringere Wärmegrade können zwar eingehalten werden, jedoch verlängert sich dadurch die Treibdauer, die im Durchschnitt bei etwa 3 Wochen liegt.

Ernte

Sobald die untersten Blüten am Blütenstand geöffnet sind oder zumindest gut Farbe zeigen, kann geschnitten werden. Zu frühe Ernte bringt schlechte Haltbarkeit.

Beim Schneiden ist so zu verfahren, daß einige Blätter fest am Stiel bleiben. Da abgetriebene Zwiebeln ohnehin kaum noch verwendbar sind, werden sie daher

Hyacinthus-Kultur (Übersicht)

Kulturabschnitt/Kulturmaßnahme	Termin	Temperatur	Spezielle Hinweise
Pflanzung der Zwiebeln	Ab A X		Mittlere Zwiebelgrößen 15/16 cm
Kühlperiode	Ab Pflanzung	9 °C	Bewurzelungsraum; Dauer sortenabhängig 10 bis 14 Wochen, bei Freilandeinschlag unter Umständen etwas länger
Treiberei	Ab A–M XII	23 °C	
Blüte	Ab M XII		
Kulturdauer: Treiberei	3 Wochen, später etwas weniger		
Ertrag			1 Blütenstand/Zwiebel
Markt			Zur Zeit noch wenig im Angebot

Häufige Kulturfehler

Fehlerquelle	Kulturfehler	Folgen des Fehlers
Temperatur	Kühlperiode ist zu kurz	Schlechte Treibergebnisse, längere Treibdauer
	Nichteinhaltung der erforderlichen Kühltemperatur von 9 °C	Kühlperiode muß verlängert werden, Terminverschiebung, anderenfalls schlechte Treiberegebnisse
Ernte	Ernte, bevor die unteren Blüten deutlich Farbe zeigen	Verminderte Haltbarkeit

entweder durchgeschnitten oder zumindest ein Stück der Spitze wird mit abgeschnitten, wodurch das Laub am Stiel erhalten bleibt. Anschließend muß entsprechend vorsichtig gebündelt werden.

Die Haltbarkeit von Hyazinthen als Schnittblumen ist relativ gut und dürfte mehr als eine Woche betragen.

Literatur

Cremer, M. C., Beijer, J. J., und Munk, W. J. de: Developmental stages of flower formation in Tulips, Narcissi, Irises, Hyacinths and Lilies. Meded. Landbouwhogeschool Wageningen, 74–15, 1974.

Hoogeterp, P.: Hyacinten voor huisbroei in december en januari. Praktijkmed. 17a, LBO Lisse 1967.

–: Hyacint als snijbloem heeft aantrekkelijke kanten. Vakbl. v. d. Bloemist. **34,** (29), 33, 1979.

Iris

Iris L. – f – *Iridaceae*, Schwertlilie

Name: iris (gr.) = Regenbogen

Heimat: *Iris* sind in der nördlichen gemäßigten Zone verbreitet und bewohnen mit etwa 200 Arten fast ganz Eurasien.

Bedeutung für den Schnittblumenanbau

Iris-Hollandica-Hybriden (syn. *I. hollandica* Tub.)

Neben einer Reihe für die Schnittblumengewinnung geeigneter Arten und Hybriden aus den Gruppen der Rhizom- und Zwiebel-Iris stehen die Sorten der *Iris*-Hollandica-Hybriden vorrangig für den Unterglasgartenbau zur Verfügung. Geeignete Präparationsmethoden ermöglichen ihren ganzjährigen Anbau.

Vermehrung

Die Vermehrung durch Brutzwiebeln sollte man Spezialbetrieben überlassen, die auch die Präparation durchführen und für jeden Pflanztermin geeignetes, hochwertiges Zwiebelmaterial anbieten. Eigene Anzuchten sind unwirtschaftlich, so daß sich ihre Beschreibung hier erübrigt. Lediglich die Vorbehandlung der Zwiebeln für die Kultur bedarf einer Betrachtung, um die wesentlichen Zusammenhänge darzustellen.

Vorbehandlung der Zwiebeln

Blütenbildung

Bei Zwiebel-Iris erfolgt die Blütenbildung wie bei Gladiolen erst nach der Pflanzung, wenn das Laub schon einige Zentimeter hoch ist. Damit verbietet sich eine Treiberei mit hoher Wärme, doch ist um so sorgfältiger auf die Einhaltung der optimalen Temperaturen zu achten, die um 9 bis 15 °C die Blütenanlagen am stärksten begünstigen, während höhere zu Verzögerungen führen. Zur Verhinderung der Blütenanlage kommt es jedoch erst bei 30 °C und darüber. Dennoch ist ihre Förderung durch Vorbehandlung mit hohen Temperaturen für frühe und späte

Blüte in Präparationsverfahren möglich. Auch die Überlagerung (Hemmen) spielt eine Rolle.

Für die Blütenentwicklung und -qualität sind außerdem Zwiebelgröße und Lichtintensität maßgebend. Man sollte daher nur die besten Größen kaufen und gute, helle Häuser für die Kultur verwenden. Sortenunterschiede sind zu beachten. Hierzu geben die Lieferfirmen detaillierte Informationen.

Temperaturbehandlung

Für die Frühkultur werden ausgereifte Zwiebeln ab August unmittelbar nach dem Roden, Trocknen und Putzen bei bestimmten Temperaturen eingelagert. Hierfür gelten folgende Lagertemperaturen und -zeiten (Rünger 1976): 2 Wochen 35 °C + 3 Tage 40 °C + 2 Wochen 17 °C + 6 Wochen 9 °C.

Die auch zeitlich genaue Einhaltung der genannten Temperaturen ist für den Erfolg ausschlaggebend. Unterbleibt diese Wärmebehandlung oder wird sie zu kurz bemessen, verharren die Zwiebeln in der vegetativen Phase und werden zunehmend veranlaßt, nach der Pflanzung Austriebe mit nur 3 oder 4 Blättern ohne Blüte zu bilden (sog. „Dreiblätter"). Auch die Gefahr der Blütenvertrocknung steigt gegenüber unbehandelten Partien. Die Kulturzeit wird verkürzt und die Blüten, daher muß unverzüglich nach dem Eintreffen der Zwiebeln gepflanzt werden.

„Normaliris" für Blütezeiten zwischen April und Juni werden keiner besonderen Behandlung unterworfen.

Spätkultur für die Blüte im Sommer und Herbst ist mit überlagerten (gehemmten) Zwiebeln möglich, da neue für die zugehörigen Pflanztermine noch nicht zur Verfügung stehen. So ist die Ganzjahreskultur möglich und sichergestellt. Die Zwiebeln werden bis 6 Wochen vor der Pflanzung bei 30 °C eingelagert. Während der letzten Periode erhalten sie 17 °C.

Ethrel-Behandlung

Bei der Anzucht auf dem Felde kann Ende Juni eine Ethrel-Spritzung mit 4 Liter in 800 bis 1000 Liter Wasser/ha durchgeführt werden (Schipper 1979), was sich vorteilhaft auf die nachfolgende Schnittkultur auswirkt, bei der zum Beispiel weniger „Dreiblätter" auftreten. Insgesamt wird weniger und kürzeres Laub gebildet, die Gefahr der Blütenvertrocknung nimmt ab und die Zahl blühender Pflanzen steigt gegenüber unbehandelten Partien. Die Kultuzeit wird verkürzt und die Blütezeit ist geschlossener, sie streut weniger. Obendrein können für früheste Blüte etwas kleinere Zwiebeln verwendet werden. Doch scheint diese Methode nicht ganz unumstritten zu sein, da die Blüte von Pflanzgut (Vermehrungsmaterial) unerwünscht gefördert werden und Gummifluß auftreten kann (Schipper 1981).

Von ethrelbehandelten Mutterpflanzen stammende Zwiebeln werden ebenfalls

2 Wochen 30 °C + 3 Tage 40 °C + 2 Wochen 17 °C + 6 Wochen 9 °C.

Will man anschließend bei maximal 15 °C kultivieren, können die Zwiebeln die „umgekehrte" Temperaturbehandlung bekommen, indem die beiden letzten Abschnitte in umgekehrter Reihenfolge gegeben werden, also zuerst 6 Wochen 9 °C und zuletzt 2 Wochen 17 °C. Soll die Kultur jedoch mit 18 °C geführt werden, ist von dieser „umgekehrten" Temperaturbehandlung abzuraten, zumal diese „Umkehrbehandlung" zu etwas kürzeren Stielen führt (Schipper 1981).

Zwiebeln für spätere Pflanztermine können nach der 40 °-Behandlung noch 2 bis 4 Wochen 30 °C bekommen. Bei den größten Zwiebeln kann die 40 °C-Behandlung unterbleiben.

Rauchbehandlung
Schipper (1981) berichtet über Versuche, nach denen Iriszwiebeln während der ersten oder zweiten Woche der Wärmebehandlung durch das Verbrennen nassen Strohs einer einmaligen Rauchbehandlung unterzogen werden. Dabei wird das Stroh angefeuchtet, daß sich sein Gewicht etwa verdoppelt. In dichten Lagerzellen werden 300 g Stroh/m^3 bei eingeschalteter Deckenventilation wegen der besseren Verteilung des Rauches verbrannt. Die Vorteile davon sind nach den ersten Erfahrungen offenbar recht groß. So scheinen die Blühfähigkeit erhöht, Blütenvertrocknung und die Bildung von „Dreiblättern“ verringert, die Wärmebehandlung und die Standdauer im Gewächshaus reduziert und die Qualität insgesamt nicht negativ beeinflußt zu werden, abgesehen davon, daß die Pflanzen etwas „magerer“ und wohl auch etwas kürzer werden; dadurch können sie aber möglicherweise enger gepflanzt werden.

Nachteile dieser Behandlung sind neben der zweifellos bestehenden Brandgefahr durch offenes Feuer die mögliche Rauchbelästigung, aber auch die starke CO-Bildung im Raum, die als Vergiftungsgefahr nicht zu unterschätzen ist. Eine ebenfalls erhebliche Äthylenbildung verbietet diese Behandlung, wenn im selben Raum gleichzeitig Tulpenzwiebeln gelagert werden.

Pflanzung

Behandlung des Pflanzgutes
Präparierte beziehungsweise gehemmte *Iris* haben eine wesentlich kürzere Kulturzeit als „Normaliris“. Voraussetzung für den Erfolg ist, daß sie unmittelbar nach Eintreffen im Betrieb gepflanzt werden. Die Bestellungen sind daher rechtzeitig und mit genauen Angaben über den gewünschten Liefertermin (Pflanztermin) aufzugeben. Eine zusätzliche Lagerung im Anschluß an die Kühllagerung bis zu einer späteren Pflanzung oder bei zu früher Lieferung beziehungsweise ungenauer Planung ist ohne Qualitätseinbuße kaum möglich. Lediglich geringfügige Verzögerungen lassen sich abfangen. Etwa eine Woche lang können präparierte Zwiebeln aufbewahrt werden. Sie sind sofort auszupacken und in dünner Schicht in Kisten oder Steigen bei 15 bis 17 °C trocken und luftig zu halten.

„Normaliris“ können dagegen in gleicher Weise bis zu vier Wochen aufgehoben werden, wenn sich ihre Pflanzung verzögert. Aber auch bei ihnen ist eine Pflanzung möglichst bald nach Lieferung zu empfehlen.

Pflanzung
Iris werden auf gut vorbereiteten, durchlässigen Boden, kleine Mengen gelegentlich in Töpfe oder tiefe Kisten, gepflanzt. Wegen ihrer Salzempfindlichkeit ist mit einer Grunddüngung vorsichtig zu verfahren. Meist beschränken sich die Kultivateure auf eine Humusanreicherung der Grundbeete nach Bedarf, zum Beispiel mit sehr gut abgelagertem Stallmist oder Torf.

Iris werden in Chrysanthemennetze gepflanzt, um ihnen Halt zu geben. Man drückt die Zwiebeln so in den lockeren Boden, daß die Spitze herausschaut. Lediglich „Normaliris" und frostgefährdete Bestände werden 5 bis 7 cm tief gepflanzt.

Die Pflanzdichte liegt je nach Zwiebelgröße bei etwa 100 bis 150 Stück/m^2. Im allgemeinen kommen Zwiebeln mit einem Umfang von 8/9, 9/10 und 10/ — cm zur Pflanzung.

Temperaturführung

Nach der Pflanzung hält man 13 °C, bei Verwendung kleinerer Zwiebeln nur 11 bis 12 °C, um ganz sicher zu gehen. Abweichungen können Verzögerungen mit sich bringen und den weiteren Kulturverlauf beeinträchtigen. Größere Temperaturschwankungen verursachen Qualitätsminderungen und vertrocknete Blütenstände. Bei sehr sorgfältiger Kulturführung und in Abhängigkeit von der Präparation werden auch höhere Temperaturen um 15 °C, unter Umständen sogar bis 18 °C, eingehalten. Auch Bodenheizungseinsatz ist möglich und kann zu recht guten Ergebnissen führen. Das Risiko vertrockneter Blütenstände wird dabei jedoch erhöht (SCHIPPER und VAN DIJK 1979).

Sobald das Laub einige Zentimeter hoch geworden ist, darf die Temperatur geringfügig steigen, wobei Sortenunterschiede zu beachten sind, ebenso die Jahreszeit. Während für die Blütezeit im Spätsommer noch bis zu 15 bis 18 °C gehalten werden können, sinkt dieser zulässige Bereich bis Dezember kontinuierlich auf 9 bis 13 °C, je nach Sorte, ab (DURIEUX und SCHIPPER 1977).

Kultur zu bestimmten Terminen

Frühkultur

Pflanztermine von Oktober bis Ende November ergeben Blütezeiten von Dezember bis März. Hierzu werden ausschließlich für die Frühkultur präparierte Zwiebeln gepflanzt. Sie erfordern Kulturzeiten von 3 bis 4 Monaten, die sich jedoch verlängern, je später gepflanzt wird. So ist bei Pflanzung im Oktober/Anfang November mit der Blüte um Ende Dezember/Anfang Januar, bei Pflanzung Ende November aber erst im Februar/März zu rechnen.

Leider ist die Sortenauswahl für diese Termine sehr begrenzt. Speziell für die ganz frühe Blüte im Dezember und bis Ende Februar ist die blaue Sorte 'Wedgwood', begrenzt daneben 'Prof. Blaauw' und 'Ideal', verwendbar.

Spätkultur

Gehemmte, also überlagerte, Zwiebeln empfehlen sich für Blütezeiten von April bis November. Dabei ergeben sich Überschneidungen mit den „Normaliris", die in den Monaten April bis Juni blühen, aber die weitaus längere Kulturzeit bei gleichzeitig problemloserem Anbau haben. In diesen Monaten liegt der Vorzug gehemmter *Iris* darin, daß sie, je nach Blütezeit, erst ab Ende Dezember bis Ende Februar gepflanzt zu werden brauchen. Die Kulturfläche kann somit vorher wesentlich länger anderweitig genutzt werden. Auch die gehemmten *Iris* haben mit 3 bis 4 Monaten eine kurze Kulturzeit, wobei sich die kürzere Spanne auf die lichtreichen Sommermonate, die längere auf die ungünstigeren Wintermonate bezieht. Gehemmte *Iris* werden für Pflanztermine ab Ende Dezember bis Ende August, im äußersten Falle bis Mitte September (ANONYM 1979 d) verwendet.

Das Sortiment ist in allen wichtigen Farben wie blau, gelb und weiß verhältnismäßig groß, verringert sich aber mit fortschreitender Pflanzzeit.

Normalkultur
Der Anbau sogenannter „Normaliris" empfiehlt sich für Blütezeiten von April bis Ende Juni, wofür eine lange Kulturzeit in Kauf genommen werden muß. Die Pflanzzeit liegt, abhängig von der Blütezeit, schon Anfang Oktober bis Anfang Dezember.

Die Kultur beginnt kalt und steht bis etwa Anfang Januar frostfrei. Danach wird leicht geheizt, um Temperaturen von zunächst 8 bis 10 °C, später 12 bis höchstens 14 °C, einzuhalten.

Für den Normalanbau steht das gesamte umfangreiche Sortiment in gelb, blau und weiß zur Verfügung.

Freilandkultur
Außer „Normaliris" können auch gehemmte Zwiebeln im Freiland gepflanzt werden. Letztere sind auch hier wegen ihrer kurzen Kulturzeit interessant. Als letzter Pflanztermin kommt Ende Juli/Anfang August in Frage. Spätere Pflanzung ist wegen der zur Blütezeit zu erwartenden Wetterbedingungen zu riskant und sollte unterbleiben. Natürlich ist es möglich, solche Kulturen zu überbauen beziehungsweise überrollen.

Bei Sommerkulturen ist der Boden gegen zu starken Temperaturanstieg durch Abdecken mit feuchtem Torf zu schützen.

Abb. 148. Schnittreife Iris-Hollandica-Hybriden in Hauskultur.

Ernte

Schnittreife
Iris werden relativ knospig geschnitten, doch muß das Erntegut schon sehr deutlich Farbe zeigen. Bei zu früher Ernte ist die Haltbarkeit beeinträchtigt oder die Blüte öffnet sich in der Vase erst gar nicht. Sortenunterschiede bestehen auch hier. 'Prof. Blaauw' ist gegen zu frühe Ernte besonders empfindlich (Anonym 1979g).

Ernten
Da die Zwiebeln im allgemeinen nicht wiederverwendet werden, wird entweder so tief wie möglich geschnitten, oder die Pflanze aus dem Boden gezogen und durch die Zwiebel geschnitten. Dabei ist sogar noch etwas Stiellänge zusätzlich gewinnen. Allerdings nehmen *Iris* mit dem unteren weißen Stengelteil in der Vase kein Wasser auf, so daß dieses Stück entweder abgeschnitten oder gespalten werden muß.

Das Schnittgut darf keinesfalls länger ohne Wasser gehalten werden, die Ernte ist daher entsprechend zügig abzuwickeln.

Weiterverarbeitung
Die Schnittstiele werden umgehend sortiert, gebündelt und verpackt, so daß sie ohne Aufenthalt zum Großmarkt geliefert werden können.

Wenn eine kurze Lagerung, etwa über das Wochenende, erforderlich wird, können sie bei 2 °C gekühlt werden. Diese Kühllagerung sollte so kurz wie möglich gehalten werden, um Qualitätsminderungen zu vermeiden. Spekulative Lagerung ist nicht möglich. Nur „reif" geschnittene *Iris* eignen sich zur Lagerung; alles, was noch zu knospig ist, ist bei der Kühllagerung stärker gefährdet (Anonym 1979a).

Erträge
Jede Zwiebel bringt nur einen Blütenstiel, doch ist immer mit leichten Ausfällen zu rechnen.

Literatur

Anonym: Iris-Buitenteelt/Bewaring van bloemen. Vakbl. v. d. Bloemist. **34**, (19), 27, 1979a.
–: Iris-Drieblad en bloemverdroging bij „Ideal". Vakbl. v. d. Bloemist. **34**, (24), 27, 1979b.
–: Iris Buitenteelt. Vakbl. v. d. Bloemist. **34**, 26, 27,1979c.
–: Iris-Geremde kasteelt. Vakbl. v. d. Bloemist. **34**, (32), 27, 1979d.
–: Iris-Kasklimaat geremde teelt. Vakbl. v. d. Bloemist. **34**, (37), 30–31, 1979e.
–: Iris Voorjaarsbloei. Vakbl. v. d. Bloemist. **34**, (40), 29, 1979f.
–: Iris-Het snijstadium van Iris „Prof. Blaauw". Vakbl. v. d. Bloemist. **34**, (45), 25, 1979g.
–: Iris-Planten van kleine maten in de warme kas. Vakbl. v. d. Bloemist. **35**, (2), 21, 1980.
Durieux, A. J. B., und Schipper, J. A.: Zomer- en herfstbloei van geremde Hollandse Iris. v. d. Bloemist. **32**, (30), 20–21, 1977.
Leeuwen, A. van, und Vellekoop, L.: Aanzwijzingen voor zeer late bloei Iris onder glas. Vakbl. v. d. Bloemist. **32**, (30), 20–21, 1977.
Ministerie van Landbouw En Visserij: De snijbloementeelt van bolirissen. Lisse 1979.
Schipper, J. A.: Ethrel voordeelig voor vroege bloei Iris „Ideal". Vakbl. v. d. Bloemist. **34**, (21), 40–41, 1979.
–: Rookbehandeling van Irisbollen leidt tot bloeiverhoging. Vakbl. v. d. Bloemist. **36**, (24), 40–41, 1981.
Schipper, J. A., und Dijk, P. van: Grondverwarming tijdens vroege bloei Iris. Vakbl. v. d. Bloemist. **34**, (45), 34–35, 1979.

Iris-Kultur (Übersicht)

Kulturabschnitt/ Kulturmaßnahme	Termin			Temperatur	Spezielle Hinweise
Kulturführung	Frühkultur	Spätkultur	Normalkultur		
Pflanzgut-Vorbehandlung	Speziell präpariert	Gehemmt	Unbehandelt		
Lagerung zwischen Lieferung und Pflanzung	maximal eine Woche		bis zu 4 Wochen	15 bis 17 °C	Überlagerung bringt Mißerfolg
Pflanzung	X–E XI	XII–M IX	A X–A XII	13 bis 15 °C	Winterkultur: geringere Temperatur, Sommer: bedingt bis 18 °C
Blüte	E XII–III	IV–XI	IV–VI		
Kulturdauer: Pflanzung–Blüte	3 bis 4 Monate	3 bis 4 Monate	6 bis 7 Monate		
Ertrag					1 Blütenstiel/Pflanze
Markt					Gute Absatzverhältnisse, abhängig von Jahreszeit und Angebot

Häufige Kulturfehler

Fehlerquelle	Kulturfehler	Folgen
Pflanzgut	Bei falschen Temperaturen gelagert, falsch präpariert, zu lange Lagerung zwischen Kühlung und Pflanzung	Schlechter oder unterbleibender Austrieb, schlechte oder unterbleibende Blütenbildung, hoher Anteil vertrockneter Blüten (Papierblütigkeit), Qualitätsmängel, „Dreiblätter“
Temperatur	Zu hohe Temperatur, insbesondere Bodenwärme	Blütenbildung unterbleibt oder hoher Anteil an vertrockneten Blüten
Licht	Lichtmangel durch zu enge Pflanzung oder andere Einflüsse, besonders in Verbindung mit hoher Temperatur	Vertrocknete Blüten
Ernährung	Überhöhte Salzkonzentration im Boden	Wurzelschäden, Blütenvertrocknung, Ausfälle
Ernte	Zu frühe Ernte, bevor die Knospe deutlich Farbe zeigt (Sortenunterschiede!)	Blüten öffnen sich nicht in der Vase (Steckenbleiben), Schlappen, geringe Haltbarkeit
	Unterer, weißer Stengelteil wird nicht entfernt oder nicht bis in den grünen Teil hinein gespalten	Wasseraufnahme in der Vase behindert, dadurch Welken, ungenügende Haltbarkeit

Pflanzenschutz

Krankheit, Erreger, Schädling	Schadbild	Bekämpfung	Bemerkungen
Bakterielle Rhizomfäule *Pectobacterium carotovorum* (Jones) Waldsee	Auf Wurzeln und Zwiebelschuppen glasige Flecken, später übelriechende Fäule der Zwiebel sowie der Blatt- und Stengelbasis. Vergilbung, Pflanze fällt um	Formalin	Befallene Pflanzen mit umgebender Erde entfernen
Fusarium-Wurzel- und -Zwiebelfäule *Fusarium oxysporum* Schl. f. *gladioli* (Massey) Snyd. et Hans.	Gehemmter Wuchs, sichelförmige Sproßverkrümmung; Fäule an Wurzeln und Zwiebelboden	Bodenentseuchung	Bodentemperatur niedrig halten
Schwarzbeinigkeit *Sclerotium wakkeri* Boerema et Posthumus	Über dem Zwiebelhals beginnende Fäule, auf die Zwiebel übergehend; vorzeitiges Absterben der Pflanze. Hüllblätter junger befallener Zwiebeln fleckig-schwarz verfärbt, dünn, spröde. Fäulnis vom Zwiebelboden ins Innere gehend	Bodenentseuchung Befallene Zwiebeln vernichten	
Penicillium-Zwiebelfäule *Penicillium corymbiferum* Westl.	Vom Zwiebelboden ausgehende Fäule, nach innen dringend, Steckenbleiben der Triebe. Auf inneren Zwiebelschuppen charakteristischer blaugrüner, krustiger Sporenbelag	TMTD, Etridiazol (AAterra)	
Iris-Mosaik	Laubblätter gelbgescheckt, Blüten buntgestreift, Wachstum gehemmt, Blattstiel verkürzt	Vektoren (Läuse) bekämpfen	

Ixia

Ixia L. – f – *Iridaceae,* Klebschwertel
Name: ixein (gr.) = kleben
Heimat: Etwa 44 Arten sind in Afrika beheimatet.

Bedeutung für den Schnittblumenanbau

Art/Hybride	Heimat	Blütezeit
Ixia-Hybriden		IV–VI
Ixia maculata L.	Kapland	V–VI
Ixia paniculata D. Delar.	Kapland	V–VI
Ixia speciosa Andr.	Kapland	VI–VII
Ixia viridiflora Lam.	Kapland	V–VI

Ixia sind als willkommene Bereicherung des Schnittblumensortimentes anzusehen. Ihre Wärmeansprüche sind relativ gering. Sie können auch nicht bei hoher Wärme getrieben werden. Durch Temperaturbehandlung auf dem Lager lassen sich ihre Knollen so präparieren, daß sie für verschiedene Pflanz- und Blütezeiten kultiviert werden können. Satzweiser Anbau ergibt die gewünschte Angebotsstreuung.

Vermehrung

Neben- und Brutknollen sind das Hauptvermehrungsmaterial. Samenvermehrung ist unbedeutend, sie liefert frühestens im dritten Jahr blühfähige Pflanzen. Die kommerzielle Vermehrung liegt in den Händen von Spezialbetrieben.

Zur Schnittblumengewinnung können *Ixia* in heizbaren Häusern, Kalt-, Roll- oder Folienhäusern und im Freiland angebaut werden.

Temperaturbehandlung der Knollen

Den verschiedenen Pflanzterminen entsprechend werden die Knollen unterschiedlichen Lagerbedingungen ausgesetzt. Dabei sind höhere und tiefere Temperaturen wirksam.

Temperaturführung und Lagerdauer bei Ixia-Knollen in Abhängigkeit vom geplanten Blühtermin (Vereniging Proeftuin 1967)

Temperatur	Dauer der Anwendung	Pflanztermin	Blühtermin
23 °C	Ab Rodung bis 1. VIII.		
30 °C	Weitere 2 Wochen		
17 °C	Weitere 2 Wochen		
9 °C	Weitere 6 Wochen	M X	Ab III–IV
oder:			
23 °C	Ab Rodung bis M VIII		
17 °C	Weitere 2 Wochen		
9 °C	Weitere 6 Wochen	M X	Ab III–IV
23 °C	Ab Rodung bis Pflanzung	M XI–M I	V

Temperatur	Dauer der Anwendung	Pflanztermin	Blühtermin
oder:			
23 °C	Ab Rodung bis 4 Wochen vor der Pflanzung		
17 °C	Restzeit bis Pflanzung	M XI–M I	V
23 bis 25 °C	Ab Rodung bis 4 Wochen vor der Pflanzung		
17 °C	Restzeit bis Pflanzung	A VI	VIII–IX
oder:			
2 °C	Ab Rodung und Trocknung bis 2,5 bis 3 Monate vor der Pflanzung		
25 °C	Restzeit bis Pflanzung	A VI	VIII–IX

Frühkultur

Für die Hauskultur werden nur gesunde, kräftige und temperaturbehandelte Knollen der Größe 5/ + oder 4/5 cm auf gut vorbereitete Beete in ein Drahtnetz (Chrysanthemennetz) gepflanzt, das der späteren Aufleitung dient. Verhältnismäßig enges Auslegen ergibt bei Abständen von etwa 10 cm zwischen und 3 cm in den Reihen eine Bestandesdichte von 300 bis 350 Knollen/m^2, also etwa 200 Knollen/brutto-m^2. Die Pflanztiefe beträgt um 4 cm.

Die Kultur bevorzugt leichtere, durchlässige, gut erwärmbare Böden, die nur eine schwache Düngung mit einem stickstoffarmen Mehrnährstoffdünger erhalten.

Eine begrenzte Steuerbarkeit der Blühtermine ergibt sich aus der Wahl der Pflanztermine im Zusammenhang mit der Präparation. Eine frühe Blüte läßt sich jedoch nur in heizbaren Gewächshäusern erzielen.

Präparierte Knollen werden Mitte Oktober bis Mitte November gepflanzt, wenn die Blüte im März eintreten soll. Spätere Pflanzung führt zu späterer Blüte, doch können dann weniger aufwendige Bauten als heizbare Gewächshäuser eingesetzt werden, zum Beispiel auch Folienhäuser oder unter Umständen Kästen. Auch für diese Pflanzungen von Mitte November bis Januar und Blüte im Laufe des Mai werden die Knollen präpariert.

Bei Rollhauseinsatz hängt der Pflanztermin vom möglichen Zeitpunkt des Überrollens ab beziehungsweise die Pflanzung muß bis dahin gegebenenfalls gegen Frost geschützt werden.

Ähnliche Maßstäbe sind auch bei der Kultur im Folienhaus oder im Kasten anzulegen. Hierfür kann von normaler, nicht speziell präparierter Pflanzware ausgegangen werden. Mitte September bis Oktober wird satzweise in vierzehntägigen Abständen gepflanzt und frostfrei gehalten.

Während man im Kalt-, Roll-, Folienhaus oder Kasten den Temperaturverlauf den natürlichen Bedingungen überläßt und lediglich durch Lüften und eventuell Decken regulierend eingreift, ist im Gewächshaus auf korrekte Temperaturführung zu achten. Bis zum Austrieb wird frostfrei gehalten, anschließend bis gegen Mitte Januar auf 12 °C und im weiteren Kulturverlauf bis zur Blüte auf 15 °C geheizt.

Abb. 149. In vielen schönen Farben blühen Ixia-Hybriden.

Die Treibdauer hängt von der Temperaturführung und vom Lichtangebot ab. Durieux (1978) stellt dazu fest, daß die Treibdauer mit steigender Haustemperatur verkürzt wird, aber gleichzeitig die Gefahr der Blütenvertrocknung zunimmt, ganz besonders dann, wenn das Lichtangebot in einem Mißverhältnis zur Temperatur steht.

Kurze Tage (8 Stunden) verzögern die Treiberei. Bei den von Durieux (1978) untersuchten Sorten zeigte sich bei einer Treibtemperatur von 17 °C und einer täglichen Belichtungsdauer von 8 Stunden gegenüber 16 Stunden eine Verlängerung der Treiberei um 20 Tage bei „Castor" und um 30 Tage bei „Venus". Allerdings blüht „Castor" normal 14 Tage später als „Venus".

Wird zusätzlich belichtet, so kann bei 15 °C Haustemperatur 7 Wochen nach der Pflanzung damit begonnen werden. Sie wird in den letzten 4 Wochen vor der Blüte durchgehend gegeben. Wird die Belichtung verschoben, zum Beispiel 8 Wochen 8 Stunden, anschließend 24 Stunden Licht, so blühen die Pflanzen später.

Für die Praxis ergibt sich, daß Temperaturen um 13 °C optimal hinsichtlich der Qualität sind. Es entstehen lange Pflanzen mit reichlichem Knospenansatz, die Kultur dauert aber erheblich länger als bei höheren Temperaturen, so daß 15 °C angewendet werden. Dabei ergeben sich kaum Qualitätseinbußen, während niedrigere Temperaturen die Kultur so verlangsamen, daß die mögliche Zahl von Folgesätzen dadurch verringert werden kann.

Ixia-Kultur (Übersicht)

Kulturabschnitt/ Kulturmaßnahme	Termin			Temperatur	Spezielle Hinweise
Pflanzung der Knollen	M X	M XI–I		Frostfrei bis Austrieb, dann bis M I 12 °C, später 15 °C	300 bis 350 Knollen/m^2 heizbares Haus. Roll- oder Folienhaus: Frostfrei, später natürliche Temperatur
			A VI		Freiland, zur Blüte überrollen oder überbauen
Blüte	Ab III–IV	Ab V	VIII–IX		Langtagbehandlung: 4 Wochen, 24 Stunden/Tag, 15 °C
Kulturdauer: Pflanzung–Blüte	5 Monate	5 bis 6 Monate	3 bis 4 Monate		Bei Langtagbehandlung etwa 3 Monate
Markt					Absatz in begrenzten Mengen gut

Häufige Kulturfehler

Fehlerquelle	Kulturfehler	Folgen
Ausgangsmaterial	Verwendung zu kleiner oder qualitativ schlechter Knollen	Insgesamt schlechte Ergebnisse, zu kleine und zu schwache Schnittblumen
	Falsch oder nicht präparierte Knollen	Verzögerungen, Ertragseinbußen, Ausfälle
Temperatur	Anwendung ungeeigneter Temperaturen zur Präparation	Knollenvertrocknung auf dem Lager; Nachteile während der Kultur durch Verzögerungen und schlechte Ergebnisse
	Anwendung hoher Treibtemperaturen	Ertragseinbußen, Blütenvertrocknung, Ausfälle
	Frosteinwirkung	Ausfälle bis Totalverlust
Licht	Lichtmangel	Langes Laub, kurze Blütenstiele, Blütenvertrocknung

Pflanzenschutz

Krankheit, Erreger, Schädling	Schadbild	Bekämpfung	Bemerkungen
Welkekrankheit *Fusarium oxysporum* Schl.	Knollenfäule; Austrieb behindert oder unterbunden	Hygienemaßnahmen; Knollenauslese, Boden und Gefäße entseuchen	
Grauschimmel *Botrytis cinerea* Pers.	Flecken auf Blüten und Blättern, später ausgebreitete Fäule; grauer Schimmelrasen	Vinclozolin (Ronilan), Iprodion (Rovral) und andere	
Viruserkrankungen	Mosaikscheckung, Wachstumshemmung	Hygienemaßnahmen; Vektoren bekämpfen	

Spätkultur
Späte Blüte im August/September ist durch Verwendung „gehemmter" Knollen zu erreichen, die, wie oben angegeben, präpariert worden sind. Sie werden bis spätestens 1. Juni ausgepflanzt. Da ihre Kultur im wesentlichen im Freiland erfolgt, entfallen besondere Kulturmaßnahmen außer dem notwendigen Wässern oder den unumgänglichen Pflegearbeiten. Um Witterungsschäden an den Blüten auszuschließen, werden solche Kulturen etwa 14 Tage vor der Blüte überrollt oder überbaut.

Normalkultur im Freiland
Die Blütezeit von Freiland-*Ixia* liegt im Juni, also zwischen Früh- und Spätkultur. Freilandanbau hat jedoch beträchtliche Nachteile, weil *Ixia* nicht sicher winterhart sind und ferner während der Blüte durch Witterungseinflüsse leiden können.

Gefäßkultur
In kleinen und kleinsten Mengen können *Ixia* in Gefäßen (Kisten, Töpfe) unter Glas zur Blüte gebracht werden. Diese Verfahren sind relativ aufwendig, haben aber den Vorteil der Beweglichkeit der Kultur für sich.

Weiterbehandlung der Knollen nach der Ernte
Nach der Ernte der Schnittblumen wird die Feuchtigkeit langsam eingeschränkt und die Kultur zur Ruhezeit übergeleitet, zu deren Beginn die Knollen aufgenommen und trocken gelagert werden. Nebenknollen und Brut werden abgenommen und zur Vermehrung beziehungsweise Weiterkultur verwendet. Die alten Knollen können zunächst einmal im Freiland durchkultiviert werden, bevor sie wieder für den Anbau unter Glas eingesetzt werden.

Ernte
Ixia sind schnittreif, sobald die drei ersten (unteren) Blüten am Blütenstand Farbe zeigen. Man schneidet tief in Bodennähe ab, um eine ausreichende Stiellänge zu erhalten.

Die Haltbarkeit von *Ixia* ist befriedigend.

Literatur
DURIEUX, A. J. B.: Perspektieven voor winterbloei Ixia. Vakbl. v. d. Bloemist. **33**, (37), 28–29, 1978.
LOEFFLER, H.: Ixien, Sparaxis und Tritonien. Gartenwelt **72**, 193, 1972.
VERENIGING PROEFTUIN V. D. BLOEMBOLLENCULTUUR TE LISSE RIJKSTUINBOUWCONSULENTSCHAP LISSE: Tips voor de bloembollenkwekers, deel 1/2, 1967.

Kalanchoe

Kalanchoe Adans. – f – *Crassulaceae*

Name: Vermutlich chinesischen Ursprungs

Heimat: Die etwa 200 Arten sind meist in Afrika und auf Madagaskar, wenige im tropischen Asien und nur eine in Brasilien beheimatet.

Bedeutung für den Schnittblumenanbau

Art	Heimat	Blütezeit
K. blossfeldiana v. Poelln. Flammendes Käthchen	Madagaskar	II–V

Neben ihrer Hauptbedeutung als Topfpflanze kann *Kalanchoe* begrenzt als Schnittblume verwendet werden. Hierfür sind nur langstielige Sorten geeignet. Dank ihrer Steuerbarkeit aufgrund ihrer photoperiodischen Reaktionsweise als Kurztagpflanze kann sie ganzjährig angeboten werden.

Eine ausführliche Darstellung der Kultur ist bei Steib et al. (1981) und Bosse et al. (1981) gegeben. Wegen der relativ geringen Bedeutung als Schnittblume kann daher an dieser Stelle ein kurzer Überblick über die wesentlichen Punkte der Kulturdurchführung genügen.

Vermehrung

Aussaat ist die ergiebigste Vermehrungsart und erfolgt von Oktober bis März. Bis zur Fertigpflanze ist mit einer Kulturdauer von rund 12 Monaten zu rechnen. Die Aussaat erfolgt in TKS 1 bei 20 bis 22 °C.

Vermehrung durch Kopfstecklinge bei 20 °C in TKS 1 gewährleistet Sortenechtheit und -reinheit sowie gute Wüchsigkeit. Sie sind Blattstecklingen überlegen.

Abb. 150. Kalanchoe blossfeldiana ist in vielen schönen Sorten als Topfpflanze bekannt und kann auch als Schnittblume recht wertvoll sein.

Abb. 151. Marktfertig gebündelte, langstielige Schnitt-Kalanchoe.

Kalanchoe können während des ganzen Jahres vermehrt werden, so daß der Vermehrungstermin nach den gewünschten Steuerterminen gewählt werden kann.

Kultur

Kalanchoe werden allgemein in Topfkultur gezogen, können für die Schnittblumenerzeugung aber auch ausgepflanzt werden. Grundsätzlich kommt Haus- (eventuell Kasten-)kultur in Frage.

Neben der Normalkultur mit der natürlichen Blütezeit im Winter ermöglicht die gesteuerte Kultur das Angebot blühender Ware zu jeder Jahreszeit.

Temperatur

Das vegetative Wachstum wird zwar durch höhere Temperaturen von mehr als 20 °C begünstigt, die Praxis wendet aber meist etwas tiefere Wärmegrade an. Während der Kurztagbehandlung sind nachts 15 bis 17 °C, tagsüber 20 bis 25 °C anzuwenden. Die Entwicklungsgeschwindigkeit wird zwar durch höhere Temperaturen begünstigt, die Qualität dagegen nachteilig beeinflußt. Auch an die Heizkosten ist zu denken. Sehr hohe Temperaturen um 30 °C und darüber, wie sie leicht unter Verdunkelungsfolie erreicht werden, wirken sich hemmend aus.

Licht

Kalanchoe besitzt als Kurztagpflanze eine obere kritische Tageslänge zwischen weniger als 11 Stunden (Morgensonne) und 12½ Stunden (Rünger 1976). Hieraus ergibt sich die Möglichkeit der Blütesteuerung durch Veränderung der Tageslänge auf einen Optimalwert von etwa 9 Lichtstunden. Im Durchschnitt reicht eine Kurztagbehandlung von 20 Tagen aus, die jedoch sortenbedingt kürzer sein darf oder auch wesentlich länger bis zu 40 Tagen dauern muß. Die Entwicklungsdauer von Kurztagbeginn bis zur Blüte variiert mit den Jahreszeiten und den Sorten, beträgt aber im Durchschnitt um 10 bis 12, bei Spätsorten bis 15 Wochen im Sommer und um etwa 12 bis 17, bei Spätsorten bis 20 Wochen im Winter (Bosse et al. 1981). Dies ist bei der Steuerung des Anbaues zu beachten.

Weiterkultur

Die in humoser Erde oder einem Industriesubstrat (TKS, Einheitserde) stehenden Pflanzen benötigen relativ wenig Pflegeaufwand. Der Nährstoffbedarf läßt sich in wöchentlichen bis vierzehntägigen Mehrnährstoffgaben – je nach Jahreszeit – und in Konzentrationen von 0,1 % decken.

Ernte

Kalanchoe werden erblüht geschnitten. Sie sind gut haltbar.

Literatur

Anonym: Kalanchoe-Onvolledige bloei. Vakbl. v. d. Bloemist. **34,** (22), 29, 1979.
Hanselmann, E.: Niederlande: Kalanchoe-Hybriden im Aufwind. Gb + Gw **77,** 1256–1257, 1977.

Kalanchoe-Kultur (Übersicht)

Kulturabschnitt/Kulturmaßnahme	Termin	Temperatur	Spezielle Hinweise
Aussaat	M XI–III	20 bis 22 °C	
Stecklinge	I–XII	20 °C	Kopfstecklinge besser als Blattstecklinge
Natürlicher Kurztag	Etwa X–IV		Eventuell Langtagbehandlung für Stecklinge beziehungsweise Bestände im vegetativen Wachstum
Kurztagbehandlung	Ab IV–X	15 bis 17 °C nachts 20 bis 25 °C tagsüber	Etwa 20 bis 30 Tage, Tageslänge etwa 9 Stunden. Hitze und Kondensation unter Verdunkelungsfolie vermeiden
Blüte	10 bis 12 (bis 20) Wochen nach Kurztagbeginn		Bei hohen Temperaturen Verzögerung
Kulturdauer: Vermehrung–Blüte	Etwa 7 bis 12 Monate		
Markt			Begrenzter Absatz in mäßigen Mengen

Häufige Kulturfehler

Fehlerquelle	Kulturfehler	Folgen
Ausgangsmaterial	Verwendung von Blattstecklingen	Schlechtere Wüchsigkeit, dadurch Verlängerung der Kulturzeit, ungleichmäßige Ergebnisse
Temperatur	Anwendung zu hoher Temperaturen, insbesondere während der Kurztagbehandlung	Verzögerungen; Verschwendung von Heizmaterial Induktion kann unterbleiben
Licht	Ungenügende Beachtung der photoperiodischen Reaktionsweise, ungenügende oder fehlerhafte Verdunkelung	Induktionsstörungen, Verhinderung, Verzögerung der Blüte, Verringerung der Blütenzahl

Lathyrus

Lathyrus L. - m - *Leguminosae (Fabaceae)*, Wicke, Platterbse
Name: Griechischer Pflanzenname
Heimat: Die rund 160 bekannten Arten entstammen der nördlichen gemäßigten Zone und den Subtropen, einige den tropischen Gebirgen Afrikas und Südamerikas.

Bedeutung für den Schnittblumenanbau

Art	Heimat	Blütezeit
L. odoratus L. Wohlriechende Wicke, Duftwicke	Süditalien, Sizilien	VI–IX

Durch satzweise Staffelung können Wicken aus Freiland-, Folientunnel- oder Hauskultur von März an bis zum Herbst angeboten werden. Sie zeichnen sich durch relativ geringe Wärmeansprüche aus.

Vermehrung

Aussaattermine
Für Hauskultur wird in Sätzen von Oktober bis gegen Ende Januar gesät. Zuletzt werden nur Spätsorten verwendet, die allerdings auch nicht mehr nach dem genannten letzten Termin ausgesät werden sollten; sie kommen dann zu spät.

Freilandwicken werden ab Februar in Töpfe gesät und im April ausgepflanzt, oder direkt ins Freiland, sobald die Witterungsverhältnisse dies zulassen; das kann schon ab März der Fall sein. Spätere Aussaat als Mitte Mai ist wenig sinnvoll.

Aussaat
Vierundzwanzigstündiges Vorquellen des Saatgutes in 22 °C warmem Wasser kann sich nach Carow (1977) sehr positiv hinsichtlich einer schnelleren Blühfolge und eventuell sogar etwas höherer Erträge auswirken.

Man sät in gut durchfeuchtetes TKS 1 oder in entsprechendes Substrat in Multitopfplatten oder andere Anzuchttöpfe, zum Beispiel auch Erdpreßtöpfe, jeweils 2 bis 3 Korn/Topf oder in Handkisten, aus denen später in Töpfe pikiert wird.

Freilandsaat erfolgt in Reihen, gegebenenfalls muß vereinzelt werden.

Die Keimung verläuft oft recht ungleichmäßig, bei einigen Sorten träge. Die Temperatur liegt zunächst bei 15 °C, später niedriger um 10 °C.

Pflanzung

Der Boden wird, wenn erforderlich, wegen des von der Vorkultur verbliebenen Salzgehaltes durchgespült, entseucht und tief und gründlich bearbeitet. Eine Torfgabe von 1 m^3/100 m^2 kann zweckmäßig sein.

Der früheste Pflanztermin im Haus liegt um Mitte November, da die Anzucht etwa 3 bis 4 Wochen in Anspruch nimmt. Zum Pflanzen dürfen die Sämlinge nicht länger als 10 cm sein, weil sie sonst sehr leicht umfallen.

Die Reihenentfernung liegt bei 1,20 bis 1,50 m, innerhalb der Reihen werden die vorkultivierten Topfballenpflanzen recht eng mit nur 8 bis 10 cm Abstand gepflanzt. Bei Pflanzen aus Saatkisten sollten jeweils zwei Pflanzen zusammengepflanzt werden.

Vorkultivierte Pflanzen für Freilandkultur müssen gut abgehärtet sein.

Weiterkultur

Schon rechtzeitig muß für eine Aufleitung gesorgt werden, zum Beispiel mit Maschendraht. Es können aber auch Drähte zwischen Pfählen horizontal gespannt werden, an denen im Pflanzenabstand vertikal Bindfäden angebracht werden. Sie dienen den Pflanzen als Spalier. Dafür ist mit einer Höhe von etwa 2 m zu rechnen.

Abb. 152. Maschendraht eignet sich gut als Spalier für die Aufleitung von Wicken.

Nach dem Auspflanzen werden niedrige Temperaturen um und unter 10 °C angestrebt, bei denen sich die Pflanzen gut bestocken. Bei frostfreiem Wetter wird reichlich gelüftet, um die Bestände trocken zu halten. Sie brauchen in dieser Phase auch möglichst wenig Wasser und sollten vor allem nicht benetzt werden (Botrytis-Gefahr!)

Sobald sich gutes Wachstum zeigt, kann mit der flüssigen Düngung in Konzentrationen nicht über 0,2% begonnen werden. Wicken sind sehr kalibedürftig. Schließlich ist während der Blüte eine mehrmalige Stickstoffdüngung mit 2 bis 3 kg/100 m^2 zu empfehlen. Dieser Dünger wird zwischen die Reihen gestreut und eingewässert (Anonym, 1980 c).

Lathyrus-Kultur (Übersicht)

Kulturabschnitt/ Kulturmaßnahme	Termin			Temperatur	Spezielle Hinweise
Aussaat	X–I	II–III		15 °C	Anzuchttöpfe (Multitopfplatte, Erdpreßtopf und so weiter) oder in Kisten
			III–V		Freiland; Reihensaat an Ort und Stelle
Pflanzung	XI–III			maximal 10 °C	Haus; Reihenabstand 1,20 bis 1,50 m, in der Reihe: 8 bis 10 cm. Aufleitung erforderlich
		III–IV		maximal 10 °C	Rollhaus, Folientunnel; Abstände wie oben
			IV–V		Freiland; Abstände wie oben
Blüte	I–IV	V–VIII	VII–IX	um 10 °C	Temperaturunterschiede zwischen Tag/ Nacht vermeiden, sonst Knospenfall. Hohe Temperaturen beenden die Ernte vorzeitig
Kulturdauer: Saat-Blüte Pflanzung-Blüte Saat-Rodung	 etwa 3 Monate etwa 2 Monate etwa 5 Monate				
Ertrag	300 bis 450 Stiele/m^2				
Markt					Örtlich unterschiedlich, im allgemeinen relativ gut

Häufige Kulturfehler

Fehlerquelle	Kulturfehler	Folgen
Saatgut	Verwendung schlechten, eventuell selbstgeernteten Saatgutes	Ertrags- und Qualitätsmängel
Saattermin	Aussaat von Hauswicken nach Januar	Zu späte Ernte, Preisrückgang, wirtschaftlicher Mißerfolg
Temperatur	Temperaturschwankungen Tag/Nacht	Knospenfall
	Zu hohe Temperatur während der Blüte	Vorzeitiges Blühende
Blütenschnitt	Unregelmäßiger und ungenügender Blütenschnitt	Ertragsminderung durch Samenansatz

Pflanzenschutz

Krankheit, Erreger, Schädling	Schadbild	Bekämpfung	Bemerkungen
Wurzelbräune *Thielaviopsis basicola* Berk. et Br. Ferr.	Wachstumsstagnation, Vergilben, Absterben. Im Frühstadium einzelne Stellen, später ganze Wurzeln und Wurzelhals gebräunt, faul	Bodenentseuchung mit zum Beispiel Formalin, Dämpfung	
Echter Mehltau *Erysiphe polygoni* DC	Weißer, mehlartiger Belag auf Blättern und Trieben. Blätter vergilben, sterben ab und vertrocknen	Thiophanat M	
Grauschimmel *Botrytis cinerea* Pers.	Helle Stippen auf Blütenblättern. Knospen öffnen sich nicht, sterben ab. An Jungpflanzen Stengelgrundfäule	Thiophanat M, Tecto-Räuchertabletten, Ronilan, Rovral	
Spinnmilben	Kleine, weißliche Sprenkel auf den Blättern, später größere vergilbende Flecken	Insektizide. Dazu: Spezialmittel, zum Beispiel: Kelthane, Fundal forte 750, Galecron, Drawinol S, Pentac	
Empfindlichkeit gegen Pflanzenschutzmittel	Wicken sind sehr empfindlich gegen Insektizide, Akarizide (Mittel gegen Spinnmilben), Schwefel-Präparate, Dinocap, Euparen		Vorsichtig anwenden, Vorschriften beachten; eventuell Probespritzungen

Ernte

Wicken werden möglichst langstielig geschnitten, sobald mindestens eine Blüte am Blütenstand gut geöffnet ist. Zu knospig geschnittene Stiele halten sich nicht. Nach Carow (1977) sind 300 bis 450 Blütenstiele/m^2 zu erwarten.

Die Ernte muß selbst bei schlechtem oder zeitweise fehlendem Absatz regelmäßig durchgeführt werden, da an der Pflanze verblühende Blüten Samen ansetzen und ein vorzeitiges Blühende des Satzes bewirken. Der Gesamtertrag wird dadurch spürbar geschmälert.

Literatur

Anonym: Lathyrus-Grondbewerking en bemesting. Vakbl. v. d. Bloemist. **34,** (44), 35, 1979 a.
–: Lathyrus-Planten. Vakbl. v. d. Bloemist. **34,** (46), 19, 1979 b.
–: Lathyrus-Kaslathyrus. Vakbl. v. d. Bloemist. **34,** (49), 25, 1979 c.
–: Kaslathyrus-Aanbrengen steunmateriaal. Vakbl. v. d. Bloemist. **35,** (1), 21, 1980 a.
–: Lathyrus-Zaaitijd. Vakbl. v. d. Bloemist. **35,** (2), 21, 1980 b.
–: Kaslathyrus-Bemesting. Vakbl. v. d. Bloemist. **35,** (3), 19, 1980 c.
Bach-Schmidt, I.: Lathyrus-Herbstsaat ist ertragreicher. Gb + Gw **77,** 558, 1978.
Carow, B.: Unbekannte Größen in der Kultur von Lathyrus odoratus. Gartenwelt **77,** (6), 123–124, 1977.

Liatris

Liatris Gaertn. ex Schreb. – f – *Compositae (Asteraceae)*, Prachtscharte

Name: Ableitung unbekannt.

Heimat: In Nordamerika sind etwa 30 Arten von der atlantischen Küste bis zu den Rocky Mountains verbreitet.

Bedeutung für den Schnittblumenanbau

Art	Heimat	Blütezeit
L. spicata (L.) Willd.	New York bis Michigan, südlich bis Florida, Louisiana	VII–IX

Liatris haben sich einen der vordersten Plätze unter den Schnittstauden erworben. Die von oben nach unten aufblühenden, violett-lilafarbenen Blütenähren finden in der modernen Floristik weitreichende Verwendung. Dank der Möglichkeit, die Knollen zu präparieren, läßt sich der Anbau jahreszeitlich streuen. So gibt es neben dem Normalanbau im Freiland Früh- und Spätkulturen unter Glas.

Das Ausgangsmaterial hierfür sind einjährige, aus Saat hervorgegangene Knollen, die noch nicht geblüht haben.

Vermehrung

Aussaat

Aussaat hat zwar den Nachteil relativer Uneinheitlichkeit der daraus erwachsenden Pflanzen, was eine strenge Auslese erfordert, ist aber die ergiebigste Methode. Bei großem Bedarf ist sie unverzichtbar.

Abb. 153. Alte Liatris-Knolle mit Brutknollen.

Das Saatgut hat eine Keimfähigkeit von maximal nur 75%, daher sollte prinzipiell eine Keimprobe angesetzt werden. Für 1000 Pflanzen ist mit einem Bedarf von 10 g Saatgut zu rechnen (Schmidt 1976).

Zwischen Februar und April wird bei 18 °C in Kisten dünn ausgesät, um im Oktober/November gute, starke einjährige Knollen zur Verfügung zu haben. Spätere Aussaat bringt nur noch kleinere Knollen hervor, die den Ansprüchen nicht mehr genügen.

Sobald die Pflanzen in den Saatkisten kräftig genug sind, können sie direkt auf ein gut vorbereitetes Beet im Abstand von 12,5 × 12,5 cm (Chrysanthemennetz) unter Glas ausgepflanzt werden.

Bei leichter Ernährung, die nach Müller-Haslach und Gradner (1977) in vierwöchigem Turnus mit 15 bis 20 g/m^2 Mehrnährstoffdünger gegeben wird, läßt sich die Knollenentwicklung gut fördern.

Im Oktober ziehen die Pflanzen ein und können gerodet werden.

Teilung

Ältere Pflanzen können entweder nach der Rodung im Oktober oder vor der Neupflanzung ab Januar geteilt werden. Diese Methode ist verhältnismäßig unergiebig, kann aber zumindest zur Verjüngung und Verbesserung eines Schnittbestandes eingesetzt werden.

Schnittlinge

Diese Vermehrungsmethode geht weiter als die Teilung und bringt somit eine höhere Ausbeute. Gegen Ende des Winters werden Schnittlinge gewonnen, in torfhaltiges Substrat eingelegt und bei 10 bis 15 °C kultiviert. Auch sie werden, sobald sie kräftig genug sind, ausgepflanzt (MÜLLER-HASLACH und GRADNER 1977).

Lagerung der Knollen

Bevor die Knollen austreiben können, machen sie eine Ruhezeit durch, die durch Kälte zu brechen ist. Hierfür reichen etwa acht Wochen bei 2 bis 5 °C aus, was bei der Normalkultur im Freiland unter mitteleuropäischen Verhältnissen während des Winters gegeben ist.

Im Intensivanbau werden die Knollen nach dem Roden bei etwa 5 °C eingelagert. Da sie winterhart sind, kann dies sogar im Freien geschehen. Knollen, die in einem relativ weiten Bereich zwischen 2 und 9 °C aufbewahrt worden oder auch im Boden verblieben sind, beginnen ab April erneut auszutreiben.

Sollen die Knollen später als Mitte April gepflanzt werden, werden sie von Januar/Februar an bei Minustemperaturen eingefroren. Dazu werden sie unmittelbar vorher in eine Fungizidlösung (*Penicillium* spec., *Botrytis*) getaucht. Nachdem sie etwas abgetropft, aber noch naß sind, werden sie bei –2 °C eingefroren. Die anschließende Lagerung im Kühlraum erfolgt bei einer Temperatur, die sie gerade in diesem Eiszustand verbleiben läßt. Um der Vertrocknung vorzubeugen, werden die Knollen vorher in Plastikfolie verpackt.

Etwa zwei Tage vor der Pflanzung werden sie aus dem Kühlraum genommen, aufgetaut, und können sofort gepflanzt werden. Dabei dürfen sie nicht der direkten Sonne ausgesetzt werden.

Pflanzung

Liatris wünschen durchlässigen, nicht zu trockenen Boden, dem vor der Pflanzung etwa 5 kg/100 m^2 Mehrnährstoffdünger zugeführt wird. Hierbei ist zu beachten, daß die Pflanzen nicht zu viel Stickstoff bekommen, da sonst übermäßiges Blattwachstum einsetzt und die Gefahr von Botrytisbefall steigt.

Während bei Freilandkultur häufig 5 bis 6 Knollen zusammengepflanzt werden, um schnell größere Pflanzen zu erhalten, werden im Unterglasanbau grundsätzlich nur Einzelknollen gepflanzt. Die Pflanzabstände richten sich dabei nach den Knollengrößen. Bei der zweckmäßigen Verwendung eines Chrysanthemennetzes werden durchschnittlich je Masche 1 bis 2 Knollen gelegt. Hierfür gelten folgende Maßstäbe:

Pflanzdichte von *Liatris spicata* in Abhängigkeit von der Knollengröße und der Kulturdurchführung (EIJKING 1979)

Knollengröße in Zentimeter Umfang	Pflanzdichte: Freiland	Knollen/Quadratmeter Frühkultur (Haus)	Spätkultur (Haus)
5 bis 6	128	–	–
6 bis 8	96	80	64
8 bis 10	80	64	56
10/+	64	56	48

Die Knollen werden nur flach gepflanzt, so daß sie gerade mit Erde bedeckt sind. In gut gelockertem Boden lassen sie sich leicht eindrücken.

Zu Kulturbeginn sollte der Boden gut feucht und das Haus so kühl wie möglich sein.

Freilandkultur

Für die übliche Freilandkultur kann schon im späten Herbst ab November und im Frühjahr bis Mitte April gepflanzt werden. Dies richtet sich nach den klimatischen Bedingungen und den Betriebsverhältnissen. Die Hauptpflanzzeit liegt zwischen März und Mitte April. Diese Kulturen blühen ab Juli bis Ende August und schließen damit an die Blüte vorjähriger Bestände von Ende Juni bis Juli an.

Um eine noch spätere Blüte im Freiland zu erreichen, wird mit eingefrorenen Knollen gearbeitet. Diese werden ab Ende Mai bis letzte Juniwoche gepflanzt. Nach Anfang Juli kann nicht mehr gepflanzt werden, weil sich die Wachstumsbedingungen zum Herbst hin erheblich verschlechtern. Solche Kulturen wären zum Mißerfolg verurteilt.

Die Blüte tritt etwa 10 bis 12 Wochen nach dem Pflanzen ein und hält zwei bis vier Wochen lang an, variiert lediglich durch die Streubreite der unterschiedlichen Pflanzentypen und die Witterungsbedingungen. Bestände, die erst ab September in Blüte kommen, können über einen etwas längeren Zeitraum und sogar bis in den Oktober hinein Schnittblumen liefern.

Freilandkulturen sind nicht durch Unterglaskulturen zu ersetzen, da in den Sommermonaten Juli und August die Qualität der unter Glas erzeugten Schnittblumen derjenigen von Freilandbeständen deutlich unterlegen ist.

Ein Nachteil der Spätkultur im Freiland ist, daß die Pflanzen nicht für ein weiteres Ertragsjahr stehen bleiben können. Sie haben erfahrungsgemäß einen zu geringen Zuwachs aufzuweisen und bringen daher im Folgejahr nur schwache Ergebnisse.

Frühkultur unter Glas

Die Pflanzung erfolgt hierfür ab Mitte Januar bis Februar. Die Blüte ist ab Mitte Mai bis Ende Juni zu erwarten.

Die Haustemperatur sollte nach dem Pflanzen möglichst kühl sein. Ab Anfang März wird sie auf 10 °C, später bis auf maximal 15 °C gesteigert. Zu hohe Temperaturen führen zu schlappen, schwachen Blumenstielen von sehr schlechter Qualität.

Soll anstelle eines heizbaren Gewächshauses ein Roll- oder eventuell auch Folienhaus verwendet werden, geht man von Novemberpflanzung aus und überrollt beziehungsweise überbaut ab Februar. Die anschließende Kultur entspricht derjenigen im heizbaren Haus, daher ist für eine Heizmöglichkeit zu sorgen.

Spätkultur unter Glas

Bei Pflanzungen ab Mitte Juli bis etwa 10. August kann mit der Ernte ab Mitte Oktober bis Mitte November gerechnet werden (Eijking 1979). Dabei kommt der Temperaturführung erhebliche Bedeutung zu. Schwierig mag es sein, unmittelbar nach der Pflanzung im Juli und August möglichst niedrige Temperaturen einzuhalten. Das ist aber erforderlich, um eine zu starke Pflanzenentwicklung zu vermeiden, die letztlich nur zur Laubproduktion führt. Da gleichzeitig Lichtentzug vermieden werden muß, fällt Schattieren als Hilfsmittel zur Temperaturregulierung weitgehend weg. Es sollte nur bei sehr hoher Einstrahlung zur Vermeidung von Verbrennungsschäden eingesetzt werden. So muß durch Feuchthalten und Lüften eine gute Atmosphäre im Haus geschaffen werden. Später im Herbst wird durch Heizen nächtliche Kondensation unterbunden. Die Temperatur von 15 °C ist völlig ausreichend. Dann sollten auch die Gewächshausscheiben möglichst sauber sein, um den Pflanzen ein Höchstmaß an Licht zukommen zu lassen. Alle Maßnahmen, die den Lichteinfall im Herbst behindern können, sind ungünstig zu beurteilen; hierzu zählen leider auch wärmedämmende Vorkehrungen wie Folienunterzug.

Für die gleiche Erntezeit kann auch ein Rollhaus eingesetzt werden. Das hat den Vorteil, daß zunächst im Freien gepflanzt und erst später nach Bedarf überrollt werden kann. Voraussetzung ist die Heizbarkeit des Rollhauses.

Pflegemaßnahmen

Windschutz
In windgefährdeten Lagen kann für Freilandpflanzungen Windschutz notwendig werden, um den Pflanzen unter anderem Schutz gegen Austrocknung zu gewähren.

Lüften
Im Unterglasanbau muß die Lüftung mit Sorgfalt gehandhabt werden. Sie ist dem Wachstum und der Beschaffenheit der Pflanzen anzupassen, da diese unter Glas empfindlicher sind als im Freiland. Durch die Lüftung kann bei unsachgemäßer Handhabung das Hausklima, speziell die Temperatur- und Luftfeuchtigkeitsverhältnisse, schlagartig verändert werden. Bei sonnigem Wetter kann die Temperatur im Hause bis etwa 20 °C ansteigen, bevor gelüftet werden muß.

Bewässerung
Für ständige gleichmäßige Bodenfeuchtigkeit ist zu sorgen, während Nässe vermieden werden sollte. Die relativ dichtbelaubten Pflanzen sind durch Benetzung und durch zu hohe Luftfeuchtigkeit Pilzinfektionen ausgesetzt. Daher ist der Regulierung der Luftfeuchtigkeit besonders an trüben Tagen, abends und gegebenenfalls gegen Morgen große Bedeutung beizumessen, um Kondensation zu vermeiden. Das kann im Zusammenspiel zwischen Heizung und Lüftung geschehen.

Ernte
Je nach Kulturdurchführung und Ausgangsmaterial ist mit einer Erntedauer von 2 bis 4 Wochen je Satz zu rechnen.

Liatris sind schnittreif, sobald die Blütenähre von oben her etwa 1 bis 2 cm aufgeblüht ist. Dann wird möglichst tief abgeschnitten, nach Länge sortiert und gebündelt.

Ertrag
Der Ertrag ist weitgehend von der Knollengröße abhängig, weshalb sich Pflanzung zu kleiner Knollen nicht empfiehlt. Nach Eijking (1979) ist mit folgenden Erträgen zu rechnen:

Knollengröße	Anzahl Schnittstiele je Knolle
6–8 cm	etwa 1
8–10 cm	etwa 1,5
10/+ cm	etwa 2

Liatris-Kultur (Übersicht)

Kulturabschnitt/ Kulturmaßnahme	Termin				Temperatur	Spezielle Hinweise
Aussaat	II–IV				18 °C	10 g/1000 Pflanzen, Keimzeit 20 bis 30 Tage, Keimfähigkeit maximal 75% Auslese erforderlich
Knollenernte (Rodung)	X					
Lagerung der Knollen					5 °C – 2 °C	Für Pflanzungen bis IV Für Pflanzungen nach IV
Pflanzung	XI–IV					Normalkultur Freiland
		E V–E VI				Späte Freilandkultur, eingefrorene Knollen
			M I–II		10 bis 15 °C	Frühkultur unter Glas
				M VII–M VIII	10 bis 15 °C	Spätkultur unter Glas, eingefrorene Knollen
Blüte	VII–VIII (VI–VII)	VIII–X	M V–E VI	M X–M XI		(Vorjährige Bestände im Freien)
Kulturdauer: Pflanzung–Blüte	3 bis 8 Monate	10 bis 12 Wochen				Erntezeit je Satz: 2 bis 4 Wochen
Ertrag						1 bis 2 Stiele je Knolle, abhängig von der Knollengröße
Markt						Gute Absatzbedingungen

Häufige Kulturfehler

Fehlerquelle	Kulturfehler	Folgen
Ausgangsmaterial	Verwendung zu kleiner Knollen (unter 6 cm)	Geringe Erträge
	Weiterkultur von Freilandbeständen aus später Pflanzung eingefrorener Knollen	Unbefriedigende Erträge im Folgejahr
	Mangelhafte Auslese bei Sämlingen bzw. der Mutterpflanzen	Heterogener Bestand mit größeren Streuungen in Qualität, Stiellänge und Blütezeit
Temperatur	Anwendung zu hoher Temperaturen im Unterglasanbau	Schwache, schlappe Blütenstiele, schlechte Haltbarkeit

Pflanzenschutz

Krankheit, Erreger, Schädling	Schadbild	Bekämpfung	Bemerkungen
Herzfäule *Thanatephorus cucumeris* (Frank) Donk = *Rhizoctonia solani* Kühn	Das Herz der Blattrosette fault direkt über dem Boden ab	Bodenentseuchung	Auch *Botrytis cinerea* Pers. kann beteiligt sein
Verticillium-Welke *Verticillium*-Art (vermutlich V. dahliae)	Von den untersten Blättern nach oben fortschreitende Verfärbung nach gelbgrün, später Welke- und Absterbeerscheinungen; eventuell kleine Sklerotien an den Trieben sichtbar. Wurzeln erscheinen gesund, Gefäße sind gebräunt	Hygienemaßnahmen; Gesundes Pflanzgut verwenden; Bodenentseuchung	
Grauschimmel *Botrytis* spec.	Faulstellen auf Trieben und Blättern, grauer Schimmelrasen	Vinclozolin (Ronilan) und andere, Hygienemaßnahmen	
Blattälchen *Aphelenchoides* spec.	Blattflecken, meist von den Adern scharf begrenzt	Hygienemaßnahmen; Aldicarb (Temik 5 G) und andere	Befallene Pflanzen ausmerzen

Literatur
ANONYM: Liatris-Opzet en verlate teelt. Vakbl. v. d. Bloemist. **34,** (18), 23, 1979 a.
–: Liatris spicata-Planttijd onder glas. Vakbl. v. d. Bloemist. **34,** (29), 25, 1979 b.
–: Liatris-Najaarsteelt onder glas. Vakbl. v. d. Bloemist. **34,** (40), 29, 1979 c.
–: Liatris-Bewaring. Vakbl. v. d. Bloemist. **34,** (49), 25, 1979 d.
–: Liatris-Invriezen. Vakbl. v. d. Bloemist. **34,** (50/51), 42, 1979 e.
–: Liatris-Uitplanten onder glas. Vakbl. v. d. Bloemist. **35,** (2), 21, 1980.
BUSCH, W.: Lilie-Iris-Liatris-Amaryllis. Gb + Gw **78**, 119–120, 1978.
EIJKING, J. H. M.: Liatris, aantrekkelijk artikel voor snijbloementeelt. Vakbl. v. d. Bloemist. **34,** (35), 32–33, 35, 1979.
HAHN, E.: Liatris für den Anbau unter Glas. Gartenwelt **74,** 442–443, 1974.
–: Liatris. Gb + Gw **77,** 750–752, 1977.
HH: Knollen-Präparierung schwierig. Taspo Magazin (3), 71–72, 1975.
MÜLLER-HASLACH, W., und GRADNER, U.: Liatris. Gb + Gw **77,** 1202–1204, 1977.
SCHMIDT, E.: Neue Liatris spicata. Gartenwelt **76,** 304, 1976.

Lilium

Lilium L. – n – *Liliaceae,* Lilie

Name: lilium (lat.) = Lilie

Heimat: Rund 75 Arten sind fast ausnahmslos in der gemäßigten Zone der nördlichen Halbkugel, vornehmlich im temperierten Eurasien, verbreitet.

Bedeutung für den Schnittblumenanbau

Art/Hybride	Heimat	Blütezeit
L. candidum L. Madonnenlilie	Ost-Mittelmeerraum bis Südwestasien	VI–VII
L. longiflorum Thumb.	Riukiu-Inseln	VIII–IX
L. regale Wils.	Szetschuan	VII
L.-Hollandicum-Hybriden		
L.-Midcentury- und Maculatum-Hybriden		
L.-Speciosum-Hybriden		

Die überragende Bedeutung für den Schnittblumenanbau haben die *L.*-Speciosum-Hybriden und die von ZANDER (1980) nicht genannten, aber in der Praxis als *L.*-Hollandicum- beziehungsweise *L.*-Midcentury-Hybriden bekannten Sortengruppen. Von den Arten sticht *L. longiflorum* besonders hervor, während die übrigen genannten, wie auch viele hier nicht aufgeführte, das Angebot von Schnittlilien im Freilandanbau bereichern.

So mannigfaltig das Erscheinungsbild der Lilien ist, so unterschiedlich und sortenbezogen ist auch die Kulturdurchführung. Daher variieren Pflanz- und Blütezeiten erheblich. Unterschiedlich sind auch die Temperaturansprüche der einzelnen Sorten in der Treiberei; sie liegen bei 15 bis 18, gelegentlich schon bei 13 °C. Dank unterschiedlicher Anbauverfahren und gestaffelter Anbautermine läßt sich das Angebot zeitlich weit streuen. Lilien können daher während einer bedeutenden Zeit des Jahres angeboten werden.

Vermehrung

Für die Treiberei ist der Kauf von Zwiebeln aus Spezialbetrieben zu empfehlen. So werden die bekannten Hybriden vornehmlich in Holland angebaut, während

L. longiflorum auch aus Japan importiert werden. Eigene Anzuchten sind möglich, aber wohl kaum lohnend.

Aussaat
Das Saatgut wird 48 Stunden lang eingeweicht und einer dreistündigen Warmwasserbehandlung bei 45 °C unterzogen. Anschließend folgt sofort die Aussaat unter Glas, am günstigsten Anfang März/Mitte April. Frühere Aussaat ist wegen des hohen Lichtbedürfnisses der jungen Sämlinge problematisch.

Die Aussaatsubstrate und -gefäße sind sorgfältig zu desinfizieren. Bodenwärme um 15 °C begünstigt die Keimung.

Aussaaten auf Freilandbeete sind möglich, doch wegen einer Reihe von Nachteilen weniger zu empfehlen; die Anzucht unter Glas ist vorzuziehen.

Brutzwiebeln
Lilien können durch Brutzwiebeln, manche Arten auch durch die in den Blattachseln gebildeten Knöllchen, vermehrt werden. Die Brutzwiebeln werden beim Aufnehmen der Mutterzwiebeln geerntet; sie werden ebenso wie die Brutknöllchen zur Weiterkultur ausgelegt.

Zwiebelteilung
Bei Teilung älterer Zwiebeln werden einzelne Schuppen, denen ein Stückchen des Zwiebelbodens anhaften muß, gepflanzt. Eine Vorbehandlung der Schuppen mit Fungiziden ist erforderlich. Sie entwickeln sich zu guten, vollwertigen Zwiebeln (Bosse 1974).

Abb. 154. Brutzwiebeln und Jungpflanzen von Lilien.

Gewebekultur
Bei einigen Lilienarten hat die in vitro-Kultur aus Blattsegmenten bereits gute Ergebnisse gebracht. Ihre Bedeutung liegt unter anderem darin, daß neben den bisher bekannten Vermehrungsarten nunmehr auch das Blatt eine Rolle spielt und damit eine Bereicherung der sortenechten Vermehrungsmöglichkeiten zu erwarten ist (NIIMI und ONOZAWA 1979).

Mit der Embryokultur in vitro beschreibt SMAL (1980) ein weiteres, vor allem für die Züchtung interessantes und praktikables Verfahren.

Pflanzung

Bodenvorbereitung
Bei der Bodenlockerung kann etwas Torf eingefräst werden, auf Stallmist ist besser zu verzichten. Zur Vorbeugung gegen Pythium-Befall wird entseucht (BUSCH 1978). Schon eine geringfügige Infektion kann zur Vertrocknung von Blütenknospen führen (VELLEKOOP 1980).

Pflanztermin
Während für den Freilandanbau frühblühende Lilien schon im Spätsommer bis Herbst, sommer- beziehungsweise spätblühende erst im Laufe des Frühjahrs gepflanzt werden, bieten sich für den geschützten Anbau unterschiedliche Pflanzzeiten etwa zwischen Dezember und August an. Hierfür kommen insbesondere *L. longiflorum* und die genannten Hybridengruppen in Frage. Bei den einzelnen Sorten sind erhebliche Abweichungen zu beachten. So ist bei einigen von ihnen die

Abb. 155. Die Vermehrung von Lilien erfolgt in ausgedehnten Freilandkulturen, vorwiegend in Holland.

Abb. 156. Satzweise Pflanzung von 'Enchantment'.

Pflanzung nach März nicht mehr zu empfehlen, weil dann, wie zum Beispiel bei *L.*-Hollandicum-Hybriden, ein zu schnelles Wachstum eintritt und in hohem Maße zu Blütenvertrocknungen führt, oder bei anderen die Stiele zu kurz bleiben (Boontjes 1977 und 1982; siehe Tabelle Seite 393).

Pflanzabstände

Die Pflanzabstände sind so zu wählen, daß ausreichend Licht zwischen die Pflanzen gelangen kann. Bei zu engem Stand ist mit frühzeitiger Blütenknospenvertrocknung zu rechnen, zu große Pflanzabstände verbieten sich aus wirtschaftlichen Gründen.

Die Pflanzabstände sind nicht nur sortenabhängig, sondern variieren auch mit den Kulturbedingungen; so wird zum Beispiel die Pflanzengröße auch durch die Temperatur und die Ernährung bestimmt. Die Zwiebelgröße kann als Richtmaß für die Bestandesdichte herangezogen werden. Vellekoop (1980) gibt folgende Empfehlungen für die Pflanzdichte von Lilien:

Zwiebelgröße in Zentimeter	Stück/netto-m^2
10 bis 12	80
12 bis 14	60 bis 70
14 bis 16	50 bis 60

Diese generellen Angaben sind im Einzelfall je nach Sorte, Jahreszeit und Kulturbedingungen abzuändern. In der Literatur werden hierzu spezielle, sortenbezogene Angaben gemacht (Eijking, J. und Boontjes, J. 1979). Es werden aber auch wesentlich kleinere Zwiebelgrößen gepflanzt, wenn die Anforderungen an die Pflanzen nicht zu hoch sind (Boontjes 1977), wenn also ausreichend Licht geboten wird und die Temperaturen nicht zu hoch angesetzt werden. Dann sind entsprechend engere Pflanzungen möglich.

Große Zwiebeln müssen verwendet werden, wenn unter schlechten Lichtbedingungen und bei höherer Temperatur eine frühe Blüte erzielt werden soll. Auch bei Pflanzungen im Sommer mit Herbst- oder Winterblüte sollten größere Zwiebeln verwendet werden.

Pflanzung

Sind während der Zwiebellagerung Feuchtigkeitsverluste aufgetreten, empfiehlt sich vor der Pflanzung ein ein- bis zweistündiges Tauchbad in Wasser.

Da Lilien am unteren, in der Erde befindlichen, Stengelteil Wurzeln ausbilden, die später die Ernährung der Pflanze zu einem wesentlichen Teil übernehmen, werden sie in Abhängigkeit von der vorliegenden Zwiebelgröße bis zu 7 cm tief gepflanzt.

Die Pflanzung geschieht in Handarbeit, bei größerem Anbau ist sie mit Hilfe eines speziellen Lilienpflanzwagens möglich (Werkgroep Lelie-Plantwagen 1979).

Die Verlegung einer leistungsfähigen Bewässerungsanlage ist notwendig. Die Anbringung eines Drahtnetzes, in das die Blütentriebe eingeleitet werden können, ist empfehlenswert.

Ernährung

Um den Boden möglichst locker zu erhalten, wird vor der Pflanzung eine Humusanreicherung nach Bedarf vorgenommen. Hierfür ist Torf dem Stallmist vorzuziehen, weil Lilien – wie nahezu alle Zwiebelgewächse – gegen namentlich frischen Stallmist empfindlich sind; außerdem läßt sich ein hoher Salzgehalt des Dungs nicht ausschließen. Dennoch kann gut abgelagerter Stallmist in begrenzter Menge als Ernährungsgrundlage für den Start der Kultur ausreichen.

Bei Verzicht auf Stallmist muß mit Mehrnährstoffdüngern eingegriffen werden. Busch (1978) empfiehlt hierfür 30 bis 40 g/m^2, eine Menge, wie sie nochmals vor dem Austreiben gegeben werden soll. Drei Wochen vor der Blüte schlägt er eine Kalksalpeterdüngung mit 20 g/m^2 vor.

Auf Mangelerscheinungen ist zu achten. Eisenmangel macht sich zum Beispiel durch Blattvergilbungen bei noch gut grünen Blattnerven bemerkbar (Anonym 1980). Dem ist beispielsweise mit Fetrilon abzuhelfen. Blattverbrennungen, wie sie bevorzugt bei 'Pirate' und anderen neueren Sorten vorkommen, läßt sich durch Calciumchlorid-Spritzungen in Konzentrationen von maximal 1% vorbeugen (Berghoef und Elzinga 1982).

Bewässerung

Während der ganzen Kultur ist für gleichbleibende, gute Feuchtigkeit zu sorgen. Lilien lieben einen feuchtigkeitshaltenden Boden, sind aber gegen Nässe empfindlich. Schwankungen in der Wasserversorgung führen zu ungleichmäßigem Wachstum und unausgeglichener Entwicklung.

Die Luftfeuchtigkeit ist dem Wachstum der Pflanzen und den Temperaturen anzupassen. Bei farbezeigenden Beständen muß Niederschlag vermieden werden.

Licht
Lilien benötigen prinzipiell gute Lichtverhältnisse. Daher bestehen für die Kultur während der Sommermonate auch keine Schwierigkeiten. Der winterliche Lichtmangel führt dagegen sehr leicht zu Blütenvertrocknungen und Knospenfall. Dem ist durch entsprechende Pflanzabstände und helle Gewächshäuser mit sauberen Glasscheiben Rechnung zu tragen.

Nachdem die Temperatur im Zusammenhang mit der Blütenvertrocknung nur eine verhältnismäßig untergeordnete Rolle spielt, dem Licht aber die Hauptverantwortung zukommt (Boontjes 1977), ist an Zusatzbelichtung während der dunklen Jahreszeit zu denken. Gleichzeitig ist damit eine Verfrühung der Blüte zu erreichen. Zusatzbelichtung ist sinnvoll ab etwa Mitte November bis Anfang März. Boontjes (1977) empfiehlt eine Installation von etwa 50 Watt/m^2 und eine Belichtungsdauer von 24 Stunden je Tag während vier Wochen.

Allerdings werden Blütenvertrocknungen, die bei einigen Sorten (z. B. 'Connecticut King') sehr häufig auftreten, nicht ausschließlich und keineswegs immer vorzugsweise durch Lichtmangel ausgelöst. So weist Boontjes (1982) nach, daß die Lagermethode, der Zeitpunkt des Beginns der Kaltlagerung und auch das Pflanzdatum erheblichen Einfluß hierauf wie auch auf die Qualität der Schnittblumen ausüben. Zusatzbelichtung ist daher kein Allheilmittel!

Temperatur
Abgesehen von art- und sortenbedingt unterschiedlichen Temperaturansprüchen läßt sich allgemein sagen, daß höhere Temperaturen zwar die Treibdauer verkürzen, gleichzeitig aber für beispielsweise kürzere Stiele und schlechtere Erträge verantwortlich gemacht werden können. Die Zahl der vertrockneten Blüten ist zwar bei kürzeren Tageslängen ungleich höher als bei längeren, steigt aber mit der Temperatur innerhalb einer bestimmten Tageslänge deutlich an (Boontjes 1977).

Bei Kulturbeginn schon sollten die Temperaturen nicht zu hoch ansteigen, was sich in den Sommermonaten oft nur schwer vermeiden läßt. Die späteren Treibtemperaturen sind unterschiedlich und liegen bei Nachttemperaturen zwischen etwa 13 und 18 °C. Die Tageswerte können durch Sonneneinwirkung etwas höher steigen, ohne Schäden zu verursachen (siehe Tabelle Seite 393).

Zur Energieeinsparung schlagen Boontjes und v. d. Rotten (1982a, c) den Einsatz der Bodenheizung für die Lilientreiberei vor. Dabei wird die Haustemperatur während der ersten ungefähr 6 Wochen bei nur 8 bis 10 °C gehalten. Die Bodenheizung erwärmt bei einer Wassertemperatur von etwa 40 °C das Erdreich in 5 bis 10 cm Tiefe auf immerhin 14 bis 16 °C. Nachteile entstehen nicht gegenüber der Treiberei ohne Bodenheizung bei Haustemperaturen um 13 °C von Anfang an, die Brennstoffersparnis ist aber spürbar.

In einer anderen Untersuchung zur Temperaturführung haben Boontjes und v. d. Rotten (1982b) das herkömmliche Temperaturschema so verändert, daß sie mit niedriger Nachttemperatur bei gleichzeitiger Erhöhung der Lüftungstemperatur am Tage gearbeitet haben. Dabei zeigte sich, daß die Nachttemperatur von 12 °C, Tagestemperatur von 14 °C und Lüftungstemperatur von 16 °C keine Vorteile gegenüber entsprechenden Werten von 8 °/14 °/22 °C brachten, also umgekehrt auch keine Nachteile aus dem Zusammenspiel einer relativ geringen Nachttemperatur und einer recht hohen Temperaturgrenze am Tage, bei der erst gelüftet wurde. Die Energieeinsparung wird für eine Pflanzung am 5. Januar mit 19% angegeben.

Zur Überwindung der Wachstumsruhe und zur Blütenbildung haben Lilien einen Kältebedarf, wofür eine sechswöchige Lagerung bei 2 °C ausreicht (RÜNGER 1976).

CO_2-Begasung

Im Zusammenhang mit der Zusatzbelichtung kann CO_2-Begasung nützlich (HANSELMANN 1978) und sinnvoll sein, wenn die Konzentration auf 0,1% angehoben und gleichzeitig die Temperatur je nach Sorte bis in die Nähe von 20 °C erhöht wird. Im Winter ergeben sich daraus kräftigere Stiele gegenüber den normalerweise etwas schwächeren, wie sie in dieser Jahreszeit entstehen.

Pflegemaßnahmen

Lüften, Schattieren

Beide Maßnahmen, eventuell in Verbindung mit Mulchen des Bodens, sind angebracht, um zunächst in den Sommermonaten die Bodentemperaturen nach dem Pflanzen niedrig zu halten (ANONYM 1979a), da hohe Bodentemperaturen unter anderem Fusarium-Befall begünstigen und außerdem zu kurzen Stielen und zu einem geringeren Knospenansatz führen.

Im weiteren Kulturverlauf ist das Lüften zur Temperaturregulierung dem Schattieren vorzuziehen, um Lichtentzug weitestgehend zu vermeiden. Auch die Regulierung der Luftfeuchtigkeit ist durch Lüften möglich.

Abb. 157. Blühende 'Enchantment'.

Steuerung der Blütezeit

Lilium-Hybriden
Am Beispiel der Sorte 'Enchantment' gibt Boontjes (1977) Hinweise auf die Möglichkeiten, Lilien aus den Hybridengruppen nahezu ganzjährig zur Blüte zu bringen (siehe auch Rünger 1976).

Anbauschema für normale, verfrühte und verspätete Blütezeit bei Lilien (Boontjes 1977).

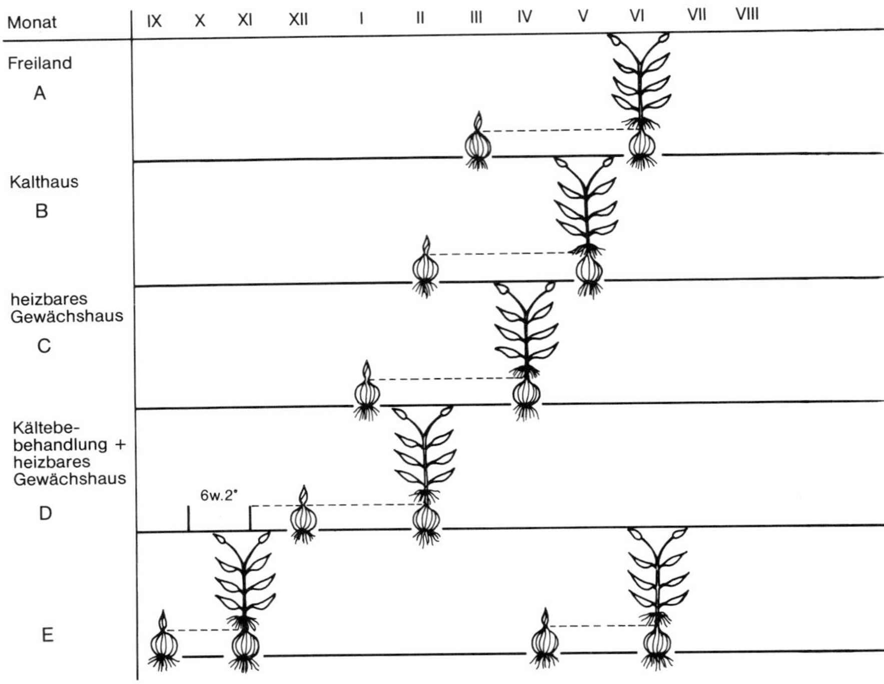

Freiland (A)
Nach oberirdischem Absterben Ende September bleiben die Zwiebeln im Boden und erhalten so während des Winters eine Kühlung als Voraussetzung für eine gute Blüte, die nach Austrieb im März etwa gegen Ende Juni zu erwarten ist.

Kalthaus (B)
Nach dem Einziehen im Freiland werden die gerodeten Zwiebeln in ein Kalthaus gepflanzt, wo sie unter den günstigeren Umweltbedingungen gegenüber dem Freiland im Frühjahr ohne Heizung früher mit dem Wachstum beginnen und blühen können. Dies ist auch im Folientunnel möglich.

Heizbares Gewächshaus (C)
Hier wird ebenso verfahren, doch ist die Möglichkeit der Heizung, etwa ab Februar, gegeben, wodurch eine weitere Verfrühung ermöglicht wird.

Pflanzzeit, maximale Nachttemperatur und geschätzte Treibdauer bei der angegebenen Temperatur wichtiger Liliensorten (BOONTJES 1977).

Sorte	Geeignetste Pflanzzeit	Maximale Nachttemperatur	Geschätzte Treibdauer in Wochen bei Pflanzung im: Januar	März	Juni	August
L.-Speciosum-Hybriden:						
Uchida	I–E V	17 bis 18	20*	20	15	–
B. A. u. No. 10	I–E VII	17 bis 18	20*	20	15	–
Brabander	XII–E VII	17 bis 18	18*	20	15	–
Lucy Wilson	XII–E II	17 bis 18	19*	–	–	–
Grand Commander	I–E VII	17 bis 18	19*	18	15	–
L.-Hollandicum-Hybriden:						
Fire King	XII–E III	13	15	12	–	–
Orange Triumph	XII–E III	13	14	11	–	–
Brandywine	XII–E III	15	12	10	–	–
L.-Midcentury- und Maculatum-Hybriden:						
Enchantment	XII–E VIII	15	14	12	9	9
Harmony	XII–E III	15	12,5	11	–	–
Destiny	XII–E VIII	15	15	13	9,5	9,5
Tabasco	XII–E VIII	15	11	10	8	8
Pirate	XII–E VIII	15	13	11	8,5	8,5
Connecticut King	I–M VIII	15	15	13	10	10
Uncle Sam	XII–M VIII	15	16	14	11	11

* = Langtagbehandlung
(Ohne Langtagbehandlung vier Wochen später)

Kältebehandlung und heizbares Gewächshaus (D)
Der Kältebedarf der Zwiebeln, der bei den vorgenannten Verfahren während des Winters bei kaltem Stand gedeckt wird, kann ebenso künstlich auf dem Lager gegeben werden. Eine derartige Kältebehandlung dauert mindestens sechs Wochen bei 2 °C. Die anschließende Pflanzung im heizbaren Gewächshaus ermöglicht eine Verfrühung der Blüte etwa auf die erste Märzhälfte.

Kältebehandlung und Kaltlager (E)
Nach der Rodung werden die Zwiebeln der hierfür am besten geeigneten Sorte 'Enchantment' sechs Wochen bei 2 °C gekühlt, anschließend bis zur Pflanzung bei −2 °C gelagert. Eine solche Lagerung ist bis zur Dauer von längstens einem Jahr möglich. So kann aber jederzeit im Freiland oder unter Glas gepflanzt werden, woraus sich eine mögliche Streuung der Blütezeit über das ganze Jahr ergibt. Auch einige andere Sorten, z. B. aus der Gruppe der Lilium-Speciosum-Hybriden ('Rubrum') lassen sich einfrieren und bei −2 °C lagern (Boontjes 1981b).

Anzahl Tage von der Pflanzung bis zur Blüte bei *Lilium longiflorum* 'Arai Nr. 5' bei unterschiedlichen Pflanzzeiten (V. Nes 1980)

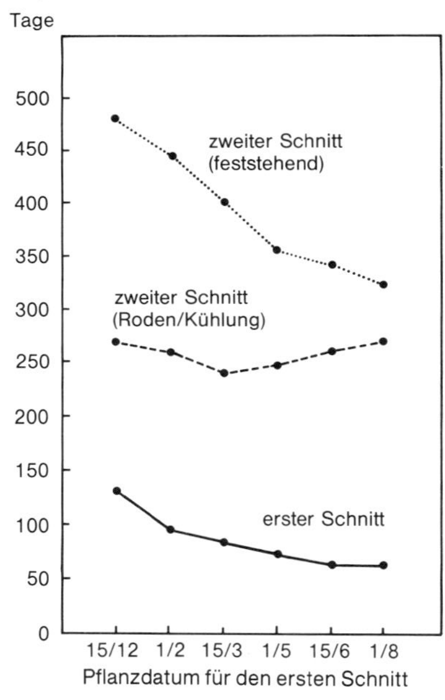

Lilium longiflorum
L. longiflorum läßt sich ebenfalls nach unterschiedlicher Vorbehandlung zu verschiedenen Zeiten des Jahres zur Blüte bringen. Dabei besteht die Möglichkeit, jeweils einen zweiten Schnitt nach Wiederaustrieb zu ernten, der jedoch nicht immer voll befriedigt (van Nes 1978, 1980). Verbleiben die Zwiebeln nach dem ersten Schnitt im Boden, ist die Wartezeit bis zum Folgeflor zu lang. Deshalb ist es vorzuziehen, die Zwiebeln nach dem ersten Schnitt zu roden, 6 Wochen lang bei 5 °C zu kühlen und erneut zu pflanzen. Im Versuch (v. Nes 1980) wurden die

Zwiebeln mit anhängender Erde in Plastikfolie verpackt und zur Kühlung eingelagert. Die Graphik zeigt einen deutlichen Zeitvorsprung des 2. Schnittes bei diesem Verfahren.

Einschränkend gibt v. Nes (1980) zu bedenken, daß für die Wiederpflanzung Termine (September/Oktober) zu meiden sind, bei denen die Entwicklung in zu dunkle Monate fällt, woraus Blütenvertrocknungen resultieren. Hierauf ist jedoch auch durch Variieren der Kühlbehandlung selbst einzuwirken. Im Versuch zeigte sich, daß einer 8wöchigen Lagerung bei 9 °C ein rascher Austrieb und schnelles Wachstum folgten, nach 9wöchiger Lagerung bei 2 °C Austrieb und Wachstum wesentlich langsamer verliefen. So empfiehlt er, bei einer Pflanzung nach Mitte August Zwiebeln zu verwenden, die bei höheren, für Pflanzungen im November dagegen solche, die bei tieferen Temperaturen gekühlt worden sind. Damit kann im ersten Fall ohne Probleme ein Schnitt noch vor Weihnachten geerntet werden, im zweiten Falle wird die Gefahr von Blütenvertrocknungen durch die langsamere Entwicklung in den dunklen Monaten deutlich vermindert.

Nach Rünger (1976) erfordern *L. longiflorum* zur Beendigung der Wachstumsruhe und zur Blütenbildung niedrige Temperaturen, also einen Vernalisationsreiz. Auch v. Nes (1981) berichtet, daß die Treibergebnisse mit *L. longiflorum* besser sind, wenn die Zwiebeln bei Temperaturen unter 0 °C gelagert worden sind. Danach erlaubt zwar die Lagerung bei –2 °C eine längere Aufbewahrung und damit spätere Pflanzung, aber es können auch Schäden auftreten. Er empfiehlt, zumindest die erste Lagerperiode in Holzwolle bei 0,5 °C durchzuführen. Bei tiefer Temperatur von –2 °C hat sich nach Boontjes (1981a) die Einlagerung in feuchtem Torf gut bewährt. Mit steigender Torfmenge, als Füllstoff zwischen den Zwiebeln, also bei gleichzeitig etwas sinkender Zwiebelzahl je Lagerkiste, verbesserten sich die Treibergebnisse und brachten größere Blütenzahlen. Nach Rünger (1976) haben Langtage nach Treibbeginn ebenfalls fördernden Einfluß auf die Blütenbildung, und zwar um so mehr, je kürzer die Kühlperiode gehalten wird. Bei länger andauernder Kühlperiode wird die Wirksamkeit der Langtage immer geringer; nach acht bis neun Wochen Kühlung bei optimalen Temperaturen zeigt sich kein Unterschied mehr zwischen Kurz- und Langtagen. Hieraus ergibt sich, daß bei frühen Blütezeiten im März/April durch Langtagbehandlung nach einer nur relativ kurzen vorausgegangenen Kühlung die Blütenbildung zu fördern ist. Gleichzeitig fördern Langtage bei *L. longiflorum* die Streckung des Stengels. Eine erforderliche Langtagbehandlung ist sowohl durch zusammenhängende Nachtunterbrechung inmitten der Nacht als auch durch zyklische Belichtung möglich. Als Langtag sind Tageslängen von mindestens 12 bis 14 Lichtstunden zu werten.

Die durchschnittliche Treibdauer beträgt bei 15 bis 18 °C Nacht- und etwas höherer Tagestemperatur um 18 bis 20 °C um 16 Wochen. Hiervon ergeben sich je nach herrschenden Bedingungen zum Teil deutliche Abweichungen.

Ernte

Mindestens eine Knospe muß deutlich Farbe zeigen, wenn geerntet wird. Zu frühe Ernte führt zu stark verminderter Haltbarkeit. Es ist auch falsch, unreif geerntete Lilien im Kühlraum unterzubringen, um sie spekulativ zu lagern; dies ist nicht möglich, ohne deutliche Qualitätsverluste hinnehmen zu müssen.

Bereits geöffnete Kelche lassen sich schwer verpacken und werden beim Transport außerdem durch Pollen verunreinigt.

Lilien werden unverzüglich nach der Ernte sortiert, verpackt und zum Versand gebracht.

Die Anwendung von Blumenfrischhaltemitteln in der üblichen Konzentration führt nach CAROW (1978) zu Blattschäden. SWART (1981) hält dagegen eine entsprechende Behandlung bei 'Enchantment' für erforderlich.

Literatur

ANONYM: Lelie. Vakbl. v. d. Bloemist. **34,** (26), 27, 1979 a.
–: Lelie-Late beplanting Lilium speciosum. Vakbl. v. d. Bloemist. **34,** (30), 19, 1979 b.
–: Lilium longiflorum-Vroegbloei. Vakbl. v. d. Bloemist. **34,** (36), 30, 1979 c.
–: Lelie-Oogst en temperatuur. Vakbl. v. d. Bloemist. **34,** (49), 25, 1979 d.
–: Lelie-Bladvergeling door ijzergebrek. Vakbl. v. d. Bloemist. **35,** (2), 21, 1980.
BERGHOEF, J., und ELZINGA, P.: Calciumchloride vermindert bladverbranding bij „Pirate". Vakbl. v. d. Bloemist. **37,** (11), 32–33, 1982.
BOONTJES, J.: Licht, der entscheidende Faktor bei frühester Blüte von Midcentury- und Lilium-Hollandicum-Hybriden. Gartenwelt **76,** 222–223, 1976.
–: Das Teiben von Lilien. Gb + Gw **77,** 986–989, 1977.
–: Tuintorf bij lelies in ijs bevordert kwaliteit. Vakbl. v. d. Bloemist. **36,** (42), 39, 1981a.
–: Ook Rubrums kunnen worden ingevroren. Vakbl. v. d. Bloemist. **36,** (43), 100–101, 1981b
–: "Blinden" bij 'Connecticut King', nog steeds een probleem. Vakbl. v. d. Bloemist. **37,** (19), 40–41, 1982.
–, u. ROTTEN, L. A. J. M. V. D.: Besparing bij snijlelieteelt door grondverwarming. Vakbl. v. d. Bloemist. **37,** (11), 42–43, 1982a.
–, u.–: Jaarrondteelt snijlelie kan toe met minder energie. Vakbl. v. d. Bloemist. **37,** (13), 40–41, 43, 1982b.
–, u.,: Energieeinsparung bei der Lilientreiberei durch Bodenheizung. Deutscher Gartenbau **36,** (15), 673–674, 676, 1982c.
BOSSE, G.: Die Lilie, eine Schnittblume mit Zukunft? Gartenwelt **74,** 395–397, 1974.
BUSCH, W.: Lilie-Iris-Liatris-Amaryllis. Gb + Gw **78,** 119–120, 1978.
EIJKING, J., und BOONTJES, J.: Leliecultivar 'Connecticut King' geen laatbloeier. Vakbl. v. d. Bloemist. **34,** (29), 39, 1979.
HANSELMANN, E.: CO_2 bei Lilien im Winter. Gb + Gw **78,** 537, 1978.
NES, C. R. VAN: Wisselnde resultaten tweede snee Lilium longiflorum. Vakbl. v. d. Bloemist. **33,** (50), 25 und 27, 1978.
–: Onderzoek bladverbranding lelie cv. 'Pirate'. Vakbl. v. d. Bloemist. **34,** (43), 36, 1979.
–: Mogelijkheden tweede snee bij Lilium longiflorum. Vakbl. v. d. Bloemist. **35,** (50), 34–35, 1980.
–: Beter resultaat met onder 0 °C bewaarde Lilium longiflorum. Vakbl. v. d. Bloemist. **36,** (42), 38–39, 1981.
NIIMI, Y., und ONOZAWA, T.: In vitro bulblet formation from leaf segments of Lilies, especially L. rubellum Baker. Scientia Horticulturae **11,** 379–391, 1979.
SMAL, A.: Embryocultuur belangrijk hulpmiddel in lelieveredeling. Vakbl. v. d. Bloemist. **35,** (46), 46–47, 49, 1980.
SWART, A.: Voorbehandeling bij 'Echantment' noodzakelijk. Vakbl. v. d. Bloemist. **36,** (41), 40–41, 1981.
VELLEKOOP, L.: Leliebelichting, niet alleen een kwestie van veel kunstlicht. Vakbl. v. d. Bloemist. **35,** (39), 41, 1980.
WERKGROEP LELIEPLANTWAGEN: Lelieplantwagen arbeidsbesparend. Vakbl. v. d. Bloemist. **34,** (47), 28–29, 1979.

Lilium-Kultur (Übersicht)

Pflanzung Blüte Kulturdauer	Siehe Tabelle Seite 393 und Abbildung Seite 392
Markt	Gute Absatzverhältnisse, Importe beachten

Häufige Kulturfehler

Fehlerquelle	Kulturfehler	Folgen
Ausgangsmaterial	Pflanzung zu kleiner Zwiebelgrößen für Treiberei unter ungünstigen Bedingungen (geringes Lichtangebot, hohe Temperatur)	Qualitätsverluste, Blütenvertrocknung, Ausfälle
Pflanztermin	Sortenbedingt zu späte Pflanzung nach März	Zu kurze Stiele; Blütenvertrocknung
Licht	Lichtentzug, zum Beispiel: ungünstige Jahreszeit, zu dichte Pflanzung, unsauberes Glas und so weiter	Allgemein schlechte Qualität, schlappe Stiele, Blütenvertrocknung
	Kurztagbedingungen, besonders bei hoher Temperatur	Blütenvertrocknung
Temperatur	Nicht ausreichende Kühlung	Mangelhafte beziehungsweise unterbleibende Blüte
	Überhöhte Treibwärme	Schwache Qualität, Blütenvertrocknung, aber: kürzere Treibdauer
Pflanzenschutz	Unterlassene Bodenentseuchung vor der Pflanzung	Besondere Gefahr durch *Pythium ultimum*. Schon geringfügiger Befall führt zumindest zu Blütenvertrocknung

Pflanzenschutz

Krankheit, Erreger, Schädling	Schadbild	Bekämpfung	Bemerkungen
Pythium-Wurzelfäule *Pythium ultimum* Trow.	Starke Fäulniserscheinungen, Absterben, besonders bei hoher Bodenfeuchtigkeit	Bodenentseuchung; TMTD, Captafol (Ortho-Difolatan)	
Grauschimmel *Botrytis elliptica* (Berk.) Cooke, *B. cinerea* Pers.	Kleine Fleckchen und Faulstellen auf Knospen und Blüten, bei starkem Befall ausgedehnte Fäulnis	Thiabendazol (Tecto-Räuchertabletten), Chloratonil (Liro-Räuchertabletten, Exotherm-Thermil), Ronilan, Rovral, Euparen	
Fusarium-Wurzel-, -Zwiebel- und -Stengelgrundfäule *Fusarium oxysporum* Schl. sensu Snyd. et Hans.	Vergilbung, Welke, Absterben	Thiram , TMTD (30 Minuten tauchen), Captafol (Ortho-Difolatan)	
Penicillium-Zwiebelfäule *Penicillium* spp.	Kümmerlicher oder unterbleibender Austrieb, auf den Zwiebeln bläulicher Schimmel	TMTD	
Lilienmosaik	Scheckung, Strichelung, Verschmälerung, Verdickung der Blätter, Fleckung und Verkräuselung der Blüte	Hygienemaßnahmen, Bekämpfung der Vektoren	

Ringfleckigkeit	Bräunliche Flecken, Streifen, Ringzeichnung; frühzeitiges Absterben des Vegetationspunktes, keine Blüte	Kranke Pflanzen vernichten
Latentes Lilienvirus	Keine eigenen Symptome, Verstärkung der Symptome anderer Virosen	
Braunringkrankheit	Schwarze Stellen abgestorbenen Gewebes, braune konzentrische Ringe auf den weißen Schuppen der Zwiebeln; Wuchshemmung, hellere Blattfarbe, leichte Fleckung	

Limonium

Limonium Mill. – n – *Plumbaginaceae*, Statice
Name: leimon (gr.) = Wiese
Heimat: Etwa 150 bis 300 Arten sind in nahezu allen Teilen der Erde beheimatet, vorwiegend im östlichen Mittelmeerraum bis zum Iran.

Bedeutung für den Schnittblumenanbau

Art	Heimat	Blütezeit
L. bonduellei (Lestib.) O. Kuntze	Nord-Spanien, Nord-Afrika	VII–X
L. sinuatum (L.) Mill.	Mittelmeerraum, Süd-Portugal, Sahara	VII–IX
L. suworowii (Regel) O. Kuntze	West-Turkestan	VII–IX
An dieser Stelle ist auch die unter dem Synonym *L. tataricum* bekannte		
Goniolimon tataricum (L.) Boiss.	Südost-Europa, nördl. bis südl. Mittelrußland, Kaukasus, Nord-Afrika	VII–IX

zu nennen.

Früher überwiegend als Trockenblumen verwendet, speziell für die Kranzbinderei, hat sich die Statice in den vergangenen Jahren in stärkerem Maße in die Frischblumenbinderei eingeführt. Ursprünglich eine ausgesprochene Freilandkul-

Abb. 158. Weiße Statice ist frisch und als Trockenblume zu verwenden.

tur, nimmt sie heute einen interessanten Platz im Unterglasanbau ein. Von den oben genannten Arten steht *L. sinuatum* zweifellos als wichtigste im Vordergrund, während die einzige einjährige Art, *L. suworowii*, die geringste Bedeutung besitzen dürfte. *Goniolimon tataricum*, eine Staude, eignet sich besonders gut zum Trocknen und für die Verwendung in der Kranzbinderei.

Vermehrung

Aussaat ist die wichtigste, wenn nicht ausschließliche, Vermehrungsmöglichkeit.

Der Saatgutbedarf für 1000 Pflanzen liegt bei 10 bis 15 g. Der Aussaattermin richtet sich nach der Kultur und dem erwünschten Blütezeitpunkt. Für Freilandblüte ab Juli/August liegen die Aussaatzeiten zwischen März und Juni. Die Keim- und erste Anzuchttemperatur beträgt 15 bis 18 °C. Die Keimzeit kann mit 10 bis 20 Tagen, je nach Art und Sorte, angegeben werden.

In jüngster Zeit werden Pflanzen aus Gewebekultur angeboten.

Freilandkultur

Auf gut vorbereitete Freilandbeete, die auf mittelschwerem, durchlässigem und tiefgründigem Boden angelegt werden, wird Statice ab Anfang bis Mitte Mai ausgepflanzt. Zwar bringen frühe Pflanzungen die besten Erträge, aber die Frostempfindlichkeit der Pflanzen verbietet ein Pflanzen vor dem angegebenen Termin.

Zur Verwendung kommen hierfür Pflanzen aus Februar/März-Aussaat, die etwa 3 bis 4 Wochen nach der Saat einmal auf 6 bis 7 cm allseitigen Abstand pikiert worden sind. Sie sollten vor dem Pflanzen bei 10 °C gut abgehärtet werden.

Bei Pflanzabständen von 30 × 30 cm erübrigt sich die Verwendung eines Stütznetzes, weil kräftige Stiele zu erwarten sind. Dichtere Pflanzung erfordert dagegen ein Netz und bringt obendrein dünnere und zahlenmäßig weniger Stiele hervor.

Die Blüte ist ab Ende Juni zu erwarten.

Die Pflegemaßnahmen beschränken sich auf das Bewässern, soweit erforderlich und eventuell eine Düngung mit 1 kg Kalksalpeter je 100 m^2 (De Groot 1979) während der ersten Wachstumsperiode. Diese Gabe ist bei Bedarf zu wiederholen, doch sollte Statice möglichst sparsam ernährt werden. Hahn 1978 plädiert dagegen für eine Grunddüngung in Höhe von je 5 kg/100 m^2 Thomasphosphat und Patentkali sowie 3 kg/100 m^2 Kalkammonsalpeter und eine zusätzliche spätere Kopfdüngung von 5 kg/100 m^2 Mehrnährstoffdünger, zu geben beim ersten Hacken.

Kultur im Kalthaus oder Folientunnel

Für frühe Blüte ab Ende Mai wird schon Anfang Oktober ausgesät. Dies kann in Töpfe oder Multitopfplatten erfolgen (Hahn 1978). Im Kalthaus wird frostfrei überwintert und gegen Anfang April im Kalthaus oder Folientunnel ausgepflanzt. Hinsichtlich des Pflanzabstandes gelten die gleichen Überlegungen wie bei der Freilandkultur, jedoch gibt Hahn 20 × 25 cm an.

Hauskultur

Statice wird von Januar bis Mai unter Glas gepflanzt, nachdem sie 8 bis 10 Wochen vor dem jeweils gewünschten Pflanztermin ausgesät worden ist und in den

Limonium-Kultur (Übersicht)

Kulturabschnitt/Kulturmaßnahme		Termin			Temperatur	Spezielle Hinweise
Aussaat		II/III	X	Ab X	15 bis 18 °C	Einmal pikieren; 4 Wochen vor der Pflanzung bei 10 °C halten
Pflanzung		A–M V				Freiland, 30 × 30 cm
			A IV			Kalthaus, Folientunnel 30 × 30 cm
				Ab I–V	10 bis 13 °C I/II 15 °C IV/V	Gewächshaus, 30 × 30 cm, kein Netz
Blüte		Ab E VI	E V	Ab III (bis X)		3 bis 4 Wochen vor der Ernte Gießen einstellen. Luftfeuchtigkeit niedrig halten
Kulturdauer:	Aussaat – Blüte Pflanzung – Blüte	Etwa 5 bis 6 Monate Etwa 2 Monate				
Markt						Guter Absatz

Häufige Kulturfehler

Fehlerquelle	Kulturfehler	Folgen
Pflanzung	Zu dichte Pflanzung, enger als 30 × 30 cm	Geringerer Ertrag je Pflanze, schwache Stiele, Netz wird notwendig
Temperatur	Fehlende Abhärtung bei 10 °C vor dem Pflanzen	Schlechter Start, eventuell Kälteschäden
	Hohe Temperatur im Unterglasanbau	Schwache Stiele
Feuchtigkeit	Hohe Bodenfeuchtigkeit bis zur Ernte	Schlechter Abschluß, geringere Haltbarkeit, Anfälligkeit gegen Pilzkrankheiten erhöht
	Zu hohe Luftfeuchtigkeit, besonders gegen Ende der vegetativen Phase	Fäulnisgefahr durch Botrytis-Infektion
Bündelung	Zu dicke Bunde werden getrocknet	Schlechter Trocknungserfolg, Fäulnisgefahr

Pflanzenschutz

Krankheit, Erreger, Schädling	Schadbild	Bekämpfung	Bemerkungen
Welkekrankheit, Staticesterben *Fusarium oxysporum* Schl.	Nestweises Kümmern, Wachstumsminderung, Blütenstände trocken, gebräunt; Blätter rötlich, trocken oder faul; Stengel später schwarz, trocken, faul	Bodenentseuchung, Di-Trapex	
Grauschimmel *Botrytis cinerea* Pers.	Blütenstände braun, geschrumpft, abgeknickt; mausgrauer Schimmelrasen bei Feuchtigkeit	Dichlofluanid (Euparen) TMTD Ronilan, Rovral	
Rost *Uromyces limonii* Lév.	Braunrote oder schwarze Rostpusteln auf Blattober- und -unterseite; Blattflecken; Verkümmerungs-, Absterbeerscheinungen	Zineb + Schwefel, Mancoceb (Dithane Ultra) Metiram (Polyram Combi) Triforine (Saprol)	
Echter Mehltau *Erysiphe polygoni* DC.	Mehligweißer Überzug auf Blättern	Dinocap (Karathane) Dichlofluanid (Euparen) Triforine (Saprol) und andere	
Virus	Kleinfleckiges Mosaik; eventuell Verfärbungen der Pflanzen nach gelblich bis purpurrot, Absterbeerscheinungen, Blütenverzögerung	Hygienemaßnahmen, Vektoren (Blattläuse) bekämpfen	

letzten vier Wochen bei 10 °C gestanden hat. Der Pflanzabstand beträgt auch hier 30 × 30 bis 30 × 25 cm. Engere Pflanzung bringt die oben genannten Nachteile.

Im Januar/Februar wird die Haustemperatur auf 10 bis 13 °C, und im April/ Mai auf 15 °C gehalten. Bei Sonne darf sie ansteigen, doch muß bei etwa 25 °C gelüftet werden.

Vor einer zu hohen Luftfeuchtigkeit ist vor allem wegen der Botrytis-Gefahr zu warnen, besonders während der Blütezeit. Sie kann durch geschicktes Heizen und Lüften niedrig gehalten werden. Der Einfluß zu hoher Luftfeuchtigkeit wird noch verschärft, wenn schlechte Luftbedingungen herrschen. Statice verlangt helle, luftige Häuser. Das ist vor allem auch bei Folientunneln zu beachten, die leicht zu einer hohen Luftfeuchtigkeit und Kondensation an der Folie neigen. Auch die Bodenfeuchtigkeit ist vorsichtig zu gestalten. So wird während der vegetativen Anzuchtzeit normal gegossen, aber etwa drei bis vier Wochen vor der Ernte kein Wasser mehr gegeben. Bei der Empfindlichkeit der Pflanzen gegen Feuchtigkeit eignet sich ein bodennah verlegtes Bewässerungssystem, zum Beispiel perforierte Schläuche.

Nach dem ersten Schnitt können die Pflanzen stehen bleiben. Sie bringen weiterhin während des gesamten Sommers bis zum Oktober Ertrag. Der Folgeschnitt konkurriert jedoch oft schon mit dem Freilandertrag, der seinerseits witterungsabhängig ist. In Schönwetter-Sommern lohnt sich das Durchkultivieren im Haus dann sicherlich weniger.

Ernte

Statice wird in erblühtem Zustand geerntet. Vor allem für Trockenbinderei ist dies wichtig; der Schnitt erfolgt, sobald Kelch- und Blütenblätter voll entwickelt und ausgefärbt sind. Die Stiele werden in nur kleinen Sträußen gebündelt und zum Trocknen aufgehängt. Bei zu dichten Bunden besteht die Gefahr des Schimmelns und Faulens. Außerdem bleiben bei kleineren Bunden die Stiele gerade. Die Bunde werden mit dem Kopf nach unten an einem schattigen, luftigen Platz aufgehängt.

Literatur

Anonym: Statice-Uitplanten teelt onder glas. Vakbl. v. d. Bloemist. **35,** (3), 19, 1980.

Groot, K. de: Statice levert in het voorjaar en goede prijs op. Vakbl. v. d. Bloemist. **34,** (41), 44–45, 1979.

Hahn, E.: Limonium sinuatum. Gb + Gw **78,** 710–712, 1978.

Matthiola

Matthiola R. Br. corr. Spreng. – f – *Cruciferae (Brassicaceae),* Levkoje

Name: P. A. Matthioli, gen. Matthiolus, 1500 bis 1577, kaiserlicher Leibarzt zu Prag und Wien.

Heimat: Die etwa 50 Arten sind vom Mittelmeergebiet bis nach Zentralasien verbreitet.

Bedeutung für den Schnittblumenanbau

Art	Heimat	Blütezeit
M. incana (L.) R. Br.	Süd- bis Westeuropa, Kleinasien, Nordafrika, Kanaren	V – VIII

Sommerlevkojen stellen relativ geringe Wärmeansprüche. Vor allem gefülltblühende Typen werden vom Markt willig aufgenommen. Auch einfachblühende lassen sich verkaufen, allerdings in wesentlich geringeren Mengen und zu empfindlich niedrigeren Preisen bei gleichem Kostenaufwand. Unterschiede in der Kulturführung und die Verwendung früh- beziehungsweise mittelfrühblühender Sorten ermöglichen eine Blütestreuung über eine größere Zeit des Jahres. Sie können schon frühzeitig ab März/April aus Unterglasanbau angeboten werden. Möglicherweise ist Herbstkultur noch interessanter. Sie wird aber durch die für die Blütenbildung ungünstigen hohen Temperaturen im Sommer belastet und erschwert.

Anzucht

Aussaat

1 g Saatgut enthält zwischen 350 und 450 Korn, woraus nach Selektion etwa 200 Pflanzen zu erwarten sind. Demnach sind für 1000 Pflanzen rund 5 g Samen erforderlich. Frühsorten werden ab Mitte November bis Ende Dezember ausgesät, anschließend folgen die mittelfrühen Sorten, die bis Februar gesät werden können. Mittelfrühe Sorten ergeben später die etwas bessere Qualität. Die Anzuchtzeit liegt bei früher Saat bei etwa 6, zum Frühjahr hin bei nur etwa 4 Wochen. Um Fäulnisbefall vorzubeugen, darf nicht zu eng ausgesät werden. Die Aussaat wird mit Erde leicht überstreut und bei 15 bis 18 °C aufgestellt. Sobald sich die Keimblättchen entfaltet haben, wird die Temperatur bis auf 4 bis 5 °C abgesenkt (ANONYM 1979a) und für etwa 14 Tage so gehalten.

Selektion

Gefülltblühende Sorten bringen, genetisch bedingt, nur zu etwa 60 bis 65 % tatsächlich gefülltblühende Pflanzen hervor. Der Rest ist einfachblühend. Planmäßiger Züchtungsarbeit ist es zu verdanken, daß schon bei Sämlingen eine Selektion auf dieses wichtige Merkmal möglich ist. So sind gefülltblühende an hellgrünen, einfachblühende Pflanzen dagegen an dunkelgrünen Keimblättern zu erkennen, und zwar am besten, wenn die Pflanzen direkt nach Entfaltung der Keimblätter für 14 Tage bei 4 bis 5 °C gehalten werden. Dann kann beim Auspflanzen aus der Saatkiste oder beim Pikieren selektiert werden. Danach wird die Temperatur wieder auf 12 bis 15 °C angehoben.

Pflanzung

Tiefgründige, durchlässige, aber dennoch gut wasserhaltende Böden mit einem pH-Wert von 7,0 kommen für die Pflanzung in Frage. Sie müssen durchgespült und entseucht werden.

Frühester Pflanzzeitpunkt ist Mitte Dezember, wenn auch gelegentlich frühere Termine genannt werden. Wird später, etwa Mitte Januar, gepflanzt, ist mit nur etwa 10 Tagen kein sehr großer Unterschied in der Blütezeit festzustellen.

Bei Pflanzung in Chrysanthemennetze mit der Maschenweite 12,5 × 12,5 cm ist der Pflanzabstand richtig bemessen. 64 Pflanzen stehen je m^2 Beetfläche. In

Abb. 159. Ungefüllte Levkoje.

Abb. 160. Gefülltblühende Levkoje.

Abb. 161. Levkojen-Jungpflanzen im Jiffy-Pot.

hellen, gut lüftbaren Häusern, werden gelegentlich die Randreihen doppelt bepflanzt, wodurch die Bestandesdichte bis auf 96 Pflanzen/m^2 erhöht werden kann (Ketelaars und van de Akker 1980).

Es wird nur so tief gepflanzt, daß die Keimblättchen noch über der Bodenoberfläche stehen. Sie dürfen aus hygienischen Gründen nicht mit der Erde in Kontakt kommen; Rhizoctonia-Befall ist sehr leicht möglich!

Herbstkultur ist mit größeren Schwierigkeiten verbunden. Hierfür muß Anfang August gepflanzt werden. Die dafür erforderlichen Jungpflanzen werden normal ausgesät, müssen dann aber im Kühlraum wegen der Selektion bei 4 bis 5 °C behandelt werden. Außerdem ergibt sich die Notwendigkeit einer Zusatzbelichtung, um ein zu starkes Längenwachstum während der Kühlung zu vermeiden. Ketelaars und van de Akker (1980) schlagen als zweite Möglichkeit vor, Pflanzen vom letzten Aussaatsatz während drei Wochen bei 1 bis 2 °C dunkel im Kühlraum einzulagern, wobei praktisch Wachstumsstillstand eintritt. Den Übergang vom Kühlhaus in das warme Gewächshaus (Sommer!) scheinen die Pflanzen nach vorliegenden Erfahrungen gut zu überstehen.

Ernährung

Levkojen sind salzempfindlich. Von einer stärkeren Grunddüngung ist deshalb, aber auch wegen ihrer nachteiligen Auswirkung auf die Qualität der Schnittblumen abzuraten. Ebenso wird in vielen Fällen eine organische Düngung unnötig sein.

Je nach Ernährungszustand des Bodens empfehlen sich eine bis zwei flüssige Düngergaben, etwa in der ersten Hälfte der Kultur mit maximal 0,2 bis 0,3 %, als Mehrnährstoffdünger. Hahn (1974) empfiehlt für die zweite Kulturhälfte bis zur Blütenbildung die Verabreichung stickstoffarmer Dünger nach Bedarf, allerdings nicht mehr als eine Gabe. Reichliche Düngung beschleunigt zwar das Wachstum, führt aber zu schwachen, schlappen Stielen.

Bewässerung

Der Witterung entsprechend werden Levkojen gleichmäßig feucht gehalten. Das kann zu Beginn der Kultur noch mit einer Beregnungseinrichtung von oben erfolgen. Sobald die Pflanzen etwa sechs Blattpaare haben und damit ungefähr 15 cm hoch sind, muß auf eine bodennah verlegte Anlage umgestellt werden, die die Pflanzen nicht benetzt. Außerdem besteht die Gefahr, daß größere Pflanzen bei Beregnung umfallen und krumm werden.

Die relative Luftfeuchtigkeit sollte möglichst unter 80 % gehalten werden. Es kann erforderlich werden, durch Lüften und Heizen für ein Abtrocknen der Pflanzen zu sorgen.

Licht

Levkojen wachsen am besten bei höherem Lichtangebot. Im Winter sind bei niedriger Lichtintensität entsprechend niedrige Temperaturen zu halten.

Die Blütenbildung wird im Langtag bei etwas höheren Temperaturen gefördert. Bei etwa 10 °C zeigt sich kaum noch ein Einfluß der Tageslänge (Rünger 1976).

Zusatzbelichtung kann das Wachstum beschleunigen, nach der Blüteninduktion auch die Blütenentwicklung. In der Praxis spielt das aber kaum eine Rolle.

Temperatur
Die Blütenbildung ist an tiefe Temperaturen gebunden (Vernalisation). Blühreife, also entsprechend große Pflanzen, brauchen zur Förderung der Induktion etwa drei Wochen lang Optimaltemperaturen, die zwar sortenabhängig schwanken, aber allgemein zwischen 10 und 15 °C liegen dürften (Rünger 1976). Unterbleibt die Kühlung, kommt es nicht zum Blütenansatz, ist sie unvollständig, werden die dabei angelegten Knospen wieder abgeworfen.

Nach der Pflanzung werden für 2 bis 3 Wochen 15 bis 18 °C gehalten und anschließend allmählich 10 bis 12 °C eingestellt. Tiefere Temperaturen sind zwar nicht schädlich, verzögern aber die Kultur und erhöhen die Krankheitsgefahr. Zu hohe Temperaturen über 20 °C verhindern die Knospenbildung oder führen, wenn sie erst nach der Blütenbildung gegeben werden, zu qualitativ schlechter Ware mit schlappen Stielen. Die Nachttemperaturen werden auf 12 bis 15 °C gebracht, wobei sich eine gute abschließende Entwicklung ergibt.

Pflegemaßnahmen

Lüften, Schattieren
Kurz vor der Blüte kann eine leichte Schattierung angebracht sein. Die farbezeigenden Knospen sind gegen hohe Sonneneinstrahlung recht empfindlich.

Der verhältnismäßig großen Fäulnisanfälligkeit der Pflanzen muß durch ausreichendes Lüften begegnet werden. Durch Lüften lassen sich auch die Temperaturen auf dem gewünschten Niveau halten, wenn sie bei hoher Außentemperatur steigen; dies kann durch Feuchthalten unterstützt werden. Über die Lüftung läßt sich schließlich die relative Luftfeuchtigkeit beeinflussen, die 80 % nicht übersteigen sollte.

Steuerung der Blütezeit
Eine Blütezeitsteuerung ist nur durch die Wahl unterschiedlicher Pflanztermine und Einhalten der für die Induktion erforderlichen niedrigen Temperatur möglich. Dabei sind folgende Zeiten zugrunde zu legen:

Aussaat bis Pflanzung:	rund sechs, bei später Saat vier Wochen.
Pflanzung bis Blüte:	zwei bis vier Monate, je nach Jahreszeit.

Aussaattermin	Pflanztermin	Blütezeit	
M – E XI	E XII	M – E IV	
M XII	M – E I	E IV – A V	
A I	M II	M V	
A II	A – M III	E V – A VI	
E II	M III	A VI	
A III	A – M IV	M VI	
E VI	A VIII	E IX – A X	(Kühlung M – E VII 4 bis 5 °C)
A – M IV	M V – A VI	VII – VIII	(Freiland)

Abb. 162. Blühender Bestand.

Ernte

Levkojen sind schnittreif, wenn mindestens sechs Einzelblüten am Blütenstand geöffnet sind. In der Vase gehen sie nur schlecht auf, daher ist es vorzuziehen, etwas länger mit der Ernte zu warten und dadurch auch größere Blütenstände zu erhalten.

Die Stiele werden nicht geschnitten, sondern mit Wurzel gezogen. Diese wird erst später im Blumengeschäft abgeschnitten. Wird bei der Ernte geschnitten, ist die Behandlung mit Frischhaltemitteln notwendig. Dadurch läßt sich die Haltbarkeit, die etwa eine Woche beträgt, erheblich verbessern.

Levkojen können, in Wasser stehend, bei 2 bis 8 °C im Kühlraum vorübergehend untergebracht werden.

Literatur

ANONYM: Violier-Zaaien. Vakbl. v. d. Bloemist. **34,** (43), 34, 1979a.
–: Violier-Planten. Vakbl. v. d. Bloemist. **34,** (48), 24, 1979b.
–: Violier. Verzorging. Vakbl. v. d. Bloemist. **35,** (1), 22, 1980.
HAHN, E.: Levkojen im Anbau unter Glas. Gartenwelt **74,** 223–224, 1974.
KETELAARS, J., und AKKER, A. VAN DE: Matthiola (Violier). Vakbl. v. d. Bloemist. **35,** (24), 32–35, 1980.

Matthiola – Kultur (Übersicht)

Kulturabschnitt/ Kulturmaßnahme	Termin			Temperatur	Spezielle Hinweise
Aussaat	M XI – E III	A – M IV	E VI	15 bis 18 °C	Anzuchtdauer 4 bis 6 Wochen
Temperaturabsenkung zwecks Selektion	14 Tage ab Entfaltung der Keimblätter bis Pikieren			4 bis 5 °C	Pflanzen mit hellgrünen Keimblättern blühen gefüllt
Pflanzung	Ab E XII – M IV		A VIII	15 bis 18 °C 10 bis 15 °C	Gewächshaus Nach etwa 3 Wochen (Kühlung)
		M V – A VI			Freiland
Blüte	M IV – M VI	VII – VIII	E IX – A X		
Kulturdauer: Pflanzung-Blüte	Je nach Jahreszeit: 2 bis 4 Monate				
Ertrag					Eintriebige Kultur, ein Blütenstiel/ Pflanze. Freilandkultur eventuell gestutzt, 2 bis 3 Stiele/Pflanze
Markt					Für gefülltblühende Triebe gut

Häufige Kulturfehler

Fehlerquelle	Kulturfehler	Folgen
Anzucht	Selektion gefülltblühender Pflanzen unterbleibt	Hoher Anteil, bis zu 50 %, ungefüllt blühender Pflanzen
Temperatur	Fehlende Kühlung/Mangelhafte Kühlung	Kein Blütenansatz/Knospenfall
	Hohe Kulturtemperatur um und über 20 °C	Schlappe Stiele, Qualitätsverlust
Feuchtigkeit	Hohe Boden- und Luftfeuchtigkeit	Hohe Anfälligkeit der Pflanzen gegen Pilzkrankheiten
Stutzen	Pflanzen werden gestutzt	Zwar zahlenmäßig höhere, qualitativ aber schlechtere Erträge
Ernte	Ernte in knospigem Zustand	Schlechtes oder fehlendes Aufblühen in der Vase

Pflanzenschutz

Krankheit, Erreger, Schädling	Schadbild	Bekämpfung	Bemerkungen
Bakteriose der Blätter, Stengel und Schoten *Pseudomonas*- und *Xanthomonas*-Arten	Blattadern verfärbt, Vergilbungs- und Welkeerscheinungen; Fleckenbildung, Abknicken ganzer Pflanzen	Anzuchterde entseuchen	Wechsel der Anbauflächen

Schwarzbeinigkeit *Pythium debaryanum* Hesse, *Fusarium* spec., *Rhizoctonia solani* Kühn und andere	Keimlinge fallen durch Fäulnis am Stengelgrund um; ältere Pflanzen zeigen Fußkrankheiten	Zineb, Captan, Fenaminosulf (Bayer 5072)	
Phoma-Stengelfäule *Phoma lingam* (Tode) Desm.	Faulstellen am Stengelgrund, seltener an oberen Stengelteilen; Fruchtkörperchen erkennbar; Absterben der Pflanzen bei starkem Befall	Anzuchterde entseuchen; Saatgut-Heißwasserbeizung: 10 Minuten 54 bis 55 °C	
Falscher Mehltau *Peronospora matthiolae* Gäum.	Blattoberseite blaßgelb-fleckig, unterseits flaumig-weißlicher Pilzbelag. Verkrüppelung bei starkem Befall	Zineb, Mancoceb (Dithane Ultra), Prothiocarp (Previcur)	
Grauschimmel *Botrytis cinerea* Pers.	Blütenstände zeigen grauen Schimmelrasen; Jungpflanzen faulen ab	Dichlofluanid (Euparen) Thiabendazol (Tecto-Räuchertabletten), Ronilan, Rovral	Heller, luftiger, nicht zu feuchter Stand
Erdflöhe *Phyllotreta*-Arten	Lochfraß	Parathion, Omethoat (Folimat)	
Blattwanzen	Verkrüppelungen	Viele Insektizide sind wirksam	
Virosen *Matthiola* virus 1, Schwarzringfleckigkeit des Kohls	Buntstreifigkeit, Mosaikscheckung, Kräuselung und Verdrehungen der Blätter	Hygienemaßnahmen, Bekämpfung der Vektoren	

Muscari

Muscari Mill. – n – *Liliaceae*, Traubenhyazinthe

Name: moschos (gr.) = Moschus oder: muskarini = arabischer Pflanzenname

Heimat: Etwa 55 Arten sind vornehmlich vom Mittelmeerraum bis zum Kaukasus verbreitet.

Bedeutung für den Schnittblumenanbau

Art	Heimat	Blütezeit
M. armeniacum Bak.	Mazedonien, Rumänien, Kleinasien, Kaukasus	IV
M. botryoides (L.) Mill. emend. DC	Mittel- und Südeuropa bis Kleinasien und Transkaukasien	III – IV

Traubenhyazinthen sind als frühblühende Kleinschnittblumen durchaus beliebt. Sie lassen sich willig treiben.

Erzeugung treibfähiger Zwiebeln

Anbau

Muscari werden durch Aussaat und Brutzwiebeln vermehrt. Die Aussaat erfolgt nach der Samenreife im Juli. Nach einmaligem Pikieren wird im Frühjahr ausgepflanzt. Im dritten Jahr sind die Zwiebeln treibfähig.

Vorbehandlung der Zwiebeln

Muscari-Zwiebeln erhalten bereits beim Lieferanten eine Temperaturbehandlung zur Förderung der Treibfähigkeit und Frühzeitigkeit, so daß die fertig präparierten Zwiebeln geliefert werden.

Diese Temperaturbehandlung beginnt mit 34 °C, wenn eine frühe Blüte Ende November/Ende Dezember erwartet wird, eine spätere Blüte erfordert um etwa 20 °C. Die Temperaturen werden in vorgeschriebenen Etappen gesenkt, bis schließlich eine Kühlung bei 9 beziehungsweise 5 °C bis zu einem festgesetzten Termin – meist bis zur Pflanzung – angeschlossen wird. Der Versand erfolgt termingerecht zur Pflanzung. Ergeben sich dennoch Wartezeiten zwischen Ankunft der Zwiebeln und Pflanzung, ist eine kurze Zwischenlagerung bei 9 °C möglich.

Treiberei

Gefäßkultur

Für frühe Treiberei kommen gekühlte Zwiebeln von *M. armeniacum* von 8 bis 9 cm Umfang in Frage; sie liefern je ein bis zwei Blütenstiele. Für späteren Anbau mit Blüte ab Januar ist keine Kühlung mehr erforderlich. Dann werden größere Zwiebeln ab 10 cm verwendet, die je drei bis fünf Blütenstiele bringen.

Man pflanzt ziemlich dicht in Kisten, die in den Einschlag kommen. Dort werden sie nur bis zur Kistenoberkante eingesenkt und mit etwas Sand und einer Strohschicht abgedeckt. Bei tieferem Eingraben werden die bald austreibenden Pflanzen viel zu lang und bringen später minderwertige Blumen. Die Einschlagtemperatur muß – besonders bei gekühlten Zwiebeln – zwischen 8 und 12 °C liegen; Abweichungen davon bringen Blüteverspätungen. Sicherer ist die Kühlung im Bewurzelungsraum (vergleiche Seite 512).

Abb. 163. Muscari botryoides, eine ertragreiche Kleinschnittblume.

Sobald die Hauptblütentraube aus der Zwiebel ausgetrieben ist, werden die Kisten im Hause aufgestellt und sofort hell bei 16 bis 17 °C und hoher Luftfeuchtigkeit getrieben. Die Treiberei dauert etwa 14 Tage.

Beetkultur

Zum Auspflanzen auf Grundbeete eignen sich beide Arten. *M. armeniacum* muß präpariert und anschließend bei 9 °C gekühlt werden, während *M. botryoides* keiner besonderen Vorbehandlung bedarf und bei 20 °C gelagert werden kann. Die Pflanzung erfolgt bei *M. armeniacum* in der ersten Oktoberhälfte, bei *M. botryoides* schon Anfang September mit 300 bis 375 Zwiebeln/m^2.

Der Anbau im Rollhaus oder einfachen Block, von dem die Fenster abgenommen werden können, ist gut möglich. Bis Dezember bleiben die Pflanzen unter Freilandbedingungen und werden erst dann mit Glas (Folie) bedeckt oder überrollt. Bis Mitte Januar stehen sie frostfrei, erst dann folgen höhere Temperaturen von 15 °C. Die ersten Blüten sind je nach Heizungsbedingungen Anfang bis Mitte Februar zu erwarten.

Eine einfache Verfrühung um einige Tage bis etwa zwei Wochen ist durch Überbauen mit Folientunneln oder Frühbeetfenstern (Wanderkasten) ohne Heizung möglich.

Literatur

Hoogeterp, P.: De huisbroei van Blauwe druifjes. Praktijkmeded. LBO Lisse, 22, 1967.

Muscari-Kultur (Übersicht)

Kulturabschnitt/ Kulturmaßnahme	Termin					Temperatur	Spezielle Hinweise
Pflanzung	A X	M X	M XI			8 bis 12 °C	Kisten, Einschlag
				A – M IX	A X		Beetkultur; 300 bis 375 Stück/ m^2 bis XII kalt, dann überbau- en
Treiberei	M XI	M – E XII	M II	Ab I	Ab I	15 bis 17 °C	
Blüte	E XI/XII	I/II	III	A II	II/III		
Kulturdauer:							
Pflanzung-Blüte	Etwa 10 Wochen			Etwa 14 Wochen			
Treiberei	Etwa 14 Tage			Etwa 3 bis 4 Wochen			
Markt							Beliebte Kleinschnittblume

Häufige Kulturfehler

Fehlerquelle	Kulturfehler	Folgen
Temperatur	Zu hohe Treibtemperatur	Blütenvertrocknung, Qualitätsmängel
Feuchtigkeit	Zu hohe Luftfeuchtigkeit, besonders im Folienhaus	Pilzbefall, Ausfälle

Pflanzenschutz

Krankheit, Erreger, Schädling	Schadbild	Bekämpfung	Bemerkungen
Wurzel- und Zwiebelfäulen *Rhizoctonia*- und *Penicillium*-Arten	Wurzeln und Zwiebeln faulen, Austrieb gehemmt, unterbleibt oder fault ab	Hygienemaßnahmen; Desinfektion der Substrate, Gefäße und Stellflächen; kranke Knollen entfernen	Bekämpfung beziehungsweise Auslese erfolgt beim Erzeuger

Myosotis

Myosotis L. – f – *Boraginaceae,* Vergißmeinnicht
Name: mys, myos (gr.) = Maus, ous, otos (gr.) = Ohr
Heimat: 80 Arten bewohnen das temperierte Eurasien, Gebirge des tropischen Afrikas bis zum Kapland, Neuguinea und Australien.

Bedeutung für den Schnittblumenanbau

Art	Heimat	Blütezeit
M. dissitiflora Bak.*	Schweiz	V – VII
M. sylvatica Ehrh. ex Hoffm.	Europa, Kleinasien, Nordwestafrika	

Vergißmeinnicht liefern von Weihnachten bis gegen Ende April beliebte Kleinschnittblumen, ohne hohe Wärmeansprüche zu stellen.

* Diese Art ist in Zander (1980) nicht erwähnt.

Vermehrung

Die Vermehrung ist durch Aussaat und Stecklinge möglich. Für Weihnachtsblüte muß der erste Satz im März bis Anfang April ausgesät beziehungsweise gesteckt werden. Folgesätze von Ende Mai blühen im Februar, solche vom Juni im März/April.

Abb. 164. Myosotis-Kultur im Block.

Myosotis-Kultur (Übersicht)

Kulturabschnitt/Kulturmaßnahme	Termin	Temperatur	Spezielle Hinweise
Aussaat (Stecklinge)	III – VI	18 °C	Folgesätze
Stand auf Freilandbeeten	E V – E IX		Nur während der frostfreien Zeit
Pflanzung unter Glas	Ab IX	6 bis 10 °C	20 × 25 cm; gut lüften, keine Treibwärme
Blüte	Ab E XII – IV		Folgesätze
Markt			Beliebte Klein- und Massenschnittblume; Absatz örtlich unterschiedlich

Häufige Kulturfehler

Fehlerquelle	Kulturfehler	Folgen
Pflanzung	Zu enge Pflanzung	Licht- und Luftmangel, Fäulnis
Temperatur	Anwendung hoher Temperaturen über 6 bis 10 °C	Schwache Stiele, schlechte Haltbarkeit, fahle Blütenfarbe
Ernährung	Zu starke Düngung, Stickstoffüberschuß	Weiche, mastige Stiele von schlechter Haltbarkeit, Fäulnisgefahr; mangelhafte Blüte

Pflanzenschutz

Krankheit, Erreger, Schädling	Schadbild	Bekämpfung	Bemerkungen
Echter Mehltau *Erysiphe horridula* Lév.	Mehlartiger, weißer, später schmutzig-bräunlicher Belag; Wachstumsstockung, Verkrüppelungen, Absterbeerscheinungen	Schwefelmittel, Dinocap (Karathane), Dichlofluanid (Euparen) und andere	
Grauschimmel *Botrytis cinerea* Pers.	Grauer Schimmelrasen, Fäulnis, Absterben der Pflanzen	Dichlofluanid (Euparen) Thiabendazol (Tecto-Räuchertabletten) und andere	
Blattläuse	Saugschäden, Verkrüppelungen	Parathion und andere	

Der Saatgutbedarf ist mit 2 bis 4 g je 1000 Pflanzen anzusetzen. Man sät dünn in Reihen, um dadurch einen Pikiervorgang einzusparen.

Die Keimung erfolgt bei 18 °C in zwei bis drei Wochen. Die Aussaaten werden gleichmäßig feucht gehalten. Die gut entwickelten Sämlinge erhalten schon bald eine erste Düngung, die entweder mit 40 g/m² trocken gegeben und dann eingewässert oder gleich flüssig mit 0,1 % eines Mehrnährstoffdüngers verabreicht wird.

Wird pikiert, geschieht dies in kleinen Tuffs.

Die Vermehrung durch Stecklinge erfolgt zu den gleichen Terminen unter Glas.

Kultur

Wegen der Frostempfindlichkeit der für die Unterglaskultur in Frage kommenden Sorten können diese nur während der frostfreien Zeit im Freiland stehen. Daraus ergibt sich, daß frühe Sätze vor den ersten Nachtfrösten im Block, spätere für das Frühjahr im Folienhaus oder im Kasten ausgepflanzt werden. Zwischen Mai und Oktober können sie dann auf Freilandbeeten stehen.

Die Temperaturansprüche sind mit 6 bis 10 °C gering. Man sollte, der Lichtintensität der Jahreszeit entsprechend, nicht zu warm kultivieren.

Die Pflanzabstände wählt man mit 20 × 25 cm nicht zu eng, um Schäden durch Stocken zu vermeiden; deshalb müssen auch die Kulturräume gut lüftbar sein. GANSLMEIER (1979) schlägt daher bei Folientunneln die Verwendung gelochter Folie vor. Dennoch wird auch hier an sonnigen Tagen reichlich gelüftet werden müssen, da sonst die Blütenfarben verblassen und schwache Stiele ausgebildet werden.

Vergißmeinnicht werden in vollerblühtem Zustand geschnitten.

Literatur

GANSLMEIER, H.: Erfolgversprechend und schwierig zugleich – Kultur unter Folie. zb **19,** 638–639, 1979.

Narcissus

Narcissus L. – m – *Amaryllidaceae,* Narzisse

Name: narkissos (gr.) = Gattungsname, schon bei Homer, abgeleitet von narkao (gr.) = ich erstarre.

Heimat: Etwa 22 Arten sind in den Südalpen und im Mittelmeergebiet bis Westasien heimisch.

Bedeutung für den Schnittblumenanbau

Art	Heimat	Blütezeit
N. poeticus L. Dichternarzisse	Südeuropa	IV – V
N. pseudonarcissus L. Trompetennarzisse, Osterglocke	Westeuropa, Westschweiz, Italien, Eifel, Hunsrück	III – IV
N. tazetta L. ssp. *tazetta* Tazette	Mittelmeerraum, Vorderasien, Mittelchina, Japan	III – V

Von diesen drei, für die Treiberei bedeutungsvollsten, Arten ist die Trompetennarzisse beziehungsweise Osterglocke die wichtigste. Durch Treiberei, einfache Verfrühungsmethoden und Freilandkultur können Narzissen von Weihnachten an bis ins späte Frühjahr angeboten werden.

Erzeugung treibfähiger Zwiebeln

Anbau
Narzissenzwiebeln bleiben im Gegensatz zu Tulpenzwiebeln nach der Blüte erhalten und bilden Nebenknospen aus, die sich als Nebenzwiebeln absondern und als Vermehrungsmaterial dienen. Diese Vermehrungsart ist nicht sehr ergiebig, wird aber bevorzugt, weil die Nebenzwiebeln in einem oder höchstens zwei Kulturjahren zu Treibzwiebeln guter Qualität heranreifen und sortenrein sind. Die Entwicklungsdauer hängt von der Ausgangsgröße der Nebenzwiebeln ab; die am weitesten außen gebildeten sind im allgemeinen sehr klein und werden als „Scheiben“ oder „Spanen“ bezeichnet. Sie bilden im ersten Jahr nur kleine runde Zwiebeln und wachsen erst im zweiten Jahr zu treibfähigen „Doppelnasen“ heran. Der ganze Entwicklungsprozeß nimmt einige Jahre in Anspruch, bis sich die Nebenzwiebel löst und als Vermehrungsgut verwendet werden kann.

Der Anbau wird in großem Ausmaß feldmäßig durchgeführt (vergleiche Tulipa, Seite 507). Dabei wird die Qualität der Treibzwiebeln bestimmt durch
- Witterungsverlauf während des Anbaues,
- Bodenverhältnisse,
- Kulturführung,
- Zeitpunkt und Durchführung der Ernte (Rodung),
- Lagerung,
- Präparation.

Blütenbildung
Die Bildung der Blütenanlage in der Zwiebel erfolgt schon frühzeitig ab Mai, also unter relativ niedrigen Temperaturen. Wenn gegen Mitte Juli das Laub abstirbt, ist die Anlage für die nächstjährige Blüte in der Zwiebel bereits fertig. Nunmehr schließt sich das Streckungswachstum an, während dessen sich die Blütenanlage langsam vergrößert. Dies wird durch unterschiedlich hohe Lagertemperaturen (Präparation) begünstigt und findet endlich in der Treiberei seinen Abschluß. Ein bedeutender Teil der ganzen Entwicklung läuft somit auf dem Lager, also außerhalb der Erde, sowie während des mehrwöchigen Aufenthaltes im Einschlag beziehungsweise Bewurzelungsraum ab.

Präparation
Unter „Präparation“ versteht man eine gezielte Temperaturbehandlung während der Lagerung, um frühe Treiberei zu ermöglichen. Da Höhe, Staffelung (Folge) und Einwirkungsdauer der Temperaturen für den Erfolg der späteren Treiberei ausschlaggebend sind, spielt zwangsläufig der Rodetermin, ganz besonders für frühe und früheste Treiberei, eine Rolle. Hierfür ist die günstigste Rodezeit Ende Juni bis Anfang Juli. Früheres Roden ist nicht angebracht, da der Zwiebelertrag dann wesentlich geringer ausfällt. Auch die Frühzeitigkeit in der Treiberei läßt sich nur begrenzt durch ein vorgezogenes Rodedatum beeinflussen. Der Zeitgewinn ist im allgemeinen geringer als die Zahl der Tage zwischen den beiden Ro-

dedaten. Das bedeutet, daß 14 Tage früher Roden nicht identisch ist mit einer um 14 Tage früheren Blüte. Nach Hoogeterp (1979) blühten am 30. 6. gerodete Narzissen, je nach Sorte, zwischen 7 und 13 Tage früher in der Treiberei als am 14. 7. geerntete.

Folgende Temperaturbehandlung während der Lagerung hat sich als richtig herausgestellt: 1 Woche 34 °C + 2 Wochen 17 °C + 9 Wochen 9 °C. Entgegen der gelegentlichen Empfehlung, die 34 °C-Behandlung während zwei Wochen durchzuführen, hat sich eine Woche mit 34 °C sowohl für sehr frühe als auch für frühe Blüte als völlig ausreichend erwiesen. Die längere Zeitdauer bringt keine Vorteile, eher eine leicht verzögerte Blüte.

Für die abschließende Kühlung bei 9 °C auf dem Lager hat sich eine Dauer von 9 Wochen als am günstigsten herausgestellt. In Vergleichen mit 6, 8 und 10 Wochen war hier die beste Verfrühung zu erzielen.

Ausgehend von einem Gesamtkühlbedarf der Narzissen von im Durchschnitt 15 Wochen bleiben dann noch etwa 6 Wochen für die Kühlung nach der Pflanzung. Diese erfolgt entweder im Einschlag oder im Bewurzelungsraum bei ebenfalls 9 °C.

Der Einkauf von Treibzwiebeln

Zwiebelkauf ist Vertrauenssache, denn er erfolgt, wenn die Ware noch im Boden ist, nach Katalog. Der seriöse Lieferant wird daher seinen Kunden auf Besonderheiten des Anbaujahres aufmerksam machen und ihn hinsichtlich der Kulturdurchführung beraten.

Zwiebeln, die auf leichteren Böden gezogen werden, schließen früher ab und eignen sich daher besser zur Frühtreiberei als solche von schwereren Böden. Extreme Witterungsverhältnisse im Anbaujahr können die Qualität und den Treibtermin beeinflussen. Es kann daher gelegentlich ratsam sein, eine bestimmte Partie etwas später als gewohnt zu treiben. Schließlich ist auf gefährliche Krankheiten und Schädlinge, teilweise Quarantänefälle, hinzuweisen; sie sind häufig nur von erfahrenen Fachleuten sicher zu erkennen. Das oft empfohlene probeweise Durchschneiden einiger Zwiebeln ist meist sinnlos, weil nicht jeder Gärtner das sich zeigende Bild richtig erkennen kann.

Man kauft für die Treiberei nur große Zwiebeln, sogenannte „Doppelnasen“; sie bringen zwei, gelegentlich drei Blüten, während die kleineren runden Zwiebeln nur eine Blüte hervorbringen.

Pflanzung

Die bei 9 °C gekühlten Zwiebeln für frühe und die ungekühlten für späte Treiberei werden in Kisten (gegebenenfalls Töpfe) ohne Abstand gepflanzt. Danach müssen sie einige Wochen bis zur Treiberei im Einschlag oder Bewurzelungsraum verbringen, um die noch fehlende Kühlung zu erhalten. Gleichermaßen sind auch ungekühlte Narzissen für die späte Treiberei zu behandeln: sie haben ebenfalls einen Kühlbedarf in gleichem Ausmaß. Abweichungen ergeben sich bei Partien, die nicht getrieben, sondern nur verfrüht werden sollen. Sie werden beetmäßig angebaut und an Ort und Stelle gepflanzt.

Früheste und frühe Sätze werden ab Anfang Oktober, später noch bis Ende November und Anfang Dezember gepflanzt. Tiefe Kisten werden mit Substrat gefüllt, das zwar wasserhaltend sein soll, aber nicht vernässen darf. Art und Zusammensetzung spielen keine Rolle, da es den Pflanzen lediglich als Halt dient. Die Zwiebeln werden nur so tief gepflanzt, daß ihre Spitzen oben herausragen.

Einschlag und Bewurzelungsraum

Um die Wasserversorgung der Pflanzen in der Treiberei sicherzustellen, muß für die Ausbildung eines guten, leistungsfähigen Wurzelsystems gesorgt werden. Dies geschieht während der restlichen Kühlzeit im Einschlag oder Bewurzelungsraum bei Temperaturen um 9 °C.

Die Durchführung der Kühlung im Einschlag beziehungsweise Bewurzelungsraum erfolgt in der bei Tulpen (siehe Seite 512) beschriebenen Weise.

Treiberei

Sobald der 15wöchige Kühlbedarf gedeckt ist, können die Kisten zur Treiberei aufgestellt werden. Im allgemeinen ist dann der Austrieb aus der Hauptzwiebel sichtbar. Dabei ist zu beachten, daß die Knospe der Nebenzwiebel oft etwas früher zu sehen ist. Dies ist aber nicht das Hauptkriterium für den richtigen Aufstelltermin, sondern die Erfüllung des Kühlbedarfes.

Die Treiberei bringt bei niedrigen Treibtemperaturen die qualitativ besten Ergebnisse, dauert aber verhältnismäßig lange. Sie sollte besser bei 15 bis 16 °C durchgeführt werden. Eine Erhöhung bis auf 18 °C (nicht bei Narzissen mit roter oder orangefarbiger Schale, Anonym 1980) kann eine weitere Verfrühung der Blüte um einige Tage bis eine Woche mit sich bringen, was bei normaler Treibdauer von etwa 3½ Wochen vor Weihnachten günstig sein kann. Voraussetzung dafür ist, daß die Zwiebeln gleichmäßig ausgetrieben haben und früh treibbar sind.

Zur Ausfärbung der Blüte und Abhärtung werden die Temperaturen im letzten Abschnitt der Treiberei auf 13 bis 15 °C eingestellt.

Die Wasserversorgung während der Treibzeit ist wichtig, weil die Pflanzen große Feuchtigkeitsmengen benötigen.

Heller Standort ist zwar notwendig, aber dennoch muß Sonnenbrandschaden durch leichtes Schattieren im Bedarfsfalle vermieden werden.

Während der Treiberei ist Düngung unnötig.

Verfrühung ungekühlter Narzissen

Um einen relativ späten Schnitt zu erzielen, der aber der Freilandblüte gegenüber noch einen sicheren Zeitvorsprung hat, werden Narzissen spätestens Anfang Oktober im Freiland gepflanzt, damit sie noch die erforderliche Kühlung von 15 bis 16 Wochen bekommen, dann überrollt oder überbaut. Ohne Heizung – oder nur von einer leichten Luftheizung unterstützt – werden sie durch Sonnenwärme zum früheren Austrieb und damit früherer Blüte als im Freien gebracht.

Eine derartige Kultur kann im Kalthaus, Rollhaus oder unter einer entsprechenden Überbauung erfolgen. Nach Ganslmeier (1979) kommt auch eine Bedekkung mit Flachfolie in Frage. Eine solche Überbauung empfiehlt er, sobald die Triebspitzen zu wachsen beginnen, was schon gegen Ende Februar der Fall sein kann, für Ostern aber eventuell etwas später erfolgen sollte. Erst wenn die Blüten Farbe zeigen, wird diese Überbauung entfernt. Ganslmeier (1979) weist darauf hin, daß sowohl für Folientunnel als auch für Flachfolieneinsatz gelochtes Material verwendet werden soll; dies dürfte im Falle der Flachfolie, ähnliche Nachteile mit sich bringen, wie sie bei Gladiolen (s. Seite 302) aufgezeigt worden sind.

Verfrühte Bestände sollten nach der Ernte gut gewässert und gedüngt und im Folgejahr ohne Verfrühung normal durchkultiviert werden.

Abb. 165. Narzissen auf Grundbeeten. Das richtige Erntestadium ist bereits überschritten.

Ernte

Narzissen werden häufig unreif geerntet. Sie sind erst schnittreif, wenn die Knospe deutlich Farbe zeigt und das häutige Schutzblättchen bereits aufgeplatzt ist. Dann blühen sie in der Vase gut auf.

Narzissen sondern aus den Schnittflächen Schleim ab, der sich für die meisten anderen Blumen in derselben Vase als mehr oder weniger giftig erweist. Daher sind Narzissen prinzipiell in separaten Gefäßen aufzubewahren. Selbst eingetrockneter Schleim ist nach erneuter Benetzung mit Wasser noch giftig; daher sind solche Gefäße nach Gebrauch sorgfältig zu säubern. Selbst die Zugabe von Blumenfrischhaltemitteln ist nicht immer ausreichend, um die nachteilige Wirkung des Schleimes aufzuheben. Folgen für betroffene Blumen sind unter anderem: Schlappwerden der Stiele, Knospenfall, Blattfall, Nichtaufblühen von Knospen (Barendse 1974, Terfrüchte 1979).

Literatur

Anonym: Narcis-Bloei begin december. Vakbl. v. d. Bloemist. **34,** (23), 27, 1979a.

–: Bolbloemen-Tijdstip van oogsten. Vakbl. v. d. Bloemist. **34,** (48), 22, 1976 b.

–: Narcis-Vereiste koudeperiode bij ongekoelde narcissen. Vakbl. v. d. Bloemist. **35,** (1), 21, 1980.

Barendse, L. V. J.: Schade door narcisseslijm bij verschillende bloemsoorten. Vakbl. v. d. Bloemist. **29,** (21), 12–13, 1974.

Ganslmeier, H.: Erfolgversprechend und schwierig zugleich – Kultur unter Folien. zb **19,** 638–639, 1979.

Hertoch, A. de: Principles for forcing tulips, hyacinths, daffodils, easter lilies and dutch irises. Scientia horticulturae **2,** 313–355, 1974.

Hoogeterp, P.: Broei van narcissen. Vakbl. v. d. Bloemist. **32,** (27), 18–19, 1977.

–: Juiste bolbehandeling voor vroege bloei narcis. Vakbl. v. d. Bloemist. **34,** (28), 30–31, 1979.

–: Tulp, narcis, hyacint: wat is de juiste temperatuurbehandeling? Vakbl. v. d. Bloemist. **35,** (20), 42–43, 1980.

Terfrücte: Bunte Sträuße – und die Verträglichkeit mit Narzissen. zb **19,** 290–291, 1979.

Narcissus-Kultur (Übersicht)

Kulturabschnitt/ Kulturmaßnahme	Termin		Temperatur	Spezielle Hinweise
Pflanzung der Zwiebeln	A X – A XII			Gekühlte Zwiebeln, Doppelnasen, in Kisten; ohne Abstand
		X		Kalthaus, Freilandbeete: ungekühlte Zwiebeln
Einschlag bzw. Bewurzelungsraum	Ab Pflanzung	entfällt	9 °C	Mindestens 6 Wochen Naßkühlung (Gesamtkühlbedarf 15 Wochen)
Treibereibeginn	Ab M IX – M III		15 – 16 (18) °C	Rot- und orangeschalige Sorten maximal bei 15 – 16 °C.
Überbauen, Überrollen, Beginn der Verfrühung		Ab E II/III		
Blüte	Ab M II	Ab IV		
Kulturdauer: Pflanzung – Blüte Treibbeginn – Blüte	 Etwa 4 Monate 3 bis 3 1/2 Wochen	 Etwa 6 Monate		
Markt				Im Frühjahr gute Absatzverhältnisse; örtliche Unterschiede. Importe!

Häufige Kulturfehler

Fehlerquelle	Kulturfehler	Folgen
Temperatur	Zu hohe Temperatur für gekühlte Zwiebeln nach Eintreffen im Betrieb bzw. im Einschlag oder Bewurzelungsraum	Blütenentwicklung wird behindert, Treiberei verzögert, schlechte Treibergebnisse
	Kühldauer ist zu kurz	Verzögerte Treiberei, schlechte Treibergebnisse
	Zu hohe Treibtemperatur, besonders bei rot- und orangeschaligen Sorten	Qualitätsmängel bei der Treibware

Pflanzenschutz

Krankheit, Erreger, Schädling	Schadbild	Bekämpfung	Bemerkungen
Fusarium-Zwiebelgrundfäule *Fusarium oxysporum* Schlecht. sensu Snyd. et Hans.	Zwiebelboden und Wurzelansatz faul, Absterben der Wurzeln	Substrate, Kisten, Töpfe, Stellflächen entseuchen. Zwiebeln mit morschem Boden wegwerfen; Captafol, Captan	
Weitere Pilzkrankheiten	Die verschiedenen Pilzkrankheiten müssen während der Anzucht erkannt und bekämpft werden. In der Treiberei kann in den seltensten Fällen eingegriffen werden	Verdächtige (weiche) Zwiebeln bei der Pflanzung auslesen und entfernen Fungizide	
Virosen 12 verschiedene Virosen kommen vor	Strichelungen, Fleckungen, Scheckungen usw.	Vektoren bekämpfen, Hygienemaßnahmen für nachfolgende Treibsätze	Bekämpfung beziehungsweise Auslese erfolgt beim Erzeuger auf dem Feld

Nerine

Nerine Herb. – f – *Amaryllidaceae,* Nerine
Name: Vermutlich nach Nereine, einer mythologischen Gestalt
Heimat: In Südafrika kommen 35 Arten vor.

Bedeutung für den Schnittblumenanbau

Art	Heimat	Blütezeit
N. bowdenii W. Watts.	Kapland	IX
N. flexuosa (Jacq.) Herb.	Kapland	IX
N. × *mansellii (N. flexuosa* × *N. fothergillii)* (von Zander 1980 unerwähnt; vergleiche Steffen 1976)		XII
N. sarniensis (L.) Herb. Guernseylilie	Kapland	IX – X
N. undulata (L.) Herb.	Kapland	IX – X

Von den genannten Arten ist *N. bowdenii* die bedeutendste. Sie ist ganzjährig zu kultivieren und abzusetzen. Die bekannte Sorte ‚Pink Triumph‘ steht gegenüber der Art zurück.

Von *N. sarniensis* ist ‘Corusca Major’ (nach Zander 1980 *N. sarniensis* var. *corusca)* am meisten kultiviert. Sie wird jedoch nicht ganzjährig angebaut.

N. flexuosa wird mit der weißen Sorte ‘Alba’ in neuerer Zeit stärker herausge-

Abb. 166. Die verschiedenen Nerine-Arten. Links: N. flexuosa alba. Mitte: N. bowdenii. Rechts: N. sarniensis 'Corusca Major‘.

stellt und steht neben *N.* × *mansellii*, in Katalogen als 'Mansellii' geführt, sowie neben der ebenfalls anzutreffenden *N. undulata*.

Obwohl im Anbau relativ weit verbreitet, ist die *Nerine*-Kultur mit einer Reihe von Unsicherheiten belastet (Kester-Arkesteijn 1979). So ist zum Beispiel kaum mit einem hundertprozentigen Blütenertrag, bezogen auf die Zahl der ausgepflanzten Zwiebeln, zu rechnen. Unsicherheiten ergeben sich außerdem dadurch, daß die einzelnen im Anbau befindlichen Arten unterschiedliches Verhalten zeigen und dementsprechend unterschiedlich behandelt werden müssen. Die wichtigsten kultivierten Nerinen unterscheiden sich in einigen wesentlichen Punkten (Fortanier, van Brenk und Wellensiek 1979; Steffen 1976):

N. bowdenii bringt zunächst Blätter und beginnt erst am Ende der Vegetationsperiode zu blühen, wenn die Blätter schon wieder absterben. Dies ist von September bis Dezember der Fall. Die Ruhezeit von Dezember bis März schließt sich an. Eine Temperaturbehandlung ist erforderlich. Um den Anbau über einen größeren Zeitraum hin zu ermöglichen, kann die Pflanzzeit variiert werden, indem die Zwiebeln erst spät im August in den Boden kommen. Dies bringt jedoch eine Reihe von Risiken mit sich. Immerhin bieten Spezialbetriebe Zwiebeln für jeden gewünschten Pflanztermin an.

N. sarniensis wird im August gepflanzt, blüht schon im September/Oktober und bildet gleichzeitig oder anschließend Blätter. Sie muß bis etwa Mai durchkultiviert werden, damit sich die Zwiebeln wieder erneuern können. Schon im April stirbt das Laub ab und es folgt eine Ruhezeit bis etwa August. Daraus ergibt sich, daß eine Kultur im Freien ausscheidet.

Bei *N. flexuosa* 'Alba' erscheinen Blüten und Blätter gemeinsam.

Abb. 167. Nerine sarniensis 'Corusca Major'.

Während *N. bowdenii* und *N. sarniensis* ihre Blütenknospen schon mehr als ein Jahr vor der Blüte anlegen, erfolgt dies bei *N. flexuosa 'Alba'* innerhalb einer wesentlich kürzeren Zeit. Die Zahl der Blätter zwischen zwei Blütenknospenanlagen schwankt verhältnismäßig wenig; zwischen 6 und 8 bei *N. bowdenii* und *N. sarniensis*, bei *N. flexuosa* 'Alba' dagegen zwischen 4 und 15! Eine Ruhezeit im eigentlichen Sinne macht *N. flexuosa* 'Alba' nicht durch; wohl aber durchlaufen die Blütenknospen eine Ruheperiode ohne jegliches Längenwachstum, während sich die anderen Organe gleichzeitig voll aktiv zeigen.

N. × *mansellii*, eine schöne, hellrosa blühende Hybride, blüht im Dezember, anschließend entfalten sich die Blätter. Auch sie kann nur unter Glas angebaut werden.

Die für den Anbau empfehlenswerten Zwiebelgrößen schwanken ebenfalls mit den verschiedenen Arten. Wirkliche Erfolge mit einer fast hundertprozentigen Blüte sind nur zu erwarten, wenn große Zwiebeln gepflanzt werden, bei *N. bowdenii* über 12, *N. undulata* über 10 und *N. sarniensis* 14 bis 16 cm.

Vermehrung

Vermehrung und Anzucht werden in Spezialbetrieben vorgenommen. Der Schnittblumenkultivateur kauft blühfähige Zwiebeln. Soweit er selbst vermehrt, kann er dies durch Abnehmen der Tochterzwiebeln beim Roden der Pflanzen tun. Je nach Art sind spezifische Lagerbedingungen zu beachten. Für *N. bowdenii* gilt zum Beispiel, daß sie mindestens 3 Monate lang bei sehr niedrigen Temperaturen von 2 °C gelagert werden muß. Dabei sollte die relative Luftfeuchtigkeit 85 bis 90 % betragen.

Pflanzung

Auf gut gelockerte Grundbeete oder in Töpfe werden Nerinen so gepflanzt, daß etwa ein Drittel der Zwiebeln über die Erde herausschaut. Die starken, bei der Lagerung möglicherweise eingetrockneten Wurzeln, können vor der Pflanzung eingekürzt werden.

Weiterkultur

Die Bodentemperatur muß zunächst möglichst niedrig gehalten werden, anderenfalls ist mit dem Absterben der Blütenanlage zu rechnen. Daher wird häufig nach der Pflanzung mit Stroh oder Torf gemulcht. Für das Anwachsen ist anfangs eine Bodenwärme von 8 bis 10 °C günstig. Eine Temperaturerhöhung auf 15 bis 16 °C erfolgt, sobald die Pflanzung zügiges Wachstum zeigt. Im Unterglasanbau muß bei weiterem Temperaturanstieg auf Werte um und über 22 °C gelüftet und auch schattiert werden.

Für *N. sarniensis* gelten andere Maßstäbe. Nach Rünger (1976) können die Zwiebeln während der Ruheperiode in der Erde bleiben oder herausgenommen werden. Nach der Lagerung bei 20 bis 23 °C entwickeln sich die Blüten gut. Höhere Temperaturen während der Ruhe können zu Verzögerungen des Blütenschaftaustriebes führen. Auch niedrige Temperaturen um 9 °C haben ähnliche Folgen.

Wie bereits erwähnt, kann nicht prinzipiell mit einem hundertprozentigen Schnittertrag gerechnet werden. Dieser ist vielmehr von der Zwiebelgröße und dem Pflanzdatum abhängig, wie es aus dem folgenden Schema hervorgeht:

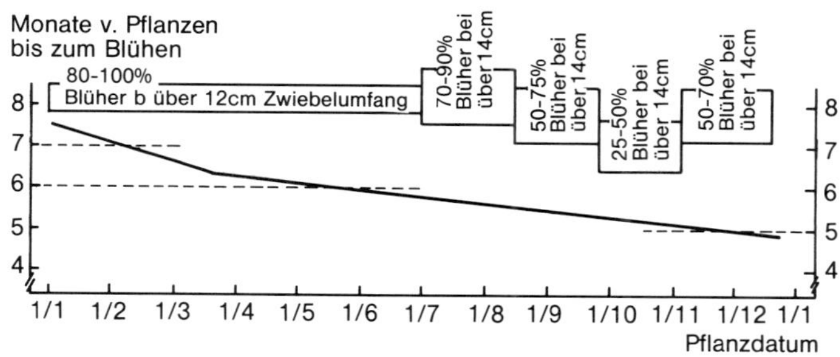

Nerine bowdenii. Kultur nach Lagerung der Zwiebeln bei 2 °C während des ganzen Jahres (Rünger 1976).

Die wesentlichen Anbaudaten der in Kultur befindlichen Nerinearten und -sorten sind in der folgenden Tabelle zusammengefaßt (Seite 432).

Während der etwa 3- bis 3½monatigen Wachstumszeit sind Nerinen regelmäßig und gleichmäßig zu bewässern. Eine entsprechende Einrichtung ist daher bei der Pflanzung zu installieren. Mit dem Erscheinen der ersten Blütenstiele wird die Bewässerung etwas eingeschränkt.

Freilandkulturen verlangen bei größerer Wärme beziehungsweise Hitze ein Schattengerüst, um die Temperaturen zu senken. Dabei darf das Schattenmaterial nicht zu nahe am Boden angebracht werden; ein Abstand von mindestens 60 cm ist zur Aufrechterhaltung einer guten Luftzirkulation nötig. Auch bei Freilandkulturen ist die Temperaturabsenkung durch Bewässern möglich und nötig, doch muß dann der Boden gute Wasserabzugsbedingungen bieten beziehungsweise gut dräniert sein und eine gute, stabile Struktur besitzen (Anonym 1979 a).

Ernte

Nerinen werden geschnitten, wenn die reifsten Knospen ausgewachsen sind, ohne bereits geöffnet sein zu müssen. Dies ist vor allem dort zu beachten, wo die Blumen verpackt und versandt werden. Bei kurzem Transport kann geerntet werden, wenn sich 3 Blüten im Blütenstand geöffnet haben.

Kurze Blütenstiele können gezogen, während lange Stiele meist kurz über der Zwiebel geschnitten werden.

Literatur

Anonym: Nerine bowdenii-Kastemperatur in zomer/Buitenteelt. Vakbl. v. d. Bloemist. **34,** (18), 23–24, 1979a.
–: Nerine bowdenii-Bloeivervroeging. Vakbl. v. d. Bloemist. **34,** (31), 20, 1979b.
–: Nerine-Snijstadium/Temperatuur. Vakbl. v. d. Bloemist. **34,** (36), 30, 1979c.
–: Nerine bowdenii-Bewaring van de bollen. Vakbl. v. d. Bloemist. **34,** (41), 27, 1979d.
–: Nerine bowdenii-Opknappen materiaal. Vakbl. v. d. Bloemist. **34,** (49), 25, 1979e.
–: Nerine bowdenii-Uitplanten. Vakbl. v. d. Bloemist. **35,** (1), 21, 1980a.
–: Demonstratie machinaal Nerinebollen planten. Vakbl. v. d. Bloemist. **35,** (19), 23, 1980b.

Nerine-Arten und -Sorten: Die wichtigsten Kulturdaten (nach WÜLFINGHOFF 1980)

Art/Sorte/Blütenfarbe	Pflanztermin	Blützezeit	Stück/m²	Erforderliche Netze (Anzahl)	Kulturdauer in Monaten	Anteil Blüher in Prozent
N. bowdenii rosa	I	VII – IX	100 bis 120	Nicht erforderlich	6 bis 8	Etwa 90 %
	II	VIII – X			6 bis 8	
	III	VIII – X			5 bis 7	
	IV	IX – XI			5 bis 7	
	V	X – XI			5 bis 6	
	VI	XI – XII			5 bis 6	
	VII	XII – I			5 bis 6	
	VIII	I – III			5 bis 7	
	IX	III – V			6 bis 8	
	X	V – VI			7 bis 8	
	XI	VI – VII			7 bis 8	
	XII	VI – VIII			6 bis 8	
N. bowdenii 'Pink Triumph' rosa	I	X – XI	80 bis 100	Nicht erforderlich	9 bis 10	Etwa 90 %
	II	XI			10	
	III	XI – XII			9 bis 10	
N. × *mansellii* rosa (N. flexuosa × N. fothergillii)	VII – VIII	X – XI	60 bis 70	1	4 bis 5	Etwa 100 %
N. sarniensis orange-rot 'Corusca Major'	VII – VIII	IX – X	80	1	2 bis 3	Etwa 80 %

Häufige Kulturfehler

Fehlerquelle	Kulturfehler	Folgen
Ausgangsmaterial	Verwendung zu kleiner Zwiebelgrößen	Deutlich verringerte Erträge
	Verwendung kranker Zwiebeln (*Fusarium*, Virus)	Qualitätsmängel, Ausfälle
Temperatur	Falsche Lagertemperaturen, Nichtbeachtung der artspezifischen (sehr unterschiedlichen!) Ansprüche an die Lagertemperatur	Verminderte oder unterbleibende Blüte, Blütenschäden (Qualitätsmängel)
	Falsche Temperaturführung während der Kultur	Geringere Blütenerträge, Qualitätsmängel, Verzögerungen
Wasser	Nässe, Pflanzung auf schlecht dränierte Beete mit Staunässe	Ausfälle

Pflanzenschutz

Krankheit, Erreger, Schädling	Schadbild	Bekämpfung	Bemerkungen
Fusarium-Zwiebelfäule *Fusarium moniliforme* var. *subglutinans* Wr. et Rg.	Vom Zwiebelboden auf die Schuppen übergehende Fäule, Absterben der betroffenen Pflanzen	Bodendämpfung; Befallene Zwiebeln beziehungsweise Pflanzen entfernen	
Wolläuse	Saugschäden, Verunreinigung der Pflanzen	Propoxur (Unden flüssig), Dichlorvos (Dedevap)	

BRENK, G. VAN: Zijn er mogelijkheden voor teelt Nerine flexuosa alba? Vakbl. v. d. Bloemist. **34,** (33), 36–37; (34), 34–35, 1979.
–: Historie, groei en bloei Nerine bowdenii. Vakbl. v. d. Bloemist. **35,** (21), 38–39, 41; (22), 58–59, 61, 1980.
FORTANIER, E. J., BRENK, G. VAN, und WELLENSIEK, S. J.: Growth and flowering of Nerine flexuosa alba. Scientia horticulturae **11,** 281–290, 1979.
KESTER-ARKESTEIJN, M.: Nerineteelt kampt met (oplosbare) problemen. Vakbl. v. d. Bloemist. **35,** (12), 46–47, 1980.
SENNELS, N. J., und STEFFEN, L.: Kultur der Freesien und Nerinen. Verlag Paul Parey, Berlin und Hamburg 1973, 3. Aufl.
STEFFEN, L.: Zur Kultur von Nerine. Deutscher Gartenbau **30,** 390–391, 1976.
WÜLFINGHOFF FREESIA B. V.: Jahreskalender 1980.

Nerine-Kultur (Übersicht)
Siehe Tabelle Seite 432.

Ornithogalum

Ornithogalum L. – n – *Liliaceae,* Milchstern, Vogelmilch
Name: ornis (gr.) = Vogel, Vogelwelt, gala (gr.) = Milch
Heimat: In Asien, Afrika und Europa sind etwa 100 Arten verbreitet.

Bedeutung für den Schnittblumenanbau

Art	Heimat	Blütezeit
O. thyrsoides Jacq. „Chincherinchee“	Kapland	VI – VIII

Diese Art hat für den Schnittblumenanbau zweifellos die größte Bedeutung und wird daher als einzige besprochen. Sie zeichnet sich durch sehr gute Haltbarkeit in der Vase aus, wird aber von Floristen fast ausschließlich in Verbindung mit anderen Blumen oder zumindest Blattwerk verarbeitet, weil die selbst blattlosen Stiele mit dem pyramidenförmigen weißen Blütenstand allein keine ausreichende Wirkung besitzen.

Neben der sehr guten Eignung als Freilandkultur lassen sich die Pflanzen unter Glas verfrühen.

Obwohl es möglich ist, die Zwiebeln nach der Ernte aufzunehmen und zu lagern und dabei Brutzwiebeln zu gewinnen, geht man im allgemeinen aus Hygienegründen jeweils von neuen Importzwiebeln aus.

Pflanzung

Bodenvorbereitung
Ob im Freiland oder Haus kultiviert wird, in beiden Fällen ist der Boden tiefgründig zu lockern und nach Bedarf mit Humus anzureichern. Der Boden muß durchlässig, aber dennoch ausreichend wasserhaltend sein. Humose sandige bis sandige Lehmböden sind gut geeignet. Wegen der Salzempfindlichkeit der Pflanzen ist im Bedarfsfalle gut durchzuspülen.

Pflanztermin
Freilandkultur beginnt mit der Pflanzung ab Mitte März bis Ende April für Blütenerträge ab Juli und im Mai für die Blüte im August. Diese Monate sind zweifellos keine sehr absatzgünstige Jahreszeit, so daß frühere Blütetermine durch Unterglaskultur ab Mitte Februar im heizbaren und ab Anfang bis Mitte März im kalten Haus beziehungsweise Folientunnel angestrebt werden können. Erträge sind dann ab Anfang Juni zu erwarten. Für Spätkultur unter Glas kann noch Ende Mai/Anfang Juni gepflanzt werden.

Pflanzung
Die Zwiebeln werden in die Beetoberfläche eingedrückt, so daß sie im Freiland 4 bis 5, unter Glas 4 cm tief mit Erde bedeckt sind. Die Pflanzabstände richten sich nach den Zwiebelgrößen, deren Wahl wiederum den Ertrag beeinflußt.

Zwiebelzahl/Netto-m^2 in Abhängigkeit von der Zwiebelgröße sowie Anzahl der zu erwartenden Blumenstiele/Zwiebel (VAN VELZEN 1980)

Zwiebelgröße in cm	Anzahl/m^2	Anzahl Blumen je Zwiebel
8 bis 10	80	4
6 bis 8	90	3
5 bis 6	100	2
4 bis 5	110	1,5

Sonniger Standort wird bevorzugt.

Abb. 168. Ornithogalum-Bestand im Freiland mit Bewässerungsmöglichkeit.

Weiterkultur

Sobald die Zwiebeln ausgetrieben haben, kann mit einem ausgeglichenen Mehrnährstoffdünger in einer Menge bis zu 5 kg/100 m^2 gedüngt werden. Dabei ist jedoch die verhältnismäßig starke Salzempfindlichkeit der Kultur zu beachten. Je nach Wachstum und Bodenzustand kann diese Gabe einmal wiederholt werden. Auch eine reine Kalksalpeterdüngung kann angebracht sein.

Die Temperatur wird niedrig gehalten. Im Februar gilt eine Nachttemperatur von 10 °C als angemessen, während sie im März und April bis 15 °C steigen kann. Tagsüber sollten 20 °C möglichst nicht erreicht werden. Bei sehr sonniger, warmer Witterung ist durch Lüften und eventuell Schattieren zu versuchen, die Temperatur unter 25 °C zu halten.

Der Wasserbedarf ist relativ hoch, dennoch muß eine unnötige Benetzung der Pflanzen vermieden werden; sie sollten zumindest bis zum Abend jeweils wieder abgetrocknet sein. Für Gleichmäßigkeit in der Bewässerung sind *Ornithogalum* dankbar.

Zwiebellagerung

Nach der Ernte werden die Zwiebeln meistens gerodet und weggeworfen; im Freiland läßt man sie im Boden und kann sie bei der Entseuchung mit Methylbromid vernichten. Nimmt man sie zwecks Weiterkultur auf, werden sie schnell getrocknet und während der ersten sechs Wochen bei 30 °C gelagert. Eine Lage-

Abb. 169. Nach der Ernte werden die langstieligen, gut haltbaren Schnittblumen gewässert.

Ornithogalum-Kultur (Übersicht)

Kulturabschnitt/ Kulturmaßnahme	Termin				Temperatur	Spezielle Hinweise
Pflanzung	M II				10 °C, ab III 15 °C	Heizbares Haus
		A–M III		E V/A VI		Kalthaus, Folientunnel
			M III–M V			Freiland
Blüte	Ab A VI	VI	VII–VIII	IX–X		
Kulturdauer: Pflanzung–Blüte	3 bis 5 Monate					
Ertrag						Je nach Zwiebelgröße 1,5 bis 4 Stiele/Zwiebel bei 80 bis 110 Pflanzen/m^2
Markt						Begrenzter Absatz; Importe beachten

Häufige Kulturfehler

Fehlerquelle	Kulturfehler	Folgen
Pflanzgut	Wiederverwendung kranker Zwiebeln	Ausfälle, Mißerfolg
Ernährung	Überversorgung mit Stickstoff	Zu mastiges Wachstum, schlechter Blütenertrag, Haltbarkeit vermindert
	Überhöhte Salzkonzentration im Boden	Wurzelschäden, Ausfälle

Pflanzenschutz

Krankheit, Erreger, Schädling	Schadbild	Bekämpfung	Bemerkungen
Bakterienkrankheit	Schlechte Blütenbildung, bei starkem Befall ist der Vegetationspunkt verschleimt	Hygiene- und Kulturmaßnahmen: Temperatur unter 25 °C halten, reichlich lüften, Pflanzen nach Bewässerung rasch abtrocknen	Kommt vor allem unter Glas vor
Wurzelfäule *Fusarium oxysporum* Schlecht	Wachstumsstagnation, Welkeerscheinungen, Fäulnis an Wurzeln und Zwiebeln	Hygienemaßnahmen, Bodenentseuchung Captafol, Captan	Nur gesundes Pflanzgut verwenden
Viruskrankheiten Mosaik Tabakratelvirus	Mosaikscheckung, hell- und dunkelgrüne Blattflecken, auch Blütenstiele betroffen; gelegentlich Blattmißbildungen; braune, ringförmige Verfärbungen im Zwiebelinneren (Durchschneiden)	Überträger (Nematoden) bekämpfen, gesundes Ausgangsmaterial verwenden	

rung bei 23 °C bis 4 Wochen vor der erneuten Pflanzung und schließlich bei 17 °C während der letzten 4 Wochen schließen sich an. Auch Brutzwiebelchen werden so behandelt. Das ist jedoch nur bei absolut gesunden Beständen zu empfehlen.

Ernte

Sobald die ersten Blüten im Blütenstand geöffnet sind, kann geerntet werden. Zu knospig entnommene Stiele halten sich schlechter. Nach der Sortierung nach Qualität und Stiellänge sollten sie möglichst aufrechtstehend in Behältern zum Markt angeliefert werden, weil sich die Spitzen sehr leicht krümmen, wenn die Stiele wie üblich liegen.

Oftmals werden *Ornithogalum* gefärbt. Die Schnittstiele läßt man dazu leicht antrocknen, so daß sie nahezu schlappen und stellt sie dann in wasserlösliche Blumenfarben, die sie gut aufziehen. Dabei läßt sich nicht vermeiden, daß auch die Stiele diese Farben annehmen.

Literatur

ANONYM : Ornithogalum thyrsoides-Buitenteelt/Water geven. Vakbl. v. d. Bloemist. **35**, (21), 29, 1980.
SCHMIDT, E.: Jetzt schon an den Sommer denken. Gb + Gw **78**, 11–13, 1978.
VELZEN, A. J. VAN: Ornithogalum thyrsoides, lang houdbaar. Vakbl. v. d. Bloemist. **35**, (22), 28–29, 31, 1980.

Prunus

Prunus L. – f – *Rosaceae,* Pflaume, Kirsche, Pfirsich, Mandel, Aprikose.

Name: Vermutlich von pruina (lat.) = Duft

Heimat: Etwa 200 Arten sind meistens in der gemäßigten Zone, einige in den südamerikanischen Anden beheimatet.

Bedeutung für den Schnittblumenanbau

Art	Heimat	Blütezeit
P. glandulosa Thunb.	China	V
P. serrulata Lindl.	Japan, China, Korea	IV–V
P. triloba Lindl. Mandelbäumchen	China	III–IV

Neben diesen eignen sich auch weitere Arten der Gattung. Am bedeutendsten ist jedoch sicherlich das Mandelbäumchen, *P. triloba.* Es kann schon früh getrieben werden und eignet sich zur Zweigtreiberei bei Zusatz von Blumenfrischhaltemitteln und Zucker.

Der Wärmebedarf ist, wie bei der Gehölztreiberei allgemein, beachtlich.

Anzucht

Für Treibzwecke werden *Prunus*-Jungpflanzen aus Baumschulen bezogen. Bei *P. triloba,* der am meisten getriebenen Art, werden wurzelechte und veredelte Pflanzen angeboten. Wurzelechte Mandelbäumchen wachsen zwar etwas schwächer als veredelte und bilden viele, meist etwas kürzere Triebe aus, sind aber dennoch zu empfehlen. Wildtriebe entfallen bei ihnen gänzlich, und die Ballenbildung ist besser als bei Veredlungen. Sie werden im Mai/Juni durch Stecklinge vermehrt. Alte wurzelechte Pflanzen können auch zur Gewinnung von Rißlingen angehäufelt oder einfach geteilt werden.

Veredelt wird in 40 bis 50 cm Stammhöhe auf *P. domestica* ssp. *insititia* (L.) Schneid.'St. Julien A'. Diese Pflanzen bringen bei meist schlechterer Ballen- und stärkerer Wildtriebbildung längere Blütenzweige als wurzelechte.

Einjährige *P. triloba* werden im Abstand von 40 × 40 bis 50 × 50 cm auf humosen, gut vorbereiteten Boden in gutem Ernährungszustand gepflanzt. Alle Wildtriebe werden laufend entfernt. Gleichzeitig wird ein guter Jahrestrieb angestrebt, der den ersten Blumenschnitt bringt. *Prunus* blüht am einjährigen Holz. Ausgewachsene, also mehrjährige, Pflanzen bringen 10 bis 15, wurzelechte sogar 15 bis 20 Triebe.

Prunus-Treiberei ist im zweijährigen Turnus möglich; bei sehr guter Kultur ist sie sogar alljährlich denkbar.

Die Treiberei von P. triloba 'Multiplex'

Frühe Treiberei

Frühe Treiberei vor Weihnachten erfolgt mit gekühlten Sträuchern.

Ballenpflanzen werden Ende September/Anfang Oktober herausgenommen, ihre Kronen zusammengebunden, die Ballen in Tücher eingebunden und in den Kühlraum gebracht. Zu diesem Zeitpunkt haben die Pflanzen im Freiland noch nicht den zur Überwindung der Knospenruhe erforderlichen Kühlbedarf decken können. Immerhin müßten sie mindestens 20 Tage lang Temperaturen unter +5 °C ausgesetzt gewesen sein, um mit Erfolg getrieben werden zu können (Steffen 1969). Die künstliche Kühlbehandlung dauert 4 Wochen bei +1 bis −2 °C (Rünger 1976) und hoher relativer Luftfeuchtigkeit von mindestens 95%, um Austrocknung zu vermeiden.

Ab Ende November beginnt die Treiberei. Die Temperaturen werden langsam auf 18 °C gesteigert und erst in der letzten Woche wieder auf 15 °C gesenkt, um die Blütentriebe abzuhärten. Der Treibvorgang kann etwas beschleunigt werden, wenn in der ersten Woche 21 bis 24 °C gehalten und erst dann auf 18 °C zurückgegangen wird. Dadurch leidet jedoch die Blütenfarbe: sie wird blasser.

Auch ungekühlte Sträucher können früh getrieben werden, doch ist dabei die Weihnachtsblüte unsicher, wenn die Pflanzen bis Treibbeginn nicht den oben erwähnten Kühlbedarf decken konnten. Außerdem muß dann mit höheren Temperaturen getrieben werden, die, ausgehend vom Treibbeginn zu Ende November, allmählich bis auf 23 bis 24 °C, nicht aber über 27 °C, gebracht werden. Die Nachttemperaturen liegen dabei allerdings tiefer bei 16 bis 18 °C. Das Einschieben von jeweils 2 bis 3 kühleren Tagen mehrmals im Abstand von einer Woche verzögert die Treiberei zwar etwas, hebt aber die Qualität.

Während der Treiberei ist für eine sehr hohe Luftfeuchtigkeit zu sorgen, um das Vertrocknen der Knospen zu vermeiden. Ausreichende Ballenfeuchtigkeit ist ebenfalls selbstverständlich.

Die Treiberei dauert etwa 4 Wochen, mit der Kühlung ist daher ungefähr 7 bis 8 Wochen vor dem gewünschten Blühtermin zu beginnen.

Treiberei nach Weihnachten
Mandelbäumchen werden oft erst ab Ende Dezember getrieben, wenn man sicher ist, daß die Kälteeinwirkung auf die Pflanzen im Freiland ausreichend war.

Bei frühen Sätzen beginnt man dunkel mit 22 bis 27 °C (Steffen 1969) und ausreichender Feuchtigkeit. Sobald sich Leben in den Knospen zeigt, geht man allmählich bis auf 15 °C in der letzten Woche zurück. Dies gilt für die Wintermonate Januar/Februar und noch für den März.

Treiberei abgeschnittener Zweige
Gekühlte Zweige können nicht vor Anfang Januar, ungekühlte nicht vor Mitte Januar getrieben werden. Spätere Treiberei ist wegen des dann recht starken Laubaustriebes ebenfalls problematisch.

Die Zweige werden in Wasser mit Blumenfrischhaltemittel und Zuckerzusatz gestellt. Bosse (1975) empfiehlt hierfür 15 g Chrysal + 15 g Zucker/Liter Wasser.

Die Treiberei von P. glandulosa 'Alboplena'
Die Treiberei wurzelechter Pflanzen von *P. glandulosa* 'Alboplena' hat vieles mit der des Mandelbäumchens gemein. Sie ist ab Januar bei 23 bis 25 °C möglich. Bis sich die Knospen lösen, bleiben die Pflanzen dunkel stehen, müssen aber wegen der hohen Wärme häufig gespritzt werden. Allmählich wird die Temperatur abgesenkt und im letzten Drittel der Treiberei zur Abhärtung der Schnittstiele auf 15 bis 16 °C eingestellt.

Die Treiberei von P. serrulata
P. serrulata-Pflanzen werden, vornehmlich in japanischen Sorten, aus Baumschulen gekauft, aufgepflanzt und ein Jahr lang gut gepflegt, um blühfähige Kurztriebe am vorjährigen Holz zu erhalten. Sie neigen zu schlechter Ballenhaltung und werden daher häufig in Töpfe oder Kübel gepflanzt.

Frühe Weihnachtstreiberei ist nicht möglich, daher wird allgemein erst ab Mitte Januar bis März getrieben. Bei frühen Sätzen sind hohe Anfangstemperaturen notwendig, nämlich im Januar um 38 °C und im Februar immer noch um 32 °C! Meistens wird aber nicht vor Februar begonnen. Ab März reichen geringere Temperaturen um 18 °C aus.

Die hohen Temperaturen bei der frühen Treiberei im Januar und Februar erfordern größte Aufmerksamkeit in der Feuchtigkeitsversorgung, in erster Linie als Luftfeuchtigkeit, damit die Knospen nicht vertrocknen. Die Temperatur wird allmählich gesenkt. Bei abschließend 15 bis 16 °C werden die Schnittstiele abgehärtet.

Auf 100 m^2 Gewächshausfläche sind etwa 400 Ballen mit jeweils 4 bis 6 Blütentrieben unterzubringen.

Im Frühjahr ist es leicht möglich, von Freilandpflanzen abgeschnittene Zweige in Wasser gestellt zu verfrühen.

Behandlung der Pflanzen nach der Treiberei
Die frostempfindlichen getriebenen Pflanzen müssen zunächst noch frostfrei gehalten werden. Das geschieht am besten in einem entsprechenden Schuppen oder anderen kühlen Raum. Dort werden die Pflanzen langsam abgehärtet. Sie sollen möglichst bald wieder ausgepflanzt werden. Der Boden wird hierfür tief gelockert

Prunus-Kultur (Übersicht)

Kulturabschnitt/ Kulturmaßnahme	Termin		Temperatur	Spezielle Hinweise
Kühlung der Sträucher	Ab E X	Natürlicher Temperatureinfluß im Freiland	+1 bis −2 °C 4 Wochen lang	Nur für frühe Treiberei von *P. triloba*
Beginn der Treiberei	E IX–M XII		18 °C; letzte Woche: 15 °C	Nur *P. triloba*
		E XII–III	23 bis 24 °C, nachts 16 bis 18 °C	Alle Arten; ungekühlte Sträucher
Blüte	Ab M XII	Ab M–E I		
Kulturdauer: Treiberei	Etwa 3½ bis 4 Wochen			
Erträge				*P. triloba* 15 bis 25 Stiele/Pflanze, 6 Pflanzen/m^2 *P. glandulosa:* etwa gleich *P. serrulata* 4 bis 6 Stiele/Pflanze, 4 Pflanzen/m^2
Markt				Gute Absatzbedingungen

Häufige Kulturfehler

Fehlerquelle	Kulturfehler	Folgen
Anzucht	Vernachlässigung der Pflanzen (Schnitt, Ernährung)	Schlechte Treibergebnisse, schwache, krumme Stiele
Temperatur	Treiberei ungenügend gekühlter Sträucher	Hohe Treibtemperatur erforderlich, schlechtes Ergebnis
	Ungenügende Abhärtung vor dem Schnitt	Schlechte Haltbarkeit, eventuell Farbe blaß
	Frosteinfluß auf getriebene Pflanzen	Frostschäden, Ausfall
Wasser	Ungenügende Luftfeuchtigkeit in der Treiberei	Knospen vertrocknen

Pflanzenschutz

Krankheit, Erreger, Schädling	Schadbild	Bekämpfung	Bemerkungen
Bakterienbrand, Rindenbrand *Pseudomonas morsprunorum* Worm.	Größere, durchscheinende Blattflecken, später zu braunvioletten Nekrosen eintrocknend; Rindenflecken; Zweigpartien oberhalb der Befallsstelle sterben ab	Sortenanfälligkeit beachten; exakte Kulturführung	
Spitzendürre *Monilia laxa* Honey	Plötzliche Welkeerscheinungen an Blüten und Jungtrieben, Absterbeerscheinungen	Captan, Dichlofluanid (Euparen), Mancoceb (Dithane Ultra) Thiram	
Viruskrankheiten	Hellgrüne oder gelbliche Band- oder Ringzeichnung und Aderverfärbung, Nekrosen; Blätter oft schmaler als normal	Gesundes Pflanzgut verwenden; Vektoren bekämpfen	

und wie folgt gedüngt: 8 bis 10 dt Stallmist, 7 kg Superphosphat, 4 kg Patentkali und 5 kg Kalkammonsalpeter oder schwefelsaures Ammoniak auf 100 m^2. Sobald es die Witterung erlaubt wird gepflanzt. Später folgt eine weitere Düngung Anfang August mit 4 bis 5 kg/100 m^2 eines Mehrnährstoffdüngers.

Im übrigen ist durch starken Rückschnitt, wodurch sich im Laufe der Jahre regelrechte Köpfe am oberen Stammende bilden, für einen guten Austrieb zu sorgen.

Ernte

Sobald die Blüten Farbe zeigen, wird geschnitten. Sie blühen in der Vase beim Kunden noch gut auf.

Literatur

Bosse, G.: Blüten- und fruchttragende Schnittgehölze. Gartenwelt **75**, 123–135, 1975.
Steffen, L.: Rosen unter Glas und Treibgehölze. Verlag Eugen Ulmer, Stuttgart 1969.

Rosa

Rosa L. – f – *Rosaceae*, Rose

Name: Römischer Pflanzenname

Heimat: 100 bis 200 oder mehr Arten sind auf der nördlichen Halbkugel weit verbreitet. Die bekanntesten Vorkommen liegen im Mittelmeergebiet, in Ostasien mit Burma und China sowie am Golf von Mexiko. Darüber hinaus kommen Rosen in der gemäßigten Zone und sogar noch in kalten Regionen vor.

Bedeutung für den Schnittblumenanbau

Viele Arten und Hybriden, die zum Teil für Garten und Park recht bedeutend sind, kommen für den Schnittblumenanbau nicht in Frage, wohl aber Angehörige der Gartenrosengruppe, unter anderem

Teerosen,
Teehybriden,
Floribunda-Rosen,
Floribunda-Grandiflora-Rosen,
Polyantha-Rosen,
Polyantha-Hybriden.

Das große Sortiment bietet viele Farben, Farbtöne und Formen.

Für die Anzucht von Unterlagen werden Arten und Hybriden verwendet. Am gebräuchlichsten sind Abkömmlinge der heimischen Hundsrose, *R. canina* L. Sie werden in Auslesen, den sogenannten Edelcanina, angeboten. Daneben spielt die aus China stammende Bengalrose, *R. chinensis* Jacq. 'Major' eine besonders wichtige Rolle als Unterlage für Gewächshaussorten. Sie wird in der Praxis nach wie vor unter ihrem Synonym *R. indica* 'Major' geführt.

Vermehrung

Aussaat

Die Vermehrung durch Aussaat scheidet für Schnittrosen aus, sie hat aber für die Unterlagenanzucht Bedeutung, die ihrerseits in Baumschulen erfolgt. Eine Besprechung erübrigt sich daher.

Wurzelechte Anzucht

Stecklinge haben für Hausrosen ebenfalls keine Bedeutung, es sei denn für bestimmte Verfahren, wie zum Beispiel Strivetten (s. Seite 465 f.), oder für einige in diesem Zusammenhang weniger interessante Vertreter, wie Zwerg- und kleinblumige Topfrosen. Zum Aufbau langjähriger und hochleistungsfähiger Schnittkulturen werden ausschließlich veredelte Rosen verwendet. Die Unterlagenanzucht basiert dagegen oft auf dieser Vermehrungsart.

Stecken und Veredeln in einem Arbeitsgang

van de Pol und van der Vliet (1979) beschreiben eine in Holland erarbeitete Methode, die es erlaubt, während des ganzen Jahres jederzeit jede beliebige Edelsorten-Unterlagen-Kombination herzustellen, was dem Anbau ein Loslösen von althergebrachten Pflanzterminen ermöglichen kann. Weiter dürfte sie kostengünstiger sein als alle bisher bekannten, und schließlich könnte sie zur Unabhängigkeit von der Einfuhr auf *R. chinensis* 'Major' (v. Marsbergen 1980) veredelter Rosen führen. Dies muß als bedeutender Fortschritt bewertet werden, zumal auch die in klimatisch dafür geeigneten Gebieten veredelten Rosen keinesfalls problemlos auch in Mitteleuropa angebaut werden können.

Mit ausgewachsenen Blättern besetzte Triebe, deren Achselknospen nicht austreiben, werden von der Unterlage und von der Edelsorte entnommen. Sie werden so zerschnitten, daß zu beiden Seiten eines Blattes noch ein jeweils etwa 3 cm langes Stengelstück verbleibt. Unterlage und Edelreis sollten – müssen aber nicht – den etwa gleichen Stengeldurchmesser haben.

Auf 1,5 bis 2 cm wird das Edelreis unterseits keilförmig angeschnitten und die Oberseite der Unterlage entsprechend gespalten. Anschließend werden beide Teile zusammengefügt, wobei mindestens an einer Seite das Kambium beider Partner aneinanderliegen muß. Zweckmäßig ist es, den Spalt an der Unterlage so zu schneiden, daß nach der Veredelung das Blatt der Sorte die Unterlage nicht beschattet. Nachdem die Wundstellen fest aufeinandergedrückt worden sind, wird mit wasserfestem Material verbunden und die ganze Kombination ins Vermehrungsbeet gesteckt. Substrat ist eine Sand-Torf-Mischung im Verhältnis von 1 : 2. Torfanzuchttöpfe mit entsprechender Füllung, auch Jiffy 7 und ähnliche, sind geeignet.

Bei hoher Luftfeuchtigkeit, 20 °C Boden- und 25 °C Lufttemperatur erfolgen Kallusbildung, Bewurzelung und Verwachsung.

Durch Zusatzlicht wird der Tag bis zum Dauerlicht verlängert, wodurch sich vorzeitiges Austreiben der Achselknospen verhindern läßt, weil vorher Bewurzelung und Verwachsung eingetreten sein müssen. Bewurzelungsfördernde Wirkstoffe haben sich als günstig, wenn auch nicht als unumgänglich notwendig erwiesen. Je nach Bewurzelungseigenschaften und -vermögen beginnt die Wurzelbildung schon nach 10 Tagen. Nach etwa drei Wochen kann das Abhärten der jungen Pflanzen beginnen. Blatt und Auge der Unterlage werden entfernt und es kann ins Haus gepflanzt werden. Der Trieb der Sorte ist nunmehr etwa 10 cm lang.

Diese Methode bedarf sicherlich noch weiterer Erfahrungen. Ihr Wert liegt aber darin, daß ohne unvertretbaren Aufwand und unabhängig von der Jahreszeit jederzeit schnell und preisgünstig gutes Pflanzmaterial für Gewächshauskulturen zur Verfügung gestellt werden kann.

Ohkawa (1980) berichtet über ein ähnliches japanisches Verfahren, bei dem neben *R. chinensis* 'Major' auch andere Unterlagen (*R. multiflora* 'K1', R. 'Manettii', *R. wichuraiana*) in Verbindung mit 'Sonia' verwendet werden.

Veredlungsunterlagen

Das Angebot an Unterlagen für die Rosenveredlung ist zwar groß, doch haben sich für den Intensivanbau nur einige durchgesetzt, insbesondere Auslesen der *R. canina* L., die sogenannten Edelcanina. Sie werden in verschiedenen Herkünften angeboten, zum Beispiel 'Bröggs', 'Inermis', 'Pollmers' und andere. Für Hausrosen ist die subtropische *R. chinensis* 'Major' von sehr großer Bedeutung. Sie ist im Gegensatz zu den Edelcanina nicht winterhart und wird daher in Deutschland oder Holland nicht vermehrt, sondern als Unterlage oder bereits veredelt importiert. Allerdings könnte mit der vorher beschriebenen holländischen Methode des gleichzeitigen Steckens und Veredelns eine entscheidende Wende eintreten.

Als weiterer Unterschied ist *R. canina* Tief-, *R. chinensis* dagegen Flachwurzler.

Die Veredlung gelingt nur, wenn Unterlage und Edelsorte miteinander verträglich sind und zu einer Einheit verwachsen. Nicht alle von *R. canina* abstammenden Unterlagen sind gleichermaßen gut für alle Sorten geeignet. Die Baum- und Rosenschulen bemühen sich daher, die jeweils bestgeeignete Unterlage zu verwenden, um ein Höchstmaß an Leistungsfähigkeit garantieren zu können.

Der Einfluß der Unterlage ist sehr weitgehend. Sie bildet die Wurzel und entscheidet zum Beispiel über

Art und Umfang der Wasser- und Nährstoffaufnahme,
Wüchsigkeit,
Widerstandsfähigkeit,
Langlebigkeit,
Ertragshöhe und -qualität,
Treibfähigkeit.

Demgegenüber ist die Edelsorte verantwortlich für:
Assimilation, Transpiration, Gasaustausch, Schönheitswert.

Kopulation

Die Kopulation erfordert gut heizbare Gewächshäuser, da sie im Winter warm erfolgt. Die dabei entstehenden Pflanzen werden als „Winterhandveredlungen“ bezeichnet.

Die Unterlagen stehen zunächst frostfrei und werden für die Veredlung im Januar (bis etwa März/April) verfügbar gehalten. Sie werden kurz über dem Wurzelhals abgeschnitten, gesäubert und veredelt. Das schräg angeschnittene Edelreis wird mit der Unterlage fest verbunden.

Die Veredlungen werden im Vermehrungsbeet bei hoher Temperatur von 30 °C in Torfsubstrat eingeschlagen. Anfänglich werden sie für einige Tage „gespannt“

gehalten und sorgfältig und regelmäßig überwacht. Schon nach 2 bis 3 Wochen sind sie verwachsen und können nach vorsichtiger Abhärtung ins Gewächshaus gepflanzt werden. Prinzipiell sollten dafür nur wirklich gute Pflanzen verwendet, nicht exakt verwachsene Veredlungen aber ausgeschieden werden.

Okulation
Baumschulen führen in den Sommermonaten Juni/Juli Okulationen durch. Die Unterlagen werden im Frühjahr aufgepflanzt und angehäufelt. Kommt die Zeit zur Okulation, wird die angehäufelte Erde entfernt und der Wurzelhals gesäubert.

Am Wurzelhals wird ein T-Schnitt angebracht, das Edelauge eingeschoben und mit einem Gummiplättchen (Fleischhauer-Verband) befestigt. Die Verwachsung erfolgt noch im Laufe des Sommers. Im Winter wird die Unterlage oberhalb des Edelauges abgeschnitten und im folgenden Sommer kann der Busch aufgebaut werden.

Für Schnittrosenpflanzungen im Haus verwendet man okulierte Pflanzen unterschiedlichen Alters, nämlich ganz junge, also nur mit dem Edelauge versehene („schlafende Augen"), ferner Halbjahrsbüsche, die allerdings schon im Mai okuliert werden und schließlich Büsche, die im Jahr nach der Veredlung aufgebaut werden.

Die Pflanzen werden im Oktober/November aufgenommen, sortiert und an die Schnittrosenbetriebe zum Versand gebracht.

Pflanzmaterial und Pflanztermin

Winterhandveredlungen
Sie kommen für relativ späte Pflanzungen in Frage, da sie erst im Winter entstehen. Sie haben die kürzeste Anzuchtzeit und sind daher unter Umständen kurzfristig lieferbar. Da sie aus warmer Vermehrung kommen, beginnt auch ihre Kultur im Hause warm.

Pflanzzeit ist ab Mitte Januar bis März, bei Bedarf auch später. Sie werden mit Ballen geliefert, der mit Drahtgeflecht zusammengehalten wird („Holoballen").

Schlafende Augen
Sie bestehen aus der Unterlage mit dem angewachsenen Edelauge ohne Austrieb. Sie sind beliebtes Pflanzmaterial für Pflanztermine ab Mitte Dezember bis Mitte Januar. Von der Veredlung bis zur Pflanzung ist mit einer Zeitspanne von etwa fünf Monaten zu rechnen. Die Erträge sind im ersten Jahr etwas geringer als bei Winterhandveredlungen, vom zweiten Standjahr an gleicht sich das jedoch aus.

Halbjahrsbüsche
Da sie etwas früher veredelt werden, können sie als kleine, aber noch recht lockere Büsche schon ab Mitte November bis gegen Mitte Januar gepflanzt werden und bringen, gute Qualität vorausgesetzt, im ersten Jahr etwas höhere Erträge als Winterhandveredlungen.

Büsche
Die oft als einjährig bezeichneten Büsche sind tatsächlich fast $1\frac{1}{2}$ Jahre alt, vom Veredlungstermin an gerechnet. Als kräftige, teure Pflanzware werden sie eben-

falls ab Mitte November bis Mitte Dezember gepflanzt. Sie bringen gleich höhere Erträge, aber es wird auch häufig über größere Ausfälle geklagt.

In der Praxis haben Winterhandveredlungen und „schlafende Augen“ die größere Bedeutung.

Pflanzung

Allgemeine Ansprüche an den Boden
Da Rosenkulturen mindestens 5 bis 7 Jahre und länger stehen bleiben, ist dem Boden besondere Aufmerksamkeit zuzuwenden. Von ihm hängt der Kulturerfolg wesentlich mit ab. Folgende Hauptforderungen sind an den Boden zu stellen:
- keine Verdichtungen, weder durchgehende noch sporadische, auch nicht in
- größerer Tiefe,
- gute Dränage bei guter Wasserführung in möglichst gleichbleibender Tiefe,
- ausreichender Humusgehalt,
- ausreichende Nährstoffversorgung,
- geringe Salzkonzentration,
- Freiheit von Schadstoffen, Schädlingen, Krankheiten und Unkraut.

Bodenvorbereitung
Vor der erstmaligen Nutzung mit Rosen ist eine sehr tiefe Bodenbearbeitung zu empfehlen, um Verdichtungen im Bereich bis zu etwa 1,5 bis 2 m Tiefe zu beseitigen. Es lohnt sich, vorher das Bodenprofil zu überprüfen. Werden Verdichtungen nicht aufgebrochen, ist an den entsprechenden Stellen mit schlechterem Wachs-

Abb. 170. Rosenpflanzung mit Düsenrohrbewässerung und Vegetationsheizung.

tum zu rechnen. Insbesondere auf *R. canina*-Unterlagen stehende Rosen reagieren als Tiefwurzler empfindlich. Im Laufe ihrer langen Standzeit wurzeln Rosen natürlich tief und erreichen schon im zweiten Standjahr Tiefen von mehr als einem Meter.

Da eine solche (maschinelle!) Tiefenbearbeitung nur einmal durchgeführt werden muß, sich aber positiv auf den Kulturerfolg auch späterer langjähriger Rosenkulturen auswirkt, sollte man die zweifellos hohe Belastung bei der Einrichtung nicht scheuen. Für spätere Pflanzungen reicht dann eine normaltiefe Bodenbearbeitung aus.

Auf eine gute Dränage ist vor allem bei schweren Böden zu achten.

Eine ungenügende Bodenvorbereitung führt zwangsläufig im Laufe der Kultur zu ernsten Problemen (WELLING 1980). Es ist mit Sicherheit ein ausschlaggebender Fehler, wenn aus falsch verstandener „Sparsamkeit" an dieser entscheidenden Stelle oberflächlich gearbeitet wird.

Technische Ausstattung der Beete

Rosen erfordern eine leistungsfähige Bewässerungsanlage, die meist als Düsenstrang in Bodennähe zwischen den Pflanzreihen angebracht wird. Sie ist so zu verlegen, daß alle Pflanzen gut und gleichmäßig mit Wasser versorgt werden. Der Strahl der Düsen soll möglichst flach unter dem belaubten Teil der Pflanzen hindurchgehen, um unnötige und schädliche Benetzung der Blätter zu vermeiden. Sollen Rosen gelegentlich außerhalb der Blütezeit von oben gespritzt werden, ist eine weitere, hoch verlegte Anlage erforderlich.

Abb. 171. Die Bewässerungsanlage wird bodennah verlegt, um unnötige Benetzung der Pflanzen zu vermeiden. Manche Sorten werden in ein Netz gepflanzt.

Auf Bodenheizung wird allgemein verzichtet, obwohl sie zum Antreiben nach der Winterruhe oder nach Neupflanzung von Winterhandveredlungen günstig wäre. Der Bedarf ist jedoch zeitlich nur recht kurz. Anders könnte dagegen die Vegetationsheizung zu beurteilen sein, da sie im Bestand selbst wirkt und klimaverbessernd eingesetzt werden kann.

Langstielige Sorten können ein Haltenetz (Chrysanthemennetz) erfordern.

Pflanzzeit
Gewächshausrosen werden in den Wintermonaten November bis etwa März gepflanzt. Auch spätere Pflanzungen sind mit ballierten Winterhandveredlungen möglich. Die Pflanzzeit hängt vom verwendeten Pflanzmaterial ab (siehe Seite 447).

Die Methode des gleichzeitigen Steckens und Veredelns (siehe Seite 445) kann die Pflanzung zu jedem beliebigen Termin ermöglichen.

Die Wahl des Pflanztermins wirkt sich nur im ersten Jahr auf den Zeitpunkt des Ertrages aus. Vom zweiten Jahr ab entscheidet die Kulturführung über die zeitliche Verteilung der Flore.

Pflanzabstände
Die Pflanzabstände hängen vom Wuchscharakter der Sorte und von der Hauseinteilung ab. Hoch- und schlankwachsende Sorten können enger gepflanzt werden als breit ausladend wachsende.

Bei etwa 90 cm Wegbreite werden entsprechend der bestmöglichen Hauseinteilung 2 bis 4 Reihen/Beet gepflanzt. Im Durchschnitt stehen 5 bis 7 Pflanzen/Brutto-m^2, was bei 3- bis 4-Reihenpflanzung einen Abstand von 30 $\times$ 30 cm, bei Zweireihenpflanzung dagegen 60 cm zwischen und 22 cm in den Reihen bedeutet. Abweichungen hiervon ergeben sich aus den Sorteneigenschaften und -ansprüchen.

Der Pflanzenbestand ist in beiden Fällen annähernd gleich. Die Zweireihenpflanzung bringt den Vorteil der leichteren Pflege und Bearbeitung, der besseren Belichtung der Pflanzen und der Möglichkeit, sie kräftiger aufzubauen. Bei Mehrreihenpflanzungen lassen sich Randreihen ebenfalls etwas besser aufbauen, dafür sind die in Beetmitte stehenden Pflanzen relativ benachteiligt.

Dreireihenpflanzung, wie sie ebenfalls gebräuchlich ist, kann demgegenüber eher als nachteilig angesehen werden. Während sowohl die Zwei- als auch Vierreihenpflanzung eine Verlegung der Bewässerungsleitung in Beetmitte erlauben, womit eine nach beiden Seiten gleichgroße Fläche versorgt werden kann, ist dies bei einer Dreireihenpflanzung zumindest schwieriger.

Prinzipiell mag zwar die Dreireihenpflanzung hinsichtlich der Belichtung im Bestand der Vierreihenpflanzung leicht überlegen sein, doch ist auch sie nur ein halber Schritt zur großzügigeren Zweireihenpflanzung.

Pflanzung
Grundsätzlich dürfen nur gute Pflanzen verwendet werden. Sie werden vorher gewässert, da eine Pflanzung mit trockenen Wurzeln zu Ausfällen, zumindest aber zu Wachstumsstörungen schon in der ersten entscheidenden Anfangsphase führt.

Die Wurzeln müssen senkrecht in das Pflanzloch kommen und dürfen weder geknickt noch mehr oder weniger flach in den Boden gedrückt werden. Guter Bodenschluß ist wichtig, daher kann gerade auf schwereren Böden zusätzlich etwas Torf in das Pflanzloch gegeben werden. Bei der Verwendung von Geräten ist zu beachten, daß bei feuchten, lehmhaltigen Böden die Pflanzlochwand nicht glattgeschmiert und somit verfestigt wird, weil dadurch das Ausbreiten der Wurzeln behindert wird. Das ist besonders bei Winterhandveredlungen zu beachten, doch auch Sträucher sind pfleglich zu behandeln. Letztere pflanzt man mit dem Spaten und tritt sie leicht an.

Nach der Pflanzung wird angegossen, um den Bodenschluß zu fördern.

Ernährung

Ansprüche an Boden und Ernährung

Für Rosen sind schwerere, lehmhaltige Böden geeignet, wenn sie gut bearbeitet worden sind. Dabei ist in die obere Bodenschicht ausreichend Humus einzubringen, um die Struktur zu verbessern und gleichzeitig Verschlämmen und Verdichten der Oberfläche zu verhindern. Stallmist, Torf oder Gemische davon sind geeignet. Man fräst nach Bedarf etwa 2 bis 5 $m^3/100\ m^2$ bis zu höchstens 40 cm Tiefe ein. Damit wird auch das Anwachsen der jungen Pflanzen gefördert.

Der Grundwasserstand sollte bei ungefähr 1,00 bis 1,10 m Tiefe liegen.

Moorböden sind schwieriger zu behandeln. Sie neigen gelegentlich zu Vernässung und Versauerung und leiden oft unter mangelhafter Durchlüftung. Kalkung und gute Tiefenbearbeitung schaffen Abhilfe. Die Erträge können qualitativ und quantitativ stärker schwanken als auf lehmigen Böden.

Sandböden sind zwar nicht ungeeignet, bringen aber häufig Schwierigkeiten bei der Bewässerung und Düngung mit sich. Nährstoffe werden verstärkt ausgewaschen und die Wasserversorgung muß dem leichten, durchlässigen Substrat entsprechend reichlich bemessen werden.

Eine gute Ernährungsgrundlage ist sehr wichtig, also werden nahrhafte Böden mit möglichst geringem Salzgehalt gewählt. Rosen sind gegen höhere Salzkonzentrationen im Boden relativ empfindlich, was bei der Vorratsdüngung (auch mit Stallmist!) bedacht werden muß. Salzschäden treten leicht in Neupflanzungen auf, während gut eingewurzelte Kulturen etwas verträglicher sind.

Prinzipiell sollten Düngungen nach Bodenuntersuchungsergebnissen durchgeführt werden.

Als Richtwerte für die Beurteilung von Bodenuntersuchungsergebnissen geben Penningsfeld und Forchthammer (Scharrer und Linser 1965) an:

	je 100 g	je 100 ml
Prozent wasserlösliches Salz	0,1 bis 0,4	0,1 bis 0,4
mg N	10 bis 30	10 bis 30
mg P_2O_5	60 bis 95	50 bis 80
mg K_2O	80 bis 155	80 bis 150

Grunddüngung

Vor der Neupflanzung ist, in Abhängigkeit von Bodenart und Bevorratung, eine Grund- oder Vorratsdüngung einzubringen. Sie besteht aus organischer Substanz und Mineraldüngern. Beachtung ist auch der Versorgung mit Spurennährstoffen zu schenken.

Böden in neuerbauten Gewächshäusern verlangen meist relativ hohe Humusgaben, da der Humusgehalt von Rosenböden über 7 % liegen sollte. Durchschnittlich werden um 2 m^3 Humusstoffe auf 100 m^2 gegeben und gut in die obere Bodenschicht eingearbeitet. Auf gut versorgten Böden kann die Menge geringer, auf schlechter versorgten sogar erheblich höher liegen. Das hängt auch weitgehend von der Humusversorgung der vorangegangenen Rosenkultur ab.

Als Humuslieferanten kommen Torf und Stallmist in Frage. Die Auswirkung dieser Stoffe auf den pH-Wert des Bodens ist zu beachten; er wird durch Torf gesenkt, durch Stalldung angehoben. Frischer Stallmist ist wegen seines eventuell hohen Salzgehaltes nur unter Vorbehalt geeignet. Man verzichtet im Zweifelsfalle besser darauf. Abgelagerter Stallmist, auch Champignonmist, sollte ebenfalls nur begrenzt verwendet werden.

Der pH-Wert wird auf 6,5 bis 7,0 eingestellt. Geringfügige Abweichungen hiervon ergeben sich je nach Bodenart, so kann er vor allem auf moorigen Böden deutlich tiefer liegen. Bei Bedarf ist kohlensaurer Kalk zu geben. Da der pH-Wert die Verfügbarkeit der Spurennährstoffe beeinflußt, muß er beachtet werden. Bei hohen pH-Werten und hohem Kalkgehalt können Mangelerscheinungen durch Festlegung von Eisen oder Mangan, bei zu niedrigen jedoch Überschuß an Mangan und dadurch Pflanzenschäden auftreten.

Die Hauptnährstoffe werden weitgehend später durch Kopfdüngung verabfolgt. Lediglich Phosphorsäure kann bei Bedarf schon mit der Grunddüngung gegeben werden. Bei der Wahl des Düngers richtet man sich nach dem pH-Wert des Bodens. Liegt er tief, ist Thomasphosphat, liegt er hoch, ist Superphosphat angezeigt. Die Höhe der Gabe richtet sich nach den Bodenuntersuchungsergebnissen.

Bodenuntersuchungen sind grundsätzlich erst nach dem Dämpfen zu veranlassen, da es Verschiebungen im pflanzenverfügbaren Nährstoffgehalt des Bodens bewirkt. Das betrifft auch Spurennährstoffe, so daß es zum Beispiel nach dem Dämpfen zu Manganvergiftungen kommen kann.

Nachdüngung stehender Kulturen

Der Bedarf an den verschiedenen Nährstoffen ist während des Jahres nicht gleichmäßig, sondern er schwankt mit der Jahreszeit und den Entwicklungsphasen der Pflanzen. Die Hauptbedeutung kommt dem Stickstoff und dem Kali zu.

Vom Frühjahr an bis in den Sommer hinein wird das Wachstum vornehmlich durch betonte Stickstoffgaben unterstützt. Die Kulturen stehen in dieser Zeit in vollem vegetativen Wachstum und bauen schnell große Blattmassen und Stiele auf, die möglichst kräftig sein sollen. Das wird durch die mit der Jahreszeit zunehmende Lichtqualität unterstützt. Es besteht somit kaum die Gefahr, daß durch eine Stickstoffüberdüngung bei gleichzeitigem Lichtmangel schwache, schlappe Stiele entstehen, wie das in lichtarmen Jahreszeiten bei hohem Stickstoffangebot und hoher Heizwärme mit Sicherheit der Fall wäre. Natürlich darf trotz des hohen Stickstoffbedarfes der Kalibedarf nicht unterschätzt werden. Disharmonische Düngung, ausgedrückt durch ein zu weites Stickstoff-Kali-Verhältnis zuungunsten des Kalis, führt zwangsläufig zu Qualitäts- und Ertragsminderung.

Im Herbst sinkt der Stickstoffbedarf. Die Wachstumsintensität läßt nach, die Ruhezeit steht bevor. Nunmehr steigt der Kalibedarf relativ an, das heißt, Stickstoff wird sparsamer gegeben. Das trifft im Prinzip auch auf Bestände zu, die ganzjährig durchkultiviert werden. Im Interesse guter Qualität im Winter dürfen sie keinesfalls mit Stickstoff aufgeschwemmt werden. Bei Kulturen mit Einhaltung einer Ruhezeit kann Stickstoffüberschuß, unter Umständen in Verbindung mit zu starker Bodenfeuchtigkeit, den Eintritt in die Ruhephase so stark stören, daß es zu Ausfällen kommt. Die Ausreife des Holzes kann durch zu hohe Stickstoffgaben im Herbst so stark behindert werden, daß sich im Winter umfangreiche Absterbeerscheinungen zeigen. Das tritt verstärkt nach dem Rückschnitt oder nach starkem Stutzen auf. Ausreichende Kaliversorgung wirkt dem entgegen.

Die Düngung wird flüssig über die Bewässerungsanlage gegeben, wofür voll wasserlösliche Mehrnährstoffdünger in der Jahreszeit und dem Bedarf entsprechender Zusammensetzung gewählt werden. Die Ausbringungskonzentration liegt bei 0,2%.

Viele Gärtner geben einmal im Jahr auch eine organische Düngung, im allgemeinen in Verbindung mit dem Rückschnitt und der Ruheperiode. Je nach Verhältnissen rechnet man dafür 1 bis 1,5 $m^3/100\ m^2$. Über die Notwendigkeit und damit letztlich Richtigkeit dieser Maßnahme gehen die Meinungen der Praktiker auseinander. Man sollte eine solche Stallmist- oder Torfgabe keinesfalls nur aus Gewohnheit verabreichen, sondern deren Vor- und Nachteile abwägen. Zweifellos kann sie zu einer Verbesserung und Stabilisierung der Bodenverhältnisse beitragen. Da sie im allgemeinen nur aufgelegt und nicht oder nur kaum eingearbeitet wird, wirkt sie als Mulch und schützt den Boden gegen oberflächliche Verfestigung durch Bewässerung, unterdrückt den Unkrautwuchs (sofern selbst unkrautfrei!) und fördert die Bodengare. Sie kann aber auch störend wirken, wenn sie beim Antreiben nach der Ruhezeit den Boden gegen eine Erwärmung stärker abschirmt.

Ausgesprochen nachteilig ist bei der Verwendung von Stallmist die Ammoniakentwicklung mit steigender Haustemperatur, wodurch Blattverbrennungen eintreten. Diese Gefahr ist bei ohne Ruhezeit durchkultivierten Beständen besonders groß. Der Ammoniakgefahr kann man etwas entgegenwirken, indem man diese Düngung im Februar/März statt im Herbst oder Winter gibt. Im Frühjahr kann man durch stärkeres Lüften für ein Abführen des Ammoniaks sorgen (ANONYM 1980a). Zu bedenken ist ferner die Erhöhung der Salzkonzentration im Boden durch Stallmist.

Gegen die Verwendung von Torf oder langsamwirkende Dünger ist nichts einzuwenden.

Bewässerung

Ansprüche an die Feuchtigkeit

Das Gießwasser sollte möglichst arm an Salzen, speziell Chloriden, sein. Schlecht geeignet sind auch sehr kalk- und eisenhaltige Wässer. Sie verursachen Verunreinigungen auf dem Laub, was sich besonders bei jungen Pflanzen außerordentlich nachteilig auswirkt. In schwereren Fällen kann die Blattverschmutzung zur Einschränkung von Assimilation, Atmung und Transpiration führen, deren Folge Wachstumshemmung beziehungsweise -störung sein kann. Liegt die Bewässerungsleitung tief genug, so daß wenigstens ein Teil der Blätter außerhalb des Befeuchtungsbereiches liegt, treten keine Schäden auf. Ältere, also höhere Pflanzen, entsprechen dieser Forderung.

Rosen benötigen immer ausreichende, den Klimabedingungen und Entwicklungsphasen angepaßte Bodenfeuchtigkeit. So ist der Wasserbedarf während des Wachstums und der vegetativen Entwicklung recht hoch, zur Ausreife etwas geringer und schließlich zur Ruhezeit nicht mehr vorhanden.

Die Luftfeuchtigkeit ist ebenfalls den Witterungsbedingungen anzupassen. Sie wird mit dem Antreiben allmählich gesteigert, um bei der steigenden Temperatur ein stärkeres Abtrocknen der Luft zu vermeiden.

Gießen

Über Bewässerungsleitungen wird für gleichmäßige Feuchtigkeit gesorgt. Dabei muß gelegentlich kontrolliert werden, ob alle Düsen oder Auslauföffnungen einwandfrei arbeiten. Man stellt die Anlage so ein, daß auch die Wege mit befeuchtet werden, zumindest bei Grundbeetkulturen, um einen gleichmäßigen Wasserstand im Erdreich aufrecht zu erhalten. An warmen Tagen kann bei voller Belaubung wegen der hohen Transpiration der Pflanzen erheblicher Wasserbedarf auftreten.

Über die Bewässerungsanlage kann der Boden auch während der Kultur gelegentlich durchgespült werden, um Salze auszuwaschen. Eine gute Dränage ist daher unverzichtbar.

Luftfeuchtigkeit

Die Regulierung der Luftfeuchtigkeit kann durch Nebeldüsen über dem Bestand erfolgen, wenn dadurch weder Blätter verschmutzt noch farbezeigende Blütenknospen geschädigt werden und ein rasches Abtrocknen des Laubes vor dem Abend möglich ist. Anderenfalls ist es besser, die Luftfeuchtigkeit durch Befeuchten der Wege zu erhöhen.

Abhängig von den Witterungsbedingungen und den pflanzlichen Bedürfnissen wird die relative Luftfeuchtigkeit tagsüber auf 70 bis 80 % eingestellt, nachts sollte sie 85 bis 90 % keinesfalls übersteigen. Wegen der sinkenden Temperatur nimmt sie nachts zwangsläufig zu. Daher kann auch eine Nachttemperaturabsenkung nicht beliebig weit ausgedehnt werden. Um Kondensation zu vermeiden, muß das Anheben der Temperatur (Aufheizen) für den Tag schon in den frühen Morgenstunden, also mindestens ½ Stunde vor Sonnenaufgang beginnen.

Tagsüber kann zu hohe Luftfeuchtigkeit durch Lüften gesenkt werden. Reicht dies allein nicht aus, muß etwas mehr geheizt werden; die wärmere, mit Feuchtigkeit stärker beladene Luft läßt sich durch Lüften leicht gegen trockenere Außenluft austauschen. So können feuchte Bestände im Interesse ihrer Gesunderhaltung trockengeheizt werden.

Licht

Rosen werden in ihrer Entwicklung durch Licht gefördert. Daher macht sich Lichtentzug durch dichte Pflanzung, verschmutzte Gewächshausscheiben, unsachgemäße Schattierung und schließlich auch jahreszeitlich bedingtes Minderangebot an Licht nachteilig bemerkbar. Die These „1 Prozent Lichtverlust = 1 Prozent Ertragseinbuße" bleibt im Prinzip gültig (VAN DEN BERG 1979). Auch die Diskrepanz im Licht-Temperatur-Verhältnis, wenn an trüben Tagen zu stark geheizt wird, wirkt sich zum Schaden der Kultur aus.

Zusatzbelichtung dürfte unwirtschaftlich sein (GEERS 1979).

Abb. 172. Die Wege sollten auch in einem hochgewachsenen Bestand noch gut begehbar sein und als Lichtgassen dienen.

Abb. 173. Der Weg ist recht eng, wodurch die Lichtzufuhr behindert und die Bearbeitung erschwert wird.

Abb. 174. Vorzeitiges Verderben in der Vase durch Abknicken im oberen Stengelteil wird in vielen Fällen durch zu warme Kultur verursacht.

Temperatur

Ansprüche an die Temperatur

20 °C und mehr fördern das Wachstum deutlich gegenüber niedrigeren Temperaturen. Allerdings bleiben bei diesen Werten die Blütenstiele schwächer, Blüten und Blätter kleiner als bei geringerer Wärme. Höhere Temperaturen fördern aber auch das Umstimmen zur Blütenbildung und führen so zu einer Verfrühung. Dies geschieht durch die allgemein schnellere Entwicklung und dadurch, daß am Blütentrieb ungefähr ein Blatt weniger angelegt wird.

Temperaturen unter 15 °C fördern die Bildung von Blindtrieben, wobei die Sortenanfälligkeit mitspricht. Nach der Differenzierung der Blütenorgane wird bei ständigen oder sogar bei gelegentlich eintretenden tiefen Temperaturen um 12 °C die Weiterentwicklung zur Blüte unterbunden, die bereits angelegten Organe sterben ab, der Trieb bleibt „blind", blüht also nicht. Dies geschieht in sehr frühem Stadium, wenn der Trieb etwa 2,5 cm lang ist, ungefähr drei Wochen nach Triebbeginn. Die Wirkung der tiefen Temperaturen ist also während der ersten etwa 3 bis 4 Wochen gefährlich. Blindtriebe werden demnach vermieden, wenn in dieser Zeit während des Stadiums der Differenzierung und der beginnenden Blütenentwicklung Temperaturen über 15 °C gehalten werden.

Niedrige Temperaturen unter 15 °C fördern Blütenverkrüppelungen („Bullenköpfe"). Dies kann bei empfindlichen Sorten sogar durch Nachttemperaturabsenkung verursacht werden.

Schließlich führen ständig niedrige Temperaturen unter 12 °C zu sehr dunkler, fast schwarzer Färbung roter Sorten, zu hohe Temperaturen von mehr als 18 bis 20 °C dagegen zu blasser Blütenfarbe.

Hinsichtlich der physiologisch und ökonomisch richtigen Temperaturführung kann zunächst als Leitlinie festgelegt werden, daß der optimale Temperaturbereich zwischen etwa 15 und 18 °C liegt. Tiefere Temperaturen sind zum Beispiel bei Nachttemperaturabsenkungen unter Beachtung möglicher nachteiliger Folgen mit Bedacht anzuwenden; sie müssen bei richtiger Handhabung nicht zu Nachteilen führen.

Während der Winterruhe können auf *R. canina* stehende Rosen zwar dem Frost ausgesetzt werden, doch ist dies nicht zu empfehlen. Sie lassen sich schwerer wieder antreiben, und die Heizungsrohre müssen entleert werden.

Die Kühlraumtemperatur für Schnittware liegt bei 2 °C, die relative Luftfeuchtigkeit beträgt dabei 80 bis fast 100%.

Temperaturführung

Antreiben von Neupflanzungen
Für die Temperaturführung nach einer Neupflanzung ist das verwendete Pflanzmaterial ausschlaggebend.

Winterhandveredlungen:

In den ersten etwa 14 Tagen nach der Pflanzung wird die Nachttemperatur auf 20 °C gehalten, denn die Pflanzen kommen aus der warmen Vermehrung und müssen gut gefördert werden. Gleichzeitig wird die Luftfeuchtigkeit der hohen Temperatur entsprechend hoch gehalten. Nach dieser Anfangsphase wird die Temperatur langsam auf 16 bis 17 °C abgesenkt. Verbrennungen müssen vermieden werden, daher ist auch die Lüftung mit Überlegung zu handhaben; unter Umständen ist leichter Schatten angebracht.

Okulationen:

Sie sind allgemein anders zu behandeln, insbesondere die älteren und größeren Sträucher, einjährige wie halbjährige. Sie werden anfangs einige Wochen lang (halbjährige etwa 4 bis 5, einjährige 8 bis 10 Wochen) kalt, aber frostfrei gehalten. Sie müssen zuerst im Haus anwurzeln und ein der Pflanzengröße entsprechendes, leistungsfähiges Wurzelsystem aufbauen, bevor die Temperatur langsam über Zwischenstufen auf die Treibwärme von 16 bis 17 °C gebracht wird.

Schlafende Augen, also die jüngsten Okulationen, können schon bald nach dem Pflanzen auf diese höhere Temperatur gebracht werden.

Weiterkultur
Will man im weiteren Kulturverlauf sparsam heizen, so ist grundsätzlich zu beachten, daß die Kultur warm gestartet und erst später eine Temperaturabsenkung vorgenommen wird. Durch diesen warmen Start nach der Ruheperiode können in der Anfangsphase bis zur Blüte insgesamt 4 bis 5 Wochen eingespart werden (Moe 1974). Somit ist es sinnvoll, etwa im Februar mit dem Antreiben für 14 Tage bei 18 °C zu beginnen und danach auf 16 °C bis zur Blüte abzusenken, anstatt schon im Januar mit 16 °C anzufangen und dieses Temperaturniveau bis zur Blüte beizubehalten.

Auch Bosse (1974 a) rät zu Vorsicht hinsichtlich Nachttemperaturabsenkung. Rosen vertragen zwar um 2 bis 3 °C abgesenkte Nachttemperaturen, reagieren aber mit leichter Blühverzögerung, was allerdings wirtschaftlich nicht unbedingt schwerwiegend sein muß. Holländische Untersuchungen bestätigen diese Aussagen im Prinzip. GEERS (1979) stellte bei vergleichenden Versuchen mit unterschiedlichen Tag-/Nachttemperaturen Vorteile zugunsten der bei jeweils höheren Tagestemperaturen gehaltenen Pflanzen fest. Dies bezieht sich auf die Erträge und die Zeitdauer zwischen den Floren bei den Sorten ‘Sonia’ und ‘Ilona’. Allgemein kann festgestellt werden, daß tiefere Nachttemperaturen im Anschluß an höhere Tagestemperaturen günstiger sind als an geringere. Entsprechend gehen seine Empfehlungen auch dahin, tagsüber 20 °C, nachts jedoch mindestens 15 bis 16 °C (sortenabhängig) zu halten.

Die Ruhezeit können Rosen kalt, aber möglichst frostfrei, überstehen. Ihre Winterhärte hängt von der Unterlage ab. Für Rollhaus- beziehungsweise Folientunnelkulturen ist das besonders zu beachten, denn Rosen sind hierfür als gut winterhart geeignet (BOSSE 1974 b). Im Intensivanbau läßt man sie jedoch nicht einfrieren, selbst wenn sie auf frostharten Unterlagen stehen. Allerdings dominiert hier ohnehin *R. chinensis* ‘Major’, eine subtropische, nicht winterharte Unterlage.

Läßt man Rosen im Winter einfrieren, so verlieren sie das gesamte Laub. Für einen guten Neuaustrieb wird infolgedessen ein ziemlich starker Rückschnitt erforderlich, was wiederum das Absterben größerer Wurzelpartien zur Folge hat. Hieraus ergibt sich zwangsläufig eine Blühverzögerung. Außerdem müssen in nicht frostfreien Häusern die Heizungsrohre entleert werden.

Wird während der Winterruhe schwach auf 4 bis 6 °C geheizt, bleibt das Laub weitgehend erhalten, der Rückschnitt erfolgt weniger scharf und die Bestände lassen sich leichter wieder antreiben. Der Vorsprung gegenüber eingefrorenen Kulturen ist beträchtlich.

Wird ohne Ruhezeit durchkultiviert, wie es sich in Holland eingeführt hat, müssen die Temperaturen ganzjährig auf Produktionsniveau gehalten werden.

CO_2-Begasung

Zusätzliche CO_2-Versorgung bezweckt einen besseren Austrieb der Augen und stärkeres Wachstum. Hiermit ist eine Qualitätsverbesserung zum Beispiel durch stärkere Stiele verbunden.

Die erforderliche Konzentration des Gases sollte zwischen 0,13 und 0,2 % liegen (CONSULENTSCHAPPEN o. J.)

Wachstumsregulatoren

AWAD et al. (1981) behandelten Rosen im September und nochmals im Januar mit CCC-Spritzungen in von 0 bis 500 ppm gestaffelten Konzentrationen. Sie erzielten damit neben einer früheren Blütenanlage und einer Hemmung des Streckungswachstums in einigen Bereichen eine Förderung der Verzweigung.

Schnittmaßnahmen

Stutzen

Um bei jungen Pflanzen eine gute Verzweigung und damit einen guten Aufbau zu bekommen, wird gestutzt, desgleichen auch um Blindtriebe zum Durchtrieb zu veranlassen und schließlich, um während der Kultur den Schnitt zu regulieren.

Junge Pflanzen:

Nach dem ersten Durchtrieb werden sie auf ein gutes Fünferblatt zurückgestutzt. Die Augen in den Achseln schwacher Fünfer- oder gar Dreierblätter bringen nur

Abb. 175. Bei der Ernte oder beim Stutzen muß grundsätzlich auf ein gutes, kräftiges „Fünferblatt", keinesfalls auf ein dreizähliges, zurückgegangen werden.

schwache Austriebe und sind für den Aufbau leistungsfähiger Triebe ungeeignet.

Diese Arbeit muß, besonders bei Winterhandveredlungen, sehr sorgfältig durchgeführt werden, um ein Ausbrechen des Edelreises zu vermeiden.

Grundtriebe:

Sie sollen sich ebenfalls an jungen Pflanzen entwickeln. Ihr Austrieb ist sortenabhängig, wird aber von der Unterlage und den Kulturumständen mitbestimmt. Sie sind für den Aufbau der Pflanze wertvoll. Grundtriebe treiben, wie der Name sagt, weit unten aus, jedoch nicht aus der Unterlage und dürfen nicht mit Wildtrieben verwechselt werden. Sie werden auf 2 bis 3 gute Fünferblätter gestutzt, sobald die Knospe gerade sichtbar ist. Ungestutzte Grundtriebe bringen erfahrungsgemäß schlechtere Blütenform, -farbe und Haltbarkeit (CONSULENTSCHAPPEN ohne Jahresangabe).

Weiterkultur:

Im Kulturverlauf kann aus verschiedenen Gründen gestutzt werden. Man verfährt ähnlich wie bei den Grundtrieben und achtet darauf, daß auf ein gutes Fünferblatt zurückgestutzt wird. Das ist meistens das 2. bis 3. Fünferblatt von oben. Auch hier ist der richtige Zeitpunkt gekommen, wenn die Blumenknospe sichtbar ist. Der Trieb muß noch so weich sein, daß man mit der Hand brechen kann. Das ist etwa 3 Wochen nach dem Austrieb der Fall.

Durch Stutzen verzögert sich der Erntetermin um 3 bis 4 Wochen, je nach Sorte, Jahreszeit und Kulturführung. Somit läßt sich ein Flor über einen größeren Zeitraum streuen oder auch ein weniger günstiger Absatztermin umgehen. Allerdings darf dies nicht zu oft angewendet werden, weil sich letztlich im Jahresdurchschnitt der Ertrag verringert, indem ein ganzer Flor weggestutzt wird.

Umgekehrt können sehr ungleichmäßig blühende Bestände durch geschicktes Stutzen wieder auf zusammenhängende Flore gebracht werden. So müssen während einiger Wochen die früh erscheinenden Knospentriebe gestutzt werden.

Schließlich kann Stutzen zur allgemeinen Verbesserung des Pflanzenaufbaues beitragen, wenn zu wenig Triebe oder zu wenig Blätter an der Pflanze sind.

Letzter Stutztermin ist Mitte Oktober, für Büschelrosen sogar Mitte August. Später sind die Austriebe beziehungsweise die Bildung guter Büschel behindert.

Blindtriebe:

Sie treiben oft nach vorübergehendem Stillstand an der Spitze wieder aus und bilden dann einen neuen Blütentrieb. Treiben mehrere Augen aus, wird auf eines zurückgestutzt und die Blüte kommt nach dem Hauptflor.

Bei durchkultivierten Rosen steigt in den Wintermonaten bis Mitte Januar die Zahl der blinden und schwachen Triebe deutlich an. Sie sollten nicht alle und nicht grundsätzlich zurückgeschnitten werden, zumal in der genannten Zeit kein guter Durchtrieb eintritt. Man kann sie aber umbiegen. Nach Mitte/Ende Januar kann wieder gestutzt werden (Anonym 1979 e).

Rückschnitt

Er wird hauptsächlich bei der üblichen Kultur auf Schnitt mit Einhaltung einer Winterruhe zur alljährlichen Verjüngung und Höhenregulierung der Pflanzen angewandt. Daneben spielt er bei durchkultivierten Sorten eine Rolle, wenn diese verjüngt und auf eine arbeitsgerechte Höhe zurückgebracht werden sollen. Anderenfalls werden Rosen innerhalb weniger Jahre sehr hoch und sind dann schlecht zu bearbeiten. Außerdem bildet sich viel schwaches Holz, das ausgelichtet beziehungsweise entfernt werden muß.

Rückschnitt erfolgt im Winter, wenn die Pflanzen in Ruhe sind. Da die einzelnen Sorten und Sätze wegen einer guten Ernteverteilung zu unterschiedlichen Zeitpunkten in die Ruheperiode gehen, kommt es durch die erforderlichen Schnittmaßnahmen nicht zu Arbeitsspitzen, denn sie werden jeweils gegen Ende der Ruhezeit fällig.

Beim Rückschnitt kommt es einzig auf den optimalen Aufbau der Pflanzen an, um den Bestand sowohl mengen- als auch qualitätsmäßig in höchstem Maße leistungsfähig zu erhalten. Daher kann kein schematisches Schnittrezept gegeben werden, wohl aber sind Hinweise auf Grundsätzliches möglich. So geht aus Arbeiten von Zieslin und Mor (1981a) die Bedeutung des Zeitpunktes des Rückschnittes und der Schnitthöhe an der Pflanze für Zeitraum, Höhe und Qualität des Ertrages hervor.

Einjährige Pflanzen werden so zurückgeschnitten, daß sich die Grundtriebe gut verzweigen. Ältere Pflanzen werden dann Jahr für Jahr höher geschnitten, wobei man meist auf nur wenige gute Augen oberhalb der vorjährigen Schnittstelle zurückgeht. Man bemüht sich dabei möglichst, eine etwa einheitliche Höhe einzuhalten, wodurch einzelne Triebe tatsächlich etwas unterschiedlich geschnitten werden müssen. Es ist somit wichtig, nur gut angelernte, zuverlässige Arbeitskräfte für diese Tätigkeit einzusetzen. Falscher Rückschnitt bringt Verluste!

Gleichzeitig wird dünnes, schwaches Holz ausgelichtet, denn es füllt die Pflanze unnötig und nimmt Licht und Nahrung in Anspruch, ohne dafür eine Gegenleistung in Form guter Blumen zu bringen. Auch altes und trockenes Holz wird entfernt.

Das abgeschnittene Holz wird entweder restlos aus dem Bestand genommen oder zerkleinert als Mulch liegengelassen. Pflanzenschutzmaßnahmen sind ohnehin erforderlich, auch wenn dieses Material entfernt wird.

Sommerrückschnitt ist zwar möglich, aber nach den Erfahrungen vieler Betriebe kaum zu empfehlen. Will man einem wirtschaftlich uninteressanten Sommerflor aus dem Wege gehen, eignet sich das „Ausblühen" (siehe Seite 464) sicherlich besser als eine Verlegung der Rückschnittmaßnahmen in diese Jahreszeit, zumal die nach dem Wiederaustrieb gebildeten Triebe relativ schwach bleiben und weniger gute Knospen bilden. Auch höhere Ausfälle können auftreten.

Schnitt durchkultivierter Bestände
Durchkultivierte Bestände erfordern ebenfalls Schnittmaßnahmen, wenn auch nicht in der bekannten Manier des Rückschnittes. Hier fällt das Schneiden in die laufende Kultur und wird in den Herbst- bis Frühjahrsmonaten von etwa Oktober bis Anfang April vorgenommen, nachdem zwischen August und Oktober gestutzt beziehungsweise kurze Rosen geerntet worden waren, um gutes Holz aufzubauen. Während der Schnittblumenernte wird im genannten Zeitraum unterhalb des Blütenstielansatzes geschnitten, also noch unter der vorherigen Schnittstelle. Dabei achtet man darauf, daß man auf ein gutes Auge und gutes, festes Holz zurückgeht. Nur so lassen sich durchkultivierte Rosen auf einer annehmbaren Höhe erhalten. Daher muß von Fall zu Fall entschieden werden, wie tief man unter der alten Schnittstelle schneidet.

Grünschnitt
Der sogenannte Grünschnitt wird bei Sorten angewendet, die zwar nicht voll durchkultiviert werden können, aber auch keine ausgesprochene Ruhezeit benötigen. Sie erhalten nur eine angedeutete Ruhe während etwa drei Wochen im Winter bei 10 bis 12 °C. Bei dieser Temperatur findet kein nennenswertes Wachstum statt, aber es geht auch kein Laub verloren. Ab Mitte Januar wird ein gemäßigter Rückschnitt auf ein gutes Auge vorgenommen, wobei nicht zu tief geschnitten wird, um ein Maximum an Laub zu erhalten. Nach anschließender Temperaturerhöhung bis auf 18 bis 20 °C beginnt das Wachstum schnell wieder, und die Pflanzen kommen rasch in Ertrag. Voraussetzung für diese Methode ist jedoch, daß die Pflanzen sehr gut in Kultur, kräftig aufgebaut und gut belaubt sind. Ist dies nicht der Fall oder zeigen sie viel schwaches Holz, wendet man besser den herkömmlichen Rückschnitt im Anschluß an eine Ruhezeit an.

Pflegemaßnahmen

Klimatisierung
Neben der Kontrolle der Temperaturführung ist die Gestaltung angemessener und gleichmäßiger Luftfeuchtigkeitsverhältnisse wichtig. Insbesondere junge Pflanzen, vor allem spät gepflanzte Winterhandveredlungen, erleiden Blattverbrennungen, wenn die relative Luftfeuchtigkeit stark und vor allem schnell absinkt. Daher ist vorsichtig zu lüften und die Heizung mit Bedacht einzusetzen. Ebenso ist das „Schwitzen" der Rosen durch Kondensation infolge zu hoher relativer Luftfeuchtigkeit durch Lüften und Heizen (Vegetationsheizung) zu vermeiden.

Abb. 176. Vorbeugender Pflanzenschutz ist notwendig; so gehören Schwefelverdampfer zum erforderlichen Inventar.

Schattiert wird so wenig wie möglich, wenn auch nicht ganz darauf verzichtet werden kann. Schattierfarbe sollte nur in dünner, transparenter Schicht verwendet werden.

Netz anbringen
Die Anbringung eines Netzes (Chrysanthemennetz) beugt krummen Blütenstielen vor und sollte rechtzeitig erfolgen. Die Notwendigkeit wird allerdings unterschiedlich beurteilt und ist zumindest von den Sorteneigenschaften abhängig.

Pflanzenschutzmaßnahmen
Rosen erfordern laufende phytosanitäre Überwachung und prophylaktischen Einsatz von Pflanzenschutzmitteln. So ist zum Beispiel an den fast ständigen Gebrauch von Schwefelverdampfern zu denken, wobei auf die Gefahr von Schwefelschäden an den Pflanzen bei höheren Temperaturen hinzuweisen ist.

Regulierung der Blütezeit
Rosen sind von Natur aus keine Winterblüher, doch im Intensivanbau werden gute Wintererträge erwartet. Sie remontieren willig und bieten somit die Möglichkeit, zumindest während eines großen Teils des Jahres, Blumen ernten zu können. Dies wird in der Praxis mit unterschiedlichen Methoden erreicht:

Kultur auf Schnitt, also einzelne, einander folgende Flore, mit Zwischenpausen ohne Ertrag,

Durchkultivieren, auch während des Winters, mit möglichst gleichmäßig verteilten und daher kontinuierlichen Ernten ohne ertragsfreie Zwischenzeiten.

Abb. 177. „Schwefelkanone“ im Einsatz.

Kultur auf Schnitt

Dies ist die übliche Methode. Im Laufe des Jahres werden 5 bis 7 Flore erzielt, wobei im Winter die Ruhezeit mit dem Rückschnitt liegt. Ziel dieses Verfahrens ist es, zu jeweils absatzgünstigen Zeiten hohe und qualitativ hochwertige Erträge zu bekommen. Durch das Nebeneinanderschalten mehrerer Sätze lassen sich die Blütezeiten (Flore) der einzelnen Sätze so gegeneinander verschieben, daß ganzjährig jederzeit Rosen geschnitten werden können. Gegenüber der Freilandkultur ist damit sowohl eine Verfrühung als auch zum Winter hin eine Verspätung möglich. Die deutliche Trennung der einzelnen Flore voneinander ermöglicht die für jedes Entwicklungsstadium günstigste Behandlung und Kulturführung, also Förderung des vegetativen Aufbaues der Pflanzen in der Zeit zwischen zwei Floren und bewußtes Hinführen auf die Blüte, Förderung der Blüte und deren Qualität während des Flores.

Die Blühdauer eines Flores kann mit ungefähr bis zu vier Wochen angegeben werden. Sie richtet sich nach Schnitt-, Stutz- und Kulturmaßnahmen, Sorteneigenschaften, Gleichmäßigkeit der Entwicklung und Witterungsverlauf. Die vegetativen Zwischenperioden dauern je nach Jahreszeit, Sorte und Kulturbedingungen etwa 4 bis 8 Wochen.

Zwangsläufig muß ein Schnitt während des Sommers in einer Zeit der Tiefstpreise in Kauf genommen werden. Um das zu umgehen, kann man diesen Flor entweder durch Stutzen verschieben, oder man läßt ihn ausblühen. Die übrigen Flore richten sich zeitlich nach dem Termin des Antreibens nach der Ruhezeit. Sorten mit guten Wintererträgen gehen erst spät in diese Ruhezeit, können also auch erst spät wieder angetrieben werden im Gegensatz zu solchen mit schlechter Wintereignung, die schon ab Januar wieder in Kultur genommen werden können.

Ruhezeit
Die Ruhezeit wird durch Verringerung der Wassergaben bis hin zum Wasserentzug und Senkung der Temperatur auf frostfreies Niveau, also 4 bis 6 °C, eingeleitet. Sie dauert je nach Sorte 4 bis 6 Wochen.

Der Zeitpunkt dafür hängt vom letzten Flor ab, im wesentlichen aber von den Sorteneigenschaften. Sorten mit guten Wintererträgen werden erst nach, solche mit schlechten schon vor Weihnachten zur Ruhe übergeleitet, also zwischen Anfang Dezember und Anfang bis Mitte Januar. In der gleichen Reihenfolge werden sie ab Januar wieder angetrieben, nachdem vorher der Rückschnitt erfolgte und die erforderlichen Pflanzenschutzmaßnahmen durchgeführt wurden.

Ausblühen
Das sogenannte Ausblühen wird bei der Kultur auf Schnitt angewendet, kann aber auch am Anfang einer Um- beziehungsweise Einstellung auf das Durchkultivieren stehen. Gründe dafür sind:
- Auslassen eines unrentablen Sommerschnittes,
- Verlegen der Blütezeit auf einen günstigeren Termin,
- Schonung der Pflanzen als Grundlage für qualitativ und quantitativ gute Erträge im Herbst und Winter,
- Einsparung von Erntezeit beziehungsweise -arbeit im Sommer,
- ungleichmäßig blühende Bestände entweder für die Kultur auf Schnitt wieder auf einzelne, deutlich voneinander abgesetzte Flore bringen, zum Beispiel bei Aufgabe des Durchkultivierens, oder umgekehrt auf Schnitt kultivierte Sätze auf den kontinuierlichen Blütenanfall für das Durchkultivieren bringen.

Das Ausblühen erfolgt in den Sommermonaten. Man läßt die Blumen auf den Pflanzen vollkommen verblühen. Bevor die Blütenblätter abfallen, werden die Blütenköpfe abgesammelt, um Pilzkrankheiten zu vermeiden. Das Ausblühen dauert maximal vier Wochen. Anschließend wird auf ein gutes Fünferblatt gestutzt, das heißt, am Trieb bleiben, je nach Qualität der Pflanze, etwa 3 bis 4 gute Fünferblätter stehen. Die hieraus austreibenden Triebe bilden weit bessere Knospen als Wintertriebe.

Als Zeitraum für das Ausblühen wählt man eine Periode schlechter Preise beziehungsweise des Überangebotes, also etwa ab Mitte Juli bis gegen Ende August. Ein früherer Beginn ist unzweckmäßig, weil bei der anschließenden raschen Triebentwicklung noch unter den beschleunigenden Bedingungen des Sommers der neue Flor immer noch in der preislich weniger günstigen Zeit anfallen kann.

Selbstverständlich müssen während des Ausblühens alle wichtigen Pflege- und Überwachungsarbeiten sorgfältig weitergeführt werden. Eine Vernachlässigung, zum Beispiel im Pflanzenschutz, darf nicht eintreten.

Teilweises Ausblühen
Neben der beschriebenen Methode kann in bestimmten Fällen auch ein nur teilweises Ausblühen angebracht sein. Hierbei geht man weit weniger radikal mit dem Flor um, sondern bringt ihn zum Beispiel für die Durchkultivierung zum Streuen. Es wird nur ein Teil der Blüten nicht geerntet und zum Verblühen an der

Pflanze gelassen. Man geht auch nicht so weit, diese Blumen total ausblühen zu lassen, sondern entfernt ein- bis zweimal wöchentlich jeweils die am weitesten aufgeblühten Blüten. Die Stiele werden gleichzeitig auf 3 bis 4 gute Fünferblätter zurückgeschnitten. Mit dieser Methode kann man jederzeit beginnen, wenn es im Kulturplan nützlich erscheint, um auf das Durchkultivieren umzustellen. Zweckmäßigerweise wird man eine Periode mit schlechten Marktbedingungen wählen. Im Anschluß an das teilweise Ausblühen beginnt die kontinuierliche Ernte.

Durchkultivieren
Die holländische Bezeichnung „doorstoken“ (Durchheizen) weist auf die Problematik dieser Methode hin: der Heizkostenanteil im Winter ist beträchtlich. Während die Ruheperiode bei der üblichen Kulturführung gerade in der kältesten Zeit liegt und kaum Heizungsaufwand erfordert, müssen durchkultivierte Bestände ununterbrochen bei Temperaturen auf Produktionsniveau gefahren werden.

Für diese Kulturmethode sind nicht alle Sorten geeignet. Es kann nur lohnend sein, Sorten mit guten Wintererträgen zu wählen, weil diese von Natur aus ein relativ geringes Ruhebedürfnis besitzen. Sie müssen jederzeit – auch unter den lichtarmen Bedingungen des Winters – gute, kräftige Schnittstiele ausbilden und dürfen nicht zur Blindtriebbildung neigen, die zwar nicht grundsätzlich verhindert, wohl aber durch die Sortenwahl begrenzt werden kann. Außerdem können nur solche Bestände durchkultiviert werden, die sich in allerbestem Kulturzustand befinden.

Kulturen, die im Winter schlecht stehen, sollten nicht durchkultiviert werden, da sie keinesfalls gute Erträge bringen und obendrein anschließend geschwächt in die neue Saison gehen. Ihnen gewährt man besser eine Ruhezeit, die, wie üblich, 4 bis 6 Wochen dauern kann und mit einem Rückschnitt abgeschlossen wird, oder sie bleiben ungefähr 3 Wochen lang bei etwa 12 °C stehen und werden dann auf die höchsten guten Augen zurückgenommen (vergleiche Grünschnitt Seite 461).

Die Temperatur ist den Sorten entsprechend um 18 °C zu halten. Treten dabei infolge niedriger Lichtintensität in größerem Maße schwache und schlaffe Triebe auf, geht man bis auf ungefähr 15 °C zurück. Sobald sich das Lichtangebot bessert, wird die Temperatur wieder erhöht.

Spezielle Kulturmethoden

Strivetten
Ein interessanter Vorschlag kommt ebenfalls aus den Niederlanden. Demnach werden wurzelechte Rosen in Steinwolle auf unkonventionelle Weise kultiviert. Hierüber berichten unter anderem van den Berg (1980), Dubois und deVries (1979) und de Vries, Verwer und Dubois(1977).

Stecklinge von etwa 5 Zentimeter Länge mit einem guten Fünferblatt werden nach Vorbehandlung mit Pflanzenschutz- und Bewurzelungsmitteln in Steinwolle gesteckt und bei 25 °C bewurzelt. Dabei werden sie belichtet, durchgehende Belichtung scheint am günstigsten zu sein. Die Bewurzelungsdauer beträgt 12 bis 20 Tage. Anschließend werden sie sehr dicht bis zu etwa 100 Stück/m^2 auf Bewässerungsmatten auf Tischen aufgestellt und weiterkultiviert. Ohne Stutzen wird die erste und einzige Blume herangezogen, die schon nach 30 bis 55 Tagen geerntet werden kann, wie es sich in Versuchen zeigte. Anschließend wird geräumt, die

Abb. 178. Anzucht in Steinwolle (GRODAN) für die Strivetten-Kultur.

nächste Strivetten-Kultur kann folgen. Allerdings wird darauf hingewiesen, daß unter Umständen auch eine oder mehrere weitere Blumen geerntet werden können. Bei dieser Kultur sind jedoch nur relativ kurze Stiele von weniger als 60 cm Länge zu erwarten.

Zusammenfassend kann festgestellt werden, daß es gut möglich ist, Schnittrosen in Steinwolle auf eigener Wurzel und auf engstem Raum zu kultivieren. Die Ausnutzung der Fläche wird durch Rolltische zusätzlich intensiviert. Im Jahresdurchschnitt können auf diese Weise mehr als 400 kleinblumige Rosen (Floribunda-Sorten) vom Quadratmeter geerntet werden.

Kultur in Einfachbauten

Wenn zur Energieeinsparung vorgeschlagen wird, die Ruhezeit der Rosen zu verlängern und erst wieder anzutreiben, sobald dies mit relativ geringem Heizaufwand möglich ist, liegt der Gedanke nahe, die Kultur überhaupt in billigeren Bauten durchzuführen, in denen ohnehin erst später mit der Kultur begonnen werden kann. Stationäre Gewächshäuser sind zu teuer, um ungenutzt zu stehen.

Folienhochtunnel dürften für diese Zwecke geeignet sein. Sie lassen sich nach Bedarf und Möglichkeiten des Betriebes auch mit einer geeigneten Heizung, zum Beispiel Vegetatationsheizung, ausstatten. Damit kann mit relativ geringfügigem Aufwand der Start wesentlich erleichtert werden. Die Klimaführung ist in derartigen Bauten gut, was sowohl aus Berichten beispielsweise über die Verfrühung von Schnittstauden oder die Kultur von Miniaturnelken hervorgeht, als auch in umfangreichen Messungen unter anderem an der Fachhochschule Osnabrück nachgewiesen werden konnte.

Abb. 179. Solange Rosenpflanzungen noch nicht zu dicht stehen, lassen sie begrenzt Zwischenkulturen, etwa Gladiolen, zu.

Die Firma Kordes' Söhne, Sparrieshoop, weist in ihrer Schnittrosen-Information 1979/80 eigens auf diese Möglichkeit hin und benennt dafür geeignete Sorten, betont aber gleichzeitig, daß nicht alle Sorten für diese Art des Anbaues geeignet seien.

Freilandkultur

Freilandanbau für Schnittzwecke kann nur sinnvoll sein, wenn er weitestgehend rationalisiert und somit arbeitsextensiv ist. Die Reihenabstände richten sich nach den Bearbeitungsgeräten und -maschinen. Der Rückschnitt wird maschinell durchgeführt und das abgeschnittene Holz zum Mulchen benutzt. Im Interesse einer zügigen Bearbeitung sollten nur wenige Sorten gepflanzt werden, um ein häufiges Umstellen der Maschinen auf die jeweilige Pflanzenhöhe zu umgehen. Die Sorten werden in Längsreihen und mindestens in Maschinenbreite gepflanzt, keinesfalls jedoch quer zur Arbeitsrichtung.

Die Ernte muß ebenfalls arbeitsparend durchgeführt werden, zum Beispiel kann in einem Arbeitsgang geschnitten und gebündelt werden. Dies ist eine Frage der Organisation.

Freilandanbau in kleineren Parzellen ist kaum lohnend, weil er mit zu viel Handarbeit belastet ist.

Ernte

Schnittreife

Rosen dürfen nicht zu knospig geschnitten werden. Bei den meisten Sorten müssen die Knospen gut Farbe zeigen und beginnen, sich leicht zu öffnen, indem ein

Abb. 180. Schäden durch Schwefel.

Abb. 181. Über den Winter angehäufelte Freilandrosen werden im Frühjahr freigeblasen.

Abb. 182. Nach einer Frostschutzberegnung tragen die Rosen einen Eispanzer. Bis zum Abtauen muß weiter beregnet werden.

Abb. 183. Auch Freilandrosen lassen sich durch gezieltes Stutzen auf gleichmäßigen Flor und gute Qualität bringen.

Blütenblatt anfängt, sich aus der Knospe zu lösen. Zu knospig geschnittene Blumen blühen in der Vase nicht auf und verderben sehr schnell. Sortenunterschiede sind zu beachten.

Bereits geöffnete Blüten sind zu weit entwickelt und nicht mehr ausreichend haltbar.

Ernten

Jeder Erntegang ist im Prinzip eine Schnittmaßnahme, zum Beispiel im Sinne des Stutzens. Die Langstieligkeit der Schnittrosen ist zwar ein ausschlaggebendes Qualitätsmerkmal, doch steht bei einer so langlebigen, aufwendigen Kultur im Zweifelsfalle die Pflanze und deren Aufbau gegenüber einem etwas längeren Stiel einer einzelnen Blume im Vordergrund. Untersuchungen von Zieslin (1981) über die Bedeutung der Schnittechnik bei der Ernte unterstreichen dies eindrucksvoll. Somit ist das Ernten von gut angelernten Arbeitskräften durchzuführen!

Die Blütenstiele werden mit der Rosenpräsentierschere so geschnitten, daß 1 bis 3 gute Augen am Trieb zurückbleiben, um den weiteren Aufbau der Pflanze zu garantieren und die Grundlage für den nächsten Flor zu legen. Bei durchkultivierten Beständen sind die auf Seite 461 gegebenen Hinweise unbedingt zu beachten (August bis Oktober Ernte nur kurzer Stiele, Oktober bis April Schnitt unterhalb der vorherigen Schnittstelle).

Die Ernte wird möglichst nicht bei voller Sonne durchgeführt, sondern besser in den frühen Morgenstunden oder bei bedecktem Wetter. Gegebenenfalls muß

Abb. 184. Eine praktische Erntewanne zum Ablegen und Sammeln der Rosen im Haus und für den Transport zum Sortierraum.

Abb. 185. Schonende Behandlung der Rosen zwischen Ernte und Weiterverarbeitung als Voraussetzung für gute Haltbarkeit wird so garantiert.

Abb. 186. Das „Einschlafen" geht oft dem Abknicken (Abb. 174) voraus. Das Festigungsgewebe im oberen Stengelteil ist, z. B. durch zu warme Kultur, mangelhaft ausgebildet. Die Haltbarkeit beträgt nur wenige Tage.

schattiert werden. Da Erntearbeit sehr aufwendig ist, kommt ihrer Organisation große Bedeutung zu. Nach holländischen Angaben entfallen auf Ernte und Aufbereitung der Rosen bei Einsatz einer Sortiermaschine 73% des Gesamtarbeitsaufwandes für die Kultur, und zwar (CONSULENTSCHAPPEN ohne Jahresangabe):

Ernten	38% des Gesamtarbeitsaufwandes
Sortieren	8% des Gesamtarbeitsaufwandes
Bündeln	27% des Gesamtarbeitsaufwandes

Diese Zahlen entscheiden mit darüber, ob während der Periode sommerlicher Niedrigpreise geerntet werden kann oder besser zum Ausblühen übergegangen wird.

Die hohe Belastung durch die Erntearbeit läßt sich nur durch beste Vorbereitung und durchdachte Organisation mildern. Hierzu gehört nicht nur arbeitsparendes Sammeln und Transportieren des Erntegutes, zum Beispiel mit Erntewagen (Tuchwagen, Monorail und so weiter), sondern auch die Art des Erntens, etwa einseitig oder zweiseitig schneiden, also auf einem Ernteweg gleich zu beiden Seiten des Weges ernten. Bei einseitigem Ernten muß jeder Weg doppelt zurückgelegt werden. Dies ist bei der Hauseinteilung (Zweireihen-, Mehrreihenpflanzung, Beetlänge, Wegbreite) zu beachten. Nach VAN DEN BURG (1980) kann davon ausgegangen werden, daß beim Ernten von Rosen in den Arm die maximale Beetlänge bei etwa 45 Meter liegt, während sie bei Einatz eines Erntewagens oder der Monorail 90 Meter betragen kann.

Abb. 187. Für die Längensortierung der Rosen werden Sortiermaschinen eingesetzt. Sie eignen sich auch für andere starkstielige Blumen wie Alstroemerien.

Abb. 188. Das Bündeln erfolgt nach den Marktvorschriften am Sortiertisch in einheitlicher Qualität, Knospe auf Knospe.

Abb. 189. Drahtkörbe sind leicht, ferner zum Einstellen in Wässerungsbecken geeignet. Bei der Entnahme zur Weiterverarbeitung tropfen sie rasch ab.

Rosenpräsentierscheren sind mit und ohne Zählwerk lieferbar. Wichtiger ist es jedoch, beim Kauf darauf zu achten, daß das Gerät grifftechnisch einwandfrei, gewichtsmäßig nicht zu schwer sowie stabil und haltbar ist (Stockey 1975).

Die geernteten Rosen werden im Haus in losen Bunden gesammelt, wie sie von den Erntewagen entnommen werden und in Sammelbehälter abgelegt, mit denen sie unverzüglich zur Weiterverarbeitung in den Sortierraum transportiert werden. Es ist falsch, Rosen nach dem Schnitt längere Zeit im warmen Gewächshaus liegen zu lassen. Sie müssen so schnell wie möglich versorgt werden und ins Wasser kommen.

Weiterverarbeitung

Die geernteten Rosen dürfen an warmen Tagen keinesfalls aus dem sehr warmen Gewächshaus direkt in den Kühlraum kommen, wie das immer wieder geschieht. Der plötzliche starke Temperatursturz führt zu schweren irreparablen Schäden am Erntegut. Sie müssen vorher im kühlen, aber zugluftfreien Sortierraum akklimatisiert, also allmählich an tiefere Temperaturen gewöhnt werden. In diesem Zusammenhang ist der Vorschlag von Welling (1979) interessant, zwei Kühlräume einzurichten: einen für die Vorkühlung und einen für die Lagerung.

Die Sortierung erfolgt nach Qualität und Stiellänge. Zur Stiellängensortierung stehen leistungsfähige Maschinen zur Verfügung. Die Sortierplätze sollten nach Erkenntnissen arbeitswirtschaftlicher Untersuchungen gestaltet sein. Die Industrie bietet verschiedene Sortiertische an. Die hohen Arbeitsaufwendungen für diese Arbeiten rechtfertigen zweifellos entsprechende Investitionen. Schließlich wird nach den Marktvorschriften gebündelt.

Die fertigen Bunde können, in Gitterbehältern stehend, in fahrbaren, wassergefüllten Wannen im Kühlraum untergebracht werden. Dieser wird bei 2 °C und 80 % – nach Welling (1979) sogar bei 99,9 % – relativer Luftfeuchtigkeit gehalten. Die Lagerdauer sollte so kurz wie möglich gehalten werden, etwa nur über das Wochenende. Eine maximale Lagerdauer von 5 Tagen verbietet sowieso spekulative Lagerung.

Die genannte hohe relative Luftfeuchtigkeit von 99,9 % im Kühlraum wird von Welling (1979) als ideal bezeichnet, weil sie Verdunstungsverluste vermeidet, die zu Schäden an den Blüten führen. Die Botrytis-Gefahr hält er für gering, solange Niederschlag auf den Blüten vermieden wird. Daher sollten, wie oben erwähnt, zwei Kühlräume zur Verfügung stehen, weil nur so der eigentliche Lagerraum den genannten Anforderungen genügt. Steht nur ein Kühlraum zur Disposition, wird durch häufiges Öffnen der Türen ständig wärmere, feuchte Luft eingelassen, die zwangsläufig zur Kondensation führt.

Er empfiehlt aus ähnlichen Überlegungen heraus das Verpacken der Bunde in perforierte Folie, wodurch vermieden wird, daß innerhalb des Bundes rund um die tiefer in der Verpackung sitzenden Blumen ein Mikroklima mit zu hoher relativer Luftfeuchtigkeit entsteht. Die Pockenbildung auf diesen Blüten wird damit auch während der Lagerung vermieden.

Abb. 190. Zur Vermarktung angelieferte Bunde.

Erträge

Die Erträge schwanken von Sorte zu Sorte, mit dem Alter der Bestände und mit der gesamten Kulturführung. Es ist daher schwierig, annähernd realistische Zahlen anzugeben. In einem sehr weiten Durchschnitt kann mit Ernteergebnissen von ungefähr 100 bis 150 Schnittrosen/Brutto-m^2 und Jahr gerechnet werden. Neben der Zahl der geernteten Rosen spielen die jahreszeitliche Verteilung der Erträge und die Qualitätsanteile eine ausschlaggebende Rolle.

Standdauer

Standdauer

Rosen sind als ausdauernde Gehölze langlebige Pflanzen und können langjährig kultiviert werden. Die Standdauer eines Satzes im Unterglasanbau richtet sich nach einer Reihe von Überlegungen, zu denen unter anderem folgende gehören:

- Hohe Investitionen für das Pflanzmaterial erfordern eine möglichst lange Standdauer, ebenso der mit der Rodung und Neupflanzung verbundene Arbeitsaufwand.
- Mögliche Veränderungen im Sortiment, Überalterung der Pflanzen, abnehmende Menge und Qualität der Erträge, zunehmende Höhe des Bestandes, steigender Pflegeaufwand, Krankheiten und Schädlinge und so weiter begrenzen die Standdauer.

Während man noch in der Nachkriegszeit Rosen oft länger als zehn Jahre stehen ließ, geht man heute von einer durchschnittlichen Standdauer von 5 bis 7 Jahren aus. Das schließt im Einzelfalle die längere Nutzung eines Bestandes nicht aus, sondern die jeweils herrschenden Bedingungen und daraus abzuleitenden Folgerungen prägen die Entscheidung über die Standdauer. Kürzere Standzeiten als fünf Jahre dürften allerdings unwirtschaftlich sein, da eine Rosenkultur bis zum Vollertrag mindestens ein Jahr Anlaufzeit benötigt.

Rodung

Die Rodung ist mit erheblichem Arbeits- und Kraftaufwand verbunden, weshalb sie nach Möglichkeit maschinell erfolgt. Dabei kann der gesamte Bestand oder auch nur das Wurzelwerk an Ort und Stelle zerkleinert und in den Boden eingearbeitet werden. Das ist jedoch nur bei gesunden Kulturen ratsam. Sollte zum Beispiel Verticillium-Befall vorliegen, ist es sicherer, alle Pflanzenteile einschließlich der Wurzeln wegen der Verseuchungsgefahr der nachfolgenden Kultur sorgfältig aus dem Hause zu entfernen. Es ist nicht sicher, daß der Pilz auch in den dicken, kräftigen Wurzeln durch Entseuchungsmaßnahmen vollständig abgetötet wird. Befallene Pflanzen werden verbrannt.

Literatur

Anonym: Roos-Maatregelen in zomer. Vakbl. v. d. Bloemist. **34,** (26), 27, 1979 a.
–: Gekoeld transport in aanhangers. Vakbl. v. d. Bloemist. **34,** (27), 27, 1979 b.
–: Roos-Zomerbehandeling/doorgaan met oogsten/uitbloeien en bijhouden/op snee brengen/geen verwaarlozing. Vakbl. v. d. Bloemist. **34,** (29), 25–26, 1979 c.
–: Roos-Houdbaarheid. Vakbl. v. d. Bloemist. **34,** (32), 28, 1979 d.
–: Roos-Stikstofbemesting in het najaar. Vakbl. v. d. Bloemist. **34,** (38), 27, 1979 e.
–: Roos-Zout. Vakbl. v. d. Bloemist. **34,** (41), 27, 1979 f.
–: Roos-Onderdoor knippen. Vakbl. v. d. Bloemist. **34,** (43), 33, 1979 g.

Rosa-Kultur (Übersicht)

Kulturabschnitt/ Kulturmaßnahme	Termin			Temperatur	Spezielle Hinweise
Pflanzgut	Büsche	Schlafende Augen	Winterhand-veredlungen		
Pflanzung	XI–I	XII–I		Von etwa 5 °C ansteigend bis 15 bis 17 °C	Büsche langsam antreiben! Schlafende Augen können schneller auf Produktionstemperatur gebracht werden
			II–IV	14 Tage 20 °C bei Nacht, danach 16 bis 17 °C	Hohe relative Luftfeuchtigkeit; bei später Pflanzung eventuell leicht schattieren
Stutzen	Sobald Trieb lang genug ist, auf 3 bis 4 Fünferblätter. Später nach Bedarf auf 2. bis 3. Fünferblatt von oben, sobald Knospe sichtbar				Zum Aufbau der Pflanze auch Grundtriebe stutzen. Durch Stutzen verschiebt sich die Ernte um 3 bis 4 Wochen
Ruhezeit	Sortenbedingt zwischen E XI und A II. Bei durchkultivierten Beständen keine Ruhezeit, im Bedarfsfalle Halbruhe			Frostfrei um 4 bis 5 °C 12 °C	Trockenhalten; Dauer: 4 bis 6 Wochen 3 Wochen, dann: Grünschnitt
Rückschnitt	Am Ende der Ruhezeit, auf wenige Augen oberhalb der vorjährigen Schnittstelle			Frostfrei	Schnittabfall kann zerkleinert als Mulch liegen bleiben. Pflanzenschutzmaßnahmen
Wiederantreiben nach der Ruhezeit	4 bis 6 Wochen nach Einleitung der Ruhe			16 bis 18 °C	Anpassen der relativen Luftfeuchtigkeit

Ausblühen beziehungsweise Teilweises Ausblühen	Ab M VII–M VIII, Dauer maximal 4 Wochen			Verblühte Blüten entfernen, danach Stutzen auf 3 bis 4 gute Fünferblätter
Erste Blüte nach Pflanzung	E IV–A V	A V	VI	Bei Ernte ausreichend gute Augen beziehungsweise Fünferblätter schonen
Weitere Florfolgen	Je nach Sorte, Jahreszeit, Kulturführung in Abständen von 4 bis 8 Wochen, bei durchkultivierten Beständen kontinuierliche Ernte			Dauer eines Flors: 2 bis 4 Wochen
Steuerung der Blütezeit	Wahl der Antreibtermine, der Stutz- und Schnittmaßnahmen und der Temperatur			Keine photoperiodische Reaktion
Kulturdauer:				
Pflanzung–Blüte	4 bis 5 Monate	3 bis 4 Monate	2 bis 3 Monate	
Pflanzung–Rodung	5 bis 7 Jahre, unter Umständen länger			
Ertrag	100 bis 150 Schnittrosen/Brutto-m^2/Jahr			Sortenbedingt, kulturabhängig
Markt				Im allgemeinen gut, abhängig von der Jahreszeit

Häufige Kulturfehler

Fehlerquelle	Kulturfehler	Folgen
Ernährung	Überhöhte Stallmistgabe, zu frischer Stallmist	Unter Umständen Erhöhung der Salzkonzentration im Boden über die Schädigungsgrenze: Wurzelschäden, Ausfälle
	Stallmistgabe zur Unzeit, zum Beispiel im Winter	Verbrennungsgefahr durch Ammoniakentwicklung
	Überhöhte Salzkonzentration im Boden	Wurzelverbrennung, plasmolytische Erscheinungen, in schweren Fällen Totalausfall. Neupflanzungen besonders gefährdet
	Mangel an Spurennährstoffen, zum Beispiel Eisen, Mangan (zum Beispiel bei zu hohem pH-Wert infolge überhöhter Stallmistgabe)	Blattvergilbungen, Wachstumsdepressionen
Wasser	Hoher Gehalt an Kalk, Eisen und anderem	Blattverschmutzung, dadurch in schweren Fällen Wachstumshemmung; Absatzschwierigkeiten durch schmutziges Laub
	Pflanzung trockener, nicht gewässerter Pflanzen	Anwachsschwierigkeiten, unter Umständen Ausfall durch Trockenheit
	Benetzung des Laubes zur Unzeit, zum Beispiel abends, bei trübem Wetter, bei stehender Luft	Botrytis-Befall, Flecken
	Zu niedrige relative Luftfeuchtigkeit unter 60 %	Behinderung des Austriebes, Triebverhärtungen
	Zu hohe relative Luftfeuchtigkeit, besonders nachts über 85 bis 90 %, bei Tage über 80 %	Kondensationsgefahr; Botrytis. Wachstumsstörungen, da Transpiration eingeschränkt. Bei anfälligen Sorten sogenannte „schwarze Knospen“, weiche Stiele
	Zu geringe und/oder schwankende relative Luftfeuchtigkeit im Kühlraum	Qualitätsschäden am Erntegut, speziell an Knospen und Blättern

Licht	Lichtentzug durch zu enge Pflanzung, Schattierung, verschmutztes Glas	Spürbare Mindererträge! Qualitätsmängel
Temperatur	Zu hohe Temperatur, zum Beispiel ständig 20 °C und darüber, insbesondere in Verbindung mit Lichtmangel und hoher Luftfeuchtigkeit	Zwar schnellere Entwicklung, kürzere Florfolgen, aber: weiche, schlaffe Stiele, verminderte Haltbarkeit
	Zu starke Nachttemperaturabsenkung auf weniger als 15 bis 16 °C, insgesamt zu niedrige Temperaturen, auch tagsüber	Verstärkte Blindtriebbildung, Ertragsminderung, Blütenverkrüppelungen („Bullenköpfe“)
Ernte	Schnitt schlecht ausgereifter, zu knospiger Rosen	Haltbarkeitsmängel
	Nichtbeachtung der Pflanze beziehungsweise des nachfolgenden Austriebes durch rücksichtsloses Ernten zu langer Stiele, keine Schonung der Augen am unteren Stielteil	Mangelhafter Austrieb, damit schlechte Ergebnisse des Folgeflores, auf weite Sicht Mindererträge durch unplanmäßig aufgebaute Pflanzen
	Schlechte Organisation der Erntearbeit	Zu hohe Arbeitsaufwendungen, Qualitätsverluste
	Rosen bleiben zu lange trocken im warmen Gewächshaus liegen	Verminderte Haltbarkeit, Qualitätsverluste
	Rosen kommen aus dem warmen Haus direkt in den Kühlraum ohne vorhergehende Akklimatisierung oder Vorkühlung	Knospenverfärbungen, Haltbarkeitsverlust, Absatz gefährdet
Pflanzenschutz	Nichtbeachtung der Anwendungsvorschriften für Pflanzenschutz- und Bodendesinfektionsmittel, zum Beispiel Methylbromid, Schwefelanwendung bei Sonne und hoher Temperatur	Schäden an den Pflanzen, Ausfall eines ganzen Flors oder ganzer Pflanzen
Durchkultivierte Bestände	Verwendung ungeeigneter Sorten oder in schlechtem Kulturzustand befindlicher Bestände	Mißerfolge im Winter und in der Folgezeit

Pflanzenschutz

Krankheit, Erreger, Schädling	Schadbild	Bekämpfung	Bemerkungen
Rindenflecken- oder Brandfleckenkrankheit der Zweige *Coniothyrium wernsdorffiae* Laub.	Auf grünen vorjährigen Zweigen zunächst rote Fleckchen, später große, hellbraune, violettrandige Schadstellen. Oberhaut reißt auf, trocknet ein und sinkt ein	Vor dem Einwintern: Grünkupfer. Nach Rückschnitt: Grünkupfer, Propineb (Antracol)	
Sternrußtau, Schwarzfleckigkeit der Blätter *Marssonina rosae* Lib. = *Diplocarpon rosae* Wolf	Blattoberseits rundliche, oft sternförmige, graue oder graubraune Flecke. Blattverlust. Grüne Triebspitzen ebenfalls befallen	COMPO-Rosenfluid, Triforine (Saprol), Thiophanat M (Cercobin M), COMPO-Rosenspritzmittel, Phytox, Ultraschwefel, Dichlofluanid (Euparen) und andere	
Falscher Mehltau *Peronospora sparsa* Berk.	Rötliche bis bräunliche Verfärbungen, später grauschwarze Blattflecke; an diesen Stellen blattunterseits spärlicher, schmutzig-weißer Schimmelrasen	Bilobran, COMPO-Rosenfluid, eventuell Prothiocarb (Previcur), Mancoceb, Metiram	Zineb, Mancozeb wirken gut, hinterlassen jedoch Rückstände
Echter Mehltau *Sphaerotheca pannosa* Lév. var. *rosae* Wor.	Jüngere Blätter der Triebspitzen mit zartem Pilzanflug, oft rötlich überlaufen. Bei manchen Sorten dicker, mehlartiger Belag auf Blütenkelchen und -stielen	Schwefel verdampfen, Dodemorph, Chloraniformethan (Imugan), Triforine (Saprol), Plondrel 50, Bilobran	Bei hoher Temperatur Schwefelschäden
Botrytis-Stengel- und -Blütenfäule *Botrytis cinerea* Pers.	Junge, unausgereifte Zweige braunfaul, Blütenknospentriebe faulen, knicken um. Knospen braun, trocken, bei Feuchtigkeit mausgrauer Schimmelrasen. Blüte mit Pocken	B 500, Dichlofluanid (Euparen), Anilazin (Botrysan), TMTD, Ronilan, Rovral	Krankheit wird durch hohe Luftfeuchtigkeit gefördert

Spinnmilben, Rote Spinne *Tetranychus urticae* Koch und andere	Durch blattunterseitige Saugtätigkeit Sprenkelung, zuerst zwischen den Adernwinkeln entlang den Hauptadern, Blätter vertrocknen, fallen ab. Gespinstfäden sichtbar	Morestan-Spritzpulver, Fundal forte 750, Galecron, Pentac, Demeton (Metasystox)	Trockene Luft begünstigt den Schädling
Rosengelbmosaik	Symptome wechselnd. Gelbliche Flecke, Bänder, Ringe, manchmal ganze Blätter gelb oder Vergilbung entlang den Adern, die dadurch hell erscheinen		
Rosenstrichel	Fleckige Blattaufhellungen entlang Hauptadern. Braune, rötliche, grünliche Ringe, Streifen-, Bandmusterungen. Oft vorzeitiger Blattfall	Kranke Pflanzen ausmerzen. Einwandfreies Pflanz- und Vermehrungsmaterial verwenden	
Rosenwelke	Blätter junger Triebe durch abgestorbene Gewebestellen fleckig, nach hinten eingekrümmt. Fiederblättchen verdreht. Blattvergilbung, Blattfall. Stengelinneres braun verfärbt, Triebspitzen schwarz, sterben ab	Überträger bekämpfen	

–: Roos-Winterbemesting/Stalmest. Vakbl. v. d. Bloemist. **34,** (45), 25, 1979 h.
–: Roos-Struiken planten. Vakbl. v. d. Bloemist. **34,** (46), 19, 1979 i.
–: Roos-Snoeien. Vakbl. v. d. Bloemist. **34,** (48), 23, 1979 j.
–: Roos-Organische meststoffen in groeiend gewas. Vakbl. v. d. Bloemist. **34,** (49), 25, 1979 k.
–: Roos-„Loos" knippen. Vakbl. v. d. Bloemist. **34,** (52), 14, 1979 l.
–: Roos-Winterbemesting in voorjaar. Vakbl. v. d. Bloemist. **35,** (1), 21–22, 1980 a.
–: Roos-Terugknippen/Gietwater. Vakbl. v. d. Bloemist. **35,** (3), 19, 1980 b.
–: Roos-Ijzergebrek. Vakbl. v. d. Bloemist. **35,** (4), 31, 1980 c.
–: Energiebesparing dank zij teelt van rozen op steenwol. Vakbl. v. d. Bloemist. **35,** (20), 18–19, 1980 d.
Awad, A. E., Mohamed, B. R., und El-Fouly, M. M.: Enhancement of flower initiation and development in Roses after CCC treatment. Gartenbauwirtschaft **46,** (2), 93–96, 1981.
Barendse, L. V. J.: Zwarte bloemknoppen 'Ilona' gemakkelijk te voorkomen. Vakbl. v. d. Bloemist. **34,** (23), 37, 1979.
Berg, A. J. van den: Klimaatonderzoek en energiebesparing bij rozen. Vakbl. v. Bloemist. **34,** (46), 32–34; (47), 24–25; 1979.
–: Snijrozen op eigen wortel ins steenwol op tafels. Vakbl. v. d. Bloemist. **35**, (1980), 102–103, 105, 1980.
Berkholst, C. E. M.: De waterhuishouding van afgesneden rozen. Bedrijfsontwikkeling **11,** (3), 332–336, 1980.
Bosse, G.: Kann man Treibrosen im Winter frieren lassen? Taspo Magazin (1), 85, 1974.
–: Praxisnahe Versuche beweisen es: Schnittrosen für Rollhaus geeignet. Taspo-Magazin (1), 88–92, 1974.
Burg, J. J. M. van den: Arbeitsverlichting en -besparing in rozenteelt. Vakbl. v. d. Bloemist. **35,** (5), 66–67; (6) 34–35, 37; (7), 34–35; (9), 26–27, 1980.
Consultentschappen v. d. Tuinbouw, Proefstation v. d. Bloemist, Aalsmeer, Proefstation v. d. Groenten- en Fruitteelt o. Gl., Naaldwijk: Teelt van kasrozen. Bloementeeltinformatie No. 4, o. J., 6. Aufl.
Consulentschap v. d. Tuinbouw, Aalsmeer-Utrecht: Energiebesparing bij . . . teelt rozen. Vakbl. v. d. Bloemist. **34,** (48), 31, 1979.
Dekker, L. W.: De invloed van profielopbouw en grondwaterstand op het bewortelingspatroon van kasrozen op uiterst fijnzandige zavel- en kleigronden. Bedrijfsontwikkeling **11,** (2), 226–232, 1980.
v. Dr.: Welches Pflanzenmaterial für eine Rosen-Neupflanzung? Deutscher Gartenbau **30,** (3), 1064–1065, 1976 a.
–: Pflanzabstände im Vergleich bei der Rosen-Sorte 'Mercedes'. Deutscher Gartenbau **30** (3), 1067, 1976 b.
Dubois, L. A. M., und Vries, D. P. de: Strivetten, nog lang geen chrysantenteelt. Vakbl. v. d. Bloemist. **34,** (23), 30–31, 33, 1979.
Geers, F. A. M.: Kasklimaat in rozenteelt central. Vakbl. v. d. Bloemist. **33,** (45), 22–23, 1978.
–: Belichting en kasklimaat centraal in rozenteelt. Vakbl. v. d. Bloemist. **34,** (21), 26–27, 29, 1979.
Horridge, J. S., und Cockshull, K. E.: Flower initiation and development in the glasshouse rose. Scientia Horticulturae **2,** 273–284, 1974.
Kasteleyn, S. J.: Rozengewas wel of niet doorstoken? Vakbl. v. d. Bloemist. **35,** (33), 51, 1980.
Khosh-Khui, M., und George, R. A. T.: Responses of glasshouse roses to light conditions. Scientia Horticulturae **6,** 223–235, 1977.
Koningen, A.: Kwaliteitsbewaking bij rozen in de zomer. Vakbl. v. d. Bloemist. **35,** (23), 47, 1980.
–: Grondontsmetting voor rozenteelt. Vakbl. d. Bloemist. **34,** (44), 44–45, 1979.
Kordes' Söhne: Schnittrosen-Information 1979/80, 1980/81, 1981/82.
Kuyvenhoven, J.: Opbrengst rozen in 1978 hoger. Vakbl. v. d. Bloemist. **34,** (34), 46–47, 1979.
Kwaak, J. van den: Opslag van rozen in de koelcel. Vakbl. v. d. Bloemist. **34,** (46), 36–37, 1979.
Marsbergen, W. van: Toekomst voor onderstam Rosa indica 'Major'? Vakbl. v. d. Bloemist. **35,** (44), 32–33, 1980.

Moe, R.: Rosen – Kulturtemperatur und Ölersparnis. Gartenwelt **74,** 401–403, 1974.
Ohkawa, K.: Cutting-grafts as a means to propagate greenhouse roses. Scientia Horticulturae **13,** 191–199, 1980.
Pol, P. A. van de, und Vliet G. van der: Rozen stekken en enten in één handeling. Vakbl. v. d. Bloemist. **34,** (26), 40–41, 1979.
Rissel, E. van: Bodem van groot belang bij rozenteelt. Vakbl. v. d. Bloemist. 35, (23), 42–43, 1980.
Stockey, F.: Die Technik beim Schneiden und Bündeln von Rosen. Gartenwelt **75,** 296–299, 1975.
Vonk Noordegraaf, C.: Programmeren in de rozenteelt. Bedrijfsontwikkeling **3,** (10), 949–952, 1972.
Vries, D. P. de, Verwer, F. L. J. A. W., und Dubois, L. A. M.: Strivetten, revolutionaire teeltmethode voor rozen? Vakbl. v. d. Bloemist. **32,** (25), 52–53, 55, 1977.
Welling, P. A.: Betere bewaring rozen mogelijk. Vakbl. v. d. Bloemist. **34,** (20), 41, 1979.
–: Optimale grondbewerking voorkomt veel problemen tijdens rozenteelt. Vakbl. v. d. Bloemist. **35,** (44), 34–35, 1980.
Zieslin, N.: Plant management of greenhouse roses. Flower cutting procedure. Scientia Horticulturae **15,** 179–186, 1981.
–, und Halevy, H. A.: Flower bud atrophy in 'Baccara'-roses. Scientia Horticulturae **3,** 209–216, 383–391, 1975; **4,** 73–78, 1976.
–, Kirscholtz, J., und Mor, Y.: Effect of night temperature and growing-practices on the winter yield of roses. Scientia Horticulturae **8,** 363–370, 1978.
–, und Mor, Y.: Plant management of greenhouse roses. The pruning. Scientia Horticulturae **14,** 285–293, 1981a.
–,–: Plant management of greenhouse roses. Formation of renewal canes. Scientia Horticulturae **15,** 67–75, 1981b.

Spathiphyllum

Spathiphyllum Schott – n – *Araceae*

Name: spatha (gr.) = Blütenscheide, phyllon (gr.) = Blatt

Heimat: Etwa 27 Arten sind im tropischen Amerika, 2 im malaiischen Raum beheimatet.

Bedeutung für den Schnittblumenanbau

Art	Heimat	Blütezeit
S. floribundum (Lind. et André) N. E. Br.	Kolumbien	Frühjahr bis Winter
S. wallisii Regel	Kolumbien, Venezuela	Frühjahr bis Winter

Den Anthurien ähnlich, aber doch weit weniger prächtig, haben *Spathiphyllum* nur geringe Bedeutung als Schnittblumen, können aber doch als Bereicherung des Sortimentes angesehen werden. Dafür kommen nur Arten bzw. Sorten mit reinweißer Spatha in Frage; Typen mit grünlicher, wenig auffallender Färbung scheiden aus.

Vermehrung

Als einfachste Vermehrungsmöglichkeit bietet sich die Teilung älterer, dafür aber gut selektierter Mutterpflanzen an. Die Teilpflanzen werden gleich eingetopft. Daneben kommt Aussaat zur Anwendung. Das Frühjahr ist die beste Vermehrungszeit. Gewebekultur ist gut durchführbar.

Kultur

Als Warmhauspflanzen wachsen *Spathiphyllum* bei Tagestemperaturen von 18 bis 20 und Nachttemperaturen von 14 bis 16 °C gut und schnell heran. Sie benötigen wenig Licht und können notfalls auch unter Tischen in ein bis zwei Reihen am Weg entlang kultiviert werden.

Abb. 191. Spathiphyllum werden auf reines Weiß und ansprechende Form der Spatha ausgelesen. Ihre Blätter eignen sich als Bindegrün.

In Töpfen oder ausgepflanzt werden sie in nahrhafter, lehmig-humoser Erde, TKS 2 oder Einheitserde kultiviert.

Der Schnitt erfolgt, wenn die Spatha gut ausgebildet und der Stiel unmittelbar unter der Spatha fest ist.

Die Pflanzen sind recht ertragreich und bringen praktisch ganzjährig, hauptsächlich aber im Frühjahr, Blütenstiele hervor.

Spathiphyllum-Kultur (Übersicht)

Kulturabschnitt/Kulturmaßnahme	Termin	Temperatur	Spezielle Hinweise
Vermehrung	III–IV	18 bis 20 °C	Aussaat, Teilung, Gewebekultur
Eintopfen, Auspflanzen	Ab III	18 bis 20 °C tagsüber 14 bis 16 °C nachts	Umtopfen nach Bedarf. TKS 2, Einheitserde, Praxismischung
Blüte	Nahezu ganzjährig		
Kulturdauer: Vermehrung – Blüte	6 bis 12 Monate		
Ertrag			Je nach Pflanzengröße 15 bis 25 Stiele je Pflanze
Markt			Geringer Marktanteil

Häufige Kulturfehler

Fehlerquelle	Kulturfehler	Folgen
Ausgangs-material	Schlechte Mutterpflanzenauslese	Überwiegen grünlich-unscheinbarer Spathen, schlechte Verkaufschancen
Ernährung	Unterernährung	Geringe Erträge
Temperatur	Zu kühler Stand von unten	Wachstum und Ertrag beeinträchtigt

Strelitzia

Strelitzia Ait. – f – *Musaceae,* Strelitzie, Paradiesvogelblume

Name: Charlotte von Mecklenburg-Strelitz, 1744–1818, Gemahlin König Georg III. von England.

Heimat: 5 Arten sind in Südafrika beheimatet.

Bedeutung für den Schnittblumenanbau

Art	Heimat	Blütezeit
S. reginae Ait. var. *reginae* Paradiesvogelblume	Kapland	II–VIII

S. reginae ist eine immergrüne Staude, die von der Aussaat bis zur ersten Blüte mindestens drei Jahre benötigt. Ihre volle Leistungsfähigkeit erreicht sie nicht vor dem fünften Jahr.

Vegetatives und generatives Wachstum verlaufen ungefähr parallel. Nach der Blüte setzt nochmals stärkeres vegetatives Wachstum ein, und anschließend wird in den Sommermonaten August und eventuell September eine Ruheperiode erforderlich. Diese ist weder obligatorisch noch ausgeprägt sichtbar und wird lediglich durch vorübergehend etwas trockeneren Stand und leichte Temperaturabsenkung unter 15 °C herbeigeführt. Die Beachtung dieses Wachstumsverlaufes führt zu einer Konzentration der Blütezeit auf die für den Markt interessanten Monate von Oktober bis April; sonst muß mit einer stärkeren Blütestreuung gerechnet werden.

Vermehrung

Aussaat

Saatgut wird in der Regel importiert. Eigene Samenzucht ist möglich, aber nicht unproblematisch. Die am heimatlichen Standort übliche Bestäubung durch Kolibris (Honigvögel) muß in Kultur künstlich bewerkstelligt werden. Der Befruchtung folgt eine rund einjährige Reife.

Grundsätzlich darf nur von wirklich hochwertigem und frischem Saatgut von besten Typen ausgegangen werden. Eine spätere sehr sorgfältige Selektion ist dennoch nicht zu umgehen; bei ihr muß ein sehr hoher Prozentsatz von Sämlingen ausgeschieden werden. Rechnet man mit einem Keimergebnis von 40 bis 70 % und einem Ausleseverlust von bis zu 90 % der Pflanzen, so liefern 100 Korn letztlich nur bis zu 15 kulturwürdige Pflanzen.

Die Aussaat erfolgt auf gut durchlässigem, keimfreien Substrat aus Torf und Sand in Schalen oder Kisten. Die günstigste Keimtemperatur liegt bei 25 bis 30 °C Bodenwärme und um 20 bis 22 °C Raumtemperatur.

Möglichst bald werden die Sämlinge in Töpfe pikiert und bei 20 bis 22 °C aufgestellt. Mit der ersten Blüte kann nach etwa drei bis fünf Jahren auf Kulturwürdigkeit selektiert werden.

Teilung

Durch Teilung werden selektierte Pflanzen vermehrt, die beim Aufnehmen älterer Bestände bzw. beim ersten Verpflanzen verjüngt werden sollen. Dies geschieht am besten, wenn die Pflanzen nach Beendigung des Blumenschnittes im Frühjahr wieder in Wuchs kommen.

Die Teilstückgröße richtet sich nach den weiteren Plänen. Man kann aus einer Pflanze viele Teilpflanzen mit mindestens noch jeweils 3 bis 5 Augen gewinnen. Nach einer so starken Teilung dauert es aber relativ lang, bis Erträge eintreten. Will man dagegen rasch wieder zu vollblühenden Beständen kommen oder nur einzelne schlechte Pflanzen ersetzen, wird man die Mutterpflanze in nur wenige Stücke teilen und große Klumpen pflanzen.

Die Teilung muß sehr sorgfältig durchgeführt werden, um die Verletzungen auf ein Mindestmaß zu beschränken; Wunden schließen sich nur langsam und sind Ausgangspunkte für Fäulen.

Kleinere Teilstücke werden bis zur pflanzfähigen Größe in Töpfen oder Containern kultiviert.

Selektion

Die in Töpfen vorkultivierten Pflanzen sind beim Auspflanzen drei bis fünf Jahre alt. Sie müssen im Interesse der Platzersparnis und der möglichen Selektion so lange in Töpfen stehen. Pflanzt man früher, nimmt man neben der Platzverschwendung in Kauf, daß die Bestände nach der ersten Auslese schon sehr lükkenhaft werden, was sich vor allem bei Sämlingspflanzen mit Selektionsausfällen bis zu 90% sehr nachteilig auswirkt.

Mit Erscheinen der ersten Blüte kann die erste (wichtige!) Qualitätsauslese auf Blütenfarbe, -größe, -form und -qualität erfolgen. Leider stellt sich erst viel später

Abb. 192. Strelitzien-Großkultur.

heraus, ob die ausgewählten Pflanzen auch in den Erträgen befriedigen. So ist während der Weiterkultur eine laufende Kontrolle der Einzelpflanzen in dieser Hinsicht erforderlich. Ertragsschwache Pflanzen müssen ausgeschieden werden, sobald sie als solche erkannt werden. Oft zeigen kleinlaubige Typen bessere Ertragsleistungen als großlaubige, doch ist dies nicht prinzipiell der Fall. Gute Pflanzen werden zum Klonaufbau verwendet.

Pflanzung

Strelitzien werden hoch und breit und beanspruchen einen großen Wurzelraum, weshalb ihnen Häuser mit hohen Stehwänden entgegenkommen.

Die Bodenlockerung muß sehr tief, mindestens 50 cm und mehr, erfolgen. Der Hauptanteil des Wurzelwerkes liegt zwar in der oberen Krume, doch zur Verankerung stoßen einige Wurzeln noch in größere Tiefen vor. Gleichzeitig wird durch Tiefenbearbeitung die Dränage verbessert. Der Boden sollte mittelschwer, humos und durchlässig sein. Nach Bedarf werden Stallmist, Torf oder andere Humusstoffe eingearbeitet. Der pH-Wert wird auf 6,5 eingestellt.

Die Pflanze beansprucht gut 1 m^2 Fläche. Da dieser Standraum in den ersten Jahren nicht voll genutzt wird, können Zwischenkulturen gepflanzt werden (s. Seite 489 f). Diese dürfen nicht zu lange gehalten werden, weil die Strelitzien später den Standraum – auch den Wurzelraum – voll benötigen.

Die Topfballen werden fest gepflanzt. Sie dürfen nicht oder nur wenig tiefer in die Erde kommen als im Topf; Strelitzien sind gegen zu tiefes Pflanzen sehr empfindlich.

Ernährung

Der Düngung von Strelitzienbeständen wird durch die Salzempfindlichkeit eine Grenze gesetzt. Sie beschränkt sich im allgemeinen auf flüssige Gaben von Mehrnährstoffdüngern im Abstand von etwa 14 Tagen während der Vegetationszeit. Dabei ist vor einem zu hohen Stickstoffangebot zu warnen, das zu schlechtem Blühen und weichen, fäulnisanfälligen Stielen führt. Daher ist nach vorsichtiger Stickstoffbetonung während des vegetativen Aufbaues der Pflanzen etwas mehr Gewicht auf die Kali- und Phosphorsäureversorgung zu Beginn der Blütezeit zu legen.

Bewässerung

Strelitzien müssen sorgfältig bewässert werden, damit die fleischigen Wurzeln nicht austrocknen. Während der Wachstumszeit sind verhältnismäßig hohe Wassergaben erforderlich, die erst zur Ruhezeit eingeschränkt werden. Wenn die Blütezeit beendet ist und sich neue Blätter bilden, kann mehr gegossen werden. Im Winterhalbjahr ist ohnehin sparsam mit Wasser umgegangen worden.

Um der Bodenversalzung entgegenzuwirken, kann der Bestand gelegentlich durch mehrmalige kräftige Wassergaben in kurzer Folge ausgewaschen werden. Die Witterungsbedingungen müssen allerdings ein zügiges Abtrocknen gestatten.

Die Luftfeuchtigkeit wird der Temperatur angepaßt. Zu hohe Luftfeuchtigkeit begünstigt „Gummifluß" der Blüten (Anonym 1979 e).

Licht

Das Lichtbedürfnis der Strelitzien ist gerade während der Blütezeit recht hoch.

Die Hauptblüte fällt jedoch in die dunklen Wintermonate, so daß für helle Häuser mit sauberen Scheiben gesorgt werden muß.

Über die photoperiodische Reaktionsweise ist wenig bekannt.

Temperatur

Die Blüte wird durch die Temperatur beeinflußt. Nachttemperaturen von 16 °C gelten als günstig. Tiefere Werte haben verspätete Blüte zur Folge. Die Ernte verschiebt sich dann mehr oder weniger ganz auf das Frühjahr. Dabei sind Temperaturen im März/April schon entscheidend für den Blütezeitpunkt in der folgenden Blühperiode. Werden zu dieser Zeit 16 °C nachts über gehalten, sind von September bis November mehr Blumen zu erwarten, während Nachttemperaturen um 10 °C die Blüte um mehrere Monate verschieben (ANONYM 1980 b).

Pflegemaßnahmen

Blattschneiden

Ältere, schon dichte Bestände müssen zur besseren Belichtung und Durchlüftung sorgfältig ausgelichtet werden. Am besten erfolgt der dafür notwendige Blattschnitt jeweils bei der Ernte der Schnittblumen. So geschieht dies in einem Arbeitsgang mit der Ernte, man gewinnt gleichzeitig Laub als Schnittgrün und man ist sicher, daß kein Blatt geschnitten wird, aus dem sich noch ein Blütenstiel entwickeln kann (ANONYM 1980 a).

Verpflanzen

Strelitzien können und sollen möglichst lange an ihrem Standort bleiben, doch ist nach mindestens acht Jahren eine Auflockerung des dichtgewachsenen Bestandes notwendig. Nunmehr wird geteilt. Die bei der Selektion während der vorausgegangenen Kulturjahre als schlecht eingestuften Pflanzen werden ausgeschieden, die leistungsfähigen verklont. Der günstigste Zeitpunkt hierfür ist das Frühjahr im Anschluß an die Blütezeit.

Man kann auch im August/September aufnehmen und teilen, also nach der Ruhezeit, das hat aber den Nachteil, daß die Pflanzen in eine ungünstige Jahreszeit hineinwachsen und obendrein keine Blüten bringen; ein junger, im Frühjahr geteilter Bestand läßt – je nach Größe der Teilpflanzen – immerhin einen bescheidenen Ertrag erwarten, sofern nicht zu stark geteilt worden ist. Bei Frühjahrspflanzung fällt die Vegetationszeit in den Sommer, und bis zum Herbst ist bereits eine Kräftigung und Festigung der Pflanzen eingetreten, so daß Blüten erwartet werden können. Die sommerliche Wärme wird außerdem für das Anwachsen der Teilpflanzen gut ausgenutzt.

Zwischenkulturen

Bis zum Dichtwachsen der Kultur kann der Standraum für einige Jahre durch Zwischenkulturen genutzt werden. Diese Lösung ist zweifellos sinnvoll, wenn dabei einige wichtige Grundsätze beachtet werden. So hat die Hauptkultur, nämlich Strelitzien, in jeder Hinsicht den Vorrang vor den Zwischenpflanzungen. Dies gilt für alle Pflegemaßnahmen, Düngung, Bewässerung, Pflanzenschutz, Heizung und so weiter. ARMBRÜSTER (1973), der sich ausführlicher mit diesem Thema befaßt hat, gibt hierzu folgende Hinweise: In den genannten Punkten und allen weiteren

Kulturansprüchen sollte weitgehende Übereinstimmung zwischen den Partnern bestehen. Die Zwischenkultur sollte weder zu stark noch sehr tief wurzeln, um auch in diesem Bereich keine Konkurrenzsituation aufkommen zu lassen. Lichtentzug ist ebenfalls zu vermeiden und schließlich sollte nicht zu viel zwischen den Strelitzien herumgelaufen werden, was etwa durch Pflege- und Erntearbeiten an der Zwischenkultur verursacht werden kann.

Zu den möglichen Kombinationen geeigneter Kulturen mit Strelitzien macht Armbrüster eine Reihe von Vorschlägen. Neben dem Hinweis auf den häufiger anzutreffenden Schnittgrünanbau zwischen den Reihen gibt er hierzu kritische Anmerkungen. So ist die oftmals starke Durchwurzelung des Bodens durch *Asparagus*-Arten und deren hoher Nährstoffbedarf problematisch; für Strelitzien müßte eine Überdüngung oder umgekehrt für *Asparagus* eine Unterversorgung in Kauf genommen werden. Beides ist nicht erstrebenswert. Im Falle von *Asparagus setaceus* (syn. *A. plumosus*) liegt der günstige pH-Wert bei 5,5, bei Strelitzien dagegen bei 6,5. Stellt man diesen Wert ein, wird der *Asparagus* chlorotisch. Ähnliche Erfahrungen liegen auch mit anderen Schnittgrün- beziehungsweise Blattlieferanten wie *Maranta*- und *Calathea*-Arten vor. Auch mit einigen Farnen wie *Adiantum*- und *Nephrolepis*-Arten, die zum Teil in Eimern kultiviert werden, liegen weniger gute Erfahrungen als Zwischenkultur bei Strelitzien vor.

Verhältnismäßig günstige Kombinationen ergeben sich mit Gemüse, zum Beispiel Kohlrabi, anderen Schnittblumenarten, von denen besonders einige Zwiebelgewächse wie niedrige Lilien oder *Hippeastrum* gute Ergebnisse brachten, und schließlich mit Topfpflanzen wie *Cyclamen*, *Hedera* und anderen.

Abb. 193. Strelitzien als Randbepflanzung bei Alstroemerien.

Abb. 194. Asparagus setaceus (syn. A. plumosus) als Zwischenkultur zur Nutzung noch freien Standraumes in einem halberwachsenen Bestand.

Ernte

Das Öffnen der ersten Einzelblüte zeigt die Schnittreife an. Die noch nicht entfalteten Blüten können vorsichtig aus der Hochblattscheide herausgehoben werden, dürfen dabei aber nicht verletzt werden. Die farblosen Hüllblätter werden entfernt.

Nach Qualitäts- und Längensortierung sind die Schnittstiele sorgfältig zu verpacken.

Ertrag

Nennenswerte Erträge setzen kaum vor dem fünften Jahr nach der Aussaat ein. Zunächst geringfügig, steigen sie mit fortschreitendem Größenwachstum der Pflanzen und liegen schließlich bei etwa 10 bis 12 Stielen je Pflanze. Bei längerer Standdauer und damit verbunden sehr großen Pflanzen sind weit höhere Zahlen zu erreichen. Bei schlechter Auslese kann auch das entgegengesetzte Extrem mit nur einstelligen Ertragszahlen eintreten. VONK NOORDEGRAAF und V. D. KROGT (1976) stellten Ertragsdifferenzen zwischen 5 und 28 Stielen je Pflanze und Jahr fest.

Literatur

ANONYM: Strelitzia-Selectie door scheuren. Vakbl. v. d. Bloemist. **34,** (19), 28, 1979 a.
–: Strelitzia-Water geven en bemesten. Vakbl. v. d. Bloemist. **34,** (21), 23, 1979 b.
–: Strelitzia-Selectie. Vakbl. v. d. Bloemist. **34,** (30), 19–20, 1979 c.
–: Strelitzia-Fusariumaantasting. Vakbl. v. d. Bloemist. **34,** (32), 28, 1979 d.
–: Strelitzia-Klimaat. Vakbl. v. d. Bloemist. **34,** (43), 33, 1979 e.
–: Strelitzia-Bladsnijden. Vakbl. v. d. Bloemist. **35,** (1), 22, 1980 a.
–: Strelitzia. Vakbl. v. d. Bloemist. **35,** (41), 26, 1980 b.

Pflanzenschutz

Krankheit, Erreger, Schädling	Schadbild	Bekämpfung	Bemerkungen
Herzfäule *Gibberella fujikuroi* (Sawada) Ito = *Fusarium moniliformae* Sheldon und/oder *Nectria radicicola* Gerlach et Nilsson = *Cylindrocarpon destructans* Scholten	Der Vegetationskegel im Herzen der Pflanze fault aus; Blütenstengel faulen in der Blattscheide	Hygienemaßnahmen	Verstärktes Auftreten nach Teilung und Verpflanzen; Nässe vermeiden

Häufige Kulturfehler

Fehlerquelle	Kulturfehler	Folgen
Ausgangsmaterial	Schlechte oder unterlassene Auslese	Schlechte Erträge nach Qualität und Menge
Temperatur	Zu niedrige Temperatur im März/April	Keine Wintererträge, Verschiebung der Blüte auf das Frühjahr
Feuchtigkeit	Ständig hohe Luftfeuchtigkeit während der Blüte	‘Gummifluß’ aus den Blüten (klebrige Absonderung); Botrytisgefahr; Flecken auf den Blüten
Zwischenkultur	Wahl einer ungeeigneten Zwischenkultur	Konkurrenzsituation; Durchführung der Kulturarbeiten und -maßnahmen erschwert unterschiedliche Ansprüche
	Zu enge Pflanzung der Zwischenkultur	Lichtmangel, Ertragsrückgang

Strelitzia-Kultur (Übersicht)

Kulturabschnitt/Kulturmaßnahme	Termin	Temperatur	Spezielle Hinweise
Aussaat	Frühjahr/Sommer	25 bis 30 °C Boden 20 bis 22 °C Luft	Reichlich aussäen, hohe Verluste durch Auslese. Blühreife nach 3 bis 5 Jahren
Teilung	III/IV (VIII/IX)	15 bis 20 °C	Mindestens 3 bis 5 Augen/Teilstück; nur gut selektierte Pflanzen vermehren
Pflanzung	III/IV	15 bis 20 °C	Etwa 1 × 1 m; Sämlinge im 3. bis 5. Jahr, getopfte Teilpflanzen nach Größe entsprechend früher; große Teilpflanzen sofort
Blüte	IX–IV		Hauptblütezeit; durch Temperatur im III/IV zu beeinflussen (siehe Seite 489)
Kulturdauer: Aussaat – Blüte Teilung – Blüte	3 bis 5 Jahre Etwa 1 Jahr		
Standdauer	Etwa 8 Jahre		Anschließend Teilung, Neupflanzung, Auslese
Markt			Von Importen abhängig, allgemein gut
Ertrag			10 bis 12 Stiele/Pflanze/Jahr. Große Schwankungen je nach Auslese, Pflanzengröße und Kulturbedingungen

Armbrüster, J.: Vor- und Nachteile bei Zwischenkulturen im Strelitzia reginae-Anbau. Gartenwelt **73,** 168–169, 1973.
Bekendam, J.: Resultaten van een onderzoek naar het kiemgedrag en de beinvloeding daarvan bij zaad van Strelitzia reginae. Bedrijfsontwikkeling, 679–682, 1974.
Broer, S.: Biedt Strelitziateelt noog perspectief? Vakbl. v. d. Bloemist. **33,** (30), 14–15, 1978.
Hahn, E.: Strelitzien. Gb + Gw **77,** 734–736, 1977.
Meij, J.: Ongekende belangstelling voor Strelitzia-voorlichtingsmiddag. Vakbl. v. d. Bloemist. **31,** (44), 26–27, 1976.
Olsder, J. Th., und Eikelenboom, C.: Bedrijfseconomische aspecten van Strelitzia-teelt. Vakbl. v. d. Bloemist. **30,** (32), 26–27, 1975.
Vonk Noordegraaf, C.: Teelt van Strelitzia. Vakbl. v. d. Bloemist. **30,** (20), 12–13, 1975,
–, und Krogt, Th. M. van den: Produktie en bloei van Strelitzia. Vakbl. v. d. Bloemist. **31,** (49), 18–19, 1976.
Zande, van der: De teelt van Strelitzia reginae. Vakbl. v. d. Bloemist. **28,** (11), 39, 41, 1973.

Syringa

Syringa L. – f – *Oleaceae,* Flieder

Name: Wahrscheinlich griechischen Ursprungs

Heimat: Im temperierten Eurasien sind 30 Arten beheimatet.

Bedeutung für den Schnittblumenanbau

S.-Vulgaris-Hybriden, Blütezeit: V

Die vielen schönen, als Ziersträucher bedeutenden Sorten liefern beliebten Freilandschnitt. Nur wenige Sorten eignen sich dagegen für die frühe, eine ganze Reihe aber für die späte Treiberei. Dies ist dadurch bedingt, daß farbige Sorten bei früher Treiberei unter dem Einfluß der erforderlichen hohen Wärme blasse Blütenfarben hervorbringen.

Bei realistischer Betrachtung der Flieder-Ballentreiberei rechtfertigen die hohen Aufwendungen für Arbeit und Heizung sicherlich eine skeptische Einstellung zu dieser Kultur. Dies betrifft insbesondere die frühesten Treibtermine zu Weihnachten bzw. im Dezember.

Anzucht

Vermehrung

Flieder wird im Winter bis zum zeitigen Frühjahr unter Glas durch die gebräuchlichere Winterhandveredlung (Kopulation) oder im Sommer durch Okulation auf *S. vulgaris* L. veredelt. Auch Spaltpfropfen auf getopfte Unterlagen und die Vermehrung durch krautige Stecklinge sind möglich.

Die Anzucht treibfähiger Pflanzen dauert mindestens drei bis sechs Jahre.

Der Austrieb wird nach dem dritten oder vierten Blattpaar des ersten Triebes gestutzt; eine gute Verzweigung ist die Folge. Wildtriebe werden – auch später – laufend entfernt.

Im Jahre nach der Veredlung wird im Freiland mit etwa 40 cm Abstand in der Reihe aufgeschult. Ein weiterer Rückschnitt im Winter (Januar/Februar) hat das Ziel, gute Langtriebe auszubilden. Nach erneutem Verpflanzen auf größere Abstände kann im dritten Jahr Treibfähigkeit erreicht werden, gute Erträge sind aber erst nach etwa sechsjährigem Aufbau zu erwarten (ONSTENK 1980). Nach 12 bis 15 Jahren ist Flieder optimal im Ertrag.

Ernährung
Im Interesse der frühen Treibfähigkeit ist auf Boden und Ernährung große Sorgfalt zu verwenden. Wichtig ist, daß die Pflanzquartiere aus durchlässigem Boden bestehen und tief gelockert sind. Die Bodenfeuchtigkeit sollte hoch, das Land aber gut dräniert sein. Eine Unkrautbekämpfung vor dem Aufschulen richtet sich vornehmlich gegen Wurzelunkräuter.

Eine jährliche Stalldunggabe von 8 bis 12 dt/100 m^2, Torf- oder Kompostgaben sind willkommen. Für eine gute Ballenhaltung der Treibware werden auch Perlite, Styromull und ähnliche Produkte eingearbeitet. Mineralische Düngung mit 7 bis 8 kg/100 m^2 eines stickstoffreichen Mehrnährstoffdüngers wird jährlich so zeitig im Frühjahr gegeben, daß sie den Pflanzen bis Mitte April zur Verfügung steht. Später wird sie von den Pflanzen nicht mehr voll ausgenutzt und kann im Jahr vor der Treiberei sogar zur Beeinträchtigung des Knospenansatzes führen. Im Sommer vor der Treiberei ist Mitte Juli/Anfang August eine Termindüngung mit einem phosphorsäurereichen Mehrnährstoffdünger in Höhe von 4 bis 5 kg/100 m^2 nötig. Anschließend wird gut gewässert.

Letztes Anzuchtjahr
Im dritten Jahr wird der Flieder zwar treibfähig, läßt aber noch keine hohen Erträge erwarten.

Beim Rückschnitt im Winter (Januar/Februar) werden gleichzeitig alle überzähligen und schwachen Triebe entfernt. Bei alten, bereits getriebenen Pflanzen, die vor einer erneuten Treiberei stehen, müssen auch die alten, vertrockneten Äste und Stümpfe weggenommen werden. Oft werden solche Pflanzen ganz heruntergeschnitten.

Alle Langtriebe aus dem vergangenen Jahr werden auf 3 bis 4 Knospen zurückgenommen, so daß sie auf ungefähr gleicher Höhe stehen. Man rechnet mit 20 bis 30 Trieben, die an einer Pflanze verbleiben sollen; was darüber hinausgeht, wird im Interesse der Qualität der Schnittware entfernt. Dabei bleiben nur gerade lange Triebe, die auch Erfolg versprechen, stehen. Alles, was nach innen wächst, wird weggenommen.

Auf die Düngung im Frühjahr und die Termindüngung um Mitte Juli/Anfang August ist oben hingewiesen worden.

Die Treiberei setzt rechtzeitigen Triebabschluß zu Ende Juli voraus. Dies ist durch Umstechen der Ballen zu fördern, wobei die Wurzeln seitlich abgestochen werden. Die Pflanze wird dadurch zum Triebabschluß und verstärkter Knospenbildung gezwungen. Sortenmäßige, örtliche (zum Beispiel Boden) und durch die Jahreswitterung bedingte Unterschiede lassen einen genauen Termin hierfür nicht festlegen. Durch das Umstechen wird die Ballengröße bestimmt; sie sollte nicht zu klein bemessen werden, um Fehlschläge in der Treiberei zu vermeiden. Größere Ballen von 40 bis 50 cm Durchmesser sind notwendig, verursachen aber mehr Arbeit beim Transport in die Treibräume und zurück.

Der Triebabschluß und eine gleichzeitige Verbesserung der Qualität der Triebe ist durch Spritzung mit CCC und Alar 85 zu erreichen. Hierfür darf jedoch nicht zu spät behandelt werden, am besten vor dem betriebsüblichen Zeitpunkt des Umstechens, also im Juni. Eine einmalige Spritzung kann unter Umständen das Umstechen ersparen. Hieraus ergibt sich nicht nur ein bedeutender arbeitswirtschaftlicher Vorteil, sondern die Pflanzen werden auch nicht dem durch das Umstechen eintretenden plötzlichen Wassermangel ausgesetzt (Steffen 1969).

Treiberei

Vorbereitung

Wenn sehr früh getrieben werden soll, müssen die Pflanzen 3 bis 4 Wochen vorher herausgenommen, übereinandergelegt und abgedeckt werden, damit das Laub abfällt. Anderenfalls werden sie vor dem ersten stärkeren Frost so herausgenommen, daß ein guter, runder Ballen an ihnen verbleibt. Sie werden in der Nähe des Treibraumes aufgestellt, daß sie auf kürzestem Wege in die Häuser gebracht werden können. Sie werden zunächst auf eine Schicht aus Torf, Stroh oder Sand gestellt, um das Festfrieren der Ballen am Boden zu vermeiden. In dieser Zeit dürfen sie nicht austrocknen. Zu den gewünschten Terminen werden sie satzweise in die Häuser gebracht. Sind die Ballen gefroren, werden sie etwa eine Woche lang bei höchstens 10 °C vorsichtig aufgetaut. Es ist falsch, gefrorene Ballen den hohen Treibtemperaturen auszusetzen.

Das Einbringen der Ballen in die Häuser ist eine körperlich sehr schwere Arbeit. Bei großen Mengen zu treibender Sträucher sind technische Hilfsmittel für den Transport unerläßlich.

In den Häusern werden die Ballen ohne Abstand aufgestellt, wobei jedoch nach jeweils drei Reihen ein Weg freigelassen wird. Für 300 Ballen ist ein Flächenbedarf von 100 m^2 anzusetzen.

Durch starkes Wässern, die schweren Ballen, abfallende Landerde, Betreten und Befahren der Beete wird der Gewächshausboden stark strapaziert.

Vorbehandlung für früheste Treiberei

Kühlung:

Sowohl tiefe als auch hohe Temperaturen beeinflussen die Entwicklung des Treibflieders entscheidend. Durch eine 4- bis 5wöchige Kühlperiode bei −2 bis +1 °C ist eine frühzeitige Überwindung der Wachstumsruhe (Rünger 1976) möglich und damit eine frühere Treibfähigkeit bei geringeren Temperaturen als sonst erforderlich unter gleichzeitiger Qualitätssteigerung der Treibstiele zu erreichen. Während gekühlte Sträucher bei 24 °C angetrieben werden, müssen unbehandelte, also nicht gekühlte Sträucher Anfangstemperaturen von 43 °C (!) bei der ganz frühen Treiberei ausgesetzt werden.

Die Kühlung erfolgt im Kühlhaus während eines Zeitraumes von 4 bis 5 Wochen. Sie ist dem Warmwasserbad vorzuziehen, weil sie einfacher durchzuführen ist.

Warmwasserbad:

Die Warmwasserbehandlung ist mit großem Aufwand verbunden und schwierig, weil nur die oberirdischen Pflanzenteile eingetaucht werden dürfen. Die Wassertemperatur muß 12 Stunden lang annähernd konstant bei 30 bis 32 °C bleiben. Im Anschluß daran kann die Treiberei bei Anfangstemperaturen von 25 bis 28 °C beginnen.

Anstelle des Warmwasserbades kann auch mit Dampf gearbeitet werden. Dabei werden die Sträucher in einem Raum etwa 12 bis 24 Stunden lang mit Wasserdampf von 38 °C behandelt.

Bei Spättreiberei entfallen diese Behandlungen; die Sträucher haben im allgemeinen unter deutschen Verhältnissen bis dahin ausreichend tiefe Temperaturen im Freien erhalten.

Haustreiberei

Die früheste Treiberei beginnt im November, wenn man zu Weihnachten Flieder anbieten will. In dieser Zeit kommen schon Importe auf den Markt. Sicherer und leichter ist die Treiberei, wenn man erst um Ende November/Anfang Dezember damit beginnt. Dann kann die Anfangstemperatur etwas geringer sein als bei der frühesten Treiberei. Die Temperaturführung in der Treiberei ändert sich mit den Treibterminen, wie nachfolgend dargestellt ist.

Temperaturverlauf bei der Treiberei ungekühlter Fliedersträucher in den Monaten Oktober bis März (Rünger 1976, Steffen 1969):

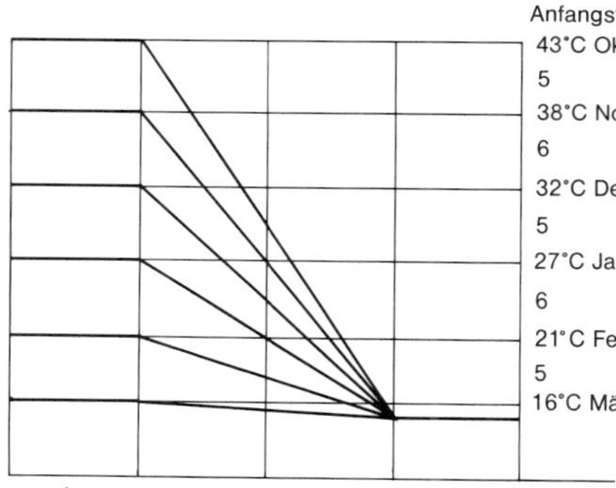

Die sehr hohen Anfangstemperaturen, wie sie bei den ganz frühen Sätzen in der ersten Treibwoche zu halten sind, zeigen deutlich die Grenzen dieses Verfahrens auf. Nimmt man dagegen die zweifellos ebenfalls recht aufwendige Kühlung der Sträucher in Kauf, kann mit wesentlich geringeren Temperaturen begonnen werden. Nach Steffen (1969) können gekühlte Sträucher ab 19. November wie folgt behandelt werden.

Temperaturverlauf bei der Treiberei gekühlter Fliedersträucher ab Mitte November (Steffen 1969):

Entwicklungsstadium nach		Temperatur
0 Tagen		24 °C Beginn
7 Tagen	Ende des Schubstadiums	21 °C
17 Tagen	Ende der Rispenlänge	21 °C
19 Tagen	Blüte färbt sich	18 °C
23 Tagen	Beginn der Blüte	

Abb. 195. Fliedertreiberei im Haus.

Derselbe Autor empfiehlt jedoch, wegen der hohen Kosten (Kühlung) und wohl auch wegen der relativ starken Importe erst zu oder nach Weihnachten mit der Treiberei zu beginnen, um mit niedrigeren Temperaturen von Anfang an auszukommen. Dabei muß jedoch eine etwas längere Anlaufzeit in Kauf genommen werden. Die Qualität des Treibflieders gewinnt jedoch.

In diesem Falle wird im Dezember noch mit 25 bis 28 °C begonnen, ab Ende des Monats auf 22 bis 23 °C und im Januar auf 20 °C, nachts sogar auf 18 °C gesenkt. Die Abhärtung der Blüten wird am Schluß in 3 bis 5 Tagen bei 12 bis 15 °C erreicht.

Wird bei der frühen Treiberei ein Warmwasserbad – ebenfalls sehr aufwendig – vorgeschaltet, beginnt die Treiberei gegen Ende November ebenfalls mit 25 bis 28 °C (Rünger 1976).

Farbige Sorten werden bei insgesamt etwas niedrigeren Temperaturen getrieben, um eine intensivere Ausprägung der Blütenfarben zu erreichen. Sie kommen daher für früheste Treiberei nicht in Betracht.

Die Feuchtigkeit ist ein ebenfalls wesentlicher Faktor in der Treiberei. Je höher die Temperaturen sind, desto häufiger muß gespritzt werden; bei der hohen Wärme für frühe Sätze sogar in Abständen von ½ bis 2 Stunden. Unterbleibt dies, können die Knospen vertrocknen. Blühende Bestände werden nicht mehr gespritzt, um Flecken auf den Blüten zu vermeiden. Arbeitswirtschaftliche Gründe lassen eine Düsen-Sprühanlage günstig erscheinen.

Ausreichende Ballenfeuchtigkeit ist notwendig und erfordert große Wassermengen, wodurch der Boden unter Umständen stärker belastet werden kann.

Rollhaustreiberei

Früher wurden ganze Fliederquartiere zur Verfrühung überbaut, später ist man zur Treiberei unter Rollglas übergegangen. Dabei kann eine ganz frühe Treiberei schwierig sein, weil der auf Standquartieren feststehende Flieder nicht umstochen wird und infolge der Jahreswitterung möglicherweise zu spät abschließt. Dem kann mit einer CCC-Spritzung entgegengewirkt werden. Zu bedenken ist ferner, daß das Rollhaus nach Abschluß der Treiberei über der Kultur stehen bleiben muß, weil die in vollem Saft stehenden getriebenen Sträucher frostempfindlich sind. Damit wird dem Rollhaus zum Teil der Sinn genommen; immerhin kann es im Folgejahr auf ein zweites Standquartier verrollt werden, denn auch solche Bestände werden nicht alljährlich getrieben.

Treiberei abgeschnittener Zweige

Aus einer Reihe von vorwiegend holländischen Veröffentlichungen, die von CAROW (1978) zitiert werden, geht hervor, daß die Treiberei abgeschnittener Zweige unter bestimmten Voraussetzungen möglich ist. Hierfür werden dem Wasser in den Treibgefäßen bestimmte Stoffe zugesetzt, und zwar Zucker als Ernährungsgrundlage sowie Silbernitrat, Kalziumnitrat und Borsäure. Außerdem sind Bakterizide und Fungizide erforderlich. Die Lösung muß sauer sein und einen pH-Wert von 3 aufweisen. Eine Zitronensäurelösung von 0,02 % mit 3 % Zucker fördert sowohl das Aufblühen als auch die Haltbarkeit. Nach derselben Quelle werden als bewährte Handelspräparate Mimosa-Chrysal und das speziell für Flieder entwikkelte AAdural MS herausgestellt. Bei Zusatz von 15 bis 30 g Zucker je Liter können auch andere Blumenfrischhaltemittel eingesetzt werden.

HANSELMANN (1978) berichtet über erfolgreiche Versuche zur Zweigtreiberei in der DDR. Dort wurden abgeschnittene Zweige bei −2 bis −5 °C gekühlt, Anfang Dezember mit der Kreissäge neu angeschnitten, zum Treiben aufgesetzt, nachdem sie langsam aufgetaut und in einem zehnstündigen Wasserbad bei etwa 20 °C zum Ausgleich der während der Kühlung erlittenen Wasserverluste und zur Erhöhung der Treibwilligkeit behandelt worden waren.

Als besonders wichtig wird auf die Wasserqualität hingewiesen; die Salzkonzentration darf 1,2 g/Liter nicht überschreiten. Ein zu hoher Salzgehalt des Wassers war offensichtlich die Ursache für anfängliche Mißerfolge in den zitierten Leipziger Versuchen.

HANSELMANN, der seinerseits die Gärtnerpost zitiert, beschreibt den Aufbau der Treiblösung wie folgt: Zur Vermeidung pilzlich und bakteriell bedingter Verstopfungen der Wasserleitungsbahnen werden dem Wasser einige bakterientötende Chemikalien zugesetzt. Diese als AKN-Lösung bezeichnete Mischung beinhaltet

- 0,08 % Kaliumaluminiumsulfat (Alaun),
- 0,03 % Kaliumchlorid (KCl),
- 0,02 % Natriumchlorid (NaCl, Kochsalz).

Da in jedes Gefäß 6 Liter Lösung eingefüllt wurden, entspricht das jeweils 4,8 Gramm Alaun, 1,8 Gramm KCl und 1,2 Gramm NaCl. Als Nährstoff wurde Zucker zugefügt. Die Zuckerkonzentration muß nach den Leipziger Beobachtungen am Anfang der Treiberei am höchsten sein, während eine zu hohe Zuckerkonzentration in späterem Stadium zum Braunwerden der Blüten führt. Das Zukkerkonzentrat für die Lösung wurde folgendermaßen hergestellt: In 40 Liter kochend heißem Wasser wurden 30 kg Zucker für die Anfangslösung, für die Nachfolgelösung nur noch 18 kg, gelöst. Auf 100 Gefäße verteilt, erhielt jedes Gefäß 400 cm^3 Zuckerkonzentrat. Der pH-Wert der Lösung muß konstant bei etwa 4,5 bis 5,0 gehalten werden. Die aufgesaugte AKN-Lösung muß ständig ersetzt werden, denn die Stiele müssen stets gleich tief in der Lösung stehen. Die Lösung wurde erstmalig nach 7, zum zweiten Mal nach 15 Tagen gewechselt. Die gesamte Treibdauer wird mit 20 Tagen angegeben. Dabei war in den genannten Versuchen die Temperaturführung wie folgt:

Erste Woche, tagsüber und nachts	25 °C
zweite Woche, tagsüber	20 bis 22 °C
nachts	18 °C
dritte Woche bis zum Ende der Treiberei, tagsüber	18 °C
nachts	15 °C

Gleichzeitig wird darauf hingewiesen, daß die Zweigtreiberei auch in Kunstlichträumen durchgeführt werden kann. In der ersten Woche ist eine Belichtung nicht nötig, dann allerdings müssen die Zweige hell stehen. Hierfür werden 2 HQL-Lampen (400 Watt) je 50 m^2 Treibfläche als ausreichend benannt.

Behandlung der Pflanzen nach der Treiberei

Alle längeren Stielreste werden auf zwei Augen zurückgeschnitten und die abgeernteten Pflanzen frostfrei in einem Schuppen oder einer Halle gelagert, wo sie vor dem Hinausbringen ins Freie abgehärtet werden.

Im Frühjahr, sobald keine strengen Fröste mehr zu erwarten sind, werden sie im Freien gestapelt und bei günstigen Witterungsbedingungen auf vorbereitete

Abb. 196. Lagerung abgetriebener Fliederballen bis zur Pflanzung.

Abb. 197. Alte Fliederpflanzen werden rigoros zurückgeschnitten. Sie treiben gut wieder durch.

Quartiere gepflanzt. Außer den üblichen Pflegemaßnahmen verlangen sie im Sommer (August) des ersten Jahres nach der Treiberei eine phosphorsäurereiche Mehrnährstoffdüngung mit 5 bis 7 kg/m^2. Im Winter, Januar/Februar, des folgenden Jahres werden die Triebe wieder auf zwei Augen zurückgeschnitten. Weitere Düngungs- und Schnittmaßnahmen entsprechen denen der Anzucht.

Es ist möglich, Flieder nach zwei Jahren erneut zu treiben, aber die besseren Ergebnisse sind bei dreijährigem Turnus zu erzielen. Daraus folgt, daß drei Sätze vorhanden sein müssen, die abwechselnd getrieben werden können. Die während der Treiberei jeweils entstehenden Ausfälle können bei etwa 5% der Pflanzen liegen; für Ersatz ist rechtzeitig zu sorgen.

Ernte

Flieder ist schnittreif, wenn rund ein Drittel der Blüten geöffnet ist, nachdem sie vorher einige Tage lang bei etwa 15 °C gut abgehärtet worden sind. Das Laub wird von den Stielen abgestreift, um die Transpiration einzuschränken.

Bevor sie in Wasser gestellt werden, werden die Stiele lang und schräg angeschnitten. Später, beim Kunden, können sie geklopft werden. Eine vorübergehende Aufbewahrung im Kühlraum ist für einige Tage bei 5 °C möglich.

Literatur

HANSELMANN, E.: Treiberei von abgeschnittenen Fliederzweigen. Deutscher Gartenbau **32,** 794, 1978.

KOCH, O.: Über die Fliedertreiberei. Gartenwelt **73,** 462, 464, 1973.

ONSTENK, R.: Recreatie contra Trekheesters. Vakbl. v. d. Bloemist. **35** (13), 42–45, 1980.

STEFFEN, L.: Rosen unter Glas und Treibgehölze. Verlag Eugen Ulmer, Stuttgart 1969.

Syringa-Kultur (Übersicht)

Kulturabschnitt/Kulturmaßnahme	Termin	Temperatur	Spezielle Hinweise
Anzucht Rückschnitt	I/II		3 bis 4 Augen
Düngung	III		7 bis 8 kg/100 m^2 N-reicher Mehrnährstoffdünger
Termindündung im letzten Anzuchtjahr beziehungsweise vor der erneuten Treiberei	M VII/A VIII		4 bis 5 kg/100 m^2 P-reicher Mehrnährstoffdünger
CCC-Behandlung	VI		
Umstechen	VII		Kann nach CCC-Behandlung eventuell entfallen
Herausnehmen der Treibpflanzen	Ab IX		
Kühlbehandlung		−2 bis +1 °C	4 bis 5 Wochen bei 95% relativer Luftfeuchtigkeit für frühe Treiberei
Treiberei Treibbeginn ab	M–E XI A I A II	siehe Seite 497	Ab E XII ungekühlte Sträucher Farbige Sorten erst nach Weihnachten
Blüte	M XII E I M–E II		
Kulturdauer: Anzucht – Treiberei Treiberei	3 bis 6 Jahre $3\frac{1}{2}$ bis 4 Wochen		

Syringa-Kultur (Übersicht) Fortsetzung

Kulturabschnitt/Kulturmaßnahme	Termin	Temperatur	Spezielle Hinweise
Ertrag			Je nach Alter und Größe der Pflanzen bis zu 30 Stiele/Pflanze. 3 Pflanzen je m^2
Markt			Gute Absatzbedingungen, Importe besonders vor Weihnachten beachten
Behandlung nach der Treiberei Frostfreie Lagerung der Sträucher	bis etwa IV		Allmählich abhärten; Pflanzen ausputzen, Rückschnitt auf 2 Augen
Aufschulen im Freiland	Ab A IV		Etwa 80 × 100 cm
Weiterbehandlung im Freien			Wie bei Anzucht; im Sommer vor der erneuten Treiberei Termindüngung
Erneute Treiberei			Im 2- bis 3jährigen Turnus
Ausfälle			Bis etwa 5% der Pflanzen je Treiberei

Häufige Kulturfehler

Fehlerquelle	Kulturfehler	Folgen
Anzucht	Vernachlässigung der Pflanzen hinsichtlich: Schnitt	Hoher Anteil schwacher und krummer Stiele
	Düngung, speziell Termindüngung	Schlechter Aufbau, schlechter Triebabschluß, Anfälligkeit gegen Krankheiten
	Ballenbildung	Bearbeitung erschwert
Temperatur	Kühlbedarf der Sträucher ist weder künstlich noch natürlich gedeckt	Hohe Treibwärme erforderlich, Ergebnisse wenig befriedigend
	Ungenügende Abhärtung der Schnittstiele	Haltbarkeit in Frage gestellt
	Frosteinwirkung auf abgetriebene Pflanzen	Frostschäden, Verluste an Pflanzen
Wasser	Zu geringe Luftfeuchtigkeit bei hohen Temperaturen in der Treiberei	Ausfälle; Knospen vertrocknen
	Ungenügende Ballenfeuchtigkeit in der Treiberei	Ausfälle

Pflanzenschutz

Krankheit, Erreger, Schädling	Schadbild	Bekämpfung	Bemerkungen
Fliederseuche *Pseudomonas syringae* v. Hall.	Braune Faulstellen auf Jungtrieben, auf Blättern nadelstichartige Flecken, Blattadern und Blattstiele stellenweise schwarz. Triebspitzen verkrüppelt, sterben ab; Blütenstände gebräunt	Vorbeugende Maßnahmen durch exakte Kulturführung; gute Pflege der Sträucher	
Phytophthora-Zweig-, -knospen- und Blatterkrankung *Phytophthora syringae* Kleb.	Austrieb einzelner Knospenpaare gestört oder verhindert, Knospen von innen heraus gebräunt; Stengelrinde eingeschrumpft, braun; Blütenstände teilweise braun	Captan, Maneb, Mancoceb, Grünkupfer	Kranke Pflanzenteile entfernen, keinen Schnittabfall liegen lassen
Echter Mehltau *Oidium syringae* Blumer	Fleckig-weißer, mehlartiger Belag	Netzschwefel, Dinocap (Karathane), Chloraniformethan (Imugan), Dichlofluanid (Euparen)	
Ascochyta-Blattfleckenkrankheit und -Trieberkrankung *Ascochyta syringae* Bres.	Braunumrandete, graue, gezonte Flecken auf den Blättern, Jungtriebe braun, Welke- und Absterbeerscheinungen	Grünkupfer, Mancoceb (Dithane Ultra), Ferbam, Triforine (Saprol), Captafol (Ortho Difolatan)	
Fliederminiermotte *Caloptilia syringella* F.	Minengänge in den Blättern, eingerollte und versponnene Blattwickel	Parathion, Trichlorfon, (Dipterex fl.), Dimethoat und andere.	

Tulipa

Tulipa L. – f – *Liliaceae*, Tulpe

Name: Aus dem Persischen stammender Pflanzenname

Heimat: Etwa 60 Arten kommen im temperierten Asien und südlichen Europa vor.

Bedeutung für den Schnittblumenanbau

Garten – Tulpen, eine mehrere Sortengruppen umfassende, recht vielseitige Hybridengruppe, stellt die Masse der Treib- und Schnittulpen. Sie wurde früher allgemein als *T. gesnerana* L. bezeichnet, die aber heute selbständig neben den Garten-Tulpen geführt wird (ZANDER 1980). Die unter dem gemeinsamen Oberbegriff „Garten-Tulpen“ zusammengefaßten Sorten sind in folgende Gruppen einzuordnen (v. RAALTE 1982):

Frühblühende

1. Einfache frühe Tulpen
2. Gefüllte frühe Tulpen

Mittelfrühblühende

3. Triumph-Tulpen (einfache, frühblühende × spätblühende Tulpen)
4. Darwin-Hybrid-Tulpen (Darwin-Tulpen × *T. fosterana* oder andere Wildtulpen)

Spätblühende

5. Einfache späte Tulpen
6. Lilienblütige Tulpen (spitze und auswärts gebogene Blumenblätter)
7. Gefranste Tulpen (Blütenblätter mit kristallähnlichen Fransen bordiert)
8. Viridiflora-Tulpen (teilweise grünliche Blütenblätter)
9. Rembrandt-Tulpen („gebrochene“ Tulpen; gestreift, geflammt)
10. Papagei-Tulpen (gefranste, wellige Blumenblätter, meist spätblühend)
11. Gefüllte späte Tulpen (päonienblütig)

Ihre Blütezeit erstreckt sich von April bis Juni.

Das breite Sortiment ermöglicht durch seine Vielfalt und die unterschiedlichen Blütezeiten schon eine interessante Angebotsstreuung, die durch die Präparationsmöglichkeiten zusätzlich dahingehend erweitert wird, daß bereits vor Weihnachten langstielige Schnittulpen ebenso wie kurze Pflanzware geerntet werden können.

Die Tulpentreiberei ist verhältnismäßig arbeitsaufwendig (ONSTENK 1982) und zusätzlich dem Importdruck und steigenden Energiekosten ausgesetzt.

Die aus ihrer Verwendung im Garten bekannten Arten und Hybriden, die „Wild-“ oder „Botanischen Tulpen“ spielen für die Treiberei, von wenigen Ausnahmen abgesehen, keine Rolle.

Erzeugung treibfähiger Zwiebeln

Der Erwerbsgärtner bezieht die Treibzwiebeln vom spezialisierten Anbauer, der auch die Präparation vornimmt. Daher interessieren ihn Anzucht und Präparation nur noch hinsichtlich ihrer Qualität, weniger in ihrer technischen Durchführung.

Abb. 198. Tulpenanbau zur Zwiebelerzeugung.

Anbau

Tulpen werden durch Pflanzzwiebeln (Tochter- oder Nebenzwiebeln) in Größen von 7 bis 10 cm Umfang vermehrt. Die darüberliegenden Sortierungen von 11, 12 und mehr cm sind sogenannte Verkaufszwiebeln für die Treiberei oder die Pflanzung im Freiland. Lediglich ein kleiner Teil der größten Zwiebeln von über 12 cm Umfang (in Holland als „Topper" bezeichnet) werden ebenfalls zur Vermehrung zurückbehalten. Daneben kommt die weit ergiebigere, aber langsamer verlaufende, Vermehrung durch Brutzwiebeln (weniger als 7 cm Umfang) in Betracht. Zuletzt ist die recht langwierige, aber für den Züchter interessante, Vermehrung durch Samen zu erwähnen. Sie führt zu starker Aufspaltung, bringt also keine sortenechten Nachkommen. Der wesentliche wirtschaftliche Unterschied zwischen diesen Vermehrungsmöglichkeiten liegt in der Zeitdauer von der Anzucht bis zur Verkaufsfertigkeit der Zwiebel, der Ergiebigkeit der Methode und der unterschiedlichen Sortenreinheit der Nachkommen. Während Pflanzzwiebeln innerhalb eines Jahres blühfähig sind, benötigen Brutzwiebeln hierfür 2 bis 3 und Sämlinge sogar 5 Jahre.

Der Anbau bevorzugt leichte bis mittelschwere Böden, zum Beispiel auf Dünensanden, Marschen und Poldern.

Man pflanzt Anfang Oktober bis Mitte November maschinell in 8 bis 10 cm Tiefe. Intensive Pflegemaßnahmen und Kulturarbeiten kennzeichnen den Anbau.

Mit beginnender Braunfärbung der äußeren Zwiebelschale ist der Rodezeitpunkt gekommen. Die Pflanzzwiebeln sind dann bereits ausgebildet, nicht aber deren Blütenanlagen. Eine frühere Rodung wäre nachteilig, weil dann der Anteil kleinerer Sortiergrößen zu groß ist.

Abb. 199. Auf den Versuchsflächen des Laboratoriums für Blumenzwiebelforschung in Lisse werden umfangreiche Untersuchungen durchgeführt.

Roden und alle nachfolgenden Arbeiten müssen mit größter Sorgfalt erledigt werden, weil die Zwiebeln sehr empfindlich gegen Stoß, Druck und ungünstige Temperatureinflüsse sind. Trocknen, Lagern und Präparieren schließen sich an.

Blütenbildung

Zum normalen Rodezeitpunkt der Zwiebeln haben Tulpen noch nicht mit der Blütenbildung begonnen. Diese findet während der Lagerung im August statt. Dabei werden die Blütenorgane der Reihe nach von außen nach innen gebildet, beginnend mit dem äußeren Perigonkreis (P1), gefolgt vom zweiten (P2), den beiden Antherenkreisen (A1 + A2) und schließlich dem Gynäceum (G). Nach Anlage des Gynäceums (Stadium „G" ist erreicht) ist die Blütenbildung abgeschlossen. Nunmehr beginnt das Streckungswachstum, das ebenfalls durch die Temperatur beeinflußt wird (Cremer et al. 1974).

Diese Erkenntnisse liegen den modernen Präparationsmethoden zu Grunde, die wir holländischen Forschungsarbeiten verdanken.

Präparation

Durch die Präparation sollen die Blütenorgane angelegt und deren Streckung eingeleitet werden. Das Temperaturoptimum für die Blütenanlage liegt bei 17 bis 20 °C. Nach den frühesten grundlegenden holländischen Untersuchungen (Rünger 1976) sind zur Anlegung der drei äußeren Blütenblätter, also des äußeren Perigonkreises, 20 °C günstig. Andere Temperaturen beeinflussen die Qualität der Blüten eher nachteilig. Anschließend sind für drei Wochen 8, später 9 °C am günstigsten.

Von dieser grundsätzlichen Richtlinie gibt es mehr oder weniger große Abweichungen, bedingt zum Beispiel durch Ansprüche und Empfindlichkeit der Sorten sowie die gewünschten Treibtermine. Daher wird für sehr frühe Blüte zunächst eine Woche lang bei 34 °C gelagert. Erst bei der anschließenden Temperaturbehandlung mit 20 °C beginnt die Blütenanlage. Nach Ausbildung der Blütenorgane wird, wiederum sorten- und umständeabhängig, für 1 bis 2 Wochen auf 17 °C abgesenkt und anschließend bei 9 °C gekühlt. Sowohl die Dauer dieser Kühlung als auch die optimale Temperatur ist sortenmäßig unterschiedlich. Eine Reihe von Sorten wird bei 5 °C gekühlt, weil dadurch das spätere Streckungswachstum stärker gefördert wird als bei 9 °C. Die so gekühlten Sorten eignen sich für die Direktpflanzung ins Gewächshaus, während die 9 °C-Tulpen für die Kistentreiberei (Einschlag/Bewurzelungsraum) in Frage kommen. Wird jedoch auch bei ihnen der erforderliche Kühlbedarf garantiert, kommen sie ebenfalls für Beetpflanzung in Frage.

Auch 5 °C-Tulpen werden für früheste Blüte zuerst eine Woche bei 34 °C und anschließend bis zum Abschluß der Blütenbildung bei 20 °C gehalten. Über einen Zwischenwert von 17 °C über 2 bis 3 Wochen wird für neun Wochen auf 5 °C abgesenkt. Bei sortenbedingtem Verzicht auf die 17 °C-Zwischenphase wird die 5 °C-Kühlung auf 12 Wochen ausgedehnt.

Für spätere Treiberei wird in allen Fällen auf die 34 °C-Behandlung verzichtet.

Der Kühlbedarf der Tulpen liegt sortenbedingt bei etwa 14 bis 16 Wochen und setzt sich aus den Zeiten zusammen, die für die 9 °C-Kühlung auf dem Lager und die anschließende Naßkühlung nach der Pflanzung im Einschlag oder im Bewurzelungsraum erforderlich sind.

Die arbeitswirtschaftlichen Vorteile bei der Verwendung von 5 °C-Tulpen ergeben sich daraus, daß sie direkt ins Gewächshaus gepflanzt werden. Die Mehrarbeit für Einschlag beziehungsweise Bewurzelungsraum läßt sich so umgehen. Nachteilig ist dagegen die relativ lange Standdauer im Gewächshaus mit einem relativ hohen Heizungsaufwand. Aus diesem Grunde kommt der Kistentreiberei der 9 °C-Tulpen wieder größere Bedeutung zu. Diese werden auf engem Raum bewurzelt und stehen anschließend nur verhältnismäßig kurze Zeit in der Treiberei (Granneman 1980).

Einkauf von Treibzwiebeln

Für Treibtulpen gelten im wesentlichen die für Narzissen gemachten Ausführungen (siehe Seite 423). Zum Treiben kommen vornehmlich große Zwiebeln ab 11 cm aufwärts in Frage. Kleinere Sortierungen von 10 Zentimeter Umfang werden für die Produktion kleinerer Massenschnittware verwendet.

Pflanzung

Kistentreiberei

Nach Eintreffen im Betrieb werden die für Kistentreiberei vorgesehenen Tulpen (9 °C-Tulpen und ungekühlte Partien) gepflanzt. Frühester Pflanztermin ist der 20. September. Zu diesem Zeitpunkt beginnen Tulpen normalerweise erst mit der Wurzelbildung; ein früheres Pflanzen ist daher unnötig und erhöht nur die Gefahr des Pilzbefalls. Für die Spättreiberei wird nicht mehr nach Anfang Dezember ge-

Abb. 200. Kistentreiberei im Haus.

pflanzt, weil sonst Schäden und Qualitätsverluste zu befürchten sind (Schouw 1979a).

Die Kisten sollten etwa 10 cm tief sein. Die Wahl einheitlicher, stapelbarer Kisten ist vor allem erforderlich, wenn im Bewurzelungsraum gekühlt werden soll. Kisten, in denen bereits einmal getrieben worden ist, müssen vor ihrer Wiederverwendung für den gleichen Zweck entseucht werden.

Die Pflanzerde muß eine ausreichende wasserhaltende Kraft besitzen, darf aber nicht zur Vernässung neigen. Ihr pH-Wert sollte um 6,0 liegen, im übrigen kann sie ungedüngt sein. Die Erde dient der Pflanze lediglich als Halt und Standort und sollte deshalb billig sein. Gewöhnliche Landerde ist zum Beispiel völlig ausreichend, sie sollte nur gewichtsmäßig nicht zu schwer sein, um den Transport der Treibkisten nicht unnötig zu belasten. Ihre Wiederverwendung für denselben Zweck setzt ebenfalls Entseuchung voraus, die am besten chemisch erfolgt und zwar entweder vor dem Einfüllen in die Kisten oder erst nach der Pflanzung (Schouw 1979b).

Die Kisten werden zu 2/3 bis 3/4 gefüllt und die Zwiebeln anschließend in Reihen ohne Abstand etwa bis zur Hälfte eingedrückt, so daß die Spitze noch gut aus dem Substrat herausschaut. Schließlich wird mit einer 2 bis 3 cm starken Schicht aus scharfem – möglichst steinfreiem – Sand abgedeckt. Diese Sandschicht sorgt dafür, daß nach der Ernte in der Kiste noch zurückbleibende Tulpen nicht umfallen und krumm werden, was sehr leicht bei lockeren Substraten geschieht. Außerdem erleichtert sie das Lösen der Abdeckerde nach dem Herausnehmen der Kisten aus dem Erdeinschlag.

Beettreiberei

Beettreiberei wird im allgemeinen mit 5 °C-Tulpen für frühe Termine durchgeführt. Auch 9 °C-Tulpen können hierfür verwendet werden, wenn nach der Pflanzung der noch fehlende erforderliche Kühlbedarf gewährt werden kann. Daraus folgt eine längere Standzeit im Gewächshaus.

Möglichst bald nach dem Eintreffen der Lieferung werden die 5 °C-Tulpen gepflanzt. Zwischen der Beendigung der 5 °C-Trockenkühlung auf dem Lager und der Pflanzung sollte nicht mehr als eine Woche Wartezeit liegen.

Um Ausfällen durch Pilzkrankheiten (*Rhizoctonia, Penicillium* und andere) vorzubeugen, werden die Zwiebeln vor der Pflanzung mit Fungiziden entseucht (zum Beispiel Cercobin M).

Das immer wieder empfohlene Entfernen der braunen Haut vom Wurzelkranz wird unterschiedlich beurteilt (ANONYM 1979a, LABORATORIUM VOOR BLOEMBOLLENONDERZOEK 1979, HOOGETERP 1967). Das Entfernen dieser braunen Haut ist dann nicht erforderlich, wenn sie bereits im Bereich des Wurzelkranzes geplatzt ist. Bleibt die intakte braune Haut an der Zwiebel, können bei der Entseuchung Verbrennungsschäden an den Wurzeln entstehen, die ihrerseits zur Blütenvertrocknung führen können. Das Wegnehmen der braunen Haut ist sehr arbeitsaufwendig, da es äußerst sorgfältig geschehen muß und keine Verletzungen an der Zwiebel entstehen dürfen. Entsprechend vorbereitete Zwiebeln werden nur so tief gepflanzt, daß die Spitze mit der Erdoberfläche abschneidet. Zwiebeln mit unverletzter brauner Haut bewurzeln sich dagegen besser, wenn sie mit der Spitze etwa 3 cm tief gepflanzt werden.

Das Pflanzbeet muß gut durchgefräst und locker sein. Die Zwiebeln werden zwar meistens einfach in den Boden eingedrückt, doch darf das nur erfolgen, wenn dadurch keine Verdichtungen unter der Zwiebel entstehen. Die Pflanzdichte beträgt je nach Sorte 300 bis 400 Stück/m^2.

Für späte Beettreiberei und einfache Verfrühung werden ungekühlte Tulpen entsprechend auf Beete gepflanzt. Standorte hierfür sind Kalt-, Roll- oder Folienhäuser und Freilandbeete zur späteren Überbauung.

Naßkühlung

Kühlbedarf

Der oben erwähnte durchschnittliche Kühlbedarf (HOOGETERP 1973 b) von 15 bis 16 Wochen variiert mit den Sorten, den Treibterminen und der vorangegangenen Behandlung auf dem Lager und kann in Einzelfällen bis zu 20 Wochen betragen. Das Laboratorium voor Bloembollenonderzoek in Lisse (Holland) hat 1975 eine Liste mit detaillierten Angaben über die jeweils erforderliche Kühlperiode und die anschließende Treibdauer im Gewächshaus veröffentlicht. Nichteinhaltung der vorgeschriebenen Kühlperiode verlängert die Zahl der für die Treiberei notwendigen Gewächshaustage. Da sich die Dauer der Kühlperiode aus der Zeit der Trockenkühlung auf dem Lager bei 9 °C und der anschließenden Naßkühlung im Einschlag oder Bewurzelungsraum addiert, hängt letztere von der Dauer der Trockenkühlung ab. Nach SCHOUW (1979a) ist der Unterschied zwischen Trocken- und Naßkühlung im Effekt praktisch zu vernachlässigen. Es ist daher unerheblich, ob die eine oder andere Form der Kühlung etwas länger dauert oder nicht, sofern die Summe dem Kühlbedarf entspricht. Da Naßkühlung wegen des erforderlichen größeren Raumes teurer ist, sollte diese aus Ersparnisgründen auf die für die Bewurzelung erforderliche Zeit begrenzt und dafür lieber die Trockenkühlung entsprechend ausgedehnt werden.

Einschlag
Der Erfolg der Naßkühlung im herkömmlichen Erdeinschlag ist vom Witterungs- und Temperaturverlauf im Freien abhängig. Werden ausreichend tiefe Temperaturen (9 °C im Oktober, 7 °C bis Mitte November und anschließend 5 °C) nicht oder nicht lange genug erreicht, so verlängert sich die Kühlperiode je Grad höherer Temperatur und Woche um einen Tag (ANONYM 1979c).

Der Platz für den Erdeinschlag wird aus hygienischen Gründen jährlich gewechselt. In der Nähe des Treibraumes wird er in einem ausgehobenen Frühbeetkasten oder zu ebener Erde nach Art einer Miete angelegt. Die Kisten werden so eingebracht, daß diejenigen Sorten und Sätze, die zuletzt entnommen werden, hinten stehen, müssen also in der dem Treibplan entsprechenden Reihenfolge angeordnet werden. Gute Sorten- und Satztrennung erspart unnötige Arbeit und Mißerfolg in der Treiberei.

Die Kisten werden mit einer etwa 10 cm starken Erd- oder Torfschicht abgedeckt, die die Einhaltung der geforderten Temperaturen erfahrungsgemäß ermöglicht. Sinken die Außentemperaturen nachhaltig sehr tief, wird zusätzlich mit Torf oder Stroh geschützt.

Bewurzelungsraum
Als Bewurzelungsraum eignet sich jede gut zugängliche, gut isolierte und klimatisierbare Räumlichkeit. Die relative Luftfeuchtigkeit muß stets hoch liegen und sollte 85% nicht unterschreiten.

Die Temperatur wird vom Pflanzen bis etwa zum 20. Oktober bei 9 °C gehalten, anschließend kann sie auf 7 bis 5 °C gesenkt werden. Ab Dezember ist bei guter Bewurzelung eine weitere Absenkung auf 2 °C möglich, wenn die Austriebe Gefahr laufen, zu lang zu werden. Später ist sogar eine weitere Temperatursenkung auf 0,5 bis 0 °C durchführbar (ANONYM 1979a, 1979f, GRANNEMAN 1980, SCHOUW 1979a).

Die Kisten werden auf Paletten gestapelt und satzweise so in den Bewurzelungsraum eingebracht, daß die frühesten Treibsätze vorn stehen.

Aufstellen für die Treiberei
Sobald der Kühlbedarf gedeckt ist, können die Kisten zur Treiberei aufgestellt werden. Dies ist bei Verwendung eines Bewurzelungsraumes unproblematisch, kann aber beim Erdeinschlag im Freien zu Schwierigkeiten führen, wenn die erforderlichen Kühltemperaturen nicht erreicht worden sind oder Frost das Herausnehmen aus dem Einschlag erschwert. Um Frostschäden auszuschließen, ist für das Hereinholen frostfreies Wetter abzuwarten. In anhaltenden Frostperioden werden in den Mittagsstunden eines günstigen Tages die Kisten aus dem Einschlag genommen und umgehend ins Gewächshaus gebracht, wo sie auch von anhaftender Einschlagerde gesäubert werden. Bei Wind müssen sie schon im Freien und während des Transportes ins Haus mit einer Plane oder Folie abgedeckt werden. Im Gewächshaus werden diese Kisten anfangs für ein paar Tage mit Folie bedeckt, um einen langsamen, gleichmäßigen Anstieg der Temperatur und Luftfeuchtigkeit zu erreichen (ANONYM 1979c, f).

Beim Einbringen haben treibfähige Tulpen im allgemeinen etwa 2 bis 3 cm weit ausgetrieben.

Um den Treibraum besser auszunutzen, können die Kisten im Dezember bis Mitte Januar 7 bis 10, danach maximal 7 Tage lang unter den Tischen stehen; dann müssen sie auf die Tische kommen, um hell zu stehen. Daraus ergibt sich ein erhöhter Arbeitsaufwand, aber auch eine raschere Folge von Treibsätzen. Vortreiben bei 15 bis 16 °C in einem separaten Raum hat ebenfalls dieses Ziel (Anonym 1979e, Scholw 1980b).

Treiberei

Kistentreiberei

Die frühesten Sätze werden zunächst dunkel angetrieben, müssen aber hell gestellt werden, sobald die Knospe im Trieb deutlich über die Zwiebeln hinausgeschoben worden ist. Die Kisten werden nunmehr auf die Tische gestellt oder die Verdunkelungsfolie wird entfernt.

Die Treibtemperatur beträgt im Durchschnitt 18 bis maximal 20 °C vom Aufstellen an für alle Sätze, die zwischen Ende November und Ende Januar zur Treiberei aufgestellt werden. Später wird bei 16 bis 18 °C getrieben. Eine weitere Temperatursenkung um 1 bis 2 °C ist möglich, wenn die Tulpen einige Wochen länger als erforderlich gekühlt worden sind. Dadurch wird die Qualität verbessert. Prinzipiell sollte in der letzten Treibwoche mit nur 15 °C zur Abhärtung der Schnittblumen gearbeitet werden.

Die relative Luftfeuchtigkeit sollte 80 bis 85 % nicht übersteigen, um Blütenvertrocknung und dem „Kippen" (Umfallen in der Treiberei) vorzubeugen (Anonym 1979c, Hoogeterp 1979).

Eine Düngung der Treibtulpen ist im allgemeinen unnötig. In besonderen Fällen kann es jedoch angebracht sein, zum Beispiel gegen Blütenvertrocknung anfällige Sorten gleich nach dem Aufstellen mit 7 kg Kalksalpeter je 100 m^2 zu düngen (Anonym 1979d). Anschließend muß die Kultur gut feucht gehalten werden. Treibtulpen benötigen verhältnismäßig viel Wasser. An trüben Tagen muß damit jedoch vorsichtig umgegangen werden, da es bei Nässe sehr schnell zum „Kippen" kommt. Auch eine überhöhte relative Luftfeuchtigkeit von nachhaltig mehr als 80 % führt in der Treiberei zum „Kippen". Die Gefahr wird außerdem erhöht, wenn der Stickstoffgehalt in der Zwiebel zu niedrig ist oder Wurzelschäden vorliegen (Hoogeterp † 1982)

Von der CO_2-Begasung wird abgeraten (Anonym 1980a), da freiwerdendes Äthylen und CO (Kohlenmonoxid) zu starken Schäden an den Tulpen führen können.

Je nach Treibtermin und Vorbereitung (Präparation, Kühlung) dauert die Treiberei zwischen drei und vier Wochen. Lediglich sehr späte Sätze können in etwas kürzerer Zeit herangezogen werden.

Beettreiberei

9 °C-Tulpen:

Beetmäßig gepflanzte 9 °C-Tulpen können angetrieben werden, sobald die notwendige Dauer der Kühlperiode abgelaufen ist. Im festen Gewächshaus kann es zu Schwierigkeiten kommen, wenn die Anfangstemperaturen nach der Pflanzung noch zu hoch liegen, wodurch die Kühlperiode von insgesamt 16 bis 20 Wochen verlängert werden muß. Bei Rollhaus- beziehungsweise Freilandbeeten ist diese Gefahr weit geringer.

Die Temperatur wird auf maximal 18 °C angehoben.

5 °C-Tulpen:
Für früheste Blüte zu Weihnachten entsprechend vorbehandelte (1 Woche 34 °C zu Beginn der Präparation) Tulpen werden bei 15 bis 16 °C Bodentemperatur gehalten (RÜNGER1976, HOOGETERP 1967).

Bei Pflanzungen ab Anfang Dezember ist zu empfehlen, die Bodentemperatur für 1 bis 2 Wochen möglichst niedrig, am besten zwischen 5 und 9 °C, zu halten. So läßt sich der Weichfäule vorbeugen. Anschließend wird auf maximal 15 °C Luft- und nur 13 °C Bodentemperatur angehoben.

Zu kleine Zwiebeln zeigen oft nur mäßiges Wachstum. In diesen Fällen wird empfohlen, dreimal 2 bis 3 kg Kalksalpeter je 100 m^2 zu streuen, und zwar erstmalig nach Bewurzelung und die beiden restlichen Gaben dann im Abstand von jeweils einer Woche. Dann muß laufend gut bewässert werden (ANONYM 1979a). Im Interesse einer guten Bewurzelung muß besonders anfangs auf ständige, gleichmäßige Bodenfeuchtigkeit geachtet werden. Später darf der Boden nie austrocknen.

Temperaturabsenkung zum Wochenende
Bei normal durchgeführter Tulpentreiberei läßt es sich nicht vermeiden, daß am Wochenende geerntet werden muß. Dies läßt sich durch eine rechtzeitige Absenkung der Gewächshaustemperatur auf 8 bis 9 °C umgehen. Dabei kommt es praktisch zum Stillstand des Wachstums und der Blumenentwicklung. Im Laufe des Sonntags wird die Temperatur wieder auf Treibniveau gebracht. Eine so weitgehende Temperaturabsenkung hat keinen nachteiligen Einfluß auf die Qualität des Erntegutes, während geringfügigere Reduzierung durchaus schädlich sein kann.

Rollhauskultur
Eine interessante Perspektive kann die Rollhauskultur bieten. Beginnend mit einem frühen Treibsatz von 5 °C-Tulpen können anschließend weitere Sätze von 9 °C-Tulpen beziehungsweise ungekühlten Zwiebeln überrollt werden. Bei genauer Kenntnis und geschickter Planung läßt sich durch etappenweises Weiterrollen eine nahezu kontinuierliche Blüte über einen längeren Zeitraum erzielen.

Verfrühung
Späte Sätze ungekühlter Tulpen lassen sich in Kalt- oder Folienhäusern verfrühen. Die natürliche Sonneneinstrahlung im Spätwinter und Frühjahr schafft entsprechend günstige Umweltbedingungen, so daß sie bis zu einigen Wochen dem Freilandflor zuvorkommen. Ähnlich können Freilandbeete mit Folientunneln überbaut und verfrüht werden. Zu beachten ist dabei, daß es in Folienhäusern zu einer sehr hohen Luftfeuchtigkeit kommen kann; gutes Lüften ist dann erforderlich.

Ernte

Schnittreife
Die Schnittreife ist sortenmäßig unterschiedlich. Manche Sorten vertragen es, verhältnismäßig grün geschnitten zu werden, also zu einem Zeitpunkt, zu dem die

Blütenfarbe noch kaum zu erkennen ist. Viele Sorten sind aber erst dann schnittreif, wenn sie deutlich Farbe zeigen (SWART 1980). Auf niederländichen Veilingen werden Anlieferer zu grüner Tulpen der Sorte ‚Apeldoorn' zweimal verwarnt, beim dritten Mal wird die Ware aus dem Markt genommen und vernichtet (HANSELMANN 1980).

Die Qualität (SCHOW 1982) und Haltbarkeit der Schnittulpen hängen jedoch nicht nur vom Erntezeitpunkt ab, sondern werden wesentlich von der exakten Kulturführung mit bestimmt.

Ernten

Treibtulpen haben oft relativ kurze Stiele, sie werden daher häufig mit der Zwiebel gezogen. Diese wird zerschnitten, der Stiel gewinnt dabei gut 5 cm an Länge. Die abgetriebene Zwiebel ist ohnehin wertlos. Schneidet man dagegen von Beeten, deren Zwiebeln weiterverwendet werden, sollten mindestens zwei Blätter an der Pflanze erhalten bleiben, die zur Ernährung der zurückbleibenden Zweige benötigt werden.

Weiterverarbeitung

Tulpen müssen so schnell wie möglich zum Markt kommen. Lagerung ist nur kurzfristig bis zu 3 Tagen (SWART 1980) möglich. Längerdauernde, eventuell spekulative, Lagerung ist nicht zu empfehlen, da sie Qualitätsverluste bringt.

Die Kühlraumtemperatur sollte bei etwa 2 °C liegen, maximal aber nur 5 °C erreichen. Oberhalb dieser Grenze ist mit einer fortschreitenden Reife auch im Kühlraum zu rechnen, wodurch die Blumen an Haltbarkeit verlieren.

Für kurzfristige Lagerung über nur wenige Tage werden die Tulpen mit Zwiebeln im Kühlraum aufrechtstehend trocken gelagert. Erst beim Verkauf werden die Zwiebeln abgeschnitten.

Die Schnittstiele sollten nach der Ernte unverzüglich sortiert und gebündelt werden. Anschließend stellt man sie 15 bis 30 Minuten in Wasser, bis sie vollgesogen sind. Erst dann kommen sie in den Kühlraum, wo sie trocken bei begrenzter Luftfeuchtigkeit zur Vermeidung von Blütenpocken (*Botrytis tulipae*) gehalten werden.

Für Tulpen wird die Anwendung von Blumenfrischhaltemitteln allgemein empfohlen (CAROW 1978). Einschränkend hierzu weist WOLTERING (1982) darauf hin, daß ihre Anwendung erst beim Kunden genügt. Werden sie schon beim Erzeuger eingesetzt, so erhöht sich dadurch die Haltbarkeit nicht.

Literatur

ANONYM: Tulp/Tulp kistenbroei. Vakbl. v. d. Bloemist. **34,** (41), 28, 1979a.
–: Tulp. Denk om verschil in koudeperiodes. Vakbl. v. d. Bloemist. **34,** (43), 33, 1979b.
–: Tulp. Kasklimaat/Vollegrondsbroei/Gewasverzorging/Kistenbroei. Vakbl. v. d. Bloemist. **34,** (45), 25, 1979c.
–: Bolbloemen-Stikstofbemesting kistenbroei. Vakbl. v. d. Bloemist. **34,** (47), 18, 1979d.
–: Tulp-Houdbaarheid oogststadium/onder opzetten. Vakbl. v. d. Bloemist. **34,** (48), 24, 1979e.
–: Bolbloemen-Inhalen bij vorst/temperatuur. Vakbl. v. d. Bloemist. **34,** (49), 24, 1979f.
–: Tulp-Plantdichtheid/Kastemperatuur/Bewortelingsruimte/CO_2? Nee! Vakbl. v. d. Bloemist. **35,** (3), 19, 1980a.
–: Tulp-Kastemperatuur. Vakbl. v. d. Bloemist. **35,** (4), 31–32, 1980b.

Tulipa-Kultur (Übersicht)

Kulturabschnitt/ Kulturmaßnahme	Termin				Temperatur	Spezielle Hinweise
Pflanzung	Ab A X	AG A X			9 (7 bis 5 °C)	Kisten; Einschlag/Bewurzelungsraum
			A XI		15 bis 16 °C	Beet; 300 bis 400 Stück/m^2
				Ab XII	5 bis 9 °C, 14 Tage dann 13 bis 15 °C	Beet; ebenso
Treiberei	Ab XI	Ab I			18 bis 20 °C 16 bis 18 °C	Eventuell anfangs dunkel Folgesätze
Blüte	Ab A XII	Ab E I	M XII	Ab I		
Kulturdauer: Pflanzung-Blüte im Gewächshaus	 Etwa 10 Wochen Etwa 3 bis 4 Wochen		 Etwa 8 bis 10 Wochen gesamte Zeit			
Ertrag						250 bis 400 Stück/m^2/Satz
Markt						Örtlich unterschiedlich, Importe beachten!

Häufige Kulturfehler

Fehlerquelle	Kulturfehler	Folgen
Temperatur	Nichteinhaltung (Überschreitung) der Kühltemperatur; zeitlich zu kurze Kühldauer	Verlängerte Treibzeit im Gewächshaus; schlechtere Treibergebnisse
	Überhöhte Treibtemperaturen	Blütenvertrocknung, Ausfall, Qualitätsminderung
Wasser	Ungleichmäßige Wasserversorgung	Schlechter Austrieb beziehungsweise schlechte Triebentwicklung; Ausfälle; Qualitätsminderung
	Nässe	Tulpen „kippen“
	Zu hohe Luftfeuchtigkeit in der Treiberei	Blütenschäden, „Kippen“
Pflanzung	Eindrücken in zu festen Boden	Beschädigungen am Wurzelkranz, Blütenvertrocknung
	Wiederverwendung nicht entseuchter Erde	Krankheitsbefall, unter Umständen Totalausfall
Einschlag/ Bewurzelungsraum	Einstellen der Kisten in falscher, den Treibsätzen nicht entsprechender Reihenfolge	Erhebliche Mehrbelastung durch Umstapeln, Suchen

Pflanzenschutz

Krankheit, Erreger, Schädling	Schadbild	Bekämpfung	Bemerkungen
Fusarium-Zwiebeltrockenfäule, „Sauerwerden“ *Fusarium oxysporum* Schl. f. *tulipae* Apt.	Zwiebel faul, säuerlich riechend; Austrieb behindert, verkrüppelt oder unterbleibend; gelegentlich weißer Pilzflaum auf den befallenen Schuppen	Bodenentseuchung; Cercobin M	Bei Pflanzung verdächtige Zwiebeln aussondern.
Tulpenfeuer *Botrytis tulipae* (Lib.) Lind.	Blüte bleibt stecken, verkrüppelt, fleckig; Laub verfärbt, Pflanzen sterben ab; Pilzmyzel auf Zwiebeln; kleine schwarze Dauerkörperchen sichtbar	Kisten, Töpfe, Substrate, Stellflächen entseuchen; Chlorthalonil (Exotherm-Termil)	Extrem hohe Luftfeuchtigkeit vermeiden; kranke Pflanzen entfernen.
Weitere Pilzkrankheiten	Sie werden während der Anzucht erkannt und bekämpft. In der Treiberei kann kaum noch heilend eingegriffen werden		
Virosen	Bunststreifigkeit, Strichelungen, Fleckungen, Scheckungen und so weiter durch zahlreiche Virusarten	Hygienemaßnahmen, Vektorenbekämpfung zum Schutze nachfolgender Treibsätze	Auslese erfolgt beim Erzeuger auf dem Felde vor dem Roden.

CREMER, M. C., BREIJER, J. J., und MÜNK, W. J. DE: Developmental stages of flower formation in Tulips, Narcissi, Irises, Hyacinths and Lilies. Meded. Landbouwhogeschool Wageningen, 75–15, 1974.
GRANNEMAN, W.: Doorkoelen bij tulpen wint nog steeds terrein. Vakbl. v. d. Bloemist. **35,** (16), 48–49, 1980.
HANSELMANN, E.: Grüne ‚Appeldoorn' werden vernichtet. Gb + Gw **80,** 92, 1980.
HERTOCH, A. DE: Principles for forcing Tulips, Hyacinths, Daffodils, Easter Lilies and Dutch Irises. Scientia Horticulturae **2,** 313–355, 1974.
HOOGETERP, P.: De vroege bloei (december) van tulpebollen die bij 5 °C zijn gekoeld. Praktijkmeded. LBO Lisse 21, 1967.
–: Vervroegde bloei van tulpen, waarvan de bollen bij 5 °C zijn gekoeld. Praktijkmeded. LBO Lisse 26, 1968.
–: De invloed van een behandeling van de bol bij hoge temperatuur kort na de oogst op de blad- en bloemaanleg en de bloei van tulpen. Praktijkmeded. LBO Lisse 40, 1973.
–: De invloed van lage temperaturen op de groei van tulpen voor de vroegste bloei. LBO Lisse 16, 1973.
–: Kiepen van tulpen vaak veroorzaakt door cultuurfouten. Vakbl. v. d. Bloemist. **34,** (37), 40–41, 1979.
–: Tulpen. Gb + Gw **82,** (1), 13–15, 1982.
LABORATORIUM VOOR BLOEMBOLLENONDERZOEK: Gegevens over koudeperiode en trekduur (kistenbroei) van een aantal tulpecultivars. Div. Meded. No. 102, LBO Lisse, Bloembollencultuur **86,** (2), 26–27, 1975.
–: Tulpbroei, verlaging van kastemperatuur in het weekend. Vakbl. v. d. Bloemist. **34,** (48), 27, 1979.
ONSTENK, R.: Alle aandacht in tulpebroeierij nu op arbeidsbesparing. Vakbl. v. d. Bloemist. **37,** (8), 44–45, 1982.
RAALTE, D. VAN: Neue Klassifizierung von Tulpen. Zierpflanzenbau **22,** (5), 193, 1982.
SCHOUW, J. D.: Tulpen opplanten voor bewaring in bewortelingsruimten. Vakbl. v. d. Bloemist. **34,** (35), 38–39, 1979a.
–: Kistenbroei van tulpen-Mogelijkheden van meermalig gebruik van potgrond. Vakbl. v. d. Bloemist. **35,** (43), 37, 1979b.
–: Kies voor één soort broeifust voor tulpen. Vakbl. v. d. Bloemist. **35,** (21), 56–57, 59, 1980a.
–: Energiebesparing bij broei van tulpen. Vakbl. v. d. Bloemist. **35,** (42), 30–31, 1980b.
SWART, A.: Zorg besteden aan tulpenoogst en -bewaring. Vakbl. v. d. Bloemist. **35,** (44), 139, 1980.
WOLTERING, E. J.: Voorraadvoeding tulp verbetert houdbaarheid niet opvallend. Vakbl. v. d. Bloemist. **37,** (6), 43, 1982.

Vallota

Vallota Salisb. ex Herb. – f. – *Amaryllidaceae*

Name: Pierre Vallot veröffentlichte 1623 eine Beschreibung der Gärten Ludwig XIII.

Heimat: Die einzige Art der Gattung ist im südlichen Kapland zuhause.

Bedeutung für den Schnittblumenanbau

Art	Heimat	Blütezeit
V. speciosa (L. f.) Voss	Südafrika	VII – VIII

Die Kultur ist jener von *Hippeastrum* in vielem ähnlich, aber weit weniger verbreitet. Sie läßt sich aber sicherlich im kleineren Betrieb gut durchführen und kann eine willkommene Bereicherung des Angebotes sein.

Abb. 201. Vallota speciosa.

Als Zwiebelpflanze benötigt *Vallota* im Winter eine Ruhezeit, während ihre Hauptblütezeit in den Sommermonaten Juli bis September für den Schnittblumenabsatz nicht besonders günstig liegt. Ihr Lichtbedürfnis ist selbst während der Ruhezeit verhältnismäßig hoch, so daß sie auch dann nicht dunkel stehen dürfen, also wertvollen Standraum im Gewächshaus beanspruchen. Nur gegen starke, direkte Sonneneinstrahlung ist leichter Schattenschutz angebracht.

Ihre Temperaturansprüche sind geringer als die von *Hippeastrum*, doch ist sie für Bodenheizung dankbar.

Vermehrung

Aussaat ist langwierig und unwirtschaftlich, zumindest für den Erwerbsgärtner. Brutzwiebeln fallen verhältnismäßig reichlich an und sind nach drei- bis höchstens vierjähriger Anzucht blühfähig. Sie werden getrocknet und im Februar/März zur Unterbrechung der Ruhezeit auf bodenbeheizte Beete (15 bis 16 °C) gepflanzt. Ein Folienzelt erhöht die Wirksamkeit der Bodenheizung. So kommen sie schon frühzeitig ins Wachstum, bauen sich rasch auf und werden ohne Ruhezeit bis zur Blühreife durchkultiviert.

Kultur

Blühfähige Zwiebeln werden im Februar/März auf gut gelockerte, humusangereicherte Beete mit Bodenheizung gepflanzt. Sie ragen noch zu etwa einem Drittel mit der Spitze aus dem Boden heraus. Mit langsam auf 15 °C steigenden Temperaturen kommen sie ins Wachstum und bringen im Sommer die ersten Blüten.

Vallota-Kultur (Übersicht)

Kulturabschnitt/Kulturmaßnahme	Termin	Temperatur	Spezielle Hinweise
Pflanzung	II – III	15 °C Boden	Etwa 50 Stück/m^2
Blüte	VII – IX		
Ruhezeit	Winter	4 bis 8 °C	Rodung und Entnahme von Brutzwiebeln möglich, besser: einige Jahre stehen lassen.
Kulturdauer: Pflanzung-Blüte Anzucht-Blühreife	Etwa 4 Monate 3 bis 4 Jahre		
Ertrag			In Abhängigkeit von der Zwiebelgröße mehrere Schäfte nacheinander
Markt			Örtlich guter Absatz möglich

Häufige Kulturfehler

Fehlerquelle	Kulturfehler	Folgen
Ausgangsmaterial	Mangelhafte Auslese und Vermehrung schlechter Typen	Unausgeglichene Bestände, schlechte Verkaufsqualität, nicht ansprechende Blütenfarbe
Temperatur	Anwendung zu hoher Treibtemperatur	Blütenvertrocknung, Ausfälle
Ruhezeit	Nichtbeachtung der Ruhezeit	Frühzeitige Erschöpfung der Pflanzen, schlechte Blühergebnisse
	Völliges Austrocknen und Einziehen der Pflanzen in der Ruhezeit	Ausfälle, Schwierigkeiten beim Wiederantreiben

Während der Wachstumszeit wird mehrmals bis zu 0,2% mit einem Mehrnährstoffdünger flüssig gedüngt.

Zum Winter wird die Ruhezeit eingeleitet und die Temperatur langsam auf 4 bis 8 °C gesenkt. Die Wassergaben werden entsprechend eingeschränkt, aber nicht ganz eingestellt, da *Vallota* während der Ruhezeit das Laub behält und nicht wie *Hippeastrum* völlig einziehen soll; die Ruhe ist weniger stark ausgeprägt.

In dieser Zeit kann man auch roden, Brutzwiebeln abnehmen und die neue Pflanzung einleiten. Die besten Erträge sind aber zu erwarten, wenn die Pflanzen einige Jahre ungestört stehen bleiben.

Ernte

Die Blüten müssen gut Farbe zeigen, wenn sie geerntet werden sollen. Zu knospig geschnittene oder gezogene Stiele halten sich schlecht.

Zantedeschia

Zantedeschia Spreng. – f. – *Araceae,* Calla, Kalla

Name: Francesco Zantedeschi, 1773 – 1846, italienischer Botaniker und Physiker.

Heimat: Im südlichen Afrika sind 8 Arten beheimatet.

Abb. 202. Zantedeschiakultur auf Grundbeeten.

Bedeutung für den Schnittblumenanbau

Art	Heimat	Blützeit
Z. aethiopica (L.) Spreng. Zimmerkalla	Kapland, Natal	I – VI
Z. elliottiana (W. Wats.) Engl.	Südostafrikanisches Hochland	VI – VIII

Die hartnäckig mit ihrem Synonym „Calla" bezeichneten Vertreter der Gattung *Zantedeschia* sind als Schnittblumen gut geeignet, werden aber ebenso als Topfpflanzen gehandelt. Die weiße *Z. aethiopica* ist bekannter und weiter verbreitet als die ebenfalls sehr schöne gelbblühende *Z. elliottiana*. Letztere ist etwas wärmeliebender als die erstgenannte. Dennoch können beide Arten als relativ genügsam hinsichtlich ihrer Wärmeansprüche gelten.

In Kultur ist die Einhaltung der naturnotwendigen Ruhezeit zu beachten.

Vermehrung

Nur gut durchgezüchtete Sorten können durch Aussaat vermehrt werden. Im allgemeinen wird die vegetative Vermehrung bevorzugt, die sich von selbst anbietet, weil größere Pflanzen leicht teilbar sind und zahlreiche Teilpflanzen ergeben. Dies erfolgt im Anschluß an die Ruhezeit ab Ende Juli. Für das Anwachsen der Teilpflanzen sind 18 bis 20 °C erforderlich, was in dieser Jahreszeit kaum Probleme aufwerfen dürfte.

Gegenüber der Samenvermehrung hat die Teilung den Vorzug, schon nach etwa ½ Jahr blühende Pflanzen zu liefern; im anderen Falle ist eine 1½jährige Anzucht notwendig.

Pflanzung

Die mit Boden- oder Vegetationsheizung und einer leistungsfähigen Bewässerungsanlage ausgestatteten Beete müssen sehr gut vorbereitet, tief gelockert und mit Stallmist versorgt werden.

Nach der Ruhezeit, also ab Ende Juli bis gegen Ende September, wird gepflanzt. Je nach Pflanzengröße und vorgesehener Standdauer liegen die Pflanzabstände um 40 × 40 cm, also 8 Pflanzen/m^2.

Besteht die Absicht, die Pflanzflächen während des Sommers noch anderweitig zu nutzen, können die Jungpflanzen zunächst auf Freilandbeeten ausgepflanzt werden, sind aber spätestens gegen Ende September ins Gewächshaus an den endgültigen Standort zu bringen.

Eine andere Möglichkeit ist, die Jungpflanzen einzutopfen, im Hause aufzustellen, zur Blüte zu bringen und erst im Folgejahr nach der Ruhezeit auszupflanzen.

Nach der Pflanzung wird die Fläche mit Torf oder verrottetem Stallmist leicht abgedeckt.

Neben der üblichen Beetkultur ist auch Gefäßkultur möglich. Hierfür werden die Pflanzen in Kisten, Container, Plastiksäcke oder Kübel gepflanzt. Diese Form der Kulturführung hat den Vorteil der Beweglichkeit. Die Pflanzen können der Größe entsprechend aufgestellt, nach Bedarf gerückt und während der Ruhezeit außerhalb des Gewächshauses untergebracht werden. Die Erschwerung der Transportarbeit durch das hohe Gewicht der Gefäße ist zu bedenken.

Ernährung
Neben der Einarbeitung von Stallmist kann eine mineralische Grunddüngung auch in Form eines Depotdüngers, zum Beispiel 300 g/m^2 Plantosan 4 D (SCHWEMMER 1973), verabreicht werden.

Vom Beginn des Austriebes an ist eine gute Ernährung notwendig, um die geforderte hohe Leistung der Pflanzen zu ermöglichen. Sie brauchen zwar eine stickstoffreiche Düngung, bei Überangebot tritt aber eine reichliche, fast unkontrollierbare Laubentwicklung ein; auf harmonische Düngung ist daher zu achten.

Flüssige Düngungen werden in wöchentlichen bis 14tägigen Abständen mit Mehrnährstoffdüngern durchgeführt. Mit Beginn der Blüte wird auf stickstoffärmere Ernährung umgestellt, bei Bedarf aber sofort wieder auf erhöhten Stickstoffanteil zurückgegriffen. Die Lösungskonzentration kann bei 0,3 bis 0,4% liegen.

Bewässerung
Nach der Pflanzung wird die Kultur mit entsprechenden Wassergaben gefördert. Sie werden verhältnismäßig hoch, sobald sich der Austrieb zeigt. In ihrer Höhe richten sie sich nach dem Bedarf, den Witterungs- und Kulturbedingungen. Später, vor Beginn der Blütenbildung, werden sie allmählich verringert. In der Blütezeit wird aber so stark bewässert, daß die Blätter tropfbares Wasser ausscheiden!

Licht
Die Blütenbildung der *Zantedeschia* ist von der Tageslänge unabhängig. Während der ganzen Kultur ist jedoch ein hohes Maß an Licht erforderlich, daher sollte nur in hellen Häusern unter sauberem Glas kultiviert werden.

Temperatur
Die Temperatur hat zwar keinen entscheidenden, wohl aber fördernden Einfluß auf die Blütenbildung. Die einzelnen Sätze, die durch geschickte Staffelung der Ruhezeit so geplant werden können, daß von Oktober bis Ende Mai blühende *Zantedeschia* geschnitten werden können, werden zunächst bei 8 bis 10, eventuell bis 12 °C, gehalten. Anschließend führt eine Temperaturerhöhung auf 12 bis 14 °C bei weißblühenden, auf 15 bis 18 °C bei gelbblühenden Formen zur Blüte (RÜNGER 1976).

Leichte Erwärmung des Bodens fördert ebenfalls die Entwicklung.

Ruhezeit
Nach der Blüte brauchen die Pflanzen eine Ruhezeit von 7 bis 10 Wochen. Sie fällt im allgemeinen in die Periode zwischen Ende Mai und Ende Juli. Sie wird durch radikalen Wasserentzug betont. Die sehr ausgeprägte Ruhe zeigt sich im totalen Einziehen der Pflanzen.

Diese Ruhezeit kann am Standort durchgeführt werden, doch muß für exakte Trockenhaltung gesorgt werden können. Dadurch werden Zwischenkulturen problematisch. Auch die Wiederanfeuchtung sehr torfhaltiger Substrate nach der Ruhe kann schwierig werden.

Gefäßkultur oder auch der Abschluß einer Beetkultur mit Rodung des Bestandes erlauben, die Pflanzen außerhalb des Gewächshauses an einer sonnigen Stelle zur Ruhe aufzustellen.

Zantedeschia-Kultur (Übersicht)

Kulturabschnitt/Kulturmaßnahme	Termin	Temperatur	Spezielle Hinweise
Teilung	E VII – A VIII	18 bis 20 °C	Nach der Ruhezeit; Teilpflanzen topfen oder direkt auspflanzen.
Pflanzung	E VII – E IX		40 × 40 cm (8 Pflanzen/m^2)
		8 bis 10 °C	Nach dem Anwachsen
		12 bis 15 °C	Zur Einleitung der Blütenbildung
Blüte	Ab X bis E V		Sätze werden durch unterschiedliche Staffelung der Ruhezeit und Anhebung der Temperatur ermöglicht.
Kulturdauer: Pflanzung-Blüte	Ab 3 Monate		Sämlinge benötigen etwa 1,5 Jahre
Ruhezeit	Etwa E V – E VII		7 bis 10 Wochen Dauer; Pflanzen ziehen ein; Trockenhalten; sonniger Freilandstandort möglich.
Markt			Örtlich unterschiedlich; gelbblühende Sorten werden relativ wenig angeboten, aber gern gekauft
Ertrag			Mindestens 10 Stiele/Pflanze müssen geerntet werden; Erträge bis zu 30 Stiele/Pflanze sollen möglich sein (Gold 1973)

Häufige Kulturfehler

Fehlerquelle	Kulturfehler	Folgen
Ausgangsmaterial	Schlechte oder unterbliebene Auslese bei vegetativer Vermehrung, schlechte Herkunft bei Sämlingen	Ungenügende Erträge, eventuell Qualitätsmängel
Ruhezeit	Nichtbeachtung der Ruhezeit oder ungenügende Einhaltung	Ertragseinbußen; vorzeitiger Verschleiß der Pflanzen
Pflanzung	Zu eng	Lichtmangel, Ertragseinbuße
	Zu weit	Ertrag je Flächeneinheit zu gering
Temperatur	Zu niedrige Temperatur zur Blütenbildung	Verspätung, mangelhafte Blüte
Bewässerung	Mangelhafte Wasserversorgung (siehe Seite 524)	Ertragsminderung, Wachstumsverzögerung
Ernährung	Zu hoher Stickstoffanteil	Verstärktes Blattwachstum, geringere Blütenerträge

Pflanzenschutz

Krankheit, Erreger, Schädling	Schadbild	Bekämpfung	Bemerkungen
Phyllosticta-Blattfleckenkrankheit *Phyllosticta richardiae* Bruis.	Blattflecken, braun, gezont, mehrere Zentimeter groß; Ähnliche Flecken auch auf Blatt- und Blütenstielen.	Grünkupfer; Mancozeb (Dithane Ultra)	Pflanzen möglichst wenig benetzen!
Blattläuse	Saugschäden; am häufigsten Befall auf jungen, sich entfaltenden Blättern.	Gebräuchliche Insektizide anwenden	
Spinnmilben	Saugschäden, Flecken.	Kelthan, Pentac, Aldicarb (Temik 5 G)	
Gelbfleckigkeit und Gelbstreifigkeit *Lycopersicum* virus	Helle, oft ringförmige Blattflecken, oft in Adernähe; Weißliche Strichelung auf Blütenstielen; Blüte verkrüppelt, Blätter verdreht, verkrümmt.	Vektoren (Thrips tabaci) bekämpfen, kranke Pflanzen vernichten	Gefährdet auch Tomate, *Chrysanthemum*, *Begonia*, *Dahlia* und andere

Durch unterschiedliche Einleitung und Lenkung der Ruhezeit können Sätze gebildet werden, die, zu verschiedenen Terminen aufgepflanzt, in Folge zur Blüte gebracht werden können. Ein Verzicht auf die Ruhezeit ist nicht möglich, sie ist notwendig und muß eingehalten werden.

Pflegemaßnahmen

Neben den genannten Kulturmaßnahmen ist bei stärkerer Sonneneinstrahlung im Frühjahr durch reichliches Lüften, Spritzen und eventuell Schattieren dafür zu sorgen, daß die Temperatur im Haus nicht über 20 °C ansteigt. Auf gleiche Weise ist die relative Luftfeuchtigkeit auf angemessener Höhe zu halten, ohne größere Schwankungen eintreten zu lassen.

Bei sehr starkem Blattwuchs kann vorsichtig ausgedünnt werden. Dies sollte keinesfalls schlagartig geschehen.

Ernte

Beim Blumenschnitt muß das Hochblatt gut entfaltet und der Stiel fest und straff sein.

Vor allem bei der gelbblühenden *Zantedeschia elliottiana* kommt es nach dem Schnitt leicht zur Spaltung des Stieles am unteren Ende. Es ist daher zweckmäßig, um das Stielende eine Manschette aus einfachem Klebeband (zum Beispiel Tesafilm) zu legen.

Die Erträge können nach Gold (1973) in einem eineinhalbjährigen Bestand bis zu 30 Blütenstiele je Pflanze betragen.

Literatur

Gold, J.: Warum nicht mehr Zantedeschia? Der Erwerbsgärtner **27,** 136, 1973.

Schwemmer, E.: Der Einfluß der Korngröße auf die Depotwirkung von Plantosan 4 D bei Zantedeschia aethiopica. Der Erwerbsgärtner **27,** 1366–1367, 1973.

Orchideen

Von HANS THOMALE

Orchidaceae – f –

Name: orchis (gr.) = Hoden. Der Familienname ist vom Gattungsnamen der „Knabenkräuter" abgeleitet und bezieht sich auf die knollige Form der Rhizome ihrer Vertreter.

Anmerkung

Um dem Anspruch nachzukommen, den diese wichtige Pflanzenfamilie stellen kann, wurde ihr in der 4. Auflage dieses Buches erweiterter Raum gegeben.

Der Erfolg einer Kulturführung hängt ganz wesentlich vom Verständnis für die häufig sehr speziellen Anforderungen ab, die an Kultivateur und Kultureinrichtungen gestellt werden. Darum erscheint es wichtiger, zunächst Grundlagen zu vermitteln, als sich in der Beschreibung möglichst vieler Arten oder einer Auflistung von Namen doch meist schnell vergänglicher Sorten zu erschöpfen.

Von der Wildpflanze zur Kulturpflanze

Vorkommen

Taxonomisch wird die Familie der Orchideen zur Abteilung der Samenpflanzen (Spermatophyta), zur Unterabteilung der höheren Blütenpflanzen (Angiospermae) und zur Klasse der Einkeimblättrigen (Monocotyledonae) gestellt.

Als entwicklungsgeschichtlich wahrscheinlich jüngste Pflanzenfamilie, deren Ausformung erst im Zeitalter des Tertiär, vor rund 60 Millionen Jahren, begann und die sich im Miozän, also im Verlaufe der letzten 30 Millionen Jahre, entfaltete, ist sie den Liliaceae verwandt und mit etwa 25000 Arten über den ganzen Erdball verbreitet.

Als echter Kosmopolit überwindet sie durch ihren Artenreichtum fast alle geographischen und ökologischen Grenzen. Sie paßt sich durch außerordentliche Flexibilität mittels Vegetationsformen den verschiedenen Lebensbedingungen und mit ihren Vegetationsorganen an die unterschiedlichen Eigenschaften der jeweiligen Standorte an. Daher überrascht es zunächst, daß aus dem großen Angebot der Natur bisher nur etwa ein Dutzend Gattungen dieser Familie gärtnerisch genutzt werden. Die Ursache liegt darin, daß die überwiegende Zahl der Arten entweder zu kleinblütig, zu wenig haltbar oder aus ähnlichen Gründen kulturtechnisch bisher nicht geeignet erschien.

Die Folge ist, daß die Elternpflanzen der heute im Gartenbau kultivierten Hybriden ausnahmslos aus subtropisch-tropischen Arealen stammen, denn nur sie sind perennierend, mit mehrjährigem, oberirdischem Habitus und mit den in bezug auf Größe und Haltbarkeit ansehnlichsten Blütenständen ausgestattet.

Abb. 203. Cattleya-Pflanze als Epiphyt auf dem kahlen Teil des Astes eines 30 Meter hohen Baumes (Venezuela).

Die Standorte der Wildpflanzen geben wesentliche Aufschlüsse für die Kulturführung der Orchideen, und so ist es nicht zu umgehen, die wichtigsten Kriterien derselben zu benennen. Am anschaulichsten ist das mit Hilfe einer Einteilung in Klimazonen möglich.

Klimazonen

Warm-feuchte Zone (W): Am Standort geringe jahreszeitliche oder tageszeitliche Schwankungen um eine Durchschnittstemperatur von 23° bis 27°C. Regelmäßige Niederschläge, daher hohe durchschnittliche Luftfeuchte von 75 bis 85%. Hohe Lichtintensität über den 12-Stunden-Tag (10 bis 20000 Lux).

Das trifft im wesentlichen auf den tropischen Bereich, von mittleren Lagen über NN, also eher auf den Regenwald, zu. Auf die Möglichkeiten der Gewächshausklimatisierung in Europa und vereinfacht dargestellt bedeutet dies für Pflanzen dieser Herkünfte das ganze Jahr über Tagestemperaturen zwischen 18° und 23°C und höher. Nachttemperaturen möglichst nicht längerfristig wesentlich unter 18°C, jedoch ist eine Nachtabsenkung um etwa 2°C als günstig anzusehen.

Luftfeuchte bei Tag und Nacht um 80%, bewegtes und nicht stagnierendes Luftvolumen, mit der Temperatur korrespondierend. Das ist am besten durch Einsatz von Sprüheinrichtungen und von Ventilatoren erreichbar.

Bodenfeuchte kurzfristig wechselnd zwischen mäßig-feucht und mäßig-trokken, keinesfalls jedoch stagnierende Nässe.

Temperiert-wechselfeuchte Zone (T): Jahreszeitlich wie tageszeitlich größere Unterschiede. Für europäische Verhältnisse angepaßt, bedeutet dies, daß in den

Sommermonaten Temperaturen tagsüber von etwa 18° bis 23 °C und nachts von 15° bis 18 °C herrschen sollten. Belichtung solange als möglich.

Luftfeuchte am Tag geringer (von 45 bis 75%), nachts höher (80%). Da im Winterhalbjahr die Beleuchtungsstärke geringer und die Belichtungsdauer kürzer sind, sind auch die Intervalle mit geringer Bodenfeuchte bis zu ausgeprägten Trocken-Ruhe-Zeiten zu verlängern. Die Temperatur ist ebenfalls dem anzupassen, tagsüber etwa 15° bis 18 °C. Nachts sollten die Werte zwar deutlich sinken, sich jedoch nicht längere Zeit unter 15 °C bewegen.

Das „Nichtabsinkenlassen" beugt gleichzeitig einer zu hohen Luftfeuchte (= Taubildung) vor. Dies bei blühenden Beständen durch Einsatz von Ventilatoren unterstützen.

Derartige Verhältnisse entsprechen den Ansprüchen von Pflanzen aus den Subtropen oder solchen aus tropischen Höhenlagen zwischen 1800 bis 2000 m.

Kühl-mäßig bis-gleichmäßigfeuchte Zone (K): Tagestemperaturen um 16 °C, möglichst nicht längere Zeit wesentlich über 18 °C. Luftfeuchte gleichmäßig um 70 bis 80%, besonders in den Heizperioden und während der Bildung von Neutrieben nicht geringer. Bodenfeuchte mäßig-gleichmäßig, keine extremen Trokkenperioden (s. Seite 541–542).

Von den Orchideen dieser Gruppe sind heute nur noch wenige Hybriden in Kultur, selbst wenn sie von Eltern abstammen, die aus höheren, kühleren Lagen tropischer Gebirge kamen. Man kann sie daher in den zuvor angegebenen Kultivierungsbereich eingliedern, jedoch mit dem Unterschied, daß alle Faktoren ganzjährig weniger schwanken.

Auf Grund der Fähigkeit, sich den verschiedenen ökologischen Gegebenheiten anpassen zu können, sind innerhalb der Familie der Orchideen zwei große Gruppen von Vegetationsformen zu unterscheiden:

- Geophyten mit terrestrischer, also an den Boden gebundener Lebensweise,
- Epiphyten, die als „Aufsitzer" an oder auf Bäumen unterschiedlicher Größe leben.

Sehr vereinfacht läßt sich feststellen, daß die meisten der Epiphyten aus dem Bereich jener Klimazone (W) kommen, wo dichter Bewuchs vom Boden her bis unter die Baumkronen in etwa 30 m Höhe das Sonnenlicht nahezu abschirmt, andererseits aber auch die ausgeglichenen Temperatur- und Feuchteverhältnisse eine Vegetation an oft völlig glattrindigen Baumstämmen oder auf weit ausladenden Ästen erlauben.

Das sind Gegebenheiten, die man im allgemeinen und stark vereinfacht mit der Vorstellung von „Urwald" verbindet. Daß das Licht hier einen wesentlichen Faktor darstellt, geht daraus hervor, daß Epiphyten, die sich durch Ausbildung ihrer Vegetationsorgane nicht ganz extrem auf diese Lebensweise eingestellt haben, auch am Boden wachsen können, sofern ihnen, wie etwa bei einer Lichtung, einerseits die Bäume als Unterlage genommen, andererseits ihnen gerade dadurch genügend Licht geboten wird.

Geophyten finden sich nach dieser Definition also mehr dort, wo genügend Licht und ein geringerer Bodenbewuchs eine terrestrische Lebensweise gestatten.

Zwischen beiden gibt es eine große Zahl von Übergangsformen. Für die Kulturführung im Gewächshaus stellt sich daher zwangsläufig die Forderung, über die Herkünfte der Pflanzen einige grundsätzliche Kenntnisse zu besitzen.

Abb. 204. Wurzeln einer Cattleya laufen nach allen Seiten über die glatte Rinde eines Baumstammes (Venezuela).

Abb. 205. Gesunde Wurzelbildung eines Epiphyten (Cattleya) gut sichtbar bei Korbkultur.

Ernährungsweise

Betrachtet man die Ernährungsweise der Orchideen, so überrascht es nicht, ebenfalls erhebliche Unterschiede im Vergleich zu anderen Pflanzen zu finden. Die Orchideen machten sich im Laufe ihrer Entwicklung relativ unabhängig von bestimmten Voraussetzungen, die Pflanzen gewöhnlich benötigen, um ihre Ernährung zu sichern. So etwa die Notwendigkeit, das Medium, in dem sie stehen, mineralisieren zu müssen.

Sie besitzen eine Mykorrhiza, das heißt ein mit Pilzen, vornehmlich der Gattung *Rhizoctonia*, symbiosehaft vergesellschaftetes Wurzelwerk. Diese Pilze halten sich in gewissen Wurzelbereichen auf. Sie senden ihre Hyphen (fadenartige Zellen) nach außen und bilden im Standmaterial der Orchideenpflanzen ein weites Hyphengeflecht (Myzel), wobei sie unter anderem auch Sauerstoff leiten oder Cellulose abbauen können. So wird einsichtig, weshalb Orchideen als Epiphyten an oder auf Bäumen ebenso wie an Felsen leben können. Überall findet sich etwas Humus, an der Rinde eines Baumes, in den Ritzen der Felswände, das heißt auch dort, wo keine ausreichend tiefe Bodenschicht mit mineralischen Substanzen vorhanden ist.

Im Humus ursprünglich aus Mineralstoffen aufgebaute, organische Pflanzen- oder Tierreste werden von den Pilzen in die für Pflanzen aufnehmbaren und transportfähigen Substanzen teilumgebaut, etwa in die Zucker Fructose, Glucose, Saccharose oder gewisse Phosphate. So ersparen sie den Orchideen, diesen Umbau selbst tätigen zu müssen. Damit ermöglichen die Mykorrhiza-Pilze den Orchideen erst das Leben an Standorten, die den meisten anderen Pflanzen unzugänglich sind.

Aufbau der Pflanze

Dienten die bisherigen Hinweise auf die Biologie der Orchideen dem Zweck, ihre Kultivierung in Gewächshäusern, also unter anderen Bedingungen als am natürlichen Standort zu ermöglichen, scheint es ebenso notwendig, auf die wichtigsten Merkmale der Vegetationsorgane, den Aufbau der Pflanze (Habitus) näher einzugehen, soweit das für die in Europa kultivierten Arten und Hybriden unumgänglich ist.

Wurzeln

Sie dienen auch bei Orchideen der Nahrungsaufnahme und der Verankerung. Auf die Verbindung mit Wurzelpilzen wurde bereits hingewiesen. Nachzutragen ist, daß es artspezifische Pilze gibt. Somit kann es vorkommen, daß die Orchideenarten unterschiedliche physiologische Reaktionen zeigen und daß es nicht ausgeschlossen werden kann, daß zwei sich unterschiedlich verhaltende Arten auch nicht gemeinsam an ein und demselben Standort gleich gut gedeihen. Ferner fällt ein besonderes, die Orchideenwurzel umschließendes Gewebe, das Velamen, auf sowie die Ausbildung von Luft- und Haftwurzeln bei Epiphyten, die häufig auch an höheren Stellen der Sproßachse auftreten.

Das Velamen ist eine mehrere Schichten dicke Hülle letztlich leerer Zellen, deren Aufgabe noch nicht restlos geklärt ist. Nachgewiesen wurde, daß diese Zellen kapillar Wasser aufzunehmen und in das Wurzelinnere weiterzuleiten in der Lage sind; für eine epiphytische Lebensweise also offenbar notwendig.

Gleichzeitig scheint ein Sonnenschutz gegeben (Thermoswirkung), da sich auf der Oberseite der Wurzeln von Epiphyten zwar ein Velamen findet, an der Unterseite jedoch nicht. Außerdem fehlt es bei terrestrisch lebenden Orchideen und ist durch einen Pelz von Wurzelhaaren ersetzt. Trocken und luftgefüllt erscheint das Velamen weiß bis silbrig-grau, wassergefüllt milchig-trüb. Eine großflächige Verletzung durch Schädlinge, stagnierende Nässe oder chemische Reizung (durch zu hohe Düngerkonzentrationen oder Pflanzenbehandlungsmittel) des Velamens führt in der Kultur zum Absterben der ganzen Wurzel. Mechanische Beschädigungen der Wurzeln (zwangsläufig beim Verpflanzen) führen jedoch, bei sonst einwandfreiem Zustand im Pflanzgefäß, nicht auch zwangsläufig zum Verlust des gesamten Wurzelwerkes. Die meisten regenerieren sich durch neue Austriebe an den Bruchstellen.

Ähnliches gilt für die vielfach auch an höheren Stellen des Triebes entstehenden Luftwurzeln der Epiphyten. Auch ihre Funktion ist nicht restlos geklärt. Sie scheinen jedoch, vom Velamen abgesehen, am Austausch von Stickstoff und Nitraten teilzuhaben und damit keinesfalls nutzlos zu sein, obwohl eine kultivierte Pflanze bei ausreichendem Wurzelwerk im Topf auch deren Verlust erträgt.

Sproßachsen

Abermals sind zwei Gruppen zu unterscheiden.

Monopodiale. Die Sproßachsen wachsen senkrecht, die Blütenstände erscheinen seitlich in den Blattachseln. Für die Kultivierung ergibt sich, daß solche Pflanzen ständig in denselben Behältern stehen können, vegetative Vermehrung ist jedoch meist nur durch Kopfstecklinge möglich *(Vanda)*.

Sympodiale. Die Sproßachsen liegen waagrecht dem Boden auf. Zu jeder neuen Vegetationsperiode wird ein senkrechter Kurztrieb gebildet, der eine endständige

Infloreszenz trägt. Sein Längenwachstum bleibt jedoch beschränkt. Nach einer artentypischen Ruhezeit treibt ein Seitenmeristem der rhizomartigen, waagrechten Hauptachse aus und bildet abermals einen senkrechten Neutrieb, der anstelle des vorher gebildeten blühfähig wird. Die Internodien, das heißt die Abstände von einem Seitentrieb zum anderen, sind ebenfalls artentypisch. Sie können manchmal kaum sichtbar sein *(Paphiopedilum)*, oder auch sehr weit auseinander liegen (sehr deutlich bei *Coelogyne cristata*). Eine Mittelstellung zwischen beiden nimmt etwa die Gattung *Cattleya* ein.

Hieraus ergibt sich für die Kultur, daß zwar eine vegetative Vermehrung leicht ist, indem man die Hauptachse durchtrennt, der Aufenthalt einer Pflanze im gleichen Topf jedoch mitunter nur 1 bis 2 Jahre möglich ist, weil andernfalls die Neutriebe über den Topfrand hinauswachsen.

Diese Neutriebe sind im ausgebildeten Zustand häufig mehr oder weniger keulenförmig bis knollig verdickt und enthalten Nahrungsreserven für Pflanzen, die am natürlichen Standort feuchtarme Perioden, das heißt Ruhezeiten durchmachen müssen. Derartige Triebe werden in der Umgangssprache als „Bulben" (bulbus = Knolle), besser als „Pseudobulben" (entsprechend Scheinknolle) bezeichnet.

Blätter

Die Blattformen variieren von rund bis zylindrisch. Die meisten der in Kultur befindlichen Arten und Hybriden haben länglich-schmale, mehrjährige Blätter. Gelegentlich sind sie xeromorph (geschützt gegen Verdunstung) durch Form (rundlich oder schmal, *Vanda*) oder durch Verdickung *(Cattleya)*. Weichblättrige Arten oder solche, die ihre Blätter nach der Vegetationsperiode sogar abwerfen *(Calanthe)*, kommen weniger vor.

Infloreszenzen

Die Blütenstände sind vielgestaltig und der Bau der Einzelblüte sogar recht kompliziert. So können hier nur die wesentlichsten Merkmale skizziert werden.

Wenn in der Praxis bezüglich der Blütenstände auch stets von „Rispen" gesprochen wird, so sollte nicht übersehen werden, daß zumindest der Grundtypus eine unverzweigte Traube darstellt. Die meisten sind mehr *(Oncidium)* oder weniger (Paphiopedilum) vielblütig, die Blüten der in Kultur befindlichen Arten und Hybriden hauptsächlich aufrecht, denn nur diese sind für eine Schnittkultur wertvoll. Einige nehmen eine Mittelstellung ein *(Phalaenopsis)*, wo bei jüngeren Pflanzen die Stiele noch selbsttragend sind, bei älteren hingegen das Anstäbeln oder Hochbinden unumgänglich wird. Auch das Gewicht vollerblühter Infloreszenzen, insbesondere bei modernen Hybriden, kann zu dieser aufwendigen Arbeit zwingen *(Cymbidium)*.

Wichtig ist schließlich auch die Aufblühfolge zwischen erster und letzter Blüte einer vielblumigen Infloreszenz, die entweder schnell erfolgen muß oder aber an die Lebensdauer der Einzelblüte höchste Anforderungen stellt.

Diese Forderung ist durch die im Erwerbsgartenbau erfolgte Auswahl meist erfüllt. Als Beispiele mögen *Cymbidium* und *Phalaenopsis* dienen: an der Pflanze belassen hat die Einzelblüte eine Lebensdauer von einigen Monaten, so daß leicht vollerblühte Stiele erzielt werden können, die auch abgeschnitten noch über Wochen unverändert haltbar bleiben. Hierin ist auch eine der Hauptursachen zu sehen, die den Orchideen einen derart hohen Rang einräumt: sie erlauben dem Kultivateur einen gleichmäßigen Absatz, dem Endverbraucher lange Freude an der Schnittblume.

Blütenbau

Keine andere Pflanzenfamilie weist eine solche Vielfalt in der Ausbildung ihrer Blüten auf; dennoch sind alle aus demselben Bauplan hervorgegangen. Entwicklungsgeschichtlich liegt das gleiche Prinzip wie bei der Lilienblüte zugrunde. Man findet, vereinfacht dargestellt, zwei Kreise mit je drei Kronkelchblättern, und darin zu einer Säule (Columna) verwachsen, wiederum je drei Staub- und Fruchtblätter, die sich nur bei genauer Untersuchung voneinander trennen lassen.

Die gesamte Blüte ist zweiseitig-symmetrisch. Die äußeren Kronkelchblätter werden Sepalen, die inneren Petalen genannt. Das obere Sepalum wird in manchen Fällen (Frauenschuhtypen) auch als „Fahne“ bezeichnet, während das untere Petalum bei diesen „Schuh“ (gr. pedilon), bei allen anderen „Lippe“ (lat. labellum) heißt. Von wenigen Ausnahmen abgesehen ist die Blüte um 180 ° um ihre Achse gedreht (Resupination), das heißt oben und unten sind eigentlich vertauscht.

Die Narben sind meist als feuchtschimmernde, höhlenartige Vertiefungen am äußeren Ende der Columna erkennbar und nach unten gekehrt. Nur bei den frauenschuhartigen Orchideen (Cypripedioideae) ist die deutliche dreiteilige Narbenfläche nach hinten, also in das „Schuh“-Innere gewendet.

Blütenstaubmassen sind nicht wie gewöhnlich körnig-staubig vorhanden, sondern in Form von scheibenartigen Pollinien-Paketen *(Cattleya)* am äußersten Ende der Columna unter einer Kappe (Rostellum) untergebracht, oder auch von tropfenartiger Ausbildung *(Oncidium, Phalaenopsis)*. Tropfenartige Pollinienpakete kommen stets zu zweien vor, während scheibenförmige auch zu vier *(Cattleya)* oder zu acht *(Laelia)* auftreten. Alle sind mehr oder weniger hart, mit Ausnahme die der Cypripedioideae. Hier ist nicht nur die Pollenmasse weich, sie ist außerdem auf zwei Hälften verteilt und zu beiden Seiten der Säule, oberhalb der Narbenfläche, zu finden.

Unmittelbar unter der Basis der Kronkelchblätter steht der unterständige Fruchtknoten (Ovarium). Bei den meisten Orchideen ist er länglich ausgezogen und wird oft fälschlich als Blütenstiel angesehen, so zum Beispiel bei der Verwendung von Cymbidien-Einzelblüten als Steckmaterial.

Weitere Einzelheiten über die Orchideenblüte sollten in der Spezialliteratur nachgelesen werden. Lediglich auf das Vermögen, auch für menschliches Empfinden Duft zu erzeugen, soll noch hingewiesen werden. Die meisten der in Kultur befindlichen Orchideen duften nämlich nicht oder nur kaum wahrnehmbar, ein Tatbestand, der sich jedoch für ihre Verwendung als Schnittblume keineswegs nachteilig auswirkt (Krankenhaus!).

Züchtung und Namensgebung

Von einem ins Gewicht fallenden Marktbedarf kann man in bezug auf Orchideen erst seit einigen Jahren sprechen. Aufgefallen sind sie dem Menschen schon immer in besonderer Weise. Die ältesten Aufzeichnungen (China) sind daher auch schon über 4000 Jahre alt. Um die Mitte des vergangenen Jahrhunderts setzte sogar eine Begeisterung für sie ein, die nur mit der Euphorie um die Tulpen, 100

Jahre zuvor, vergleichbar ist. Dennoch behielten die Orchideen eine eher exklusive Stellung am Blumenmarkt bei; ein Bild, das sich inzwischen grundlegend geändert hat. Die Orchidee ist nun auch mengenmäßig zu einem bedeutenden Faktor an den Versteigerungen und Großmärkten geworden. Deckten vor wenigen Jahrzehnten noch Wildpflanzen-Importe aus den Heimatländern den Bedarf, so sind diese heute nahezu bedeutungslos gegenüber Herkünften aus Samen, aus dem Labor und aus der Gewebekultur.

Nicht nur das allmähliche Versiegen der Fundstellen in den Heimatländern hat dazu geführt, daß Orchideen inzwischen fast ausnahmslos aus Anzuchtbetrieben stammen. Man war vor allem bestrebt, Eigenschaften einer Art (Form, Farbe, für die Kulturtechnik wichtige Faktoren) mit solchen einer anderen Art zu kombinieren. Es entstanden intragenerische Bastarde (innerhalb einer Gattung), später auch solche zwischen zwei oder mehreren Gattungen, intergenerische Hybriden. Die Entwicklung verläuft zur Zeit so schnell, daß der Praktiker mit seinem einst erworbenen Wissen kaum noch folgen kann.

Zwei ganz einfache Beispiele sollen das erläutern:
Werden zwei *Cattleya*-Arten miteinander gekreuzt, erhält die Nachkommenschaft weiterhin die Gattungsbezeichnung *Cattleya.* Kreuzt man eine *Cattleya* mit Arten oder Bastarden der ihr verwandten Gattungen *Brassavola* und *Laelia,* wird die Hybride Brasso-Laelio-Cattleya (Abkürzung Blc.) genannt. Fügt man die Gattung Sophronitis hinzu, heißt die Abkommenschaft Potinara (Abkürzung Pot.).

Entsteht eine Hybride aus den Gattungen *Odontoglossum* × *Cochlioda,* so wird das Produkt Odontioda genannt (Abkürzung Oda). Kommt die Gattung *Miltonia* hinzu, heißt sie dann Vuylstekeara (Abkürzung Vuyl.).

Auf der Suche nach stets neuen, in irgendeiner Weise unter dem Gesichtspunkt der Kultivierung oder dem neuer Farben und Formen gesehenen Typen wurden immer wieder besonders geeignete oder auffallende Einzelexemplare selektiert. Häufig handelte es sich um solche mit einem mehrfachen Chromosomensatz (Polyploidie), die, falls sie triploid waren (dreifacher Chromosomensatz), zwar gutes Wachstum zeigen, meist aber bezüglich der generativen Vermehrung wegen des ungleichen Chromosomenverhältnisses und der daraus folgenden Sterilität ausfallen. Handelt es sich um tetraploide Pflanzen (vierfacher Chromosomensatz), so sind Blütengröße und Fertilität positiv, das Wachstum jedoch oft stark behindert, eine generative Vermehrung jedoch wiederum leichter.

Vermehrung

Ohne weiter auf die verwickelten Verhältnisse bei der Orchideenzüchtung eingehen zu können, soll festgehalten werden, daß eine Vermehrung mit dem Ziel, neue Typen und gleichzeitig viele Individuen zu erzeugen nur über die generative (geschlechtliche) Vermehrung möglich ist. Daß weiter eine vegetative Vermehrung (Teilen älterer Pflanzen) ebenfalls einen Bestand vergrößern hilft, wenn auch nur in beschränktem Maße, aber auch die einzige Möglichkeit darstellt, ein bestimmtes, besonders selektiertes Individuum erbgleich zu vermehren (Klon).

Vegetative Vermehrung

Ehe man die Vermehrung durch Aussaat beherrschte, waren Orchideen nur durch Teilung älterer Exemplare zu vervielfältigen. Diese Teilung ist heute noch ein durchaus gängiges Verfahren, um gut kultivierte Bestände zu vermehren. Da alle

Abb. 206. Triebbasis von Cattleya. Außenblätter entfernt. Die spitzen Dreiecke (1 cm nat. Gr.) enthalten Meristemgewebe.

Teilstücke einer Pflanze das gleiche Erbgut wie die Mutterpflanze besitzen, sind alle von ihr abstammenden Individuen (Klone) auch im Erscheinungsbild gleich.

Technisch einfach ist die Teilung bei allen sympodialen Pflanzen. Hier wird die Sproßachse so durchtrennt, daß etwa beide Teilstücke drei Triebe behalten. Reserve-„Augen“ sorgen dafür, daß beide Hälften neu austreiben und weiterwachsen. Bei monopodial wachsenden Orchideen ist das nicht immer gleichermaßen gut möglich. Bei *Vanda* beispielsweise macht man Kopfstecklinge und der verbleibende, untere Teil treibt ebenfalls erneut aus. Bei *Phalaenopsis* hingegen ist dies nur in seltenen Fällen und dann auch nur bei alten Pflanzen möglich, denn das Sproßwachstum ist nur gering ausgeprägt.

Indessen gewinnt ein anderes Verfahren immer mehr an Bedeutung. Da es in bezug auf den technischen Aufwand und die Verfahrensweise große Ähnlichkeit mit den Methoden der Aussaat von Orchideensamen hat, braucht diesbezüglich nicht näher darauf eingegangen zu werden. Das Wesentliche in der Zusammenfassung:

Alle vegetativen Teile einer Pflanze besitzen an ihren Vegetationsspitzen, also an der Wurzelspitze, der Sproßspitze und so weiter, ein Embryonal-, Bildungs-, Teilungsgewebe oder Meristem, das heißt einen kleinen Zellverband (etwa 1 Millimeter), der noch undifferenziert und daher zu ständiger Zellteilung befähigt ist. Wird dieser Teil (in der Regel aber nicht die Wurzelspitze) der Pflanze steril entnommen und weiter steril auf Nährböden kultiviert, wie bei der Aussaat noch zu beschreiben, so ist er beliebig oft teilbar (Skalpell) und regeneriert sich ständig neu zu protokorm-ähnlichen Körpern. Diese werden schließlich zu kleinen Pflanzen, die von Keimpflanzen nicht zu unterscheiden sind.

Der Vorteil dieser Methode, wenngleich auch mit demselben Aufwand an Arbeit und Zeit zu betreiben wie es die Aussaat erfordert (Labor!), liegt auf der Hand: die Individuenzahl, oder die Zahl von Klonen gleichen Erbgutes, ist in ungewöhnlich großen Mengen zu erzeugen.

Diese Methode wurde zunächst zur Erzielung virusfreier Bestände entwickelt und findet sich häufig unter der Bezeichnung Meristemkultur, was indessen nicht immer ganz korrekt ist. Entnommen wird den Sproßspitzen nämlich selten das nur wenige Zellen umfassende „Ur-Meristem“, sondern meist größere Gewebeteile, die auch noch andere als diese Zellen umfassen. Darum wird hier richtiger und allgemeiner von Gewebekultur gesprochen.

Man kann zumindest von den mengenmäßig zur Zeit an erster Stelle stehenden *Cymbidium*-Hybriden sagen, daß bereits die überwiegende Anzahl dieser Pflanzen aus vegetativer Vermehrung stammt.

Generative Vermehrung

Bestäubung, Befruchtung und Samenproduktion sind die Voraussetzungen für eine Vermehrung mittels Aussaat. In der Natur übernehmen zumeist Insekten die Aufgabe der Bestäubung. In der Kultur, in der zielgerichtet gearbeitet werden soll, entnimmt der Züchter die Pollen einer selektierten Vaterpflanze (♂) selbst, um sie auf die Narbe der Mutterpflanze (♀) zu übertragen.

Die Selektion geeigneter Pflanzen erfordert allerdings einige Erfahrung und Kenntnisse über die anatomischen und genetischen Verhältnisse insbesondere bei intergenerischer Hybridisation. Eine Befruchtung ist nur dann zu erwarten, wenn beide Partner sich positiv zueinander verhalten können, das heißt, wenn beispielsweise zwei Gattungen (etwa *Oncidium* und *Odontoglossum*) nahe genug verwandt sind, daß ihre morphologischen und anatomischen Gegebenheiten eine geschlechtliche Vereinigung zulassen. Das ist bei der Vielzahl und Verschiedenartigkeit innerhalb der Familie der Orchideen durchaus nicht immer der Fall (bei *Paphiopedilum* und *Cattleya* ist eine Befruchtung nicht möglich). Auch der Reifezustand von Blüten und Pollen ist von Bedeutung.

Sind diese und andere Bedingungen erfüllt, so vollzieht sich im Ovarium (Fruchtknoten mit den Samenbildungsanlagen) die Befruchtung sowie die Samenausbildung; letztere ein Vorgang, der Wochen und Monate dauert. Meist antwortet die ♀-Blüte nach kurzer Frist mit der Welke des Perianths (Blütenblätter), aber auch die ♂-Blüte welkt häufig rasch nach dem Verlust der Pollen. Das Ovarium schwillt daraufhin an und bildet länglich-ovale *(Paphiopedilum)*, eiförmige *(Cattleya)* bis rundliche *(Epidendrum)* Samenkapseln aus. Die Entwicklungsdauer bis zur Samenreife ist sehr unterschiedlich und liegt bei den kultivierten Orchideen jedoch meist im Bereich von 7 bis 10 Monaten.

Eine Frucht kann die erstaunlich hohe Menge von einigen Tausend bis zu mehreren Millionen sehr kleiner Samen enthalten. Diese sind von schlank-spindeliger bis rundlicher Form, häufig noch unter 1 Millimeter lang; sie können nur zehntausendstel Bruchteile eines Grammes wiegen und sind daher mit dem bloßen Auge kaum erkennbar. Ihre Struktur zeigt sich erst unter dem Mikroskop. Ein nur wenige Zellen umfassender Embryo wird von einer netzartigen Testa (Samenhülle) umgeben. Die wabenähnlichen, leeren Zellen der Testa sind durchsichtig, so daß vor einer Aussaat leicht geprüft werden kann, ob überhaupt ein entwicklungsfähiger Embryo vorhanden ist. Ein Nährgewebe (Endosperm), das sonst üblicherweise

Abb. 207. Entwicklungsstufen von der Aussaat auf Nährboden in einem sterilen Glasbehälter bis zur blühbaren Pflanze.

den Embryo umgibt und das als Nährstofflieferant für dessen erste Entwicklung bis zum assimilationsfähigen Keimling dient, ist also nicht vorhanden. Hier setzt in der Natur die „Aufgabe" der Mykorrhiza-Pilze (s. Seite 532) ein.

Nachdem die reifen Samen ihre Kapseln verlassen und einen günstigen Platz angetroffen haben, infizieren die Pilze die durch Wasseraufnahme gequollenen Protokorme (Orchideen-Keimlinge) und liefern ersatzweise für das Endosperm unter anderem Kohlehydrate und Vitamine. Erst jetzt beginnt eine schnelle Zellteilung, Blatt und Wurzel entstehen, das Chlorophyll ist zur Photosynthese aktiviert, es entwickeln sich nach diesem komplizierten Prozeß endlich die Orchideen-Pflanzen.

Aus der gerafften Zusammenfassung geht hervor, wie zufällig eine Orchideenpflanze in der Natur entsteht, auch warum besondes in hohen Bäumen eines Urwaldes epiphytisch wachsende Orchideen derartig große Mengen von Samen produzieren müssen, um ihren Bestand zu sichern.

In der Frühzeit der künstlichen Samenaufzucht war es daher notwndig, Samen etwa auf das pilzinfizierte Substrat von Orchideenpflanzen auszulegen, um so, wenn alle Faktoren ideal zusammentrafen, einige wenige Sämlinge zu erhalten. Später, als man die im folgenden skizzierte Kultur in vitro (Kultur auf künstlich zusammengestellten Nährböden in Glasbehältern) zu beherrschen gelernt hatte, wurden labormäßig Pilzstammkulturen unterhalten, mit denen man auf sonst sterilen Medien Orchideensamen impfte (also eigentlich infizierte) und zusammen mit diesen Pilzen erzog. Diese „symbiotische" Aufzucht war noch eine sehr aufwendige Manipulation.

Erst mit dem Einsatz solcher Nährböden, die jene bis dahin notwendigen Pilzinfektionen überflüssig machten, war überhaupt an eine Aufzucht größerer Mengen zu denken. Diese Periode begann für den Gartenbau erst vor 30 Jahren wirksam zu werden.

Hierbei wird also auf die physiologische Mitarbeit der Mykorrhiza verzichtet und diese künstlich gleich in den Aussaatnährboden mit hineinverlegt. Der Nährboden enthält sämtliche mineralischen wie organischen Komponenten, die Pflanzen allgemein und Orchideen im besonderen benötigen („asymbiotische" Methode). Anstelle einer Nährflüssigkeit ist dieser Nährboden halbsteif, wenn er nach dem Einfüllen in entsprechende Glasgefäße (Erlenmeyer-Kolben oder verschiedene Flaschentypen) durch einen Stopfen mit Gasschleuse verschlossen und im Autoklaven sterilisiert und anschließend abgekühlt wurde.

Nachdem der geerntete und mittels einer geeigneten Flüssigkeit (etwa einer filtrierten Chlorkalkaufschlämmung) desinfizierte Samen in einem sterilen Arbeitsraum auf die erstarrte Nährbodenoberfläche aufgebracht wurde, bedarf es einer Wartezeit von einem bis zu mehreren Monaten im gleichmäßig geheizten Brutschrank bei etwa 23° bis 25°C, bis eine Keimung eintritt.

Während sich alle bisher geschilderten Vorgänge unter Laborbedingungen und in einem absolut sicheren Sterilraum (Impfbox, sterile Werkbank) abspielten, kann sich der Raum für die Keimphase durchaus auch in einem sauberen Abteil eines Gewächshauses befinden. Wichtig ist lediglich neben größtmöglicher Sauberkeit sowie Schutz gegen Spritznässe und Taubildung, daß eine durch Dauerschattierung im Sommer beziehungsweise Zusatzbeleuchtung im Winter eingehaltene Lichtmenge von etwa 1000 Lux gewährleistet wird. Auch die Temperatur sollte gesteuert auf dem angegebenen Wert bleiben, da Schwankungen zur Taubildung und damit zur Infektion der mit einer Gasschleuse versehenen Stopfen der Kulturgefäße führen können. Eine Fremdinfektion durch Pilze oder Bakterien der Luft bedeutet im Regelfall den Verlust der Sämlinge.

Ausgelegt wird der Samen aus ökonomischen Gründen meist eng, da ein „Umpikieren" der Protokorme sowieso nach einiger Zeit erforderlich wird. Hierbei werden die Glasgefäße erneut in den Sterilraum überführt, die Keimlinge portionsweise entnommen und auf neue, zum Teil auch anders strukturierte Nährböden gleich in größeren Abständen umgebettet. Hier verbleiben sie im allgemeinen bis zu einer Größe von mehreren Zentimetern Blattspreite, bis sie endgültig auspikiert und auf sogenannten Gemeinschaftstöpfen im freien Gewächshaus weiterkultiviert werden können.

Die zu verwendenden, unterschiedlichen Nährböden ebenso wie die verschiedenen technischen Vorgänge entnehme man der Spezialliteratur.

Auf die zuvor erwähnte (vegetative) Vermehrungsmethode mit Hilfe von Explantaten (Gewebekultur) ist jedoch noch einmal zurückzukommen. Die Explantate werden zunächst, meist anders als die Samen, in speziellen und flüssigen Nährmedien (in vitro) vorkultiviert, zur Proliferation (Sprossung weiterer Teil-Protokorme) gebracht, geteilt, und wiederholt in neue Nährflüssigkeiten überführt.

Um einerseits das Sauerstoffbedürfnis der Explantate zu erfüllen, andererseits eine rasche Proliferation zu ermöglichen, gibt man die Glasgefäße (hier vornehmlich Reagenzgläser) in eine Schüttelmaschine oder einen Rotationsapparat. Dort verbleiben die Protokorme so lange, bis sie nicht mehr geteilt werden sollen, überträgt sie steril nun auf feste Nährböden und behandelt sie im folgenden ebenso wie die aus der Samenaufzucht gewonnenen Sämlinge.

Das Substrat, das sich für ihre Aufnahme eignet, unterscheidet sich von dem für erwachsene Pflanzen lediglich durch größere Feinheit.

Kulturtechnik

Gewächshäuser

Mit der in den letzten Jahren geradezu erstaunlich rasch gestiegenen Vergrößerung der Anbauflächen für Orchideen nahmen die Planung, der Bau und die Belegung von größeren bis sehr großen Betrieben mit diesen Pflanzen ebenfalls rasch zu. Entwickelt haben sich jedoch die meisten der Betriebe im Bereich anderer Kulturen, betreiben zusätzlich die Orchideenkultur und sind bezüglich der technischen Voraussetzungen meist so flexibel ausgestattet, daß die Frage, welche Gewächshaustypen für Orchideen speziell geeignet seien, sich in der Form gar nicht stellt. Alle modernen Bautypen sind einsetzbar, wenn die nachfolgend verlangten Klimaregelungen möglich sind. Allein im Blick auf das Volumen der Häuser soll bezüglich der Orchideen hervorgehoben werden, daß ihnen ein konstantes Klima in großvolumigen Häusern besser zusagt als ein sehr wechselhaftes in kleineren Häusern. Somit sind 6 m Breite als unterste Grenze anzusehen; Blockbauten sind besser, wenn sie nur wenige Trennwände enthalten. Es kann dafür eher an der Höhe der Häuser gespart werden. Doppelverglasung ist in jedem Fall ein Vorzug.

Heizung und Temperatur

Die Abgabe von Heizwärme soll möglichst gleichmäßig erfolgen und keinen unmittelbaren Einfluß auf die einzelne Pflanze ausüben. Das bedeutet: Stehwände abschirmen, Firstraum mit Heizrohren abfangen, die dann gleichzeitig als Auflage und Gleitfläche für Schattiermaterial im Sommer wie für Folien im Winter dienen können. Durch beides kann eine wesentlich erleichterte Klimahaltung erreicht werden. Ein Hitzestau im Sommer findet nur im Firstraum über der rollbaren Schattierung statt und kann dort leicht und zugfrei für die Pflanzen darunter abgelüftet werden. Im Winter wird der zu erwärmende Raum, besonders nachts, durch ausgerolltes Schattengewebe oder durch eingezogene Folien wesentlich verkleinert, wobei die Folie den Vorzug hat, daß sie auch tagsüber liegen bleiben kann.

Auf Fußwärme kann für Töpfe nicht gut verzichtet werden, bei ausgepflanzten Beständen mit Sicherheit gar nicht. In diesem Fall ist eine Bodenheizung unabwendbar. Orchideenwurzeln vertragen weder Staunässe noch Unterkühlung gegenüber der Lufttemperatur. Sind Stelltische vorhanden, sollte auch hier eine Unterheizung liegen, tief verlegt oder nach oben abgeschirmt, wenn die Stellflächen nicht geschlossen sind.

Um eine gleichmäßige Wärmeverteilung zu erreichen und gleichzeitig die für Orchideen unverträgliche Staufeuchte der Luft zu verhindern, ist der Einsatz von langsam laufenden Ventilatoren unbedingt zu empfehlen. Lufterhitzer, die beiden Forderungen entgegenkommen, sind jedoch nur in sehr großvolumigen Häusern brauchbar, nämlich nur dort, wo der Luftstrom nicht direkt auf die Pflanzen trifft.

Die Heizintensität und damit die Raumtemperatur im allgemeinen, sollte unbedingt steuerbar sein (Thermostate) und auch eine Temperaturabsenkung während der Nachtstunden erlauben. Ist beabsichtigt, in einem größeren Kulturraum, einem Block oder in einem ganzen Betrieb Orchideen ursprünglich unterschiedlicher heimatlicher Herkünfte zu kultiveren, also keine Monokultur zu betreiben, auf die es sich technisch wesentlich leichter einrichten läßt, so ist das Wissen um die einzelnen Abkünfte, wie sie im Abschnitt über die „Klimazonen" näher beschrieben wurde, durchaus nützlich.

Man geht heute davon aus, daß kaum noch Arten, dafür aber immer mehr hochgradige Hybriden eingestellt werden, deren Eigenschaften durch die Züchtung ganz bewußt so vermischt wurden, daß sie auch kulturtechnisch weder extrem nach der einen Seite (K = unbedingt kalt) noch nach der anderen Seite (W = unbedingt warm) neigen. So ist es, was die Temperaturerfordernisse angeht, durchaus möglich, mit einem Kompromiß zu arbeiten. Er kann darin bestehen, daß man anstelle von eigentlich drei unterschiedlichen Bereichen auch gut mit zweien auskommt, wenn man sich von beiden Seiten dem mittleren Temperaturbereich (T = temperiert) annähert, beziehungsweie ihn zum wichigsten macht.

So wäre etwa für *Cymbidium, Laelia, Odontoglossum,* einige *Oncidium* sowie *Paphiopedilum* ein Temperaturbereich (KT) mit Werten nachts (beziehungsweise im Winter auch tagsüber) von 16 °C und tagsüber von durchschnittlich 18 °C angemessen. Für *Cattleya,* warme *Oncidium, Phalaenopsis* wäre dann entsprechend der Bereich (TW) mit Niedrigstwerten von 18 °C und durchschnittlichen Tageswerten von 23 °C und darüber richtig. Korrigiert man nun notwendigerweise auch die Licht- und Feuchteverhältnisse, sind durchaus praktikable Umweltwerte geschaffen.

Belichtung – Schattierung

Geht man davon aus, daß die weniger lichtbedürftigen Orchideen *(Odontoglossum, Paphiopedilum)* ihr vegetatives Optimum bei etwa 10 000 Lux erreichen können, die lichtbedürftigeren *(Cattleya, Cymbidium)* bei ungefähr 20 000 Lux, so bedeutet dies, daß eine Schattierung der Kulturhäuser im Sommer, wo 100 000 Lux erreicht werden können, unbedingt erforderlich wird. Es ist besonders darauf aufmerksam zu machen, daß eine halbe Stunde zuviel Sonneneinstrahlung mehr an den Kulturen verderben kann als eine Winternacht mit starken Untertemperaturen! Als Faustregel kann gelten:

- lichtverträgliche Pflanzen, hauptsächlich die der Klimazone T, Schattierwerte 30 bis 50 %,
- lichtempfindlichere, vornehmlich die der Klimazonen K und W, eher 70 %.

Welche technischen Einrichtungen nun gewählt werden, ist dagegen unwichtig. Sie richten sich nach den Möglichkeiten eines Betriebes, nur müssen sie ausreichend sein. Gewiß ist eine gesteuerte Außenschattieranlage mit weitem Abstand vom Glas optimal, verursacht aber auch die meisten Kosten und die mei-

Abb. 208. Kulturraum für Odontoglossum-Hybriden mit eingezogenem Schattiergewebe.

sten Wartearbeiten. Die gesteuerte Innenschattierung ist nahezu gleichwertig. Beide sind für großflächige Häuser auch kaum zu ersetzen. Bei kleineren Glasflächen genügen allenfalls auch von Hand rollbare Matten und Gewebe. Ist es arbeitstechnisch nicht anders einzurichten, kann auch mit Farbe für den Sommer dauerschattiert werden. Der eventuell eintretende Lichtverlust ist nicht ideal, aber auch nicht überzubewerten.

Während des Winterhalbjahres werden jedoch in manchen Gebieten und für Wochen keine 10 000, gelegentlich noch nicht einmal 1000 Lux erreicht. In solchen Fällen wäre es schon eine Kalkulation wert, ob nicht eine Installation von Zusatzleuchten mit automatischer Steuerung vorgenommen werden kann, die wenigstens eine Lichtintensität von 2000 bis 5000 Lux über 12 Stunden gewährleistet.

Als Anschlußleistung gelten 100 bis 200 W/m^2, wobei die Beleuchtungsstärke durch Reflektoren nahezu verdoppelt wird. Als besonders zweckmäßig erweist sich eine Höhenverstellung der Leuchten, die bei Verwendung von Schienenleuchten über Ketten leicht möglich ist.

Ist eine derartige Installierung für einen ganzen Pflanzenbestand zu aufwendig, sollte überlegt werden, ob nicht wenigstens kleinere Flächen mit Jungpflanzen oder Wechseltische damit ausgerüstet werden können. Letztere, um einzelne Partien von blühstarken Pflanzen besser zu terminieren. Eine exakte Terminkultur über die Belichtungsdauer gesteuert, ist allerdings bis jetzt noch nicht oder nur in sehr geringem Umfang möglich, wenn man etwa die Möglichkeiten bei Chrysanthemen oder Poinsettien zum Vergleich heranzieht.

Luftfeuchte – Belüftung

Aus den Standortangaben über Orchideen kann man entnehmen, daß auch für die Kultur eine verhältnismäßig hohe mittlere Luftfeuchte erforderlich ist. Sie sollte sich zwischen 75 und 80 % relativer Luftfeuchte bewegen.

Sie nimmt an sonnigen Tagen durch Wärmeeinstrahlung ebenso wie durch den Einsatz der Heizung oder die Betätigung der Lüftungseinrichtungen schnell ab. Dafür steigt sie bei trüber Witterung oder nachts bei Rückgang der Raumtemperatur bis zur Taubildung an. Ein Ausgleich ist also notwendig.

Hierfür sind einerseits Sprüheinrichtungen speziell unter den Stelltischen geeignet und arbeitssparend, denn allzu häufiges Überbrausen der Pflanzen selbst ist nicht immer zu empfehlen, zum Beispiel nicht nach dem Umpflanzen oder während der Blüte. Die Umverteilung von vorhandener und besonders hoher Luftfeuchte ist andererseits mit den schon mehrfach erwähnten Ventilatoren zu bewirken. Das Luftvolumen sollte etwa 30- bis höchstens 60mal pro Stunde umgewälzt werden. In kleineren Gewächshäusern genügt dazu ein langsam laufendes Gerät, am First angebracht und leicht nach unten geneigt. In den größeren Kulturräumen sind mehrere Ventilatoren so zu installieren, daß ein Kreislauf entsteht.

Pflanzenaufstellung – Behälter

Alle vorkommenden Gewächshauseinrichtungen sind zur Aufstellung auch von Orchideen irgendwie geeignet, wenn man diese so nutzt, wie es die einzelnen Kulturgruppen erfordern. Terrestrische *Cymbidium* können beispielsweise einfach auf den Boden gestellt werden, wenn dieser nicht dauerfeucht und kalt ist. Andernfalls helfen umgedrehte Styroporkisten oder ähnliches. Grundbeete mit eingelegter Heizung können für *Paphiopedilum* und, wenn es hell genug ist, auch noch für viele andere Orchideen genutzt werden. Epiphyten stehen gerne heller und luftiger, daher sind hier Tische, aber auch jede andere, billige Ersatzstellfläche, besser. Die notwendige Unterwärme sollte jedoch nicht fehlen. Heizrohre aber in gutem Abstand von den Töpfen verlegen, da diese sonst zu schnell austrocknen. Letztlich sind für viele ausgeprägte Epiphyten, dazu gehören auch *Phalaenopsis*, Treppenstellagen gut verwendbar, weil sich hierbei das Luftwurzelwerk besonders gut freihängend entwickeln kann. Auch an Stehwänden angebrachte Drahtgeflechte sind für Töpfe mit Haken nutzbar.

Was die Pflanzenbehälter anbelangt, so gibt es von der Pflanze her gesehen keine Grundsatzempfehlung außer bezüglich der Größe. Diese soll so bemessen sein, daß höchstens zwei zu erwartende Neutriebe nach dem Topfen noch Platz finden können. In allen zu großen Töpfen leidet das Wurzelwerk. Dem widerspricht auch nicht, daß man hin und wieder gute Bestände auf Bankbeete oder Tische mit Unterheizung ausgepflanzt sieht; allerdings scheint das nur bei *Paphiopedilum* und in beschränktem Maße vielleicht auch bei *Phalaenopsis* Dauererfolge zu bringen. Lattenkörbe eignen sich für Epiphyten, wenn sie klein genug gewählt werden, kommen jedoch für den erwerbsmäßigen Anbau aus Kosten- und Platzgründen kaum in Frage

Der Tontopf ist für Pflanzen mit langen Blütenständen wegen seiner besseren Standfestigkeit geeigneter als Kunststofftöpfe. Diese wiederum sind inzwischen allgemein üblich, weil sie preiswerter und besonders wegen des geringen Gewichtes beim Versand kostensparend sind. Während der Kultur besteht lediglich der

Unterschied, daß Tontöpfe häufiger gegossen werden müssen, Kunststofftöpfe dagegen arbeitssparender sind, aber auch die Feuchtigkeit länger halten.

Handelt es sich bei Standkulturen um sehr große Pflanzen *(Cymbidium, Phalaenopsis, Cattleya)*, die viel Substrat erfordern und dadurch zu Dauerfeuchte im Behälter neigen, so sind sogenannte Container, auch mit Schlitzen oder gitterartiger Durchbrechung, gut einsetzbar.

Auch zur Hydrokultur verwendet man ähnliche Behälter, um den Wurzeln den Zugang zur Nährlösung oder zum Sauerstoff zu ermöglichen. Auf die Frage, ob Hydrokultur oder nicht, ist ähnliches zu antworten, wie bezüglich anderer Pflanzen auch: Je mehr Pflanzen zur terrestrischen Lebensweise neigen, um so leichter sind damit Dauererfolge zu erzielen. Entscheidend ist jedoch einerseits die Abneigung der Orchideenwurzeln, ständig im Wasser stehen zu müssen, und andererseits die besondere Beobachtung der Eignung und die Zusammensetzung der Nährlösung. Da hier auf Einzelheiten nicht eingegangen werden kann, soll zumindest erwähnt werden, daß die Nährlösungskonzentration wenigstens um 50 % niedriger gehalten werden muß als dies für Grünpflanzen üblich ist.

Verpflanzen – Substrate

Wann ein Bestand umgetopft oder verpflanzt werden muß, richtet sich nach Zustand von Pflanzen und Pflanzstoff. Haben Pflanzen genügend Zuwachs oder ragen Neutriebe schon über das Gefäß hinaus, müssen größere Behälter gewählt oder die Pflanzen geteilt werden. Deutet sich eine rückläufige Entwicklung an, ist auch außerhalb günstiger Jahreszeiten ein Umtopfen in kleinere Behälter dringend geboten. In beiden Fällen muß auch das Substrat erneuert oder ausgewechselt werden.

Der vorgegebene Zeitpunkt ist in Europa im Frühjahr bei Beginn der Vegetationsperiode. Nur bei blühenden Beständen wartet man das Ende des Schnittes ab. Pflanzen, die eine ausgeprägte Ruhezeit durchmachen *(Calanthe)*, sind bei Erscheinen eines Neutriebes umzutopfen oder zu verpflanzen. Ab Mitte September sollten diese Arbeiten nur noch in dringenden Fällen durchgeführt werden. Lediglich Sämlinge vertragen weiterhin das Auspikieren aus Flaschen oder das Umtopfen, wenn sie gut mit Wärme und eventuell auch mit Zusatzlicht versorgt sind.

Abgesehen von der Größe einer Orchideenpflanze entscheidet das Alter des Substrates darüber, ob schon nach einem Jahr oder erst nach 2 bis 3 Jahren umgepflanzt werden muß. Substrate, wie sie früher fast ausschließlich Verwendung fanden, trifft man heute aus Kostengründen nur noch selten im Erwerbsanbau, zum Beispiel solche auf Farnwurzel- oder Sumpfmoos-Basis. Sie veränderten ihre lockere, luftige Struktur ebenso langsam wie sie eine stabile Pufferung über Jahre beibehielten. Heute wird statt dessen wegen der Kosten meist in irgendeiner Weise auf Torf-Basis oder ähnlichen Grundstoffen Pflanzensubstrat bereitet, das zwar, was die Ernährung anbelangt, gut steuerbar ist, die gewünschte Struktur jedoch schneller verliert.

Vorschläge für Mischungsverhältnisse hierzu sind zahllos und fast in jedem Betrieb verschieden. Man versucht einerseits den Pflanzenbedürfnissen entgegenzukommen (Unterschiede für terrestrische und epiphytische), andererseits aber auch kostengünstig Komponenten einzukaufen und möglichst wenig unterschiedliche Mischungen auf Vorrat halten zu müssen. Deshalb werden hier nur zwei Substratgemische angeführt, die eine gute Mittelstellung einnehmen, für nahezu alle Pflanzen gleich brauchbar, aber auch leicht verifizierbar sind:

Für erwachsene Pflanzen:
80 % grobfaseriger Weißtorf,
20 % grobkörniger Schwarztorf,
\+ je Liter Substrat
3,0 g Calciumcarbonat (zum Beispiel kohlensaurer Kalk, Dolomitkalk),
0,3 g Volldünger (vollöslich),
0,5 g Spurenelemente, zum Beispiel Gabi Micro T.

Für Sämlinge und Jungpflanzen:
50 % TKS II (Torfkultursubstrat, mit Vorratsdünger bereits versehen, das meist keiner pH-Wertkorrektur mehr bedarf),
25 % Perlite (vorbehandeltes, vulkanisches Gestein),
25 % Holzkohle (gekörnt), ersatzweise Rinde oder Rindenfasern gemahlen.

Angeführt werden muß dann noch der zur Zeit häufig genutzte „Blähton" (auch Lecaton, industriell hergestellte, poröse Tonkugeln) für die Hydrokultur. Er sollte jedoch nicht wahllos verwendet werden, da er, je nach Herkunft, physiologisch unterschiedlich reagiert (Kalk- und Fluor-Gehalt!).

Ferner sind „Orchid-Chips" (Polystyrol-Späne mit rauher Oberfläche) zu erwähnen, die ebenfalls für eine erdelose Kultur benutzt werden können. Hierbei werden die Pflanzen ohne weitere Zusätze in die erwähnten Späne gestellt, die Töpfe oder anderweitigen Behälter regelmäßig mit einer Nährlösung gegossen oder kurzfristig angestaut. Da die Nährlösung alsbald wieder abläuft, bleiben die Wurzeln ständig der freien Luft zugänglich und werden nicht gezwungen, sogenannte „Wasserwurzeln" entwickeln zu müssen wie bei dem vorhergehenden Verfahren.

Alle Medien, in die Orchideen gestellt werden, sollen locker eingebracht werden, um die Struktur möglichst lange zu halten. Ihr Säurewert (pH-Wert) muß wenig veränderbar und konstant bei etwa 5,4 eingestellt bleiben und der Salzghalt in regelmäßigen, kürzeren Abständen überprüft werden. Der Gesamt-Salzgehalt, gemssen in Mikro-Siemens (m S) und gewöhnlich umgerechnet in mg/l, liegt gut bei 100–200 mg/l, darunter zu knapp. 250 sollten nicht langfristig überschritten werden.

Bewässerung – Ernährung – Düngung

Der Bedarf an Feuchtigkeit wird bei Orchideen zum Teil bereits durch die Luftfeuchte abgedeckt. Um eine Nahrungsaufnahme zu ermöglichen, ist jedoch auch eine Bewässerung durch Gießen notwendig. Sorgfältiges Gießen ist eine der für den Kulturerfolg am meisten ausschlaggebenden Tätigkeiten! Darum soll noch einmal auf die Empfindlichkeit der Orchideenwurzel hingewiesen werden. Sie verträgt keine Staunässe, besonders wenn sie in Pflanzsubstraten steht, die aus organischen Komponenten bestehen. Selbst bei der Hydrokultur, wo derartige Bestandteile fehlen, ist ihrem besonderen Luftbedürfnis noch Rechnung zu tragen (Wurzeln nicht ständig im Nährstofftank). Das heißt, gegossen wird immer dann, wenn die Töpfe, beziehungsweise die Topfinhalte (Ballen) auszutrocknen beginnen, und dann gründlich. Falsch ist ein ständiges Nachgießen bei noch nicht fast trockenen Töpfen.

Ein gewisser Unterschied ist auch hier zwischen Pflanzen ursprünglich terrestrischer Lebensweise oder aus kühlen Herkünften gegenüber den Epiphyten zu machen. Erstere wünschen eine etwas gleichmäßigere, aber auch besonders vorsichtige Gießarbeit, letztere verlangen dagegen sicht- und fühlbare Intervalle zwischen fast trockenem Ballen und kräftigem Wasserguß (s. Seite 530–531). Um im ersten Fall dennoch keine Staunässe zu erhalten, wird noch einmal auf die Wichtigkeit der zu verwendenden Pflanzsubstrate hingewiesen.

An das Gießwasser als dem Vermittler zwischen Nährstoffvorrat und der nährstoffbedürftigen Pflanze sind ebenfalls besondere Anforderungen zu stellen. Die markantesten und mit Betriebsmitteln selbst überprüfbaren sind:

Idealwerte für Orchideen:	
pH-Wert	5,2 bis 5,5
Härte	Gesamthärte 4 bis 8 °dH
	Karbonathärte 3 bis 4 °dH
Gesamtsalzgehalt	bis 150 mg/l

Bei Verwendung von Regenwasser (ohne eventuelle Verunreinigungen aus der Luft oder von Auffangflächen herrührend) ist somit eine Korrektur der Werte nach oben, bei Brunnenwasser gelegentlich eine solche nach unten hin notwendig. Die Faktoren und ihre Werte gewinnt man aus Analysen, ihre Korrektur ist meist schon über eine entsprechende Auswahl der zur Verfügung stehenden Düngemittel möglich, denn eine Nachdüngung erweist sich bei allen zur Zeit eingesetzten Pflanzstoffen sowieso als unumgänglich.

Wann diese einzusetzen hat, hängt somit vom verwendeten Gießwasser ebenso wie vom Zustand des Substrates ab. Ist das Wasser mineralreich und der Pflanzstoff mit Vorratsdünger versehen, ist eine Nachdüngung nach etwa 3 Monaten erforderlich. Ist das Wasser mineralarm und das Substrat ebenfalls, sind Nährstoffergänzungen bald nach dem beginnenden Einwurzeln frisch getopfter Pflanzen, also schon nach etwa 6 Wochen, vorzunehmen.

Die meisten der im Handel befindlichen, löslichen Volldünger sind verwendbar, wenn man die Faustregel beachtet, daß man ihre Konzentration für Orchideen auf 50 % der für Blattpflanzen empfohlenen einstellt. Höhere Werte sind zeitweise möglich (beispielsweise bei *Cymbidium* und *Phalaenopsis* auf bis zu 3 g/l), generell jedoch nicht ohne Gefahr einer Versalzung. Das NPK-Verhältnis soll wie bei anderen Pflanzen der Jahreszeit angepaßt werden.

Wichtig ist eine häufigere Kontrolle des pH-Wertes des Substrates, das bei Verwendung von stark torfhaltigen Anteilen wenig stabil gepuffert ist. Eine gelegentliche Korrektur ist leicht durch Gießen mit kohlensaurem Kalk oder Dolomitkalk ($CaCO_3$ + 15 Prozent $MgCO_3$) vorzunehmen.

Auch der Gesamtsalzgehalt sollte wenigstens halbjährlich mit einem überall erhältlichen Leitfähigkeitsmesser überwacht werden. Sein Wert liegt, wie schon angegeben, bei Orchideen ideal bei 150 mg/l.

Pflanzenhygiene– Bekämpfung von Schädlingen und Krankheiten

Orchideen unterliegen kaum anderen Schädigungen als die übrigen Pflanzen des Gartenbaus auch. Somit kann auf eine ins einzelne gehende Beschreibung von Schäden, deren Ursachen sowie die Empfehlung von Präparaten verzichtet werden, zumal letztere, oder ihre Handelsnamen, rasch wechseln. Wichtiger erscheinen einige grundsätzliche Bemerkungen.

Sind alle technischen Voraussetzungen erfüllt und ist auch die sonstige Kulturführung optimal, kommt es seltener dazu, infolge aufgetretener Schäden Pflanzenbehandlungsmittel einsetzen zu müssen. Ihr Einsatz sollte eher in der Prophylaxe liegen, also in der Verhinderung des Auftretens von Schäden.

Sind alle Hygienemaßnahmen, peinliche Sauberkeit im Betrieb, die Verwendung einwandfreier Pflanzstoffe, das häufigere Durchputzen (Entfernung absterbender Blätter sowie des Bastes an Pseudobulben und so weiter), das Fernhalten von sogenannten Unkräutern (zu denen in diesem Fall auch Moose an Töpfen gehören) bereits erschöpft, ist vor allem der regelmäßige Einsatz von Mitteln gegen Befall durch schädliche Pilze erforderlich. Dies gilt besonders bei Sämlingen, Jungpflanzen oder frisch vertopften erwachsenen Pflanzen.

Gegen tierische Schädlinge, wobei es meistens darum geht, bereits frei fliegende Insekten gleichzeitig mit ihren Larven im Substrat zu treffen, eignen sich kombinierte Methoden wie Raumtemperatur erhöhen, Pflanzen und Substrat trocken werden lassen, abends räuchern oder vergasen; am nächsten Tag ausgiebig entsprechende Mittel durch Versprühen ausbringen. Dabei Blattunterseiten und Bulben zuerst, in einem zweiten Durchgang Blattoberseiten einschließlich Pflanzstoff mit Töpfen und Stellflächen lückenlos benetzen.

Derartige, im Abstand von etwa 3 Monaten durchgeführte, Intensivbehandlungen garantieren saubere Pflanzen.

Einer Beratung durch ein Pflanzenschutzamt oder ähnlicher Einrichtungen sollte sich der Praktiker auf alle Fälle anschließen. Die Erprobung aller zur Verfügung stehenden Behandlungsmittel überläßt man besser diesen Institutionen. Gleichzeitig erfährt man, welche Mittel eventuell kombinierbar sind, um eine große Bandbreite zu erreichen.

Abschließend muß jedoch über alles, was sich unter dem Komplex „Virus-Infektionen" an noch unbekannten Faktoren verbirgt, angesprochen werden. Wir wissen darüber sehr wenig, eine aktive Bekämpfung gibt es noch kaum. Um eine Übertragung von sichtbar befallenen Pflanzen auf gesunde zu verhindern, ist die Ausmerzung der kranken die einzig sichere Lösung. Um einer Verseuchung ganzer Bestände von vorneherein vorzubeugen, sind abermals alle erdenklichen Hygienemaßnahmen zu erwähnen, erweitert durch den Hinweis auf Sterilität von Arbeitswerkzeugen, beispielsweise von Messern beim Blütenschnitt oder Scheren beim Zerteilen größerer Pflanzen im Verlaufe von Vermehrungs- oder Verpflanzarbeiten.

Ertrag und Absatz

Für den Ertrag und damit für den kommerziellen Nutzen einer Orchideenkultur sind die technischen Voraussetzungen und die Kulturführung ebenso ausschlaggebend wie die Gattungs-, Arten- oder Sortenwahl der Pflanzen, des weiteren aber auch die Nachfrage und damit die Absatzmöglichkeiten. Ist ersteres und letzteres geklärt, sind Ertragsvergleiche pro Quadratmeter Stellfläche nützlich:

		Einzelblüten
Großblütige *Paphiopedilum*-Hybriden	etwa	30 Stück/Quadratmeter
Kleinblütige *Paphiopedilum*-Hybriden	etwa	60 Stück/Quadratmeter
Cattleya-Hybriden, großblütig	etwa	50 Stück/Quadratmeter
Cymbidium-Hybriden	etwa	120 Stück/Quadratmeter
Phalaenopsis-Hybriden	etwa	250 Stück/Quadratmeter

Hinzugezogen werden muß noch der zeitlich wie örtlich gültige Preisvergleich, der sich in den Jahrszeiten ebenso unterschiedlich gestaltet wie bei den Absatzformen. Schnittblumen wie andere Blütenpflanzen erbringen zu Saisonzeiten, etwa zu Weihnachten oder zum Muttertag, eben mehr als während der Ferienmonate im Sommer. Der Absatz über eine Versteigerung hat wiederum nur Sinn bei großen Produktionszahlen. Der Einzelverkauf garantiert andererseits die höchsten Einkünfte, aber setzt stückzahlenmäßig Grenzen.

Die Länge des Transportweges ist mitbestimmend für die Gattungswahl. So ist die interkontinentale Ausdehung des *Cymbidium*-Anbaues nur mit der langen Haltbarkeit und der Verpackungsfreundlichkeit der Blumen zu erklären. Die Kultur von *Cattleya* ist nur dann sinnvoll und damit auch für kleinere Betriebe lohnend, wenn ein Absatz in geringer Entfernung gesichert scheint. Für den nahen Absatz ist ein stückzahlenmäßig begrenztes, aber vielfältiges Sortiment, bezogen auf Blütezeit, Farben sowie Schnitt- oder Topfpflanzen ebenso lohnend. Für den weiten Weg ist nur die rationalisierte Monokultur gewinnsichernd.

Für die Monokultur ist daher auch die Vermehrung mit Hilfe der Gewebekultur von besonderem Interesse. Hier werden große, einheitliche Sätze von vorher gekannter Qualität gefordert. Der Wechsel von einer zur anderen Sorte muß ohne längere Warte- und Ausfallzeiten vollziehbar sein.

Die spürbare Nachfragesteigerung für blühende Pflanzen sollte beachtet werden. Hier liegt für Orchideen noch ein sehr großes Feld offen. Den Durchbruch hat ohne Zweifel die Gattung *Phalaenopsis* mit ihrer guten Verwendbarkeit als Zimmerpflanze vorbereitet. Der Selektion und Züchtung fällt nun die schwierige Aufgabe zu, weitere Gattungen zu finden. Soweit im Augenblick übersehbar, stecken gute Möglichkeiten in der Kombination von *Oncidium, Odontoglossum, Miltonia* und *Cochlioda,* alle einzeln aus mannigfachen Gründen für die Zimmerkultur wenig gut geeignet. Verschiedene Klone ihrer Hybriden (beispielsweise von *Vuylstekeara*) entsprechen jedoch bereits in recht befriedigender Weise den Anforderungen.

Die wichtigsten Schnitt-Orchideen im Erwerbsgartenbau

Cattleya-Gruppe

Cattleya

Cattleya Lindl. – f –

Name: Nach William Cattley, bei dem diese Orchidee in Europa zum erstenmal blühte.

Heimat: Etwa 45 epiphytisch wachsende Arten in Süd- und Mittelamerika, Klimazonen T und W.

Pseudobulben, meist keulen- oder spindelförmig. Höhe in extremen Fällen 1 bis 2 m, bei Kulturformen und Hybriden durchschnittlich 50 cm. 1 bis 3 lederartige, spitz-ovale Laubblätter. Terminale, ein- bis mehrblütige Infloreszenz, aus einer Scheide hervorbrechend. Blühschwerpunkt in Europa Dezember bis März. Größte Blüte der Familie (bei Hybriden bis 30 cm). Grundfarben von weiß bis lila, rot und gelb, teilweise mit Punkten oder Flecken. Das Labellum fast immer andersfarbig, der Rand gelegentlich gekräuselt.

Bedeutung für den Schnittblumenanbau

Fast nur noch Hybriden (auch mit anderen Gattungen der Gruppe) in Kultur. Die großblumigen sind durchweg 1- bis 3blütig und Abkömmlinge der Arten *C. dowiana* (gelb), *C. labiata* (weiß-rosa), *C. mossiae* (rosa-lila), *C. percivaliana* (rosalila) und *C. trianae* (weiß-rosa).

Daneben erweitert sich das Sortiment um die mittelgroßen Blüten. Die Blütenstiele sind dort mehrblütiger (durchschnittlich 6), die Konsistenz wachsartiger, die Farben teilweise bunt gemischt, die Haltbarkeit eher länger und die Verwendung in der Binderei vielfältiger. Solche Blüten weisen auf Arten wie *C. amethystoglossa, C. bowringiana, C. granulosa* und *C. guttata* hin.

Eine namentliche Sortenempfehlung für diese züchterisch schon stark bearbeitete Gattung wird hier nicht gegeben. Das Angebot ist groß, Pflanzen sind aus Gewebekultur erhältlich. Die Nachfrage bei Farben liegt auf Dunkellila, Rot und Gelb sowie Weiß mit roter Lippe, wenig bei Reinweiß.

Beträgt die Haltbarkeit auf der Pflanze 4 bis 6 Wochen, ist die Schnittblume eher kurzlebiger und mit 14 Tagen schon an der oberen Grenze. Daher sind, jedenfalls in Europa, und im Gegensatz zu den USA, Großkulturen wenig günstig, der Absatz in Ballungsgebieten oder der Nähe von Großstädten bei entsprechender Beschränkung der Stückzahlen jedoch gut.

Bei der Auswahl der Hybriden kann in gewisser Weise auf Blühtermine Rücksicht genommen werden. So sind beispielsweise Abkömmlinge von *C. labiata* oder *C. trianae* für den Mittwinter (Weihnachten bis Neujahr), solche von *C. mossiae* für das Frühjahr (Ostern bis Muttertag) geeignet. Daneben sind erfahrungsgemäß Spätsommerblüher (September bis November) gut absetzbar, wenn auch in eingeschränkten Mengen.

Die Schnittreife der Blüte beginnt frühestens vier Tage nach dem vollen Aufblühen. Die Blätter sind dann erst fest und ausgereift. Der Standort sollte jetzt möglichst kühler als der Kulturraum sein. Für den Versand im Karton ist Papierwolle als Unterlage für die Blütenblätter ebenso unerläßlich wie der Wasserbehälter an der Schnittstelle.

Abb. 209. Habitus und erste Blüte einer Cattleya-Hybride.

Kultur

Anforderungen allgemeiner Art sind aus der Klimazone T abzuleiten. Auf zwei Besonderheiten soll jetzt schon aufmerksam gemacht werden, weil sie sich auch bei höheren Hybriden von *Cattleya* noch kulturtechnisch auswirken:

1. Bei einer Gruppe von *Cattleya* oder deren Abkömmlingen bildet sich während der sommerlichen Vegetationszeit ein Neutrieb mit Blütenscheide aus, in die alsbald, ohne vorgeschaltete Ruhezeit, die Knospen eintreten. Solche Pflanzen sind tagneutral und blühen meist im Herbst bis Frühwinter und damit kurz vor der am heimatlichen Standort einsetzenden Regenzeit. Für die Kultur heißt dies, die Triebe müssen sich während des Sommers kontinuierlich bei Tagestemperaturen deutlich über 20 °C, bei hellem Stand, guter Belüftung und regelmäßiger Düngung voll entwickeln können. Die Luftfeuchte soll nachts hoch, die Temperatur spürbar, um 3 bis 5 °C, gegenüber der am Tage abgesenkt sein, um eine Blüteninduktion zu erreichen.

Am Ende der Vegetationszeit sollen solche Pflanzen gedrungen und eher gelblich-grün als dunkel gefärbt aussehen. Während der Wintermonate Vegetationsruhe bei 16 bis 20 °C; Wassergaben nur soviel, um ein Schrumpfen der Pseudobulben zu verhindern, kein Überbrausen, keine Düngung.

2. Bei dieser Gruppe bilden sich zwar Trieb und Blütenscheide wie zuvor aus, die Temperaturen brauchen 16 bis 20 °C jedoch nicht zu übersteigen. Die Ausreifung des Triebes geht langsamer und erst während der Spätherbst- und Winterwochen vor sich.

Die Blüteninduktion erfolgt hautptsächlich durch den Kurztag. Somit treten auch die Knospen wesentlich später in die Scheide ein. Der Flor erscheint erst im Spätwinter und Frühjahr am überwinterten Trieb, das heißt am Ende der Ruhezeit und damit häufig vor, sonst mit beginnendem Neutrieb. Dies entspricht dem Ende der heimatlichen Regenzeit.

Spezielle Anforderungen

Cattleya bevorzugen möglichst großvolumige Kulturräume mit guter Belichtung und Belüftung. Substrat wie oben angegeben, aber auch solche auf Farnwurzel- oder Rindenbasis, besonders, wenn sie mit einem Anteil Sumpfmoos *(Sphagnum)* oder Lauberde gemischt werden. Alle müssen einen schnellen Wasserablauf gewährleisten. Düngung regelmäßig, außer in der Ruhezeit. Verpflanzen möglichst nicht öfter als nach 2 bis 3 Jahren.

An Pflegemaßnahmen fällt sonst nur das gelegentliche Durchputzen an. Entfernen abgestorbener Rückbulben und Blätter, und da *Cattleya* besonders anfällig für Schildläuse sind, Abschälen des trockenen Bastes an ausgereiften Trieben. Aufbinden der Neutriebe oder Einfangen aller Triebe mit Drahtschlingen. Blütenstände müssen häufig durch Stäbe gestützt werden. Beim Schnitt auf Sterilität achten, wenn sich virusverdächtige Pflanzen im Bestand zeigen.

Brassavola

Brassavola R. Br. – f –

Name: Nach dem venetianischen Arzt und Botaniker A. M. Brassavola.

Heimat: Etwa 20 epiphytische Arten, zwischen Mexiko und Brasilien vorkommend, Klimazonen T und W.

Meist lange, stielrunde und teilweise hängende Sprosse und Blätter, dadurch stark abweichender Habitus gegenüber dem der anderen Vertreter der Gruppe. Blütenbau jedoch mit diesen übereinstimmend. Hierzu zählten bisher auch *B. digbyana* und *B. glauca,* die wegen der großen, weißen, etwas grünlich schimmernden Blüten mit ebenfalls großem, breitrandigem und gefranstem Labellum, das die Columna am Grunde völlig umfaßt, als Kreuzungspartner zu *Cattleya* dienten. Besonders die weißblumigen Hybriden oder solche mit grünem bis gelbem Schlund gehen vielfach auf diesen Elternteil zurück.

Der Habitus der genannten gleicht jedoch sehr dem der *Cattleya* und *Laelia,* so daß beide Arten von der Systematik neuerdings in die Gattung *Rhyncholaelia* verwiesen wurden. Das Verwirrende dabei ist, daß alle Keuzungen zwischen *Cattleya* und *Brassavola* (oder umgekehrt) *Brassocattleya* genannt wurden und bislang auch weiter unter dieser Bezeichnung verblieben sind. Auch alle anderen intergenerischen Hybriden, die *Brassavola* (oder nun *Rhyncholaelia*) enthalten, behielten bisher den nominellen Part „*Brasso-*“ bei und werden dementsprechend in Literatur oder Katalog dargestellt.

Kultur
Im allgemeinen wie für *Cattleya* angegeben; sie sollten im oberen Temperaturbereich gehalten und gut ernährt werden, wenn sie regelmäßig blühen sollen. Nicht zu häufig verpflanzen.

Brassocattleya

(Abkürzung Bc.)
Intergenerische Hybride zwischen *Cattleya* und *Brassavola* (entsprechend *Rhyncholaelia*) oder umgekehrt (siehe auch *Brassavola*).

Brassolaeliocattleya

(Abkürzung Blc.)
Intergenerische Hybride zwischen *Cattleya* – *Brassavola* (entsprechend *Rhyncholaelia*) – *Laelia*.
Dieser Gattungsbastard vereinigt alle positiven Eigenschaften der beteiligten Gattungen. In der großen Blüte vielfältiges Farbenspiel von Weiß, grünlich oder Orangegelb zu Violett und Rotanteilen. Labellum häufig sehr groß, mehrfarbig und gefranst. Gut gestielte, haltbare, 3- bis 5blütige Infloreszenzen.

Kultur
Wie bei *Cattleya*, weniger wärmebedürftig, dafür blühfreudiger als *Brassavola*, wüchsiger als diese oder *Cattleya*.

Laelia

Laelia Lindl. – f –
Name: Nach G. C. Laelius, römischer Feldherr.
Heimat: Etwa 35 vorwiegend epiphytische Arten mit Verbreitungsschwerpunkten in Mexiko und Brasilien, vornehmlich der Klimazone T.
Habitus der für die Schnittkultur wichtigsten Arten ähnlich *Cattleya*, andere jedoch deutlich abweichend. Blütenbau ebenfalls wie bei *Cattleya*, Pollinienanzahl hier jedoch 8 (*Cattleya* 4).

Bedeutung für den Schnittblumenanbau
Reine Arten finden sich im Schnittblumenanbau kaum noch, dafür eine reiche Anzahl von Gattungsbastarden mit den anderen Vertretern der Gruppe. In diese bringen vornehmlich die Arten *L. autumnalis*, ein Bergbewohner Mexikos und Mittelamerikas, sowie *L. purpurata*, in Savanne und Hügelgebieten Brasiliens zuhause, bezüglich der Blütenform weniger den großen, breiten und schweren An-

teil hinein, wie man ihn bei der *Brassocattleya* findet, sondern eher den leichten, schmaler-petaligen mit röhrenförmiger Lippe. Das Farbenspiel bewegt sich zwischen Hellrosa bis dunkel Rosalila, gelegentlich mit auffallender gelb-goldener Aderung des Labellums. Die Infloreszenzen sind häufig mehrblütiger (4 bis 8) und nicht selten langgestielt, was sie für Bindereizwecke wertvoll macht.

Kultur
Kulturtechnisch sind die Abkömmlinge von *L. purpurata* (TW) der bei *Cattleya* beschriebenen Gruppe 1, die von *L. autumnalis* (KT) der von 2 zuzuordnen. Alle weiteren Angaben können im wesentlichen ebenfalls von *Cattleya* übertragen werden.

Laeliocattleya

(Abkürzung Lc.)
Intergenerische Hybride zwischen *Cattleya* und *Laelia.*

Potinara

(Abkürzung Pot.)
Intergenerische Hybride zwischen *Brassavola – Laelia – Sophronitis.*

Sophrolaelia

(Abkürzung Sl.)
Intergenerische Hybride zwischen *Laelia* und *Sophronitis.*

Sophrolaeliocattleya

(Abkürzung Slc.)
Intergenerische Hybride zwischen *Cattleya – Laelia – Sophronitis.*

Sophronitis

Sophronitis Lindl. – f –
Name: sophron (gr.) = rein.
Heimat: Eine nur wenige Arten umfassende, auch habituell sehr kleine Gattung, vornehmlich in Brasilien beheimatet.
Sie findet nur deswegen Erwähnung, weil *S. coccinea,* Blütengröße 3,5 Zentimeter, Blütenfarbe orangegelb bis selten scharlachrot, es zusammen mit der ebenfalls kleinblütigen *Laelia* ermöglichte, das bei den Arten der anderen Gruppe nicht vorhandene Rot durch recht komplizierte Mehrfachkreuzungen letztlich in die Gattungshybride *Sophrolaeliocattleya* einzubringen.

Cymbidium

Cymbidium Sw. – n –

Name: kymbos (gr.) = Kahn, eidos (gr.) = Gestalt, hier auf die Form der Columna bezogen.

Heimat: Das Verbreitungsgebiet dieser terrestrischen, teils aber auch epiphytischen, etwa 50 Arten umfassenden Gattung erstreckt sich über Madagaskar und Indien bis Japan und Australien. Die meisten werden in Höhenlagen bis 2000 Meter, teilweise auf Felsen und Bäumen angetroffen (Klimazone KT). Wenige, meist kleinblütigere, kommen in niederen, wärmeren Lagen vor.

Ihr Habitus ist wesentlich durch schmale, linealisch-spitze und nach außen gebogene Blätter gekennzeichnet, deren Scheiden die gestauchten, kugeligen bis eiförmigen Pseudobulben umgeben. An der Basis entwickelt sich der aufrechte, leicht gebogene, teils auch überhängende, kräftige Blütenschaft. Stets mehr-, in einigen Fällen bis 20blütig. Blüten 3 bis 10 Zentimeter breit, Sepalen und Petalen spitz-zungenförmig mit dreilappigem, gekieltem Labellum. Farben von weiß, gelblich-grün bis braun-rot. Lippe meist andersfarbig, auch gefleckt oder gepunktet.

Abb. 210. Mittlerer Abschnitt eines schnittreifen Cymbidium-Blütenstandes.

Bedeutung für den Schnittblumenanbau

Die Cymbidie ist zur Zeit die am meisten kultivierte Orchidee. Ihr Produktionsschwerpunkt lag zunächst in England, wo auch die ersten Hybriden von Bedeutung entstanden, dann griffen sie in die USA über, wo zuerst von echter Massenproduktion gesprochen werden konnte und in der Folge die meisten der modernen Hybriden und Sorten hervorgebracht wurden.

Inzwischen ist nicht nur in NW-Europa, insbesondere in den Niederlanden, sondern auf anderen Kontinenten, etwa in Australien, die Produktion nahezu ins Gigantische gestiegen. Einzig auf die Erzeugung von Schnittblumen, Stiele wie Einzelblumen, ausgerichtet und mit den modernsten Apparaturen für Ernte, Sortierung, Versehen mit binderischem Beiwerk, Einsetzen in Wasserbehälter für den Versand, Verpackung und Abrechnung ausgerüstet, tritt der Kultivateur in solchen fast automatischen Großbetrieben nahezu in den Hintergrund.

Durch Selektion allein kann der Flor inzwischen über mindestens 8 Monate ausgedehnt werden. Mit frühblühenden Sorten ab Oktober, späten bis Ende Mai. Und nimmt man, von Europa aus gesehen, klimatische Standortunterschiede sowie Importe hinzu, sind Cymbidien als bisher einzige Orchideen ganzjährig und nachfragedeckend dem Blumenhandel zugänglich.

In der Entwicklung zurückblickend genügt es zu wissen, daß die älteren Hybriden fast alle auf die etwas früherblühenden Arten (ab November) *C. erythrostylum* und *C. tracyanum*, die neueren auf *C. insigne*, *C. eburneum* und *C. lowianum* zurückgehen, die etwa im Februar ihren Blühzeitpunkt haben und dazu breitere und haltbarere Blüten entwickeln als die ersteren.

Die Haltbarkeit der Blüten ist mit 6 bis 8 Wochen als sehr gut zu bewerten, das Farbensortiment ist reichhaltig, überwiegend hellere Töne von grünlich bis gelb.

Fast alle Standard-Sorten sind inzwischen Klone aus Gewebevermehrung, die satzweise, fast wie die Tulpen, terminiert „abgetrieben" werden. Die robuste Konsistenz der Blüten ist verpackungs- und versandfreundlich. Stiele wie Einzelblüten können, mit Wasserröhrchen versehen, ohne sonstiges Material in Kartons eingeklebt werden, was wesentlich zu ihrer Versandfähigkeit beiträgt.

Zucht- oder Selektionsziel sind, neben weiterer Vervollkommnung von Größe (häufig durch Polyploidie), Farbe und Vitalität, besonders auch die Stiellänge. Hier will man kürzere, wenigblütigere Stiele erhalten. Dieser Zielvorstellung ist von anderer Seite schon entgegengegangen worden. Für die Zimmerkultur wurden nämlich entsprechend kleine Topf-Cymbidien gewünscht, die sich aus Kreuzungen mit *C. devonianum*, *C. ensifolium*, *C. pumilum* und anderen auch erreichen ließen. Ihre Herkünfte aus wärmeren Heimatgebieten kamen der Zimmerkultur zugute, und so werden auch sie inzwischen in großen Mengen erzeugt.

Geschnitten sind deren Blüten jedoch nicht vergleichsweise haltbar. Kreuzungen aus solchen ‚Mini-Cymbidien' mit großblütigen Standard-Sorten helfen dem ab, sie befinden sich voll in der Entwicklung.

Kultur

Kultiviert werden Cymbidien (KT) in meist großräumigen Anlagen bei guter Belüftung und nur leichter Schattierung. Aufstellung über einer Isolierschicht am Boden. Dort sollte die normale Luftfeuchte noch erhöht werden können (Sprührohre). Austriebsbeginn nach der Blüte und kurzer Ruhezeit ab Frühjahr, die Raumtemperatur kann dann durch Heizung oder Sonneneinwirkung um 18 °C liegen. Während der nun folgenden Vegetationsperiode, etwa bis Mitte August, leichter Schatten, regelmäßige und kräftige Volldüngung (auch über 2 g/l), dann allmähliche Reduzierung auf 14tägigen Rhythmus. Gegossen wird jetzt nur so viel, daß die Pseudobulben keinesfalls schrumpfen. Tagsüber volles Licht, Nachttemperaturen stundenweise über 16 °C bis 10 °C absenken. Während dieser Zeit erfolgt die Blüteninduktion.

Erscheinen die Blütenschäfte, sind sie bei fast allen modernen Sorten wegen ihres Gewichts nach und nach hochzubinden. Geschnitten wird erst, wenn die oberste Blüte sich zu öffnen beginnt. Schnitt mit sterilen Werkzeugen ist wegen der bei Cymbidien besonders hohen Gefahr einer Virose zwingend notwendig.

Eingestellt werden die erwachsenen Pflanzen wegen ihrer Größe fast ausschließlich in gelochte Container. Man hält sie mit etwa 6 bis 12 Bulben, gut kultivierte Bestände tragen dann 3 bis 10 Infloreszenzen pro Eimer.

Verpflanzen so selten wie möglich, durchschnittlich im dreijährigen Rhythmus, Vermehrung dann durch Teilung. Als Pflanzstoff eignen sich grobbrockige, gut belüftete Torfe ebenso wie eine Mischung aus Lehmerde mit Humusanteilen aus Laub oder auch Walderde. Hier hängt die Entscheidung ganz wesentlich von der Art der übrigen Kulturführung ab.

An Befallsschäden stehen Spinnmilben im Vordergrund, hervorgehoben werden muß jedoch noch einmal die hohe Anfälligkeit gegen Viren.

Dendrobium

Dendrobium Sw. – n –

Name: dendron (gr.) = Baum, bioein (gr.) = leben, weist auf die epiphytische Lebensweise hin.

Heimat: Etwa 900 habituell sehr unterschiedliche Arten verteilen sich auf breiter Basis von Ceylon bis zu den Samoa- und Tonga-Inseln, nördlich bis Japan, südlich bis Neuseeland. Zumeist Epiphyten mit ausgeprägter Ruhezeit, Wärmeansprüche unterschiedlich, Klimazone im allgemeinen T.

Triebe schlank bis keulenförmig, vielfach verdichtete Sproßabschnitte zwischen den Internodien, aufrecht oder hängend. Blätter weich bis ledrig, erstere oft nur einjährig. Blütenstände traubig, teils nur 2-bis 4blütig und locker auf der oberen Sproßhälfte verteilt, teils vielblütig zu einer ansehnlichen Traube zusammengefaßt. Nur letzere sind in diesem Zusammenhang interessant und betreffen die Arten *D. nobile* sowie *D. phalaenopsis* mit ihren Hybriden.

D. nobile und Hybriden

In den letzten Jahren besonders in Ost-Asien züchterisch bearbeitet. Aufrechte, durchschnittlich 50 Zentimeter hohe, zylindrische Triebe. Gestauchte Traube mit etwa 10 bis 30 Einzelblüten, diese mit 4 bis 7 cm Durchmesser, bunt, Farben vielfältig und gemischt von weiß bis rötlich, Blütezeit Dezember bis Frühsommer. Haltbarkeit von etwa 14 Tagen bei kühler Haltung zu erreichen, wenn die Blütenstände zusammen mit dem dann meist blattlosen Trieb geschnitten werden.

Kultur

Während der sommerlichen Vegetationszeit sind leichter Schatten und (T) bis (W) bei regelmäßiger Feuchte und Düngung erforderlich. Ab August volles Licht, Einschränkung der Feuchte und Absenkung der Nachttemperatur bei 16 °C und darunter, möglichst viel Frischluft. Hierbei erfolgt die Blüteninduktion. Dann bei

Knospenansatz zur Terminierung eventuell satzweise und stufenweise auf 18 °C temperieren. Bei zu schnellem Wechsel und geringem Licht kann Knospenabfall erfolgen!

D. phalaenopsis und Hybriden

Triebe spindelig-schlank, aufrecht, 50 bis 80 cm hoch, endständiger, 30 bis 80 cm langer, eleganter Blütenstand mit 5 bis 15 Einzelblüten, diese 5 bis 10 cm Durchmesser, ursprünglich rosa-lila, bei Standard-Hybriden jedoch hauptsächlich dunkel- bis purpurrot, seltener auch reinweiß oder weiß-rot.

Zunächst in England und Deutschland züchterisch perfektioniert, wurde die Kultur besonders in Ost-Asien aufgegriffen und dort aufgrund geringer Gestehungskosten (Arbeitslöhne, feldmäßige Freilandkultur) in Massenproduktion genommen. Gewichtstonnenweise gelangen sie inzwischen als „Billigware" auf den Weltmarkt und besonders auch nach Europa. Das Zuchtziel hat sich dabei auf kurze, gedrungene, weniger-, klein- und dunkelblütige Stiele gerichtet. Ihm liegen unter anderem Preis- und Versandursachen zugrunde.

Geht man von den vorhandenen Möglichkeiten aus, Typen mit großen Blumen, etwas hellerem Rot und längeren Stielen wählen zu können, so ist auch eine Kultur in beschränktem Ausmaß und zur Vervollkommnung eines mehr örtlichen Angebotes in Europa noch lohnend. Vollerblühte, großblumige Stiele aus gesunder Kultur können mit ihrem edlen „rispenhaften" Charakter durchaus und fast gleichwertig neben den beliebten *Phalaenopsis* geführt werden.

Abb. 211. Abschnitt einer Infloreszenz von Dendrobium phalaenopsis.

Abb. 212. Einzelblüten einer Odontioda.

Kultur
Erforderlich sind allerdings gut temperierte, besser noch warme Verhältnisse (TW) in möglichst engen Töpfen bei reicher Luft- und Ballenfeuchte sowie regelmäßiger Düngung in der Wachstumsphase. Ab September ist mit dem Erscheinen mehrerer Blütentriebe vornehmlich am Ende des ausgebildeten Neutriebes zu rechnen. Bei starken Pflanzen auch noch am vorhergehenden, so daß bei ihrem schlanken Habitus und der Möglichkeit eines engen Standes ein guter Ertrag pro Quadratmeter zu erwarten ist.

Die Luftfeuchte muß bis zum Ende des Flors (Februar bis März) allerdings stark herabgedrückt und auf jeden Fall volles Licht gegeben werden, da sonst die Laubblätter zunächst fleckig werden und später ganz abfallen, die Knospen gelb werden und „stecken“ bleiben. Prophylaktische Spritzungen gegen Pilzbefall mit größerer Bandbreite (besonders gegen *Fusarium*) sind zu empfehlen. Nach der Blüte Ruhezeit mit herabgesetzter Feuchte und Temperatur bei vollem Licht bis zum Beginn des Neutriebes.

Odontoglossum-Gruppe

Diese Gruppe deckt ein weites Feld züchterischer Arbeit von hoher Komplexität ab und birgt ein noch nicht ausgeschöpftes Potential für die Schnittblumenerzeugung der Zukunft. Unter anderen und solchen, die noch hinzukommen, sind zur Zeit wenigstens 4 Gattungen beteiligt und miteinander wie untereinander bastardisiert:

Odontoglossum	× *Cochlioda*	= *Odontioda*	(Abkürzung Oda.)
	× *Oncidium*	= *Odontocidium*	(Abkürzung Ocdm.)
	× *Miltonia*	= *Odontonia*	(Abkürzng Odtna.)
	× *Cochlioda*	× *Miltonia*	
		= *Vuylstekeara*	(Abkürzung Vuyl.)
	× *Cochlioda*	× *Oncidium*	
		= *Wilsonara*	(Abkürzung Wils.)

Die einzelnen Mitglieder der Gruppe sind schon lange beim Orchideenliebhaber als Topfpflanzen bekannt und beliebt. Für die Schnittblumenerzeugung wurden sie jedoch erst durch die Hybridisierung interessant, die auf dem besten Wege ist, immer ansehnlichere und haltbarere Infloreszenzen zur Verfügung zu stellen.

Es erfolgt eine knappe Darstellung der beteiligten Gattungen mit ihren jeweils wichtigsten Eigenschaften. Anstoß zur Entwicklung und gleichzeitig Prototyp der Gruppe ist *Odontoglossum*.

Odontoglossum

Odontoglossum H. B. K. – n –

Name: odontus (gr.) = zähnig, glossa (gr.) = Zunge, auf die zahnartige Schwiele des Labellums bezogen.

Heimat: Mit seinen etwa 150, teils terrestrischen, teils epiphytischen Arten der Kordilleren Süd- und Mittelamerikas ist es meist in höheren Lagen zwischen 1000 und 3000 m Höhe in den Klimazonen K bis T angesiedelt.

Mit Abstand die wichtigste Art ist in diesem Zusammenhang *O. crispum* mit seinen verschiedenen Typen aus eng begrenzten Distrikten Kolumbiens.

Runde bis eiförmige, etwas abgekantete, flache Pseudobulben mit 2 bis 3 am Ende verschmälerten Laubblättern. Markant ist besonders der mehrblütige (6 bis 20), leicht gebogene Blütenschaft von 30 bis 80 cm Länge mit sternförmigen, 5 bis 10 cm großen Blüten. Sie sind entweder reinweiß oder mehr oder weniger stark rot-braun bis lila-braun gefleckt, die Ränder des Perianthes häufig stark gekräuselt. Als Kreuzungspartner bringt *O. crispum* diesen Charakter deutlich sichtbar in alle Hybriden mit ein.

Odontoglossum mit *Cochlioda* gekreuzt (*Odontioda*, Abk. Oda.) ergibt ein reichhaltiges Farbenspiel sternförmiger Blüten von Reinweiß über alle gefleckten oder ornamentalen Varianten bis Dunkelrot. Von allgemein guter Haltbarkeit als Schnittblume (10 bis 14 Tage). Sehr gut ernährte Pflanzen können diesen Zeitraum allerdings auch auf das Doppelte erweitern.

Kultur
Eine solche Hochgebirgspflanze ist in Kultur nur für den kaltluftfeuchten Sektor geeignet und außerhalb dessen nicht leicht zu halten. Ihre Hybrid-Abkömmlinge entsprechen jedoch bereits kühl-temperierten Verhältnissen. Das bedeutet Durchschnittstemperaturen auch im Sommer möglichst nicht über 15 bis 18 °C mit guter Schattierung, nachts merklich kühler bei 10 bis 13 °C.

Dies ist nur durch hohe Wasserverdunstung (automatischer Sprühnebel mit Hygrostat) und gute Ventilation zu erreichen. Auch die Ballenfeuchte soll leichtgleichmäßig gehalten werden, ebenfalls die Düngung. Stand in kleinen Töpfen mit guter Drainage. Im Winter Staunässe im Topf vermeiden, ebenso bei Heizungseinsatz keine zu hohe Wärme oder trockene Luft aufkommen lassen. Das kühle, frisch-luftige Klima ist von großer Wichtigkeit. Blütezeit variabel, hauptsächlich im Winterhalbjahr.

Cochlioda

Cochlioda Lindl. – f –

Name: kochlioides (gr.) = spiralig, hier auf die Lippenschwiele bezogen.

Heimat: Etwa 5 epiphytische Arten in NW-Kordilleren Südamerikas. Wichtigste Art ist *C. rosea* aus Peru.

Verzweigter, lockerer Blütenschaft von 20 bis 40 cm Länge, und zwar kleinen (2 bis 3 cm), dafür aber dunkelrosa gefärbten Blüten, die ihren Farbanteil fleckig bis flächig in die Hybriden einbringen und ihn dort attraktiv-ornamental wiedergeben.

Kulturanforderungen wie *Odontoglossum* (K).

Kreuzungen mit *Odontoglossum* (*Odontioda*, Abkürzung Oda.) erbringen ein reichhaltiges Farbenspiel sternförmiger Blüten von Reinweiß über alle gefleckten oder ornamentalen Varianten bis Dunkelrot. Von allgemein guter Haltbarkeit als Schnittblume (10 bis 14 Tage), bei gut genährten Pflanzen auch wesentlich länger.

Miltonia

Miltonia Lindl. – f –
Name: Nach F. Milton, englischer Förderer der Orchideenkunde.
Heimat: Etwa 20 epiphytische Arten in Süd- und Mittelamerika.

Hier sind nur die aus den niederen Lagen der Mittelgebirge Brasiliens stammenden Arten interessant. Beteiligt sind *M. clowesii, M. flavescens, M. regnellii, M. spectabilis* (mit ihrer var. *moreliana*), *M. vexillaria* und *M. warscewiczii.*

Aufbau der Infloreszenzen, die sich leider kaum für den Schnitt eignen, wie zuvor, Einzelbüte jedoch mit 5 bis 10 cm Durchmesser recht groß. Farben zwischen weißlich bis bräunlich Lila-rot getuscht, großes, geflecktes oder geadertes Labellum. Der Gesamteindruck der Blüte erinnert an eine Stiefmütterchen-Blüte *(Viola).*

Farben, Größe des Labellums sowie der Gesamtcharakter werden ebensogut auf die Hybriden übertragen wie die für die Kultivierung angenehme Eigenschaft des größeren Wärmebedürfnisses, wodurch sie in der Verbindung mit *Odontoglossum crispum* in den temperiert-kühlen Kulturbereich rücken.

Kultur

Im Sommer mit *Laelia* oder *Cattleya* zusammen, leicht schattiert, leicht-gleichmäßig feucht mit milder Düngung bei frischer Luft. Im Winter sind sie nicht so sehr

Abb. 213. Habitus und Blüten einer Jungpflanze von Miltonia.

von ständiger Luftfeuchte abhängig, auch die Temperaturen können bei 12 bis 17 °C liegen, dann volles Licht. Stand in kleinen Töpfen.

In Verbindung mit *Odontoglossum* (*Odontonia*, Abkürzung Odtna.) leider bisher noch keine guten Schnittblumeneigenschaften.

Oncidium

Da diese Gattung noch an anderer Stelle (s. Seite 563) dargestellt wird, soll nur auf den Einfluß eingegangen werden, den sie auf die hier angesprochene Gruppe ausübt.

Oncidium ist erst in den letzten Jahren wieder in das Blickfeld der Züchtung geraten, so liegen also noch keine großen Erfahrungen vor. Es zeichnet sich aber doch schon ab, daß *Odontocidium* (*Odontoglossum* × *Oncidium*, Abkürzung Odcdm.) eher einen *Oncidium*-betonten Charakter aufweisen (Gelbfärbung, breites Labellum), wenn es sich um Arten der TW-Zone handelt. Je näher sie klimatisch den *Odontoglossum*-Arten stehen, wie etwa *O. cordatum* oder *O. tigrinum*, beide ebenfalls Hochgebirgsbewohner, weisen die Abkömmlinge durchaus einen stärkeren *Odontoglossum*-Charakter auf, wenn sich auch weiter die stark verzweigte *Oncidium*-Infloreszenz durchsetzt.

Kreuzungen mit *Odontoglossum* (Abkürzung Odcm.) erbringen hohe, aufrechte, meist verzweigte und vielblütige Schäfte von ausreichend guter Haltbarkeit im Schnitt.

Vuylstekeara

(Abkürzung Vuyl.)

Der Dreigattungsbastard *Odontoglossum* × *Cochlioda* × *Miltonia* bringt hervorragende Topf-Orchideen hervor, die sich ganz besonders für die Zimmerkultur und durch auffallende, kräftige Rottöne sowie durch lange Blühdauer und leichte Kulturbehandlung (TK) auszeichnen. Für die Schnittkultur sind jedoch erst einige Klone gefunden, die dem Anspruch auf lange Haltbarkeit gerecht werden.

Wilsonara

(Abkürzung Wils.)

Ebenfalls Dreigattungsbastard, aus *Odontoglossum* × *Cochlioda* × *Oncidium* entstanden. In allem der *Odontioda* am ähnlichsten, der kräftigere Blütenschaft ist nicht verzweigt. Einzelblüten häufig größer und mit besonders reicher Ornamentierung.

Kulturanforderungen wie bei *Odontioda* (TK). Haltbarkeit der Schnittblumen mit 10 bis 14 Tagen noch ausreichend gut.

Oncidium

Oncidium Sw. – n –

Name: onkos (gr.) = Wulst, hier auf die Schwiele der Lippe bezogen.

Heimat: Von Mexiko bis zum mittleren Südamerika verbreitet, artenreiche Gattung (etwa 600), zumeist als Epiphyten in mittleren Gebirgslagen der Klimazone W.

Habituell sehr unterschiedlich. Arten mit rundlichen bis birnenförmigen, teilweise abgeplatteten Pseudobulben, mit 1 bis 3 zum Teil zarten Laubblättern, andere dagegen auf sehr kräftige, sukkulente Laubblätter reduziert, die auch stielrund sein können.

Abb. 214. Halberblühte Infloreszenz von Oncidium.

Blütenstände wenigblütig bis traubig oder auch sehr lang, aufrecht, rankend oder hängend als vielblütige Rispen aus der Basis. Sepalen und Petalen meist gleich, Lippe sehr variabel, entweder als größtes oder als kleinstes Blütenblatt ausgebildet. Farben überwiegend gelb bis braun, vielfach gepunktet oder gesprenkelt, Lippenoberhälfte häufig andersfarbig.

Bezüglich Blütezeit Einteilung in zwei Gruppen: Die zentral-amerikanischen Herbst- und Winterblüher sowie die südamerikanischen Sommer- bis Herbstblüher.

Im folgenden vergleiche man hierzu den Abschnitt über *Oncidium* unter *Odontoglossum*-Gruppe (s. Seite 562).

Bedeutung für den Schnittblumenanbau

Obwohl häufig Kreuzungen von *Oncidium* untereinander gemacht wurden und auch zahlreiche Gattungshybriden vorliegen, hat sich die Züchtung erst in letzter Zeit wieder mit ihnen intensiver befaßt, diesmal mit dem Ziel, Schnittblumen zu erzeugen.

Importbestände von *Oncidium varicosum*, besonders seiner Varietät *rogersii*, haben wohl schon immer in gewissem Umfang zum Sortiment gezählt, konnten sich jedoch wohl wegen Kleinblütigkeit, Verpackungsunfreundlichkeit sowie anderer Ursachen nicht überzeugend durchsetzen. Indessen mußten drei Umstände zur weiteren Entwicklung reizen: das leuchtende Goldgelb der Blüte mit abgesetzten Rotanteilen, die Möglichkeit auch sehr dunkelbraun-rote Farben zu erhalten sowie die Blütezeit des südamerikanischen Formenkreises auszunutzen, um die Bedarfslücke für Orchideenblüten zwischen August bis November schließen zu helfen.

Drei Arten stehen dabei zur Zeit im Vordergrund: *O. forbesii* und das schon erwähnte *O. varicosum* var. *rogersii* mit kräftig-gelbem Labellum mit roter Schwiele, beide aus Brasilien, sowie *O. tigrinum* aus Mexiko.

Nicht zuletzt ist auch kulturtechnisch die Zusammenführung mit der Gattung *Odontoglossum* interessant, da das Produkt aus beiden *(Odontocidium)* leichter zu halten ist als jede Art für sich. Zusätzlich fällt es auch kostengünstig in den Sektor (TK) und erlaubt eine hohe Stellzahl auf einen Quadratmeter.

Die Blüten halten bei den zur Zeit überblickbaren Sorten abgeschnitten mindestens 14 Tage und länger. Die Bestände an *Oncidium* und seiner Hybriden werden mit Sicherheit in den nächsten Jahren weiter zunehmen.

Kultur

Die Anforderungen für die erwähnten Arten und ihre Hybriden sind ähnlich wie bei *Odontoglossum*-Hybriden dargestellt. Für viele andere Oncidium gelten jedoch völlig hiervon verschiedene Bedingungen, eher wie für *Cattleya* oder *Dendrobium* angegeben. *O. rogersii*-Abkömmlinge sind im Winter und bei mangelndem Licht gegen Staunässe im Topf ebenso empfindlich wie gegen nicht schnell genug abtrocknendes Wasser an den Triebspitzen. Der Pflanzstoff sollte locker und durchlässig bleiben, ein kleiner Zuschlag von gehackten Farnwurzeln oder Styropor ist daher nützlich.

Paphiopedilum

Paphiopedilum Pfitz. – n –

Name: Paphia (gr.) = Beiname der Venus, pedilon (gr.) = kleiner Schuh.

Heimat: Man schätzt ihr Vorkommen im subtropisch-tropischen Südostasien (Himalaya, Neuguinea, Hinterindien, Malaysia, Indonesien, Philippinen) auf etwa 60 Arten ein.

Diese in der Umgangssprache mit ‘Frauenschuh’ bezeichnete Gattung ist vielleicht die bekannteste von allen. Von ihr sind wohl die meisten Importpflanzen, und das in kaum vorstellbaren Mengen, besonders nach Europa eingeführt worden. Auch jetzt noch sind in fast jedem Betrieb Bestände zu finden, zeitweilig kann man sie auf Wochenmärkten oder in Versandhäusern als „Billigware" erwerben.

In ihrer Heimat werden sie fast ausnahmslos als Geophyten angetroffen, das heißt als terrestrisch wachsende Pflanzen in der humosen Schicht des Bodens, größtenteils halbschattig. Nur ausnahmsweise gibt es welche, die auch die epiphytische Lebensweise annehmen, wie beispielsweise *P. villosum*, das dann auch fast hängende Blütenstiele aufweist, eine Eigenart, die sich noch in späteren Bastard-Generationen wiederfindet und zum Anstäbeln der Stiele zwingt.

Die Unterfamilie der Frauenschuhorchideen (Cypripedioidae) umfaßt die vier Gattungen

- *Cypripedium* L.,
- *Selenipedium* Lindl.,
- *Phragmipedium* Rolfe,
- *Paphiopedilum* Pfitz.

Für die Schnittblumenkultur kommt allein *Paphiopedilum* in Frage, da nur sie sehr lang haltbare Schnittblumen liefern.

Der Gesamtaufbau ist bei den oben genannten Gattungen bis auf geringfügige Unterschiede gleich, aber von den übrigen Orchideen sehr verschieden. Durch Stauchung der Sproßinternodien stark verkürzte Blattrosette, also stammlos. Die Blätter sind meist riemenförmig, in der Mitte gefaltet, glattgrün oder marmoriert. Der Blütenschaft ist endständig, er befindet sich jeweils in der Mitte des Neutriebes. Einmal geblühte Triebe erzeugen keine neuen Blüten mehr. Da von einem alten Blatttrieb jedoch häufig mehrere Neutriebe gebildet werden, trägt eine gut entwickelte Pflanze stets auch mehrere Blütenstände. Diese sind bei einigen Arten sehr kurz oder weich. Sie und ihre Hybrid-Abkömmlinge eignen sich dann wenig für den Schnitt. Die meisten besitzen jedoch einen ansehnlich hohen, oft drahtigen, meist etwas behaarten Schaft mit einer, gelegentlich auch zwei, Blüten von wochenlanger Haltbarkeit.

Diese sind deutlich zweiseitig-symmetrisch. Das mittlere Sepalum ist auffallend gestaltet und ausgefärbt, es wird als „Fahne" bezeichnet. Die seitlichen Sepalen sind miteinander verwachsen und häufig unscheinbar (Synsepalum). Die seitlichen Petalen dagegen stehen seitlich-waagerecht ab oder sind schräg nach unten gerichtet, in einigen Fällen auch länger ausgezogen, bisweilen gewellt oder gedreht. Die Ränder sind häufig behaart, die Flächen gestreift, gefleckt, mit „Warzen" bedeckt oder anders auffallend gezeichnet oder geformt. Das untere Petalum, sonst Lippe (Labellum) genannt, ist hier wegen seiner Ausformung als „Insekten-Leitplanke" zum Zwecke der Bestäubung pantoffelartig ausgestaltet und wird treffend als „Schuh" bezeichnet, woher dann auch die ganze Gattung ihren Namen bezogen hat.

Im „Schuh" befindet sich die Columna (Säulchen) mit der nach hinten-innen gerichteten, dreiteiligen Narbenfläche, die durch ein dachartiges Staminodium (umgebildetes, steriles Staubblatt) nach vorn abgedeckt und geschützt ist. Seitlich dahinter befinden sich die beiden fertilen (fruchtbaren) Antheren (Staubbeutel), an welchen deutlich sichtbar jeweils ein Pollen-Paket hängt. Diese sind von hellgelber bis bräunlicher Farbe und von weicher, klebriger Konsistenz.

Drei Arten sollen stellvertretend für verschiedene Formenkreise und auf Grund besonderer Kriterien näher beschrieben und miteinander verglichen werden.

P. callosum

Heimat: Aus den Mittelgebirgen Hinterindiens, in Höhen zwischen 300 bis 800 m und am Boden im Humus lockerer Laubwälder, Klimagruppe W.

Lang-ovale Laubblätter bis 20 cm, grün, deutlich schachbrettartig gezeichnet, bis blau-grün marmoriert. Schaft durchschnittlich 30 cm hoch, Blütendurchmesser 10 cm, gelegentlich auch eine zweite Blüte entwickelnd. Fahne breit-oval, aus grüner Basis weiß, hellrosa-violett überhaucht und mit kräftig purpurnen Längsstreifen. Petalen seitlich-abwärts, aus grüner Basis zur angehobenen Spitze hin purpurrot gestreift, der Rand mit Warzen und Wimpern besetzt. Schuh mattpurpurbraun, dunkler geadert. In allem sehr variabel, weist gelegentlich auch Albino-Typen auf. Hauptblütezeit März bis Juli.

Prototyp der preiswerten Schnittorchidee. Millionenfach in den Heimatgebieten regelrecht geplündert und in alle Welt zu Pfennigwerten exportiert, auf Wochenmärkten und in Warenhäusern feilgeboten, begeht der Handel damit eigentlich einen argen Fehlgriff gegenüber der Natur. Eine Entschuldigung ist bestenfalls in der Möglichkeit zu sehen, daß jedermann eine ganze Orchideenpflanze preiswert erwerben kann und dadurch für die Verbreitung der Orchideenliebhaberei bisher viel beigetragen wurde.

Kultur

TW und keine ausgeprägte Ruhe- beziehungsweise Vegetationszeit, daher auch verhältnismäßig leicht an Zimmerverhältnsse zu gewöhnen. Im Sommer bei Gewächshauskultur leicht beschatten.

P. insigne

Heimat: Im Norden Hinterindiens, Zentrum Khasia-Gebirge, in Höhenlagen um 1800 Meter, in mehr offenen Lagen zwischen Niederwuchs angesiedelt. Klimagruppe KT.

Grüne, riemenförmige Laubblätter, bis 20 cm lang, ohne Zeichnung. Schaft bis 20 cm hoch, einblütig. Blüte 6 bis 10 cm. Fahne aus gelb-grüner Basis, an der Spitze weiß, mit unterschiedlich großer, brauner Fleckung. Petalen seitlich schräg abstehend, gelb-grün und, wie das gleichgefärbte Labellum, mit leichter Nervatur. Auch von dieser Art sind einige Unterarten bekannt und auch in Kultur.

Die Bedingungen, unter welchen *P. insigne* in der Heimat vorkommt, lassen verstehen, weshalb diese Art, im Gegensatz zu früheren Jahrzehnten, nicht – oder kaum mehr in Massenkultur, aber auch nicht als Zimmerpflanze angetroffen wird. Sie fühlte sich in Gewächshäusern jener Zeit, die vielfach Erdhäuser oder etwas verbesserte Mistbeet-Kästen mit Vegetationsheizung darstellten, in deren ausgeglichenem kühl-feuchtem Klima sehr wohl. Darum war es vor 40 Jahren noch der Standard-Frauenschuh, alles andere war Rarität. Auch die Wohnungen, in denen selten alle Zimmer geheizt wurden und wo es nachts merkbare Temperaturabsenkungen gab, entsprachen besser diesen Verhältnissen. Heute sind solche Voraussetzungen kaum mehr gegeben und *P. insigne* gilt daher als recht schwierig zu halten.

Indessen ist nicht zu übersehen, daß *P. insigne* in fast allen modernen Hybriden, die irgendwie in der Auszeichnung Flecken aufweisen, enthalten ist.

Abb. 215. Habitus und Blütenstände von Paphiopedilum insigne.

Kultur
Ein frisch-luftiges Klima (KT), auch im Sommer heller als für *P. callosum*. Temperaturen nachts bei 12 bis 15 °C, tagsüber 15 bis 18 °C. Leicht-gleichmäßige Ballenfeuchte, nach der Blütezeit zwischen Oktober bis März eine leichte Ruheperiode, während der auch verpflanzt und gegebenenfalls geteilt werden kann, beides aber so selten wie möglich.

P. concolor

Es soll nur als Beispiel für jenen Formenkreis stehen, der infolge mangelnder Stiellänge (5 bis 10 cm) nicht für die Schnittkultur geeignet ist. *P. concolor* kommt in Thailand bis Süd-Vietnam vor und erfordert Warmhauskultur, ferner einen Kalkzusatz zum Pflanzstoff. Es zählt, ebenso wie seine Hybriden, zwar zu den „exklusiveren" Topfpflanzen, ist aber den in letzter Zeit häufig neben *P. callosum* importierten *P. sukhakulii* (kurzer Stiel, wenn auch attraktive Blüte) oder den schon länger bekannten *P. fairieanum* oder *venustum* (beide mit kleinen, zarten Blüten) insofern gleichzusetzen, als es unter dem Gesichtswinkel einer Schnittblumenkultur nicht eingestellt werden kann.

Sollen hierfür jedoch Pflanzen angeschafft werden, greift man ohnehin besser zu den zwar etwas teureren, aber auch vorteilhafteren, modernen Hybriden.

Nicht übergangen werden kann indessen, daß aus der Frühzeit der *Paphiopedilum*-Hybridisierung noch beträchtliche Bestände von besonders vitalen Bastarden überlebten. Wohl jedem, der sich schon einmal mit *Paphiopedilum* befaßt hat, ist *P. Harrisiánum* (aus *P. barbátum* × *P. villósum* entstanden) bekannt, das 1869 zuerst blühte und überhaupt die erste *Paphiopedilum*-Hybride ist, die bekannt wurde.

Die Massenproduktion, von einer solchen kann durchaus gesprochen werden, liegt heute bei Mehrfachhybriden, die große, fast geschlossen-runde „Blütenköpfe" tragen, wenn auch nicht immer auf allzu langen Stielen. Gewiß sind die gefleckten *P. insigne*-Nachfahren dabei; vermehrt aber auch solche, bei denen reine Farbflächen dominieren, Gelb-grün und Rot-weiß überwiegen. Viele sind schon polyploid und generativ nicht oder nur sehr schwer vermehrbar. Sie sind bei wüchsiger Kultur aber auch verhältnismäßig leicht durch Teilung zu vervielfältigen.

Kultur

Solche Mehrfachhybriden, letztlich Selektionen alles dessen, was sich seit Generationen immer am leichtesten durchsetzte, sind nicht nur im Erscheinungsbild uniformer geworden, sie sind auch hinsichtlich ihrer Ansprüche gleichmäßiger und damit leichter kultivierbar geworden.

Sie erfordern eine temperierte, leicht-luftfeuchte, aber nicht stagnierende und daher auch frisch-luftige Umwelt (Ventilation), ohne allzu starke Schwankungen. Tagestemperaturen um 18 °C, im Sommer auch höher verträglich (Sprühen, Brausen), Nachtabsenkung auf 16 °C. Leichte und gleichmäßige Ballenfeuchte, keine ausgesprochene Ruhezeit. Ab Frühjahr leichter Schatten, Bodenfeuchte unter den Stellagen.

Mit beginnendem Neutrieb, etwa ab April, werden auch die Wurzeln wieder aktiv. Jetzt sollte man, soweit erforderlich, verpflanzen, jedoch nur dann, wenn der Pflanzstoff dies erfordert. Starke Pflanzen nicht gewaltsam teilen. Vieltriebige Exemplare sind vitaler und bilden bessere Blütenschäfte aus, vorausgesetzt, alle Neutriebe erreichen die gleiche Größe wie die älteren. Werden zwar zahlreiche, aber nur kleine Triebe entwickelt, ist meist das Wurzelwerk nicht in Ordnung. Teilstücke entstehen durch Auseinanderfallen meist schon von selbst, wenn ausgetopft wird. Sie sollten wenigstens drei Triebe umfassen.

Zurückgegangene Triebe werden ebenso wie abgestorbene Wurzeln entfernt. Vor dem Topfen ist es nützlich, die Pflanzen in ein Kombinationsbad aus insektiziden und fungiziden Präparaten zu geben. Das ist wenig aufwendig und bildet eine Prophylaxe gegen Wurzelbefall sowie Blatt- oder Stengelfäule. Nach dem Topfen lieben sie eine enge Aufstellung, durch die sich auch das Bodenbereichsklima besser konstant hält. Sorgfältiges Gießen ist für die nächsten Wochen sowieso nötig, also für die Zeit, die sie benötigen, um durch neue Wurzelspitzen wieder aufnahmefähig zu werden. Die Gießarbeit kann auch durch leichtes Übersprühen unterstützt oder teilweise ersetzt werden, wobei die Nachttemperaturen allerdings nicht zu tief absinken dürfen.

Der angegebene Standard-Pflanzstoff eignet sich auch für *Paphiopedilum* recht gut, kann aber auch mancherlei Änderung durch Rinden- oder Farnwurzelanteile erfahren. Eine laufende Nachdüngung mit 0,02 bis 0,1%igem Volldünger ist empfehlenswert. In einigen Fällen (*P. delenatii*-Gruppe) ist die pH-Wert-Korrektur durch Kalkzuschläge zu beachten.

An Schädigungen kommen hauptsächlich bakterielle wie pilzliche Blatt- beziehungsweise Stengelgrundfäule neben Wurzelfäule bei Überdosierung von Feuchtigkeit, Mangel an Frischluft oder durch Unterkühlung vor. Zu geringe Luftfeuchte begünstigt Spinnmilben.

Im ersten Fall sind zwingend die Kulturvoraussetzungen zu ändern und die sanitären Verhältnisse zu überprüfen. Im zweiten Fall helfen zunächst auch die gängigen Bekämpfungsmittel.

Was den Versand beziehungsweise die Verpackung der Blüten betrifft, so sind *Paphiopedilum* im allgemeinen als versandfreundlich anzusprechen. Wasserbehälter an den Schnittstellen sind aber ebenso erforderlich wie eine leichte Papierwolleeinfütterung, da weder die Petalen noch das Labellum irgendwelchen Druck vertragen.

Phalaenopsis

Phalaenopsis Bl. – f –

Name: phalaina (gr.) = Falter, opsis (gr.) = Aussehen.

Heimat: Etwa 70 epiphytische Arten verteilen sich über Indonesien, die malayische Inselwelt und die Philippinen bis Neuguinea sowie NO-Australien. Dort meist in niederen Lagen an der zum Licht gekehrten Seite größerer Bäume, an halbschattigen, luftfeuchten Standorten der Klimazone W.

Die abgeplatteten Haftwurzeln liegen dabei zur günstigen Feuchtigkeitsaufnahme mehr oder weniger frei der Rinde auf, die Blätter hingegen hängen zum besseren Wasserablauf frei herunter.

Abb. 216. Erste Blüte an der Jungpflanze einer Paphiopedilum-Hybride.

Abb. 217. Einzelblüten aus der Rispe einer weißen Phalaenopsis-Hybride.

Obwohl monopodial wachsend, ist die Pflanze praktisch stammlos; sie entwikkelt nacheinander nur wenige, fleischig-ledrige, teilweise sogar recht große, überhängende Laubblätter von schlank-ovaler Form. Die meisten Wurzeln wandern meterlang auf ihren Unterlagen entlang, sind dann auffallend abgeplattet, oberseits das schützende Velamen silbrig-grau, unterseits ohne Velamen gelblichweiß, oder sie hängen auch frei herab. Solche Wurzeln, die sich in Humusansammlungen oder unter Kulturverhältnissen im Substrat eines Topfes aufhalten, besitzen jedoch den gewohnten, rundlichen Querschnitt und entbehren auch des einseitigen Velamenschutzes.

Blüten bei einigen Arten sehr klein, bei anderen bis 10 cm im Durchmesser. Die Blütenstände sind bei ersteren meist als gestauchte Trauben, bei den für die Schnittkultur interessanten Arten jedoch als verzweigte Rispen anzusprechen. Die zungenförmigen Sepalen und Petalen stehen ab, das Labellum fällt durch meist aufrechtstehende Seitenlappen sowie durch einen geteilten Vorderlappen auf, der in einigen Fällen mit längeren, schwanzartigen Fortsätzen versehen ist.

Bedeutung für den Schnittblumenanbau

Neben *Cymbidium* ist die Gattung *Phalaenopsis* ein Paradebeispiel für die Ausweitung der Orchideen und deren wirtschaftlichen Anteil am kommerziellen Gartenbau. Daran hat der Schnittblumenanbau ebenso teilgenommen wie der Topfpflanzenverkauf. Erwiesen sich doch die im letzten Jahrzehnt entstandenen Hybriden als so robust, daß sie, wie bisher keine andere Orchidee, zur echten Zimmerpflanze wurden. Gleichermaßen sind die elegant und außerordentlich lang haltbaren Rispen (auf der Pflanze bis zu 6 Monaten, abgeschnitten bis zu 6 Wochen) vom Schnittblumenmarkt nicht mehr wegzudenken.

Die züchterische Entwicklung verlief in der Tat explosionsartig und ging diesmal wesentlich auch von Deutschland aus. Die nächsten Impulse sind möglicherweise aus den USA, aber kaum aus den ehemaligen Herkunftsländern zu erwarten. Das Potential dieser Gattung ist keineswegs ausgeschöpft, zumal im Hinblick auf die Möglichkeiten, die sich durch Verbindungen zu anderen Gattungen noch herstellen lassen. Solche mit *Doritis* (*Doritaenopsis*, Abkürzung Dtps.) oder *Vanda* (*Vandopsis*, Abkürzung Vdps.) sind bereits eingeleitet.

Will man sich über den Komplex der teilweise schon sehr verwickelten Stammbäume einen vereinfachten Überblick verschaffen, so kann man davon ausgehen, daß alle großblumigen, weißen Hybriden auf drei Arten zurückgehen:

- *P. amabilis:* Von Malaysia bis Neuguinea. Blütezeit November bis Juli, Klimazone W; besonders wichtig die polyploide *P. amabilis* var. *rimestadiana.*
- *P. aphrodite:* Von den Philippinen und Formosa. Blütezeit November bis Juli, Klimazone W, der vorigen sehr ähnlich und in der älteren Literatur auch als Varietät derselben beschrieben.
- *P. stuartiana:* Von den Philippinen. Blütezeit November bis März, Klimazone W.

Alle rosa bis rot-violetten Hybriden sind dann durch Einkreuzung dieser Farbtöne in die hybriden Hochzuchten der vorhergehenden entstanden, eingebracht insbesondere durch

- *P. schilleriana:* Von den Philippinen. Blütezeit Dezember bis März, Klimazone W, zum Teil auch durch

– *P. equestris* (syn. *P. rosea*): Ebenfalls von den Philippinen, Blütezeit hier früher,von August bis November, Klimazone W.

Wirft man einen Blick auf das derzeitige Schnittblumenangebot der Märkte, so wird man feststellen, daß großblumig-weiße *Phalaenopsis* überwiegen, helle bis dunkelrosa Farbtöne jedoch zunehmen. Noch äußerst schwach vertreten sind ein volles Dunkelrot oder Weiß mit roter Lippe. Zögernd erscheinen auch vorerst noch die sogenannten „Star-Typen", entstanden aus einer Kombination von *P. amabilis*-Abkömmlingen mit der kleinblütigen *P. lueddemanniana* (Philippinen, Farbe purpur-bräunlich bis lila, gebändert oder gefleckt, Blütezeit April bis September), oder mit *P. mannii* (Assam, Farbe gelblich bis ockerbraun, streifig gefleckt, Blütezeit März bis September), die gelbe bis orangefarbene Populationen erbrachte.

Beide sind mit anderen zusammen noch voll im Entwicklungsprozeß, erlauben aber in bezug auf Farbe und Größe positive Voraussagen, auch hinsichtlich der Blühzeiten. Es wäre wünschenswert, diese, wie bei *Cymbidium*, zu erweitern. Verklonung eines abgesteckten Sortimentes ist noch nicht eingetreten, eine Terminierung durch Kulturregulative nur geringfügig möglich. Das Ende der Blühsaison zum Muttertag ist zwar günstig, die Zeit vor oder zu Weihnachten kann jedoch noch nicht ausreichend bedient werden.

Kultur

Teilweise können die Anforderungen schon aus den Standortbeschreibungen abgeleitet werden. Benötigt wird ein luftfeuchtes Warmhausklima. Ideale Temperaturwerte liegen im Sommer und im gut schattierten wie belüfteten Gewächshaus tagsüber um oder auch über 25 °C, nachts bei 18 °C; im Winter bei vollem Licht und Ventilatoreneinsatz tagsüber bei 18 bis 22 °C, nachts Absenkung auf 18 °C, aus Kostengründen auch etwas darunter, jedoch nicht längere Zeit unter 16 °C.

Eine erzwungene, nächtliche Absenkung für 3 bis 4 Wochen zwischen den Monaten Juli bis August auf 16 °C scheint die Blüteninduktion zu verlegen und verursacht dann bei guter Wärmehaltung ab September einen frühen Flor, der bereits zu Weihnachten zur Verfügung stehen kann.

Die Luftfeuchte sollte stets bei 80 % liegen, keinesfalls jedoch stagnierend sein (Lüftung, Ventilation). Sie kann durch Sprüheinrichtungen unter den Stellagen unterstützt, bei warmem, sonnigem Wetter auch durch kräftiges Überbrausen erreicht werden. Sehr aufmerksam muß sie allerdings mit der Raumtemperatur abgestimmt bleiben. Stehende Nässe auf Blättern führt leicht zu Blatt- und Stengelfäule, Taubildung in der Nacht zu Schwarzfleckigkeit, besonders der weißen Blüten.

Das Gießen mit gut temperiertem Wasser erfolgt wie stets in Abhängigkeit vom verwendeten Substrat; bei sehr durchlässigem Material also öfters als bei gut wasserhaltendem. Auch hier ist stagnierende Topfnässe schädlich. Vor jedem Gießen soll der Topfballen gut abgetrocknet und damit eine Belüftung der Wurzeln erreicht sein.

Die Wasserverträglichkeit läß sich recht gut bei Anwendung der Hydrokultur beobachten. *Phalaenopsis* sind dafür geradezu „klassische" Pflanzen. Sie verlieren jedoch zunächst mehr oder weniger ihre normalen, weiter oben näher beschriebenen Wurzeln und bilden dafür neue aus, benötigen dazu aber auch eine erhöhte und konstant zu erhaltende Fußwärme.

Die im Abschnitt „Substrate" beschriebene Schwarztorf-Weißtorf-Mischung läßt sich, auch mit Zuschlägen von Rinden, Farnwurzeln, Bimskies, Styropor oder Blähton, gut verwenden oder variieren. Die pH-Wert-Korrektur durch Kalk ist wichtig, und da ein unnötiges Verpflanzen vermieden werden soll, auch nachträglich durch Gießen mit Kalkmilch zu erreichen. Eine laufende Nachdüngung ist ebenfalls notwendig, *Phalaenopsis* erfordern wie *Cymbidium* für ihre Ernährung verhältnismäßig hohe Konzentrationen: Jungpflanzen 0,5 g/l, ausgewachsene Standkulturen in der Vegetationszeit bis zu 3 g/l, in der Abstimmung des NPK-Verhältnisses natürlich auf die Jahreszeit bezogen.

Nach 2- bis 3jährigem Gebrauch altern die meisten Substrate, so daß ein Verpflanzen notwendig wird. Das Wurzelwerk soll dabei weitestgehend geschont, abgestorbenes muß jedoch entfernt werden, sonst genügt Ausschütteln des verbrauchten Materials, Einstellen über guter Dränage in einen neuen Topf und lokkeres Auffüllen des neuen Pflanzstoffes. Gleichzeitiges Teilen kommt bei den bislang im Schnittblumenanbau verwendeten Sorten so gut wie nicht vor. Das kann sich später ändern, wenn aus den angedeuteten Zuchtlinien entsprechende Eigenschaften zufließen (durch *Doritis* beispielsweise bei *Doritaenopsis* schon verwertbar). Gelegentlich dennoch gebildete Neutriebe sind daher eher eine Folge vorausgegangener Schäden am Primärstamm (Nässe!).

Vegetative Vermehrung

Die Möglichkeiten einer vegetativen Vermehrung sind also gering. Eine Verklonung über die Gewebekultur ist auch noch nicht ausgereift. Dennoch ist eine Vermehrung besonders wertvoller Typen in geringem Umfang über mehrere Verfahren möglich:

1. Die unteren Nodien eines noch frischen Blütenschaftes werden so isoliert, daß jedes etwa 2 bis 3 Zentimeter lange Teilstück oberhalb der Deckschuppe noch 0,5 beziehungsweise unterhalb derselben etwa 1,0 Zentimeter Stengelrest behält. Unter labormäßig-sterilen Verhältnissen wird dann die Deckschuppe entfernt und das Präparat in vitro (auf Nährböden im sterilen Glasbehälter) solange gehalten, bis die Adventivknospe austreibt und das bewurzelte Teilstück später wie ein Sämling herausgenommen und im Gewächshaus weitergepflegt werden kann.

Außerdem ist die Kultur von Blattstückchen oder von freipräparierten „Augen" in vitro möglich.

2. Mit Wuchsstoff-Präparaten werden die von ihren Deckschuppen vorsichtig befreiten Adventivknospen am Blütenschaft normaler, im Gewächshaus stehender Pflanzen in Abständen von jeweils drei Tagen mehrmals hintereinander bestrichen. Danach treiben in vielen Fällen die Knospen innerhalb kurzer Zeit aus. Bei niederen Temperaturen scheint es jedoch eine Neigung zu geben, erneut nur Blütensprosse zu entwickeln; ebenso, wenn nur die oberen Knospen eines Stieles behandelt werden. Nimmt man dazu die unteren und bleibt die Raumtemperatur maximal, so ist die Rate von Adventiv-Pflanzen, in der Literatur auch als „Keikis" bezeichnet, offenbar höher. Sie können nach Erscheinen der Wurzeln abgenommen und getopft werden.

Weiterkultur

Für die Einstellung nach einem Verpflanzen eignen sich bei großen Beständen zwar auch noch Kunststofftöpfe mit breitem Fuß, für ältere Pflanzen aus Gründen der Standfestigkeit jedoch nur gelochte Container mit guter Dränage, wenn nicht Tontöpfe.

Die beste Verpflanzzeit ist das Frühjahr, das heißt für die meisten Sorten kurz nach der Blüte, für andere kurz vor dem neuen Blatt-Trieb. Nach August sollte nicht mehr verpflanzt werden.

Danach und bis zum Erscheinen neuer Wurzelspitzen besonders vorsichtig gießen. Neue Blütenstiele zeigen sich gewöhnlich nach erfolgtem Blattaustrieb. Die Schäfte müssen in fast allen Beständen angestäbelt, bei großen Pflanzen die Rispen hochgebunden werden. Geschnitten wird erst, wenn alle Knospen geöffnet sind. Die Haltbarkeit eines Stieles ist wesentlich besser, wenn er ausgereift ist. Reich verzweigte Rispen können durch Teilschnitt eventuell zu kleineren Verkaufseinheiten gemacht werden. Das Auskneifen von Seitentrieben ist möglich, wenn man weniger, dafür größere Blüten am nicht verzweigten Stiel erhalten will. Läßt man beim Schnitt die untersten 2 bis 3 Nodien stehen, ist bei älteren Pflanzen mit einem abermaligen Austreiben zu rechnen.

Eintrocknen, Gelbwerden oder Abfall von Knospen wird bei sonst gut ernährten Pflanzen mit gesundem Wurzelwerk auch dann gelegentlich beobachtet (siehe *Dendrobium*), wenn das normale Tageslicht nicht ausreicht, was in Europa in den Wochen zwischen November und Dezember häufiger vorkommt.

Schädigungen an *Phalaenopsis*-Pflanzen sind bis auf gelegentlich auftretende Läuse (auch Schildläuse!) fast immer auf ungünstige Kulturbedingungen zurückzuführen. So treten besonders häufig infolge zu hoher Feuchte bei Untertemperaturen bakterielle wie pilzliche Blatt- und Stengelfäulen auf, vom Blattrand oder vom Wurzelwerk her beginnend, bei stehendem Wasser im Blattzentrum auch von dort her. Neben den dann akut einzusetzenden Mitteln ist Prophylaxe bei größeren Beständen fast unentbehrlich.

Wie bei Cymbidien muß eindringlich auf die Möglichkeit von Virosen hingewiesen werden (Cymbidium-Mosaik-Virus, Orchideen-Rhabdo-Viren), die über längere Zeiträume auch symptomlos und latent vorhanden sein und erst nach Eintritt ungünstiger Kulturbedingungen plötzlich und verbreitet auftreten können. An tierischen Schädlingen treten außer den erwähnten Läusen in sonst sauber geführten Kulturen gelegentlich nur hin und wieder Schnecken auf, die allerdings in kurzer Frist bei Jungpflanzen, aber auch an frischen Blättern großer Pflanzen, erhebliche Beschädigugen verursachen können.

Ausgereifte Blütenstiele sind sehr verpackungs- und versandfreundlich. Wenn sie mit Wasservorrat versehen wurden, ist es möglich, sie eng zu legen. Die Blüten stützen sich zum Teil bereits gegenseitig, dennoch ist eine leichte Papierschnitzeleinfütterung kaum zu umgehen. Eventuell erschlaffte Stiele können leicht durch ein laues Warmwasserbad über einige Stunden hinweg wieder aufgefrischt werden. Anfärben mit entsprechenden Präparaten wird gelegentlich geübt.

Vanda-Gruppe

Hierunter versteht man eine größere Gemeinschaft von Gattungen, Arten und Mehrgattungshybriden, die alle im indo-malayischen Raum bis zu den Philippinen beheimatet und mehr oder weniger nahe miteinander verwandt sind.

Alle besitzen einen monopodialen Aufbau, leben epiphytisch an oder sitzend auf Bäumen im Bereich der Klimazone TW.

Als Topfpflanzen werden sie auch in Europa gehalten, seltener zur Bedarfsdekkung von Schnittblumen. Die Ursachen dafür liegen in den für sie bei uns zu kurzen Vegetationsperioden. Die Aufzucht bis zur blühfähigen Pflanze erfordert 8 bis 10 Jahre. Einmal blühbar, erbringen Vanda nicht ganz den notwendigen Ertrag/Quadratmeter.

Anders in ihrer Heimat. Dort können sie, wie bei *Dendrobium* beschrieben, teils im Freien oder unter nur leichtem Sonnenschutz kostengünstig „durchkultiviert" werden und liefern dafür einen reichen Flor. Folglich bildeten sich dort auch die entsprechenden Anbauzentren heraus (einige auch im SW der USA), die darüber hinaus auch eine reiche züchterische Tätigkeit entwickeln und inzwischen größere Mengen an Schnittblumen auf den europäischen Markt bringen.

Der primäre Elternteil der aus unserer Sicht wichtigen Hybriden ist in fast allen Fällen ein Vertreter der Gattung *Vanda.*

Vanda

Vanda Jones – f –

Name: vanda (aus dem Sanskrit), Bezeichnung für epiphytische Pflanzen.

V. coerulea

Heimat: Burma, dort vornehmlich an Eichen in Höhenlagen zwischen 700 und 1300 m.

Abb. 218. Blütenstand von Vanda coerulea.

Der mit gefalteten, schmalen, graugrünen und bis zu 30 cm lang werdenden, zweizeilig und bogig überhängenden Blättern dicht bewachsene, monopodiale Stamm wird bis 2 m hoch. Seine aus den Blattachseln treibenden, etwa 15blütigen, traubigen Infloreszenzen sind gewöhnlich von weiß-blauer Farbe. Bei selteneren Varietäten sind die Einzelblüten sogar 10 cm breit und dunkel-graublau mit attraktiver Netzzeichnung. Blüten von Oktober bis Dezember.

Es werden bei älteren Pflanzen Seitensprosse gebildet, die zur Vermehrung dienen können. Sonst sind Kopfstecklinge möglich, der verbleibende Stamm treibt erneut aus.

Bewegung in die Hybridisation brachte zunächst die Einkreuzung von *Euanthe sanderiana* (syn. *Vanda sanderiana*) von den Philippinen mit rotbraun-weißen Farbkomponenten, später auch andere Gattungen wie *Ascocentrum, Renanthera, Rhynchostylis,* so daß jetzt eine weite Farbpalette von Gelb über Blau zu Rot mit hervorragend schönen Schattierungen und Zeichnungen vorliegt. Die Haltbarkeit geschnittener Stiele ist unterschiedlich, im Durchschnitt mit etwa 14 Tagen anzugeben und abhängig von den jeweiligen Partnern einer Kreuzung.

Häufig auch im Schnittblumenhandel vorkommende Namen von Mehrfachhybriden sind:

- *Ascocenda* (Abkürzung Ascda.) entstanden aus *Ascocentrum* × *Vanda,*
- *Renantanda* (Abkürzung Rntda.) entstanden aus *Rhenanthera* × *Vanda,*
- *Rhynchovanda* (Abkürzung Rhv.) entstanden aus *Rhynchostylis* × *Vanda*

Schließlich muß diesem Kreis auch die Gattung *Arachnis* hinzugefügt werden, da auch sie mit einer Reihe von intragenerischen Hybriden im Schnittblumen-Import vorhanden ist.

Kultur

Für alle zu diesem Formenkreis gehörenden Arten und Hybriden, die wegen ihres geringen Platzbedarfes (monopodialer Stamm, zweizeilige Blätter in einer Ebene) sehr eng gestellt werden können, eignen sich bodenbeheizte Trogbeete recht gut, mit einer Füllung von grobem Koks oder Styropor, eventuell vermischt mit Blähton. Das luftige Substrat kommt dem großen Sauerstoffbedürfnis der Wurzeln bestens entgegen. Wird mit jedem Gießvorgang eine 0,025prozentige Düngerlösung ausgebracht, können solche Pflanzen über viele Jahre ohne anderweitigen Arbeitsaufwand an der selben Stelle verbleiben. Sonst sind Substrate auf der Basis von grobfaserigem Torf oder Rinde ebenfalls möglich. Die sich zahlreich und seitlich bildenden Wurzeln sollten ungestört den Boden erreichen können. Für ein vor allem im Winter sehr helles Standquartier (SW-Ecke eines Gewächshauses) ist zu sorgen, wenn sie blühen sollen. Im Sommer leicht schattieren. Ausreichende, frische Luftfeuchte mit Durchschnittstemperaturen über 18 °C für alle Hybriden.

Literatur

Burgeff, H.: Samenkeimung der Orchideen und Entwicklung ihrer Keimpflanzen. Verlag Fischer, Jena 1936.

Fast, G.: Orchideenkultur. Botanische Grundlagen, Kulturverfahren, Pflanzenbeschreibungen. Verlag Eugen Ulmer, Stuttgart 1980.

SCHLECHTER, R.: Die Orchideen, ihre Beschreibung, Kultur und Züchtung. Verlag Paul Parey, Berlin 1927.
THOMALE, H.: Die Orchideen. Einführung in die Kultur und Vermehrung tropischer und einheimischer Orchideen. Verlag Eugen Ulmer, Stuttgart 1957.

American Orchid Society Bulletin, monatlich erscheinende Zeitschrift der Amerikanischen Orchideengesellschaft. Anschrift: American Orchid Society, Editorial Office, 84 Sherman Str., Cambridge, Mass. 02140, USA.
Die Orchidee, Beiträge zur Förderung der Orchideenkunde. Zweimonatlich erscheinendes Organ der Deutschen Orchideen-Gesellshaft. Brücke-Verlag, Hildesheim.
Sander's List of Orchid Hybrids, herausgegeben von der Royal Horticultural Society. Namen und Stammbäume aller registrierten Orchideen-Hybriden. Verschiedene Jahrgänge und Zusammenfassungen. Anschrift: Royal Horticultural Society, Vincent Square, London, England.

Stauden für den Schnitt

Bedeutung für den Schnittblumenanbau

Stauden sind ausdauernde, meist krautige, nicht oder nur wenig verholzende Gewächse. Ihre oberirdischen Teile sterben nach Abschluß der Vegetationsperiode ab, während ihre unterirdischen Dauerorgane – Rhizome, Zwiebeln oder Knollen – überwintern und dann erneut austreiben.

Die für Schnittzwecke interessanten Blütenstauden sind in der Mehrzahl keine Zwiebelpflanzen. Sie bilden ihre Blütenknospen im Laufe der Vegetation aus und können daher nicht mit hohen Temperaturen getrieben werden. Für sie kommt die einfache Verfrühung durch Verbesserung der Umweltbedingungen in Frage. Auch ihre Verspätung (s. Seite 380, zum Beispiel *Liatris*) kann interessant sein.

Die meisten dieser Stauden erfordern laufende Pflege wie Rückschnitt im Herbst beziehungsweise nach der Blüte, Aufnehmen, Teilen und Verpflanzen.

Schnittstauden sind nahezu uneingeschränkt für den Direktabsatz geeignet, wobei die Transportbelastung gering gehalten wird. Über den Großmarkt lassen sich dagegen nur solche absetzen, die eine gute Verpackungs- und Versandfestigkeit mitbringen. Ihre Haltbarkeit in der Vase ist unterschiedlich.

Vermehrung

Reine Arten und durchgezüchtete Sorten lassen sich durch Aussaat vermehren. Die meisten unserer Blütenstauden sind verbastardiert, in ihrer Erbmasse uneinheitlich und spalten bei Aussaat mehr oder weniger stark auf. Dies kann in manchen Fällen im Interesse eines etwas bunteren Angebotes durchaus erwünscht sein, in der Regel sind aber sortenechte, einheitliche Bestände vorzuziehen.

Üblich ist die Teilung, die zwangsläufig beim notwendigen Aufnehmen und Verpflanzen der Stauden angewendet werden muß. Weit ergiebiger sind jedoch Stecklings- und Wurzelschnittlingsvermehrung; sie werden unter Sprühnebel durchgeführt.

Der Zukauf gesunder Jungpflanzen aus leistungsfähigen Staudenbetrieben ist zu empfehlen.

Anbau im Freiland

Blütenstauden zur Schnittblumengewinnung eignen sich gut zur Nutzung von Freilandflächen. Sie bringen reichliche Erträge und können relativ preiswert angeboten werden.

Der Pflegeaufwand ist hoch. Viele Schnittstauden müssen etwa alle zwei bis drei Jahre aufgenommen, geteilt und verpflanzt werden, um leistungsfähig zu bleiben, zum Beispiel *Chrysanthemum coccineum*, *Doronicum*-Arten. Andere, zum Beispiel einige *Helianthus*-Arten, müssen an unkontrolliertem, übermäßigem Wuchern gehindert werden. Unkrautbekämpfung und Bodenentseuchung (Nematoden) sind ebenfalls aufwendig, aber nicht zu umgehen. Hierfür stehen jedoch gute chemische Präparate zur Verfügung.

Die Kosten für die Pflanzenbeschaffung sind zwar hoch, da man aber durch Teilung immer wieder Pflanzgut gewinnt, beschränkt sich der Zukauf auf Ersatz, Neuheiten und neuaufzunehmende Arten beziehungsweise Sorten.

Der Pflanzenbedarf errechnet sich nach Wuchseigenschaften und spezifischen Ansprüchen und schwankt innerhalb weiter Grenzen. Die günstigsten Pflanzzeiten sind Frühjahr und Herbst, also vor beziehungsweise kurz nach dem Austrieb oder nach der Blüte. Getopfte Stauden können, abgesehen vom Winter, jederzeit gepflanzt werden.

Die Düngung läßt sich weitgehend schematisieren, wenn auch spezifische Ansprüche einzelner Arten oder Gattungen zu beachten sind. Meist genügen zwei Düngergaben im Jahr mit 50 bis 80 g/m^2 eines Mehrnährstoffdüngers im Frühjahr vor dem Austrieb und nochmals im Sommer. Vor allem bei laufend stark remontierenden Stauden und solchen, die nach dem Schnitt ein zweites Mal im Jahr zur Blüte kommen, ist die zweite und eventuell eine dritte Düngung wichtig. Hier kann sogar eine reine Stickstoffgabe von etwa 50 g/m^2 zusätzlich verabreicht werden.

Soweit notwendig, ist im Sommer zu bewässern. Dafür sollte eine leistungsfähige Anlage zur Verfügung stehen.

Weniger standfeste Stauden, zum Beispiel *Delphinium, Helenium,* müssen aufgebunden oder gestützt werden. Dies kann zum Beispiel durch Pflanzung in Drahtnetze erfolgen. Aus gleichem Grunde ist Windschutz in den Quartieren angebracht. Dieser kann durch Zwischenpflanzung von Gehölzstreifen (Blüten- und Grünlieferanten!), Sonnenblumen, Mais, Stangenbohnen oder ähnlichem oder durch Errichtung von Windschutzwänden, zum Beispiel aus Schattenleinen, erreicht werden.

Verfrühung von Stauden unter Glas oder Folie

Das Verfrühen von Stauden unter Glas durch einfaches Überbauen, Überrollen oder Einbringen in Blocks, ist relativ unproblematisch, aber aufwendig.

In neuerer Zeit hat hierfür die Verwendung von Folie Eingang in die Praxis gefunden. Dem Gärtner bieten sich dabei folgende Möglichkeiten:

Direktüberdeckung der Quartiere (Flachfolie)

Die Beete werden direkt mit gelochter oder geschlitzter Folie überdeckt. Schwierigkeiten können sich ergeben, wenn die Pflanzen in die Löcher oder Schlitze hineinwachsen und dann beim Entfernen der Folienabdeckung beschädigt werden. Die Klimaregelung unter dieser Folie ist sehr begrenzt, weshalb Lochfolie den Vorzug verdient. Sie muß rechtzeitig abgenommen werden, sobald der Austrieb dies erfordert. Das ist nach 4 bis 6 Wochen meistens der Fall. Hierfür wählt man einen Tag mit trübem Wetter oder einen Abend in einer milden Periode. Sowohl direkte starke Sonneneinstrahlung als auch stärkere Kälteeinwirkung auf die nunmehr ungeschützten Pflanzen unmittelbar nach Abnahme der Folie müssen vermieden werden.

Die Verfrühung durch Flachfolie ist unter günstigen Klimabedingungen (Weinklima) sicher interessanter als unter ungünstigeren, aber auch da, zwar geringfügig, jedoch spürbar.

Folientunnel
Folientunnel bieten einen mehr oder weniger großen Luftraum für die Pflanzen und können länger auf den Quartieren stehen bleiben. Den einfachen, niedrigen, etwa ab 60 Zentimeter hohen, stehen begehbare Hochtunnel gegenüber. Sie sind auch in größeren Breiten lieferbar und können mehrere Beete überspannen, während die Niedrigtunnel meist nur bis Beetbreite eingesetzt werden. Für Hochtunnel kann ungelochte Folie verwendet werden, während sich für die unbegehbaren Niedrigtunnel Lochfolie als vorteilhaft anbietet, weil sie wesentlich schlechter zu lüften sind als Hochtunnel. Allerdings ist bei den meisten Tunnelkonstruktionen die Lüftungsmöglichkeit als Schwachpunkt zu sehen. Sie kann im allgemeinen nur durch seitliches Aufklappen der Folie bewerkstelligt werden, wozu diese ausgegraben werden muß. Die Lüftung nur durch die Türen der Hochtunnel ist weder ausreichend noch schonend für die Pflanzen.

Folienhäuser
Hierbei handelt es sich um leichte, mit Folie bespannte Gewächshauskonstruktionen, die, wie Folientunnel auch, zur Selbstmontage angeboten werden. Sie bieten günstige Klimatisierungsmöglichkeiten und bringen gute Ergebnisse. Sie sollten, wie es auch für sämtliche Tunnelkonstruktionen unerläßlich ist, mit einer Bewässerungsanlage ausgestattet sein.

Die Überbauung beziehungsweise Überdeckung von Staudenquartieren zur Verfrühung der Blüte ist witterungsabhängig und kann kaum vor Februar erfolgen.

Schwierigkeiten kann beim Materialkauf die Wahl der geeigneten Lochzahl je Quadratmeter bereiten. Unter gelochter Folie treten zwar allgemein bessere Klimaverhältnisse als unter ungelochter Folie ein, aber eine etwas spätere Blüte ist die Folge. Dieser Effekt wird noch verstärkt, wenn sich die Anzahl der Löcher/Quadratmeter erhöht. Man wird sich daher, wenn keine speziellen Erfahrungen vorliegen, im allgemeinen für eine mittlere Lochzahl/Quadratmeter entscheiden.

Der Nachteil ungelochter Folie liegt in erheblichen Temperaturschwankungen und einer oft zu hohen Luftfeuchtigkeit. Diese Risiken sind bei Lochfolien deutlich geringer.

Das Sortiment geeigneter Schnittstauden ist groß. Die folgende Tabelle gibt nur einen Überblick, ohne Anspruch auf Vollständigkeit erheben zu können. Auch ist die Eignung der genannten Stauden in Einzelfällen unterschiedlich zu beurteilen.

Stauden für den Schnitt und ihre Eignung für die Kultur unter Glas oder Folientunnel

Gattung/Art	Länge der Stiele in Zentimeter	Blütezeit	Schnittwert	Kultur unter Glas/Folie	Pflanzen je Quadratmeter	Standfestigkeit	Bemerkungen
Achillea filipendulina	60 bis 100	VI–IX	+ + +		8 bis 10	gut	Vollerblüht schneiden; als Trockenblume gut geeignet
Achillea millefolium	40 bis 60	VI–X	+	–	12 bis 15	gut	Vollerblüht schneiden; als Trockenblume gut geeignet
Aconitum-Arten und -Hybriden	60 bis 130	VII–X	+ +/ + + +	+	10 bis 12	gut	Giftpflanze
Aquilegia-Hybriden	80	V–VI	+	–	5 bis 8	gut	Halberblüht schneiden; Haltbarkeit gering
Arabis-Arten	10 bis 15	IV–V	+ +	–	12 bis 18	sehr gut	Für kleine Frühlingssträuße
Aster novae-angliae und *novi-belgii*	70 bis 100	IX–X	+ +	–	3 bis 5	gut	Vollerblüht schneiden; Haltbarkeit befriedigend
Aster tongolensis	30 bis 50	V–VI	+ + +	+	12 bis 14	gut	Massenschnitt; Haltbarkeit gut
Astilbe-Arendsii und -Japonica-Hybriden	30 bis 60	VI–VIII	+ +	+	8 bis 12	gut	Vollerblüht schneiden; Haltbarkeit gut
Campanula glomerata	30 bis 40	VI–VIII	+ +	+	14 bis 18	gut	Unter Folie gelegentlich weniger gut; haltbare Schnittblume
Campanula latifolia in Sorten	40 bis 60	VI–VII	+ +/ + + +	+	10 bis 15	gut	
Campanula persicifolia	70	VI–VII	+ +	+	12 bis 15	gut	Druckempfindlich
Campanula pyramidalis	70 bis 150	VII	+ +	–	8 bis 10	gut	Frostfrei überwintern, meist zweijährig kultiviert
Carlina acaulis ssp. *simplex*	20 bis 30	VII–IX	+ + +	–	6 bis 8	sehr gut	Als Trockenblume sehr gut geeignet
Centaurea dealbata	60 bis 80	VI–VII	+ +	–	6 bis 8	mäßig	Knospig schneiden
Centaurea macrocephala	70 bis 100	VII–VIII	+ +	+	8 bis 10	gut	Gute Haltbarkeit
Chelone obliqua	50 bis 60	VII–IX	+ +	–	8 bis 10	gut	
Chrysanthemum coccineum	50 bis 90	V–VI	+ + +	+	8 bis 10	gut	Alle zwei Jahre teilen und verpflanzen
Chrysanthemum leucanthemum	50 bis 60	VI–IX	+ + +	+	8 bis 10	gut	Häufig teilen und verpflanzen; gefülltblühende Sorten wählen

Chrysanthemum-Maximum-Hybriden	60 bis 100	VI–VII	+ + +	+	8 bis 10	gut	Häufig teilen und verpflanzen; gefülltblühende Sorten wählen
Chrysanthemum-Koreanum-Hybriden	50 bis 80	VIII–X	+ + +	+	8 bis 10	gut	Sortenwahl
Cimicifuga-Arten	60 bis 180	VIII–IX	+ +	–	5 bis 7	gut	
Coreopsis grdfl.	80 bis 100	VI–VIII	+ +	–	8 bis 10	gut	Druckempfindlich
Coreopsis lanceolata	60 bis 80	VI–VIII	+ +	–	8 bis 10	gut	
Delphinium-Hybr.	100 bis 150	VI–IX	+ +	–	6 bis 8	mäßig	Für Versand weniger geeignet
Dianthus plumarius in Sorten	20 bis 30	V–VII	+ +	–	12 bis 16	gut	Massenschnittblume
Dicentra spectabilis	40 bis 60	IV–V	+	+	6 bis 9	gut	
Doronicum orientale in Sorten	30 bis 50	IV–V	+ +	+	6 bis 9	gut	Vollerblüht schneiden
Doronicum plantagineum	60 bis 80	IV–V	+ +	+	6 bis 9	gut	
Echinops ritro	100 bis 150	VII–IX	+ +	–	5 bis 7	gut	Auch als Trockenblume verwendbar
Erigeron-Hybriden in Sorten	40 bis 70	VI–VIII	+ + +	+	8 bis 12	gut	Vollerblüht schneiden, sehr gute Haltbarkeit; Sortenwahl
Eryngium-Arten	50 bis 100	VI–IX	+ +	–	8 bis 10	gut	Auch trocken verwendbar
Gaillardia-Hybriden	30 bis 50	VI–IX	+ +	+	7 bis 10	gut	Massenschnitt; häufig teilen und verpflanzen
Gentiana-Arten							s. Seite 261
Geum-Hybriden	40 bis 60	V–VII	+ +	+	12 bis 15	gut	Halberblüht schneiden; Haltbarkeit gut
Gypsophila paniculata.							s. Seite 322
Helenium-Hybriden	60 bis 130	VII–X	+ +	+	5 bis 7	mäßig	Schneiden, wenn einige Blüten offen sind
Helianthus atrorubens	100 bis 150	VII–X	+ + +	–	5 bis 7	gut	Lange, frostempfindliche Ausläufer; oft teilen und verpflanzen; gut haltbar

Anmerkung: Schnittwert
+ + + sehr gut
+ + gut
+ befriedigend

Kultur unter Glas/Folie
+ geeignet
– ungeeignet beziehungsweise unbekannt, könnte jedoch in einigen Fällen versucht werden.

Gattung/Art	Länge der Stiele in Zentimeter	Blütezeit	Schnittwert	Kultur unter Glas/Folie	Pflanzen je Quadratmeter	Standfestigkeit	Bemerkungen
Helianthus decapetalus	100 bis 150	VII–X	+ +	–	5 bis 7	gut	Massenschnitt
Heliopsis helianthoides var. *scabra*	80 bis 130	VII–IX	+ +	–	5 bis 7	gut	Massenschnittblume; gute Haltbarkeit
Helleborus-Hybriden							s. Seite 337
Heuchera-Hybriden	20 bis 60	V–VII	+ +	+	12 bis 15	gut	
Hosta-Arten und Hybriden	30 bis 60	(VI–VIII)	+ +	+	6 bis 9	gut	Blattschnittpflanze
Incarvillea delavayi und Hybriden	20 bis 50	VI–IX	+	–	9 bis 12	gut	Haltbarkeit gut; Halberblüht bis knospig schneiden
Jasione laevis	40 bis 50	VII–VIII	+ +	–	15	gut	Knospig schneiden; zweijährig kultivieren
Kniphofia-Hybriden	60 bis 130	VI–X	+ +	–	4 bis 6	gut	Sehr gut haltbar; Auslese (Ertrag!)
Liatris spicata							s. Seite 378
Lobelia fulgens	60 bis 90	VII–X	+ +	+	10 bis 12	gut	Winterschutz! Auch für Rollhaus geeignet
Lupinus-Polyphyllus-Hybriden	70 bis 120	VI–VIII	+ +	–	3 bis 5	gut	Sortenwahl
Lychnis chalcedonica	50 bis 90	VI–VII	+ +	–	6 bis 9	mäßig	Haltbarkeit gut
Lychnis-Haageana-Hybriden	30 bis 40	VI–IX	+ +	–	6 bis 9	gut	Haltbarkeit gut
Lythrum-Arten	70 bis 100	VII–VIII	+ +	–	8 bis 10	gut	
Monarda-Hybriden	40 bis 90	VII–IX	+	–	6 bis 9	gut	Haltbarkeit mäßig
Paeonia-Lactiflora-Hybriden	50 bis 80	VI–VII	+ + +	+	1 bis 3	gut	Knospig schneiden
Paeonia tenuifolia	30 bis 50	V–VI	+ +	+	6 bis 9	gut	Seltener im Anbau; knospig schneiden
Papaver nudicaule	30 bis 50	VI–IX	+ +	–	9 bis 12	gut	Haltbarkeit gut; häufig verpflanzen
Papaver orientale	50 bis 80	V–VI	+	–	8 bis 9	gut	Knospig schneiden; Haltbarkeit befriedigend
Penstemon-Hybriden	60 bis 80	VII–IX	+ +	+	10 bis 12	gut	
Phlox-Paniculata- und -Maculata-Hybriden	40 bis 70	VI–VIII	+ +	–	3 bis 5	gut	Haltbarkeit mäßig

Physalis alkekengi	60 bis80	VII	+ +	–	6 bis 8	gut	Vollerblüht schneiden; als Trockenblume gut geeignet
Physostegia virginiana	60 bis 100	VII–IX	+ +	–	7 bis 9	gut	Halberblüht schneiden
Primula-Arten	20 bis 40	III–VI	+ + / + + +	+	15 bis 18	gut	Massenschnitt; haltbar
Rudbeckia fulgida	40 bis 70	VIII–X	+ +	–	8 bis 10	gut	Haltbarkeit gut
Rudbeckia laciniata	40 bis 80	VII–IX	+	–	5 bis 7	mäßig	Stiele gelegentlich schwach, Haltbarkeit gut bis befriedigend
Scabiosa caucasica	50 bis 80	VII–IX	+ + +	–	8 bis 12	gut	Massenschnitt; gute Haltbarkeit
Solidago-Hybriden	60 bis 120	VI–IX	+ +	–	4 bis 6	gut	Haltbarkeit gut; Pflanzen wuchern, Samenstände rechtzeitig entfernen
Trollius-Hybriden	40 bis 70	V–VI	+ + +	+	9 bis 11	gut	Halboffen schneiden; Haltbarkeit gut
Veronica longifolia	50 bis 80	VII–IX	+ +	+	8 bis 12	gut	Haltbarkeit gut
Viola-Cornuta-Hybriden	10 bis 20	VI–VIII	+ +	+	15 bis 18	gut	Massenschnitt
Viola odorata	10 bis 15	III–IV	+ +	+	18 bis 20	gut	Massenschnitt; Hoher Arbeitsaufwand bei der Ernte

Anmerkung: Schnittwert
+ + + sehr gut
+ + gut
+ befriedigend

Kultur unter Glas/Folie
+ geeignet
– ungeeignet beziehungsweise unbekannt, könnte jedoch in einigen Fällen versucht werden.

Annuelle, Bienne und Gräser zum Schnitt

Die folgenden Listen sollen einen Überblick über eine Anzahl von Ein-, Zweijahrsblumen und Gräsern geben, die für den Schnitt in Frage kommen. Naturgemäß ist die Eignung der einzelnen Arten recht unterschiedlich und von den betrieblichen und auch örtlichen Bedingungen abhängig. So ist sicherlich eine größere Zahl von ihnen nur für kleinere Anbauverhältnisse zu verwenden, während andere als Massenschnitt dienen können. Es ist aber zu erwarten, daß im Rahmen der Diskussion um die Erzeugung von Schnittblumen mit geringem Heizungsaufwand stärker auf Vertreter dieser Gruppen zurückgegriffen und damit das bereits bekannte und bewährte Sortiment erweitert werden dürfte.

In diesem Zusammenhang kommt dem Einsatz von Folien zur Ausdehnung der Angebotszeit (vergleiche die Ausführung bei Stauden, Seite 577) steigende Bedeutung zu. So soll die vorliegende Auflistung Anregungen zum versuchsweisen Anbau der einen oder anderen Art geben, zumal gerade im Endverkaufsbetrieb damit interessante Ergebnisse erzielt werden können.

Auf eine Beschreibung der meist recht einfachen und dem Gärtner im allgemeinen bekannten Kulturen ist verzichtet worden; notfalls geben gute Samenkataloge die notwendigen Hinweise.

Die Liste der Gräser enthält unter anderem Stauden. Sie haben durchwegs eine relativ hohe Lebensdauer und verbleiben langjährig am Standort. Entsprechend sind die Pflanzabstände zu wählen.

Einjahrsgräser werden dagegen in einfachster Kultur jährlich neu angebaut. Sie werden entweder getopft vorkultiviert und in Horsten ausgepflanzt, oder an Ort und Stelle wahlweise in Horsten oder Reihen (5 Reihen je 1,20 m breites Beet) ausgesät.

Gräser eignen sich sehr gut für die Trockenbinderei. Hierfür müssen sie jedoch grün geerntet und getrocknet werden. Eine zu späte Ernte, nachdem sie an der Pflanze bereits getrocknet sind, bringt fast immer Mißerfolge, zum Beispiel den Verlust der zierenden Fruchtstände, weil diese (wie Getreide) bei der Reife von selbst ausfallen.

Gerade im Endverkaufsbetrieb ist die Führung eines Gräser- und Trockenblumensortiments (auf für Trocknung geeignete Stauden und Ein- beziehungsweise Zweijahrsblumen ist in den entsprechenden Listen hingewiesen) interessant und wohl immer lohnend.

Ein- und Zweijahrsblumen zum Schnitt

Pflanzenart	Saatgutbedarf je 1000 Pflanzen in Gramm	Aussaattermin: Monat	Optimale Keimtemperatur: °C	Blütezeit Monat	Eignung als Trockenblume	Spezielle Hinweise
Amaranthus caudatus	2	III–IV	15 bis 18	V–IX		
Amberboa moschata	10	III–IV	12 bis 18	VII–IX		Direktsaat im Freiland
Ammobium alatum	2	IV	16 bis 18	VI–IX	+	
Antirrhinum majus	0,5 bis 1	I–III	15 bis 20	VI–X		s. Seite 48
Bellis perennis	0,5	VI–VII	18	III–VII		s. Seite 55
Calendula officinalis	15	III–V	15	VII–IX		
Callistephus chinensis	5	II–V	15	VII–IX		
Campanula medium	1	V–VII	15	VI–IX		
Centaurea cyanus	10	III–IV	14 bis 20	VII–IX		
Cheiranthus cheiri	5	V–VII	18	VI–VII		Frostfrei überwintern, dann 10 °C
Chrysanthemum carinatum	10	IV–V	15	VII–X		Für Frühkultur Aussaat ab XII
Chrysanthemum coronarium	10	IV–V	15	VII–X		Für Frühkultur Aussaat ab XII
Chrysanthemum segetum	10	III–IV	15	VII–X		Für Frühkultur Aussaat ab I
Clarkia unguiculata	1	IV–V	15	VI–IX		Direktsaat im Freiland
Coreopsis tinctoria	0,5	III–V	10 bis 14	VII–IX		
Cosmos bipinnatus	10	IV–V	18	VII–X		
Cosmos sulphureus	20	IV–V	18	VII–X		
Cynara cardunculus	150	XII–II	15 bis 18	VII–X	+	
Cynara scolymus	200	XII–II	15 bis 18	IX–X	+	
Delphinium ajacis	5	III–IV	10	VI–VIII		
Delphinium consolida	5	III–IV	10	VI–VIII		
Dianthus barbatus	2	II–III	15	VII–IX		s. Seite 187
Dianthus car. Chabaud	3 bis 5	I–II	18	VII–IX		
Digitalis purpurea	0,5	IV–VI	18	VI–VIII		
Dipsacus sativus	10	IV–VI	15	VII–VIII	+	

Echinacea purpurea	10	V–VII	18	VII–IX		
Erysimum × allionii	4	V–VI	15	VI–VII		
Euphorbia marginata	25	III–V	18	VII–X		
Gaillardia pulchella	10	III–IV	15	VI–X		
Godetia grandiflora	5	III–V	15	VI–IX		Direktsaat im Freiland
Gomphrena globosa	15	III–V	18	VI–IX	+	
Gypsophila elegans	2	III–V	15	VI–VIII		s. Seite 322
Helianthus annuus	100	IV–V	15	VII–IX		
Helianthus debilis	10	IV–V	15	VII–IX		
Helichrysum bracteatum	3 bis 5	III–V	18	VII–X	+	
Helipterum manglesii	10	IV–V	18	VII–VIII	+	Direktsaat im Freiland
Helipterum roseum	10	IV–V	18	VII–IX	+	Direktsaat im Freiland
Iberis amara	5	III–V	18	VI–VII		Direktsaat im Freiland
Iberis umbellata	5	III–V	15	VI–VII		
Lathyrus odoratus	150	I–V	15	VI–IX		s. Seite 371
Limonium sinuatum	15	III–IV	18	VII–IX	+	s. Seite 400
Lunaria annua	50	V–VII	15	V–VI	+	
Matthiola incana	5	XI–VI	18	IV–VIII		s. Seite 405
Molucella laevis	15	IV	12	VII–IX	+	
Myosotis silvatica	2	VI–VII	18	V–VI		s. Seite 418
Nigella damascena	5	III–IV	18	VI–VIII	+	Direktsaat im Freiland
Papaver rhoeas	1	III–V	12	VI–VII		Direktsaat im Freiland
Rudbeckia hirta	2	II–IV	18	VII–X		
Salvia farinacea	5	III–IV	18	VI–IX		
Salvia viridis	10	III–IV	18	VII–IX		
Scabiosa atropurpurea	30	IV–V	18	VII–IX		
Tagetes-Erecta-Hybriden	8 bis 10	II–IV	18	V–X		
Tithonia rotundifolia	25	III–IV	18	VIII–X		
Verbena-Arten	3 bis 5	I–III	18 bis 20	VII–X		
Verbena-Hybriden	20	II–IV	18 bis 20	VI–X		
Zinnia angustifolia	10	IV–V	18	VII–X		
Zinnia elegans	20	IV–V	18	VI–X		Für Anbau unter Glas geeignet

Gräser für den Schnitt

Gattung/Art	Deutsche Namen	Länge der Stiele in Zentimeter	Blütezeit Monate	Pflanzabstand in Zentimeter		Bemerkungen
Achnatherum calamagrostis	Silberährengras	80	VI–VII	80 × 80	4	6 bis 8 Standjahre
Aira elegantissima	Schmielenhafer	30	V–VIII	20 × 20	0	
Arundo donax	Pfahlrohr	250 bis 300	+	100 × 100	4	8 bis 10 Standjahre
Avena fatua	Flughafer, (Windhafer)	60 bis 150	VI–VIII	30 in Reihen	0	30 Gramm Saatgut: 1000 Pflanzen
Avena sterilis	Hafer	80 bis 150	VII–VIII	30 in Reihen	0	30 g Saatgut: 1000 Pflanzen
Bouteloua gracilis	Moskitogras	30	VII–IX	25 × 25	4	3 bis 4 Standjahre
Briza maxima	Zittergras	40	V–VIII	20 × 20	0	10 Gramm Saatgut: 1000 Pflanzen
Briza media	Zittergras	50 bis 60	V–VII	25 × 25	4	3 bis 4 Standjahre
Bromus-Arten	Trespe	60	VI–VIII	20–30 in Reihen	0	20 Gramm Saatgut: 1000 Pflanzen
Calamagrostis × acutiflora	Reitgras	100 bis 120	VI–VII	80 × 80	4	5 bis 6 Standjahre
Carex pendula	Segge	50 bis 80	VI	60 × 60	4	4 bis 6 Standjahre
Cortaderia selloana	Pampasgras	150 bis 250	IX–X	120 × 120 bis 150 × 150	4	Gute Erträge erst nach 2 bis 3 Jahren, daher langjährige Kultur (Winterschutz!)
Deschampsia caespitosa, tardiflora	Waldschmiele	60	VII–IX	60 × 60	4	3 bis 4 Standjahre
Elymus arenarius	Blaustrahlhafer	80	VII–VIII	60 × 60	4	5 bis 6 Standjahre
Glyceria maxima	Schwadengras	40 bis 60	VII–VIII	50 × 50	4	4 bis 6 Standjahre
Helictotrichon sempervirens	Wiesenhafer	50 bis 100	V–VI	80 × 80	4	4 bis 6 Standjahre
Hordeum jubatum	Mähnengerste	60	VI–VIII	20 × 20	0	5 g Saatgut: 1000 Pflanzen
Hystrix patula	Flaschenbürstengras	60	VI–VIII	25 × 25	4	4 bis 6 Standjahre
Lagurus ovatus	Hasenschwanzgras	25	VI–VIII	20 × 20	0	3 Gramm Saatgut: 1000 Pflanzen
Miscanthus-Arten	Chinaschilf	200 bis 300	VII–VIII (X)	100 × 100 bis 120 × 120	4	6 bis 10 Standjahre
Molinia arundinacea	Pfeifengras	100 bis 120	VIII–X	60 × 60	4	5 bis 6 Standjahre

Panicum capillare	Hirse	30 bis 60	VII–IX	20 bis 30 in Reihen	0	20 Gramm Saatgut: 1000 Pflanzen
Panicum clandestinum	Hirse	80 bis 120	VII–VIII	80 × 80	4	6 bis 8 Standjahre
Panicum virgatum	Hirse	60 bis 150	VII–IX	100 × 100	4	6 bis 8 Standjahre
Pennisetum alopecuroides	Lampenputzergras	60 bis 80	VIII–IX	60 × 60	4	5 bis 6 Standjahre
Pennisetum setaceum	Lampenputzergras	60	VIII–X	40 × 40	4	(meist 0 gezogen) 20 Gramm Saatgut: 1000 Pflanzen
Pennisetum villosum	Lampenputzergras	60	VIII–IX	40 × 40	4	(meist 0 gezogen) 50 Gramm Saatgut: 1000 Pflanzen
Phalaris arundinacea	Glanzgras	80	VI–VII	80 × 80	4	5 bis 6 Standjahre
Phalaris canariensis	Glanzgras	15 bis 60	VII–VIII	25 in Reihen	0	
Polypogon monspeliensis	Bürstengras	40	V–VII	20–30 in Reihen	0	1 Gramm Saatgut: 1000 Pflanzen
Sorghastrum avenaceum	Hirse	150 bis 200	100 × 100		4	6 bis 6 Standjahre
Spartina pectinata	Pfriemengras,	130	VII	100 × 100	4	6 bis 8 Standjahre
Stipa-Arten	Federgras	40 bis 80	V–VII	40 × 40	4	3 bis 6 Standjahre
Uniola latifolia	Plattährengras	80	VIII	40 × 40	4	5 bis 6 Standjahre
Zea mays	Mais	150 bis 180	VI–VII	30 × 30	0	400 g Saatgut/1000 Pflanzen
Helictotrichon sempervirens	Wiesenhafer	50 bis 100	V–VI	80 × 80	4	6 bis 8 Standjahre

0 = einjährig, eventuell zweijährig
4 = Staude

Literatur (Stauden, Annuelle, Bienne, Gräser)

Consulentschappen v. d. Tuinbouw, Proefstat. v. d. Bloemisterij te Aalsmeer u. Proefstat. v. d. Tuinbouw onder Glas te Naaldwijk: Teelt van ‚zomerbloemen' buiten en onder glas. Bloementeeltinformatie Nr. 15, 2. druk 1979.

Encke, F.: Sommerblumen. Verlag Eugen Ulmer, Stuttgart 1961.

Ganslmeier, H.: Schnittstauden. Gb + Gw **80,** 684–687, 1980.

–: Beet- und Balkonpflanzen. Verlag Eugen Ulmer, Stuttgart 1980.

Gkl: Stand der Folieanwendung im Zierpflanzenbau zur Kulturverfrühung. GKL, Darmstadt-Kranichstein 1979.

Grunert, C.: Einjahrsblumen. VEB Deutscher Landwirtschaftsverlag, Berlin 1960.

Herbel, D.: Sommerblumen. Verlag Eugen Ulmer, Stuttgart 1980, 2. Auflage

Hielscher, A.: Sommerblumen für den Garten. Verlag Neumann-Neudamm, Melsungen – Basel – Wien 1968.

Jelitto, L., Schacht, W.: Die Freiland-Schmuckstauden. Verlag Eugen Ulmer, Stuttgart 1963/66.

Kneissl, P.: Verfrühung und energiearme Produktion von Schnittstauden. Deutscher Gartenbau **33,** 1100–1102, 1979.

Krüssmann, G., Siebler, W., und Tangermann, W.: Winterharte Gartenstauden. Verlag Paul Parey, Berlin und Hamburg 1970.

Morgenthal, J.: Sommerblumen. BLV, München – Basel – Wien 1969.

Penningsfeld, F., Kurzmann, P., und Kalthoff, F.: Schnittstauden unter Flachfolie. Deutscher Gartenbau **34,** 714–720, 774–778, 1980.

Plömacher, H.: Die Wirtschaftlichkeit im Anbau von Schnittstauden am Beispiel des Betriebes Günter Fuß in Königslutter. zb **20,** 12 und 14–15, 1980.

–, und Hagemann, H.: Schnittstauden für den Erwerbsgartenbau. zb **15,** 157, 200–201, 374, 614, 616–617, 664–665, 1975; **16,** 161–162, 246, 402–403, 529–531, 1976; **17,** 596, 1977; **18,** 21–23, 128, 420–423, 1978.

–, –: Gräser für den Schnitt. zb **18,** 421–423, 1978.

–, –: Vasteplanten voor de snij populair in West-Duitsland. Vakbl. v. d. Bloemist. **34,** (24), 42, 1979.

Sieber, J.: Eignung von Stauden zur Schnittblumengewinnung. Deutscher Gartenbau **33,** 1064–1066, 1979.

Allgemeine Literaturhinweise

Bosse, G., Escher, F., Gugenhan, E., Kneipp, O., und Steib, Th.: Hauptkulturen im Zierpflanzenbau. Verlag Eugen Ulmer, Stuttgart 1981, 2. Aufl.

Carow, B.: Frischhalten von Schnittblumen. Verlag Eugen Ulmer, Stuttgart 1978.

Encke, F.: Pareys Blumengärtnerei. Verlag Paul Parey, Berlin und Hamburg 1958/61, 2. Auflage.

–: Die schönsten Kalt- und Warmhauspflanzen. Verlag Eugen Ulmer, Stuttgart 1968.

–: Buchheim G., und Seybold S.: Zander – Handwörterbuch der Pflanzennamen. Verlag Eugen Ulmer, Stuttgart 1980, 12. Auflage

Heddergott, H.: Taschenbuch des Pflanzenarztes. Landwirtschaftsverlag Münster 1980.

Penningsfeld, F.: Ernährung im Blumen- und Zierpflanzenbau. Verlag Paul Parey, Berlin und Hamburg 1960.

Rünger, W.: Licht und Temperatur im Zierpflanzenbau. Verlag Paul Parey, Berlin und Hamburg 1976, 3. Auflage.

Scharrer, K., und Linser, H.: Handbuch der Pflanzenernährung und Düngung, Band 3/2, Springer, Wien – New York 1965.

Stahl, M., und Umgelter, H.: Pflanzenschutz im Zierpflanzenbau. Verlag Eugen Ulmer, Stuttgart 1976, 2. Auflage.

Steffen, A.: Handbuch der Marktgärtnerei. Verlag Paul Parey, Berlin und Hamburg, 1951, 4. Aufl.

Teib, Th., Fessler, A., Gradner, U., Jungbauer, J., und Leinfelder, J.: Topfpflanzenkulturen. Verlag Eugen Ulmer, Stuttgart 1981, 5. Aufl.

Storck, H.: Gartenbau. Verlag Eugen Ulmer, Stuttgart 1969.

Strasburger, E.: Lehrbuch der Botanik. Verlag Gustav Fischer, Stuttgart – New York 1978, 31. Auflage.

Vereniging Proeftuin v. d. Bloembollencultuur te Lisse und Rijkstuinbouwconsulentschap Lisse: Tips voor de bloembollenkwekers. Teil 1/2 und 2, Lisse 1966/67.

Samen- und Pflanzenkataloge, Prospekt- und Beratungsmaterial zahlreicher Firmen des In- und Auslandes.

Deutsche Pflanzennamen

Deutscher Name	Botanischer Name
Alpenveilchen	*Cyclamen*
Amaryllis	*Hippeastrum*
Aprikose	*Prunus*
Bartnelke	*Dianthus barbatus*
Calla	*Zantedeschia*
Christrose	*Helleborus*
Duftwicke	*Lathyrus*
Enzian	*Gentiana*
Flamingoblume	*Anthurium*
Flammendes Käthchen	*Kalanchoë*
Flieder	*Syringa*
Gänseblümchen	*Bellis*
Georgine	*Dahlia*
Goldglöckchen	*Forsythia*
Herzenskelch	*Eucharis*
Inkalilie	*Alstroemeria*
Kalla	*Zantedeschia*
Kapmaiblume	*Freesia*
Kirsche	*Prunus*
Klebschwertel	*Ixia*
Korallranke	*Euphorbia fulgens*
Kronenanemone	*Anemone*
Levkoje	*Matthiola*
Löwenmaul	*Antirrhinum*
Maiblume	*Convallaria*
Maiglöckchen	*Convallaria*
Mandel	*Prunus*
Mandelbäumchen	*Prunus*
Maßliebchen	*Bellis*
Meerlavendel	*(Goniolimon) siehe: Limonium*
Milchstern	*Ornithogalum*
Montbretie	*Crocosmia*
Nelke	*Dianthus*
Nieswurz	*Helleborus*
Paprika	*Capsicum*
Paradiesvogelblume	*Strelitzia*
Pfirsich	*Prunus*
Pflaume	*Prunus*
Platterbse	*Lathyrus*

Poinsettie	*Euphorbia pulcherrima*
Prachtscharte	*Liatris*
Ritterstern	*Hippeastrum*
Ruhmeskrone	*Gloriosa*
Schleierkraut	*Gypsophila*
Schneerose	*Helleborus*
Schwertlilie	*Iris*
Spanischer Pfeffer	*Capsicum*
Statice	*Limonium (Goniolimon)*
Tausendschön	*Bellis*
Traubenhyazinthe	*Muscari*
Vergißmeinnicht	*Myosotis*
Vogelmilch	*Ornithogalum*
Waldrebe	*Clematis*
Weihnachtsstern	*Euphorbia pulcherrima*
Wicke	*Lathyrus*
Winteraster	*Chrysanthemum*
Wolfsmilch	*Euphorbia*
Wucherblume	*Chrysanthemum*

Bildquellen

Die Grafiken fertigte Frau Ena Lindenbaur, Stuttgart, nach Vorlagen des Verfassers

Deiser, E., Stuttgart: Abb. 70, 71, 96; Farbtafel 1 (unten links).

Dominik GmbH & Co., Hörstel: Abb. 100; Farbtafel 3 (unten rechts).

Escher, F., Osnabrück: Abb. 2, 19, 20, 22, 24, 25, 27, 28, 29, 31, 33, 43, 44, 53, 54, 56, 58, 59, 64, 65, 66, 75, 76, 77, 78, 79, 81, 86, 90, 94, 97, 99, 102, 103, 104, 105, 120, 122, 126, 131, 132, 137, 140, 144, 147, 159, 160, 162, 165, 166, 167, 170, 172, 173, 174, 175, 179, 180, 186, 187, 188, 189, 193, 194, 195, 196, 197, 198, 199, 201; Farbtafel 7 (oben links).

Felbinger, A., Leinfelden-Echterdingen: Abb. 1; Farbtafel 3 (oben rechts).

Grodania, Hedehusene (Dänemark): Abb. 32, 106, 107, 178.

Gudehus, H. C., Osnabrück: Abb. 40, 121, 171, 192.

Gugenhahn, E., Göppingen: Abb. 151.

Hahn, E., Kirchheimbolanden: Abb. 55, 74, 95, 98, 148, 149, 152, 158, 163, 164, 169.

Juffa, L., Papenburg: Abb. 3, 4, 5, 6, 7, 8, 9, 12, 13, 14, 16, 17, 18, 26, 30, 34, 35, 36, 37, 38, 39, 41, 42, 45, 46, 47, 48, 49, 50, 51, 52, 57, 60, 61, 62, 63, 67, 68, 69, 72, 73, 80, 82, 83, 84, 85, 87, 88, 91, 92, 93, 101, 108, 109, 110, 111, 112, 113, 114, 115, 116, 117, 118, 119, 123, 124, 125, 127, 128, 129, 130, 133, 134, 135, 136, 141, 142, 143, 145, 146, 154, 155, 156, 157, 168, 176, 177, 184, 185, 190, 200.

Jungbauer, J., Münster-Wolbeck; Abb. 11, 89, 153; Farbtafel 4, 5 (unten links, unten rechts).

Kallauch, W. (†), Osnabrück, Abb. 202.

Köhlein, F., Bindlach: Farbtafel 6 (unten rechts).

Lucke, E., Osterode: Farbtafel 11 (oben links, oben rechts, Mitte links, Mitte rechts); 12 (unten rechts).

Maurer, M., Osnabrück: Abb. 10, 21, 23, 138, 150.

Raalte, D. van, Frederiksoord (Holland): Abb. 15.

Schupp, W., Heidelberg: Abb. 139.

Seibold, H., Hannover: Abb. 161; Farbtafel 1 (oben links, oben rechts), 3 (oben links), 5 (oben links, oben rechts), 6 (oben), 7 (oben rechts, unten links), 9 (oben links).

Strech, H., Osnabrück: Abb. 191.

Tantau, H., Uetersen: Abb. 181, 182, 183.

Thomale, H., Lemgo: Abb. 203, 204, 205, 206, 207, 208, 209, 210, 211, 212, 213, 214, 215, 216, 217, 218; Farbtafel 11 (unten links, unten rechts), 12 (oben links, oben rechts, Mitte links, Mitte rechts, unten links).

Woog, D., Stuttgart: Farbtafel 1 (unten rechts), 2, 3 (unten links), 6 (unten links), 7 (unten rechts), 8, 9 (oben rechts, unten links, unten rechts), 10.